U0612499

金榜時代
GLIST 明德·弘毅·惟精

金榜时代考研数学系列 | V研客及全国各大考研培训学校指定用书

数学历年真题全精解析·基础篇

（数学三）

编著◎李永乐 王式安 刘喜波 武忠祥 宋浩 姜晓千 铁军 李正元 蔡燧林 胡金德

@考研路上刚刚启程的你

勿谓今日不学而有来日，勿谓今年不学而有来年。日月逝矣，岁不我延。

中国农业出版社
CHINA AGRICULTURE PRESS
·北京·

图书在版编目(CIP)数据

数学历年真题全精解析:基础篇. 数学三 / 李永乐等编著. —北京:中国农业出版社, 2021.7

(金榜时代考研数学系列. 2023)

ISBN 978-7-109-19380-2

Ⅰ.①数… Ⅱ.①李… Ⅲ.①高等数学—研究生—入学考试—题解 Ⅳ.①O13-44

中国版本图书馆 CIP 数据核字(2021)第 149923 号

中国农业出版社出版

地址:北京市朝阳区麦子店街 18 号楼

邮编:100125

责任编辑:吕 睿 毛志强

责任校对:吴丽婷

印刷:河北正德印务有限公司

版次:2021 年 7 月第 1 版

印次:2021 年 7 月北京第 1 次印刷

发行:新华书店北京发行所

开本:787mm×1092mm 1/16

印张:20

字数:474 千字

定价:69.80 元

金榜時代™ 考研数学系列图书

GLIST 明德·弘毅·品质

内容简介及使用说明

考研数学满分 150 分，数学在考研成绩中占的比例很大；同时又因数学学科本身的特点，考生的数学成绩历年来千差万别，数学成绩好在考研中很占优势，因此有“得数学者考研成”之说。既然数学对考研成绩如此重要，那么就有必要探讨一下影响数学成绩的主要因素。

本系列图书作者根据多年的命题经验和阅卷经验，发现考研数学命题的灵活性非常大，不仅表现在一个知识点与多个知识点的考查难度不同，更表现在对多个知识点的综合考查上，这些题目在表达上多一个字或多一句话，难度都会变得截然不同。正是这些综合型题目拉开了考试成绩，而构成这些难点的主要因素，实际上是最基础的基本概念、定理和公式。同时，从阅卷反映的情况来看，考生答错题目的主要原因也是对基本概念、定理和公式记忆和掌握得不够熟练。总结为一句话，那就是：要想数学拿高分，就必须熟练掌握、灵活运用基本概念、定理和公式。

基于此，李永乐考研数学辅导团队结合多年来考研辅导和研究的经验，精心编写了本系列图书，目的在于帮助考生有计划、有步骤地完成数学复习，从基本概念、定理和公式的记忆，到对其的熟练运用，循序渐进。以下介绍本系列图书的主要特点和使用说明，供考生复习时参考。

书名	本书特点	本书使用说明
《数学复习全书·基础篇》	**内容基础·提炼精准·易学易懂**（推荐使用时间：2021 年 7 月—2021 年 12 月）	
	本书根据大纲的考试范围将考研所需复习内容提炼出来，形成考研数学的基础内容和复习逻辑，实现大学数学同考研数学之间的顺利过渡，开启考研复习第一篇章。	考生复习过本校大学数学教材后，即可使用本书。如果大学没学过数学或者本校课本是自编教材，与考研大纲差别较大，也可使用本书替代大学数学教材。
《数学基础过关 660 题》	**题目经典·体系完备·逻辑清晰**（推荐使用时间：2021 年 7 月—2022 年 4 月）	
	本书主编团队出版 20 多年的经典之作，拥有无数甘当“自来水”的粉丝读者，考研数学不可不入！“660”也早已成为考研数学的年度关键词。 本书重基础，重概念，重理论，一旦你拥有了《数学复习全书·基础篇》《数学基础过关 660 题》教你的思维方式、知识逻辑、做题方法，你就能基础稳固、思维灵活，对知识、定理、公式的理解提升到新的高度，避免陷入复习中后期“基础不牢，地动山摇”的窘境。	与《数学复习全书·基础篇》搭配使用，在完成对基础知识的学习后，有针对性地做一些练习。帮助考生熟练掌握定理、公式和解题技巧，加强知识点的前后联系，将之体系化、系统化，分清重难点，尽量缩短复习周期。 虽说书中都是选择题和填空题，同学们不要轻视，也不要一开始就盲目做题。看到一道题，要能分辨出是考哪个知识点，考什么，然后在做题过程中看看自己是否掌握了这个知识点，应用的定理、公式的条件是否熟悉，这样才算真正做好了一道题。
《数学历年真题全精解析·基础篇》	**分类详解·注重基础·突出重点**（推荐使用时间：2021 年 7 月—2021 年 12 月）	
	本书精选精析 1987—2008 年考研数学真题，帮助考生提前了解大学水平考试与考研选拔考试的差别，不会盲目自信，也不会妄自菲薄，平稳跨入考研的门槛。	与《数学复习全书·基础篇》《数学基础过关 660 题》搭配使用，复习完一章，即可做相应的章节真题。不会做的题目做好笔记，第二轮复习时继续练习。

书名	本书特点	本书使用说明
《数学复习全书·提高篇》	**系统全面·深入细致·结构科学**（推荐使用时间：2022 年 2 月—2022 年 7 月）	
	本书为作者团队扛鼎之作，主编之一的李永乐老师更是入选 2019 年“当当 20 周年白金作家”，考研界仅两位作者获此称号。 本书从基本理论、基础知识、基本方法出发，全面、深入、细致地讲解考研数学大纲要求的所有考点，不提供花拳绣腿的不实用技巧，也不提倡误人子弟的费时背书法，而是扎扎实实地带同学们深入每一个考点，找到它们之间的关联、逻辑，让同学们从知识点零碎、概念不清楚、期末考试过后即忘的“低级”水平，提升到考研必需的高度。	利用《数学复习全书·基础篇》把基本知识“捡”起来之后，再使用本书。本书有知识点的详细讲解和相应的练习题，有利于同学们建立考研知识体系和框架，打好基础。 在《数学基础过关 660 题》中若遇到不会做的题，可以放到这里来做。以章或节为单位，学习新内容前要复习前面的内容，按照一定的规律来复习。基础薄弱或中等偏下的考生，务必要利用考研当年上半年的时间，整体吃透书中的理论知识，摸清例题设置的原理和必要性，特别是对大纲中要求的基本概念、理论、方法要系统理解和掌握。
《数学历年真题全精解析·提高篇》	**真题真练·总结规律·提升技巧**（推荐使用时间：2022 年 7 月—2022 年 11 月）	
	本书收录 2009—2022 年考研数学的全部试题，将真题按考点分类，还精选了其他卷的试题作为练习题。力争做到考点全覆盖，题型多样，重点突出，不简单重复。书中的每道题给出的参考答案有常用、典型的解法，也有技巧性强的特殊解法。分析过程逻辑严谨、思路清晰，具有很强的可操作性，通过学习，考生可以独立完成对同类题的解答。	边做题、边总结，遇到“卡壳”的知识点、题目，回到《数学复习全书》和之前听过的基础课、强化课中去补，争取把每个真题知识点吃透、搞懂，不留死角。 通过做真题，进一步提高解题能力和技巧，满足实际考试的要求。第一阶段，浏览每年真题，熟悉题型和常考点。第二阶段，进行专项复习。
《高等数学辅导讲义》 《线性代数辅导讲义》 《概率论与数理统计辅导讲义》	**经典讲义·专项突破·强化提高**（推荐使用时间：2022 年 7 月—2022 年 10 月）	
	三本讲义分别由作者的教学讲稿改编而成，系统阐述了考研数学的基础知识。书中例题都经过严格筛选、归纳，是多年经验的总结，对同学们的重点、难点的把握准确，有针对性。适合认真研读，做到举一反三。	哪科较薄弱，精研哪本。搭配《数学强化通关 330 题》一起使用，先复习讲义上的知识点，做章节例题、练习，再去听相关章节的强化课，做《数学强化通关 330 题》的相关习题，更有利于知识的巩固和提高。
《数学强化通关 330 题》	**综合训练·突破重点·强化提高**（推荐使用时间：2022 年 5 月—2022 年 10 月）	
	强化阶段的练习题，综合训练必备。具有典型性、针对性、技巧性、综合性等特点，可以帮助同学们突破重点、难点，熟悉解题思路和方法，增强应试能力。	与《数学基础过关 660 题》互为补充，包含选择题、填空题和解答题。搭配《高等数学辅导讲义》《线性代数辅导讲义》《概率论与数理统计辅导讲义》使用，效果更佳。
《数学决胜冲刺 6 套卷》	**冲刺模拟·有的放矢·高效提分**（推荐使用时间：2022 年 11 月—2022 年 12 月）	
	通过整套题的训练，对所学知识进行系统总结和梳理。不同于重点题型的练习，需要全面的知识，要综合应用。必要时应复习基本概念、公式、定理，准确记忆。	在精研真题之后，用模拟卷练习，找漏洞，保持手感。不要掐时间、估分，遇到不会的题目，回归基础，翻看以前的学习笔记，把每道题吃透。
《数学临阵磨枪》	**查漏补缺·问题清零·从容应战**（推荐使用时间：考前 20 天）	
	本书是常用定理公式、基础知识的清单。最后阶段，大部分考生缺乏信心，感觉没复习完，本来会做的题目，因为紧张、压力，也容易出错。本书能帮助考生在考前查漏补缺，确保基础知识不丢分。	搭配《数学决胜冲刺 6 套卷》使用。上考场前，可以再次回忆、翻看本书。

前　言

本书是考研数学基础阶段的复习用书，和《数学复习全书·基础篇》《数学基础过关660题》组成一个完备的学习环，从“学”到“练”再到“测”，一环扣一环，循环往复，螺旋进步。本书的一个重要作用就是检测复习的效果，找准下一阶段复习重点和方向。

本书的编写团队在近几年的教学过程中发现，许多同学开始复习都挺早，但复习的效果却没有明显提高。综合分析发现，考生盲目复习，没有找到重点、找准方向，东一榔头西一棒子，到后期强化阶段，做题有思路没办法，一些基础的计算做不出，简单的概念也没有记住，导致不能再进一步。

在基础阶段就做做真题，看看自己复习的程度与考试要求之间的差距，会让同学们更清醒地认识到自己的不足。同学们要明确，研究生招生是为高校选拔人才，相应的招生考试也是选拔性的考试，就是通过考试成绩来区分考生层次。考题的命制就很讲究，要体现题目的区分度，要在众多的考生中筛选出优秀的同学。命题老师研究的是考生群体，往往抓住大多数考生容易出错的、理解不到位的点，通过综合几个“基础概念”来出题，比较准确地考出同学们的真实能力。考试大纲上规定的考点，这些内容在各版教材、辅导书上都是一样的。那么如何选取具体考点，以及针对具体考点如何出题，才是关键。通过真题研究与练习，在做题过程中不断体会和总结，就能大致知道命题老师是怎样设置“陷阱”的。虽然考过的题大多不会再考，但“重者恒重”，也就是说考试的核心内容是基本固定的，每年考查形式虽有变化，但涉及的主要知识点却是不变的，少数情况下还有重复的原题。所以，从某种程度上讲，真题的作用真的很大。

全书共分两篇。第一篇内容是1987—2008年的真题，可以宏观地看出试卷的结构、考题的分配比例；第二篇将真题按考点所属内容分类并进行解析，是本书的精华部分。第二篇有如下主要编排：

1. **本章导读**。设置本部分的目的是使考生明白此章的考试内容和考试重点，从而在复习时目标明确。

2. **试题特点。**本部分总结了本章知识点的历年考试出题规律，并分析可能的出题点。

3. **考题详析。**本部分对历年真题的题型进行归纳分类，总结各种题型的解题方法。这些解法均来自各位专家多年教学实践总结和长期命题阅卷经验。针对以往考生在解题过程中普遍存在的问题及常犯的错误，我们列出相应的注意事项，对每一道真题都给出解题思路分析，以便考生真正地理解和掌握解题方法。

4. **练习题。**为了使考生更好地巩固所学知识，提高实际解题能力，本书作者从1987—2008年的其他试卷中精心选取同类考题作为练习题，供考生练习，使考生在熟练掌握基本知识的基础上，能够有所巩固。同时，每道练习题都配备了详细的参考答案和解析，以便考生解答疑难问题时能及时得到详尽的指导。

另外，本书虽然定位是基础复习阶段用书，但并不是让同学们一上来就做真题，特别是基础不好的同学，一定要先过一遍知识点，再通过做题加深理解。书中对考题做了分类，总有些类型的题目特别多，几乎是年年都要考查的，对于这样的内容，一定要多练多做，并且熟记涉及的基础知识、基本概念、基本原理或定理。

做题时，不能先看答案，一定要自己动手写，再比较自己写出来的答案和参考答案，看基本思路是否相符、方法是否一致。如果自己做的答案和参考答案相差甚远，一定要搞清问题出在哪里，是审题错误还是知识理解错误，是题型特点没掌握还是答题方法不熟悉。弄清问题症结所在，然后下功夫解决这个问题，千万不能只满足于做对一道题或只关注做了多少道题，而忽视自己做题的质量和目的。

另外，为了更好地帮助同学们进行复习，“李永乐考研数学辅导团队”特在新浪微博上开设答疑专区，同学们在考研数学复习中遇到问题，均可在线留言，团队老师将尽心为你解答。

对于本书可能存在的不足与问题，恳请读者批评指正。

衷心希望这本书能帮到同学们。祝同学们复习顺利，心想事成，考研成功！

编　者

2021年7月

目录
Contents

第一篇　历年真题（1987—2008）

第二篇 真题解析

第一篇

历年真题

（1987—2008）

1987 年全国硕士研究生招生考试数学(三)试题

一、判断题(本题满分 10 分,每小题 2 分)

(1) $\lim\limits_{x\to 0} e^{\frac{1}{x}} = \infty$. (　　) P73,5 题

(2) $\int_{-\pi}^{\pi} x^4 \sin x \mathrm{d}x = 0$. (　　) P114,10 题

(3) 若级数 $\sum\limits_{n=1}^{\infty} a_n$ 与 $\sum\limits_{n=1}^{\infty} b_n$ 均发散,则级数 $\sum\limits_{n=1}^{\infty}(a_n + b_n)$ 必发散. (　　) P154,1 题

(4) 假设 D 是矩阵 $\boldsymbol{A}$ 的 r 阶非零子式,且含 D 的一切 $r+1$ 阶子式都等于 0,那么矩阵 $\boldsymbol{A}$ 的一切 $r+1$ 阶子式都等于 0. (　　) P190,17 题

(5) 连续型随机变量取任何给定实数值的概率等于 0. (　　) P261,1 题

二、选择题(本题满分 10 分,每小题 2 分)

(1) 下列函数在其定义域内连续的是

(A) $f(x) = \ln x + \sin x$.

(B) $f(x) = \begin{cases} \sin x, x \leqslant 0, \\ \cos x, x > 0. \end{cases}$

(C) $f(x) = \begin{cases} x+1, & x < 0, \\ 0, & x = 0, \\ x-1, & x > 0. \end{cases}$

(D) $f(x) = \begin{cases} \dfrac{1}{\sqrt{|x|}}, & x \neq 0, \\ 0, & x = 0. \end{cases}$

P80,26 题

(2) 若 $f(x)$ 在 (a,b) 内可导且 $a < x_1 < x_2 < b$,则至少存在一点 ξ,使得

(A) $f(b) - f(a) = f'(\xi)(b-a)(a < \xi < b)$.

(B) $f(b) - f(x_1) = f'(\xi)(b-x_1)(x_1 < \xi < b)$.

(C) $f(x_2) - f(x_1) = f'(\xi)(x_2 - x_1)(x_1 < \xi < x_2)$.

(D) $f(x_2) - f(a) = f'(\xi)(x_2 - a)(a < \xi < x_2)$.

P101,43 题

(3) 下列广义积分收敛的是

(A) $\int_{e}^{+\infty} \dfrac{\ln x}{x} \mathrm{d}x$.

(B) $\int_{e}^{+\infty} \dfrac{\mathrm{d}x}{x \ln x}$.

(C) $\int_{e}^{+\infty} \dfrac{\mathrm{d}x}{x(\ln x)^2}$.

(D) $\int_{e}^{+\infty} \dfrac{\mathrm{d}x}{x\sqrt{\ln x}}$.

P125,35 题

(4) 设 n 阶方阵 $\boldsymbol{A}$ 的秩 $r(\boldsymbol{A}) = r < n$,那么在 $\boldsymbol{A}$ 的 n 个行向量中

(A) 必有 r 个行向量线性无关.

(B) 任意 r 个行向量都线性无关.

(C) 任意 r 个行向量都构成极大线性无关向量组.

(D) 任意一个行向量都可以由其他 r 个行向量线性表出.

P200,4 题

答案对应的页码与题号

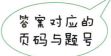

(5) 若两事件 A 和 B 同时出现的概率 $P(AB)=0$，则

(A) A 和 B 不相容(互斥).

(B) AB 是不可能事件.

(C) AB 未必是不可能事件.

(D) $P(A)=0$ 或 $P(B)=0$.

P253，1 题

三、计算题(本题满分 16 分，每小题 4 分)

(1) 求极限 $\lim\limits_{x\to 0}(1+xe^x)^{\frac{1}{x}}$.

P73，6 题

(2) 已知 $y=\ln\dfrac{\sqrt{1+x^2}-1}{\sqrt{1+x^2}+1}$，求 y'.

P88，12 题

(3) $z=\arctan\dfrac{x+y}{x-y}$，求 dz.

P132，3 题

(4) 求不定积分 $\int e^{\sqrt{2x-1}}dx$.

P111，1 题

四、解答题(本题满分 10 分)

考虑函数 $y=\sin x, 0\leqslant x\leqslant\dfrac{\pi}{2}$. 问：

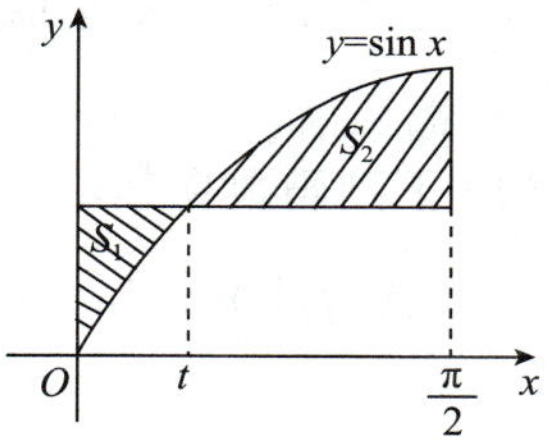

(1) t 取何值时，右图中阴影部分的面积 S_1 与 S_2 之和 $S=S_1+S_2$ 最小？

(2) t 取何值时，面积 $S=S_1+S_2$ 最大？

P127，40 题

五、解答题(本题满分 6 分)

将函数 $f(x)=\dfrac{1}{x^2-3x+2}$ 展开成 x 的幂级数，并指出收敛区间.

P165，27 题

六、计算题(本题满分 5 分)

计算二重积分 $\iint\limits_D e^{x^2}dxdy$，其中 D 是第一象限中由直线 $y=x$ 和 $y=x^3$ 所围成的封闭区域.

P145，2 题

七、解答题(本题满分 6 分)

已知某商品的需求量 x 对价格 p 的弹性 $\eta=-3p^3$，而市场对该商品的最大需求量为 1(万件). 求需求函数.

P105，55 题

八、计算题(本题满分 8 分)

解线性方程组$\begin{cases}2x_1-x_2+4x_3-3x_4=-4,\\ x_1+x_3-x_4=-3,\\ 3x_1+x_2+x_3=1,\\ 7x_1+7x_3-3x_4=3.\end{cases}$

P216,8 题

九、解答题(本题满分 7 分)

设矩阵 $\boldsymbol{A}$ 和 $\boldsymbol{B}$ 满足 $\boldsymbol{AB}=\boldsymbol{A}+2\boldsymbol{B}$,求矩阵 $\boldsymbol{B}$,其中 $\boldsymbol{A}=\begin{bmatrix}4&2&3\\1&1&0\\-1&2&3\end{bmatrix}$.

P196,26 题

十、解答题(本题满分 6 分)

求矩阵 $\boldsymbol{A}=\begin{bmatrix}-3&-1&2\\0&-1&4\\-1&0&1\end{bmatrix}$ 的实特征值及对应的特征向量.

P228,1 题

十一、解答题(本题满分 8 分,每小题 4 分)

(1) 已知随机变量 X 的概率分布为 $P\{X=1\}=0.2, P\{X=2\}=0.3, P\{X=3\}=0.5$,试写出 X 的分布函数 $F(x)$.

P261,2 题

(2) 已知随机变量 Y 的概率密度为 $f(y)=\begin{cases}\dfrac{y}{a^2}e^{-\frac{y^2}{2a^2}}, & y>0,\\ 0, & y\leqslant 0,\end{cases}$ 求随机变量 $Z=\dfrac{1}{Y}$ 的数学期望 $E(Z)$.

P281,1 题

十二、解答题(本题满分 8 分)

假设有两箱同种零件:第一箱内装 50 件,其中 10 件一等品;第二箱内装 30 件,其中 18 件一等品,现从两箱中随意挑出一箱,然后从该箱中先后随机取两个零件(取出的零件均不放回).试求:

(1) 先取出的零件是一等品的概率 p;

(2) 在先取出的零件是一等品的条件下,第二次取出的零件仍然是一等品的条件概率 q.

P253,2 题

1988 年全国硕士研究生招生考试 数学(三)试题

一、填空题(本题满分 12 分,每空 1 分)

(1) 设 $f(x)=\int_0^x e^{-\frac{1}{2}t^2}\mathrm{d}t,-\infty<x<+\infty$,则

①$f'(x)=$________.　　②$f(x)$ 的单调性是________.

③$f(x)$ 的奇偶性是________.　　④$f(x)$ 图形的拐点是________.

⑤$f(x)$ 的凹凸区间是________,________.⑥$f(x)$ 的水平渐近线是________,________.

P117,19 题

答案对应的页码与题号

(2) $\begin{vmatrix}1&1&1&0\\1&1&0&1\\1&0&1&1\\0&1&1&1\end{vmatrix}=$________.　　P176,1 题

(3) 设矩阵 $\boldsymbol{A}=\begin{bmatrix}0&0&0&1\\0&0&1&0\\0&1&0&0\\1&0&0&0\end{bmatrix}$,则 $\boldsymbol{A}^{-1}=$________.　　P184,7 题

(4) 设 $P(A)=0.4,P(A\cup B)=0.7$,那么

① 若 A 与 B 互不相容,则 $P(B)=$________.

② 若 A 与 B 相互独立,则 $P(B)=$________.　　P254,3 题

二、判断题(本题满分 10 分,每小题 2 分)

(1) 若极限 $\lim\limits_{x\to x_0}f(x)$ 与 $\lim\limits_{x\to x_0}f(x)g(x)$ 都存在,则极限 $\lim\limits_{x\to x_0}g(x)$ 必存在.　(　　)　P72,3 题

(2) 若 x_0 是函数 $f(x)$ 的极值点,则必有 $f'(x_0)=0$.　(　　)　P93,27 题

(3) 等式 $\int_0^a f(x)\mathrm{d}x=-\int_0^a f(a-x)\mathrm{d}x$,对任意实数 a 都成立.　(　　)　P115,11 题

(4) 若 $\boldsymbol{A}$ 和 $\boldsymbol{B}$ 都是 n 阶非零方阵,且 $\boldsymbol{AB}=\boldsymbol{O}$,则 $\boldsymbol{A}$ 的秩必小于 n.　(　　)　P191,18 题

(5) 若事件 A,B,C 满足等式 $A\cup C=B\cup C$,则 $A=B$.　(　　)　P254,4 题

三、计算题(本题满分 16 分,每小题 4 分)

(1) 求极限 $\lim\limits_{x\to 1}\dfrac{x^x-1}{x\ln x}$.　　P73,7 题

(2) 已知 $u+e^u=xy$,求 $\dfrac{\partial^2 u}{\partial x\partial y}$.　　P133,4 题

(3) 求定积分 $\int_0^3\dfrac{\mathrm{d}x}{\sqrt{x}(1+x)}$.　　P115,12 题

(4) 求二重积分 $\int_0^{\frac{\pi}{6}}\mathrm{d}y\int_y^{\frac{\pi}{6}}\dfrac{\cos x}{x}\mathrm{d}x$.　　P152,21 题

四、解答题(本题满分6分,每小题3分)

(1) 讨论级数 $\sum_{n=1}^{\infty}\frac{(n+1)!}{n^{n+1}}$ 的敛散性.

P154,2题

(2) 已知级数 $\sum_{n=1}^{\infty}a_n^2$ 和 $\sum_{n=1}^{\infty}b_n^2$ 都收敛,试证明级数 $\sum_{n=1}^{\infty}a_nb_n$ 绝对收敛.

P155,3题

五、解答题(本题满分8分)

已知某商品的需求量 D 和供给量 S 都是价格 p 的函数:

$$D=D(p)=\frac{a}{p^2},S=S(p)=bp$$

其中 $a>0$ 和 $b>0$ 为常数;价格 p 是时间 t 的函数且满足方程

$$\frac{\mathrm{d}p}{\mathrm{d}t}=k[D(p)-S(p)](k\text{ 为正的常数})$$

假设当 $t=0$ 时价格为1,试求

(1) 需求量等于供给量时的均衡价格 p_e;(2) 价格函数 $p(t)$;(3) 极限 $\lim\limits_{t\to+\infty}p(t)$.

P173,20题

六、计算题(本题满分8分)

在曲线 $y=x^2(x\geqslant 0)$ 上某点 A 处作一切线,使之与曲线以及 x 轴所围图形的面积为 $\frac{1}{12}$,试求:

(1) 切点 A 的坐标;

(2) 过切点 A 的切线方程;

(3) 由上述所围平面图形绕 x 轴旋转一周所成旋转体的体积.

P127,41题

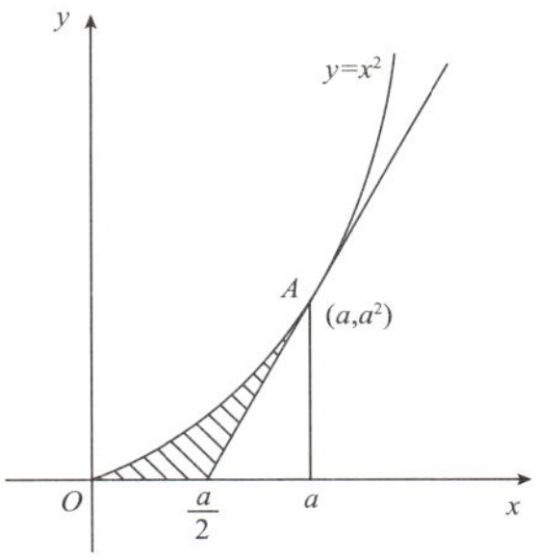

七、解答题(本题满分8分)

已给线性方程组 $\begin{cases}x_1+x_2+2x_3+3x_4=1,\\x_1+3x_2+6x_3+x_4=3,\\3x_1-x_2-k_1x_3+15x_4=3,\\x_1-5x_2-10x_3+12x_4=k_2,\end{cases}$

问 k_1 和 k_2 各取何值时,方程组无解?有唯一解?有无穷多组解?在方程组有无穷多组解的情形下,试求出一般解.

P216,9题

八、解答题(本题满分 7 分)

已知向量组 $\boldsymbol{\alpha}_1,\boldsymbol{\alpha}_2,\cdots,\boldsymbol{\alpha}_s(s\geqslant 2)$ 线性无关. 设 $\boldsymbol{\beta}_1=\boldsymbol{\alpha}_1+\boldsymbol{\alpha}_2,\boldsymbol{\beta}_2=\boldsymbol{\alpha}_2+\boldsymbol{\alpha}_3,\cdots,\boldsymbol{\beta}_{s-1}=\boldsymbol{\alpha}_{s-1}+\boldsymbol{\alpha}_s,\boldsymbol{\beta}_s=\boldsymbol{\alpha}_s+\boldsymbol{\alpha}_1$. 试讨论向量组 $\boldsymbol{\beta}_1,\boldsymbol{\beta}_2,\cdots,\boldsymbol{\beta}_s$ 的线性相关性.

P201,5 题

九、解答题(本题满分 6 分)

设 $\boldsymbol{A}$ 是三阶方阵,$\boldsymbol{A}^*$ 是 $\boldsymbol{A}$ 的伴随矩阵,$\boldsymbol{A}$ 的行列式 $|\boldsymbol{A}|=\frac{1}{2}$,求行列式 $|(3\boldsymbol{A})^{-1}-2\boldsymbol{A}^*|$ 的值.

P178,3 题

十、解答题(本题满分 7 分)

玻璃杯成箱出售,每箱 20 只. 假设各箱含 0,1,2 只残次品的概率相应为 0.8,0.1 和 0.1. 一顾客欲购一箱玻璃杯,在购买时,售货员随意取一箱,而顾客随机地查看 4 只,若无残次品,则买下该箱玻璃杯,否则退回. 试求:

(1) 顾客买下该箱的概率 α;

(2) 在顾客买下的一箱中,确实没有残次品的概率 β.

P255,5 题

十一、解答题(本题满分 6 分)

某保险公司多年统计资料表明,在索赔户中被盗索赔户占 20%,以 X 表示在随意抽查的 100 个索赔户中因被盗向保险公司索赔的户数.

(1) 写出 X 的概率分布;

(2) 利用棣莫弗-拉普拉斯定理,求被盗索赔户不少于 14 户且不多于 30 户的概率的近似值.

[附表]$\Phi(x)$ 是标准正态分布函数

x	0	0.5	1	1.5	2	2.5	3
$\Phi(x)$	0.500	0.692	0.841	0.933	0.977	0.994	0.999

P294,1 题

十二、解答题(本题满分 6 分)

假设随机变量 X 在区间(1,2)上服从均匀分布. 试求随机变量 $Y=\mathrm{e}^{2X}$ 的概率密度 $f(y)$.

P261,3 题

1989 年全国硕士研究生招生考试
数学(三)试题

一、填空题(本题满分 15 分,每小题 3 分)

(1) 曲线 $y=x+\sin^2 x$ 在点$\left(\frac{\pi}{2},1+\frac{\pi}{2}\right)$处的切线方程是________. P91,20 题

(2) 幂级数 $\sum\limits_{n=0}^{\infty}\frac{x^n}{\sqrt{n+1}}$ 的收敛域是________. P158,11 题

(3) 若齐次线性方程组 $\begin{cases}\lambda x_1+x_2+x_3=0,\\ x_1+\lambda x_2+x_3=0,\\ x_1+x_2+x_3=0\end{cases}$ 只有零解,则 λ 应满足的条件是________.

P211,1 题

(4) 设随机变量 X 的分布函数为 $F(x)=\begin{cases}0, & x<0,\\ A\sin x, & 0\leqslant x\leqslant\frac{\pi}{2},\\ 1, & x>\frac{\pi}{2},\end{cases}$ 则 $A=$________,

$P\left\{|X|<\frac{\pi}{6}\right\}=$________. P262,4 题

(5) 设 X 为随机变量且 $E(X)=\mu,D(X)=\sigma^2$. 则由切比雪夫不等式,有 $P\{|X-\mu|\geqslant 3\sigma\}\leqslant$ ________. P294,2 题

二、选择题(本题满分 15 分,每小题 3 分)

(1) 设 $f(x)=2^x+3^x-2$,则当 $x\to 0$ 时,

(A) $f(x)$ 是 x 的等价无穷小.

(B) $f(x)$ 与 x 是同阶但非等价无穷小.

(C) $f(x)$ 是比 x 更高阶的无穷小.

(D) $f(x)$ 是比 x 较低阶的无穷小.

P78,22 题

(2) 在下列等式中,正确的结果是

(A) $\int f'(x)\mathrm{d}x=f(x)$.

(B) $\int \mathrm{d}f(x)=f(x)$.

(C) $\frac{\mathrm{d}}{\mathrm{d}x}\int f(x)\mathrm{d}x=f(x)$.

(D) $\mathrm{d}\int f(x)\mathrm{d}x=f(x)$.

P112,2 题

(3) 设 $\boldsymbol{A}$ 为 n 阶方阵且 $|\boldsymbol{A}|=0$,则

(A) $\boldsymbol{A}$ 中必有两行(列)的元素对应成比例.

(B) $\boldsymbol{A}$ 中任意一行(列)向量是其余各行(列)向量的线性组合.

(C) $\boldsymbol{A}$ 中必有一行(列)向量是其余各行(列)向量的线性组合.

(D) $\boldsymbol{A}$ 中至少有一行(列)的元素全为 0. P180,7 题

(4) 设 $\boldsymbol{A}$ 和 $\boldsymbol{B}$ 都是 $n\times n$ 矩阵,则必有

(A) $|\boldsymbol{A}+\boldsymbol{B}|=|\boldsymbol{A}|+|\boldsymbol{B}|$.

(B) $\boldsymbol{AB}=\boldsymbol{BA}$

(C) $|\boldsymbol{AB}|=|\boldsymbol{BA}|$.

(D) $(\boldsymbol{A}+\boldsymbol{B})^{-1}=\boldsymbol{A}^{-1}+\boldsymbol{B}^{-1}$.

P181,1 题

(5) 以 A 表示事件“甲种产品畅销，乙种产品滞销”，则其对立事件 $\overline{A}$ 为：

(A)“甲种产品滞销，乙种产品畅销”.　　(B)“甲、乙两种产品均畅销”.

(C)“甲种产品滞销”.　　(D)“甲种产品滞销或乙种产品畅销”.

P255，6 题

三、计算题（本题满分 15 分，每小题 5 分）

(1) 求极限 $\lim\limits_{x\to\infty}\left(\sin\dfrac{1}{x}+\cos\dfrac{1}{x}\right)^x$. P73，8 题

(2) 已知 $z=f(u,v)$，$u=x+y$，$v=xy$，且 $f(u,v)$ 的二阶偏导数都连续，求 $\dfrac{\partial^2 z}{\partial x\partial y}$.

P133，5 题

(3) 求微分方程 $y''+5y'+6y=2\mathrm{e}^{-x}$ 的通解. P171，14 题

四、解答题（本题满分 9 分）

设某厂家打算生产一批商品投放市场，已知该商品的需求函数为 $p=p(x)=10\mathrm{e}^{-\frac{x}{2}}$，且最大需求量为 6，其中 x 表示需求量，p 表示价格.

(1) 求该商品的收益函数和边际收益函数；

(2) 求使收益最大时的产量、最大收益和相应的价格；

(3) 画出收益函数的图形. P105，56 题

五、计算题（本题满分 9 分）

已知函数 $f(x)=\begin{cases}x, & 0\leqslant x\leqslant 1,\\ 2-x, & 1<x\leqslant 2,\end{cases}$ 计算下列各题：

(1) $S_0=\displaystyle\int_0^2 f(x)\mathrm{e}^{-x}\mathrm{d}x$；　　(2) $S_1=\displaystyle\int_2^4 f(x-2)\mathrm{e}^{-x}\mathrm{d}x$；

(3) $S_n=\displaystyle\int_{2n}^{2n+2} f(x-2n)\mathrm{e}^{-x}\mathrm{d}x\,(n=2,3,\cdots)$；　(4) $S=\displaystyle\sum_{n=0}^{\infty}S_n$. P159，15 题

六、证明题（本题满分 6 分）

假设函数 $f(x)$ 在 $[a,b]$ 上连续，在 (a,b) 内可导，且 $f'(x)\leqslant 0$，记 $F(x)=\dfrac{1}{x-a}\displaystyle\int_a^x f(t)\mathrm{d}t$，证明在 (a,b) 内 $F'(x)\leqslant 0$.

P117，20 题

七、解答题(本题满分5分)

已知 $X = AX + B$,其中 $A = \begin{bmatrix} 0 & 1 & 0 \\ -1 & 1 & 1 \\ -1 & 0 & -1 \end{bmatrix}$,$B = \begin{bmatrix} 1 & -1 \\ 2 & 0 \\ 5 & -3 \end{bmatrix}$,求矩阵 X. P196,27题

八、解答题(本题满分6分)

设 $\boldsymbol{\alpha}_1 = (1,1,1)$,$\boldsymbol{\alpha}_2 = (1,2,3)$,$\boldsymbol{\alpha}_3 = (1,3,t)$.

(1)问当 t 为何值时,向量组 $\boldsymbol{\alpha}_1,\boldsymbol{\alpha}_2,\boldsymbol{\alpha}_3$ 线性无关?

(2)当 t 为何值时,向量组 $\boldsymbol{\alpha}_1,\boldsymbol{\alpha}_2,\boldsymbol{\alpha}_3$ 线性相关?

(3)当向量组 $\boldsymbol{\alpha}_1,\boldsymbol{\alpha}_2,\boldsymbol{\alpha}_3$ 线性相关时,将 $\boldsymbol{\alpha}_3$ 表示为 $\boldsymbol{\alpha}_1$ 和 $\boldsymbol{\alpha}_2$ 的线性组合. P201,6题

九、解答题(本题满分5分)

设

$$A = \begin{bmatrix} -1 & 2 & 2 \\ 2 & -1 & -2 \\ 2 & -2 & -1 \end{bmatrix}$$

(1)试求矩阵 A 的特征值.

(2)利用(1)小题的结果,求矩阵 $E + A^{-1}$ 的特征值,其中 E 是3阶单位矩阵.

P229,2题

十、解答题(本题满分7分)

已知随机变量 X 和 Y 的联合密度为

$$f(x,y) = \begin{cases} e^{-(x+y)}, & 0 < x < +\infty, 0 < y < +\infty, \\ 0, & \text{其他} \end{cases}$$

试求:(1)$P\{X < Y\}$;(2)$E(XY)$. P281,2题

十一、解答题(本题满分8分)

设随机变量 X 在[2,5]上服从均匀分布.现在对 X 进行三次独立观测.试求至少有两次观测值大于3的概率. P258,17题

1990 年全国硕士研究生招生考试 数学(三) 试题

一、填空题(本题满分 15 分,每小题 3 分)

(1) 极限 $\lim\limits_{n\to\infty}(\sqrt{n+3\sqrt{n}}-\sqrt{n-\sqrt{n}})=$ ________. P77,18 题

(2) 设 $f(x)$ 有连续的导数,$f(0)=0$ 且 $f'(0)=b$,若函数

$$F(x)=\begin{cases}\dfrac{f(x)+a\sin x}{x}, & x\neq 0,\\ A, & x=0\end{cases}$$

在 $x=0$ 处连续,则常数 $A=$ ________. P80,27 题

(3) 曲线 $y=x^2$ 与直线 $y=x+2$ 所围成的平面图形面积为________. P128,42 题

(4) 若线性方程组 $\begin{cases}x_1+x_2=-a_1,\\ x_2+x_3=a_2,\\ x_3+x_4=-a_3,\\ x_4+x_1=a_4\end{cases}$ 有解,则常数 a_1,a_2,a_3,a_4 应满足条件________.

P217,10 题

(5) 一射手对同一目标独立地进行 4 次射击,若至少命中一次的概率为$\dfrac{80}{81}$,则该射手的命中率为________. P258,18 题

二、选择题(本题满分 15 分,每小题 3 分)

(1) 设函数 $f(x)=x\tan x e^{\sin x}$,则 $f(x)$ 是

(A) 偶函数. (B) 无界函数.

(C) 周期函数. (D) 单调函数. P72,1 题

(2) 设函数 $f(x)$ 对任意的 x 均满足等式 $f(1+x)=af(x)$,且有 $f'(0)=b$,其中 a,b 为非零常数,则

(A) $f(x)$ 在 $x=1$ 处不可导. (B) $f(x)$ 在 $x=1$ 处可导,且 $f'(1)=a$.

(C) $f(x)$ 在 $x=1$ 处可导,且 $f'(1)=b$. (D) $f(x)$ 在 $x=1$ 处可导,且 $f'(1)=ab$.

P83,1 题

(3) 向量组 $\boldsymbol{\alpha}_1,\boldsymbol{\alpha}_2,\cdots,\boldsymbol{\alpha}_s$ 线性无关的充分条件是

(A) $\boldsymbol{\alpha}_1,\boldsymbol{\alpha}_2,\cdots,\boldsymbol{\alpha}_s$ 均不为零向量.

(B) $\boldsymbol{\alpha}_1,\boldsymbol{\alpha}_2,\cdots,\boldsymbol{\alpha}_s$ 中任意两个向量的分量不成比例.

(C) $\boldsymbol{\alpha}_1,\boldsymbol{\alpha}_2,\cdots,\boldsymbol{\alpha}_s$ 中任意一个向量均不能由其余 $s-1$ 个向量线性表示.

(D) $\boldsymbol{\alpha}_1,\boldsymbol{\alpha}_2,\cdots,\boldsymbol{\alpha}_s$ 中有一部分向量线性无关. P202,7 题

(4) 设 A,B 为两随机事件,且 $B\subset A$,则下列式子正确的是

(A) $P(A\cup B)=P(A)$. (B) $P(AB)=P(A)$.

(C) $P(B\mid A)=P(B)$. (D) $P(B-A)=P(B)-P(A)$.

P255,7 题

(5) 设随机变量 X 和 Y 相互独立,其概率分布为

m	-1	1
$P\{X=m\}$	$\frac{1}{2}$	$\frac{1}{2}$

m	-1	1
$P\{Y=m\}$	$\frac{1}{2}$	$\frac{1}{2}$

则下列式子正确的是

(A) $X=Y$.　　　(B) $P\{X=Y\}=0$.

(C) $P\{X=Y\}=\frac{1}{2}$.　　　(D) $P\{X=Y\}=1$.

P268,1 题

三、计算题(本题满分 20 分,每小题 5 分)

(1) 求函数 $I(x)=\int_{e}^{x}\frac{\ln t}{t^2-2t+1}dt$ 在区间 $[e,e^2]$ 上的最大值.

P118,21 题

(2) 计算二重积分 $\iint\limits_{D}xe^{-y^2}dxdy$,其中 D 是曲线 $y=4x^2$ 和 $y=9x^2$ 在第一象限所围成的区域.

P145,3 题

(3) 求级数 $\sum\limits_{n=1}^{\infty}\frac{(x-3)^n}{n^2}$ 的收敛域.

P158,12 题

(4) 求微分方程 $y'+y\cos x=(\ln x)e^{-\sin x}$ 的通解.

P167,1 题

四、解答题(本题满分 9 分)

某公司可通过电台及报纸两种方式做销售某种商品的广告,根据统计资料,销售收入 R(万元)与电台广告费用 x_1(万元)及报纸广告费用 x_2(万元)之间的关系有如下经验公式

$$R=15+14x_1+32x_2-8x_1x_2-2x_1^2-10x_2^2$$

(1) 在广告费用不限的情况下,求最优广告策略;

(2) 若提供的广告费用为 1.5 万元,求相应的最优广告策略.

P140,24 题

五、证明题(本题满分 6 分)

设 $f(x)$ 在闭区间 $[0,c]$ 上连续,其导数 $f'(x)$ 在开区间 $(0,c)$ 内存在且单调减少,$f(0)=0$,试应用拉格朗日中值定理证明不等式 $f(a+b)\leqslant f(a)+f(b)$,其中常数 a,b 满足条件 $0\leqslant a\leqslant b\leqslant a+b\leqslant c$.

P101,44 题

六、计算题(本题满分 8 分)

已知线性方程组 $\begin{cases}x_1+x_2+x_3+x_4+x_5=a,\\3x_1+2x_2+x_3+x_4-3x_5=0,\\x_2+2x_3+2x_4+6x_5=b,\\5x_1+4x_2+3x_3+3x_4-x_5=2.\end{cases}$

(1) a,b 为何值时,方程组有解?

(2) 方程组有解时,求出方程组的导出组的一个基础解系;

(3) 方程组有解时,求出方程组的全部解.

P217,11 题

七、证明题（本题满分 5 分）

已知对于 n 阶方阵 $\boldsymbol{A}$，存在自然数 k，使 $\boldsymbol{A}^k=\boldsymbol{O}$. 试证明矩阵 $\boldsymbol{E}-\boldsymbol{A}$ 可逆，并写出其逆矩阵的表达式（$\boldsymbol{E}$ 为 n 阶单位阵）.

P185，8 题

八、证明题（本题满分 6 分）

设 $\boldsymbol{A}$ 为 n 阶矩阵，λ_1 和 λ_2 是 $\boldsymbol{A}$ 的两个不同的特征值，$\boldsymbol{\alpha}_1,\boldsymbol{\alpha}_2$ 是分别属于 λ_1 和 λ_2 的特征向量，试证明 $\boldsymbol{\alpha}_1+\boldsymbol{\alpha}_2$ 不是 $\boldsymbol{A}$ 的特征向量.

P229，3 题

九、解答题（本题满分 4 分）

从 0，1，2，…，9 十个数字中任意选出三个不同的数字，试求下列事件的概率：

$A_1=\{$三个数字中不含 0 和 5$\}$；

$A_2=\{$三个数字中不含 0 或 5$\}$；

$A_3=\{$三个数字中含 0 但不含 5$\}$.

P258，19 题

十、解答题（本题满分 5 分）

一电子仪器由两个部件构成，以 X 和 Y 分别表示两个部件的寿命（单位：千小时），已知 X 和 Y 的联合分布函数为

$$F(x,y)=\begin{cases}1-e^{-0.5x}-e^{-0.5y}+e^{-0.5(x+y)}, & x\geqslant 0,y\geqslant 0,\\ 0, & \text{其他}\end{cases}$$

(1) 问 X 和 Y 是否独立？

(2) 求两个部件的寿命都超过 100 小时的概率 α.

P269，2 题

十一、解答题（本题满分 7 分）

某地抽样调查结果表明，考生的外语成绩（百分制）近似正态分布，平均成绩为 72 分，96 分以上的占考生总数的 2.3%，试求考生的外语成绩在 60 分至 84 分之间的概率.

［附表］（表中的 $\Phi(x)$ 是标准正态分布函数）

x	0	0.5	1.0	1.5	2.0	2.5	3.0
$\Phi(x)$	0.500	0.692	0.841	0.933	0.977	0.994	0.999

P262，5 题

1991 年全国硕士研究生招生考试
数学(三)试题

一、填空题(本题满分 15 分,每小题 3 分)

(1) 设 $z = e^{\sin(xy)}$,则 $dz =$ ________. P133,6 题

(2) 设曲线 $f(x) = x^3 + ax$ 与 $g(x) = bx^2 + c$ 都通过点$(-1,0)$,且在点$(-1,0)$有公共切线,则$a =$ ________,$b =$ ________,$c =$ ________. P91,21 题

(3) 设 $f(x) = xe^x$,则 $f^{(n)}(x)$ 在点 $x =$ ________处取极小值________. P93,28 题

(4) 设 $\boldsymbol{A}$ 和 $\boldsymbol{B}$ 为可逆矩阵,$\boldsymbol{X} = \begin{bmatrix} \boldsymbol{O} & \boldsymbol{A} \\ \boldsymbol{B} & \boldsymbol{O} \end{bmatrix}$为分块矩阵,则 $\boldsymbol{X}^{-1} =$ ________. P185,9 题

(5) 设随机变量 X 的分布函数为

$$F(x) = P\{X \leqslant x\} = \begin{cases} 0, & x < -1, \\ 0.4, & -1 \leqslant x < 1, \\ 0.8, & 1 \leqslant x < 3, \\ 1, & x \geqslant 3 \end{cases}$$

则 X 的概率分布为________. P263,6 题

二、选择题(本题满分 15 分,每小题 3 分)

(1) 下列各式中正确的是

(A) $\lim\limits_{x \to 0^+}\left(1 + \frac{1}{x}\right)^x = 1$.　　(B) $\lim\limits_{x \to 0^+}\left(1 + \frac{1}{x}\right)^x = e$.

(C) $\lim\limits_{x \to \infty}\left(1 - \frac{1}{x}\right)^x = -e$.　　(D) $\lim\limits_{x \to \infty}\left(1 + \frac{1}{x}\right)^{-x} = e$. P74,9 题

(2) 设 $0 \leqslant a_n < \frac{1}{n}(n = 1,2,\cdots)$,则下列级数中肯定收敛的是

(A) $\sum\limits_{n=1}^{\infty} a_n$.　　(B) $\sum\limits_{n=1}^{\infty} (-1)^n a_n$.

(C) $\sum\limits_{n=1}^{\infty} \sqrt{a_n}$.　　(D) $\sum\limits_{n=1}^{\infty} (-1)^n a_n^2$. P155,4 题

(3) 设 $\boldsymbol{A}$ 为 n 阶可逆矩阵,λ 是 $\boldsymbol{A}$ 的一个特征值,则 $\boldsymbol{A}$ 的伴随矩阵 $\boldsymbol{A}^*$ 的特征值之一是

(A) $\lambda^{-1} |\boldsymbol{A}|^n$.　　(B) $\lambda^{-1} |\boldsymbol{A}|$.

(C) $\lambda |\boldsymbol{A}|$.　　(D) $\lambda |\boldsymbol{A}|^n$. P229,4 题

(4) 设 A 和 B 是任意两个概率不为零的互不相容事件,则下列结论中肯定正确的是

(A) $\overline{A}$ 与 $\overline{B}$ 不相容.　　(B) $\overline{A}$ 与 $\overline{B}$ 相容.

(C) $P(AB) = P(A)P(B)$.　　(D) $P(A-B) = P(A)$. P255,8 题

(5) 对任意两个随机变量 X 和 Y,若 $E(XY) = E(X) \cdot E(Y)$,则

(A) $D(XY) = D(X) \cdot D(Y)$.　　(B) $D(X+Y) = D(X) + D(Y)$.

(C) X 与 Y 独立.　　(D) X 与 Y 不独立. P282,3 题

三、计算题（本题满分 5 分）

求极限$\lim\limits_{x\to 0}\left(\dfrac{e^x+e^{2x}+\cdots+e^{nx}}{n}\right)^{\frac{1}{x}}$，其中 n 是给定的自然数.

P74，10 题

四、计算题（本题满分 5 分）

计算二重积分 $I=\iint\limits_D y\,dx\,dy$，其中 D 是由 x 轴、y 轴与曲线$\sqrt{\dfrac{x}{a}}+\sqrt{\dfrac{y}{b}}=1$所围成的区域，其中 $a>0,b>0$.

P145，4 题

五、解答题（本题满分 5 分）

求微分方程 $xy\dfrac{dy}{dx}=x^2+y^2$ 满足 $y\Big|_{x=e}=2e$ 的特解.

P167，2 题

六、解答题（本题满分 5 分）

假设曲线 $L_1：y=1-x^2(0\leqslant x\leqslant 1)$，$x$ 轴和 y 轴所围区域被曲线$L_2：y=ax^2$ 分为面积相等的两部分（如图），其中 a 是大于零的常数，试确定 a 的值.

P128，43 题

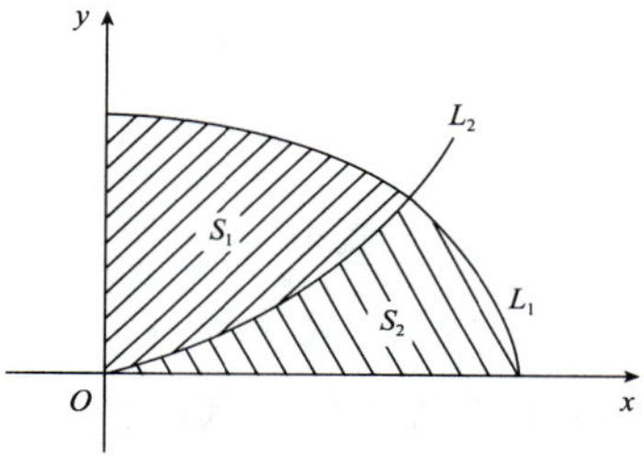

七、解答题（本题满分 8 分）

某厂家生产的一种产品同时在两个市场销售，售价分别为 p_1 和 p_2，销售量分别为 q_1 和 q_2，需求函数分别为 $q_1=24-0.2p_1$ 和 $q_2=10-0.05p_2$，总成本函数为 $C=35+40(q_1+q_2)$，试问：厂家如何确定两个市场的售价，能使其获得的总利润最大？最大总利润为多少？

P140，25 题

八、证明题（本题满分 6 分）

试证明函数 $f(x)=\left(1+\dfrac{1}{x}\right)^x$ 在区间$(0,+\infty)$内单调增加.

P93，29 题

九、解答题（本题满分 7 分）

设有三维列向量 $\boldsymbol{\alpha}_1=\begin{pmatrix}1+\lambda\\1\\1\end{pmatrix}$，$\boldsymbol{\alpha}_2=\begin{pmatrix}1\\1+\lambda\\1\end{pmatrix}$，$\boldsymbol{\alpha}_3=\begin{pmatrix}1\\1\\1+\lambda\end{pmatrix}$，$\boldsymbol{\beta}=\begin{pmatrix}0\\\lambda\\\lambda^2\end{pmatrix}$，问 λ 取何值时：

(1) $\boldsymbol{\beta}$ 可由 $\boldsymbol{\alpha}_1,\boldsymbol{\alpha}_2,\boldsymbol{\alpha}_3$ 线性表示，且表达式唯一？

(2) $\boldsymbol{\beta}$ 可由 $\boldsymbol{\alpha}_1,\boldsymbol{\alpha}_2,\boldsymbol{\alpha}_3$ 线性表示，但表达式不唯一？

(3) $\boldsymbol{\beta}$ 不能由 $\boldsymbol{\alpha}_1,\boldsymbol{\alpha}_2,\boldsymbol{\alpha}_3$ 线性表示？

P197，1 题

十、解答题(本题满分 6 分)

考虑二次型 $f=x_1^2+4x_2^2+4x_3^2+2\lambda x_1x_2-2x_1x_3+4x_2x_3$，问 λ 取何值时，f 为正定二次型？

P245,5 题

十一、证明题(本题满分 6 分)

试证明 n 维列向量 $\boldsymbol{\alpha}_1,\boldsymbol{\alpha}_2,\cdots,\boldsymbol{\alpha}_n$ 线性无关的充分必要条件是

$$D=\begin{vmatrix}\boldsymbol{\alpha}_1^{\mathrm T}\boldsymbol{\alpha}_1 & \boldsymbol{\alpha}_1^{\mathrm T}\boldsymbol{\alpha}_2 & \cdots & \boldsymbol{\alpha}_1^{\mathrm T}\boldsymbol{\alpha}_n\\ \boldsymbol{\alpha}_2^{\mathrm T}\boldsymbol{\alpha}_1 & \boldsymbol{\alpha}_2^{\mathrm T}\boldsymbol{\alpha}_2 & \cdots & \boldsymbol{\alpha}_2^{\mathrm T}\boldsymbol{\alpha}_n\\ \vdots & \vdots & & \vdots\\ \boldsymbol{\alpha}_n^{\mathrm T}\boldsymbol{\alpha}_1 & \boldsymbol{\alpha}_n^{\mathrm T}\boldsymbol{\alpha}_2 & \cdots & \boldsymbol{\alpha}_n^{\mathrm T}\boldsymbol{\alpha}_n\end{vmatrix}\neq 0$$

其中 $\boldsymbol{\alpha}_i^{\mathrm T}$ 是 $\boldsymbol{\alpha}_i$ 的转置，$i=1,2,\cdots,n$.

P202,8 题

十二、解答题(本题满分 6 分)

一汽车沿一街道行驶，需要通过三个均设有红绿信号灯的路口，每个信号灯为红或绿与其他信号灯为红或绿相互独立，且红绿两种信号显示的时间相等. 以 X 表示该汽车首次遇到红灯前已通过的路口的个数. 求 X 的概率分布.

P263,7 题

十三、解答题(本题满分 6 分)

假设随机变量 X 和 Y 在圆域 $x^2+y^2\leqslant r^2$ 上服从联合均匀分布.

(1) 求 X 和 Y 的相关系数 ρ；

(2) 问 X 和 Y 是否独立？

P290,18 题

十四、解答题(本题满分 5 分)

设总体 X 的概率密度为 $f(x;\lambda)=\begin{cases}\lambda a x^{a-1}\mathrm{e}^{-\lambda x^a}, & x>0,\\ 0, & x\leqslant 0,\end{cases}$ 其中 $\lambda>0$ 是未知参数，$a>0$ 是已知常数，试根据来自总体 X 的简单随机样本 $X_1,X_2,\cdots,X_n$，求 λ 的最大似然估计量 $\hat{\lambda}$.

P300,1 题

1992 年全国硕士研究生招生考试
数学(三)试题

一、填空题(本题满分 15 分,每小题 3 分)

(1) 设商品的需求函数 $Q=100-5p$,其中 Q,p 分别表示需求量和价格,如果商品需求弹性的绝对值大于 1,则商品价格的取值范围是________. P106,57 题

(2) 级数 $\sum\limits_{n=1}^{\infty}\frac{(x-2)^{2n}}{n4^n}$ 的收敛域为________. P158,13 题

(3) 交换积分次序 $\int_0^1 \mathrm{d}y\int_{\sqrt{y}}^{\sqrt{2-y^2}} f(x,y)\mathrm{d}x=$ ________. P152,22 题

(4) 设 $\boldsymbol{A}$ 为 m 阶方阵,$\boldsymbol{B}$ 为 n 阶方阵,且 $|\boldsymbol{A}|=a$,$|\boldsymbol{B}|=b$,$\boldsymbol{C}=\begin{bmatrix}\boldsymbol{O} & \boldsymbol{A}\\ \boldsymbol{B} & \boldsymbol{O}\end{bmatrix}$,则 $|\boldsymbol{C}|=$ ________.

P178,4 题

(5) 将 C,C,E,E,I,N,S 这七个字母随机地排成一行,则恰好排成 $SCIENCE$ 的概率为________. P255,9 题

二、选择题(本题满分 15 分,每小题 3 分)

(1) 设 $F(x)=\frac{x^2}{x-a}\int_a^x f(t)\mathrm{d}t$,其中 $f(x)$ 为连续函数,则 $\lim\limits_{x\to a}F(x)$ 等于

(A)a^2.　　(B)$a^2 f(a)$.

(C)0.　　(D) 不存在. P118,22 题

(2) 当 $x\to 0$ 时,下列四个无穷小量中,哪一个是比其他三个更高阶的无穷小量?

(A)x^2.　　(B)$1-\cos x$.

(C) $\sqrt{1-x^2}-1$.　　(D)$x-\tan x$. P78,23 题

(3) 设 $\boldsymbol{A}$ 为 $m\times n$ 矩阵,则齐次线性方程组 $\boldsymbol{Ax}=\boldsymbol{0}$ 仅有零解的充分条件是

(A)$\boldsymbol{A}$ 的列向量线性无关.　　(B)$\boldsymbol{A}$ 的列向量线性相关.

(C)$\boldsymbol{A}$ 的行向量线性无关.　　(D)$\boldsymbol{A}$ 的行向量线性相关. P212,2 题

(4) 设当事件 A 与 B 同时发生时,事件 C 必发生,则

(A)$P(C)\leqslant P(A)+P(B)-1$.　　(B)$P(C)\geqslant P(A)+P(B)-1$.

(C)$P(C)=P(AB)$.　　(D)$P(C)=P(A\cup B)$. P256,10 题

(5) 设 n 个随机变量 $X_1,X_2,\cdots,X_n$ 独立同分布,$D(X_1)=\sigma^2$,$\overline{X}=\frac{1}{n}\sum\limits_{i=1}^{n}X_i$,$S^2=\frac{1}{n-1}\sum\limits_{i=1}^{n}(X_i-\overline{X})^2$,则

(A)S 是 σ 的无偏估计量.(超纲,可改成 $E(S)=\sigma^2$)

(B)S 是 σ 的最大似然估计量.

(C)S 是 σ 的相合估计量(即一致估计量).

(D)S 与 $\overline{X}$ 相互独立.

P300,2 题

三、解答题(本题满分 5 分)

设函数 $f(x)=\begin{cases}\dfrac{\ln\cos(x-1)}{1-\sin\frac{\pi}{2}x}, & x\neq 1,\\ 1, & x=1,\end{cases}$ 问函数 $f(x)$ 在 $x=1$ 处是否连续?若不连续,修改函数在 $x=1$ 处的定义,使之连续. P80,28 题

四、计算题(本题满分 5 分)

计算 $I=\int\dfrac{\operatorname{arccot} e^x}{e^x}dx$. P112,3 题

五、计算题(本题满分 5 分)

设 $z=\sin(xy)+\varphi\left(x,\dfrac{x}{y}\right)$,求 $\dfrac{\partial^2 z}{\partial x\partial y}$,其中 $\varphi(u,v)$ 有二阶偏导数. P133,7 题

六、解答题(本题满分 5 分)

求连续函数 $f(x)$,使它满足 $f(x)+2\int_0^x f(t)dt=x^2$. P168,3 题

七、证明题(本题满分 6 分)

求证:当 $x\geqslant 1$ 时,$\arctan x-\dfrac{1}{2}\arccos\dfrac{2x}{1+x^2}=\dfrac{\pi}{4}$. P101,45 题

八、解答题(本题满分 9 分)

设曲线方程为 $y=e^{-x}(x\geqslant 0)$.

(1) 把曲线 $y=e^{-x}$,x 轴,y 轴和直线 $x=\xi(\xi>0)$ 所围平面图形绕 x 轴旋转一周,得一旋转体,求此旋转体体积 $V(\xi)$;求满足 $V(a)=\dfrac{1}{2}\lim\limits_{\xi\to+\infty}V(\xi)$ 的 a.

(2) 在此曲线上找一点,使过该点的切线与两个坐标轴所夹平面图形的面积最大,并求出该面积. P128,44 题

九、解答题(本题满分 7 分)

设矩阵 $\boldsymbol{A}$ 与 $\boldsymbol{B}$ 相似,其中 $\boldsymbol{A}=\begin{bmatrix}-2&0&0\\2&x&2\\3&1&1\end{bmatrix}$,$\boldsymbol{B}=\begin{bmatrix}-1&0&0\\0&2&0\\0&0&y\end{bmatrix}$.

(1) 求 x 和 y 的值;(2) 求可逆矩阵 $\boldsymbol{P}$,使 $\boldsymbol{P}^{-1}\boldsymbol{A}\boldsymbol{P}=\boldsymbol{B}$. P232,8 题

十、解答题(本题满分 6 分)

已知三阶矩阵 $\boldsymbol{B}\neq\boldsymbol{O}$,且 $\boldsymbol{B}$ 的每一个列向量都是以下方程组的解：

$$\begin{cases} x_1+2x_2-2x_3=0, \\ 2x_1-x_2+\lambda x_3=0, \\ 3x_1+x_2-x_3=0 \end{cases}$$

(1) 求 λ 的值;(2) 证明 $|\boldsymbol{B}|=0$.

P212,3 题

十一、解答题(本题满分 6 分)

设 $\boldsymbol{A},\boldsymbol{B}$ 分别为 m,n 阶正定矩阵,试判定分块矩阵 $\boldsymbol{C}=\begin{bmatrix}\boldsymbol{A} & \boldsymbol{O}\\ \boldsymbol{O} & \boldsymbol{B}\end{bmatrix}$是否是正定矩阵.

P246,6 题

十二、解答题(本题满分 7 分)

假设测量的随机误差 $X\sim N(0,10^2)$,试求在 100 次独立重复测量中,至少有三次测量误差的绝对值大于 19.6 的概率 α,并利用泊松分布求出 α 的近似值.(要求小数点后取两位有效数字).

附表

λ	1	2	3	4	5	6	7	…
$e^{-\lambda}$	0.368	0.135	0.050	0.018	0.007	0.002	0.001	…

P263,8 题

十三、解答题(本题满分 5 分)

一台设备由三大部件构成,在设备运转中各部件需要调整的概率相应为 0.10,0.20 和 0.30.假设各部件的状态相互独立,以 X 表示同时需要调整的部件数,试求 X 的概率分布、数学期望 $E(X)$ 和方差 $D(X)$.

P282,4 题

十四、解答题(本题满分 4 分)

设二维随机变量(X,Y)的概率密度为

$$f(x,y)=\begin{cases} e^{-y}, & 0<x<y, \\ 0, & 其他 \end{cases}$$

(1) 求 X 的概率密度 $f_X(x)$;(2) 求概率 $P\{X+Y\leqslant 1\}$.

P269,3 题

1993 年全国硕士研究生招生考试数学(三)试题

一、填空题(本题满分 15 分,每小题 3 分)

(1) $\lim\limits_{x\to\infty}\dfrac{3x^2+5}{5x+3}\sin\dfrac{2}{x}=$ ________. P74,11 题

(2) 已知 $y=f\left(\dfrac{3x-2}{3x+2}\right)$, $f'(x)=\arctan x^2$,则 $\left.\dfrac{\mathrm{d}y}{\mathrm{d}x}\right|_{x=0}=$ ________. P89,13 题

(3) 级数 $\sum\limits_{n=0}^{\infty}\dfrac{(\ln 3)^n}{2^n}$ 的和为________. P160,16 题

(4) 设 4 阶方阵 $\boldsymbol{A}$ 的秩为 2,则其伴随矩阵 $\boldsymbol{A}^*$ 的秩为________. P192,19 题

(5) 设总体 X 的方差为 1,根据来自 X 的容量为 100 的简单随机样本,测得样本均值为 5,则 X 的数学期望的置信度近似等于 0.95 的置信区间为________.(最新考纲已不考此知识点). P301,3 题

二、选择题(本题满分 15 分,每小题 3 分)

(1) 设函数 $f(x)=\begin{cases}\sqrt{|x|}\sin\dfrac{1}{x^2}, & x\neq 0,\\ 0, & x=0,\end{cases}$ 则 $f(x)$ 在 $x=0$ 处

(A) 极限不存在. (B) 极限存在但不连续.

(C) 连续但不可导. (D) 可导. P84,2 题

(2) 设 $f(x)$ 为连续函数,且 $F(x)=\int_{\frac{1}{x}}^{\ln x}f(t)\mathrm{d}t$,则 $F'(x)$ 等于

(A) $\dfrac{1}{x}f(\ln x)+\dfrac{1}{x^2}f(\dfrac{1}{x})$. (B) $\dfrac{1}{x}f(\ln x)+f(\dfrac{1}{x})$.

(C) $\dfrac{1}{x}f(\ln x)-\dfrac{1}{x^2}f(\dfrac{1}{x})$. (D) $f(\ln x)-f(\dfrac{1}{x})$. P119,23 题

(3) n 阶方阵 $\boldsymbol{A}$ 具有 n 个不同的特征值是 $\boldsymbol{A}$ 与对角阵相似的

(A) 充分必要条件.

(B) 充分而非必要条件.

(C) 必要而非充分条件.

(D) 既非充分也非必要条件. P233,9 题

(4) 设两事件 A 与 B 满足 $P(B\mid A)=1$,则(题有误,详见解析)

(A) A 是必然事件. (B) $P(B\mid\overline{A})=0$.

(C) $A\supset B$. (D) $A\subset B$. P256,11 题

(5) 设随机变量 X 的密度函数为 $\varphi(x)$,且 $\varphi(-x)=\varphi(x)$,$F(x)$ 为 X 的分布函数,则对任意实数 a,有

(A) $F(-a)=1-\int_0^a\varphi(x)\mathrm{d}x$. (B) $F(-a)=\dfrac{1}{2}-\int_0^a\varphi(x)\mathrm{d}x$.

(C) $F(-a)=F(a)$. (D) $F(-a)=2F(a)-1$. P264,9 题

三、解答题(本题满分 5 分)

设 $z=f(x,y)$ 是由方程 $z-y-x+xe^{z-y-x}=0$ 所确定的二元函数,求 dz.

P134,8 题

四、解答题(本题满分 7 分)

已知 $\lim\limits_{x\to\infty}\left(\dfrac{x-a}{x+a}\right)^x=\int_a^{+\infty}4x^2e^{-2x}dx$,求常数 a 的值.

P126,36 题

五、解答题(本题满分 9 分)

设某产品的成本函数为 $C=aq^2+bq+c$,需求函数为 $q=\dfrac{1}{e}(d-p)$,其中 C 为成本,q 为需求量(即产量),p 为单价,a,b,c,d,e 都是正的常数,且 $d>b$,求:

(1) 利润最大时的产量及最大利润;

(2) 需求对价格的弹性;

(3) 需求对价格弹性的绝对值为 1 时的产量.

P106,58 题

六、解答题(本题满分 8 分)

假设:(1) 函数 $y=f(x)(0\leqslant x<+\infty)$ 满足条件 $f(0)=0$ 和 $0\leqslant f(x)\leqslant e^x-1$;

(2) 平行于 y 轴的动直线 MN 与曲线 $y=f(x)$ 和 $y=e^x-1$ 分别相交于点 P_1 和 P_2;

(3) 曲线 $y=f(x)$、直线 MN 与 x 轴所围封闭图形的面积 S 恒等于线段 P_1P_2 的长度.

求函数 $y=f(x)$ 的表达式.

P174,21 题

七、证明题(本题满分 6 分)

假设函数 $f(x)$ 在$[0,1]$上连续,在$(0,1)$内二阶可导,过点 $A(0,f(0))$ 与点 $B(1,f(1))$ 的直线与曲线 $y=f(x)$ 相交于点 $C(c,f(c))$,其中 $0<c<1$. 证明:在$(0,1)$内至少存在一点 ξ,使 $f''(\xi)=0$.

P102,46 题

八、解答题(本题满分 10 分)

k 为何值时,线性方程组 $\begin{cases}x_1+x_2+kx_3=4,\\-x_1+kx_2+x_3=k^2,\\x_1-x_2+2x_3=-4\end{cases}$ 有唯一解、无解、有无穷多组解?在有解情况下,求出其全部解.

P218,12 题

九、解答题(本题满分 9 分)

设二次型 $f=x_1^2+x_2^2+x_3^2+2\alpha x_1x_2+2\beta x_2x_3+2x_1x_3$ 经正交变换 $\boldsymbol{x}=\boldsymbol{P}\boldsymbol{y}$ 化成 $f=y_2^2+2y_3^2$,其中 $\boldsymbol{x}=(x_1,x_2,x_3)^{\mathrm{T}}$ 和 $\boldsymbol{y}=(y_1,y_2,y_3)^{\mathrm{T}}$ 都是三维列向量,$\boldsymbol{P}$ 是三阶正交矩阵. 试求常数 α,β.

P243,1 题

十、解答题(本题满分 8 分)

设随机变量 X 和 Y 同分布,X 的概率密度为

$$f(x)=\begin{cases}\dfrac{3}{8}x^2, & 0<x<2,\\ 0, & \text{其他}\end{cases}$$

(1) 已知事件 $A=\{X>a\}$ 和 $B=\{Y>a\}$ 独立,且 $P(A\cup B)=\dfrac{3}{4}$,求常数 a;

(2) 求 $\dfrac{1}{X^2}$ 的数学期望.

P283,5 题

十一、解答题(本题满分 8 分)

假设一大型设备在任何长为 t 的时间内发生故障的次数 $N(t)$ 服从参数为 λt 的泊松分布.

(1) 求相继两次故障之间时间间隔 T 的概率分布;

(2) 求在设备已无故障工作 8 小时的情形下,再无故障运行 8 小时的概率 Q.

P264,10 题

1994 年全国硕士研究生招生考试数学(三)试题

一、填空题(本题满分 15 分,每小题 3 分)

(1) $\int_{-2}^{2} \frac{x+|x|}{2+x^2}\mathrm{d}x =$ ________.

P115,13 题

(2) 已知 $f'(x_0)=-1$, $\lim\limits_{x\to 0}\frac{x}{f(x_0-2x)-f(x_0-x)} =$ ________.

P84,3 题

(3) 设方程 $e^{xy}+y^2=\cos x$ 确定 y 为 x 的函数,则 $\frac{\mathrm{d}y}{\mathrm{d}x} =$ ________.

P89,14 题

(4) 设 $\boldsymbol{A}=\begin{bmatrix} 0 & a_1 & 0 & \cdots & 0 \\ 0 & 0 & a_2 & \cdots & 0 \\ \vdots & \vdots & \vdots & & \vdots \\ 0 & 0 & 0 & \cdots & a_{n-1} \\ a_n & 0 & 0 & \cdots & 0 \end{bmatrix}$,其中 $a_i \neq 0, i=1,2,\cdots,n$,则 $\boldsymbol{A}^{-1} =$ ________.

P185,10 题

(5) 设随机变量 X 的概率密度为

$$f(x)=\begin{cases} 2x, & 0<x<1, \\ 0, & \text{其他} \end{cases}$$

以 Y 表示对 X 的三次独立重复观察中事件 $\{X \leqslant \frac{1}{2}\}$ 出现的次数,则 $P\{Y=2\} =$ ________.

P264,11 题

二、选择题(本题满分 15 分,每小题 3 分)

(1) 曲线 $y=e^{\frac{1}{x^2}}\arctan\frac{x^2+x-1}{(x-1)(x+2)}$ 的渐近线有

(A)1 条. (B)2 条.

(C)3 条. (D)4 条.

P96,34 题

(2) 设常数 $\lambda>0$,而级数 $\sum\limits_{n=1}^{\infty}a_n^2$ 收敛,则级数 $\sum\limits_{n=1}^{\infty}(-1)^n\frac{|a_n|}{\sqrt{n^2+\lambda}}$

(A) 发散. (B) 条件收敛.

(C) 绝对收敛. (D) 收敛性与 λ 有关.

P155,5 题

(3) 设 $\boldsymbol{A}$ 是 $m\times n$ 矩阵,$\boldsymbol{C}$ 是 n 阶可逆矩阵,矩阵 $\boldsymbol{A}$ 的秩为 r,矩阵 $\boldsymbol{B}=\boldsymbol{AC}$ 的秩为 r_1,则

(A)$r>r_1$. (B)$r<r_1$.

(C)$r=r_1$. (D)r 与 r_1 的关系依 $\boldsymbol{C}$ 而定.

P192,20 题

(4) 设 $0<P(A)<1, 0<P(B)<1, P(A\mid B)+P(\overline{A}\mid\overline{B})=1$,则事件 A 和 B

(A) 互不相容. (B) 互相对立.

(C) 不独立. (D) 独立.

P256,12 题

(5) 设 $X_1,X_2,\cdots,X_n$ 是来自正态总体 $N(\mu,\sigma^2)$ 的简单随机样本,$\overline{X}$ 是样本均值,记

$$S_1^2=\frac{1}{n-1}\sum_{i=1}^{n}(X_i-\overline{X})^2,S_2^2=\frac{1}{n}\sum_{i=1}^{n}(X_i-\overline{X})^2,S_3^2=\frac{1}{n-1}\sum_{i=1}^{n}(X_i-\mu)^2,S_4^2=\frac{1}{n}\sum_{i=1}^{n}(X_i-\mu)^2$$

则服从自由度为 $n-1$ 的 t 分布的随机变量是

(A) $t=\dfrac{\overline{X}-\mu}{S_1/\sqrt{n-1}}$.　　(B) $t=\dfrac{\overline{X}-\mu}{S_2/\sqrt{n-1}}$.

(C) $t=\dfrac{\overline{X}-\mu}{S_3/\sqrt{n}}$.　　(D) $t=\dfrac{\overline{X}-\mu}{S_4/\sqrt{n}}$.　　P297,1 题

三、计算题(本题满分 6 分)

计算二重积分 $\iint\limits_D(x+y)\mathrm{d}x\mathrm{d}y$,其中 $D=\{(x,y)\mid x^2+y^2\leqslant x+y+1\}$.　　P145,5 题

四、计算题(本题满分 5 分)

设函数 $y=y(x)$ 满足条件 $\begin{cases}y''+4y'+4y=0,\\ y(0)=2,\\ y'(0)=-4,\end{cases}$ 求广义积分 $\int_0^{+\infty}y(x)\mathrm{d}x$.　　P172,15 题

五、计算题(本题满分 5 分)

已知 $f(x,y)=x^2\arctan\dfrac{y}{x}-y^2\arctan\dfrac{x}{y}$,求 $\dfrac{\partial^2 f}{\partial x\partial y}$.　　P134,9 题

六、计算题(本题满分 5 分)

设函数 $f(x)$ 可导,且 $f(0)=0$,$F(x)=\int_0^x t^{n-1}f(x^n-t^n)\mathrm{d}t$,求 $\lim\limits_{x\to0}\dfrac{F(x)}{x^{2n}}$.　　P119,24 题

七、解答题(本题满分 8 分)

已知曲线 $y=a\sqrt{x}(a>0)$ 与曲线 $y=\ln\sqrt{x}$ 在点 (x_0,y_0) 处有公共切线,求

(1) 常数 a 及切点 (x_0,y_0);

(2) 两曲线与 x 轴围成的平面图形绕 x 轴旋转所得旋转体的体积 V_x.　　P129,45 题

八、证明题(本题满分 6 分)

假设 $f(x)$ 在 $[a,+\infty)$ 上连续,$f''(x)$ 在 $(a,+\infty)$ 内存在且大于零,记 $F(x)=\dfrac{f(x)-f(a)}{x-a}(x>a)$. 证明:$F(x)$ 在 $(a,+\infty)$ 内单调增加.　　P94,30 题

九、解答题(本题满分 11 分)

设线性方程组 $\begin{cases} x_1 + a_1 x_2 + a_1^2 x_3 = a_1^3, \\ x_1 + a_2 x_2 + a_2^2 x_3 = a_2^3, \\ x_1 + a_3 x_2 + a_3^2 x_3 = a_3^3, \\ x_1 + a_4 x_2 + a_4^2 x_3 = a_4^3. \end{cases}$

(1) 证明:若 a_1,a_2,a_3,a_4 两两不相等,则此线性方程组无解;

(2) 设 $a_1 = a_3 = k, a_2 = a_4 = -k (k \neq 0)$,且已知 $\boldsymbol{\beta}_1,\boldsymbol{\beta}_2$ 是该方程组的两个解,其中 $\boldsymbol{\beta}_1 = (-1,1,1)^{\mathrm{T}}, \boldsymbol{\beta}_2 = (1,1,-1)^{\mathrm{T}}$,写出此方程组的通解. P218,13 题

十、解答题(本题满分 8 分)

设 $\boldsymbol{A} = \begin{bmatrix} 0 & 0 & 1 \\ x & 1 & y \\ 1 & 0 & 0 \end{bmatrix}$ 有三个线性无关的特征向量,求 x 和 y 应满足的条件. P233,10 题

十一、解答题(本题满分 8 分)

假设随机变量 X_1, X_2, X_3, X_4 相互独立,且同分布,

$$P\{X_i = 0\} = 0.6, P\{X_i = 1\} = 0.4 (i = 1,2,3,4)$$

求行列式 $X = \begin{vmatrix} X_1 & X_2 \\ X_3 & X_4 \end{vmatrix}$ 的概率分布. P274,12 题

十二、解答题(本题满分 8 分)

假设由自动线加工的某种零件的内径 X(毫米) 服从正态分布 $N(\mu,1)$,内径小于 10 或大于 12 为不合格品,其余为合格品. 销售每件合格品获利,销售每件不合格品亏损,已知销售利润 T(单位:元) 与销售零件的内径 X 有如下关系:

$$T = \begin{cases} -1, & X < 10, \\ 20, & 10 \leqslant X \leqslant 12, \\ -5, & X > 12 \end{cases}$$

问平均内径 μ 取何值时,销售一个零件的平均利润最大? P283,6 题

1995 年全国硕士研究生招生考试数学(三)试题

一、填空题(本题满分 15 分,每小题 3 分)

(1) 设 $f(x)=\dfrac{1-x}{1+x}$,则 $f^{(n)}(x)=$ ________. P89,15 题

(2) 设 $z=xyf\left(\dfrac{y}{x}\right)$,$f(u)$ 可导,则 $xz'_x+yz'_y=$ ________. P134,10 题

(3) 设 $f'(\ln x)=1+x$,则 $f(x)=$ ________. P112,4 题

(4) 设 $\boldsymbol{A}=\begin{bmatrix}1&0&0\\2&2&0\\3&4&5\end{bmatrix}$,$\boldsymbol{A}^*$ 是 $\boldsymbol{A}$ 的伴随矩阵,则 $(\boldsymbol{A}^*)^{-1}=$ ________. P186,11 题

(5) 设 $X_1,\cdots,X_n$ 是来自正态总体 $N(\mu,\sigma^2)$ 的简单随机样本,其中参数 μ,σ^2 未知. 记 $\overline{X}=\dfrac{1}{n}\sum\limits_{i=1}^{n}X_i$,$Q^2=\sum\limits_{i=1}^{n}(X_i-\overline{X})^2$,则假设 $H_0:\mu=0$ 的 t 检验使用的统计量是________.(最新大纲已不考此知识点). P308,1 题

二、选择题(本题满分 15 分,每小题 3 分)

(1) 设 $f(x)$ 为可导函数,且满足条件 $\lim\limits_{x\to 0}\dfrac{f(1)-f(1-x)}{2x}=-1$,则曲线 $y=f(x)$ 在点 $(1,f(1))$ 处的切线斜率为

(A) 2.　　(B) -1.

(C) $\dfrac{1}{2}$.　　(D) -2. P84,4 题

(2) 下列广义积分发散的是

(A) $\displaystyle\int_{-1}^{1}\frac{\mathrm{d}x}{\sin x}$.　　(B) $\displaystyle\int_{-1}^{1}\frac{\mathrm{d}x}{\sqrt{1-x^2}}$.

(C) $\displaystyle\int_{0}^{+\infty}\mathrm{e}^{-x^2}\mathrm{d}x$.　　(D) $\displaystyle\int_{2}^{+\infty}\frac{\mathrm{d}x}{x\ln^2 x}$. P126,37 题

(3) 设矩阵 $\boldsymbol{A}_{m\times n}$ 的秩为 $r(\boldsymbol{A})=m<n$,$\boldsymbol{E}_m$ 为 m 阶单位矩阵,则下述结论中正确的是

(A) $\boldsymbol{A}$ 的任意 m 个列向量必线性无关.

(B) $\boldsymbol{A}$ 的任意一个 m 阶子式不等于零.

(C) 若矩阵 $\boldsymbol{B}$ 满足 $\boldsymbol{BA}=\boldsymbol{O}$,则 $\boldsymbol{B}=\boldsymbol{O}$.

(D) $\boldsymbol{A}$ 通过初等行变换,必可以化为 $(\boldsymbol{E}_m,\boldsymbol{O})$ 的形式. P192,21 题

(4) 设随机变量 X 和 Y 独立同分布,记 $U=X-Y$,$V=X-Y$,则随机变量 U 与 V 必然

(A) 不独立.　　(B) 独立.

(C) 相关系数不为零.　　(D) 相关系数为零. P290,19 题

(5) 设随机变量 $X\sim N(\mu,\sigma^2)$,则随着 σ 的增大,概率 $P\{|X-\mu|<\sigma\}$

(A) 单调增大.　　(B) 单调减小.

(C) 保持不变.　　(D) 增减不定. P265,12 题

三、解答题（本题满分 6 分）

设 $f(x)=\begin{cases}\dfrac{2}{x^2}(1-\cos x), & x<0,\\ 1, & x=0,\\ \dfrac{1}{x}\displaystyle\int_0^x \cos t^2\,dt, & x>0.\end{cases}$ 讨论 $f(x)$ 在 $x=0$ 处的连续性和可导性.

P85,5 题

四、计算题（本题满分 6 分）

已知连续函数 $f(x)$ 满足条件 $f(x)=\int_0^{3x} f\left(\frac{t}{3}\right)dt+e^{2x}$，求 $f(x)$.

P168,4 题

五、解答题（本题满分 6 分）

将函数 $y=\ln(1-x-2x^2)$ 展成 x 的幂级数，并指出其收敛区间.

P165,28 题

六、计算题（本题满分 5 分）

计算二次积分 $I=\int_{-\infty}^{+\infty}\int_{-\infty}^{+\infty}\min\{x,y\}e^{-(x^2+y^2)}\,dx\,dy$.

P150,17 题

七、解答题（本题满分 6 分）

设某产品的需求函数为 $Q=Q(p)$，收益函数为 $R=pQ$，其中 p 为产品价格，Q 为需求量（产品的产量），$Q(p)$ 是单调减函数，如果当价格为 p_0，对应产量为 Q_0 时，边际收益 $\left.\dfrac{dR}{dQ}\right|_{Q=Q_0}=a>0$，收益对价格的边际效应 $\left.\dfrac{dR}{dp}\right|_{p=p_0}=c<0$，需求对价格的弹性为 $E_p=b>1$，求 p_0 和 Q_0.

P107,59 题

八、解答题（本题满分 6 分）

设 $f(x)$，$g(x)$ 在区间 $[-a,a]$ $(a>0)$ 上连续，$g(x)$ 为偶函数，且 $f(x)$ 满足条件 $f(x)+f(-x)=A$（A 为常数）.

(1) 证明 $\int_{-a}^{a} f(x)g(x)\,dx=A\int_0^a g(x)\,dx$；

(2) 利用(1)的结论计算定积分 $\int_{-\frac{\pi}{2}}^{\frac{\pi}{2}}|\sin x|\arctan e^x\,dx$.

P122,30 题

九、证明题(本题满分 9 分)

已知向量组(Ⅰ)$\boldsymbol{\alpha}_1,\boldsymbol{\alpha}_2,\boldsymbol{\alpha}_3$;(Ⅱ)$\boldsymbol{\alpha}_1,\boldsymbol{\alpha}_2,\boldsymbol{\alpha}_3,\boldsymbol{\alpha}_4$;(Ⅲ)$\boldsymbol{\alpha}_1,\boldsymbol{\alpha}_2,\boldsymbol{\alpha}_3,\boldsymbol{\alpha}_5$.

如果各向量组的秩分别为 $r(\text{Ⅰ})=r(\text{Ⅱ})=3,r(\text{Ⅲ})=4$. 证明:向量组 $\boldsymbol{\alpha}_1,\boldsymbol{\alpha}_2,\boldsymbol{\alpha}_3,\boldsymbol{\alpha}_5-\boldsymbol{\alpha}_4$ 的秩为 4.

P208,19 题

十、解答题(本题满分 10 分)

已知二次型 $f(x_1,x_2,x_3)=4x_2^2-3x_3^2+4x_1x_2-4x_1x_3+8x_2x_3$.

(1) 写出二次型 f 的矩阵表达式;

(2) 用正交变换把二次型 f 化为标准形,并写出相应的正交矩阵.

P243,2 题

十一、解答题(本题满分 8 分)

假设一厂家生产的每台仪器,以概率 0.70 可以直接出厂.以概率 0.30 需进一步调试.经调试后,以概率 0.80 可以出厂,以概率 0.20 定为不合格品不能出厂.现该厂生产了 $n(n\geqslant 2)$ 台仪器(假设各台仪器的生产过程相互独立).求

(1) 全部能出厂的概率 α;

(2) 其中恰好有两台不能出厂的概率 β;

(3) 其中至少有两台不能出厂的概率 θ.

P258,20 题

十二、解答题(本题满分 8 分)

已知随机变量 X 和 Y 的联合概率密度为

$$\varphi(x,y)=\begin{cases}4xy, & 0\leqslant x\leqslant 1,0\leqslant y\leqslant 1,\\ 0, & \text{其他}\end{cases}$$

求 X 和 Y 的联合分布函数 $F(x,y)$.

P269,4 题

1996 年全国硕士研究生招生考试 数学(三)试题

一、填空题(本题满分 15 分,每小题 3 分)

(1) 设方程 $x=y^y$ 确定 y 是 x 的函数,则 $\mathrm{d}y=$________. P89,16 题

(2) 设$\int xf(x)\mathrm{d}x=\arcsin x+C$,则$\int\frac{1}{f(x)}\mathrm{d}x=$________. P112,5 题

(3) 设(x_0,y_0)是抛物线 $y=ax^2+bx+c$ 上的一点.若在该点的切线过原点,则系数应满足的关系是________. P91,22 题

(4) 设

$$\boldsymbol{A}=\begin{bmatrix}1&1&1&\cdots&1\\a_1&a_2&a_3&\cdots&a_n\\a_1^2&a_2^2&a_3^2&\cdots&a_n^2\\\vdots&\vdots&\vdots&&\vdots\\a_1^{n-1}&a_2^{n-1}&a_3^{n-1}&\cdots&a_n^{n-1}\end{bmatrix},\boldsymbol{x}=\begin{bmatrix}x_1\\x_2\\x_3\\\vdots\\x_n\end{bmatrix},\boldsymbol{b}=\begin{bmatrix}1\\1\\1\\\vdots\\1\end{bmatrix}$$

其中 $a_i\neq a_j(i\neq j,i,j=1,2,\cdots,n)$,则线性方程组 $\boldsymbol{A}^{\mathrm{T}}\boldsymbol{x}=\boldsymbol{b}$ 的解是________.

P219,14 题

(5) 设由来自正态总体 $X\sim N(\mu,0.9^2)$ 容量为 9 的简单随机样本,得样本均值 $\overline{X}=5$,则未知参数 μ 的置信度为 0.95 的置信区间是________.(最新考纲已不考此知识点). P301,4 题

二、选择题(本题满分 15 分,每小题 3 分)

(1) 累次积分$\int_0^{\frac{\pi}{2}}\mathrm{d}\theta\int_0^{\cos\theta}f(r\cos\theta,r\sin\theta)r\mathrm{d}r$ 可以写成

(A)$\int_0^1\mathrm{d}y\int_0^{\sqrt{y-y^2}}f(x,y)\mathrm{d}x$. (B)$\int_0^1\mathrm{d}y\int_0^{\sqrt{1-y^2}}f(x,y)\mathrm{d}x$.

(C)$\int_0^1\mathrm{d}x\int_0^1 f(x,y)\mathrm{d}y$. (D)$\int_0^1\mathrm{d}x\int_0^{\sqrt{x-x^2}}f(x,y)\mathrm{d}y$. P153,23 题

(2) 下述各选项正确的是

(A) 若$\sum\limits_{n=1}^{\infty}u_n^2$ 和$\sum\limits_{n=1}^{\infty}v_n^2$ 都收敛,则$\sum\limits_{n=1}^{\infty}(u_n+v_n)^2$ 收敛.

(B) 若$\sum\limits_{n=1}^{\infty}|u_nv_n|$ 收敛,则$\sum\limits_{n=1}^{\infty}u_n^2$ 与$\sum\limits_{n=1}^{\infty}v_n^2$ 收敛.

(C) 若正项级数$\sum\limits_{n=1}^{\infty}u_n$ 发散,则 $u_n\geqslant\frac{1}{n}$.

(D) 若级数$\sum\limits_{n=1}^{\infty}u_n$ 收敛,且 $u_n\geqslant v_n(n=1,2,\cdots)$,则级数$\sum\limits_{n=1}^{\infty}v_n$ 也收敛. P155,6 题

(3) 设 n 阶矩阵 $\boldsymbol{A}$ 非奇异$(n\geqslant 2)$,$\boldsymbol{A}^*$ 是矩阵 $\boldsymbol{A}$ 的伴随矩阵,则

(A)$(\boldsymbol{A}^*)^*=|\boldsymbol{A}|^{n-1}\boldsymbol{A}$. (B)$(\boldsymbol{A}^*)^*=|\boldsymbol{A}|^{n+1}\boldsymbol{A}$.

(C)$(\boldsymbol{A}^*)^*=|\boldsymbol{A}|^{n-2}\boldsymbol{A}$. (D)$(\boldsymbol{A}^*)^*=|\boldsymbol{A}|^{n+2}\boldsymbol{A}$. P186,12 题

(4) 设有任意两个 n 维向量组 $\boldsymbol{\alpha}_1,\cdots,\boldsymbol{\alpha}_m$ 和 $\boldsymbol{\beta}_1,\cdots,\boldsymbol{\beta}_m$,若存在两组不全为零的数 $\lambda_1,\cdots,\lambda_m$ 和 $k_1,\cdots,k_m$,使 $(\lambda_1+k_1)\boldsymbol{\alpha}_1+\cdots+(\lambda_m+k_m)\boldsymbol{\alpha}_m+(\lambda_1-k_1)\boldsymbol{\beta}_1+\cdots+(\lambda_m-k_m)\boldsymbol{\beta}_m=\mathbf{0}$,则

(A) $\boldsymbol{\alpha}_1,\cdots,\boldsymbol{\alpha}_m$ 和 $\boldsymbol{\beta}_1,\cdots,\boldsymbol{\beta}_m$ 都线性相关.

(B) $\boldsymbol{\alpha}_1,\cdots,\boldsymbol{\alpha}_m$ 和 $\boldsymbol{\beta}_1,\cdots,\boldsymbol{\beta}_m$ 都线性无关.

(C) $\boldsymbol{\alpha}_1+\boldsymbol{\beta}_1,\cdots,\boldsymbol{\alpha}_m+\boldsymbol{\beta}_m,\boldsymbol{\alpha}_1-\boldsymbol{\beta}_1,\cdots,\boldsymbol{\alpha}_m-\boldsymbol{\beta}_m$ 线性无关.

(D) $\boldsymbol{\alpha}_1+\boldsymbol{\beta}_1,\cdots,\boldsymbol{\alpha}_m+\boldsymbol{\beta}_m,\boldsymbol{\alpha}_1-\boldsymbol{\beta}_1,\cdots,\boldsymbol{\alpha}_m-\boldsymbol{\beta}_m$ 线性相关. P202,9 题

(5) 已知 $0<P(B)<1$,且 $P[(A_1+A_2)\mid B]=P(A_1\mid B)+P(A_2\mid B)$,则下列选项成立的是

(A) $P[(A_1+A_2)\mid \overline{B}]=P(A_1\mid \overline{B})+P(A_2\mid \overline{B})$.

(B) $P(A_1B+A_2B)=P(A_1B)+P(A_2B)$.

(C) $P(A_1+A_2)=P(A_1\mid B)+P(A_2\mid B)$.

(D) $P(B)=P(A_1)P(B\mid A_1)+P(A_2)P(B\mid A_2)$. P256,13 题

三、解答题(本题满分 6 分)

设 $f(x)=\begin{cases}\dfrac{g(x)-\mathrm{e}^{-x}}{x}, & x\neq 0,\\ 0, & x=0,\end{cases}$ 其中 $g(x)$ 有二阶连续导数,且 $g(0)=1,g'(0)=-1$.

(1) 求 $f'(x)$;

(2) 讨论 $f'(x)$ 在 $(-\infty,+\infty)$ 上的连续性. P85,6 题

四、解答题(本题满分 6 分)

设函数 $z=f(u)$,方程 $u=\varphi(u)+\int_y^x p(t)\mathrm{d}t$ 确定 u 是 x,y 的函数,其中 $f(u),\varphi(u)$ 可微,$p(t),\varphi'(u)$ 连续,且 $\varphi'(u)\neq 1$,求 $p(y)\dfrac{\partial z}{\partial x}+p(x)\dfrac{\partial z}{\partial y}$. P135,11 题

五、计算题(本题满分 6 分)

计算 $\displaystyle\int_0^{+\infty}\frac{x\mathrm{e}^{-x}}{(1+\mathrm{e}^{-x})^2}\mathrm{d}x$. P126,38 题

六、证明题(本题满分 5 分)

设 $f(x)$ 在区间 $[0,1]$ 上可微,且满足条件 $f(1)=2\int_0^{\frac{1}{2}}xf(x)\mathrm{d}x$. 试证明:存在 $\xi\in(0,1)$,使 $f(\xi)+\xi f'(\xi)=0$. P102,47 题

七、解答题(本题满分 6 分)

设某种商品的单价为 p 时,售出的商品数量 Q 可以表示成 $Q=\dfrac{a}{p+b}-c$,其中 a,b,c 均为正数,且 $a>bc$.

(1) 求 p 在何范围变化时,使相应销售额增加或减少;

（2）要使销售额最大，商品单价 p 应取何值？最大销售额是多少？ P107,60 题

八、计算题（本题满分 6 分）

求微分方程 $\dfrac{dy}{dx}=\dfrac{y-\sqrt{x^2+y^2}}{x}$ 的通解. P168,5 题

九、解答题（本题满分 8 分）

设矩阵 $\boldsymbol{A}=\begin{bmatrix}0&1&0&0\\1&0&0&0\\0&0&y&1\\0&0&1&2\end{bmatrix}$.

（1）已知 $\boldsymbol{A}$ 的一个特征值为 3，试求 y；

（2）求矩阵 $\boldsymbol{P}$，使 $(\boldsymbol{AP})^{\mathrm{T}}(\boldsymbol{AP})$ 为对角矩阵. P249,12 题

十、证明题（本题满分 8 分）

设向量组 $\boldsymbol{\alpha}_1,\boldsymbol{\alpha}_2,\cdots,\boldsymbol{\alpha}_t$ 是齐次线性方程组 $\boldsymbol{Ax}=\boldsymbol{0}$ 的一个基础解系，向量 $\boldsymbol{\beta}$ 不是方程组 $\boldsymbol{Ax}=\boldsymbol{0}$ 的解，即 $\boldsymbol{A\beta}\neq\boldsymbol{0}$. 试证明：向量组 $\boldsymbol{\beta},\boldsymbol{\beta}+\boldsymbol{\alpha}_1,\boldsymbol{\beta}+\boldsymbol{\alpha}_2,\cdots,\boldsymbol{\beta}+\boldsymbol{\alpha}_t$ 线性无关. P203,10 题

十一、解答题（本题满分 7 分）

假设一部机器在一天内发生故障的概率为 0.2，机器发生故障时全天停止工作. 若一周 5 个工作日里无故障，可获利润 10 万元；发生一次故障仍可获利润 5 万元；发生两次故障所获利润 0 元；发生三次或三次以上故障就要亏损 2 万元，求一周内利润的期望是多少？

P284,7 题

十二、解答题（本题满分 6 分）

考虑一元二次方程 $x^2+Bx+C=0$，其中 B,C 分别是将一枚色子（骰子）接连掷两次先后出现的点数，求该方程有实根的概率 p 和有重根的概率 q. P259,21 题

十三、解答题（本题满分 6 分）

假设 $X_1,X_2,\cdots,X_n$ 是来自总体 X 的简单随机样本，已知 $E(X^k)=\alpha_k(k=1,2,3,4)$. 证明当 n 充分大时，随机变量 $Z_n=\dfrac{1}{n}\sum\limits_{i=1}^{n}X_i^2$ 近似服从正态分布，并指出其分布参数.

P295,3 题

1997 年全国硕士研究生招生考试 数学(三)试题

一、填空题(本题满分 15 分,每小题 3 分)

(1) 设 $y = f(\ln x)e^{f(x)}$,其中 f 可微,则 $dy =$ ________. P89,17 题

(2) 若函数 $f(x) = \dfrac{1}{1+x^2} + \sqrt{1-x^2}\int_0^1 f(x)dx$,则 $\int_0^1 f(x)dx =$ ________. P115,14 题

(3) 差分方程 $y_{t+1} - y_t = t2^t$ 的通解为________. P172,17 题

(4) 若二次型 $f(x_1,x_2,x_3) = 2x_1^2 + x_2^2 + x_3^2 + 2x_1x_2 + tx_2x_3$ 是正定的,则 t 的取值范围是________. P247,7 题

(5) 设随机变量 X 和 Y 相互独立且都服从正态分布 $N(0,3^2)$,而 $X_1,\cdots,X_9$ 和 $Y_1,\cdots,Y_9$ 分别是来自总体 X 和 Y 的简单随机样本,则统计量 $U = \dfrac{X_1+\cdots+X_9}{\sqrt{Y_1^2+\cdots+Y_9^2}}$ 服从________分布,参数为________. P297,2 题

二、选择题(本题满分 15 分,每小题 3 分)

(1) 设函数 $f(x) = \int_0^{1-\cos x} \sin t^2 dt$,$g(x) = \dfrac{x^5}{5} + \dfrac{x^6}{6}$,则当 $x \to 0$ 时,$f(x)$ 是 $g(x)$ 的

(A) 低阶无穷小. (B) 高阶无穷小.

(C) 等价无穷小. (D) 同阶但不等价的无穷小. P79,24 题

(2) 若函数 $f(-x) = f(x)(-\infty < x < +\infty)$,在 $(-\infty,0)$ 为 $f'(x) > 0$ 且 $f''(x) < 0$,则在 $(0,+\infty)$ 内有

(A) $f'(x) > 0, f''(x) < 0$. (B) $f'(x) > 0, f''(x) > 0$.

(C) $f'(x) < 0, f''(x) < 0$. (D) $f'(x) < 0, f''(x) > 0$. P96,35 题

(3) 设向量组 $\boldsymbol{\alpha}_1,\boldsymbol{\alpha}_2,\boldsymbol{\alpha}_3$ 线性无关,则下列向量组中,线性无关的是

(A) $\boldsymbol{\alpha}_1+\boldsymbol{\alpha}_2, \boldsymbol{\alpha}_2+\boldsymbol{\alpha}_3, \boldsymbol{\alpha}_3-\boldsymbol{\alpha}_1$.

(B) $\boldsymbol{\alpha}_1+\boldsymbol{\alpha}_2, \boldsymbol{\alpha}_2+\boldsymbol{\alpha}_3, \boldsymbol{\alpha}_1+2\boldsymbol{\alpha}_2+\boldsymbol{\alpha}_3$.

(C) $\boldsymbol{\alpha}_1+2\boldsymbol{\alpha}_2, 2\boldsymbol{\alpha}_2+3\boldsymbol{\alpha}_3, 3\boldsymbol{\alpha}_3+\boldsymbol{\alpha}_1$.

(D) $\boldsymbol{\alpha}_1+\boldsymbol{\alpha}_2+\boldsymbol{\alpha}_3, 2\boldsymbol{\alpha}_1-3\boldsymbol{\alpha}_2+22\boldsymbol{\alpha}_3, 3\boldsymbol{\alpha}_1+5\boldsymbol{\alpha}_2-5\boldsymbol{\alpha}_3$. P203,11 题

(4) 设 $\boldsymbol{A},\boldsymbol{B}$ 为同阶可逆矩阵,则

(A) $\boldsymbol{AB} = \boldsymbol{BA}$. (B) 存在可逆矩阵 $\boldsymbol{P}$,使 $\boldsymbol{P}^{-1}\boldsymbol{AP} = \boldsymbol{B}$.

(C) 存在可逆矩阵 $\boldsymbol{C}$,使 $\boldsymbol{C}^T\boldsymbol{AC} = \boldsymbol{B}$. (D) 存在可逆矩阵 $\boldsymbol{P}$ 和 $\boldsymbol{Q}$,使 $\boldsymbol{PAQ} = \boldsymbol{B}$.

P250,13 题

(5) 设两个随机变量 X 与 Y 相互独立且同分布:$P\{X=-1\} = P\{Y=-1\} = \dfrac{1}{2}$,$P\{X=1\} = P\{Y=1\} = \dfrac{1}{2}$,而下列各式中成立的是

(A) $P\{X=Y\} = \dfrac{1}{2}$. (B) $P\{X=Y\} = 1$.

(C) $P\{X+Y=0\} = \dfrac{1}{4}$. (D) $P\{XY=1\} = \dfrac{1}{4}$. P270,5 题

三、解答题（本题满分 6 分）

在经济学中，称函数 $Q(x)=A[\delta K^{-x}+(1-\delta)L^{-x}]^{-\frac{1}{x}}$ 为固定替代弹性生产函数，而称函数 $\overline{Q}=AK^{\delta}L^{1-\delta}$ 为 Cobb-Douglas 生产函数（简称 C-D 生产函数）.

试证明：当 $x\to 0$ 时，固定替代弹性生产函数变为 C-D 生产函数，即有 $\lim\limits_{x\to 0}Q(x)=\overline{Q}$.

P108,61 题

四、解答题（本题满分 5 分）

设 $u=f(x,y,z)$ 有连续偏导数，$y=y(x)$ 和 $z=z(x)$ 分别由方程 $e^{xy}-y=0$ 和 $e^{z}-xz=0$ 所确定，求 $\dfrac{du}{dx}$.

P135,12 题

五、解答题（本题满分 6 分）

一商家销售某种商品的价格满足关系 $p=7-0.2x$（万元 / 吨），x 为销售量（单位：吨），商品的成本函数是 $C=3x+1$（万元）.

(1) 若每销售一吨商品，政府要征税 t（万元），求该商家获最大利润时的销售量；

(2) t 为何值时，政府税收总额最大.

P108,62 题

六、解答题（本题满分 6 分）

设函数 $f(x)$ 在 $[0,+\infty)$ 上连续、单调不减且 $f(0)\geqslant 0$. 试证函数

$$F(x)=\begin{cases}\dfrac{1}{x}\displaystyle\int_0^x t^n f(t)\,dt, & x>0\\ 0, & x=0\end{cases}$$

在 $[0,+\infty)$ 上连续且单调不减（其中 $n>0$）.

P119,25 题

七、解答题（本题满分 6 分）

从点 $P_1(1,0)$ 作 x 轴的垂线，交抛物线 $y=x^2$ 于点 $Q_1(1,1)$；再从 Q_1 作这条抛物线的切线与 x 轴交于 P_2. 然后又从 P_2 作 x 轴的垂线，交抛物线于点 Q_2，依次重复上述过程得到一系列的点 $P_1,Q_1;P_2,Q_2;\cdots;P_n,Q_n;\cdots$

(1) 求 $\overline{OP_n}$；

(2) 求级数 $\overline{Q_1P_1}+\overline{Q_2P_2}+\cdots+\overline{Q_nP_n}+\cdots$ 的和，其中 $n(n\geqslant 1)$ 为自然数，而 $\overline{M_1M_2}$ 表示点 M_1 与 M_2 之间的距离.

P160,17 题

八、解答题（本题满分 6 分）

设函数 $f(t)$ 在 $[0,+\infty)$ 上连续，且满足方程 $f(t)=e^{4\pi t^2}+\displaystyle\iint\limits_{x^2+y^2\leqslant 4t^2} f\left(\frac{1}{2}\sqrt{x^2+y^2}\right)dx\,dy$，求 $f(t)$.

P169,6 题

九、解答题(本题满分 6 分)

设 $\boldsymbol{A}$ 为 n 阶非奇异矩阵,$\boldsymbol{\alpha}$ 为 n 维列向量,b 为常数.记分块矩阵

$$\boldsymbol{P}=\begin{bmatrix}\boldsymbol{E} & \boldsymbol{0}\\ -\boldsymbol{\alpha}^{\mathrm{T}}\boldsymbol{A}^{*} & |\boldsymbol{A}|\end{bmatrix},\boldsymbol{Q}=\begin{bmatrix}\boldsymbol{A} & \boldsymbol{\alpha}\\ \boldsymbol{\alpha}^{\mathrm{T}} & b\end{bmatrix}$$

其中 $\boldsymbol{A}^{*}$ 是矩阵 $\boldsymbol{A}$ 的伴随矩阵,$\boldsymbol{E}$ 为 n 阶单位矩阵.

(1) 计算并化简 $\boldsymbol{PQ}$;

(2) 证明:矩阵 $\boldsymbol{Q}$ 可逆的充分必要条件是 $\boldsymbol{\alpha}^{\mathrm{T}}\boldsymbol{A}^{-1}\boldsymbol{\alpha}\neq b$.

P187,13 题

十、解答题(本题满分 10 分)

设 3 阶实对称矩阵 $\boldsymbol{A}$ 的特征值是 1,2,3;矩阵 $\boldsymbol{A}$ 的属于特征值 1,2 的特征向量分别是 $\boldsymbol{\alpha}_1=(-1,-1,1)^{\mathrm{T}},\boldsymbol{\alpha}_2=(1,-2,-1)^{\mathrm{T}}$.

(1) 求 $\boldsymbol{A}$ 的属于特征值 3 的特征向量;

(2) 求矩阵 $\boldsymbol{A}$.

P237,14 题

十一、解答题(本题满分 7 分)

假设随机变量 X 的绝对值不大于 1,$P\{X=-1\}=\dfrac{1}{8}$,$P\{X=1\}=\dfrac{1}{4}$,在事件$\{-1<X<1\}$出现的条件下,X 在$(-1,1)$内的任一子区间上取值的条件概率与该子区间长度成正比.试求 X 的分布函数.

P265,13 题

十二、解答题(本题满分 6 分)

游客乘电梯从底层到电视塔顶层观光,电梯于每个整点的第 5 分钟、25 分钟和 55 分钟从底层起行.假设一游客在早八点的第 X 分钟到达底层候梯处,且 X 在$[0,60]$上均匀分布,求该游客等候时间的数学期望.

P284,8 题

十三、解答题(本题满分 6 分)

两台同样自动记录仪,每台无故障工作的时间服从参数为 5 的指数分布;首先开动其中一台,当其发生故障时停用而另一台自动开动.试求两台记录仪无故障工作的总时间 T 的概率密度 $f(t)$、数学期望和方差.

P284,9 题

1998 年全国硕士研究生招生考试 数学(三) 试题

一、填空题(本题满分 15 分,每小题 3 分)

(1) 设曲线 $f(x)=x^n$ 在点(1,1)处的切线与 x 轴的交点为 $(\xi_n,0)$,则 $\lim\limits_{n\to\infty}f(\xi_n)=$ ________.

P92,23 题

(2) $\int\frac{\ln x-1}{x^2}\mathrm{d}x=$ ________.

P113,6 题

(3) 差分方程 $2y_{t+1}+10y_t-5t=0$ 的通解为________.

P173,18 题

(4) 设矩阵 $\boldsymbol{A},\boldsymbol{B}$ 满足 $\boldsymbol{A}^*\boldsymbol{BA}=2\boldsymbol{BA}-8\boldsymbol{E}$,其中 $\boldsymbol{A}=\begin{bmatrix}1&0&0\\0&-2&0\\0&0&1\end{bmatrix}$,$\boldsymbol{E}$ 为单位矩阵,$\boldsymbol{A}^*$ 为 $\boldsymbol{A}$ 的伴随矩阵,则 $\boldsymbol{B}=$ ________.

P196,28 题

(5) 设 X_1,X_2,X_3,X_4 是来自正态总体 $N(0,2^2)$ 的简单随机样本,$X=a(X_1-2X_2)^2+b(3X_3-4X_4)^2$,其中 $a,b\neq0$,则当 $a=$ ________,$b=$ ________时,统计量 X 服从 χ^2 分布,其自由度为________.

P298,3 题

二、选择题(本题满分 15 分,每小题 3 分)

(1) 设周期函数 $f(x)$ 在 $(-\infty,+\infty)$ 内可导,周期为 4. 又 $\lim\limits_{x\to0}\frac{f(1)-f(1-x)}{2x}=-1$,则曲线 $y=f(x)$ 在点 $(5,f(5))$ 处的切线的斜率为

(A) $\frac{1}{2}$.　　(B) 0.　　(C) -1.　　(D) -2.

P92,24 题

(2) 设函数 $f(x)=\lim\limits_{n\to\infty}\frac{1+x}{1+x^{2n}}$,讨论函数 $f(x)$ 的间断点,其结论为

(A) 不存在间断点.　　(B) 存在间断点 $x=1$.

(C) 存在间断点 $x=0$.　　(D) 存在间断点 $x=-1$.

P81,29 题

(3) 齐次线性方程组 $\begin{cases}\lambda x_1+x_2+\lambda^2x_3=0,\\x_1+\lambda x_2+x_3=0,\\x_1+x_2+\lambda x_3=0\end{cases}$ 的系数矩阵记为 $\boldsymbol{A}$. 若存在三阶矩阵 $\boldsymbol{B}\neq\boldsymbol{O}$ 使得 $\boldsymbol{AB}=\boldsymbol{O}$,则

(A) $\lambda=-2$ 且 $|\boldsymbol{B}|=0$.　　(B) $\lambda=-2$ 且 $|\boldsymbol{B}|\neq0$.

(C) $\lambda=1$ 且 $|\boldsymbol{B}|=0$.　　(D) $\lambda=1$ 且 $|\boldsymbol{B}|\neq0$.

P182,2 题

(4) 设 $n(n\geqslant3)$ 阶矩阵

$$\boldsymbol{A}=\begin{bmatrix}1&a&a&\cdots&a\\a&1&a&\cdots&a\\a&a&1&\cdots&a\\\vdots&\vdots&\vdots&&\vdots\\a&a&a&\cdots&1\end{bmatrix}$$

若矩阵 $\boldsymbol{A}$ 的秩为 $n-1$，则 a 必为

(A) 1.　　(B) $\dfrac{1}{1-n}$.　　(C) -1.　　(D) $\dfrac{1}{n-1}$.　　P192,22 题

(5) 设 $F_1(x)$ 与 $F_2(x)$ 分别为随机变量 X_1 与 X_2 的分布函数. 为使 $F(x)=aF_1(x)-bF_2(x)$ 是某一随机变量的分布函数，在下列给定的各组数值中应取

(A) $a=\dfrac{3}{5},b=-\dfrac{2}{5}$.　　(B) $a=\dfrac{2}{3},b=\dfrac{2}{3}$.

(C) $a=-\dfrac{1}{2},b=\dfrac{3}{2}$.　　(D) $a=\dfrac{1}{2},b=-\dfrac{3}{2}$.　　P266,14 题

三、解答题(本题满分 5 分)

设 $z=(x^2+y^2)\mathrm{e}^{-\arctan\frac{y}{x}}$，求 $\mathrm{d}z$ 与 $\dfrac{\partial^2 z}{\partial x\partial y}$.　　P136,13 题

四、解答题(本题满分 5 分)

设 $D=\{(x,y)\mid x^2+y^2\leqslant x\}$，求 $\iint\limits_D \sqrt{x}\,\mathrm{d}x\mathrm{d}y$.　　P146,6 题

五、解答题(本题满分 6 分)

设某酒厂有一批新酿的好酒，如果现在(假定 $t=0$)就售出，总收入为 R_0(元). 如果窖藏起来待来日按陈酒价格出售，t 年末总收入为 $R=R_0\mathrm{e}^{\frac{2}{5}\sqrt{t}}$，假定银行的年利率为 r，并以连续复利计息，试求窖藏多少年售出可使总收入的现值最大，并求 $r=0.06$ 时的 t 值.　　P109,63 题

六、解答题(本题满分 6 分)

设函数 $f(x)$ 在 $[a,b]$ 上连续，在 (a,b) 内可导，且 $f'(x)\neq 0$.

试证存在 $\xi,\eta\in(a,b)$，使得 $\dfrac{f'(\xi)}{f'(\eta)}=\dfrac{\mathrm{e}^b-\mathrm{e}^a}{b-a}\cdot\mathrm{e}^{-\eta}$.　　P102,48 题

七、解答题(本题满分 6 分)

设有两条抛物线 $y=nx^2+\dfrac{1}{n}$ 和 $y=(n+1)x^2+\dfrac{1}{n+1}$，记它们交点的横坐标的绝对值为 a_n.

(1) 求这两条抛物线所围成的平面图形的面积 S_n；

(2) 求级数 $\sum\limits_{n=1}^{\infty}\dfrac{S_n}{a_n}$ 的和.　　P160,18 题

八、解答题(本题满分 7 分)

设函数 $f(x)$ 在 $[1,+\infty)$ 上连续.若由曲线 $y=f(x)$，直线 $x=1,x=t(t>1)$ 与 x 轴所围成的平面图形绕 x 轴旋转一周所成的旋转体体积为

$$V(t)=\frac{\pi}{3}[t^2f(t)-f(1)]$$

试求 $y=f(x)$ 所满足的微分方程，并求该微分方程满足条件 $y\Big|_{x=2}=\frac{2}{9}$ 的解.

P174,22 题

九、解答题(本题满分 9 分)

设向量 $\boldsymbol{\alpha}=(a_1,a_2,\cdots,a_n)^{\mathrm{T}},\boldsymbol{\beta}=(b_1,b_2,\cdots,b_n)^{\mathrm{T}}$ 都是非零向量，且满足条件 $\boldsymbol{\alpha}^{\mathrm{T}}\boldsymbol{\beta}=0$. 记 n 阶矩阵 $\boldsymbol{A}=\boldsymbol{\alpha}\boldsymbol{\beta}^{\mathrm{T}}$. 求：

(1) $\boldsymbol{A}^2$.

(2) 矩阵 $\boldsymbol{A}$ 的特征值和特征向量.

P230,5 题

十、解答题(本题满分 7 分)

设矩阵 $\boldsymbol{A}=\begin{bmatrix}1&0&1\\0&2&0\\1&0&1\end{bmatrix}$，矩阵 $\boldsymbol{B}=(k\boldsymbol{E}+\boldsymbol{A})^2$，其中 k 为实数，$\boldsymbol{E}$ 为单位矩阵. 求对角矩阵 $\boldsymbol{\Lambda}$，使 $\boldsymbol{B}$ 与 $\boldsymbol{\Lambda}$ 相似，并求 k 为何值时，$\boldsymbol{B}$ 为正定矩阵.

P247,8 题

十一、解答题(本题满分 10 分)

一商店经销某种商品，每周进货的数量 X 与顾客对该种商品的需求量 Y 是相互独立的随机变量，且都服从区间[10,20]上的均匀分布. 商店每售出一单位商品可得利润 1 000 元；若需求量超过了进货量，商店可从其他商店调剂供应，这时每单位商品获利润为 500 元. 试计算此商店经销该种商品每周所得利润的期望值.

P285,10 题

十二、解答题(本题满分 9 分)

设有来自三个地区的各 10 名、15 名和 25 名考生的报名表，其中女生的报名表分别为 3 份、7 份和 5 份. 随机地取一个地区的报名表，从中先后抽出两份.

(1) 求先抽到的一份是女生表的概率 p；

(2) 已知后抽到的一份是男生表，求先抽到的一份是女生表的概率 q.

P256,14 题

1999 年全国硕士研究生招生考试数学(三)试题

一、填空题(本题满分 15 分,每小题 3 分)

(1) 设 $f(x)$ 有一个原函数 $\frac{\sin x}{x}$,则 $\int_{\frac{\pi}{2}}^{\pi} xf'(x)\mathrm{d}x =$ ________. P116,15 题

(2) $\sum_{n=1}^{\infty} n\left(\frac{1}{2}\right)^{n-1} =$ ________. P161,19 题

(3) 设 $\boldsymbol{A} = \begin{bmatrix} 1 & 0 & 1 \\ 0 & 2 & 0 \\ 1 & 0 & 1 \end{bmatrix}$,而 $n \geqslant 2$ 为正整数,则 $\boldsymbol{A}^n - 2\boldsymbol{A}^{n-1} =$ ________. P182,3 题

(4) 在天平上重复称量一重为 a 的物品,假设各次称量结果相互独立且同服从正态分布 $N(a, 0.2^2)$. 若以 $\overline{X}_n$ 表示 n 次称量结果的算术平均值,则为使 $P\{|\overline{X}_n - a| < 0.1\} \geqslant 0.95$,$n$ 的最小值应不小于自然数________. P298,4 题

(5) 设随机变量 $X_{ij}(i,j = 1,2,\cdots,n; n \geqslant 2)$ 独立同分布,$E(X_{ij}) = 2$,则行列式

$$Y = \begin{vmatrix} X_{11} & X_{12} & \cdots & X_{1n} \\ X_{21} & X_{22} & \cdots & X_{2n} \\ \vdots & \vdots & & \vdots \\ X_{n1} & X_{n2} & \cdots & X_{nn} \end{vmatrix}$$

的数学期望 $E(Y) =$ ________. P285,11 题

二、选择题(本题满分 15 分,每小题 3 分)

(1) 设 $f(x)$ 是连续函数,$F(x)$ 是 $f(x)$ 的原函数,则

(A) 当 $f(x)$ 是奇函数时,$F(x)$ 必为偶函数.

(B) 当 $f(x)$ 是偶函数时,$F(x)$ 必为奇函数.

(C) 当 $f(x)$ 是周期函数时,$F(x)$ 必为周期函数.

(D) 当 $f(x)$ 是单调增函数时,$F(x)$ 必为单调增函数. P120,26 题

(2) 设 $f(x,y)$ 连续,且 $f(x,y) = xy + \iint\limits_D f(u,v)\mathrm{d}u\mathrm{d}v$,其中 D 是由 $y = 0, y = x^2, x = 1$ 所围区域,则 $f(x,y)$ 等于

(A) xy.　　(B) $2xy$.

(C) $xy + \frac{1}{8}$.　　(D) $xy + 1$. P146,7 题

(3) 设向量 $\boldsymbol{\beta}$ 可由向量组 $\boldsymbol{\alpha}_1, \boldsymbol{\alpha}_2, \cdots, \boldsymbol{\alpha}_m$ 线性表示,但不能由向量组(Ⅰ):$\boldsymbol{\alpha}_1, \boldsymbol{\alpha}_2, \cdots, \boldsymbol{\alpha}_{m-1}$ 线性表示,记向量组(Ⅱ):$\boldsymbol{\alpha}_1, \boldsymbol{\alpha}_2, \cdots, \boldsymbol{\alpha}_{m-1}, \boldsymbol{\beta}$,则

(A) $\boldsymbol{\alpha}_m$ 不能由(Ⅰ)线性表示,也不能由(Ⅱ)线性表示.

(B) $\boldsymbol{\alpha}_m$ 不能由(Ⅰ)线性表示,但可由(Ⅱ)线性表示.

(C) $\boldsymbol{\alpha}_m$ 可由(Ⅰ)线性表示,也可由(Ⅱ)线性表示.

(D) $\boldsymbol{\alpha}_m$ 可由(Ⅰ)线性表示,但不可由(Ⅱ)线性表示. P198,2 题

(4) 设 $\boldsymbol{A},\boldsymbol{B}$ 为 n 阶矩阵,且 $\boldsymbol{A}$ 与 $\boldsymbol{B}$ 相似,$\boldsymbol{E}$ 为 n 阶单位矩阵,则

(A)$\lambda\boldsymbol{E}-\boldsymbol{A}=\lambda\boldsymbol{E}-\boldsymbol{B}$.

(B)$\boldsymbol{A}$ 与 $\boldsymbol{B}$ 有相同的特征值和特征向量.

(C)$\boldsymbol{A}$ 与 $\boldsymbol{B}$ 都相似于一个对角矩阵.

(D)对任意常数 t,$t\boldsymbol{E}-\boldsymbol{A}$ 与 $t\boldsymbol{E}-\boldsymbol{B}$ 相似.

P233,11 题

(5) 设随机变量 $X_i\sim\begin{bmatrix}-1 & 0 & 1\\ \frac{1}{4} & \frac{1}{2} & \frac{1}{4}\end{bmatrix}(i=1,2)$,且满足 $P\{X_1X_2=0\}=1$,则 $P\{X_1=X_2\}$ 等于

(A)0.

(B) $\frac{1}{4}$.

(C) $\frac{1}{2}$.

(D)1.

P270,6 题

三、解答题(本题满分 6 分)

曲线 $y=\frac{1}{\sqrt{x}}$ 的切线与 x 轴和 y 轴围成一个图形,记切点的横坐标为 a. 试求切线方程和这个图形的面积. 当切点沿曲线趋于无穷远时,该面积的变化趋势如何?

P92,25 题

四、解答题(本题满分 7 分)

计算二重积分 $\iint\limits_D y\mathrm{d}x\mathrm{d}y$,其中 D 是由直线 $x=-2$,$y=0$,$y=2$ 以及曲线 $x=-\sqrt{2y-y^2}$ 所围成的平面区域.

P147,8 题

五、解答题(本题满分 6 分)

设生产某种产品必须投入两种要素,x_1 和 x_2 分别为两要素的投入量,Q 为产出量. 若生产函数为 $Q=2x_1^{\alpha}x_2^{\beta}$,其中 α,β 为正常数,且 $\alpha+\beta=1$. 假设两种要素的价格分别为 p_1 和 p_2,试问:当产出量为 12 时,两要素各投入多少可以使得投入总费用最小?

P141,26 题

六、解答题(本题满分 6 分)

设有微分方程 $y'-2y=\varphi(x)$,其中

$$\varphi(x)=\begin{cases}2, & x<1,\\ 0, & x>1\end{cases}$$

试求在 $(-\infty,+\infty)$ 内的连续函数 $y=y(x)$,使之在 $(-\infty,1)$ 和 $(1,+\infty)$ 内都满足所给方程,且满足条件 $y(0)=0$.

P169,7 题

七、解答题(本题满分 6 分)

设函数 $f(x)$ 连续,且 $\int_0^x tf(2x-t)\mathrm{d}t=\frac{1}{2}\arctan x^2$. 已知 $f(1)=1$,求 $\int_1^2 f(x)\mathrm{d}x$ 的值.

P116,16 题

八、证明题(本题满分 7 分)

设函数 $f(x)$ 在区间$[0,1]$上连续,在$(0,1)$内可导,且 $f(0)=f(1)=0, f\left(\frac{1}{2}\right)=1$. 试证:

(1) 存在 $\eta \in \left(\frac{1}{2},1\right)$,使 $f(\eta)=\eta$;

(2) 对任意实数 λ,必存在 $\xi \in (0,\eta)$,使得 $f'(\xi)-\lambda[f(\xi)-\xi]=1$.

P103,49 题

九、解答题(本题满分 9 分)

设矩阵 $\boldsymbol{A}=\begin{bmatrix} a & -1 & c \\ 5 & b & 3 \\ 1-c & 0 & -a \end{bmatrix}$,且 $|\boldsymbol{A}|=-1$. 又设 $\boldsymbol{A}$ 的伴随矩阵 $\boldsymbol{A}^*$ 有特征值 λ_0,属于 λ_0 的特征向量为 $\boldsymbol{\alpha}=(-1,-1,1)^{\mathrm{T}}$,求 a,b,c 及 λ_0 的值.

P230,6 题

十、解答题(本题满分 7 分)

设 $\boldsymbol{A}$ 为 $m\times n$ 实矩阵,$\boldsymbol{E}$ 为 n 阶单位矩阵. 已知矩阵 $\boldsymbol{B}=\lambda\boldsymbol{E}+\boldsymbol{A}^{\mathrm{T}}\boldsymbol{A}$,试证:当 $\lambda>0$ 时,矩阵 $\boldsymbol{B}$ 为正定矩阵.

P248,9 题

十一、解答题(本题满分 9 分)

假设二维随机变量(X,Y)在矩形 $G=\{(x,y)\mid 0\leqslant x\leqslant 2, 0\leqslant y\leqslant 1\}$ 上服从均匀分布. 记

$$U=\begin{cases}0, & X\leqslant Y,\\ 1, & X>Y;\end{cases} \qquad V=\begin{cases}0, & X\leqslant 2Y,\\ 1, & X>2Y\end{cases}$$

(1) 求 U 和 V 的联合分布;

(2) 求 U 和 V 的相关系数 ρ.

P274,13 题

十二、解答题(本题满分 7 分)

设 $X_1,X_2,\cdots,X_9$ 是来自正态总体 X 的简单随机样本,

$$Y_1=\frac{1}{6}(X_1+\cdots+X_6), Y_2=\frac{1}{3}(X_7+X_8+X_9), S^2=\frac{1}{2}\sum_{i=7}^{9}(X_i-Y_2)^2, Z=\frac{\sqrt{2}(Y_1-Y_2)}{S}.$$

证明统计量 Z 服从自由度为 2 的 t 分布.

P298,5 题

2000 年全国硕士研究生招生考试 数学(三)试题

一、填空题(本题满分 15 分,每小题 3 分)

(1) 设 $z=f\left(xy,\dfrac{x}{y}\right)+g\left(\dfrac{y}{x}\right)$,其中 f,g 均可微,则$\dfrac{\partial z}{\partial x}=$ ________. P136,14 题

(2) $\displaystyle\int_1^{+\infty}\frac{\mathrm{d}x}{\mathrm{e}^x+\mathrm{e}^{2-x}}=$ ________. P127,39 题

(3) 若四阶矩阵 $\boldsymbol{A}$ 与 $\boldsymbol{B}$ 相似,矩阵 $\boldsymbol{A}$ 的特征值为 $\dfrac{1}{2},\dfrac{1}{3},\dfrac{1}{4},\dfrac{1}{5}$,则行列式 $|\boldsymbol{B}^{-1}-\boldsymbol{E}|=$ ________.

P234,12 题

(4) 设随机变量 X 的概率密度为

$$f(x)=\begin{cases}\dfrac{1}{3}, & x\in[0,1],\\ \dfrac{2}{9}, & x\in[3,6],\\ 0, & \text{其他}\end{cases}$$

若 k 使得 $P\{X\geqslant k\}=\dfrac{2}{3}$,则 k 的取值范围是________. P266,15 题

(5) 设随机变量 X 在区间$[-1,2]$上服从均匀分布,随机变量

$$Y=\begin{cases}1, & X>0,\\ 0, & X=0,\\ -1, & X<0\end{cases}$$

则方差 $D(Y)=$ ________. P286,12 题

二、选择题(本题满分 15 分,每小题 3 分)

(1) 设对任意的 x,总有 $\varphi(x)\leqslant f(x)\leqslant g(x)$,且$\lim\limits_{x\to\infty}[g(x)-\varphi(x)]=0$,则$\lim\limits_{x\to\infty}f(x)$

(A) 存在且等于零.　　(B) 存在但不一定为零.

(C) 一定不存在.　　(D) 不一定存在. P73,4 题

(2) 设函数 $f(x)$ 在点 $x=a$ 处可导,则函数 $|f(x)|$ 在点 $x=a$ 处不可导的充分条件是

(A) $f(a)=0$ 且 $f'(a)=0$.　　(B) $f(a)=0$ 且 $f'(a)\neq 0$.

(C) $f(a)>0$ 且 $f'(a)>0$.　　(D) $f(a)<0$ 且 $f'(a)<0$. P86,7 题

(3) 设 $\boldsymbol{\alpha}_1,\boldsymbol{\alpha}_2,\boldsymbol{\alpha}_3$ 是四元非齐次线性方程组 $\boldsymbol{Ax}=\boldsymbol{b}$ 的三个解向量,且 $r(\boldsymbol{A})=3$,$\boldsymbol{\alpha}_1=(1,2,3,4)^{\mathrm{T}}$,$\boldsymbol{\alpha}_2+\boldsymbol{\alpha}_3=(0,1,2,3)^{\mathrm{T}}$,$c$ 表示任意常数,则线性方程组 $\boldsymbol{Ax}=\boldsymbol{b}$ 的通解为 $\boldsymbol{x}=$

(A) $\begin{pmatrix}1\\2\\3\\4\end{pmatrix}+c\begin{pmatrix}1\\1\\1\\1\end{pmatrix}$.　　(B) $\begin{pmatrix}1\\2\\3\\4\end{pmatrix}+c\begin{pmatrix}0\\1\\2\\3\end{pmatrix}$.　　(C) $\begin{pmatrix}1\\2\\3\\4\end{pmatrix}+c\begin{pmatrix}2\\3\\4\\5\end{pmatrix}$.　　(D) $\begin{pmatrix}1\\2\\3\\4\end{pmatrix}+c\begin{pmatrix}3\\4\\5\\6\end{pmatrix}$.

P219,15 题

(4) 设 $\boldsymbol{A}$ 为 n 阶实矩阵，$\boldsymbol{A}^{\mathrm{T}}$ 是 $\boldsymbol{A}$ 的转置矩阵，则对于线性方程组(Ⅰ)：$\boldsymbol{Ax}=\boldsymbol{0}$ 和(Ⅱ)：$\boldsymbol{A}^{\mathrm{T}}\boldsymbol{Ax}=\boldsymbol{0}$，必有

(A)(Ⅱ)的解是(Ⅰ)的解，(Ⅰ)的解也是(Ⅱ)的解.

(B)(Ⅱ)的解是(Ⅰ)的解，但(Ⅰ)的解不是(Ⅱ)的解.

(C)(Ⅰ)的解不是(Ⅱ)的解，(Ⅱ)的解也不是(Ⅰ)的解.

(D)(Ⅰ)的解是(Ⅱ)的解，但(Ⅱ)的解不是(Ⅰ)的解.

P223,19 题

(5) 在电炉上安装了 4 个温控器，其显示温度的误差是随机的. 在使用过程中，只要有两个温控器显示的温度不低于临界温度 t_0，电炉就断电. 以 E 表示事件“电炉断电”，而 $T_{(1)}\leqslant T_{(2)}\leqslant T_{(3)}\leqslant T_{(4)}$ 为 4 个温控器显示的按递增顺序排列的温度值，则事件 E 等于

(A) $\{T_{(1)}\geqslant t_0\}$.　(B) $\{T_{(2)}\geqslant t_0\}$.　(C) $\{T_{(3)}\geqslant t_0\}$.　(D) $\{T_{(4)}\geqslant t_0\}$.

P257,15 题

三、解答题(本题满分 6 分)

求微分方程 $y''-2y'-\mathrm{e}^{2x}=0$ 满足条件 $y(0)=1,y'(0)=1$ 的解.

P172,16 题

四、解答题(本题满分 6 分)

计算二重积分 $\iint\limits_D \dfrac{\sqrt{x^2+y^2}}{\sqrt{4a^2-x^2-y^2}}\mathrm{d}\sigma$，其中 D 是由曲线 $y=-a+\sqrt{a^2-x^2}\,(a>0)$ 和直线 $y=-x$ 围成的区域.

P147,9 题

五、解答题(本题满分 6 分)

假设某企业在两个相互分割的市场上出售同一种产品，两个市场的需求函数分别是

$$p_1=18-2Q_1,\ p_2=12-Q_2$$

其中 p_1 和 p_2 分别表示该产品在两个市场的价格(单位：万元/吨)，Q_1 和 Q_2 分别表示该产品在两个市场的销售量(即需求量，单位：吨)，并且该企业生产这种产品的总成本函数是

$$C=2Q+5$$

其中 Q 表示该产品在两个市场的销售总量，即 $Q=Q_1+Q_2$.

(1) 如果该企业实行价格差别策略，试确定两个市场上该产品的销售量和价格，使该企业获得最大利润；

(2) 如果该企业实行价格无差别策略，试确定两个市场上该产品的销售量及其统一的价格，使该企业的总利润最大化，并比较两种价格策略下的总利润大小.

P141,27 题

六、解答题(本题满分 7 分)

求函数 $y=(x-1)\mathrm{e}^{\frac{\pi}{2}+\arctan x}$ 的单调区间和极值，并求该函数图形的渐近线.

P96,36 题

七、解答题(本题满分 6 分)

设 $I_n=\int_0^{\frac{\pi}{4}}\sin^n x\cos x\mathrm{d}x, n=0,1,2,\cdots$,求 $\sum\limits_{n=0}^{\infty}I_n$. P161,20 题

八、证明题(本题满分 6 分)

设函数 $f(x)$ 在 $[0,\pi]$ 上连续,且 $\int_0^{\pi}f(x)\mathrm{d}x=0$,$\int_0^{\pi}f(x)\cos x\mathrm{d}x=0$.试证明:在 $(0,\pi)$ 内至少存在两个不同的点 ξ_1,ξ_2,使 $f(\xi_1)=f(\xi_2)=0$. P123,31 题

九、解答题(本题满分 8 分)

设向量组 $\boldsymbol{\alpha}_1=(a,2,10)^{\mathrm{T}}$,$\boldsymbol{\alpha}_2=(-2,1,5)^{\mathrm{T}}$,$\boldsymbol{\alpha}_3=(-1,1,4)^{\mathrm{T}}$,$\boldsymbol{\beta}=(1,b,c)^{\mathrm{T}}$.试问:当 a,b,c 满足什么条件时,

(1)$\boldsymbol{\beta}$ 可由 $\boldsymbol{\alpha}_1,\boldsymbol{\alpha}_2,\boldsymbol{\alpha}_3$ 线性表出,且表示唯一?

(2)$\boldsymbol{\beta}$ 不能由 $\boldsymbol{\alpha}_1,\boldsymbol{\alpha}_2,\boldsymbol{\alpha}_3$ 线性表出?

(3)$\boldsymbol{\beta}$ 可由 $\boldsymbol{\alpha}_1,\boldsymbol{\alpha}_2,\boldsymbol{\alpha}_3$ 线性表出,但表示不唯一?并求出一般表达式. P198,3 题

十、解答题(本题满分 9 分)

设有 n 元实二次型

$$f(x_1,x_2,\cdots,x_n)=(x_1+a_1x_2)^2+(x_2+a_2x_3)^2+\cdots+(x_{n-1}+a_{n-1}x_n)^2+(x_n+a_nx_1)^2$$

其中 $a_i(i=1,2,\cdots,n)$ 为实数.试问:当 $a_1,a_2,\cdots,a_n$ 满足何种条件时,二次型 $f(x_1,x_2,\cdots,x_n)$ 为正定二次型? P248,10 题

十一、解答题(本题满分 8 分)

假设 0.50,1.25,0.80,2.00 是来自总体 X 的简单随机样本值.已知 $Y=\ln X$ 服从正态分布 $N(\mu,1)$.

(1) 求 X 的数学期望 $E(X)$(记 $E(X)$ 为 b);

(2) 求 μ 的置信度为 0.95 的置信区间;(最新大纲不再考查)

(3) 利用上述结果求 b 的置信度为 0.95 的置信区间.(最新大纲不再考查)

P301,5 题

十二、证明题(本题满分 8 分)

设 A,B 是两个随机事件,随机变量

$$X=\begin{cases}1, & \text{若 } A \text{ 出现},\\ -1, & \text{若 } A \text{ 不出现},\end{cases}\qquad Y=\begin{cases}1, & \text{若 } B \text{ 出现},\\ -1, & \text{若 } B \text{ 不出现}\end{cases}$$

试证明随机变量 X 和 Y 不相关的充分必要条件是 A 与 B 相互独立. P291,20 题

2001 年全国硕士研究生招生考试 数学(三)试题

一、填空题(本题满分 15 分,每小题 3 分)

(1) 设生产函数为 $Q = AL^{\alpha}K^{\beta}$,其中 Q 是产出量,L 是劳动投入量,K 是资本投入量,而 A,α,β 均为大于零的参数,则当 $Q = 1$ 时 K 关于 L 的弹性为________. P109,64 题

(2) 某公司每年的工资总额在比上一年增加 20% 的基础上再追加 2 百万元.若以 W_t 表示第 t 年的工资总额(单位:百万元),则 W_t 满足的差分方程是________. P173,19 题

(3) 设矩阵 $\boldsymbol{A} = \begin{bmatrix} k & 1 & 1 & 1 \\ 1 & k & 1 & 1 \\ 1 & 1 & k & 1 \\ 1 & 1 & 1 & k \end{bmatrix}$ 且 $r(\boldsymbol{A}) = 3$,则 $k =$ ________. P193,23 题

(4) 设随机变量 X 和 Y 的数学期望分别为 -2 和 2,方差分别为 1 和 4,而相关系数为 -0.5,则根据切比雪夫不等式 $P\{|X+Y| \geqslant 6\} \leqslant$ ________. P295,4 题

(5) 设总体 X 服从正态分布 $N(0,2^2)$,而 $X_1, X_2, \cdots, X_{15}$ 是来自总体 X 的简单随机样本,则随机变量

$$Y = \frac{X_1^2 + \cdots + X_{10}^2}{2(X_{11}^2 + \cdots + X_{15}^2)}$$

服从________分布,参数为________. P299,6 题

二、选择题(本题满分 15 分,每小题 3 分)

(1) 设 $f(x)$ 的导数在 $x = a$ 处连续,又 $\lim\limits_{x \to a} \dfrac{f'(x)}{x-a} = -1$,则

(A) $x = a$ 是 $f(x)$ 的极小值点.

(B) $x = a$ 是 $f(x)$ 的极大值点.

(C) $(a, f(a))$ 是曲线 $y = f(x)$ 的拐点.

(D) $x = a$ 不是 $f(x)$ 的极值点,$(a, f(a))$ 也不是曲线 $y = f(x)$ 的拐点. P94,31 题

(2) 设 $g(x) = \int_0^x f(u)\mathrm{d}u$,其中 $f(x) = \begin{cases} \dfrac{1}{2}(x^2+1), 0 \leqslant x < 1, \\ \dfrac{1}{3}(x-1), 1 \leqslant x \leqslant 2, \end{cases}$ 则 $g(x)$ 在区间 $(0,2)$ 内

(A) 无界. (B) 递减.

(C) 不连续. (D) 连续. P120,27 题

(3) 设 $\boldsymbol{A} = \begin{bmatrix} a_{11} & a_{12} & a_{13} & a_{14} \\ a_{21} & a_{22} & a_{23} & a_{24} \\ a_{31} & a_{32} & a_{33} & a_{34} \\ a_{41} & a_{42} & a_{43} & a_{44} \end{bmatrix}$,$\boldsymbol{B} = \begin{bmatrix} a_{14} & a_{13} & a_{12} & a_{11} \\ a_{24} & a_{23} & a_{22} & a_{21} \\ a_{34} & a_{33} & a_{32} & a_{31} \\ a_{44} & a_{43} & a_{42} & a_{41} \end{bmatrix}$,$\boldsymbol{P}_1 = \begin{bmatrix} 0 & 0 & 0 & 1 \\ 0 & 1 & 0 & 0 \\ 0 & 0 & 1 & 0 \\ 1 & 0 & 0 & 0 \end{bmatrix}$,$\boldsymbol{P}_2 = \begin{bmatrix} 1 & 0 & 0 & 0 \\ 0 & 0 & 1 & 0 \\ 0 & 1 & 0 & 0 \\ 0 & 0 & 0 & 1 \end{bmatrix}$,

其中 $\boldsymbol{A}$ 可逆,则 $\boldsymbol{B}^{-1}$ 等于

(A) $\boldsymbol{A}^{-1}\boldsymbol{P}_1\boldsymbol{P}_2$. (B) $\boldsymbol{P}_1\boldsymbol{A}^{-1}\boldsymbol{P}_2$.

(C) $\boldsymbol{P}_1\boldsymbol{P}_2\boldsymbol{A}^{-1}$. (D) $\boldsymbol{P}_2\boldsymbol{A}^{-1}\boldsymbol{P}_1$. P182,4 题

(4) 设 $\boldsymbol{A}$ 是 n 阶矩阵，$\boldsymbol{\alpha}$ 是 n 维列向量. 若 $r\begin{bmatrix}\boldsymbol{A} & \boldsymbol{\alpha}\\ \boldsymbol{\alpha}^{\mathrm{T}} & 0\end{bmatrix}=r(\boldsymbol{A})$，则线性方程组

(A) $\boldsymbol{Ax}=\boldsymbol{\alpha}$ 必有无穷多解.

(B) $\boldsymbol{Ax}=\boldsymbol{\alpha}$ 必有唯一解.

(C) $\begin{bmatrix}\boldsymbol{A} & \boldsymbol{\alpha}\\ \boldsymbol{\alpha}^{\mathrm{T}} & 0\end{bmatrix}\begin{bmatrix}\boldsymbol{x}\\ y\end{bmatrix}=\boldsymbol{0}$ 仅有零解.

(D) $\begin{bmatrix}\boldsymbol{A} & \boldsymbol{\alpha}\\ \boldsymbol{\alpha}^{\mathrm{T}} & 0\end{bmatrix}\begin{bmatrix}\boldsymbol{x}\\ y\end{bmatrix}=\boldsymbol{0}$ 必有非零解.

P220，16 题

(5) 将一枚硬币重复掷 n 次，以 X 和 Y 分别表示正面向上和反面向上的次数，则 X 和 Y 的相关系数等于

(A) -1.　　(B) 0.　　(C) $\dfrac{1}{2}$.　　(D) 1.

P291，21 题

三、解答题（本题满分 5 分）

设 $u=f(x,y,z)$ 有连续的一阶偏导数，又函数 $y=y(x)$ 及 $z=z(x)$ 分别由下列两式确定：$e^{xy}-xy=2$ 和 $e^{x}=\int_{0}^{x-z}\dfrac{\sin t}{t}\mathrm{d}t$，求 $\dfrac{\mathrm{d}u}{\mathrm{d}x}$.

P136，15 题

四、解答题（本题满分 6 分）

已知 $f(x)$ 在 $(-\infty,+\infty)$ 内可导，且 $\lim\limits_{x\to\infty}f'(x)=e$，$\lim\limits_{x\to\infty}\left(\dfrac{x+c}{x-c}\right)^{x}=\lim\limits_{x\to\infty}[f(x)-f(x-1)]$，求 c 的值.

P74，12 题

五、解答题（本题满分 6 分）

求二重积分 $\iint\limits_{D}y\left[1+xe^{\frac{1}{2}(x^{2}+y^{2})}\right]\mathrm{d}x\mathrm{d}y$ 的值，其中 D 是由直线 $y=x$，$y=-1$ 及 $x=1$ 围成的平面区域.

P147，10 题

六、解答题（本题满分 7 分）

已知抛物线 $y=px^{2}+qx$（其中 $p<0,q>0$）在第一象限内与直线 $x+y=5$ 相切，且此抛物线与 x 轴所围成的平面图形的面积为 S.

(1) 问 p 和 q 为何值时，S 达到最大值？(2) 求出此最大值.

P129，46 题

七、解答题（本题满分 6 分）

设 $f(x)$ 在 $[0,1]$ 上连续，在 $(0,1)$ 内可导，且满足

$$f(1)=k\int_{0}^{\frac{1}{k}}xe^{1-x}f(x)\mathrm{d}x\quad(k>1)$$

证明至少存在一点 $\xi\in(0,1)$，使得 $f'(\xi)=(1-\xi^{-1})f(\xi)$.

P103，50 题

八、解答题(本题满分 7 分)

已知 $f_n(x)$ 满足

$$f'_n(x)=f_n(x)+x^{n-1}e^x \quad (n\text{ 为正整数})$$

且 $f_n(1)=\frac{e}{n}$,求函数项级数 $\sum_{n=1}^{\infty}f_n(x)$ 的和. P161,21 题

九、解答题(本题满分 9 分)

设矩阵 $\boldsymbol{A}=\begin{bmatrix}1&1&a\\1&a&1\\a&1&1\end{bmatrix}$,$\boldsymbol{\beta}=\begin{bmatrix}1\\1\\-2\end{bmatrix}$. 已知线性方程组 $\boldsymbol{Ax}=\boldsymbol{\beta}$ 有解但不唯一,试求:

(1)a 的值;(2) 正交矩阵 $\boldsymbol{Q}$,使 $\boldsymbol{Q}^{\mathrm{T}}\boldsymbol{AQ}$ 为对角矩阵. P237,15 题

十、解答题(本题满分 8 分)

设 $\boldsymbol{A}$ 为 n 阶实对称矩阵,$r(\boldsymbol{A})=n$,A_{ij} 是 $\boldsymbol{A}=(a_{ij})_{n\times n}$ 中元素 a_{ij} 的代数余子式($i,j=1,2,\cdots,n$). 二次型

$$f(x_1,x_2,\cdots,x_n)=\sum_{i=1}^{n}\sum_{j=1}^{n}\frac{A_{ij}}{|\boldsymbol{A}|}x_ix_j$$

(1) 记 $\boldsymbol{x}=(x_1,x_2,\cdots,x_n)^{\mathrm{T}}$,把 $f(x_1,x_2,\cdots,x_n)$ 写成矩阵形式,并证明二次型 $f(\boldsymbol{x})$ 的矩阵为 $\boldsymbol{A}^{-1}$;

(2) 二次型 $g(\boldsymbol{x})=\boldsymbol{x}^{\mathrm{T}}\boldsymbol{Ax}$ 与 $f(\boldsymbol{x})$ 的规范形是否相同?说明理由. P250,14 题

十一、解答题(本题满分 8 分)

一生产线生产的产品成箱包装,每箱的重量是随机的. 假设每箱平均重 50 千克,标准差为 5 千克. 若用最大载重量为 5 吨的汽车承运,试利用中心极限定理说明每辆车最多可以装多少箱,才能保障不超载的概率大于 0.977.($\Phi(2)=0.977$,其中 $\Phi(x)$ 是标准正态分布函数.)

P295,5 题

十二、解答题(本题满分 8 分)

设随机变量 X 和 Y 的联合分布是正方形 $G=\{(x,y)\mid 1\leqslant x\leqslant 3,1\leqslant y\leqslant 3\}$ 上的均匀分布,试求随机变量 $U=|X-Y|$ 的概率密度 $p(u)$. P275,14 题

2002 年全国硕士研究生招生考试 数学(三)试题

一、填空题(本题满分 15 分,每小题 3 分)

(1) 设常数 $a \neq \frac{1}{2}$,则 $\lim\limits_{n\to\infty}\ln\left[\frac{n-2na+1}{n(1-2a)}\right]^n =$ ________.

P77,19 题

(2) 交换积分次序:$\int_0^{\frac{1}{4}}dy\int_y^{\sqrt{y}}f(x,y)dx + \int_{\frac{1}{4}}^{\frac{1}{2}}dy\int_y^{\frac{1}{2}}f(x,y)dx =$ ________.

P153,24 题

(3) 设三阶矩阵 $\boldsymbol{A} = \begin{bmatrix} 1 & 2 & -2 \\ 2 & 1 & 2 \\ 3 & 0 & 4 \end{bmatrix}$,三维列向量 $\boldsymbol{\alpha} = (a,1,1)^{\mathrm{T}}$. 已知 $\boldsymbol{A\alpha}$ 与 $\boldsymbol{\alpha}$ 线性相关,则 $a =$ ________.

P204,12 题

(4) 设随机变量 X 和 Y 的联合概率分布为

X \ Y	-1	0	1
0	0.07	0.18	0.15
1	0.08	0.32	0.20

则 X^2 和 Y^2 的协方差 $\mathrm{Cov}(X^2,Y^2) =$ ________.

P288,16 题

(5) 设总体 X 的概率密度为

$$f(x;\theta) = \begin{cases} e^{-(x-\theta)}, & x \geqslant \theta, \\ 0, & x < \theta \end{cases}$$

而 $X_1, X_2, \cdots, X_n$ 是来自总体 X 的简单随机样本,则未知参数 θ 的矩估计量为________.

P302,6 题

二、选择题(本题满分 15 分,每小题 3 分)

(1) 设函数 $f(x)$ 在闭区间$[a,b]$上有定义,在开区间(a,b)内可导,则

(A) 当 $f(a)f(b) < 0$ 时,存在 $\xi \in (a,b)$,使 $f(\xi) = 0$.

(B) 对任何 $\xi \in (a,b)$,有 $\lim\limits_{x\to\xi}[f(x) - f(\xi)] = 0$.

(C) 当 $f(a) = f(b)$ 时,存在 $\xi \in (a,b)$,使 $f'(\xi) = 0$.

(D) 存在 $\xi \in (a,b)$,使 $f(b) - f(a) = f'(\xi)(b-a)$.

P103,51 题

(2) 设幂级数 $\sum\limits_{n=1}^{\infty}a_n x^n$ 与 $\sum\limits_{n=1}^{\infty}b_n x^n$ 的收敛半径分别为$\frac{\sqrt{5}}{3}$与$\frac{1}{3}$,则幂级数 $\sum\limits_{n=1}^{\infty}\frac{a_n^2}{b_n^2}x^n$ 的收敛半径为(题不严谨,详见解析)

(A) 5.　　(B) $\frac{\sqrt{5}}{3}$.

(C) $\frac{1}{3}$.　　(D) $\frac{1}{5}$.

P159,14 题

(3) 设 $\boldsymbol{A}$ 是 $m\times n$ 矩阵,$\boldsymbol{B}$ 是 $n\times m$ 矩阵,则线性方程组 $(\boldsymbol{AB})\boldsymbol{x}=\boldsymbol{0}$

(A) 当 $n>m$ 时仅有零解.　　(B) 当 $n>m$ 时必有非零解.

(C) 当 $m>n$ 时仅有零解.　　(D) 当 $m>n$ 时必有非零解.　　P212,4 题

(4) 设 $\boldsymbol{A}$ 是 n 阶实对称矩阵,$\boldsymbol{P}$ 是 n 阶可逆矩阵.已知 n 维列向量 $\boldsymbol{\alpha}$ 是 $\boldsymbol{A}$ 的属于特征值 λ 的特征向量,则矩阵 $(\boldsymbol{P}^{-1}\boldsymbol{AP})^{\mathrm{T}}$ 属于特征值 λ 的特征向量是

(A) $\boldsymbol{P}^{-1}\boldsymbol{\alpha}$.　　(B) $\boldsymbol{P}^{\mathrm{T}}\boldsymbol{\alpha}$.　　(C) $\boldsymbol{P}\boldsymbol{\alpha}$.　　(D) $(\boldsymbol{P}^{-1})^{\mathrm{T}}\boldsymbol{\alpha}$.

P231,7 题

(5) 设随机变量 X 和 Y 都服从标准正态分布,则

(A) $X+Y$ 服从正态分布.　　(B) X^2+Y^2 服从 χ^2 分布.

(C) X^2 和 Y^2 都服从 χ^2 分布.　　(D) X^2/Y^2 服从 F 分布.　　P299,7 题

三、解答题(本题满分 5 分)

求极限 $\lim\limits_{x\to 0}\dfrac{\int_0^x\left[\int_0^{u^2}\arctan(1+t)\mathrm{d}t\right]\mathrm{d}u}{x(1-\cos x)}$.　　P121,28 题

四、解答题(本题满分 7 分)

设函数 $u=f(x,y,z)$ 有连续偏导数,且 $z=z(x,y)$ 由方程 $xe^x-ye^y=ze^z$ 所确定,求 $\mathrm{d}u$.

P137,16 题

五、解答题(本题满分 6 分)

设 $f(\sin^2 x)=\dfrac{x}{\sin x}$,求 $\int\dfrac{\sqrt{x}}{\sqrt{1-x}}f(x)\mathrm{d}x$.　　P113,7 题

六、解答题(本题满分 7 分)

设 D_1 是由抛物线 $y=2x^2$ 和直线 $x=a,x=2$ 及 $y=0$ 所围成的平面区域;D_2 是由抛物线 $y=2x^2$ 和直线 $y=0,x=a$ 所围成的平面区域,其中 $0<a<2$.

(1) 试求 D_1 绕 x 轴旋转而成的旋转体体积 V_1;D_2 绕 y 轴旋转而成的旋转体体积 V_2;

(2) 问当 a 为何值时,V_1+V_2 取得最大值?试求此最大值.　　P130,47 题

七、解答题(本题满分 7 分)

(1) 验证函数 $y(x)=1+\dfrac{x^3}{3!}+\dfrac{x^6}{6!}+\dfrac{x^9}{9!}+\cdots+\dfrac{x^{3n}}{(3n)!}+\cdots(-\infty<x<+\infty)$ 满足微分方程

$$y''+y'+y=e^x$$

(2) 利用(1)的结果求幂级数 $\sum\limits_{n=0}^{\infty}\dfrac{x^{3n}}{(3n)!}$ 的和函数.　　P162,22 题

八、证明题(本题满分 6 分)

设函数 $f(x),g(x)$ 在$[a,b]$上连续,且 $g(x)>0$.利用闭区间上连续函数性质,证明存在一点$\xi\in[a,b]$,使

$$\int_a^b f(x)g(x)\mathrm{d}x=f(\xi)\int_a^b g(x)\mathrm{d}x$$

P123,32 题

九、解答题(本题满分 8 分)

设齐次线性方程组

$$\begin{cases}ax_1+bx_2+bx_3+\cdots+bx_n=0\\ bx_1+ax_2+bx_3+\cdots+bx_n=0\\ \quad\cdots\cdots\\ bx_1+bx_2+bx_3+\cdots+ax_n=0\end{cases}$$

其中 $a\neq0,b\neq0,n\geqslant2$.试讨论 a,b 为何值时,方程组仅有零解、有无穷多组解?在有无穷多组解时,求出全部解,并用基础解系表示全部解.

P212,5 题

十、解答题(本题满分 8 分)

设 $\boldsymbol{A}$ 为 3 阶实对称矩阵,且满足条件 $\boldsymbol{A}^2+2\boldsymbol{A}=\boldsymbol{O}$,已知 $\boldsymbol{A}$ 的秩 $r(\boldsymbol{A})=2$.

(1) 求 $\boldsymbol{A}$ 的全部特征值;

(2) 当 k 为何值时,矩阵 $\boldsymbol{A}+k\boldsymbol{E}$ 为正定矩阵,其中 $\boldsymbol{E}$ 为 3 阶单位矩阵.

P238,16 题

十一、解答题(本题满分 8 分)

假设随机变量 U 在区间$[-2,2]$上服从均匀分布,随机变量

$$X=\begin{cases}-1, & 若\ U\leqslant-1,\\ 1, & 若\ U>-1,\end{cases}\qquad Y=\begin{cases}-1, & 若\ U\leqslant1,\\ 1, & 若\ U>1\end{cases}$$

试求:(1)X 和 Y 的联合概率分布;(2)$D(X+Y)$.

P286,13 题

十二、解答题(本题满分 8 分)

假设一设备开机后无故障工作的时间 X 服从指数分布,平均无故障工作的时间 $E(X)$ 为 5 小时.设备定时开机,出现故障时自动关机,而在无故障的情况下工作 2 小时便关机.试求该设备每次开机无故障工作的时间 Y 的分布函数 $F(y)$.

P275,15 题

2003 年全国硕士研究生招生考试数学(三)试题

一、填空题(本题满分 24 分,每小题 4 分.)

(1) 设 $f(x)=\begin{cases}x^{\lambda}\cos\dfrac{1}{x}, & x\neq 0,\\ 0, & x=0,\end{cases}$ 其导函数在 $x=0$ 处连续,则 λ 的取值范围是______.

P86,8 题

(2) 已知曲线 $y=x^3-3a^2x+b$ 与 x 轴相切,则 b^2 可以通过 a 表示为 $b^2=$ ________.

P93,26 题

(3) 设 $a>0$,$f(x)=g(x)=\begin{cases}a, & 0\leqslant x\leqslant 1,\\ 0, & 其他,\end{cases}$ 而 D 表示全平面,则 $I=\iint\limits_D f(x)g(y-x)\mathrm{d}x\mathrm{d}y=$ ________.

P148,11 题

(4) 设 n 维向量 $\boldsymbol{\alpha}=(a,0,\cdots,0,a)^{\mathrm{T}}$,$a<0$;$\boldsymbol{E}$ 为 n 阶单位矩阵.矩阵

$$\boldsymbol{A}=\boldsymbol{E}-\boldsymbol{\alpha}\boldsymbol{\alpha}^{\mathrm{T}},\boldsymbol{B}=\boldsymbol{E}+\frac{1}{a}\boldsymbol{\alpha}\boldsymbol{\alpha}^{\mathrm{T}}$$

其中 $\boldsymbol{A}$ 的逆矩阵为 $\boldsymbol{B}$,则 $a=$ ________.

P187,14 题

(5) 设随机变量 X 和 Y 的相关系数为 0.9,若 $Z=X-0.4$,则 Y 与 Z 的相关系数为________.

P291,22 题

(6) 设总体 X 服从参数为 2 的指数分布,$X_1,X_2,\cdots,X_n$ 为来自总体 X 的简单随机样本,则当 $n\to\infty$ 时,$Y_n=\dfrac{1}{n}\sum\limits_{i=1}^{n}X_i^2$ 依概率收敛于________.

P296,6 题

二、选择题(本题满分 24 分,每小题 4 分)

(1) 设 $f(x)$ 为不恒等于零的奇函数,且 $f'(0)$ 存在,则函数 $g(x)=\dfrac{f(x)}{x}$

(A) 在 $x=0$ 处左极限不存在.　　(B) 有跳跃间断点 $x=0$.

(C) 在 $x=0$ 处右极限不存在.　　(D) 有可去间断点 $x=0$.

P87,9 题

(2) 设可微函数 $f(x,y)$ 在点 (x_0,y_0) 取得极小值,则下列结论正确的是

(A) $f(x_0,y)$ 在 $y=y_0$ 处的导数等于零.　　(B) $f(x_0,y)$ 在 $y=y_0$ 处的导数大于零.

(C) $f(x_0,y)$ 在 $y=y_0$ 处的导数小于零.　　(D) $f(x_0,y)$ 在 $y=y_0$ 处的导数不存在.

P142,28 题

(3) 设 $p_n=\dfrac{a_n+|a_n|}{2}$,$q_n=\dfrac{a_n-|a_n|}{2}$,$n=1,2,\cdots$,则下列命题正确的是

(A) 若 $\sum\limits_{n=1}^{\infty}a_n$ 条件收敛,则 $\sum\limits_{n=1}^{\infty}p_n$ 与 $\sum\limits_{n=1}^{\infty}q_n$ 都收敛.

(B) 若 $\sum\limits_{n=1}^{\infty}a_n$ 绝对收敛,则 $\sum\limits_{n=1}^{\infty}p_n$ 与 $\sum\limits_{n=1}^{\infty}q_n$ 都收敛.

(C) 若 $\sum\limits_{n=1}^{\infty}a_n$ 条件收敛,则 $\sum\limits_{n=1}^{\infty}p_n$ 与 $\sum\limits_{n=1}^{\infty}q_n$ 的敛散性都不定.

(D) 若 $\sum\limits_{n=1}^{\infty}a_n$ 绝对收敛,则 $\sum\limits_{n=1}^{\infty}p_n$ 与 $\sum\limits_{n=1}^{\infty}q_n$ 的敛散性都不定.

P156,7 题

(4) 设三阶矩阵 $\boldsymbol{A}=\begin{bmatrix} a & b & b \\ b & a & b \\ b & b & a \end{bmatrix}$，若 $\boldsymbol{A}$ 的伴随矩阵的秩等于 1，则必有

(A) $a=b$ 或 $a+2b=0$.　　(B) $a=b$ 或 $a+2b\neq 0$.

(C) $a\neq b$ 且 $a+2b=0$.　　(D) $a\neq b$ 且 $a+2b\neq 0$.

P193，24 题

(5) 设 $\boldsymbol{\alpha}_1,\boldsymbol{\alpha}_2,\cdots,\boldsymbol{\alpha}_s$ 均为 n 维向量，下列结论不正确的是

(A) 若对于任意一组不全为零的数 $k_1,k_2,\cdots,k_s$，都有 $k_1\boldsymbol{\alpha}_1+k_2\boldsymbol{\alpha}_2+\cdots+k_s\boldsymbol{\alpha}_s\neq\boldsymbol{0}$，则 $\boldsymbol{\alpha}_1,\boldsymbol{\alpha}_2,\cdots,\boldsymbol{\alpha}_s$ 线性无关.

(B) 若 $\boldsymbol{\alpha}_1,\boldsymbol{\alpha}_2,\cdots,\boldsymbol{\alpha}_s$ 线性相关，则对于任意一组不全为零的数 $k_1,k_2,\cdots,k_s$，有 $k_1\boldsymbol{\alpha}_1+k_2\boldsymbol{\alpha}_2+\cdots+k_s\boldsymbol{\alpha}_s=\boldsymbol{0}$.

(C) $\boldsymbol{\alpha}_1,\boldsymbol{\alpha}_2,\cdots,\boldsymbol{\alpha}_s$ 线性无关的充分必要条件是此向量组的秩为 s.

(D) $\boldsymbol{\alpha}_1,\boldsymbol{\alpha}_2,\cdots,\boldsymbol{\alpha}_s$ 线性无关的必要条件是其中任意两个向量线性无关.

P204，13 题

(6) 将一枚硬币独立地掷两次，引进事件：$A_1=\{$掷第一次出现正面$\}$，$A_2=\{$掷第二次出现正面$\}$，$A_3=\{$正、反面各出现一次$\}$，$A_4=\{$正面出现两次$\}$，则事件

(A) A_1,A_2,A_3 相互独立.　　(B) A_2,A_3,A_4 相互独立.

(C) A_1,A_2,A_3 两两独立.　　(D) A_2,A_3,A_4 两两独立.

P257，16 题

三、解答题（本题满分 8 分）

设 $f(x)=\dfrac{1}{\pi x}+\dfrac{1}{\sin\pi x}-\dfrac{1}{\pi(1-x)}$，$x\in\left[\dfrac{1}{2},1\right)$，试补充定义 $f(1)$ 使得 $f(x)$ 在$\left[\dfrac{1}{2},1\right]$上连续.

P81，30 题

四、解答题（本题满分 8 分）

设 $f(u,v)$ 具有二阶连续偏导数，且满足$\dfrac{\partial^2 f}{\partial u^2}+\dfrac{\partial^2 f}{\partial v^2}=1$，又 $g(x,y)=f\left[xy,\dfrac{1}{2}(x^2-y^2)\right]$，求$\dfrac{\partial^2 g}{\partial x^2}+\dfrac{\partial^2 g}{\partial y^2}$.

P137，17 题

五、解答题（本题满分 8 分）

计算二重积分$\iint\limits_D e^{-(x^2+y^2-\pi)}\sin(x^2+y^2)\mathrm{d}x\mathrm{d}y$，其中积分区域 $D=\{(x,y)\mid x^2+y^2\leqslant\pi\}$.

P148，12 题

六、解答题（本题满分 9 分）

求幂级数 $1+\sum\limits_{n=1}^{\infty}(-1)^n\dfrac{x^{2n}}{2n}(|x|<1)$ 的和函数 $f(x)$ 及其极值.

P163，23 题

七、解答题（本题满分 9 分）

设 $F(x)=f(x)g(x)$，其中函数 $f(x)$，$g(x)$ 在$(-\infty,+\infty)$内满足以下条件：

$$f'(x)=g(x),g'(x)=f(x)，且\ f(0)=0,f(x)+g(x)=2e^x$$

(1) 求 $F(x)$ 所满足的一阶微分方程；

(2) 求出 $F(x)$ 的表达式.

P169，8 题

八、证明题(本题满分8分)

设函数 $f(x)$ 在$[0,3]$上连续,在$(0,3)$内可导,且 $f(0)+f(1)+f(2)=3$, $f(3)=1$. 试证必存在 $\xi\in(0,3)$,使 $f'(\xi)=0$.

P104,52 题

九、解答题(本题满分13分)

已知齐次线性方程组

$$\begin{cases}(a_1+b)x_1+a_2x_2+a_3x_3+\cdots+a_nx_n=0\\ a_1x_1+(a_2+b)x_2+a_3x_3+\cdots+a_nx_n=0\\ a_1x_1+a_2x_2+(a_3+b)x_3+\cdots+a_nx_n=0\\ \cdots\cdots\\ a_1x_1+a_2x_2+a_3x_3+\cdots+(a_n+b)x_n=0\end{cases}$$

其中 $\sum\limits_{i=1}^{n}a_i\neq 0$. 试讨论 $a_1,a_2,\cdots,a_n$ 和 b 满足何种关系时,

(1) 方程组仅有零解;

(2) 方程组有非零解. 在有非零解时,求此方程组的一个基础解系.

P213,6 题

十、解答题(本题满分13分)

设二次型 $f(x_1,x_2,x_3)=\boldsymbol{x}^{\mathrm{T}}\boldsymbol{A}\boldsymbol{x}=ax_1^2+2x_2^2-2x_3^2+2bx_1x_3(b>0)$,其中二次型的矩阵 $\boldsymbol{A}$ 的特征值之和为1,特征值之积为-12.

(1) 求 a,b 的值;

(2) 利用正交变换将二次型 f 化为标准形,并写出所用的正交变换和对应的正交矩阵.

P244,3 题

十一、解答题(本题满分13分)

设随机变量 X 的概率密度为

$$f(x)=\begin{cases}\dfrac{1}{3\sqrt[3]{x^2}}, & x\in[1,8],\\ 0, & \text{其他}\end{cases}$$

$F(x)$ 是 X 的分布函数. 求随机变量 $Y=F(X)$ 的分布函数.

P266,16 题

十二、解答题(本题满分13分)

设随机变量 X 与 Y 独立,其中 X 的概率分布为

$$X\sim\begin{pmatrix}1 & 2\\ 0.3 & 0.7\end{pmatrix}$$

而 Y 的概率密度为 $f(y)$,求随机变量 $U=X+Y$ 的概率密度 $g(u)$.

P276,16 题

2004 年全国硕士研究生招生考试数学(三)试题

一、填空题(本题满分 24 分,每小题 4 分.)

(1) 若 $\lim\limits_{x\to 0}\dfrac{\sin x}{e^x-a}(\cos x-b)=5$,则 $a=$ ________,$b=$ ________. P78,21 题

(2) 函数 $f(u,v)$ 由关系式 $f[xg(y),y]=x+g(y)$ 确定,其中函数 $g(y)$ 可微,且 $g(y)\neq 0$,则 $\dfrac{\partial^2 f}{\partial u\partial v}=$ ________. P137,18 题

(3) 设 $f(x)=\begin{cases}xe^{x^2}, & -\dfrac{1}{2}\leqslant x<\dfrac{1}{2},\\ -1, & x\geqslant\dfrac{1}{2},\end{cases}$ 则 $\int_{\frac{1}{2}}^{2}f(x-1)\mathrm{d}x=$ ________. P116,17 题

(4) 二次型 $f(x_1,x_2,x_3)=(x_1+x_2)^2+(x_2-x_3)^2+(x_3+x_1)^2$ 的秩为________. P245,4 题

(5) 设随机变量 X 服从参数为 λ 的指数分布,则 $P\{X>\sqrt{D(X)}\}=$ ________. P287,14 题

(6) 设总体 X 服从正态分布 $N(\mu_1,\sigma^2)$,总体 Y 服从正态分布 $N(\mu_2,\sigma^2)$,$X_1,X_2,\cdots,X_{n_1}$ 和 $Y_1,Y_2,\cdots,Y_{n_2}$ 分别是来自总体 X 和 Y 的简单随机样本,则 $E\left[\dfrac{\sum\limits_{i=1}^{n_1}(X_i-\overline{X})^2+\sum\limits_{j=1}^{n_2}(Y_j-\overline{Y})^2}{n_1+n_2-2}\right]=$ ________. P299,8 题

二、选择题(本题满分 32 分,每小题 4 分)

(7) 函数 $f(x)=\dfrac{|x|\sin(x-2)}{x(x-1)(x-2)^2}$ 在下列哪个区间内有界

(A) $(-1,0)$. (B) $(0,1)$. (C) $(1,2)$. (D) $(2,3)$.

P72,2 题

(8) 设 $f(x)$ 在 $(-\infty,+\infty)$ 内有定义,且 $\lim\limits_{x\to\infty}f(x)=a$,$g(x)=\begin{cases}f\left(\dfrac{1}{x}\right), & x\neq 0,\\ 0, & x=0,\end{cases}$ 则

(A) $x=0$ 必是 $g(x)$ 的第一类间断点.

(B) $x=0$ 必是 $g(x)$ 的第二类间断点.

(C) $x=0$ 必是 $g(x)$ 的连续点.

(D) $g(x)$ 在点 $x=0$ 处的连续性与 a 的取值有关. P82,31 题

(9) 设 $f(x)=|x(1-x)|$,则

(A) $x=0$ 是 $f(x)$ 的极值点,但 $(0,0)$ 不是曲线 $y=f(x)$ 的拐点.

(B) $x=0$ 不是 $f(x)$ 的极值点,但 $(0,0)$ 是曲线 $y=f(x)$ 的拐点.

(C) $x=0$ 是 $f(x)$ 的极值点,且 $(0,0)$ 是曲线 $y=f(x)$ 的拐点.

(D) $x=0$ 不是 $f(x)$ 的极值点,$(0,0)$ 也不是曲线 $y=f(x)$ 的拐点. P97,37 题

(10) 设有以下命题:

① 若 $\sum_{n=1}^{\infty}(u_{2n-1}+u_{2n})$ 收敛,则 $\sum_{n=1}^{\infty}u_n$ 收敛. ② 若 $\sum_{n=1}^{\infty}u_n$ 收敛,则 $\sum_{n=1}^{\infty}u_{n+100}$ 收敛.

③ 若 $\lim_{n\to\infty}\frac{u_{n+1}}{u_n}>1$,则 $\sum_{n=1}^{\infty}u_n$ 发散. ④ 若 $\sum_{n=1}^{\infty}(u_n+v_n)$ 收敛,则 $\sum_{n=1}^{\infty}u_n$,$\sum_{n=1}^{\infty}v_n$ 都收敛.

则以上命题中正确的是

(A)①②. (B)②③. (C)③④. (D)①④. P156,8 题

(11) 设 $f'(x)$ 在$[a,b]$上连续,且 $f'(a)>0$,$f'(b)<0$,则下列结论中错误的是

(A) 至少存在一点 $x_0\in(a,b)$,使得 $f(x_0)>f(a)$.

(B) 至少存在一点 $x_0\in(a,b)$,使得 $f(x_0)>f(b)$.

(C) 至少存在一点 $x_0\in(a,b)$,使得 $f'(x_0)=0$.

(D) 至少存在一点 $x_0\in(a,b)$,使得 $f(x_0)=0$. P95,32 题

(12) 设 n 阶矩阵 $\boldsymbol{A}$ 与 $\boldsymbol{B}$ 等价,则必有

(A) 当 $|\boldsymbol{A}|=a(a\neq0)$ 时,$|\boldsymbol{B}|=a$. (B) 当 $|\boldsymbol{A}|=a(a\neq0)$ 时,$|\boldsymbol{B}|=-a$.

(C) 当 $|\boldsymbol{A}|\neq0$ 时,$|\boldsymbol{B}|=0$. (D) 当 $|\boldsymbol{A}|=0$ 时,$|\boldsymbol{B}|=0$.

P183,5 题

(13) 设 n 阶矩阵 $\boldsymbol{A}$ 的伴随矩阵 $\boldsymbol{A}^*\neq\boldsymbol{O}$,若 $\boldsymbol{\xi}_1,\boldsymbol{\xi}_2,\boldsymbol{\xi}_3,\boldsymbol{\xi}_4$ 是非齐次线性方程组 $\boldsymbol{Ax}=\boldsymbol{b}$ 的互不相等的解,则对应的齐次线性方程组 $\boldsymbol{Ax}=\boldsymbol{0}$ 的基础解系

(A) 不存在. (B) 仅含一个非零解向量.

(C) 含有两个线性无关的解向量. (D) 含有三个线性无关的解向量.

P214,7 题

(14) 设随机变量 X 服从正态分布 $N(0,1)$,对给定的 $\alpha\in(0,1)$,数 u_α 满足 $P\{X>u_\alpha\}=\alpha$. 若 $P\{|X|<x\}=\alpha$,则 x 等于

(A) $u_{\frac{\alpha}{2}}$. (B) $u_{1-\frac{\alpha}{2}}$.

(C) $u_{\frac{1-\alpha}{2}}$. (D) $u_{1-\alpha}$. P266,17 题

三、解答题(本题共 9 小题,满分 94 分. 解答应写出文字说明、证明过程或演算步骤.)

(15)(本题满分 8 分)

求 $\lim_{x\to0}\left(\frac{1}{\sin^2x}-\frac{\cos^2x}{x^2}\right)$. P75,13 题

(16)(本题满分 8 分)

求 $\iint_D(\sqrt{x^2+y^2}+y)\mathrm{d}\sigma$,其中 D 是由圆 $x^2+y^2=4$ 和 $(x+1)^2+y^2=1$ 所围成的平面区域(如图). P149,13 题

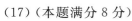

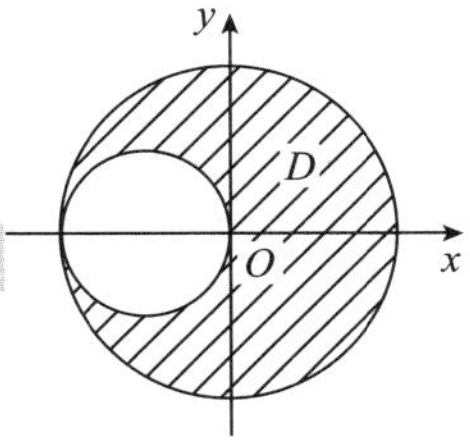

(17)(本题满分 8 分)

设 $f(x)$,$g(x)$ 在$[a,b]$上连续,且满足

$$\int_a^x f(t)\mathrm{d}t\geqslant\int_a^x g(t)\mathrm{d}t,x\in[a,b),\int_a^b f(t)\mathrm{d}t=\int_a^b g(t)\mathrm{d}t$$

证明:$\int_a^b xf(x)\mathrm{d}x\leqslant\int_a^b xg(x)\mathrm{d}x$. P124,33 题

(18)（本题满分 9 分）

设某商品的需求函数为 $Q = 100 - 5p$，其中价格 $p \in (0,20)$，Q 为需求量.

（Ⅰ）求需求量对价格的弹性 $E_d(E_d > 0)$；

（Ⅱ）推导 $\dfrac{\mathrm{d}R}{\mathrm{d}p} = Q(1 - E_d)$（其中 R 为收益），并用弹性 E_d 说明价格在何范围内变化时，降低价格反而使收益增加.

P109,65 题

(19)（本题满分 9 分）

设级数 $\dfrac{x^4}{2 \times 4} + \dfrac{x^6}{2 \times 4 \times 6} + \dfrac{x^8}{2 \times 4 \times 6 \times 8} + \cdots (-\infty < x < +\infty)$ 的和函数为 $S(x)$. 求：

（Ⅰ）$S(x)$ 所满足的一阶微分方程；

（Ⅱ）$S(x)$ 的表达式.

P170,9 题

(20)（本题满分 13 分）

设 $\boldsymbol{\alpha}_1 = (1,2,0)^{\mathrm{T}}$，$\boldsymbol{\alpha}_2 = (1,a+2,-3a)^{\mathrm{T}}$，$\boldsymbol{\alpha}_3 = (-1,-b-2,a+2b)^{\mathrm{T}}$，$\boldsymbol{\beta} = (1,3,-3)^{\mathrm{T}}$.

试讨论当 a,b 为何值时：

（Ⅰ）$\boldsymbol{\beta}$ 不能由 $\boldsymbol{\alpha}_1,\boldsymbol{\alpha}_2,\boldsymbol{\alpha}_3$ 线性表示；

（Ⅱ）$\boldsymbol{\beta}$ 可由 $\boldsymbol{\alpha}_1,\boldsymbol{\alpha}_2,\boldsymbol{\alpha}_3$ 唯一地线性表示，并求出表示式；

（Ⅲ）$\boldsymbol{\beta}$ 可由 $\boldsymbol{\alpha}_1,\boldsymbol{\alpha}_2,\boldsymbol{\alpha}_3$ 线性表示，但表示式不唯一，并求出表示式.

P220,17 题

(21)（本题满分 13 分）

设 n 阶矩阵 $\boldsymbol{A} = \begin{bmatrix} 1 & b & \cdots & b \\ b & 1 & \cdots & b \\ \vdots & \vdots & & \vdots \\ b & b & \cdots & 1 \end{bmatrix}$，

（Ⅰ）求 $\boldsymbol{A}$ 的特征值和特征向量；

（Ⅱ）求可逆矩阵 $\boldsymbol{P}$，使得 $\boldsymbol{P}^{-1}\boldsymbol{AP}$ 为对角矩阵.

P234,13 题

(22)（本题满分 13 分）

设 A,B 为两个随机事件，且 $P(A) = \dfrac{1}{4}$，$P(B \mid A) = \dfrac{1}{3}$，$P(A \mid B) = \dfrac{1}{2}$，令

$$X = \begin{cases} 1, & A\text{ 发生}, \\ 0, & A\text{ 不发生}, \end{cases} \qquad Y = \begin{cases} 1, & B\text{ 发生}, \\ 0, & B\text{ 不发生} \end{cases}$$

求：（Ⅰ）二维随机变量 (X,Y) 的概率分布；

（Ⅱ）X 与 Y 的相关系数 ρ_{XY}；

（Ⅲ）$Z = X^2 + Y^2$ 的概率分布.

P291,23 题

(23)（本题满分 13 分）

设随机变量 X 的分布函数为

$$F(x;\alpha,\beta) = \begin{cases} 1 - \left(\dfrac{\alpha}{x}\right)^{\beta}, & x > \alpha, \\ 0, & x \leqslant \alpha \end{cases}$$

其中参数 $\alpha > 0$，$\beta > 1$. 设 $X_1, X_2, \cdots, X_n$ 为来自总体 X 的简单随机样本.

（Ⅰ）当 $\alpha = 1$ 时，求未知参数 β 的矩估计量；

（Ⅱ）当 $\alpha = 1$ 时，求未知参数 β 的最大似然估计量；

（Ⅲ）当 $\beta = 2$ 时，求未知参数 α 的最大似然估计量.

P302,7 题

2005 年全国硕士研究生招生考试
数学(三)试题

一、填空题(本题满分 24 分,每小题 4 分)

(1) 极限 $\lim\limits_{x\to\infty} x\sin\dfrac{2x}{x^2+1}=$ ________. P75,14 题

(2) 微分方程 $xy'+y=0$ 满足初始条件 $y(1)=2$ 的特解为________. P170,10 题

(3) 设二元函数 $z=xe^{x+y}+(x+1)\ln(1+y)$,则 $dz\Big|_{(1,0)}=$ ________. P138,19 题

(4) 设行向量组 $(2,1,1,1)$,$(2,1,a,a)$,$(3,2,1,a)$,$(4,3,2,1)$ 线性相关,且 $a\neq 1$,则 $a=$ ________. P204,14 题

(5) 从数 1,2,3,4 中任取一个数,记为 X,再从 $1,\cdots,X$ 中任取一个数,记为 Y,则 $P\{Y=2\}=$ ________. P271,7 题

(6) 设二维随机变量 (X,Y) 的概率分布为

X \ Y	0	1
0	0.4	a
1	b	0.1

若随机事件 $\{X=0\}$ 与 $\{X+Y=1\}$ 相互独立,则 $a=$ ________,$b=$ ________. P272,8 题

二、选择题(本题满分 32 分,每小题 4 分)

(7) 当 a 取下列哪个值时,函数 $f(x)=2x^3-9x^2+12x-a$ 恰有两个不同的零点.

(A)2. (B)4. (C)6. (D)8. P100,42 题

(8) 设 $I_1=\iint\limits_D \cos\sqrt{x^2+y^2}\,d\sigma$,$I_2=\iint\limits_D \cos(x^2+y^2)\,d\sigma$,$I_3=\iint\limits_D \cos(x^2+y^2)^2\,d\sigma$,其中 $D=\{(x,y)\mid x^2+y^2\leqslant 1\}$,则

(A)$I_3>I_2>I_1$. (B)$I_1>I_2>I_3$.

(C)$I_2>I_1>I_3$. (D)$I_3>I_1>I_2$. P144,1 题

(9) 设 $a_n>0$,$n=1,2,\cdots$. 若 $\sum\limits_{n=1}^{\infty}a_n$ 发散,$\sum\limits_{n=1}^{\infty}(-1)^{n-1}a_n$ 收敛,则下列结论正确的是

(A) $\sum\limits_{n=1}^{\infty}a_{2n-1}$ 收敛,$\sum\limits_{n=1}^{\infty}a_{2n}$ 发散. (B) $\sum\limits_{n=1}^{\infty}a_{2n}$ 收敛,$\sum\limits_{n=1}^{\infty}a_{2n-1}$ 发散.

(C) $\sum\limits_{n=1}^{\infty}(a_{2n-1}+a_{2n})$ 收敛. (D) $\sum\limits_{n=1}^{\infty}(a_{2n-1}-a_{2n})$ 收敛. P157,9 题

(10) 设 $f(x)=x\sin x+\cos x$,下列命题中正确的是

(A)$f(0)$ 是极大值,$f\left(\dfrac{\pi}{2}\right)$是极小值.

(B)$f(0)$ 是极小值,$f\left(\dfrac{\pi}{2}\right)$是极大值.

(C) $f(0)$ 是极大值，$f\left(\frac{\pi}{2}\right)$ 也是极大值.

(D) $f(0)$ 是极小值，$f\left(\frac{\pi}{2}\right)$ 也是极小值. P95,33 题

(11) 以下四个命题中，正确的是

(A) 若 $f'(x)$ 在 $(0,1)$ 内连续，则 $f(x)$ 在 $(0,1)$ 内有界.

(B) 若 $f(x)$ 在 $(0,1)$ 内连续，则 $f(x)$ 在 $(0,1)$ 内有界.

(C) 若 $f'(x)$ 在 $(0,1)$ 内有界，则 $f(x)$ 在 $(0,1)$ 内有界.

(D) 若 $f(x)$ 在 $(0,1)$ 内有界，则 $f'(x)$ 在 $(0,1)$ 内有界. P104,53 题

(12) 设矩阵 $\boldsymbol{A}=(a_{ij})_{3\times3}$ 满足 $\boldsymbol{A}^*=\boldsymbol{A}^{\mathrm{T}}$，其中 $\boldsymbol{A}^*$ 为 $\boldsymbol{A}$ 的伴随矩阵，$\boldsymbol{A}^{\mathrm{T}}$ 为 $\boldsymbol{A}$ 的转置矩阵. 若 a_{11}，a_{12}，a_{13} 为三个相等的正数，则 a_{11} 为

(A) $\frac{\sqrt{3}}{3}$.　　(B) 3.　　(C) $\frac{1}{3}$.　　(D) $\sqrt{3}$.

P188,15 题

(13) 设 λ_1,λ_2 是矩阵 $\boldsymbol{A}$ 的两个不同的特征值，对应的特征向量分别为 $\boldsymbol{\alpha}_1,\boldsymbol{\alpha}_2$，则 $\boldsymbol{\alpha}_1,\boldsymbol{A}(\boldsymbol{\alpha}_1+\boldsymbol{\alpha}_2)$ 线性无关的充分必要条件是

(A) $\lambda_1\neq0$.　　(B) $\lambda_2\neq0$.

(C) $\lambda_1=0$.　　(D) $\lambda_2=0$. P205,15 题

(14) 设一批零件的长度服从正态分布 $N(\mu,\sigma^2)$，其中 μ,σ 均未知. 现从中随机抽取 16 个零件，测得样本均值 $\bar{x}=20(\mathrm{cm})$，样本标准差 $S=1(\mathrm{cm})$，则 μ 的置信度为 0.90 的置信区间是（最新考纲已不考此知识点）

(A) $\left(20-\frac{1}{4}t_{0.05}(16),20+\frac{1}{4}t_{0.05}(16)\right)$.　　(B) $\left(20-\frac{1}{4}t_{0.1}(16),20+\frac{1}{4}t_{0.1}(16)\right)$.

(C) $\left(20-\frac{1}{4}t_{0.05}(15),20+\frac{1}{4}t_{0.05}(15)\right)$.　　(D) $\left(20-\frac{1}{4}t_{0.1}(15),20+\frac{1}{4}t_{0.1}(15)\right)$.

P303,8 题

三、解答题(本题共 9 小题，满分 94 分. 解答应写出文字说明、证明过程或演算步骤.)

(15) (本题满分 8 分)

求 $\lim\limits_{x\to0}\left(\frac{1+x}{1-\mathrm{e}^{-x}}-\frac{1}{x}\right)$. P75,15 题

(16) (本题满分 8 分)

设 $f(u)$ 具有二阶连续导数，且 $g(x,y)=f\left(\frac{y}{x}\right)+yf\left(\frac{x}{y}\right)$，求 $x^2\frac{\partial^2 g}{\partial x^2}-y^2\frac{\partial^2 g}{\partial y^2}$.

P138,20 题

(17) (本题满分 9 分)

计算二重积分 $\iint\limits_D|x^2+y^2-1|\,\mathrm{d}\sigma$，其中 $D=\{(x,y)\mid0\leqslant x\leqslant1,0\leqslant y\leqslant1\}$.

P151,18 题

(18) (本题满分 9 分)

求幂级数 $\sum\limits_{n=1}^{\infty}\left(\frac{1}{2n+1}-1\right)x^{2n}$ 在区间 $(-1,1)$ 内的和函数 $S(x)$. P163,24 题

(19)(本题满分 8 分)

设 $f(x),g(x)$ 在$[0,1]$上的导数连续,且 $f(0)=0,f'(x)\geqslant 0,g'(x)\geqslant 0$.

证明:对任何 $a\in[0,1]$,有

$$\int_0^a g(x)f'(x)\mathrm{d}x+\int_0^1 f(x)g'(x)\mathrm{d}x\geqslant f(a)g(1)$$

P124,34 题

(20)(本题满分 13 分)

已知齐次线性方程组

$$(\text{Ⅰ})\begin{cases}x_1+2x_2+3x_3=0,\\2x_1+3x_2+5x_3=0,\\x_1+x_2+ax_3=0\end{cases}\text{和}(\text{Ⅱ})\begin{cases}x_1+bx_2+cx_3=0,\\2x_1+b^2x_2+(c+1)x_3=0\end{cases}$$

同解,求 a,b,c 的值.

P223,20 题

(21)(本题满分 13 分)

设 $\boldsymbol{D}=\begin{bmatrix}\boldsymbol{A} & \boldsymbol{C}\\ \boldsymbol{C}^{\mathrm{T}} & \boldsymbol{B}\end{bmatrix}$为正定矩阵,其中 $\boldsymbol{A},\boldsymbol{B}$ 分别为 m 阶,n 阶对称矩阵,$\boldsymbol{C}$ 为 $m\times n$ 阶矩阵.

(Ⅰ)计算 $\boldsymbol{P}^{\mathrm{T}}\boldsymbol{D}\boldsymbol{P}$,其中 $\boldsymbol{P}=\begin{bmatrix}\boldsymbol{E}_m & -\boldsymbol{A}^{-1}\boldsymbol{C}\\ \boldsymbol{O} & \boldsymbol{E}_n\end{bmatrix}$;

(Ⅱ)利用(Ⅰ)的结果判断矩阵 $\boldsymbol{B}-\boldsymbol{C}^{\mathrm{T}}\boldsymbol{A}^{-1}\boldsymbol{C}$ 是否为正定矩阵,并证明你的结论.

P248,11 题

(22)(本题满分 13 分)

设二维随机变量(X,Y)的概率密度为

$$f(x,y)=\begin{cases}1, & 0<x<1,0<y<2x,\\0, & \text{其他}\end{cases}$$

求:(Ⅰ)(X,Y)的边缘概率密度 $f_X(x),f_Y(y)$;

(Ⅱ)$Z=2X-Y$ 的概率密度 $f_Z(z)$;

(Ⅲ)$P\left\{Y\leqslant\frac{1}{2}\middle|X\leqslant\frac{1}{2}\right\}$.

P276,17 题

(23)(本题满分 13 分)

设 $X_1,X_2,\cdots,X_n(n>2)$ 为来自总体 $N(0,\sigma^2)$ 的简单随机样本,其样本均值为 $\overline{X}$. 记

$$Y_i=X_i-\overline{X},i=1,2,\cdots,n$$

(Ⅰ)求 Y_i 的方差 $D(Y_i),i=1,2,\cdots,n$;

(Ⅱ)求 Y_1 与 Y_n 的协方差 $\mathrm{Cov}(Y_1,Y_n)$;

(Ⅲ)若 $c(Y_1+Y_n)^2$ 是 σ^2 的无偏估计量,求常数 c.(超纲,可改为"若 $E(c(Y_1+Y_n)^2)=\sigma^2$,求常数 c.")

P303,9 题

2006 年全国硕士研究生招生考试数学(三)试题

一、填空题(本题共 6 小题,每小题 4 分,满分 24 分.)

(1) $\lim\limits_{n\to\infty}\left(\dfrac{n+1}{n}\right)^{(-1)^n}=$ ________. P77,20 题

(2) 设函数 $f(x)$ 在 $x=2$ 的某邻域内可导,且 $f'(x)=e^{f(x)}$, $f(2)=1$,则 $f'''(2)=$ ________.

P90,18 题

(3) 设函数 $f(u)$ 可微,且 $f'(0)=\dfrac{1}{2}$,则 $z=f(4x^2-y^2)$ 在点(1,2)处的全微分 $dz\big|_{(1,2)}=$ ________.

P138,21 题

(4) 设矩阵 $\boldsymbol{A}=\begin{bmatrix}2 & 1\\ -1 & 2\end{bmatrix}$, $\boldsymbol{E}$ 为二阶单位矩阵,矩阵 $\boldsymbol{B}$ 满足 $\boldsymbol{BA}=\boldsymbol{B}+2\boldsymbol{E}$,则 $|\boldsymbol{B}|=$ ________.

P178,5 题

(5) 设随机变量 X 与 Y 相互独立,且均服从区间 $[0,3]$ 上的均匀分布,则 $P\{\max\{X,Y\}\leqslant 1\}=$ ________.

P273,9 题

(6) 设总体 X 的概率密度为 $f(x)=\dfrac{1}{2}e^{-|x|}(-\infty<x<+\infty)$, $X_1,X_2,\cdots,X_n$ 为总体 X 的简单随机样本,其样本方差为 S^2,则 $E(S^2)=$ ________. P299,9 题

二、选择题(本题共 8 小题,每小题 4 分,满分 32 分)

(7) 设函数 $y=f(x)$ 具有二阶导数,且 $f'(x)>0$, $f''(x)>0$, Δx 为自变量 x 在点 x_0 处的增量, Δy 与 dy 分别为 $f(x)$ 在点 x_0 处对应的增量与微分,若 $\Delta x>0$,则

(A) $0<dy<\Delta y$.

(B) $0<\Delta y<dy$.

(C) $\Delta y<dy<0$.

(D) $dy<\Delta y<0$.

P97,38 题

(8) 设函数 $f(x)$ 在 $x=0$ 处连续,且 $\lim\limits_{h\to 0}\dfrac{f(h^2)}{h^2}=1$,则

(A) $f(0)=0$ 且 $f'_-(0)$ 存在.

(B) $f(0)=1$ 且 $f'_-(0)$ 存在.

(C) $f(0)=0$ 且 $f'_+(0)$ 存在.

(D) $f(0)=1$ 且 $f'_+(0)$ 存在.

P87,10 题

(9) 若级数 $\sum\limits_{n=1}^{\infty}a_n$ 收敛,则级数

(A) $\sum\limits_{n=1}^{\infty}|a_n|$ 收敛.

(B) $\sum\limits_{n=1}^{\infty}(-1)^n a_n$ 收敛.

(C) $\sum\limits_{n=1}^{\infty}a_n a_{n+1}$ 收敛.

(D) $\sum\limits_{n=1}^{\infty}\dfrac{a_n+a_{n+1}}{2}$ 收敛.

P157,10 题

(10) 设非齐次线性微分方程 $y'+P(x)y=Q(x)$ 有两个不同的解 $y_1(x)$, $y_2(x)$, C 为任意常数,则该方程的通解是

(A) $C[y_1(x)-y_2(x)]$.

(B) $y_1(x)+C[y_1(x)-y_2(x)]$.

(C) $C[y_1(x)+y_2(x)]$.

(D) $y_1(x)+C[y_1(x)+y_2(x)]$.

P171,11 题

(11) 设 $f(x,y)$ 与 $\varphi(x,y)$ 均为可微函数，且 $\varphi'_y(x,y) \neq 0$，已知 (x_0,y_0) 是 $f(x,y)$ 在约束条件 $\varphi(x,y)=0$ 下的一个极值点，下列选项正确的是

(A) 若 $f'_x(x_0,y_0)=0$，则 $f'_y(x_0,y_0)=0$.

(B) 若 $f'_x(x_0,y_0)=0$，则 $f'_y(x_0,y_0)\neq 0$.

(C) 若 $f'_x(x_0,y_0)\neq 0$，则 $f'_y(x_0,y_0)=0$.

(D) 若 $f'_x(x_0,y_0)\neq 0$，则 $f'_y(x_0,y_0)\neq 0$.

P142,29 题

(12) 设 $\boldsymbol{\alpha}_1,\boldsymbol{\alpha}_2,\cdots,\boldsymbol{\alpha}_s$ 均为 n 维列向量，$\boldsymbol{A}$ 是 $m\times n$ 矩阵，下列选项正确的是

(A) 若 $\boldsymbol{\alpha}_1,\boldsymbol{\alpha}_2,\cdots,\boldsymbol{\alpha}_s$ 线性相关，则 $\boldsymbol{A\alpha}_1,\boldsymbol{A\alpha}_2,\cdots,\boldsymbol{A\alpha}_s$ 线性相关.

(B) 若 $\boldsymbol{\alpha}_1,\boldsymbol{\alpha}_2,\cdots,\boldsymbol{\alpha}_s$ 线性相关，则 $\boldsymbol{A\alpha}_1,\boldsymbol{A\alpha}_2,\cdots,\boldsymbol{A\alpha}_s$ 线性无关.

(C) 若 $\boldsymbol{\alpha}_1,\boldsymbol{\alpha}_2,\cdots,\boldsymbol{\alpha}_s$ 线性无关，则 $\boldsymbol{A\alpha}_1,\boldsymbol{A\alpha}_2,\cdots,\boldsymbol{A\alpha}_s$ 线性相关.

(D) 若 $\boldsymbol{\alpha}_1,\boldsymbol{\alpha}_2,\cdots,\boldsymbol{\alpha}_s$ 线性无关，则 $\boldsymbol{A\alpha}_1,\boldsymbol{A\alpha}_2,\cdots,\boldsymbol{A\alpha}_s$ 线性无关.

P206,16 题

(13) 设 $\boldsymbol{A}$ 为三阶矩阵，将 $\boldsymbol{A}$ 的第2行加到第1行得 $\boldsymbol{B}$，再将 $\boldsymbol{B}$ 的第1列的 -1 倍加到第2列得 $\boldsymbol{C}$，记 $\boldsymbol{P}=\begin{bmatrix}1&1&0\\0&1&0\\0&0&1\end{bmatrix}$，则

(A) $\boldsymbol{C}=\boldsymbol{P}^{-1}\boldsymbol{AP}$.　(B) $\boldsymbol{C}=\boldsymbol{PAP}^{-1}$.　(C) $\boldsymbol{C}=\boldsymbol{P}^{\mathrm{T}}\boldsymbol{AP}$.　(D) $\boldsymbol{C}=\boldsymbol{PAP}^{\mathrm{T}}$.

P183,6 题

(14) 设随机变量 X 服从正态分布 $N(\mu_1,\sigma_1^2)$，随机变量 Y 服从正态分布 $N(\mu_2,\sigma_2^2)$，且

$$P\{|X-\mu_1|<1\}>P\{|Y-\mu_2|<1\}$$

则必有

(A) $\sigma_1<\sigma_2$.　(B) $\sigma_1>\sigma_2$.

(C) $\mu_1<\mu_2$.　(D) $\mu_1>\mu_2$.

P267,18 题

三、解答题(本题共9小题，满分94分. 解答应写出文字说明、证明过程或演算步骤)

(15) (本题满分7分)

设 $f(x,y)=\dfrac{y}{1+xy}-\dfrac{1-y\sin\dfrac{\pi x}{y}}{\arctan x}$，$x>0,y>0$，求

(Ⅰ) $g(x)=\lim\limits_{y\to+\infty}f(x,y)$;

(Ⅱ) $\lim\limits_{x\to 0^+}g(x)$.

P131,1 题

(16) (本题满分7分)

计算二重积分 $\iint\limits_D\sqrt{y^2-xy}\,\mathrm{d}x\mathrm{d}y$，其中 D 是由直线 $y=x,y=1,x=0$ 所围成的平面区域.

P149,14 题

(17) (本题满分10分)

证明：当 $0<a<b<\pi$ 时，$b\sin b+2\cos b+\pi b>a\sin a+2\cos a+\pi a$.

P99,41 题

(18) (本题满分8分)

在 xOy 坐标平面上，连续曲线 L 过点 $M(1,0)$，其上任意点 $P(x,y)(x\neq 0)$ 处的切线斜率与直线 OP 的斜率之差等于 ax(常数 $a>0$).

(Ⅰ) 求 L 的方程;

（Ⅱ）当 L 与直线 $y=ax$ 所围成平面图形的面积为 $\frac{8}{3}$ 时，确定 a 的值. P175,23 题

(19)（本题满分 10 分）

求幂级数 $\sum_{n=1}^{\infty}\frac{(-1)^{n-1}x^{2n+1}}{n(2n-1)}$ 的收敛域及和函数 $S(x)$. P164,25 题

(20)（本题满分 13 分）

设四维向量组 $\boldsymbol{\alpha}_1=(1+a,1,1,1)^{\mathrm{T}},\boldsymbol{\alpha}_2=(2,2+a,2,2)^{\mathrm{T}},\boldsymbol{\alpha}_3=(3,3,3+a,3)^{\mathrm{T}},\boldsymbol{\alpha}_4=(4,4,4,4+a)^{\mathrm{T}}$，问 a 为何值时，$\boldsymbol{\alpha}_1,\boldsymbol{\alpha}_2,\boldsymbol{\alpha}_3,\boldsymbol{\alpha}_4$ 线性相关？当 $\boldsymbol{\alpha}_1,\boldsymbol{\alpha}_2,\boldsymbol{\alpha}_3,\boldsymbol{\alpha}_4$ 线性相关时，求其一个极大线性无关组，并将其余向量用该极大线性无关组线性表出.

P209,20 题

(21)（本题满分 13 分）

设 3 阶实对称矩阵 $\boldsymbol{A}$ 的各行元素之和均为 3，向量 $\boldsymbol{\alpha}_1=(-1,2,-1)^{\mathrm{T}},\boldsymbol{\alpha}_2=(0,-1,1)^{\mathrm{T}}$ 是线性方程组 $\boldsymbol{Ax}=\boldsymbol{0}$ 的两个解.

（Ⅰ）求 $\boldsymbol{A}$ 的特征值与特征向量；

（Ⅱ）求正交矩阵 $\boldsymbol{Q}$ 和对角矩阵 $\boldsymbol{\Lambda}$，使得 $\boldsymbol{Q}^{\mathrm{T}}\boldsymbol{AQ}=\boldsymbol{\Lambda}$；

（Ⅲ）求 $\boldsymbol{A}$ 及 $\left(\boldsymbol{A}-\frac{3}{2}\boldsymbol{E}\right)^6$，其中 $\boldsymbol{E}$ 为 3 阶单位矩阵. P239,17 题

(22)（本题满分 13 分）

设随机变量 X 的概率密度为

$$f_X(x)=\begin{cases}\frac{1}{2}, & -1<x<0,\\ \frac{1}{4}, & 0\leqslant x<2,\\ 0, & 其他\end{cases}$$

令 $Y=X^2$，$F(x,y)$ 为二维随机变量 (X,Y) 的分布函数. 求：

（Ⅰ）Y 的概率密度 $f_Y(y)$；

（Ⅱ）$\mathrm{Cov}(X,Y)$；

（Ⅲ）$F\left(-\frac{1}{2},4\right)$. P288,17 题

(23)（本题满分 13 分）

设总体 X 的概率密度为

$$f(x;\theta)=\begin{cases}\theta, & 0<x<1,\\ 1-\theta, & 1\leqslant x<2,\\ 0, & 其他\end{cases}$$

其中 θ 是未知参数 $(0<\theta<1)$. $X_1,X_2,\cdots,X_n$ 为来自总体 X 的简单随机样本，记 N 为样本值 $x_1,x_2,\cdots,x_n$ 中小于 1 的个数. 求

（Ⅰ）θ 的矩估计；

（Ⅱ）θ 的最大似然估计. P305,10 题

2007 年全国硕士研究生招生考试 数学(三)试题

一、选择题(本题共 10 小题,每小题 4 分,满分 40 分)

(1) 当 $x \to 0^+$ 时,与 $\sqrt{x}$ 等价的无穷小量是

(A) $1 - e^{\sqrt{x}}$.　　(B) $\ln(1 + \sqrt{x})$.

(C) $\sqrt{1 + \sqrt{x}} - 1$.　　(D) $1 - \cos\sqrt{x}$.

P79,25 题

(2) 设函数 $f(x)$ 在 $x = 0$ 处连续,下列命题错误的是

(A) 若 $\lim\limits_{x \to 0} \dfrac{f(x)}{x}$ 存在,则 $f(0) = 0$.

(B) 若 $\lim\limits_{x \to 0} \dfrac{f(x) + f(-x)}{x}$ 存在,则 $f(0) = 0$.

(C) 若 $\lim\limits_{x \to 0} \dfrac{f(x)}{x}$ 存在,则 $f'(0)$ 存在.

(D) 若 $\lim\limits_{x \to 0} \dfrac{f(x) - f(-x)}{x}$ 存在,则 $f'(0)$ 存在.

P88,11 题

(3) 如图所示,连续函数 $y = f(x)$ 在区间 $[-3, -2]$,$[2, 3]$ 上的图形分别是直径为 1 的上、下半圆周,在区间 $[-2, 0]$,$[0, 2]$ 上的图形分别是直径为 2 的下、上半圆周. 设 $F(x) = \int_0^x f(t)\,dt$,则下列结论正确的是

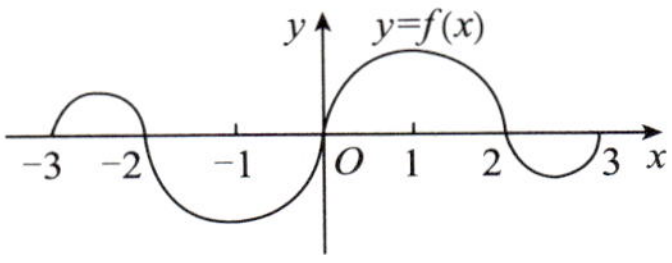

(A) $F(3) = -\dfrac{3}{4}F(-2)$.　　(B) $F(3) = \dfrac{5}{4}F(2)$.

(C) $F(-3) = \dfrac{3}{4}F(2)$.　　(D) $F(-3) = -\dfrac{5}{4}F(-2)$.

P113,8 题

(4) 设函数 $f(x, y)$ 连续,则二次积分 $\int_{\frac{\pi}{2}}^{\pi} dx \int_{\sin x}^{1} f(x, y)\,dy$ 等于

(A) $\int_0^1 dy \int_{\pi + \arcsin y}^{\pi} f(x, y)\,dx$.　　(B) $\int_0^1 dy \int_{\pi - \arcsin y}^{\pi} f(x, y)\,dx$.

(C) $\int_0^1 dy \int_{\frac{\pi}{2}}^{\pi + \arcsin y} f(x, y)\,dx$.　　(D) $\int_0^1 dy \int_{\frac{\pi}{2}}^{\pi - \arcsin y} f(x, y)\,dx$.

P153,25 题

(5) 设某商品的需求函数为 $Q = 160 - 2p$,其中 Q,p 分别表示需求量和价格,如果该商品需求弹性的绝对值等于 1,则商品的价格是

(A) 10.　　(B) 20.　　(C) 30.　　(D) 40.

P110,66 题

(6) 曲线 $y = \dfrac{1}{x} + \ln(1 + e^x)$ 渐近线的条数为

(A) 0.　　(B) 1.　　(C) 2.　　(D) 3.

P98,39 题

(7) 设向量组 $\boldsymbol{\alpha}_1, \boldsymbol{\alpha}_2, \boldsymbol{\alpha}_3$ 线性无关,则下列向量组线性相关的是

(A) $\boldsymbol{\alpha}_1 - \boldsymbol{\alpha}_2, \boldsymbol{\alpha}_2 - \boldsymbol{\alpha}_3, \boldsymbol{\alpha}_3 - \boldsymbol{\alpha}_1$.　　(B) $\boldsymbol{\alpha}_1 + \boldsymbol{\alpha}_2, \boldsymbol{\alpha}_2 + \boldsymbol{\alpha}_3, \boldsymbol{\alpha}_3 + \boldsymbol{\alpha}_1$.

(C) $\boldsymbol{\alpha}_1 - 2\boldsymbol{\alpha}_2, \boldsymbol{\alpha}_2 - 2\boldsymbol{\alpha}_3, \boldsymbol{\alpha}_3 - 2\boldsymbol{\alpha}_1$.　　(D) $\boldsymbol{\alpha}_1 + 2\boldsymbol{\alpha}_2, \boldsymbol{\alpha}_2 + 2\boldsymbol{\alpha}_3, \boldsymbol{\alpha}_3 + 2\boldsymbol{\alpha}_1$.

P206,17 题

(8) 设矩阵 $\boldsymbol{A} = \begin{bmatrix} 2 & -1 & -1 \\ -1 & 2 & -1 \\ -1 & -1 & 2 \end{bmatrix}, \boldsymbol{B} = \begin{bmatrix} 1 & 0 & 0 \\ 0 & 1 & 0 \\ 0 & 0 & 0 \end{bmatrix}$,则 $\boldsymbol{A}$ 与 $\boldsymbol{B}$

(A) 合同且相似.　　(B) 合同,但不相似.

(C) 不合同,但相似.　　(D) 既不合同,也不相似.

P251,15 题

(9) 某人向同一目标独立重复射击,每次射击命中目标的概率为 $p(0 < p < 1)$,则此人第 4 次射击恰好第 2 次命中目标的概率为

(A) $3p(1-p)^2$.　　(B) $6p(1-p)^2$.

(C) $3p^2(1-p)^2$.　　(D) $6p^2(1-p)^2$.

P259,22 题

(10) 设随机变量 (X,Y) 服从二维正态分布,且 X 与 Y 不相关,$f_X(x)$,$f_Y(y)$ 分别表示 X,Y 的概率密度,则在 $Y=y$ 的条件下,X 的条件概率密度 $f_{X|Y}(x \mid y)$ 为

(A) $f_X(x)$.　　(B) $f_Y(y)$.

(C) $f_X(x)f_Y(y)$.　　(D) $\dfrac{f_X(x)}{f_Y(y)}$.

P273,10 题

二、填空题(本题共 6 小题,每小题 4 分,满分 24 分)

(11) $\lim\limits_{x\to+\infty} \dfrac{x^3+x^2+1}{2^x+x^3}(\sin x + \cos x) =$ ________.

P76,16 题

(12) 设函数 $y = \dfrac{1}{2x+3}$,则 $y^{(n)}(0) =$ ________.

P90,19 题

(13) 设 $f(u,v)$ 是二元可微函数,$z = f\left(\dfrac{y}{x}, \dfrac{x}{y}\right)$,则 $x\dfrac{\partial z}{\partial x} - y\dfrac{\partial z}{\partial y} =$ ________.

P139,22 题

(14) 微分方程 $\dfrac{dy}{dx} = \dfrac{y}{x} - \dfrac{1}{2}\left(\dfrac{y}{x}\right)^3$ 满足 $y\Big|_{x=1} = 1$ 的特解为 $y =$ ________.

P171,12 题

(15) 设矩阵 $\boldsymbol{A} = \begin{bmatrix} 0 & 1 & 0 & 0 \\ 0 & 0 & 1 & 0 \\ 0 & 0 & 0 & 1 \\ 0 & 0 & 0 & 0 \end{bmatrix}$,则 $\boldsymbol{A}^3$ 的秩为________.

P194,25 题

(16) 在区间 $(0,1)$ 中随机地取两个数,则两数之差的绝对值小于 $\dfrac{1}{2}$ 的概率为________.

P260,23 题

三、解答题(本题共 8 小题,满分 86 分. 解答应写出文字说明、证明过程或演算步骤)

(17)(本题满分 10 分)

设函数 $y = y(x)$ 由方程 $y\ln y - x + y = 0$ 确定,试判断曲线 $y = y(x)$ 在点 $(1,1)$ 附近的凹凸性.

P98,40 题

(18)(本题满分 11 分)

设二元函数

$$f(x,y) = \begin{cases} x^2, & |x|+|y| \leqslant 1, \\ \dfrac{1}{\sqrt{x^2+y^2}}, & 1 < |x|+|y| \leqslant 2 \end{cases}$$

计算二重积分 $\iint\limits_D f(x,y)\mathrm{d}\sigma$，其中 $D=\left\{(x,y)\,\middle|\,|x|+|y|\leqslant 2\right\}$. P151,19 题

(19)(本题满分 11 分)

设函数 $f(x)$，$g(x)$ 在 $[a,b]$ 上连续，在 (a,b) 内二阶可导且存在相等的最大值，又 $f(a)=g(a)$，$f(b)=g(b)$. 证明：

(Ⅰ)存在 $\eta\in(a,b)$，使得 $f(\eta)=g(\eta)$；

(Ⅱ)存在 $\xi\in(a,b)$，使得 $f''(\xi)=g''(\xi)$. P105,54 题

(20)(本题满分 10 分)

将函数 $f(x)=\dfrac{1}{x^2-3x-4}$ 展开成 $x-1$ 的幂级数，并指出其收敛区间. P166,29 题

(21)(本题满分 11 分)

设线性方程组

$$\begin{cases}x_1+x_2+x_3=0,\\ x_1+2x_2+ax_3=0,\\ x_1+4x_2+a^2x_3=0\end{cases} \qquad ①$$

与方程

$$x_1+2x_2+x_3=a-1 \qquad ②$$

有公共解，求 a 的值及所有公共解. P224,21 题

(22)(本题满分 11 分)

设 3 阶实对称矩阵 $\boldsymbol{A}$ 的特征值 $\lambda_1=1$，$\lambda_2=2$，$\lambda_3=-2$，$\boldsymbol{\alpha}_1=(1,-1,1)^{\mathrm{T}}$ 是 $\boldsymbol{A}$ 的属于 λ_1 的一个特征向量. 记 $\boldsymbol{B}=\boldsymbol{A}^5-4\boldsymbol{A}^3+\boldsymbol{E}$，其中 $\boldsymbol{E}$ 为 3 阶单位矩阵.

(Ⅰ)验证 $\boldsymbol{\alpha}_1$ 是矩阵 $\boldsymbol{B}$ 的特征向量，并求 $\boldsymbol{B}$ 的全部特征值与特征向量；

(Ⅱ)求矩阵 $\boldsymbol{B}$. P240,18 题

(23)(本题满分 11 分)

设二维随机变量 (X,Y) 的概率密度为

$$f(x,y)=\begin{cases}2-x-y, & 0<x<1,0<y<1,\\ 0, & \text{其他}\end{cases}$$

(Ⅰ)求 $P\{X>2Y\}$；

(Ⅱ)求 $Z=X+Y$ 的概率密度 $f_Z(z)$. P277,18 题

(24)(本题满分 11 分)

设总体 X 的概率密度为

$$f(x;\theta)=\begin{cases}\dfrac{1}{2\theta}, & 0<x<\theta,\\ \dfrac{1}{2(1-\theta)}, & \theta\leqslant x<1,\\ 0, & \text{其他}\end{cases}$$

其中参数 $\theta(0<\theta<1)$ 未知，$X_1,X_2,\cdots,X_n$ 是来自总体 X 的简单随机样本，$\overline{X}$ 是样本均值.

(Ⅰ)求参数 θ 的矩估计量 $\hat{\theta}$；

(Ⅱ)判断 $4\overline{X}^2$ 是否为 θ^2 的无偏估计量，并说明理由. P305,11 题

2008 年全国硕士研究生招生考试
数学(三)试题

一、选择题(本题共 8 小题,每小题 4 分,满分 32 分)

(1) 设函数 $f(x)$ 在区间 $[-1,1]$ 上连续,则 $x=0$ 是函数 $g(x)=\dfrac{\int_0^x f(t)\mathrm{d}t}{x}$ 的

(A) 跳跃间断点.　　(B) 可去间断点.

(C) 无穷间断点.　　(D) 振荡间断点.

P82,32 题

(2) 如图所示,曲线段的方程为 $y=f(x)$,函数 $f(x)$ 在区间 $[0,a]$ 上有连续的导数,则定积分 $\int_0^a xf'(x)\mathrm{d}x$ 等于

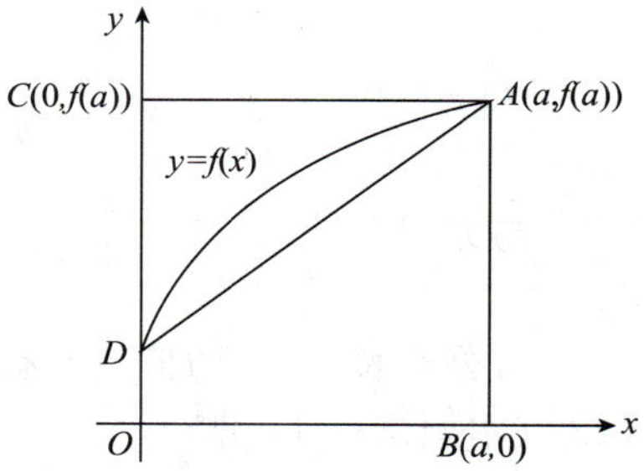

(A) 曲边梯形 $ABOD$ 的面积.

(B) 梯形 $ABOD$ 的面积.

(C) 曲边三角形 ACD 的面积.

(D) 三角形 ACD 的面积.

P114,9 题

(3) 已知 $f(x,y)=\mathrm{e}^{\sqrt{x^2+y^4}}$,则

(A) $f'_x(0,0)$,$f'_y(0,0)$ 都存在.　　(B) $f'_x(0,0)$ 不存在,$f'_y(0,0)$ 存在.

(C) $f'_x(0,0)$ 存在,$f'_y(0,0)$ 不存在.　　(D) $f'_x(0,0)$,$f'_y(0,0)$ 都不存在.

P132,2 题

(4) 设函数 $f(x)$ 连续,若 $F(u,v)=\iint\limits_{D_{uv}}\dfrac{f(x^2+y^2)}{\sqrt{x^2+y^2}}\mathrm{d}x\mathrm{d}y$,其中区域 D_{uv} 为图中阴影部分,则 $\dfrac{\partial F}{\partial u}=$

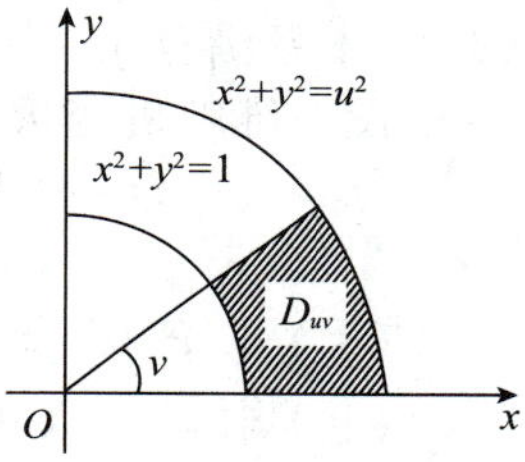

(A) $vf(u^2)$.　　(B) $\dfrac{v}{u}f(u^2)$.

(C) $vf(u)$.　　(D) $\dfrac{v}{u}f(u)$.

P149,15 题

(5) 设 $\boldsymbol{A}$ 为 n 阶非零矩阵,$\boldsymbol{E}$ 为 n 阶单位矩阵.若 $\boldsymbol{A}^3=\boldsymbol{O}$,则

(A) $\boldsymbol{E}-\boldsymbol{A}$ 不可逆,$\boldsymbol{E}+\boldsymbol{A}$ 不可逆.　　(B) $\boldsymbol{E}-\boldsymbol{A}$ 不可逆,$\boldsymbol{E}+\boldsymbol{A}$ 可逆.

(C) $\boldsymbol{E}-\boldsymbol{A}$ 可逆,$\boldsymbol{E}+\boldsymbol{A}$ 可逆.　　(D) $\boldsymbol{E}-\boldsymbol{A}$ 可逆,$\boldsymbol{E}+\boldsymbol{A}$ 不可逆.

P188,16 题

(6) 设 $\boldsymbol{A}=\begin{bmatrix}1&2\\2&1\end{bmatrix}$,则在实数域上与 $\boldsymbol{A}$ 合同的矩阵为

(A) $\begin{bmatrix}-2&1\\1&-2\end{bmatrix}$.　　(B) $\begin{bmatrix}2&-1\\-1&2\end{bmatrix}$.

(C) $\begin{bmatrix}2&1\\1&2\end{bmatrix}$.　　(D) $\begin{bmatrix}1&-2\\-2&1\end{bmatrix}$.

P251,16 题

(7) 设随机变量 X,Y 独立同分布,且 X 的分布函数为 $F(x)$,则 $Z=\max\{X,Y\}$ 的分布函数为

(A) $F^2(x)$.　　(B) $F(x)F(y)$.

(C) $1-[1-F(x)]^2$.　　(D) $[1-F(x)][1-F(y)]$.　　P273,11 题

(8) 设随机变量 $X\sim N(0,1)$,$Y\sim N(1,4)$,且相关系数 $\rho_{XY}=1$,则

(A) $P\{Y=-2X-1\}=1$.　　(B) $P\{Y=2X-1\}=1$.

(C) $P\{Y=-2X+1\}=1$.　　(D) $P\{Y=2X+1\}=1$.　　P293,24 题

二、填空题(本题共 6 小题,每小题 4 分,满分 24 分)

(9) 设函数 $f(x)=\begin{cases}x^2+1, & |x|\leqslant c,\\ \dfrac{2}{|x|}, & |x|>c\end{cases}$ 在 $(-\infty,+\infty)$ 内连续,则 $c=$ ____.　　P82,33 题

(10) 设 $f\left(x+\dfrac{1}{x}\right)=\dfrac{x+x^3}{1+x^4}$,则 $\displaystyle\int_2^{2\sqrt{2}}f(x)\mathrm{d}x=$ ________.　　P117,18 题

(11) 设 $D=\{(x,y)\mid x^2+y^2\leqslant 1\}$,则 $\displaystyle\iint\limits_D(x^2-y)\mathrm{d}x\mathrm{d}y=$ ________.　　P150,16 题

(12) 微分方程 $xy'+y=0$ 满足条件 $y(1)=1$ 的解是 $y=$ ________.　　P171,13 题

(13) 设三阶矩阵 $\boldsymbol{A}$ 的特征值为 1,2,2,$\boldsymbol{E}$ 为 3 阶单位矩阵,则 $|4\boldsymbol{A}^{-1}-\boldsymbol{E}|=$ ________.　　P179,6 题

(14) 设随机变量 X 服从参数为 1 的泊松分布,则 $P\{X=E(X^2)\}=$ ______.　　P288,15 题

三、解答题(本题共 9 小题,满分 94 分.解答应写出文字说明、证明过程或演算步骤)

(15)(本题满分 9 分)

求极限 $\displaystyle\lim_{x\to 0}\frac{1}{x^2}\ln\frac{\sin x}{x}$.　　P76,17 题

(16)(本题满分 10 分)

设 $z=z(x,y)$ 是由方程 $x^2+y^2-z=\varphi(x+y+z)$ 所确定的函数,其中 φ 具有二阶导数,且 $\varphi'\neq-1$.

(Ⅰ) 求 $\mathrm{d}z$;

(Ⅱ) 记 $u(x,y)=\dfrac{1}{x-y}\left(\dfrac{\partial z}{\partial x}-\dfrac{\partial z}{\partial y}\right)$,求 $\dfrac{\partial u}{\partial x}$.　　P139,23 题

(17)(本题满分 11 分)

计算 $\displaystyle\iint\limits_D\max\{xy,1\}\mathrm{d}x\mathrm{d}y$,其中 $D=\{(x,y)\mid 0\leqslant x\leqslant 2,0\leqslant y\leqslant 2\}$.　　P152,20 题

(18)(本题满分 10 分)

设 $f(x)$ 是周期为 2 的连续函数.

(Ⅰ) 证明对任意的实数 t,有 $\displaystyle\int_t^{t+2}f(x)\mathrm{d}x=\int_0^2 f(x)\mathrm{d}x$;

(Ⅱ) 证明 $G(x)=\displaystyle\int_0^x\left[2f(t)-\int_t^{t+2}f(s)\mathrm{d}s\right]\mathrm{d}t$ 是周期为 2 的周期函数.　　P121,29 题

(19)（本题满分 10 分）

设银行存款的年利率为 $r=0.05$，并依年复利计算.某基金会希望通过存款 A 万元，实现第一年提取 19 万元，第二年提取 28 万元，……，第 n 年提取 $(10+9n)$ 万元，并能按此规律一直提取下去，问 A 至少应为多少万元？

P164,26 题

(20)（本题满分 12 分）

设 n 元线性方程组 $\boldsymbol{Ax}=\boldsymbol{b}$，其中

$$\boldsymbol{A}=\begin{bmatrix}2a & 1 & & & & \\ a^2 & 2a & 1 & & & \\ & a^2 & 2a & & & \\ & & \ddots & \ddots & \ddots & \\ & & & a^2 & 2a & 1 \\ & & & & a^2 & 2a\end{bmatrix}_{n\times n},\quad \boldsymbol{x}=\begin{bmatrix}x_1\\x_2\\\vdots\\x_n\end{bmatrix},\quad \boldsymbol{b}=\begin{bmatrix}1\\0\\\vdots\\0\end{bmatrix}$$

（Ⅰ）证明行列式 $|\boldsymbol{A}|=(n+1)a^n$；

（Ⅱ）当 a 为何值时，该方程组有唯一解，并求 x_1；

（Ⅲ）当 a 为何值时，该方程组有无穷多解，并求通解.

P221,18 题

(21)（本题满分 10 分）

设 $\boldsymbol{A}$ 为三阶矩阵，$\boldsymbol{\alpha}_1,\boldsymbol{\alpha}_2$ 为 $\boldsymbol{A}$ 的分别属于特征值 $-1,1$ 的特征向量，向量 $\boldsymbol{\alpha}_3$ 满足 $\boldsymbol{A\alpha}_3=\boldsymbol{\alpha}_2+\boldsymbol{\alpha}_3$.

（Ⅰ）证明 $\boldsymbol{\alpha}_1,\boldsymbol{\alpha}_2,\boldsymbol{\alpha}_3$ 线性无关；

（Ⅱ）令 $\boldsymbol{P}=(\boldsymbol{\alpha}_1,\boldsymbol{\alpha}_2,\boldsymbol{\alpha}_3)$，求 $\boldsymbol{P}^{-1}\boldsymbol{AP}$.

P207,18 题

(22)（本题满分 11 分）

设随机变量 X 与 Y 相互独立，X 的概率分布为 $P\{X=i\}=\dfrac{1}{3}(i=-1,0,1)$，$Y$ 的概率密度为 $f_Y(y)=\begin{cases}1, & 0\leqslant y<1,\\ 0, & \text{其他}.\end{cases}$ 记 $Z=X+Y$.

（Ⅰ）求 $P\left\{Z\leqslant\dfrac{1}{2}\middle|X=0\right\}$；

（Ⅱ）求 Z 的概率密度 $f_Z(z)$.

P279,19 题

(23)（本题满分 11 分）

设 $X_1,X_2,\cdots,X_n$ 是总体 $N(\mu,\sigma^2)$ 的简单随机样本.记

$$\overline{X}=\frac{1}{n}\sum_{i=1}^{n}X_i,S^2=\frac{1}{n-1}\sum_{i=1}^{n}(X_i-\overline{X})^2,T=\overline{X}^2-\frac{1}{n}S^2$$

（Ⅰ）证明 T 是 μ^2 的无偏估计量（超纲，改成“计算 $E(T)$”）；

（Ⅱ）当 $\mu=0,\sigma=1$ 时，求 $D(T)$.

P306,12 题

第二篇

真题解析

第一部分　微积分

第一章　函数、极限、连续

本章导读

函数是微积分的研究对象，极限是建立微积分理论和方法的基础，连续性是函数的基本性质、是函数可导和可积的基本条件，连续函数是微积分所讨论的函数的主要类型．因此，函数、极限与函数连续性是微积分的理论基础，也是本章的主要内容．

本章的主要内容有：

(1) 函数的概念、基本性质及复合函数；

(2) 极限的概念、性质、存在准则及求极限的方法；无穷小量的概念、性质及阶的比较；

(3) 连续的概念，间断点及其分类，连续函数的性质(运算性质及有限闭区间上连续函数性质)．

试题特点

本章是微积分的基础．本章的特点是基本概念和基本理论非常多，许多考题都重点考查这些基本概念和基本理论，从往年试卷分析情况来看，失分率比较高．因此，望考生们重视基本概念和基本理论的复习．

本章常考题型

(1) 求极限；

(2) 无穷小量及其比较；

(3) 求间断点及判别间断点类型．

无穷小量比较实际上就是研究“$\frac{0}{0}$”型极限，而间断点类型判定的关键也是求极限，所以，本章常考的三种题型的核心都是求极限，重点是求极限的常用方法(如有理运算、基本极限、等价无穷小替换，洛必达法则等)．

考题详析

一、复合函数及函数的几种特性

虽然有关复合函数和函数的几种特性(即有界性、单调性、奇偶性、周期性)的试题在近几年的试卷中没有专门出过，但它是一个基本内容，也是本章第一部分函数中的重点内容．在近几年其他类型的考题中也考到了该内容，并且该内容在以前的考卷中多次专门出题考查，望读者重视.

1 (1990,二(1)题,3分)设函数 $f(x)=x\cdot\tan x\cdot e^{\sin x}$,则 $f(x)$ 是

(A) 偶函数. (B) 无界函数. (C) 周期函数. (D) 单调函数.

答案 B.

解析 由于 $\lim\limits_{x\to\frac{\pi}{2}^-}f(x)=\infty$,则 $f(x)$ 为无界函数.

2 (2004,7题,4分)函数 $f(x)=\dfrac{|x|\sin(x-2)}{x(x-1)(x-2)^2}$ 在下列哪个区间内有界

(A) $(-1,0)$. (B) $(0,1)$. (C) $(1,2)$. (D) $(2,3)$.

答案 A.

解析 (方法一) 直接法

由于 $f(x)=\dfrac{|x|\sin(x-2)}{x(x-1)(x-2)^2}$ 在 $(-1,0)$ 上连续,且

$$\lim_{x\to-1^+}f(x)=\lim_{x\to-1^+}\frac{-x\sin(x-2)}{x(x-1)(x-2)^2}=-\frac{\sin 3}{18}$$

$$\lim_{x\to0^-}f(x)=\lim_{x\to0^-}\frac{-x\sin(x-2)}{x(x-1)(x-2)^2}=-\frac{\sin 2}{4}$$

则 $f(x)$ 在 $(-1,0)$ 内有界,故应选(A).

(方法二) 排除法

由于 $\lim\limits_{x\to1^-}f(x)=\lim\limits_{x\to1^-}\dfrac{x\sin(x-2)}{x(x-1)(x-2)^2}=\infty$,则 $f(x)$ 在 $(0,1)$ 内无界.

由于 $\lim\limits_{x\to1^+}f(x)=\infty$,则 $f(x)$ 在 $(1,2)$ 内无界.

又 $\lim\limits_{x\to2^+}f(x)=\lim\limits_{x\to2^+}\dfrac{x(x-2)}{x(x-1)(x-2)^2}=\infty$,则 $f(x)$ 在 $(2,3)$ 内无界,故应选(A).

【评注】 方法一中用到一个基本结论:若 $f(x)$ 在 (a,b) 内连续,且 $\lim\limits_{x\to a^+}f(x)$ 和 $\lim\limits_{x\to b^-}f(x)$ 都存在,则 $f(x)$ 在 (a,b) 内有界.

二、极限的概念、性质与存在准则

3 (1988,二(1)题,2分)(判断题)若极限 $\lim\limits_{x\to x_0}f(x)$ 与 $\lim\limits_{x\to x_0}f(x)g(x)$ 都存在,则极限 $\lim\limits_{x\to x_0}g(x)$ 必存在. ( )

答案 ×.

解析 令 $f(x)=x,g(x)=\sin\dfrac{1}{x}$,则

$$\lim_{x\to0}f(x)=\lim_{x\to0}x=0$$

$$\lim_{x\to0}f(x)g(x)=\lim_{x\to0}x\sin\frac{1}{x}=0$$

但 $\lim\limits_{x\to0}g(x)=\lim\limits_{x\to0}\sin\dfrac{1}{x}$ 不存在.

4（2000，二（1）题，3分）设对任意的 x，总有 $\varphi(x) \leqslant f(x) \leqslant g(x)$，且 $\lim\limits_{x\to\infty}[g(x)-\varphi(x)]=0$，则 $\lim\limits_{x\to\infty}f(x)$

(A) 存在且等于零.　　(B) 存在但不一定为零.

(C) 一定不存在.　　(D) 不一定存在.

答案　D.

解析　排除法：令 $\varphi(x)=1-\dfrac{1}{x^2}$，$f(x)=1$，$g(x)=1+\dfrac{1}{x^2}$，显然 $\varphi(x)\leqslant f(x)\leqslant g(x)$. 且 $\lim\limits_{x\to\infty}[g(x)-\varphi(x)]=\lim\limits_{x\to\infty}\dfrac{2}{x^2}=0$. 此时，$\lim\limits_{x\to\infty}f(x)=1$，则(A)和(C)都不正确.

若令 $\varphi(x)=x-\dfrac{1}{x^2}$，$f(x)=x$，$g(x)=x+\dfrac{1}{x^2}$，显然 $\varphi(x)\leqslant f(x)\leqslant g(x)$，且 $\lim\limits_{x\to\infty}[g(x)-\varphi(x)]=\lim\limits_{x\to\infty}\dfrac{2}{x^2}=0$，但 $\lim\limits_{x\to\infty}f(x)=\infty$，则(B)不正确，故应选(D).

三、求函数的极限

5（1987，一（1）题，2分）（判断题）$\lim\limits_{x\to0}e^{\frac{1}{x}}=\infty$.　　（　　）

答案　×.

解析　$\lim\limits_{x\to0^+}e^{\frac{1}{x}}=+\infty$，但 $\lim\limits_{x\to0^-}e^{\frac{1}{x}}=0$，则原题所给结论是错误的.

6（1987，三（1）题，4分）求极限 $\lim\limits_{x\to0}(1+xe^x)^{\frac{1}{x}}$.

解　这是一个“1^∞”型极限，且

$$\lim_{x\to0}\frac{xe^x}{x}=1$$

则 $\lim\limits_{x\to0}(1+xe^x)^{\frac{1}{x}}=e$.

7（1988，三（1）题，4分）求极限 $\lim\limits_{x\to1}\dfrac{x^x-1}{x\ln x}$.

解　$\lim\limits_{x\to1}\dfrac{x^x-1}{x\ln x}=\lim\limits_{x\to1}\dfrac{e^{x\ln x}-1}{x\ln x}=\lim\limits_{x\to1}\dfrac{x\ln x}{x\ln x}=1$.

8（1989，三（1）题，5分）求极限 $\lim\limits_{x\to\infty}\left(\sin\dfrac{1}{x}+\cos\dfrac{1}{x}\right)^x$.

解　这是一个“1^∞”型极限

$$\lim_{x\to\infty}\left(\sin\frac{1}{x}+\cos\frac{1}{x}\right)^x=\lim_{x\to\infty}\left[1+\left(\sin\frac{1}{x}+\cos\frac{1}{x}-1\right)\right]^x$$

又

$$\lim_{x\to\infty}\left(\sin\frac{1}{x}+\cos\frac{1}{x}-1\right)\cdot x=\lim_{x\to\infty}\frac{\sin\frac{1}{x}}{\frac{1}{x}}+\lim_{x\to\infty}\frac{\cos\frac{1}{x}-1}{\frac{1}{x}}$$

$$=1+\lim_{x\to\infty}\frac{-\frac{1}{2}\left(\frac{1}{x}\right)^2}{\frac{1}{x}}=1$$

则 $\lim\limits_{x\to\infty}\left(\sin\dfrac{1}{x}+\cos\dfrac{1}{x}\right)^{x}=\mathrm{e}$.

9 (1991，二(1)题，3分) 下列各式中正确的是

(A) $\lim\limits_{x\to0^+}\left(1+\dfrac{1}{x}\right)^{x}=1$.　　(B) $\lim\limits_{x\to0^+}\left(1+\dfrac{1}{x}\right)^{x}=\mathrm{e}$.

(C) $\lim\limits_{x\to\infty}\left(1-\dfrac{1}{x}\right)^{x}=-\mathrm{e}$.　　(D) $\lim\limits_{x\to\infty}\left(1+\dfrac{1}{x}\right)^{-x}=\mathrm{e}$.

答案 A.

解析 $\lim\limits_{x\to0^+}\left(1+\dfrac{1}{x}\right)^{x}=\lim\limits_{x\to0^+}\mathrm{e}^{x\ln\left(1+\frac{1}{x}\right)}$，又

$$\lim_{x\to0^+}x\ln\left(1+\frac{1}{x}\right)=\lim_{x\to0^+}\frac{\ln\left(1+\frac{1}{x}\right)}{\frac{1}{x}}=\lim_{x\to0^+}\frac{\frac{1}{1+\frac{1}{x}}\left(-\frac{1}{x^2}\right)}{-\frac{1}{x^2}}=0$$

则 $\lim\limits_{x\to0^+}\left(1+\dfrac{1}{x}\right)^{x}=\mathrm{e}^0=1$.

【评注】 $\lim\limits_{x\to\infty}\left(1-\dfrac{1}{x}\right)^{x}=\mathrm{e}^{-1}$，$\lim\limits_{x\to\infty}\left(1+\dfrac{1}{x}\right)^{-x}=\mathrm{e}^{-1}$.

10 (1991，三题，5分) 求极限 $\lim\limits_{x\to0}\left(\dfrac{\mathrm{e}^x+\mathrm{e}^{2x}+\cdots+\mathrm{e}^{nx}}{n}\right)^{\frac{1}{x}}$，其中 n 是给定的自然数.

解 这是一个“1^∞”型的极限

$$\text{原式}=\lim_{x\to0}\left[1+\frac{\mathrm{e}^x+\mathrm{e}^{2x}+\cdots+\mathrm{e}^{nx}-n}{n}\right]^{\frac{1}{x}}$$

又 $\lim\limits_{x\to0}\dfrac{\mathrm{e}^x+\mathrm{e}^{2x}+\cdots+\mathrm{e}^{nx}-n}{nx}$

$$=\frac{1}{n}\left[\lim_{x\to0}\frac{\mathrm{e}^x-1}{x}+\lim_{x\to0}\frac{\mathrm{e}^{2x}-1}{x}+\cdots+\lim_{x\to0}\frac{\mathrm{e}^{nx}-1}{x}\right]$$

$$=\frac{1}{n}[1+2+\cdots+n]$$

$$=\frac{n+1}{2}$$

则原式 $=\mathrm{e}^{\frac{n+1}{2}}$.

11 (1993，一(1)题，3分) $\lim\limits_{x\to\infty}\dfrac{3x^2+5}{5x+3}\sin\dfrac{2}{x}=$ ______.

答案 $\dfrac{6}{5}$.

解析 当 $x\to\infty$ 时，$\sin\dfrac{2}{x}\sim\dfrac{2}{x}$，则原式 $=\lim\limits_{x\to\infty}\dfrac{3x^2+5}{5x+3}\cdot\dfrac{2}{x}=\lim\limits_{x\to\infty}\dfrac{6x^2+10}{5x^2+3x}=\dfrac{6}{5}$.

12 (2001，四题，6分) 已知 $f(x)$ 在 $(-\infty,+\infty)$ 内可导，且 $\lim\limits_{x\to\infty}f'(x)=\mathrm{e}$，$\lim\limits_{x\to\infty}\left(\dfrac{x+c}{x-c}\right)^{x}=\lim\limits_{x\to\infty}[f(x)-f(x-1)]$，求 c 的值.

解 由题设知 $c\neq0$，则

$$\lim_{x\to\infty}\left(\frac{x+c}{x-c}\right)^x=\lim_{x\to\infty}\left(1+\frac{2c}{x-c}\right)^x$$

又 $\lim\limits_{x\to\infty}\frac{2c}{x-c}\cdot x=2c$，则 $\lim\limits_{x\to\infty}\left(\frac{x+c}{x-c}\right)^x=e^{2c}$.

由拉格朗日定理知

$$f(x)-f(x-1)=f'(\xi)\cdot 1$$

其中 ξ 介于 $x-1$ 与 x 之间，那么

$$\lim_{x\to\infty}[f(x)-f(x-1)]=\lim_{x\to\infty}f'(\xi)=e$$

于是，$e^{2c}=e$，故 $c=\frac{1}{2}$.

13（2004，15 题，8 分）求 $\lim\limits_{x\to 0}\left(\frac{1}{\sin^2 x}-\frac{\cos^2 x}{x^2}\right)$.

解

$$\begin{aligned}\lim_{x\to 0}\left(\frac{1}{\sin^2 x}-\frac{\cos^2 x}{x^2}\right)&=\lim_{x\to 0}\frac{x^2-\sin^2 x\cos^2 x}{x^2\sin^2 x}\\&=\lim_{x\to 0}\frac{x^2-\sin^2 x(1-\sin^2 x)}{x^4}\\&=\lim_{x\to 0}\frac{x^2-\sin^2 x}{x^4}+\lim_{x\to 0}\frac{\sin^4 x}{x^4}\\&=\lim_{x\to 0}\frac{x+\sin x}{x}\cdot\frac{x-\sin x}{x^3}+1\\&=2\times\frac{1}{6}+1=\frac{4}{3}\end{aligned}$$

14（2005，1 题，4 分）极限 $\lim\limits_{x\to\infty}x\sin\frac{2x}{x^2+1}=$ ______.

答案 2.

解析 由于 $\lim\limits_{x\to\infty}\frac{2x}{x^2+1}=0$，则

$$\lim_{x\to\infty}x\sin\frac{2x}{x^2+1}=\lim_{x\to\infty}x\cdot\frac{2x}{x^2+1}\quad（等价无穷小替换）$$
$$=2.$$

15（2005，15 题，8 分）求 $\lim\limits_{x\to 0}\left(\frac{1+x}{1-e^{-x}}-\frac{1}{x}\right)$.

分析 本题是一个 $\infty-\infty$ 型极限，先通分化为 $\frac{0}{0}$ 型.

解（方法一）

$$\begin{aligned}\lim_{x\to 0}\left(\frac{1+x}{1-e^{-x}}-\frac{1}{x}\right)&=\lim_{x\to 0}\frac{x(1+x)-1+e^{-x}}{x(1-e^{-x})}\\&=\lim_{x\to 0}\frac{x(1+x)-1+e^{-x}}{x^2}\quad（等价无穷小替换）\\&=\lim_{x\to 0}\frac{1+2x-e^{-x}}{2x}\quad（洛必达法则）\\&=\lim_{x\to 0}\frac{2+e^{-x}}{2}=\frac{3}{2}.\end{aligned}$$

（方法二）

$$\begin{aligned}\lim_{x\to 0}\left(\frac{1+x}{1-e^{-x}}-\frac{1}{x}\right)&=\lim_{x\to 0}\frac{x(1+x)-1+e^{-x}}{x(1-e^{-x})}\\&=\lim_{x\to 0}\frac{x+x^2-1+e^{-x}}{x^2}\quad（等价无穷小替换）\end{aligned}$$

$$= \lim_{x \to 0} \frac{x + x^2 - 1 + \left(1 - x + \frac{x^2}{2!} + o(x^2)\right)}{x^2} \quad \text{（泰勒公式）}$$

$$= \frac{3}{2}.$$

16（2007，11 题，4 分）$\lim\limits_{x \to +\infty} \dfrac{x^3 + x^2 + 1}{2^x + x^3}(\sin x + \cos x) =$ ________.

答案 0.

解析 由于 $\lim\limits_{x \to +\infty} \dfrac{x^3 + x^2 + 1}{2^x + x^3} = \lim\limits_{x \to +\infty} \dfrac{3x^2 + 2x}{2^x \ln 2 + 3x^2}$

$$= \lim_{x \to +\infty} \frac{6x + 2}{2^x \ln^2 2 + 6x} = \lim_{x \to +\infty} \frac{6}{2^x \ln^3 2 + 6} = 0$$

而 $|\sin x + \cos x| \leqslant 2$，即为有界变量．利用无穷小量与有界变量之积是无穷小量可得

$$\lim_{x \to +\infty} \frac{x^3 + x^2 + 1}{2^x + x^3}(\sin x + \cos x) = 0$$

【评注】 事实上，利用已知结论，当 $x \to +\infty$

$$\ln x \ll x^\alpha \ll a^x \quad (\alpha > 0, a > 1)$$

立刻得到本题答案为 0，由于在 $\dfrac{x^3 + x^2 + 1}{2^x + x^3}$ 中分子为幂函数相加，而分母有指数函数 2^x，则 $\lim\limits_{x \to +\infty} \dfrac{x^3 + x^2 + 1}{2^x + x^3} = 0$．而 $(\sin x + \cos x)$ 为有界变量，则原式 $= 0$．

17（2008，15 题，9 分）求极限 $\lim\limits_{x \to 0} \dfrac{1}{x^2} \ln \dfrac{\sin x}{x}$.

解（方法一） 这是一个 $\infty \cdot 0$ 型极限，可化为 $\dfrac{0}{0}$ 型后用洛必达法则．

$$\lim_{x \to 0} \frac{\ln \frac{\sin x}{x}}{x^2} = \lim_{x \to 0} \frac{\frac{x}{\sin x} \cdot \frac{x\cos x - \sin x}{x^2}}{2x} \quad \text{（洛必达法则）}$$

$$= \frac{1}{2} \lim_{x \to 0} \frac{x\cos x - \sin x}{x^3}$$

$$= \frac{1}{2} \lim_{x \to 0} \frac{\cos x - x\sin x - \cos x}{3x^2} \quad \text{（洛必达法则）}$$

$$= \frac{1}{6} \lim_{x \to 0} \frac{-x \sin x}{x^2} = -\frac{1}{6}.$$

（方法二） $\lim\limits_{x \to 0} \dfrac{1}{x^2} \ln \dfrac{\sin x}{x} = \lim\limits_{x \to 0} \dfrac{1}{x^2} \ln\left(1 + \dfrac{\sin x - x}{x}\right)$

$$= \lim_{x \to 0} \frac{\sin x - x}{x^3} \quad \text{（等价无穷小替换）}$$

$$= \lim_{x \to 0} \frac{\cos x - 1}{3x^2} = \lim_{x \to 0} \frac{-\frac{1}{2}x^2}{3x^2}$$

$$= -\frac{1}{6}.$$

四、求数列的极限

18 (1990,一(1) 题,3 分) 极限$\lim\limits_{n\to\infty}(\sqrt{n+3\sqrt{n}}-\sqrt{n-\sqrt{n}})=$ ________.

答案　2.

解析

$$\lim_{n\to\infty}(\sqrt{n+3\sqrt{n}}-\sqrt{n-\sqrt{n}})$$
$$=\lim_{n\to\infty}\frac{4\sqrt{n}}{\sqrt{n+3\sqrt{n}}+\sqrt{n-\sqrt{n}}}$$
$$=\lim_{n\to\infty}\frac{4}{\sqrt{1+\frac{3}{\sqrt{n}}}+\sqrt{1-\frac{1}{\sqrt{n}}}}$$
$$=2$$

19 (2002,一(1) 题,3 分) 设常数 $a\neq\frac{1}{2}$,则$\lim\limits_{n\to\infty}\ln\left[\frac{n-2na+1}{n(1-2a)}\right]^n=$ ________.

答案　$\frac{1}{1-2a}$.

解析　$\lim\limits_{n\to\infty}\left[\frac{n-2na+1}{n(1-2a)}\right]^n=\lim\limits_{n\to\infty}\left[1+\frac{1}{n(1-2a)}\right]^n$

又$\lim\limits_{n\to\infty}\frac{1}{n(1-2a)}\cdot n=\frac{1}{1-2a}$,则

$$\lim_{n\to\infty}\left[\frac{n-2na+1}{n(1-2a)}\right]^n=e^{\frac{1}{1-2a}}$$

故$\lim\limits_{n\to\infty}\ln\left[\frac{n-2na+1}{n(1-2a)}\right]^n=\ln e^{\frac{1}{1-2a}}=\frac{1}{1-2a}$.

20 (2006,1 题,4 分) $\lim\limits_{n\to\infty}\left(\frac{n+1}{n}\right)^{(-1)^n}=$ ________.

答案　1.

解析　(方法一)　记 $x_n=\left(\frac{n+1}{n}\right)^{(-1)^n}$,因为

$$\lim_{k\to\infty}x_{2k}=\lim_{k\to\infty}\frac{2k+1}{2k}=1,\text{且}\lim_{k\to\infty}x_{2k+1}=\lim_{k\to\infty}\left(\frac{2k+2}{2k+1}\right)^{-1}=1$$

故$\lim\limits_{n\to\infty}x_n=1$.

(方法二)

$$\lim_{n\to\infty}\left(\frac{n+1}{n}\right)^{(-1)^n}=\lim_{n\to\infty}e^{(-1)^n\ln\frac{n+1}{n}}$$

而$\lim\limits_{n\to\infty}\ln\frac{n+1}{n}=\lim\limits_{n\to\infty}\ln\left(1+\frac{1}{n}\right)=0$(无穷小量),$(-1)^n$ 为有界变量,则

$$\text{原式}=e^0=1$$

(方法三)　由于

$$\left(\frac{n+1}{n}\right)^{-1}\leqslant\left(\frac{n+1}{n}\right)^{(-1)^n}\leqslant\left(\frac{n+1}{n}\right)^1$$

而$\lim\limits_{n\to\infty}\left(\dfrac{n+1}{n}\right)^{-1}=1$，且$\lim\limits_{n\to\infty}\dfrac{n+1}{n}=1$，由夹逼原理知

$$\lim_{n\to\infty}\left(\frac{n+1}{n}\right)^{(-1)^n}=1$$

【评注】 方法一中用到一个常用的结论：$\lim\limits_{n\to\infty}x_n=a\Leftrightarrow\lim\limits_{k\to\infty}x_{2k}=a$ 且 $\lim\limits_{k\to\infty}x_{2k-1}=a$. 考卷中一种典型的错误是一些考生由极限$\lim\limits_{n\to\infty}(-1)^n$不存在推知本题极限不存在.

五、确定极限中的参数

21（2004，1题，4分）若$\lim\limits_{x\to0}\dfrac{\sin x}{e^x-a}(\cos x-b)=5$，则$a=$ ________，$b=$ ________.

答案 $a=1,b=-4$.

解析 由于$\lim\limits_{x\to0}\dfrac{\sin x(\cos x-b)}{e^x-a}=5\neq0$，且$\lim\limits_{x\to0}\sin x(\cos x-b)=0$，则$\lim\limits_{x\to0}(e^x-a)=0$，从而有$a=1$，此时

$$5=\lim_{x\to0}\frac{\sin x(\cos x-b)}{e^x-a}=\lim_{x\to0}\frac{x(\cos x-b)}{e^x-1}$$
$$=\lim_{x\to0}\frac{x(\cos x-b)}{x}=1-b$$

则$b=-4$.

【评注】 本题中用到一个基本结论：若$\lim\dfrac{f(x)}{g(x)}=A\neq0$，$\lim f(x)=0$，则$\lim g(x)=0$.

六、无穷小量及其阶的比较

22（1989，二(1)题，3分）设$f(x)=2^x+3^x-2$，则当$x\to0$时，

(A) $f(x)$是x的等价无穷小.
(B) $f(x)$与x是同阶但非等价无穷小.
(C) $f(x)$是比x更高阶的无穷小.
(D) $f(x)$是比x较低阶的无穷小.

答案 B.

解析 由于

$$\lim_{x\to0}\frac{2^x+3^x-2}{x}=\lim_{x\to0}\frac{2^x-1}{x}+\lim_{x\to0}\frac{3^x-1}{x}$$
$$=\ln2+\ln3=\ln6$$

则当$x\to0$时，$f(x)=2^x+3^x-2$是与x同阶但非等价的无穷小量.

23（1992，二(2)题，3分）当$x\to0$时，下列四个无穷小量中，哪一个是比其他三个更高阶的无穷小量？

(A) x^2.　(B) $1-\cos x$.　(C) $\sqrt{1-x^2}-1$.　(D) $x-\tan x$.

答案 D.

解析 当 $x \to 0$ 时，

$$1-\cos x \sim \frac{1}{2}x^2, \sqrt{1-x^2}-1 \sim -\frac{1}{2}x^2, x-\tan x \sim -\frac{1}{3}x^3$$

故应选(D).

24 (1997，二(1) 题，3 分) 设函数 $f(x)=\int_0^{1-\cos x}\sin t^2\,dt$，$g(x)=\frac{x^5}{5}+\frac{x^6}{6}$，则当 $x \to 0$ 时，$f(x)$ 是 $g(x)$ 的

(A) 低阶无穷小.　　(B) 高阶无穷小.

(C) 等价无穷小.　　(D) 同阶但不等价的无穷小.

答案 B.

解析 (方法一)

$$\begin{aligned}\lim_{x\to 0}\frac{f(x)}{g(x)} &= \lim_{x\to 0}\frac{\int_0^{1-\cos x}\sin t^2\,dt}{\frac{x^5}{5}+\frac{x^6}{6}} \\ &= \lim_{x\to 0}\frac{\sin(1-\cos x)^2\sin x}{x^4+x^5} \\ &= \lim_{x\to 0}\frac{x(1-\cos x)^2}{(1+x)x^4} = \lim_{x\to 0}\frac{x\left(\frac{1}{2}x^2\right)^2}{x^4} \\ &= 0\end{aligned}$$

故应选(B).

(方法二)　当 $t \to 0$ 时，$\sin t^2 \sim t^2$，则

$$\begin{aligned}f(x) &= \int_0^{1-\cos x}\sin t^2\,dt \sim \int_0^{1-\cos x}t^2\,dt \\ &= \frac{1}{3}(1-\cos x)^3 \sim \frac{1}{3}\left(\frac{1}{2}x^2\right)^3 \\ &= \frac{1}{24}x^6\end{aligned}$$

当 $x \to 0$ 时，$g(x)=\frac{x^5}{5}+\frac{x^6}{6} \sim \frac{x^5}{5}$.

则当 $x \to 0$ 时，$f(x)$ 是 $g(x)$ 的高阶无穷小.

【评注】　方法二中用到两个常用结论.

(1) 若 $\lim\limits_{x\to 0}\frac{f(x)}{g(x)}=1$，则当 $x \to 0$ 时，$\int_0^x f(t)\,dt \sim \int_0^x g(t)\,dt$.

(2) 低阶 + 高阶 ~ 低阶.

25 (2007，1 题，4 分) 当 $x \to 0^+$ 时，与 $\sqrt{x}$ 等价的无穷小量是

(A) $1-e^{\sqrt{x}}$.　　(B) $\ln(1+\sqrt{x})$.　　(C) $\sqrt{1+\sqrt{x}}-1$.　　(D) $1-\cos\sqrt{x}$.

答案 B.

解析 (方法一)　$\ln\frac{1+x}{1-\sqrt{x}}=[\ln(1+x)-\ln(1-\sqrt{x})] \sim \sqrt{x}$（当 $x \to 0^+$），

事实上，$\ln(1+x) \sim x$，即当 $x \to 0^+$ 时，$\ln(1+x)$ 是 x 的一阶无穷小，$-\ln(1-\sqrt{x}) \sim \sqrt{x}$，即

$-\ln(1-\sqrt{x})$ 是 x 的$\frac{1}{2}$ 阶无穷小,几个不同阶无穷小量的代数和的阶数由其中阶数最低的项来决定.

故应选(B).

(方法二) 当 $x\to 0^+$ 时,

$$1-e^{\sqrt{x}}\sim -\sqrt{x},\sqrt{1+\sqrt{x}}-1\sim\frac{1}{2}\sqrt{x},1-\cos\sqrt{x}\sim\frac{1}{2}x$$

则选项(A)、(C)、(D) 均不正确,故应选(B).

七、函数连续性及间断点的类型

26 (1987,二(1) 题,2 分) 下列函数在其定义域内连续的是

(A) $f(x)=\ln x+\sin x$.

(B) $f(x)=\begin{cases}\sin x, & x\leqslant 0,\\ \cos x, & x>0.\end{cases}$

(C) $f(x)=\begin{cases}x+1, & x<0,\\ 0, & x=0,\\ x-1, & x>0.\end{cases}$

(D) $f(x)=\begin{cases}\dfrac{1}{\sqrt{|x|}}, & x\neq 0,\\ 0, & x=0.\end{cases}$

答案 A.

解析 由于 $f(x)=\ln x+\sin x$ 的定义域为 $(0,+\infty)$,而 $\ln x$ 和 $\sin x$ 在 $(0,+\infty)$ 内都连续,则 $f(x)=\ln x+\sin x$ 在其定义域内连续.

27 (1990,一(2) 题,3 分) 设 $f(x)$ 有连续的导数,$f(0)=0$ 且 $f'(0)=b$,若函数

$$F(x)=\begin{cases}\dfrac{f(x)+a\sin x}{x}, & x\neq 0,\\ A, & x=0\end{cases}$$

在 $x=0$ 处连续,则常数 $A=$ ________.

答案 $a+b$.

解析
$$\lim_{x\to 0}F(x)=\lim_{x\to 0}\frac{f(x)+a\sin x}{x}=\lim_{x\to 0}\frac{f(x)}{x}+a=f'(0)+a=b+a$$

$F(0)=A$,则 $A=a+b$.

28 (1992,三题,5 分) 设函数 $f(x)=\begin{cases}\dfrac{\ln\cos(x-1)}{1-\sin\frac{\pi}{2}x}, & x\neq 1,\\ 1, & x=1,\end{cases}$ 问函数 $f(x)$ 在 $x=1$ 处是否连续?若不连续,修改函数在 $x=1$ 处的定义,使之连续.

解 由于
$$\lim_{x\to 1}f(x)=\lim_{x\to 1}\frac{\ln\cos(x-1)}{1-\sin\frac{\pi}{2}x}=\lim_{x\to 1}\frac{-\tan(x-1)}{-\frac{\pi}{2}\cos\frac{\pi x}{2}}\quad(\text{洛必达法则})$$

$$= \frac{2}{\pi}\lim_{x\to 1}\frac{x-1}{\cos\frac{\pi}{2}x} \quad \text{（等价无穷小替换）}$$

$$= \frac{2}{\pi}\lim_{x\to 1}\frac{1}{-\frac{\pi}{2}\sin\frac{\pi x}{2}}$$

$$= -\frac{4}{\pi^2}$$

而 $f(1)=1\neq\frac{-4}{\pi^2}$，则 $f(x)$ 在 $x=1$ 处不连续，若令 $f(1)=-\frac{4}{\pi^2}$，则 $f(x)$ 在 $x=1$ 处就连续.

29（1998，二(2) 题，3 分）设函数 $f(x)=\lim\limits_{n\to\infty}\frac{1+x}{1+x^{2n}}$，讨论函数 $f(x)$ 的间断点，其结论为

(A) 不存在间断点.　　(B) 存在间断点 $x=1$.

(C) 存在间断点 $x=0$.　　(D) 存在间断点 $x=-1$.

答案　B.

解析　$f(x)=\lim\limits_{n\to\infty}\frac{1+x}{1+x^{2n}}=\begin{cases}1+x, & |x|<1,\\ 0, & |x|>1,\\ 0, & x=-1,\\ 1, & x=1.\end{cases}$

$f(-1-0)=\lim\limits_{x\to -1^-}0=0$，$f(-1+0)=\lim\limits_{x\to -1^+}(1+x)=0$，$f(-1)=0$，则 $f(x)$ 在 $x=-1$ 处连续. $f(1-0)=\lim\limits_{x\to 1^-}(1+x)=2$，$f(1+0)=\lim\limits_{x\to 1^+}0=0$.

则 $f(x)$ 在 $x=1$ 处不连续，故应选(B).

30（2003，三题，8 分）设 $f(x)=\frac{1}{\pi x}+\frac{1}{\sin\pi x}-\frac{1}{\pi(1-x)}$，$x\in\left[\frac{1}{2},1\right)$，试补充定义 $f(1)$ 使得 $f(x)$ 在 $\left[\frac{1}{2},1\right]$ 上连续.

解　为使 $f(x)$ 在 $\left[\frac{1}{2},1\right]$ 上连续，只需 $f(x)$ 在 $x=1$ 处左连续即可，即 $\lim\limits_{x\to 1^-}f(x)=f(1)$.

$$\lim_{x\to 1^-}f(x)=\lim_{x\to 1^-}\left[\frac{1}{\pi x}+\frac{1}{\sin\pi x}-\frac{1}{\pi(1-x)}\right]$$

$$=\frac{1}{\pi}+\lim_{x\to 1^-}\frac{\pi(1-x)-\sin\pi x}{\pi(1-x)\sin\pi x}$$

$$=\frac{1}{\pi}+\lim_{x\to 1^-}\frac{\pi(1-x)-\sin\pi x}{\pi(1-x)\sin\pi(1-x)}$$

$$=\frac{1}{\pi}+\lim_{x\to 1^-}\frac{\pi(1-x)-\sin\pi x}{\pi^2(1-x)^2}$$

$$=\frac{1}{\pi}+\lim_{x\to 1^-}\frac{\pi+\pi\cos\pi x}{2\pi^2(1-x)}$$

$$=\frac{1}{\pi}+\lim_{x\to 1^-}\frac{\pi^2\sin\pi x}{2\pi^2}$$

$$=\frac{1}{\pi}$$

综上所述，定义 $f(1)=\frac{1}{\pi}$，此时 $f(x)$ 在 $\left[\frac{1}{2},1\right]$ 上连续.

31（2004，8 题，4 分）设 $f(x)$ 在 $(-\infty,+\infty)$ 内有定义，且 $\lim\limits_{x\to\infty}f(x)=a$，

$$g(x)=\begin{cases}f\left(\dfrac{1}{x}\right), & x\neq 0,\\ 0, & x=0,\end{cases}$$ 则

(A) $x=0$ 必是 $g(x)$ 的第一类间断点.

(B) $x=0$ 必是 $g(x)$ 的第二类间断点.

(C) $x=0$ 必是 $g(x)$ 的连续点.

(D) $g(x)$ 在点 $x=0$ 处的连续性与 a 的取值有关.

答案 D.

解析 由于 $\lim\limits_{x\to 0}g(x)=\lim\limits_{x\to 0}f\left(\dfrac{1}{x}\right)=a$.

当 $a=0$ 时，$\lim\limits_{x\to 0}g(x)=0=g(0)$，$g(x)$ 在 $x=0$ 处连续.

当 $a\neq 0$ 时，$\lim\limits_{x\to 0}g(x)=a\neq g(0)$，$g(x)$ 在 $x=0$ 处不连续，因此，$g(x)$ 在 $x=0$ 处的连续性与 a 的取值有关.

32（2008，1 题，4 分）设函数 $f(x)$ 在 $[-1,1]$ 上连续，则 $x=0$ 是 $g(x)=\dfrac{\int_0^x f(t)\mathrm{d}t}{x}$ 的

(A) 跳跃间断点. (B) 可去间断点.

(C) 无穷间断点. (D) 振荡间断点.

答案 B.

解析 由于 $\lim\limits_{x\to 0}g(x)=\lim\limits_{x\to 0}\dfrac{\int_0^x f(t)\mathrm{d}t}{x}\xlongequal{\text{洛必达法则}}\lim\limits_{x\to 0}\dfrac{f(x)}{1}=f(0)$，而 $g(x)$ 在 $x=0$ 处无意义，则 $x=0$ 为 $g(x)$ 的可去间断点.

【评注】 在求上述极限时，也可利用积分中值定理

$$\begin{aligned}\lim_{x\to 0}g(x)&=\lim_{x\to 0}\frac{\int_0^x f(t)\mathrm{d}t}{x}=\lim_{x\to 0}\frac{xf(\xi)}{x}\quad(\xi\text{ 在 }0\text{ 与 }x\text{ 之间})\\&=\lim_{\xi\to 0}f(\xi)=f(0)\end{aligned}$$

33（2008，9 题，4 分）设函数 $f(x)=\begin{cases}x^2+1, & |x|\leqslant c,\\ \dfrac{2}{|x|}, & |x|>c\end{cases}$ 在 $(-\infty,+\infty)$ 内连续，则 $c=$ ______.

答案 1.

解析 由于 $f(x)$ 是偶函数，且在三个区间 $(-\infty,-c)$，$(-c,c)$，$(c,+\infty)$ 内都连续，所以只要 $f(x)$ 在 $x=c$ 处连续，此时 $f(x)$ 在 $(-\infty,+\infty)$ 必连续.

由于 $f(c)=c^2+1$，$\lim\limits_{x\to c^+}f(x)=\lim\limits_{x\to c^+}\dfrac{2}{|x|}=\dfrac{2}{c}$，$\lim\limits_{x\to c^-}f(x)=\lim\limits_{x\to c^-}(x^2+1)=c^2+1$，令 $c^2+1=\dfrac{2}{c}$，得 $c=1$.

【评注】 若 $f(x)$ 为定义在 $(-\infty,+\infty)$ 内偶函数，要讨论 $f(x)$ 在 $(-\infty,+\infty)$ 内的连续性、可导性、单调性及零点个数，只需讨论 $f(x)$ 在 $[0,+\infty)$ 上的性态即可.

第二章　一元函数微分学

本章导读

导数与微分是微分学的两个基本概念，是研究函数局部性质的基础. 微分中值定理建立了函数和导数之间的联系，是利用导数研究函数基本性质的理论基础.

本章主要内容有：

(1) 导数与微分的概念及其几何意义；

(2) 连续、可导、可微之间的关系；

(3) 微分法(有理运算，复合函数，隐函数，参数方程等)；

(4) 微分中值定理(罗尔，拉格朗日，柯西，泰勒)；

(5) 函数基本性质及判定(单调性，极值与最值，曲线的凹凸性与拐点，渐近线).

试题特点

本章考试内容较多，分值占比(一般 20 分左右)，有基本概念 —— 导数与微分，基本方法 —— 微分法，基本理论 —— 微分中值定理，应用 —— 函数性质等内容.

本章常考题型

(1) 导数概念；

(2) 微分法(复合函数，隐函数，参数方程)；

(3) 函数的单调性与极值；

(4) 曲线的凹向与拐点；

(5) 方程的根；

(6) 证明函数不等式；

(7) 微分中值定理证明题.

后三种题型是难点，考研试卷最难的题经常出在这一章，那就是与微分中值定理有关的证明题.

考题详析

一、导数与微分的概念

1 (1990，二(2)题，3 分) 设函数 $f(x)$ 对任意的 x 均满足等式 $f(1+x)=af(x)$，且有 $f'(0)=b$，其中 a、b 为非零常数，则

(A) $f(x)$ 在 $x=1$ 处不可导.　　(B) $f(x)$ 在 $x=1$ 处可导，且 $f'(1)=a$.

(C) $f(x)$ 在 $x=1$ 处可导，且 $f'(1)=b$.　　(D) $f(x)$ 在 $x=1$ 处可导，且 $f'(1)=ab$.

答案 D.

解析 由导数定义知

$$
\begin{aligned}
f'(1) &= \lim_{\Delta x \to 0} \frac{f(1+\Delta x) - f(1)}{\Delta x} \\
&= \lim_{\Delta x \to 0} \frac{af(\Delta x) - af(0)}{\Delta x} \\
&= af'(0) = ab
\end{aligned}
$$

则 $f(x)$ 在 $x = 1$ 处可导，且 $f'(1) = ab$，故应选(D).

2 (1993，二(1) 题，3 分) 设函数 $f(x) = \begin{cases} \sqrt{|x|}\sin\dfrac{1}{x^2}, & x \neq 0, \\ 0, & x = 0. \end{cases}$ 则 $f(x)$ 在 $x = 0$ 处

(A) 极限不存在. (B) 极限存在但不连续. (C) 连续但不可导. (D) 可导.

答案 C.

解析 当 $x \to 0$ 时，$\sqrt{|x|}$ 为无穷小量，$\sin\dfrac{1}{x^2}$ 为有界变量，则

$$\lim_{x \to 0} \sqrt{|x|}\sin\frac{1}{x^2} = 0$$

又 $f(0) = 0$，则 $f(x)$ 在 $x = 0$ 处连续，

而
$$\lim_{x \to 0^+} \frac{f(x) - f(0)}{x} = \lim_{x \to 0^+} \frac{\sqrt{|x|}\sin\dfrac{1}{x^2} - 0}{x} = \lim_{x \to 0^+} \frac{1}{\sqrt{x}}\sin\frac{1}{x^2}$$

则该极限不存在，从而 $f(x)$ 在 $x = 0$ 处不可导，故应选(C).

3 (1994，一(2) 题，3 分) 已知 $f'(x_0) = -1$，$\lim\limits_{x \to 0} \dfrac{x}{f(x_0 - 2x) - f(x_0 - x)} =$ ______.

答案 1.

解析 (方法一)

$$
\begin{aligned}
\lim_{x \to 0} \frac{f(x_0 - 2x) - f(x_0 - x)}{x} &= \lim_{x \to 0} \frac{f(x_0 - 2x) - f(x_0) - f(x_0 - x) + f(x_0)}{x} \\
&= (-2)\lim_{x \to 0} \frac{f(x_0 - 2x) - f(x_0)}{-2x} + \lim_{x \to 0} \frac{f(x_0 - x) - f(x_0)}{-x} \\
&= -2f'(x_0) + f'(x_0) \\
&= -f'(x_0) = 1
\end{aligned}
$$

则 $\lim\limits_{x \to 0} \dfrac{x}{f(x_0 - 2x) - f(x_0 - x)} = 1$.

(方法二) 具体函数法，找一个满足条件 $f'(x_0) = -1$ 的具体函数直接代入求解，显然 $f(x) = -x$ 满足题设条件，则

$$\lim_{x \to 0} \frac{x}{f(x_0 - 2x) - f(x_0 - x)} = \lim_{x \to 0} \frac{x}{-(x_0 - 2x) + (x_0 - x)} = \lim_{x \to 0} \frac{x}{x} = 1$$

所以，应填 1.

4 (1995，二(1) 题，3 分) 设 $f(x)$ 为可导函数，且满足条件 $\lim\limits_{x \to 0} \dfrac{f(1) - f(1 - x)}{2x} = -1$，则曲线 $y = f(x)$ 在点 $(1, f(1))$ 处的切线斜率为

(A) 2. (B) -1. (C) $\dfrac{1}{2}$. (D) -2.

答案 D.

解析 $-1=\lim\limits_{x\to 0}\dfrac{f(1)-f(1-x)}{2x}=\dfrac{1}{2}\lim\limits_{x\to 0}\dfrac{f(1-x)-f(1)}{-x}=\dfrac{1}{2}f'(1)$

则 $f'(1)=-2$.

故曲线 $y=f(x)$ 在点 $(1,f(1))$ 的切线斜率为 -2，故应选(D).

5 (1995，三题，6 分) 设 $f(x)=\begin{cases}\dfrac{2}{x^2}(1-\cos x), & x<0,\\ 1, & x=0,\\ \dfrac{1}{x}\displaystyle\int_0^x \cos t^2\,\mathrm{d}t, & x>0.\end{cases}$ 讨论 $f(x)$ 在 $x=0$ 处的连续性和可导性.

解 (1) $\lim\limits_{x\to 0^+}f(x)=\lim\limits_{x\to 0^+}\dfrac{1}{x}\displaystyle\int_0^x\cos t^2\,\mathrm{d}t=\lim\limits_{x\to 0^+}\dfrac{\cos x^2}{1}=1$.

$$\lim_{x\to 0^-}f(x)=\lim_{x\to 0^-}\frac{2(1-\cos x)}{x^2}=\lim_{x\to 0^-}\frac{2\left(\frac{1}{2}x^2\right)}{x^2}=1$$

则 $\lim\limits_{x\to 0}f(x)=1=f(0)$，于是，函数 $f(x)$ 在 $x=0$ 处连续.

$$\begin{aligned}(2)f'_-(0)&=\lim_{x\to 0^-}\frac{f(x)-f(0)}{x}=\lim_{x\to 0^-}\frac{1}{x}\left[\frac{2(1-\cos x)}{x^2}-1\right]\\&=\lim_{x\to 0^-}\frac{2(1-\cos x)-x^2}{x^3}\\&=\lim_{x\to 0^-}\frac{2\sin x-2x}{3x^2}\\&=\frac{2}{3}\lim_{x\to 0^-}\frac{-\frac{1}{6}x^3}{x^2}=0\end{aligned}$$

$$\begin{aligned}f'_+(0)&=\lim_{x\to 0^+}\frac{f(x)-f(0)}{x}=\lim_{x\to 0^+}\frac{1}{x}\left[\frac{1}{x}\int_0^x\cos t^2\,\mathrm{d}t-1\right]\\&=\lim_{x\to 0^+}\frac{\int_0^x\cos t^2\,\mathrm{d}t-x}{x^2}=\lim_{x\to 0^+}\frac{\cos x^2-1}{2x}\\&=\lim_{x\to 0^+}\frac{-\frac{1}{2}x^4}{2x}=0\end{aligned}$$

由于 $f(x)$ 的左、右导数都为 0，可见 $f(x)$ 在 $x=0$ 处可导，且 $f'(0)=0$.

【评注】 本题也可直接说明 $f(x)$ 在 $x=0$ 处可导，从而 $f(x)$ 在 $x=0$ 处必连续.

6 (1996，三题，6 分) 设 $f(x)=\begin{cases}\dfrac{g(x)-\mathrm{e}^{-x}}{x}, & x\neq 0,\\ 0, & x=0,\end{cases}$ 其中 $g(x)$ 有二阶连续导数，且 $g(0)=1,g'(0)=-1$.

(1) 求 $f'(x)$；(2) 讨论 $f'(x)$ 在 $(-\infty,+\infty)$ 上的连续性.

解 (1) 当 $x\neq 0$ 时，有

$$f'(x)=\frac{x[g'(x)+\mathrm{e}^{-x}]-g(x)+\mathrm{e}^{-x}}{x^2}=\frac{xg'(x)-g(x)+(x+1)\mathrm{e}^{-x}}{x^2}$$

当 $x=0$ 时，由导数定义，有

$$f'(0)=\lim_{x\to 0}\frac{g(x)-e^{-x}}{x^2}=\lim_{x\to 0}\frac{g'(x)+e^{-x}}{2x}$$

$$=\lim_{x\to 0}\frac{g''(x)-e^{-x}}{2}=\frac{g''(0)-1}{2}$$

所以

$$f'(x)=\begin{cases}\dfrac{xg'(x)-g(x)+(x+1)e^{-x}}{x^2}, & x\neq 0,\\ \dfrac{g''(0)-1}{2}, & x=0\end{cases}$$

(2) 因为在 $x=0$ 处，有

$$\lim_{x\to 0}f'(x)=\lim_{x\to 0}\frac{xg'(x)-g(x)+(x+1)e^{-x}}{x^2}$$

$$=\lim_{x\to 0}\frac{xg''(x)+g'(x)-g'(x)+e^{-x}-(x+1)e^{-x}}{2x}$$

$$=\lim_{x\to 0}\frac{xg''(x)-xe^{-x}}{2x}=\frac{1}{2}\lim_{x\to 0}[g''(x)-e^{-x}]$$

$$=\frac{g''(0)-1}{2}=f'(0)$$

而 $f'(x)$ 在 $x\neq 0$ 处是连续函数，所以，$f'(x)$ 在 $(-\infty,+\infty)$ 上连续.

7 (2000，二(2)题，3分) 设函数 $f(x)$ 在点 $x=a$ 处可导，则函数 $|f(x)|$ 在点 $x=a$ 处不可导的充分条件是

(A) $f(a)=0$ 且 $f'(a)=0$.　　(B) $f(a)=0$ 且 $f'(a)\neq 0$.

(C) $f(a)>0$ 且 $f'(a)>0$.　　(D) $f(a)<0$ 且 $f'(a)<0$.

答案 B.

解析 (方法一) 排除法

令 $f(x)=(x-a)^2$，显然 $f(x)$ 在 $x=a$ 处可导，且 $f(a)=0, f'(a)=0$，但 $|f(x)|=(x-a)^2$ 在 $x=a$ 处可导，则(A)选项不正确.

事实上(C)选项也不正确，由 $f(x)$ 在 $x=a$ 处可导知，$f(x)$ 在 $x=a$ 处连续，又 $f(a)>0$，则在 $x=a$ 的某邻域内 $f(x)>0$，从而在该邻域内 $|f(x)|=f(x)$，则 $|f(x)|$ 在 $x=a$ 可导. 同理(D)选项也不正确，故应选(B).

(方法二) 直接法(推演法)

由(B)选项知，$f(a)=0$，令 $\varphi(x)=|f(x)|$，则

$$\varphi'_+(a)=\lim_{x\to a^+}\frac{|f(x)|-|f(a)|}{x-a}=\lim_{x\to a^+}\frac{|f(x)|}{x-a}$$

$$=\lim_{x\to a^+}\left|\frac{f(x)-f(a)}{x-a}\right|=|f'(a)|$$

$$\varphi'_-(a)=\lim_{x\to a^-}\frac{|f(x)|-|f(a)|}{x-a}=\lim_{x\to a^-}\frac{|f(x)|}{x-a}=-\lim_{x\to a^-}\left|\frac{f(x)-f(a)}{x-a}\right|=-|f'(a)|$$

由于 $f'(a)\neq 0$，则 $\varphi'_+(a)\neq\varphi'_-(a)$，从而 $\varphi(x)$ 在 $x=a$ 处不可导，即 $|f(x)|$ 在 $x=a$ 处不可导. 故应选(B).

8 (2003，一(1)题，4分) 设 $f(x)=\begin{cases}x^\lambda\cos\dfrac{1}{x}, & x\neq 0,\\ 0, & x=0,\end{cases}$ 其导函数在 $x=0$ 处连续，则 λ 的取值范围是________.

答案 $\lambda > 2$.

解析 要使 $f'(x)$ 在 $x=0$ 处连续，即

$$\lim_{x\to 0} f'(x) = f'(0)$$

又 $$f'(0) = \lim_{x\to 0}\frac{f(x)-f(0)}{x} = \lim_{x\to 0}\frac{x^{\lambda}\cos\frac{1}{x}}{x} = \lim_{x\to 0} x^{\lambda-1}\cos\frac{1}{x}$$

极限$\lim\limits_{x\to 0} x^{\lambda-1}\cos\dfrac{1}{x}$存在的充要条件为$\lambda-1>0$，即$\lambda>1$，则当且仅当$\lambda>1$时，$f'(0)$存在且为0，又当$x\neq 0$时，

$$f'(x) = \lambda x^{\lambda-1}\cos\frac{1}{x} - x^{\lambda}\sin\frac{1}{x}\cdot\left(-\frac{1}{x^2}\right)$$
$$= \lambda x^{\lambda-1}\cos\frac{1}{x} + x^{\lambda-2}\sin\frac{1}{x}$$

要使 $f'(x)$ 在 $x=0$ 处连续，

$$\lim_{x\to 0} f'(x) = \lim_{x\to 0}\left(\lambda x^{\lambda-1}\cos\frac{1}{x} + x^{\lambda-2}\sin\frac{1}{x}\right) = f'(0) = 0$$

由该式可得 $\lambda > 2$.

9 (2003，二(1)题，4分) 设 $f(x)$ 为不恒等于零的奇函数，且 $f'(0)$ 存在，则函数 $g(x)=\dfrac{f(x)}{x}$

(A) 在 $x=0$ 处左极限不存在.　　(B) 有跳跃间断点 $x=0$.

(C) 在 $x=0$ 处右极限不存在.　　(D) 有可去间断点 $x=0$.

答案 D.

解析 由于 $f(x)$ 为奇函数，则 $f(0)=0$，又

$$f'(0) = \lim_{x\to 0}\frac{f(x)-f(0)}{x-0} = \lim_{x\to 0}\frac{f(x)}{x} = \lim_{x\to 0} g(x)$$

存在，但 $g(0)$ 无意义，则 $x=0$ 为 $g(x)$ 的可去间断点，故应选(D).

10 (2006，8题，4分) 设函数 $f(x)$ 在 $x=0$ 处连续，且 $\lim\limits_{h\to 0}\dfrac{f(h^2)}{h^2}=1$，则

(A) $f(0)=0$ 且 $f'_-(0)$ 存在.　　(B) $f(0)=1$ 且 $f'_-(0)$ 存在.

(C) $f(0)=0$ 且 $f'_+(0)$ 存在.　　(D) $f(0)=1$ 且 $f'_+(0)$ 存在.

答案 C.

解析 由$\lim\limits_{h\to 0}\dfrac{f(h^2)}{h^2}=1$，且$\lim\limits_{h\to 0}h^2=0$，则$\lim\limits_{h\to 0}f(h^2)=0$，由于$f(x)$在$x=0$处连续，故$\lim\limits_{h\to 0}f(h^2)=f(0)=0$，从而

$$\lim_{h\to 0}\frac{f(h^2)}{h^2} = \lim_{h\to 0}\frac{f(h^2)-f(0)}{h^2} = 1$$

由于上式中的 $h^2\to 0^+$（只能从大于零一边趋于零），则由上式可得

$$f'_+(0) = 1$$

故应选(C).

【评注】 (1) 若将题设条件$\lim\limits_{h\to 0}\dfrac{f(h^2)}{h^2}=1$改为$\lim\limits_{h\to 0}\dfrac{f(-h^2)}{h^2}=1$，则正确选项为(A)；

(2)(B)和(D)选项明显是错误的，因为，如果$f(0)=1$，则$\lim\limits_{h\to 0}\dfrac{f(h^2)}{h^2}=\infty$，与题设$\lim\limits_{h\to 0}\dfrac{f(h^2)}{h^2}=1$矛盾.

11（2007，2 题，4 分）设函数 $f(x)$ 在 $x=0$ 处连续，下列命题错误的是

(A) 若 $\lim\limits_{x\to 0}\dfrac{f(x)}{x}$ 存在，则 $f(0)=0$.　　(B) 若 $\lim\limits_{x\to 0}\dfrac{f(x)+f(-x)}{x}$ 存在，则 $f(0)=0$.

(C) 若 $\lim\limits_{x\to 0}\dfrac{f(x)}{x}$ 存在，则 $f'(0)$ 存在.　　(D) 若 $\lim\limits_{x\to 0}\dfrac{f(x)-f(-x)}{x}$ 存在，则 $f'(0)$ 存在.

答案　D.

解析　（方法一）　若 $\lim\limits_{x\to 0}\dfrac{f(x)}{x}$ 存在，又 $\lim\limits_{x\to 0}x=0$，则 $\lim\limits_{x\to 0}f(x)=0$，又 $f(x)$ 在 $x=0$ 处连续，则 $\lim\limits_{x\to 0}f(x)=f(0)$，故 $f(0)=0$，命题(A)正确.

同理，若 $\lim\limits_{x\to 0}\dfrac{f(x)+f(-x)}{x}$ 存在，则 $\lim\limits_{x\to 0}[f(x)+f(-x)]=f(0)+f(0)=0$，则 $f(0)=0$，故命题(B)正确.

若 $\lim\limits_{x\to 0}\dfrac{f(x)}{x}$ 存在，由(A)选项的讨论知 $f(0)=0$，则

$$\lim_{x\to 0}\frac{f(x)}{x}=\lim_{x\to 0}\frac{f(x)-f(0)}{x}$$

存在，由导数定义知，$f'(0)$ 存在，故命题(C)正确，由排除法知应选(D).

（方法二）　虽然有

$$\lim_{x\to 0}\frac{f(x)-f(-x)}{x}=\lim_{x\to 0}\left(\frac{f(x)-f(0)}{x}-\frac{f(-x)-f(0)}{x}\right)$$

但 $\lim\limits_{x\to 0}\dfrac{f(x)-f(-x)}{x}$ 存在，不能保证 $\lim\limits_{x\to 0}\dfrac{f(x)-f(0)}{x}$ 或 $\lim\limits_{x\to 0}\dfrac{f(-x)-f(0)}{x}$ 一定存在，故 $f'(0)$ 不一定存在. 如 $f(x)=|x|$，虽然 $\lim\limits_{x\to 0}\dfrac{f(x)-f(-x)}{x}=\lim\limits_{x\to 0}\dfrac{|x|-|-x|}{x}=0$ 存在，但 $f'(0)$ 不存在，故命题(D)不正确，应选(D).

【评注】（1）方法一中多次用到一个基本结论：

若 $\lim\dfrac{f(x)}{g(x)}$ 存在，且 $\lim g(x)=0$，则 $\lim f(x)=0$.

（2）由方法二可得到一个基本结论：

若 $f'(x_0)$ 存在，则极限 $\lim\limits_{\Delta x\to 0}\dfrac{f(x_0+\Delta x)-f(x_0-\Delta x)}{\Delta x}$ 一定存在，但反之则不然.

该知识点在考卷中多次考到，望考生重视.

（3）虽然本题涉及的知识（概念、理论）都是最基本的，但考生出错较多，说明部分考生基础不够扎实.

二、导数与微分计算

12（1987，三(2) 题，4 分）已知 $y=\ln\dfrac{\sqrt{1+x^2}-1}{\sqrt{1+x^2}+1}$，求 y'.

解　由于 $y=\ln(\sqrt{1+x^2}-1)-\ln(\sqrt{1+x^2}+1)$，则

$$y'=\frac{1}{\sqrt{1+x^2}-1}\frac{x}{\sqrt{1+x^2}}-\frac{1}{\sqrt{1+x^2}+1}\frac{x}{\sqrt{1+x^2}}$$

$$= \frac{x}{\sqrt{1+x^2}}\left(\frac{1}{\sqrt{1+x^2}-1}-\frac{1}{\sqrt{1+x^2}+1}\right)$$
$$= \frac{2}{x\sqrt{1+x^2}}$$

13 (1993,一(2)题,3分)已知 $y=f\left(\frac{3x-2}{3x+2}\right)$,$f'(x)=\arctan x^2$,则$\left.\frac{\mathrm{d}y}{\mathrm{d}x}\right|_{x=0}=$ ________.

答案 $\frac{3\pi}{4}$.

解析 $\frac{\mathrm{d}y}{\mathrm{d}x}=f'\left(\frac{3x-2}{3x+2}\right)\left(\frac{3x-2}{3x+2}\right)'=\frac{12}{(3x+2)^2}f'\left(\frac{3x-2}{3x+2}\right)$

则$\left.\frac{\mathrm{d}y}{\mathrm{d}x}\right|_{x=0}=3f'(-1)=\frac{3\pi}{4}$.

14 (1994,一(3)题,3分)设方程 $\mathrm{e}^{xy}+y^2=\cos x$ 确定 y 是 x 的函数,则$\frac{\mathrm{d}y}{\mathrm{d}x}=$ ________.

答案 $-\frac{\sin x+y\mathrm{e}^{xy}}{x\mathrm{e}^{xy}+2y}$.

解析 方程 $\mathrm{e}^{xy}+y^2=\cos x$ 两端对 x 求导得

$$\mathrm{e}^{xy}(y+xy')+2yy'=-\sin x$$

由上式解得 $y'=-\frac{\sin x+y\mathrm{e}^{xy}}{x\mathrm{e}^{xy}+2y}$.

15 (1995,一(1)题,3分)设 $f(x)=\frac{1-x}{1+x}$,则 $f^{(n)}(x)=$ ________.

答案 $\frac{2(-1)^n n!}{(1+x)^{n+1}}$.

解析 由于 $f(x)=\frac{2-(x+1)}{1+x}=\frac{2}{1+x}-1=2(x+1)^{-1}-1$,

$$f'(x)=2(-1)(x+1)^{-2}$$
$$f''(x)=2(-1)(-2)(x+1)^{-3}$$

一般的可得 $f^{(n)}(x)=2(-1)(-2)\cdots(-n)(x+1)^{-(n+1)}=\frac{2(-1)^n n!}{(1+x)^{n+1}}$.

16 (1996,一(1)题,3分)设方程 $x=y^y$ 确定 y 是 x 的函数,则 $\mathrm{d}y=$ ________.

答案 $\frac{\mathrm{d}x}{x(1+\ln y)}$.

解析 方程 $x=y^y$ 两端取对数得

$$\ln x=y\ln y$$

上式两端微分得

$$\frac{1}{x}\mathrm{d}x=(1+\ln y)\mathrm{d}y$$

则 $\mathrm{d}y=\frac{\mathrm{d}x}{x(1+\ln y)}$.

17 (1997,一(1)题,3分)设 $y=f(\ln x)\mathrm{e}^{f(x)}$,其中 f 可微,则 $\mathrm{d}y=$ ________.

答案 $\mathrm{e}^{f(x)}\left[\frac{1}{x}f'(\ln x)+f'(x)f(\ln x)\right]\mathrm{d}x$.

解析 由 $y=f(\ln x)\mathrm{e}^{f(x)}$ 知

$$y' = \frac{1}{x}f'(\ln x)e^{f(x)} + f(\ln x)e^{f(x)}f'(x)$$

则 $dy = e^{f(x)}\left[\frac{1}{x}f'(\ln x) + f'(x)f(\ln x)\right]dx.$

18 (2006,2 题,4 分) 设函数 $f(x)$ 在 $x=2$ 的某邻域内可导,且 $f'(x) = e^{f(x)}$,$f(2)=1$,则 $f'''(2) =$ ________.

答案 $2e^3$.

解析 由 $f'(x) = e^{f(x)}$ 知

$$f''(x) = e^{f(x)}f'(x) = e^{f(x)} \cdot e^{f(x)} = e^{2f(x)}$$
$$f'''(x) = e^{2f(x)} \cdot 2f'(x) = 2e^{3f(x)}$$

将 $x=2$ 代入上式得 $f'''(2) = 2e^{3f(2)} = 2e^3$.

【评注】 本题主要考查复合函数求导.

19 (2007,12 题,4 分) 设函数 $y = \frac{1}{2x+3}$,则 $y^{(n)}(0) =$ ________.

答案 $\frac{(-1)^n 2^n n!}{3^{n+1}}$.

解析 (方法一) 先求一阶导数,二阶导数,在此基础上归纳 n 阶导数.

$$y = \frac{1}{2x+3} = (2x+3)^{-1}$$

则

$$y' = (-1)(2x+3)^{-2} \cdot 2$$
$$y'' = (-1)(-2)(2x+3)^{-3} \cdot 2^2$$

由此可归纳得

$$y^{(n)} = (-1)^n n!(2x+3)^{-(n+1)} \cdot 2^n$$

则

$$y^{(n)}(0) = \frac{(-1)^n 2^n n!}{3^{n+1}}$$

(方法二) 利用幂级数展开,为求 $y^{(n)}(0)$ 将 $y = \frac{1}{2x+3}$ 在 $x=0$ 处展开为幂级数,则其展开式中 x 的 n 次幂项的系数为 $\frac{y^{(n)}(0)}{n!}$,即可求得 $y^{(n)}(0)$.

$$\frac{1}{2x+3} = \frac{1}{3}\frac{1}{1+\frac{2}{3}x}$$
$$= \frac{1}{3}\left[1 - \frac{2}{3}x + \left(\frac{2}{3}x\right)^2 + \cdots + (-1)^n\left(\frac{2}{3}x\right)^n + \cdots\right]$$

等式右端 x^n 的系数为 $(-1)^n \frac{2^n}{3^{n+1}}$,则

$$\frac{y^{(n)}(0)}{n!} = (-1)^n \frac{2^n}{3^{n+1}}$$

故 $y^{(n)}(0) = \frac{(-1)^n 2^n n!}{3^{n+1}}$.

【评注】 本题和上一题都属于高阶导数计算.计算高阶导数通常有3种方法.
(1) 求一阶、二阶导数,然后归纳 n 阶导数;
(2) 利用泰勒公式(适合求具体点高阶导数);
(3) 利用已有高阶导数公式:

$$(\sin x)^{(n)}=\sin\left(x+n\cdot\frac{\pi}{2}\right);$$

$$(\cos x)^{(n)}=\cos\left(x+n\cdot\frac{\pi}{2}\right);$$

$$(uv)^{(n)}=\sum_{k=0}^{n}C_n^k u^{(n-k)}v^{(k)}.$$

三、导数的几何意义

20 (1989,一(1)题,3分)曲线 $y=x+\sin^2 x$ 在点 $(\frac{\pi}{2},1+\frac{\pi}{2})$ 处的切线方程是________.

答案 $y=x+1$.

解析 所求切线斜率为

$$y'\Big|_{x=\frac{\pi}{2}}=1+2\sin x\cos x\Big|_{x=\frac{\pi}{2}}=1$$

则所求切线方程为

$$y-\left(1+\frac{\pi}{2}\right)=1\cdot\left(x-\frac{\pi}{2}\right)$$

即 $y=x+1$.

21 (1991,一(2)题,3分)设曲线 $f(x)=x^3+ax$ 与 $g(x)=bx^2+c$ 都通过点 $(-1,0)$,且在点 $(-1,0)$ 有公共切线,则 $a=$________,$b=$________,$c=$________.

答案 $-1,-1,1$.

解析 由于曲线 $y=f(x)$ 和 $y=g(x)$ 都通过点 $(-1,0)$,则

$$\begin{cases}f(-1)=-1-a=0,\\ g(-1)=b+c=0\end{cases}$$

又曲线 $y=f(x)$ 与 $y=g(x)$ 在点 $(-1,0)$ 有公共切线,则

$$\begin{cases}f'(-1)=3x^2+a\Big|_{x=-1}=3+a,\\ g'(-1)=2bx\Big|_{x=-1}=-2b\end{cases}$$

且 $3+a=-2b$,解之得 $a=-1,b=-1,c=1$.

22 (1996,一(3)题,3分)设 (x_0,y_0) 是抛物线 $y=ax^2+bx+c$ 上的一点.若在该点的切线过原点,则系数应满足的关系是________.

答案 $\frac{c}{a}\geqslant 0$(或 $ax_0^2=c$),b 任意.

解析 $y'\Big|_{x=x_0}=2ax+b\Big|_{x=x_0}=2ax_0+b$,则题中抛物线在点 (x_0,y_0) 处的切线方程为

$$y - y_0 = (2ax_0 + b)(x - x_0)$$

即
$$y - (ax_0^2 + bx_0 + c) = (2ax_0 + b)(x - x_0)$$

又该切线过(0,0)点，则

$$ax_0^2 + bx_0 + c = x_0(2ax_0 + b)$$

即 $ax_0^2 = c$.

由于系数 $a \neq 0$，则系数应满足的关系是$\frac{c}{a} \geqslant 0$(或 $ax_0^2 = c$)，b 任意.

23 (1998，一(1)题，3分)设曲线 $f(x) = x^n$ 在点(1,1)处的切线与 x 轴的交点为$(\xi_n, 0)$，则$\lim\limits_{n\to\infty} f(\xi_n) =$ ________.

答案 $\frac{1}{\mathrm{e}}$.

解析 曲线 $y = x^n$ 在点(1,1)处切线斜率为

$$y'\Big|_{x=1} = nx^{n-1}\Big|_{x=1} = n$$

则切线方程为 $y - 1 = n(x - 1)$.

该切线在 x 轴上的截距

$$\xi_n = 1 - \frac{1}{n}$$

$$\lim_{n\to\infty} f(\xi_n) = \lim_{n\to\infty}\left(1 - \frac{1}{n}\right)^n = \mathrm{e}^{-1} = \frac{1}{\mathrm{e}}$$

24 (1998，二(1)题，3分)设周期函数 $f(x)$ 在$(-\infty, +\infty)$内可导，周期为4. 又$\lim\limits_{x\to 0}\frac{f(1) - f(1-x)}{2x} = -1$，则曲线 $y = f(x)$ 在点$(5, f(5))$处的切线的斜率为

(A) $\frac{1}{2}$.　　(B) 0.　　(C) -1.　　(D) -2.

答案 D.

解析 $-1 = \lim\limits_{x\to 0}\frac{f(1) - f(1-x)}{2x} = \frac{1}{2}\lim\limits_{x\to 0}\frac{f(1-x) - f(1)}{-x} = \frac{1}{2}f'(1)$

则 $f'(1) = -2$.

由于 $f(x)$ 可导且以4为周期，则 $f'(x)$ 也以4为周期，从而

$$f'(5) = f'(1+4) = f'(1) = -2$$

故应选(D).

25 (1999，三题，6分)曲线 $y = \frac{1}{\sqrt{x}}$ 的切线与 x 轴和 y 轴围成一个图形，记切点的横坐标为 a. 试求切线方程和这个图形的面积. 当切点沿曲线趋于无穷远时，该面积的变化趋势如何？

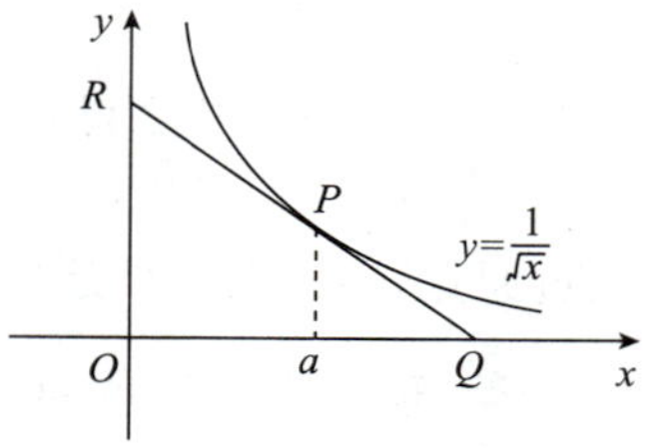

解 由 $y = \frac{1}{\sqrt{x}}$ 知，$y' = -\frac{1}{2}x^{-\frac{3}{2}}$，则切点$\left(a, \frac{1}{\sqrt{a}}\right)$处的切线方程为

$$y - \frac{1}{\sqrt{a}} = \frac{1}{2\sqrt{a^3}}(x - a)$$

该切线与 x 轴和 y 轴的交点分别为 $Q(3a, 0)$，$R\left(0, \frac{3}{2\sqrt{a}}\right)$，于是

$\triangle ORQ$ 的面积为

$$S=\frac{1}{2}\cdot 3a\cdot \frac{3}{2\sqrt{a}}=\frac{9}{4}\sqrt{a}$$

当切点沿 x 轴正向趋于无穷远时，有

$$\lim_{a\to+\infty} S=+\infty$$

当切点沿 y 轴正向趋于正无穷远时，有

$$\lim_{a\to 0^+} S=0$$

26（2003，一(2)题，4分）已知曲线 $y=x^3-3a^2x+b$ 与 x 轴相切，则 b^2 可以通过 a 表示为 $b^2=$ ________.

答案　$4a^6$.

解析　由题设可知，x 轴是曲线的切线，设切点为 $(x_0,0)$，则

$$\begin{cases} f'(x_0)=3x_0^2-3a^2=0, \\ f(x_0)=x_0^3-3a^2x_0+b=0 \end{cases}$$

解得 $x_0^2=a^2, b^2=[x_0(3a^2-x_0^2)]^2=4a^6$.

所以，本题应填 $4a^6$.

四、函数的单调性、极值与最值

27（1988，二(2)题，2分）（判断题）若 x_0 是函数 $f(x)$ 的极值点，则必有 $f'(x_0)=0$.　（　　）

答案　×.

解析　令 $f(x)=|x|$，显然 $f(x)=|x|$ 在 $x=0$ 取极小值，但 $f'(0)$ 不存在.

【评注】　本题若附加条件 $f'(x_0)$ 存在，结论正确.

28（1991，一(3)题，3分）设 $f(x)=xe^x$，则 $f^{(n)}(x)$ 在点 $x=$ ________处取极小值________.

答案　$-(n+1)$；$-e^{-(n+1)}$.

解析　由高阶导数的莱布尼茨公式

$$(uv)^{(n)}=\sum_{k=0}^{n}C_n^k u^{(k)}v^{(n-k)}$$

可知

$$\begin{aligned} f^{(n)}(x)&=(xe^x)^{(n)}=C_n^0x(e^x)^n+C_n^1(x)'(e^x)^{(n-1)}+0\cdots+0 \\ &=xe^x+ne^x=e^x(x+n) \end{aligned}$$

令 $g(x)=f^{(n)}(x)=e^x(x+n)$，则 $g'(x)=(x+n+1)e^x$.

令 $g'(x)=0$，得 $x=-(n+1)$，且该点两侧 $g'(x)$ 由负变正，则 $f^{(n)}(x)$ 在该点取极小值，极小值为 $-e^{-(n+1)}$.

29（1991，八题，6分）试证明函数 $f(x)=\left(1+\frac{1}{x}\right)^x$ 在区间 $(0,+\infty)$ 内单调增加.

证明　（方法一）　只要证明对任意 $x\in(0,+\infty)$，导数 $f'(x)>0$.

由 $f(x)=e^{x\ln\left(1+\frac{1}{x}\right)}$ 知

$$f'(x)=\left(1+\frac{1}{x}\right)^{x}\left[\ln\left(1+\frac{1}{x}\right)-\frac{1}{1+x}\right]$$

令 $y=\ln x$，并对其在 $[x,x+1]$ 上用拉格朗日中值定理，有

$$\ln\left(1+\frac{1}{x}\right)=\ln(1+x)-\ln x=\frac{1}{\xi}$$

其中 $\xi\in(x,x+1)$，因此，有 $\frac{1}{x+1}<\ln\left(1+\frac{1}{x}\right)<\frac{1}{x}$.

从而对任意 $x\in(0,+\infty)$，有

$$f'(x)=\left(1+\frac{1}{x}\right)^{x}\left[\ln\left(1+\frac{1}{x}\right)-\frac{1}{1+x}\right]>0$$

于是，函数 $f(x)$ 在 $(0,+\infty)$ 上单调增加.

（方法二） 由于 $f'(x)=\left(1+\frac{1}{x}\right)^{x}\left[\ln\left(1+\frac{1}{x}\right)-\frac{1}{x+1}\right]$，

令
$$g(x)=\ln\left(1+\frac{1}{x}\right)-\frac{1}{x+1}$$

则
$$g'(x)=\frac{1}{1+x}-\frac{1}{x}+\frac{1}{(x+1)^2}=-\frac{1}{x(1+x)^2}<0$$

于是 $g(x)$ 在 $(0,+\infty)$ 上单调减，由于 $\lim\limits_{x\to+\infty}\left[\ln\left(1+\frac{1}{x}\right)-\frac{1}{1+x}\right]=0$，可见对任意 $x\in(0,+\infty)$，$g(x)>0$，从而 $f'(x)>0$. 于是 $f(x)$ 在 $(0,+\infty)$ 上单调增加.

30 （1994，八题，6 分）假设 $f(x)$ 在 $[a,+\infty)$ 上连续，$f''(x)$ 在 $(a,+\infty)$ 内存在且大于零，记 $F(x)=\frac{f(x)-f(a)}{x-a}(x>a)$. 证明：$F(x)$ 在 $(a,+\infty)$ 内单调增加.

证明 **（方法一）** 由题设知，只要证明在 $(a,+\infty)$ 内 $F'(x)>0$.

$$\begin{aligned}F'(x)&=\frac{f'(x)(x-a)-[f(x)-f(a)]}{(x-a)^2}\\&=\frac{f'(x)(x-a)-f'(\xi)(x-a)}{(x-a)^2}\qquad(a<\xi<x)\end{aligned}$$

由于 $f''(x)>0$，则 $f'(x)$ 单调增，所以

$$f'(x)>f'(\xi)$$

从而有 $F'(x)>0$，原题得证.

（方法二） 由题设知

$$F'(x)=\frac{f'(x)(x-a)-[f(x)-f(a)]}{(x-a)^2}$$

令
$$\varphi(x)=f'(x)(x-a)-[f(x)-f(a)]$$

则 $\varphi'(x)=f''(x)(x-a)+f'(x)-f'(x)=f''(x)(x-a)>0$，$x\in(a,+\infty)$，从而有 $F'(x)>0$，则 $F(x)$ 在 $(a,+\infty)$ 内单调增.

31 （2001，二(1) 题，3 分）设 $f(x)$ 的导数在 $x=a$ 处连续，又 $\lim\limits_{x\to a}\frac{f'(x)}{x-a}=-1$，则

(A) $x=a$ 是 $f(x)$ 的极小值点.

(B) $x=a$ 是 $f(x)$ 的极大值点.

(C) $(a,f(a))$ 是曲线 $y=f(x)$ 的拐点.

(D) $x=a$ 不是 $f(x)$ 的极值点，$(a,f(a))$ 也不是曲线 $y=f(x)$ 的拐点.

答案 B.

解析 （方法一）　由$\lim\limits_{x\to a}\dfrac{f'(x)}{x-a}=-1$及$\lim\limits_{x\to a}(x-a)=0$可知，$\lim\limits_{x\to a}f'(x)=0$. 又函数$f(x)$的导数在$x=a$处连续，则

$$f'(a)=\lim_{x\to a}f'(x)=0$$

于是
$$f''(a)=\lim_{x\to a}\frac{f'(x)-f'(a)}{x-a}=\lim_{x\to a}\frac{f'(x)}{x-a}=-1$$

由极值的第二充分条件知，$f(x)$在$x=a$处取极大值.

（方法二）　同方法一知$f'(a)=0$，又$\lim\limits_{x\to a}\dfrac{f'(x)}{x-a}=-1<0$，由极限的保号性知，在$x=a$某去心邻域内

$$\frac{f'(x)}{x-a}<0$$

则在该去心邻域内$f'(x)$由正变负，由极值第一充分条件知，$f(x)$在$x=a$处取极大值.

（方法三）　排除法：令$f(x)=-\dfrac{1}{2}(x-a)^2$，显然$f(x)$满足题设条件，且在$x=a$处取极大值，$(a,f(a))$不是曲线$y=f(x)$的拐点，则排除选项(A)(C)(D). 故应选(B).

32 (2004，11题，4分) 设$f'(x)$在$[a,b]$上连续，且$f'(a)>0$，$f'(b)<0$，则下列结论中错误的是

(A) 至少存在一点$x_0\in(a,b)$，使得$f(x_0)>f(a)$.

(B) 至少存在一点$x_0\in(a,b)$，使得$f(x_0)>f(b)$.

(C) 至少存在一点$x_0\in(a,b)$，使得$f'(x_0)=0$.

(D) 至少存在一点$x_0\in(a,b)$，使得$f(x_0)=0$.

答案　D.

解析 （方法一）　直接法

(D) 选项是错误的，反例为

$$f(x)=(x-a)(b-x)$$
$$f'(x)=(b-x)-(x-a)=(b+a)-2x$$

显然$f'(x)$连续，$f'(a)=b-a>0$，$f'(b)=a-b<0$，但当$x\in(a,b)$时，$f(x)>0$，则(D)是错误的.

（方法二）　排除法：

由于$f'(x)$在$[a,b]$上连续，又$f'(a)>0$，$f'(b)<0$，由连续函数的零点定理知，存在$x_0\in(a,b)$，使$f'(x_0)=0$，则(C)是正确的.

由于$f'(a)>0$，则存在$\delta>0$，当$x\in(a,a+\delta)$时，$f(x)>f(a)$，则(A)是正确的，同理(B)也是正确的，故应选(D).

【评注】　本题方法二中用到一个基本结论：若$f'(x_0)>0$，则存在x_0点的一个邻域$(x_0-\delta,x_0+\delta)$，当$x\in(x_0-\delta,x_0)$时，$f(x)<f(x_0)$；当$x\in(x_0,x_0+\delta)$时，$f(x)>f(x_0)$. 但由$f'(x_0)>0$得不出存在x_0的邻域，在该邻域内$f(x)$单调增.

33 (2005，10题，4分) 设$f(x)=x\sin x+\cos x$，下列命题中正确的是

(A) $f(0)$是极大值，$f\left(\dfrac{\pi}{2}\right)$是极小值.　　(B) $f(0)$是极小值，$f\left(\dfrac{\pi}{2}\right)$是极大值.

(C) $f(0)$是极大值，$f\left(\dfrac{\pi}{2}\right)$也是极大值.　　(D) $f(0)$是极小值，$f\left(\dfrac{\pi}{2}\right)$也是极小值.

答案 B.

解析

$$f'(x)=\sin x+x\cos x-\sin x=x\cos x$$

$$f'(0)=0,f'\left(\frac{\pi}{2}\right)=0$$

又 $f''(x)=\cos x-x\sin x,f''(0)=1>0,f''(\frac{\pi}{2})=-\frac{\pi}{2}<0.$

由极值的充分条件知，$f(0)$ 是极小值，$f(\frac{\pi}{2})$ 是极大值.

五、曲线的凹向、拐点及渐近线

34（1994，二(1) 题，3 分）曲线 $y=e^{\frac{1}{x^2}}\arctan\frac{x^2+x+1}{(x-1)(x+2)}$ 的渐近线有

(A)1 条.　　(B)2 条.　　(C)3 条.　　(D)4 条.

答案 B.

解析 由于

$$\lim_{x\to\infty}e^{\frac{1}{x^2}}\arctan\frac{x^2+x+1}{(x-1)(x+2)}=\frac{\pi}{4}$$

$$\lim_{x\to 0}e^{\frac{1}{x^2}}\arctan\frac{x^2+x+1}{(x-1)(x+2)}=\infty$$

则该曲线有水平渐近线 $y=\frac{\pi}{4}$ 和铅直渐近线 $x=0$，虽然原题中当 $x=1,x=-2$ 时分母为零，但 $\lim\limits_{x\to 1}y$ 与 $\lim\limits_{x\to -2}y$ 都不是无穷，原曲线的渐近线有两条. 故应选(B).

35（1997，二(2) 题，3 分）若函数 $f(-x)=f(x)(-\infty<x<+\infty)$，在 $(-\infty,0)$ 内 $f'(x)>0$ 且 $f''(x)<0$，则在 $(0,+\infty)$ 内有

(A) $f'(x)>0,f''(x)<0$.　　(B) $f'(x)>0,f''(x)>0$.

(C) $f'(x)<0,f''(x)<0$.　　(D) $f'(x)<0,f''(x)>0$.

答案 C.

解析 (方法一) 由 $f(-x)=f(x)$ 可知 $-f'(-x)=f'(x)$，

即

$$f'(-x)=-f'(x)$$

$$f''(-x)=f''(x)$$

当 $x\in(0,+\infty)$ 时，$-x\in(-\infty,0)$，则当 $x\in(0,+\infty)$ 时，$f'(x)<0,f''(x)<0$. 故选(C).

(方法二) 几何法：

由 $f(-x)=f(x)$ 知，$f(x)$ 为偶函数，则其图形关于 y 轴对称，又当 $x\in(-\infty,0)$ 时，$f'(x)>0,f''(x)<0$，则在该区间内 $f(x)$ 单调增，$f(x)$ 的图形是凸的，由对称性知，当 $x\in(0,+\infty)$ 时，$f(x)$ 单调减，$f(x)$ 的图形是凸的，故应选(C).

(方法三) 排除法：取 $f(x)=-x^2$，则当 $x\in(-\infty,0)$ 时，$f'(x)=-2x>0,f''(x)=-2<0$，而当 $x\in(0,+\infty)$ 时，$f'(x)<0,f''(x)<0$，则(A)(B)(D) 都不正确，故应选(C).

36（2000，六题，7 分）求函数 $y=(x-1)e^{\frac{\pi}{2}+\arctan x}$ 的单调区间和极值，并求该函数图形的渐近线.

解　$y' = \frac{x^2+x}{x^2+1}e^{\frac{\pi}{2}+\arctan x}$，令 $y'=0$，得驻点 $x_1=0, x_2=-1$. 列表如下.

x	$(-\infty,-1)$	-1	$(-1,0)$	0	$(0,+\infty)$
y'	$+$	0	$-$	0	$+$
y	↗	$-2e^{\frac{\pi}{4}}$	↘	$-e^{\frac{\pi}{2}}$	↗

由此可见，递增区间为 $(-\infty,-1),(0,+\infty)$；递减区间为 $(-1,0)$，极小值为 $f(0)=-e^{\frac{\pi}{2}}$. 极大值为 $f(-1)=2e^{\frac{\pi}{4}}$.

由于 $a_1=\lim\limits_{x\to+\infty}\frac{f(x)}{x}=e^{\pi}, b_1=\lim\limits_{x\to+\infty}[f(x)-a_1x]=-2e^{\pi}$

$$a_2=\lim_{x\to-\infty}\frac{f(x)}{x}=1, b_2=\lim_{x\to-\infty}[f(x)-a_2x]=-2$$

则该曲线的渐近线为 $y=e^{\pi}(x-2)$ 和 $y=x-2$.

37（2004，9 题，4 分）设 $f(x)=|x(1-x)|$，则

(A) $x=0$ 是 $f(x)$ 的极值点，但 $(0,0)$ 不是曲线 $y=f(x)$ 的拐点.

(B) $x=0$ 不是 $f(x)$ 的极值点，但 $(0,0)$ 是曲线 $y=f(x)$ 的拐点.

(C) $x=0$ 是 $f(x)$ 的极值点，且 $(0,0)$ 是曲线 $y=f(x)$ 的拐点.

(D) $x=0$ 不是 $f(x)$ 的极值点，$(0,0)$ 也不是曲线 $y=f(x)$ 的拐点.

答案　C.

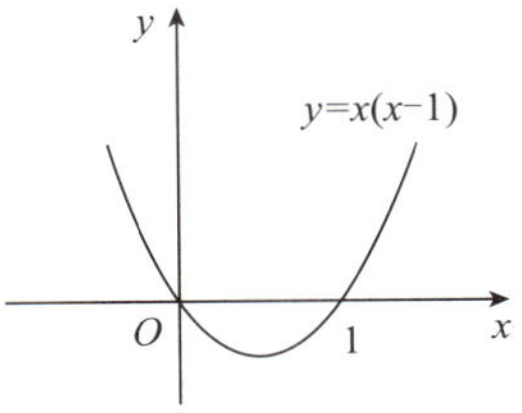

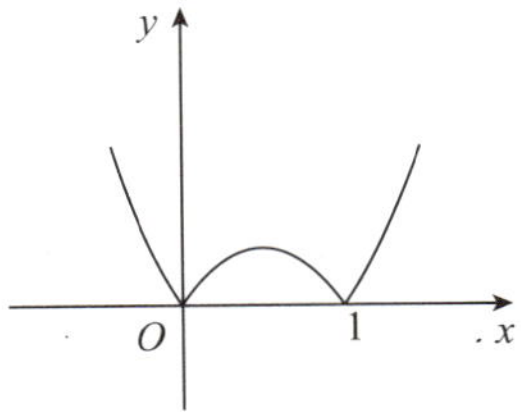

解析　（方法一）　令 $\varphi(x)=x(x-1)$，则 $y=\varphi(x)=x(x-1)$ 是与 x 轴相交于 $x_1=0$ 和 $x_2=1$，开口向上的抛物线（如图）.

而 $f(x)=|x(1-x)|=|\varphi(x)|$ 的图形如右图所示，由图不难看出，$x=0$ 是 $f(x)$ 的极值点，$(0,f(0))$ 也是曲线 $y=f(x)$ 的拐点.

（方法二）　$f(x)=|x(1-x)|=\begin{cases}x^2-x, & x<0, x>1\\ x-x^2, & 0\leqslant x\leqslant 1\end{cases}$

则
$$f'(x)=\begin{cases}2x-1, & x<0, x>1\\ 1-2x, & 0<x<1\end{cases}$$

$$f''(x)=\begin{cases}2, & x<0, x>1\\ -2, & 0<x<1\end{cases}$$

$f(x)$ 在 $x=0$ 处连续，且在 $x=0$ 两侧 $f'(x)$ 变号，则 $x=0$ 是 $f(x)$ 的极值点；在 $x=0$ 两侧 $f''(x)$ 变号，则 $(0,f(0))$ 为曲线 $y=f(x)$ 的拐点.

38（2006，7 题，4 分）设函数 $y=f(x)$ 具有二阶导数，且 $f'(x)>0, f''(x)>0$，Δx 为自变量 x 在点 x_0 处的增量，Δy 与 dy 分别为 $f(x)$ 在点 x_0 处对应的增量与微分，若 $\Delta x>0$，则

(A) $0<dy<\Delta y$.　　(B) $0<\Delta y<dy$.

(C) $\Delta y<dy<0$.　　(D) $dy<\Delta y<0$.

答案　A.

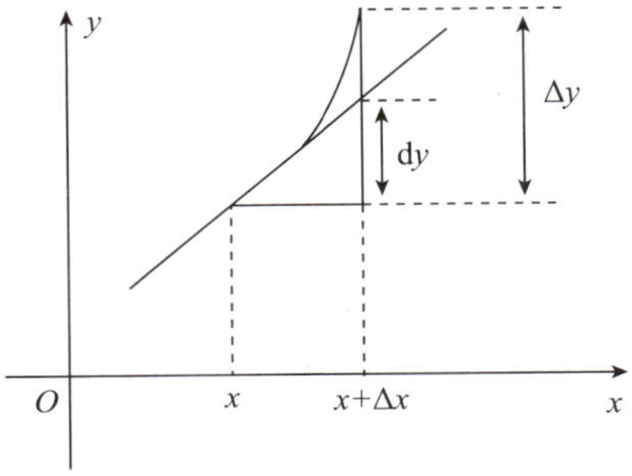

解析　（方法一）　由题设条件知，$y=f(x)$ 单调增加且是凹的，再由 $\Delta y, dy$ 的几何意义，如图所示，有

$$0<dy<\Delta y$$

故应选(A).

（方法二） 排除法：取 $f(x)=x^2, x\in(0,+\infty)$，显然满足题设条件，取 $x_0=1$，则

$$dy=f'(x_0)dx=2dx=2\Delta x$$

$$\Delta y=f(x_0+\Delta x)-f(x_0)=(1+\Delta x)^2-1^2=\Delta x(2+\Delta x)=2\Delta x+(\Delta x)^2$$

由于 $\Delta x>0$，则

$$0<dy<\Delta y$$

排除(B)、(C)、(D)，故应选(A).

（方法三） 由 $f'(x)>0,\Delta x>0$ 知

$$dy=f'(x_0)\Delta x>0$$

又 $\Delta y=f(x_0+\Delta x)-f(x_0)=f'(c)\Delta x(x_0<c<x_0+\Delta x)$，

由于 $f''(x)>0$，则 $f'(x)$ 单调增加，$f'(c)>f'(x_0)$，从而有

$$f'(x_0)\Delta x<f'(c)\Delta x$$

故 $0<dy<\Delta y$.

39（2007，6 题，4 分）曲线 $y=\dfrac{1}{x}+\ln(1+e^x)$ 渐近线的条数为

(A)0. (B)1. (C)2. (D)3.

答案 D.

解析 由于 $\lim\limits_{x\to0}y=\lim\limits_{x\to0}\left[\dfrac{1}{x}+\ln(1+e^x)\right]=\infty$，则 $x=0$ 为该曲线的垂直渐近线；

由于 $\lim\limits_{x\to-\infty}y=\lim\limits_{x\to-\infty}\left[\dfrac{1}{x}+\ln(1+e^x)\right]=0(\lim\limits_{x\to+\infty}y=+\infty)$，则 $y=0$ 为曲线的水平渐近线；

由于 $-\infty$ 一侧已有水平渐近线，则斜渐近线只可能出现在 $+\infty$ 一侧，又

$$a=\lim_{x\to+\infty}\frac{y}{x}=\lim_{x\to+\infty}\left[\frac{1}{x^2}+\frac{\ln(1+e^x)}{x}\right]=\lim_{x\to+\infty}\frac{1}{x^2}+\lim_{x\to+\infty}\frac{e^x}{1+e^x}=1$$

$$\begin{aligned}b&=\lim_{x\to+\infty}(y-ax)=\lim_{x\to+\infty}\left[\frac{1}{x}+\ln(1+e^x)-x\right]\\&=\lim_{x\to+\infty}\left[\frac{1}{x}+\ln(1+e^x)-\ln e^x\right]\\&=\lim_{x\to+\infty}\left[\frac{1}{x}+\ln\left(1+\frac{1}{e^x}\right)\right]=0\end{aligned}$$

则曲线有斜渐近线 $y=x$，故该曲线有三条渐近线，应选(D).

【评注】 本题是一道基本题，但得分率很低，难度系数为 0.220. 其主要原因是很多考生选择了(C)，少了一条渐近线. 原因可能是考生认为

$$\lim_{x\to\infty}y=\lim_{x\to\infty}\left[\frac{1}{x}+\ln(1+e^x)\right]=\infty$$

则该曲线没有水平渐近线，又

$$\lim_{x\to\infty}\frac{y}{x}=\lim_{x\to\infty}\left[\frac{1}{x^2}+\frac{\ln(1+e^x)}{x}\right]=1$$

$$\lim_{x\to\infty}[y-ax]=\lim_{x\to\infty}\left[\frac{1}{x}+\ln(1+e^x)-\ln e^x\right]=0$$

该曲线有斜渐近线 $y=x$，这样就少了一条水平渐近线，选择了(C). 其问题的关键是考生错误地认为 $\lim\limits_{x\to\infty}e^x=\infty$，这是一种“经典”的错误. 正确的是 $\lim\limits_{x\to+\infty}e^x=+\infty$，但 $\lim\limits_{x\to-\infty}e^x=0$.

40（2007，17 题，10 分）设函数 $y=y(x)$ 由方程 $y\ln y-x+y=0$ 确定，试判断曲线 $y=y(x)$ 在点(1,1)附近的凸凹性.

分析 问题的关键是要确定在点(1,1)附近函数 $y=y(x)$ 的二阶导数 $y''(x)$ 的正负.

解 (方法一)　方程 $y\ln y-x+y=0$ 两端对 x 求导,得

$$y'\ln y+2y'-1=0$$

解得

$$y'=\frac{1}{2+\ln y}$$

再对 x 求导得

$$y''=\frac{-y'}{y(2+\ln y)^2}=\frac{-1}{y(2+\ln y)^3}$$

将 $(x,y)=(1,1)$ 代入上式得

$$y''\Big|_{y=1}=-\frac{1}{8}<0$$

由于二阶导数 $y''(x)$ 在 $x=1$ 附近连续,因此,在 $x=1$ 附近 $y''(x)<0$,故曲线 $y=y(x)$ 在(1,1)附近是凸的.

(方法二)　方程 $y\ln y-x+y=0$ 两端对 x 求导,得

$$y'\ln y+2y'-1=0$$

再对 x 求导得

$$y''\ln y+\frac{y'^2}{y}+2y''=0$$

将 $x=1,y=1$ 代入以上两式得 $y''(1)=-\dfrac{1}{8}<0$.

由于二阶导数 $y''(x)$ 在 $x=1$ 附近连续,因此在 $x=1$ 附近 $y''(x)<0$,则曲线 $y=y(x)$ 在点(1,1)附近是凸的.

六、证明函数不等式

41 (2006,17 题,10 分)证明:当 $0<a<b<\pi$ 时,

$$b\sin b+2\cos b+\pi b>a\sin a+2\cos a+\pi a$$

分析 若令 $f(x)=x\sin x+2\cos x+\pi x$,则本题要证的不等式为 $f(b)>f(a)$.一种证明思路是证明 $f(x)$ 在 $[0,\pi]$ 上单调增加,另一种证明思路是利用拉格朗日中值定理证明 $f(b)-f(a)>0$.

证明 (方法一)　设 $f(x)=x\sin x+2\cos x+\pi x,x\in[0,\pi]$,则

$$f'(x)=\sin x+x\cos x-2\sin x+\pi=x\cos x-\sin x+\pi$$

$$f''(x)=\cos x-x\sin x-\cos x=-x\sin x<0,x\in(0,\pi)$$

则 $f'(x)$ 在 $[0,\pi]$ 上单调减少,从而有

$$f'(x)>f'(\pi)=0,x\in(0,\pi)$$

因此,$f(x)$ 在 $[0,\pi]$ 上单调增加,当 $0<a<b<\pi$ 时,

$$f(b)>f(a)$$

即 $b\sin b+2\cos b+\pi b>a\sin a+2\cos a+\pi a$.

(方法二)　令 $\varphi(x)=x\sin x+2\cos x,x\in[0,\pi]$

在 $[a,b]$ 上对 $\varphi(x)$ 用拉格朗日中值定理得

$$\varphi(b)-\varphi(a)=\varphi'(c)(b-a),c\in(a,b)\subset(0,\pi)$$

即

$$b\sin b+2\cos b-a\sin a-2\cos a=(c\cos c-\sin c)(b-a)$$

令 $g(x)=x\cos x-\sin x, x\in[0,\pi]$，则

$$g'(x)=\cos x-x\sin x-\cos x=-x\sin x<0, x\in(0,\pi)$$

$g(x)$ 在 $[0,\pi]$ 上单调减少，则

$$g(c)=c\cos c-\sin c>g(\pi)=-\pi$$

从而有 $b\sin b+2\cos b-a\sin a-2\cos a>-\pi(b-a)$，即

$$b\sin b+2\cos b+\pi b>a\sin a+2\cos a+\pi a$$

【评注】 本题方法一是利用单调性证明不等式，方法二是利用拉格朗日中值定理证明不等式，这是证明函数不等式最常用的两种方法.

七、方程根的存在性与个数

42 (2005,7题,4分) 当 a 取下列哪个值时，函数 $f(x)=2x^3-9x^2+12x-a$ 恰有两个不同的零点

(A)2.　　(B)4.　　(C)6.　　(D)8.

答案 B.

解析 (方法一) 要想确定 $f(x)$ 的零点个数，首先要确定 $f(x)$ 的单调区间，然后再考查单调区间端点处函数值是否异号.

$$f'(x)=6x^2-18x+12=6(x-2)(x-1)$$

当 $x\in(-\infty,1)$ 时，$f'(x)>0$，$f(x)$ 单调增；

当 $x\in(1,2)$ 时，$f'(x)<0$，$f(x)$ 单调减；

当 $x\in(2,+\infty)$ 时，$f'(x)>0$，$f(x)$ 单调增.

又 $\lim\limits_{x\to-\infty}f(x)=-\infty$，$f(1)=5-a$，$f(2)=4-a$，$\lim\limits_{x\to+\infty}f(x)=+\infty$. 当 $a=4$ 时，$f(1)=1>0$，$f(x)$ 在 $(-\infty,1)$ 内有一个零点，$f(2)=0$ 为第二个零点，此时 $f(x)$ 再无其他零点，故应选(B).

(方法二) 令 $\varphi(x)=2x^3-9x^2+12x$，确定 $f(x)=2x^3-9x^2+2x-a$ 的零点个数，从几何上看，就是确定曲线 $y=\varphi(x)$ 与直线 $y=a$ 的交点个数，需确定 $\varphi(x)$ 函数值变化情况.

$$\varphi'(x)=6x^2-18x+12=6(x-2)(x-1)$$

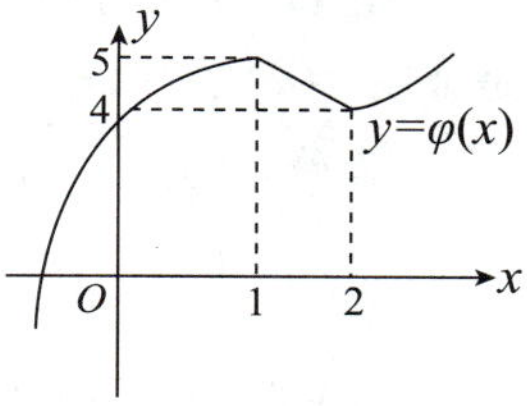

当 $x\in(-\infty,1)$ 时，$f'(x)>0$，$f(x)$ 单调增；

当 $x\in(1,2)$ 时，$f'(x)<0$，$f(x)$ 单调减；

当 $x\in(2,+\infty)$ 时，$f'(x)>0$，$f(x)$ 单调增.

$\lim\limits_{x\to-\infty}\varphi(x)=-\infty$，$\varphi(1)=5$，$\varphi(2)=4$，

$\lim\limits_{x\to+\infty}\varphi(x)=+\infty$，曲线 $y=\varphi(x)$ 如图所示.

由如图易见直线 $y=2$，$y=6$，$y=8$ 都与曲线 $y=\varphi(x)$ 只有一个公共点，而直线 $y=4$ 与曲线 $y=\varphi(x)$ 有两个公共点.

【评注】 方法二所采用几何的方法更直观，并可得到 a 取不同值时，$f(x)$ 零点个数.

(1) 当 $a<4$ 或 $a>5$ 时，$f(x)$ 有唯一零点；

(2) 当 $a=4$ 或 $a=5$ 时，$f(x)$ 有两个零点；

(3) 当 $4<a<5$ 时，$f(x)$ 有三个零点.

八、微分中值定理有关的证明题

43(1987,二(2)题,2分)若 $f(x)$ 在 (a,b) 内可导,且 $a<x_1<x_2<b$,则至少存在一点 ξ,使得

(A) $f(b)-f(a)=f'(\xi)(b-a)(a<\xi<b)$.

(B) $f(b)-f(x_1)=f'(\xi)(b-x_1)(x_1<\xi<b)$.

(C) $f(x_2)-f(x_1)=f'(\xi)(x_2-x_1)(x_1<\xi<x_2)$.

(D) $f(x_2)-f(a)=f'(\xi)(x_2-a)(a<\xi<x_2)$.

答案 C.

解析 由题设条件知 $f(x)$ 在 $[x_1,x_2]$ 上连续,在 (x_1,x_2) 内可导,由拉格朗日中值定理知,存在 $\xi\in(x_1,x_2)$,使

$$f(x_2)-f(x_1)=f'(\xi)(x_2-x_1)$$

故应选(C).

【评注】 其余3个选项不能选的原因是 $f(x)$ 在对应闭区间上连续这个条件不能满足.

44(1990,五题,6分)设 $f(x)$ 在闭区间 $[0,c]$ 上连续,其导数 $f'(x)$ 在开区间 $(0,c)$ 内存在且单调减少,$f(0)=0$,试应用拉格朗日中值定理证明不等式 $f(a+b)\leqslant f(a)+f(b)$,其中常数 a、b 满足条件 $0\leqslant a\leqslant b\leqslant a+b\leqslant c$.

证明 (方法一) 当 $a=0$ 时,结论显然成立.

当 $a>0$ 时,在 $[0,a]$ 和 $[b,a+b]$ 上分别应用拉格朗日定理,有

$$f(a)=f(a)-f(0)=f'(\xi_1)a,\xi_1\in(0,a)$$

$$f(a+b)-f(b)=f'(\xi_2)a,\xi_2\in(b,a+b)$$

显然 $0<\xi_1<a\leqslant b<\xi_2<a+b\leqslant c$,由于 $f'(x)$ 在 $[0,c]$ 上单调减少,则 $f'(\xi_2)\leqslant f'(\xi_1)$.从而有

$$f(a)\geqslant f(a+b)-f(b)$$

故 $f(a+b)\leqslant f(a)+f(b)$.

(方法二) 令 $F(x)=f(x)+f(b)-f(x+b),x\in[0,b]$,则 $F'(x)=f'(x)-f'(x+b)$.由于 $f'(x)$ 单调减,则 $F'(x)\geqslant 0$,$F(x)$ 在 $[0,b]$ 上单调增,又 $F(0)=f(b)-f(b)=0$,从而

$$F(x)\geqslant 0,x\in[0,b]$$

即 $F(a)\geqslant 0$,$0\leqslant a\leqslant b\leqslant a+b\leqslant c$,故 $f(a+b)\leqslant f(a)+f(b)$.

45(1992,七题,6分)求证:当 $x\geqslant 1$ 时,$\arctan x-\dfrac{1}{2}\arccos\dfrac{2x}{1+x^2}=\dfrac{\pi}{4}$.

证明 令 $f(x)=\arctan x-\dfrac{1}{2}\arccos\dfrac{2x}{1+x^2}$,则

$$f'(x)=\frac{1}{1+x^2}+\frac{1}{2}\cdot\frac{1}{\sqrt{1-\left(\frac{2x}{1+x^2}\right)^2}}\cdot\frac{2(1+x^2)-4x^2}{(1+x^2)^2}$$

$$=\frac{1}{1+x^2}+\frac{1}{2}\cdot\frac{1+x^2}{x^2-1}\cdot\frac{2(1-x^2)}{(1+x^2)^2}\equiv 0\quad(x\geqslant 1)$$

则 $f(x)\equiv C,(x\geqslant 1)$,又 $f(1)=\dfrac{\pi}{4}$,故 $f(x)\equiv\dfrac{\pi}{4}$,原题得证.

46（1993，七题，6分）假设函数 $f(x)$ 在 $[0,1]$ 上连续，在 $(0,1)$ 内二阶可导，过点 $A(0,f(0))$ 与 $B(1,f(1))$ 的直线与曲线 $y=f(x)$ 相交于点 $C(c,f(c))$，其中 $0<c<1$，证明：在 $(0,1)$ 内至少存在一点 ξ，使 $f''(\xi)=0$.

证明（方法一） 对 $f(x)$ 分别在区间 $[0,c]$ 和 $[c,1]$ 上用拉格朗日中值定理得

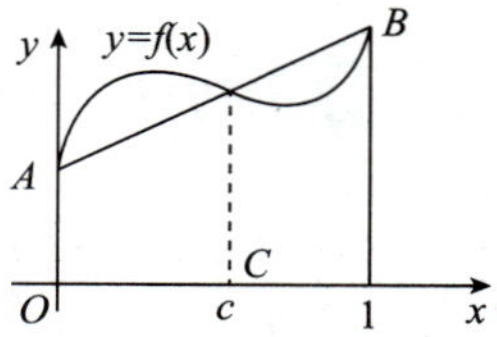

$$\frac{f(c)-f(0)}{c-0}=f'(\xi_1),0<\xi_1<c$$

$$\frac{f(1)-f(c)}{1-c}=f'(\xi_2),c<\xi_2<1$$

又
$$\frac{f(c)-f(0)}{c-0}=\frac{f(1)-f(c)}{1-c},$$

则 $f'(\xi_1)=f'(\xi_2)$，对 $f'(x)$ 在 $[\xi_1,\xi_2]$ 上用罗尔定理知，存在 $\xi\in(\xi_1,\xi_2)$，使

$$f''(\xi)=0$$

原题得证.

（方法二） 点 A 与 B 的连线方程为

$$y=[f(1)-f(0)]x+f(0)$$

令 $F(x)=f(x)-[f(1)-f(0)]x-f(0)$，则 $F(x)$ 分别在 $[0,c]$ 和 $[c,1]$ 上满足罗尔定理条件，于是至少存在两点 $\xi_1\in(0,c)$，$\xi_2\in(c,1)$，使

$$F'(\xi_1)=0,F'(\xi_2)=0$$

于是 $F'(x)$ 在 $[\xi_1,\xi_2]$ 上满足罗尔定理条件，故至少存在一个 $\xi\in(\xi_1,\xi_2)$，使得 $F''(\xi)=0$，即

$$f''(\xi)=0$$

原题得证.

47（1996，六题，5分）设 $f(x)$ 在区间 $[0,1]$ 上可微，且满足条件 $f(1)=2\int_0^{\frac{1}{2}}xf(x)\mathrm{d}x$. 试证：存在 $\xi\in(0,1)$，使 $f(\xi)+\xi f'(\xi)=0$.

证明 设 $F(x)=xf(x)$，由积分中值定理知，存在 $\eta\in\left(0,\frac{1}{2}\right)$，使

$$\int_0^{\frac{1}{2}}xf(x)\mathrm{d}x=\int_0^{\frac{1}{2}}F(x)\mathrm{d}x=\frac{1}{2}F(\eta)$$

由已知条件，有

$$f(1)=2\int_0^{\frac{1}{2}}xf(x)\mathrm{d}x=2\cdot\frac{1}{2}F(\eta)=F(\eta)$$

由于 $F(1)=f(1)=F(\eta)$，且 $F(x)$ 在 $[\eta,1]$ 上满足罗尔定理条件，由罗尔定理知，存在 $\xi\in(\eta,1)\subset(0,1)$，使得 $F'(\xi)=0$，即 $f(\xi)+\xi f'(\xi)=0$.

48（1998，六题，6分）设函数 $f(x)$ 在 $[a,b]$ 上连续，在 (a,b) 内可导，且 $f'(x)\neq0$. 试证存在 $\xi,\eta\in(a,b)$，使得 $\frac{f'(\xi)}{f'(\eta)}=\frac{\mathrm{e}^b-\mathrm{e}^a}{b-a}\cdot\mathrm{e}^{-\eta}$.

证明 令 $g(x)=\mathrm{e}^x$，则 $g(x)$ 与 $f(x)$ 在 $[a,b]$ 上满足柯西中值定理条件，故由柯西中值定理，存在 $\xi\in(a,b)$，使得

$$\frac{f(b)-f(a)}{\mathrm{e}^b-\mathrm{e}^a}=\frac{f'(\eta)}{\mathrm{e}^\eta}$$

即
$$\frac{f(b)-f(a)}{b-a}=\frac{\mathrm{e}^b-\mathrm{e}^a}{b-a}\mathrm{e}^{-\eta}f'(\eta)$$

又 $f(x)$ 在 $[a,b]$ 上满足拉格朗日中值定理条件，故由拉格朗日中值定理，存在 $\xi\in(a,b)$. 使得

$$\frac{f(b)-f(a)}{b-a}=f'(\xi)$$

由题设 $f'(x)\neq 0$ 知 $f'(\eta)\neq 0$，故

$$\frac{f'(\xi)}{f'(\eta)}=\frac{e^b-e^a}{b-a}\cdot e^{-\eta}$$

49 (1999，八题，7 分) 设函数 $f(x)$ 在区间 $[0,1]$ 上连续，在 $(0,1)$ 内可导，且 $f(0)=f(1)=0$，$f\left(\frac{1}{2}\right)=1$.

试证：(1) 存在 $\eta\in\left(\frac{1}{2},1\right)$，使 $f(\eta)=\eta$；

(2) 对任意实数 λ，必存在 $\xi\in(0,\eta)$，使得 $f'(\xi)-\lambda[f(\xi)-\xi]=1$.

证明 (1) 令 $\varphi(x)=f(x)-x$，则 $\varphi(x)$ 在 $[0,1]$ 上连续，又 $\varphi(1)=-1<0$，$\varphi\left(\frac{1}{2}\right)=\frac{1}{2}>0$，则由连续函数介值定理知，存在 $\eta\in\left(\frac{1}{2},1\right)$，使得

$$\varphi(\eta)=0，即\ f(\eta)=\eta$$

(2) 设 $F(x)=e^{-\lambda x}\varphi(x)=e^{-\lambda x}[f(x)-x]$，则 $F(x)$ 在 $[0,\eta]$ 上连续，在 $(0,\eta)$ 内可导，且

$$F(0)=0,F(\eta)=e^{-\lambda\eta}\varphi(\eta)=0$$

即 $F(x)$ 在 $[0,\eta]$ 上满足罗尔定理条件，故存在 $\xi\in(0,\eta)$，使得 $F'(\xi)=0$.

即
$$e^{-\lambda\xi}\{f'(\xi)-1-\lambda[f(\xi)-\xi]\}=0$$

从而 $f'(\xi)-\lambda[f(\xi)-\xi]=1$.

50 (2001，七题，6 分) 设 $f(x)$ 在 $[0,1]$ 上连续，在 $(0,1)$ 内可导，且满足

$$f(1)=k\int_0^{\frac{1}{k}}xe^{1-x}f(x)dx\quad(k>1)$$

证明至少存在一点 $\xi\in(0,1)$，使得 $f'(\xi)=(1-\xi^{-1})f(\xi)$.

证明 由 $f(1)=k\int_0^{\frac{1}{k}}xe^{1-x}f(x)dx$ 及积分中值定理，知至少存在 $\xi_1\in\left[0,\frac{1}{k}\right]\subset[0,1)$，使得

$$f(1)=k\int_0^{\frac{1}{k}}xe^{1-x}f(x)dx=\xi_1e^{1-\xi_1}f(\xi_1)$$

在 $[\xi_1,1]$ 上，令 $\varphi(x)=xe^{1-x}f(x)$，那么，$\varphi(x)$ 在 $[\xi_1,1]$ 内连续，在 $(\xi_1,1)$ 内可导，且

$$\varphi(\xi_1)=f(1)=\varphi(1)$$

由罗尔定理知，至少存在一点 $\xi\in(\xi_1,1)\subset(0,1)$，使得

$$\varphi'(\xi)=e^{1-\xi}[f(\xi)-\xi f(\xi)+\xi f'(\xi)]=0$$

即 $f'(\xi)=(1-\xi^{-1})f(\xi)$.

51 (2002，二(1) 题，3 分) 设函数 $f(x)$ 在闭区间 $[a,b]$ 上有定义，在开区间 (a,b) 内可导，则

(A) 当 $f(a)f(b)<0$ 时，存在 $\xi\in(a,b)$，使 $f(\xi)=0$.

(B) 对任何 $\xi\in(a,b)$，有 $\lim\limits_{x\to\xi}[f(x)-f(\xi)]=0$.

(C) 当 $f(a)=f(b)$ 时，存在 $\xi\in(a,b)$，使 $f'(\xi)=0$.

(D) 存在 $\xi\in(a,b)$，使 $f(b)-f(a)=f'(\xi)(b-a)$.

答案 B.

解析 (方法一)　直接法. 由于 $f(x)$ 在开区间 (a,b) 内可导，则 $f(x)$ 在该区间内连续，

由连续的定义知,对任何 $\xi \in (a,b)$,有$\lim\limits_{x\to\xi}f(x) = f(\xi)$,即

$$\lim_{x\to\xi}[f(x) - f(\xi)] = 0$$

故应选(B).

(方法二) 排除法:令 $f(x) = \begin{cases}-1, & x = a, \\ 1, & x \in (a,b],\end{cases}$

显然 $f(x)$ 满足题设条件和(A) 选项条件,但在(a,b) 内 $f(x) = 1 \neq 0$;

令
$$f(x) = \begin{cases}1, & x = a, \\ x, & x \in (a,b), \\ 1, & x = b\end{cases}$$

此时,当 $x \in (a,b)$ 时,$f'(x) = 1 \neq 0$,则排除(C)(D) 选项,故应选(B).

52 (2003,八题,8 分) 设函数 $f(x)$ 在$[0,3]$上连续,在$(0,3)$ 内可导,且 $f(0)+f(1)+f(2)=3$,$f(3)=1$. 试证必存在 $\xi \in (0,3)$,使 $f'(\xi)=0$.

证明 因为 $f(x)$ 在$[0,3]$上连续,所以,在$[0,2]$上也连续,设其在$[0,2]$上最大值为 M,最小值为 m. 于是

$$m \leqslant f(0) \leqslant M, m \leqslant f(1) \leqslant M, m \leqslant f(2) \leqslant M$$

故
$$m \leqslant \frac{f(0)+f(1)+f(2)}{3} \leqslant M$$

由介值定理知,至少存在一点 $c \in [0,2]$,使

$$f(c) = \frac{f(0)+f(1)+f(2)}{3} = 1$$

又 $f(c) = 1 = f(3)$,且 $f(x)$ 在$[c,3]$上连续,在$(c,3)$ 内可导,由罗尔定理知,必存在 $\xi \in (c,3) \subset (0,3)$,使 $f'(\xi) = 0$.

53 (2005,11 题,4 分) 以下四个命题中正确的是

(A) 若 $f'(x)$ 在$(0,1)$ 内连续,则 $f(x)$ 在$(0,1)$ 内有界.

(B) 若 $f(x)$ 在$(0,1)$ 内连续,则 $f(x)$ 在$(0,1)$ 内有界.

(C) 若 $f'(x)$ 在$(0,1)$ 内有界,则 $f(x)$ 在$(0,1)$ 内有界.

(D) 若 $f(x)$ 在$(0,1)$ 内有界,则 $f'(x)$ 在$(0,1)$ 内有界.

答案 C.

解析 (方法一) 排除法:取 $f(x) = \dfrac{1}{x}$,则 $f'(x) = -\dfrac{1}{x^2}$. 显然 $f(x)$ 和 $f'(x)$ 在$(0,1)$ 内都连续,但 $f(x) = \dfrac{1}{x}$ 在$(0,1)$ 内无界,排除(A) 和(B).

取 $f(x) = \sqrt{x}$,它在$(0,1)$ 内有界,但 $f'(x) = \dfrac{1}{2\sqrt{x}}$ 在$(0,1)$ 内无界,排除(D),故应选(C).

(方法二) 直接法:直接证明(C) 正确.

由 $f'(x)$ 有界知,存在 $M > 0$,当 $x \in (0,1)$ 时,$|f'(x)| \leqslant M$.

又
$$\begin{aligned} f(x) &= f(x) - f(\tfrac{1}{2}) + f(\tfrac{1}{2}) \\ &= f'(\xi)(x - \tfrac{1}{2}) + f(\tfrac{1}{2}), x \in (0,1) \end{aligned}$$

则
$$|f(x)| \leqslant |f'(\xi)||x - \tfrac{1}{2}| + |f(\tfrac{1}{2})|$$

$$\leqslant \frac{1}{2}M + \left| f\left(\frac{1}{2}\right) \right|, x \in (0,1)$$

则 $f(x)$ 在 $(0,1)$ 内有界，故应选(C).

54 (2007，19 题，11 分) 设函数 $f(x)$，$g(x)$ 在 $[a,b]$ 上连续，在 (a,b) 内二阶可导且存在相等的最大值，又 $f(a) = g(a)$，$f(b) = g(b)$. 证明：

(Ⅰ) 存在 $\eta \in (a,b)$，使得 $f(\eta) = g(\eta)$；

(Ⅱ) 存在 $\xi \in (a,b)$，使得 $f''(\xi) = g''(\xi)$.

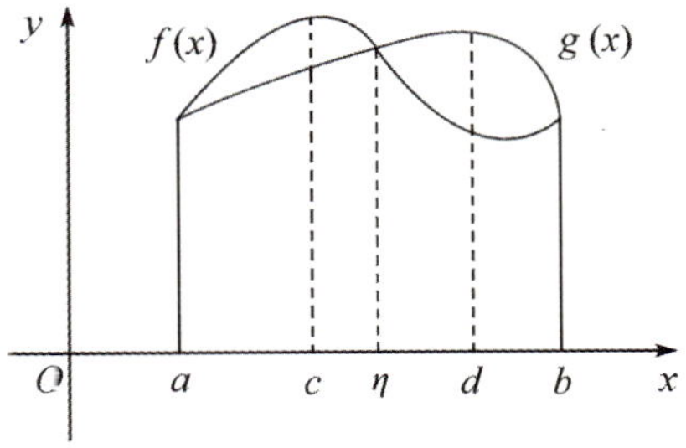

证明 (Ⅰ) 因 $f(x)$ 与 $g(x)$ 在 (a,b) 内存在相等的最大值，若两个函数能够在同一点 $c \in (a,b)$ 取得最大值，则 $f(c) = g(c)$，取 c 作为 η 即可. 否则两个函数必在两个不同的点 $x = c$ 与 $x = d$ 处分别取得最大值. 为确定起见，设 $f(c)$ 是 $f(x)$ 在 $[a,b]$ 上的最大值，$g(d)$ 是 $g(x)$ 在 $[a,b]$ 上的最大值，且 $a < c < d < b$，不难得出 $f(c) > g(c)$ 且 $f(d) < g(d)$，如图所示.

设 $F(x) = f(x) - g(x)$，则 $F(x)$ 在 $[a,b]$ 上连续，且 $F(c) > 0 > F(d)$ 成立.

由闭区间上连续函数取中间值性质知存在 $\eta \in (c,d) \subset (a,b)$，使 $F(\eta) = 0$，即 $f(\eta) = g(\eta)$.

当 $f(d)$ 是 $f(x)$ 在 $[a,b]$ 上的最大值且 $g(c)$ 是 $g(x)$ 在 $[c,b]$ 上的最大值时可类似证明存在 $\eta \in (c,d) \subset (a,b)$ 使得 $F(\eta) = 0$，即 $f(\eta) = g(\eta)$.

(Ⅱ) 设 $F(x) = f(x) - g(x)$. 由题设与(Ⅰ)的结论知，$F(x)$ 在 $[a,b]$ 上连续，(a,b) 内二次可导，且存在 $\eta \in (a,b)$ 使 $F(a) = F(\eta) = F(b) = 0$. 分别在 $[a,\eta]$ 与 $[\eta,b]$ 上对 $F(x)$ 应用罗尔定理可得，存在 $\alpha \in (a,\eta)$，$\beta \in (\eta,b)$，使 $F'(\alpha) = F'(\beta) = 0$. 由于 $F'(x)$ 在 $[\alpha,\beta]$ 上满足罗尔定理的全部条件，由罗尔定理知存在 $\xi \in (\alpha,\beta) \subset (a,b)$，使 $F''(\xi) = 0$，即 $f''(\xi) = g''(\xi)$.

九、一元微分在经济中的应用

55 (1987，七题，6 分) 已知某商品的需求量 x 对价格 p 的弹性 $\eta = -3p^3$，而市场对该商品的最大需求量为 1(万件). 求需求函数.

解 根据弹性的定义，有

$$\eta = \frac{p}{x}\frac{\mathrm{d}x}{\mathrm{d}p} = -3p^3$$

则 $\frac{\mathrm{d}x}{x} = -3p^2\mathrm{d}p$，故

$$\int \frac{\mathrm{d}x}{x} = \int (-3p^2)\mathrm{d}p$$

解得 $x = Ce^{-p^3}$.

由题设知 $p = 0$ 时，$x = 1$，从而 $C = 1$. 于是，所求需求函数为 $x = e^{-p^3}$.

56 (1989，四题，9 分) 设某厂家打算生产一批商品投放市场，已知该商品的需求函数为 $p = p(x) = 10e^{-\frac{x}{2}}$，且最大需求量为 6，其中 x 表示需求量，p 表示价格.

(1) 求该商品的收益函数和边际收益函数；

(2) 求使收益最大时的产量、最大收益和相应的价格；

(3) 画出收益函数的图形.

解 (1) 收益函数 $R(x)=xp=10x\mathrm{e}^{-\frac{x}{2}}$，$(0\leqslant x\leqslant 6)$. 边际收益函数为

$$MR=\frac{\mathrm{d}R}{\mathrm{d}x}=5(2-x)\mathrm{e}^{-\frac{x}{2}}$$

(2) 由 $\frac{\mathrm{d}R}{\mathrm{d}x}=5(2-x)\mathrm{e}^{-\frac{x}{2}}=0$ 得 $x=2$. 又 $\left.\frac{\mathrm{d}^2R}{\mathrm{d}x^2}\right|_{x=2}=\left.\frac{5}{2}(x-4)\mathrm{e}^{-\frac{x}{2}}\right|_{x=2}=-\frac{5}{\mathrm{e}}<0$.
因此，$R(x)$ 在 $x=2$ 取得极大值，又因为极值点唯一，则此极大值必为最大值. 最大值为

$$R(2)=\frac{20}{\mathrm{e}}$$

所以，当产量为 2 时，收益最大，最大值为 $\frac{20}{\mathrm{e}}$，而相应的价格为 $\frac{10}{\mathrm{e}}$.

(3) 由以上分析可列下表，并画出收益函数图形.

x	$(0,2)$	2	$(2,4)$	4	$(4,6)$
R'	$+$	0	$-$	$-$	$-$
R''	$-$	$-$	$-$	0	$+$
R		极大值 $\frac{20}{\mathrm{e}}$		拐点 $\left(4,\frac{40}{\mathrm{e}^2}\right)$	

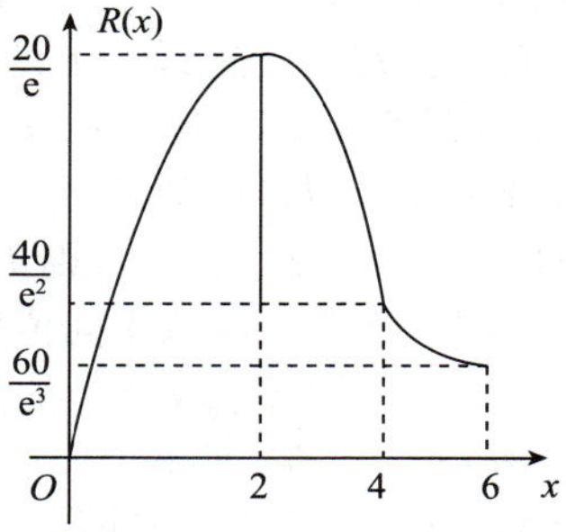

57 (1992，一(1) 题，3 分) 设商品的需求函数 $Q=100-5p$，其中 Q、p 分别表示需求量和价格，如果商品需求弹性的绝对值大于 1，则商品价格的取值范围是________.

答案 $(10,20)$.

解析 由 $Q(p)=100-5p>0$ 知，价格 $p<20$，又由 $Q=100-5p$ 知 $Q'(p)$，由弹性定义，知

$$\varepsilon=p\cdot\frac{Q'(p)}{Q(p)}=-\frac{5p}{100-5p}$$

令 $|\varepsilon|=\frac{5p}{100-5p}>1$，解得 $p>10$，则

$$10<p<20$$

58 (1993，五题，9 分) 设某产品的成本函数为 $C=aq^2+bq+c$，需求函数为 $q=\frac{1}{e}(d-p)$，其中 C 为成本，q 为需求量(即产量)，p 为单价，a,b,c,d,e 都是正的常数，且 $d>b$，求：

(1) 利润最大时的产量及最大利润；

(2) 需求对价格的弹性；

(3) 需求对价格弹性的绝对值为 1 时的产量.

解 (1) 利润函数为

$$\begin{aligned}L&=pq-C=(d-eq)q-(aq^2+bq+c)\\&=(d-b)q-(e+a)q^2-c\\L'(q)&=(d-b)-2(e+a)q\end{aligned}$$

令 $L'(q)=0$，得 $q=\frac{d-b}{2(e+a)}$，又 $L''(q)=-2(e+a)<0$，所以，当 $q=\frac{d-b}{2(e+a)}$ 时，利润最大. $L_{\max}=\frac{(d-b)^2}{4(e+a)}-c$.

(2) 因为 $q' = -\frac{1}{e}$，所以，需求对价格的弹性为

$$\eta = -\frac{p}{q}q' = -\frac{d-eq}{q}\left(-\frac{1}{e}\right) = \frac{d-eq}{eq}$$

(3) 由 $|\eta| = 1$ 得 $q = \frac{d}{2e}$.

59 (1995，七题，6 分) 设某产品的需求函数为 $Q = Q(p)$，收益函数为 $R = pQ$，其中 p 为产品价格，Q 为需求量(产品的产量)，$Q(p)$ 是单调减函数，如果当价格为 p_0，对应产量为 Q_0 时，边际收益 $\left.\frac{\mathrm{d}R}{\mathrm{d}Q}\right|_{Q=Q_0} = a > 0$，收益对价格的边际效应 $\left.\frac{\mathrm{d}R}{\mathrm{d}p}\right|_{p=p_0} = c < 0$，需求对价格的弹性为 $E_p = b > 1$，求 p_0 和 Q_0.

解 由收益 $R = pQ$ 对 Q 求导，得

$$\frac{\mathrm{d}R}{\mathrm{d}Q} = p + Q\frac{\mathrm{d}p}{\mathrm{d}Q} = p + \left[-\frac{\frac{\mathrm{d}p}{p}}{\frac{\mathrm{d}Q}{Q}}\right](-p) = p\left(1 - \frac{1}{E_p}\right)$$

$$\left.\frac{\mathrm{d}p}{\mathrm{d}Q}\right|_{Q=Q_0} = p_0\left(1 - \frac{1}{b}\right) = a$$

得 $p_0 = \frac{ab}{b-1}$.

由收益 $R = pQ$ 对 p 求导，有

$$\frac{\mathrm{d}R}{\mathrm{d}p} = Q + p\frac{\mathrm{d}Q}{\mathrm{d}p} = Q - \frac{\frac{\mathrm{d}Q}{Q}}{\frac{\mathrm{d}p}{p}}(-Q)$$

$$= Q(1 - E_p)$$

$$\left.\frac{\mathrm{d}R}{\mathrm{d}p}\right|_{p=p_0} = Q_0(1 - E_p) = c$$

于是 $Q_0 = \frac{c}{1-b}$.

60 (1996，七题，6 分) 设某种商品的单价为 p 时，售出的商品数量 Q 可以表示成 $Q = \frac{a}{p+b} - c$，其中 a,b,c 均为正数，且 $a > bc$.

(1) 求 p 在何范围变化时，使相应销售额增加或减少；

(2) 要使销售额最大，商品单价 p 应取何值？最大销售额是多少？

解 (1) 设商品的销售量为 R，则

$$R = pQ = p\left(\frac{a}{p+b} - c\right)$$

$$R' = \frac{ab - c(p+b)^2}{(p+b)^2}$$

令 $R' = 0$，得 $p_0 = \sqrt{\frac{ab}{c}} - b = \sqrt{\frac{b}{c}}(\sqrt{a} - \sqrt{bc}) > 0$.

当 $0 < p < \sqrt{\frac{b}{c}}(\sqrt{a} - \sqrt{ac})$ 时，有 $R' > 0$. 所以随单价 p 的增加，相应的销售额 R 也增加；

当 $p > \sqrt{\frac{b}{c}}(\sqrt{a} - \sqrt{ac})$ 时，有 $R' < 0$，所以随单价 p 的增加，相应的销售额将减少.

(2) 由(1) 可知，当 $p = \sqrt{\frac{b}{c}}(\sqrt{a} - \sqrt{bc})$ 时，销售额 R 取最大值，最大销售额为

$$R_{\max} = \left(\sqrt{\frac{ab}{c}} - b\right)\left(\frac{a}{\sqrt{\frac{ab}{c}}} - c\right) = (\sqrt{a} - \sqrt{bc})^2$$

61 (1997，三题，6 分) 在经济学中，称函数 $Q(x) = A[\delta K^{-x} + (1-\delta)L^{-x}]^{-\frac{1}{x}}$ 为固定替代弹性生产函数，而称函数 $\overline{Q} = AK^{\delta}L^{1-\delta}$ 为 Cobb-Douglas 生产函数(简称 C-D 生产函数).

试证明：当 $x \to 0$ 时，固定替代弹性生产函数变为 C-D 生产函数，即有 $\lim\limits_{x\to 0} Q(x) = \overline{Q}$.

证明 因为 $\ln Q(x) = \ln A - \frac{1}{x}\ln[\delta K^{-x} + (1-\delta)L^{-x}]$，而且

$$\begin{aligned}
\lim_{x\to 0}\frac{\ln[\delta K^{-x} + (1-\delta)L^{-x}]}{x} &= \lim_{x\to 0}\frac{\ln\{1 + [\delta K^{-x} + (1-\delta)L^{-x} - 1]\}}{x} \\
&= \lim_{x\to 0}\frac{\delta K^{-x} + (1-\delta)L^{-x} - 1}{x} \\
&= \lim_{x\to 0}\frac{\delta(K^{-x} - L^{-x})}{x} + \lim_{x\to 0}\frac{L^{-x} - 1}{x} \\
&= \lim_{x\to 0}\frac{\delta L^{-x}\left[\left(\frac{K}{L}\right)^{-x} - 1\right]}{x} - \lim_{x\to 0}\frac{L^{-x} - 1}{-x} \\
&= -\delta\ln\frac{K}{L} - \ln L \\
&= -\ln(K^{\delta}L^{1-\delta})
\end{aligned}$$

所以

$$\lim_{x\to 0}\ln Q(x) = \ln A + \ln(K^{\delta}L^{1-\delta}) = \ln(AK^{\delta}L^{1-\delta})$$

于是 $\lim\limits_{x\to 0} Q(x) = AK^{\delta}L^{1-\delta} = \overline{Q}$.

62 (1997，五题，6 分) 一商家销售某种商品的价格满足关系 $p = 7 - 0.2x$(万元 / 吨)，x 为销售量(单位：吨)，商品的成本函数是 $C = 3x + 1$(万元).

(1) 若每销售一吨商品，政府要征税 t(万元)，求该商家获最大利润时的销售量；

(2) t 为何值时，政府税收总额最大.

解 (1) 设 T 为总税额，则 $T = tx$，商品销售总收入为

$$R = px = (7 - 0.2x)x = 7x - 0.2x^2$$

利润函数为

$$\begin{aligned}
\pi &= R - C - T = 7x - 0.2x^2 - 3x - 1 - tx \\
&= -0.2x^2 + (4 - t)x - 1
\end{aligned}$$

令 $\frac{d\pi}{dx} = 0$，即 $-0.4x + 4 - t = 0$，得 $x = \frac{5}{2}(4 - t)$. 由于 $\frac{d^2\pi}{dx^2} = -0.4 < 0$，因此，$x = \frac{5}{2}(4 - t)$ 即为利润最大的销售量.

(2) 将 $x = \frac{5}{2}(4 - t)$ 代入 $T = tx$，得 $T = 10t - \frac{5}{2}t^2$.

由 $\frac{dT}{dx} = 10 - 5t = 0$，得唯一驻点 $t = 2$，又

$$\frac{d^2T}{dx^2}=-5<0$$

由此可见，$t=2$ 时，T 有极大值，此时政府税收总额最大.

63（1998，五题，6 分）设某酒厂有一批新酿的好酒，如果现在（假定 $t=0$）就售出，总收入为 R_0（元）. 如果窖藏起来待来日按陈酒价格出售，t 年末总收入为 $R=R_0e^{\frac{2}{5}\sqrt{t}}$，假定银行的年利率为 r，并以连续复利计息，试求窖藏多少年售出可使总收入的现值最大. 并求 $r=0.06$ 时的 t 值.

解 根据连续复利公式，这批酒在窖藏 t 年末售出总收入 R 的现值为 $A(t)=Re^{-rt}$，而 $R=R_0e^{\frac{2}{5}\sqrt{t}}$，则 $A(t)=R_0e^{\frac{2}{5}\sqrt{t}-rt}$.

令 $\frac{dA}{dt}=R_0e^{\frac{2}{5}\sqrt{t}-rt}\left(\frac{1}{5\sqrt{t}}-r\right)=0$，得唯一驻点 $t_0=\frac{1}{25r^2}$，又

$$\frac{d^2A}{dt^2}=R_0e^{\frac{2}{5}\sqrt{t}-rt}\left[\left(\frac{1}{5\sqrt{t}}-r\right)^2-\frac{1}{10\sqrt{t^3}}\right]$$

则有
$$\left.\frac{d^2A}{dt^2}\right|_{t=t_0}=R_0e^{\frac{1}{25r}}(-12.5r^3)<0$$

于是 $t_0=\frac{1}{25r^2}$ 是极大值点即为最大值点，故窖藏 $t=\frac{1}{25r^2}$（年）售出，总收入的现值最大.

当 $r=0.06$ 时，$t=\frac{100}{9}\approx 11$（年）.

64（2001，一(1) 题，3 分）设生产函数为 $Q=AL^{\alpha}K^{\beta}$，其中 Q 是产出量，L 是劳动投入量，K 是资本投入量，而 A,α,β 均为大于零的参数，则当 $Q=1$ 时 K 关于 L 的弹性为________.

答案 $-\frac{\alpha}{\beta}$.

解析 由 $Q=AL^{\alpha}K^{\beta}$，当 $Q=1$ 时，即 $AL^{\alpha}K^{\beta}=1$，有 $K=A^{-\frac{1}{\beta}}L^{-\frac{\alpha}{\beta}}$.

$$\frac{EK}{EL}=\frac{L}{K}\frac{dK}{dL}=\frac{L}{A^{-\frac{1}{\beta}}L^{-\frac{\alpha}{\beta}}}\frac{d(A^{-\frac{1}{\beta}}L^{-\frac{\alpha}{\beta}})}{dL}$$

$$=L\cdot\frac{-\frac{\alpha}{\beta}A^{-\frac{1}{\beta}}L^{-\frac{\alpha}{\beta}-1}}{A^{-\frac{1}{\beta}}L^{-\frac{\alpha}{\beta}}}$$

$$=-\frac{\alpha}{\beta}$$

65（2004，18 题，9 分）设某商品的需求函数为 $Q=100-5p$，其中价格 $p\in(0,20)$，Q 为需求量.

(1) 求需求量对价格的弹性 $E_d(E_d>0)$；

(2) 推导 $\frac{dR}{dp}=Q(1-E_d)$（其中 R 为收益），并用弹性 E_d 说明价格在何范围内变化时，降低价格反而使收益增加.

解 (1) $E_d=\left|\frac{p}{Q}Q'\right|=\frac{p}{20-p}$.

(2) 由 $R=pQ$，得

$$\frac{dR}{dp}=Q+pQ'=Q\left(1+\frac{p}{Q}\right)Q'=Q(1-E_d)$$

又由 $E_d = \dfrac{p}{20-p} = 1$，得 $p = 10$.

当 $10 < p < 20$ 时，$E_d > 1$，于是$\dfrac{dR}{dp} < 0$.

故当 $10 < p < 20$ 时，降低价格反而使收益增加.

66（2007，5 题，4 分）设某商品的需求函数为 $Q = 160 - 2p$，其中 Q,p 分别表示需求量和价格，如果该商品需求弹性的绝对值等于 1，则商品的价格是

(A)10.　　(B)20.　　(C)30.　　(D)40.

答案 D.

解析 由需求弹性的定义和题设条件知

$$\left|\frac{EQ}{Ep}\right| = \left|\frac{p}{Q}\frac{dQ}{dp}\right| = \left|\frac{p}{160-2p}\cdot(-2)\right| = \frac{2p}{160-2p}$$

由 $\left|\dfrac{EQ}{Ep}\right| = 1$，即$\dfrac{2p}{160-2p} = 1$ 可解出 $p = 40$. 故应选(D).

古之立大事者，不惟有超世之才，亦必有坚忍不拔之志。

——苏轼

第三章　一元函数积分学

本章导读

一元函数积分学是微积分的另一个主要内容.与微分学不同,积分是研究函数整体性质的.其中不定积分是微分的逆运算,定积分是一种和式的极限,微积分基本定理和牛顿-莱布尼茨公式阐明了微分学和积分学的内在联系,换元法和分部积分法是计算不定积分和定积分的两种主要方法,微元法是用定积分解决几何等问题的一种常用的基本方法.一元函数积分是多元函数积分的基础.

本章主要内容有:

(1) 不定积分与原函数的概念,求不定积分的两种主要方法 —— 换元法、分部积分法;

(2) 定积分的概念、性质及计算方法(换元、分部),变上限积分及其导数;

(3) 反常积分的概念与计算;

(4) 定积分应用(几何).

试题特点

定积分与不定积分是积分学的两个基本概念,计算不定积分和定积分是微积分的一种基本运算,是考研的一个重点,定积分应用是考研试卷中应用题考得最多的一个内容.

本章常考题型

(1) 不定积分、定积分及反常积分的计算;

(2) 变上限积分及其应用;

(3) 用定积分计算几何量;

(4) 一元微积分学的综合题.

考题详析

一、不定积分的计算

1 (1987,三(4)题,4分)求不定积分$\int e^{\sqrt{2x-1}}dx$.

解 令$\sqrt{2x-1}=t$,则$2x=1+t^2$,$2dx=2tdt$

$$\int e^{\sqrt{2x-1}}dx=\int te^t dt=\int t de^t$$

$$=te^t-\int e^t dt+C$$

$$=te^t-e^t+C$$

$$= \sqrt{2x-1}\,e^{\sqrt{2x-1}} - e^{\sqrt{2x-1}} + C$$

2 (1989，二(2)题，3分) 在下列等式中，正确的结果是

(A) $\int f'(x)dx = f(x)$.　　(B) $\int df(x) = f(x)$.

(C) $\frac{d}{dx}\int f(x)dx = f(x)$.　　(D) $d\int f(x)dx = f(x)$.

答案 C.

解析 $\frac{d}{dx}\int f(x)dx = \frac{d}{dx}[F(x)+C] = f(x)$，故应选(C).

其余不正确，事实上

$$\int f'(x)dx = f(x)+C, \int df(x) = f(x)+C, d\int f(x)dx = f(x)dx$$

3 (1992，四题，5分) 计算 $I = \int \frac{\operatorname{arccot} e^x}{e^x}dx$.

解 $I = -\int \operatorname{arccot} e^x de^{-x}$

$$= -e^{-x}\operatorname{arccot} e^x - \int \frac{e^x \cdot e^{-x}}{1+e^{2x}}dx$$

$$= -e^{-x}\operatorname{arccot} e^x - \int \frac{1}{1+e^{2x}}dx$$

$$= -e^{-x}\operatorname{arccot} e^x - \int \frac{e^{-2x}}{e^{-2x}+1}dx$$

$$= -e^{-x}\operatorname{arccot} e^x + \frac{1}{2}\ln(e^{-2x}+1) + C$$

4 (1995，一(3)题，3分) 设 $f'(\ln x) = 1+x$，则 $f(x) =$ ________.

答案 $x + e^x + C$.

解析 令 $\ln x = t$，则 $x = e^t$，

$$f'(\ln x) = f'(t) = 1 + e^t$$

则
$$f(t) = \int (1+e^t)dt = t + e^t + C$$

5 (1996，一(2)题，3分) 设 $\int xf(x)dx = \arcsin x + C$，则 $\int \frac{dx}{f(x)} =$ ________.

答案 $-\frac{1}{3}\sqrt{(1-x^2)^3} + C$.

解析 由 $\int xf(x)dx = \arcsin x + C$ 可知

$$xf(x) = (\arcsin x)' = \frac{1}{\sqrt{1-x^2}}$$

$$\frac{1}{f(x)} = x\sqrt{1-x^2}$$

$$\int \frac{1}{f(x)}dx = \int x\sqrt{1-x^2}dx = -\frac{1}{2}\int \sqrt{1-x^2}d(1-x^2)$$

$$= -\frac{1}{3}\sqrt{(1-x^2)^3} + C$$

6 (1998,一(2)题,3分) $\int \frac{\ln x - 1}{x^2} dx =$ ________.

答案 $-\frac{\ln x}{x} + C$.

解析 $$\begin{aligned}\int \frac{\ln x - 1}{x^2} dx &= -\int \ln x d\frac{1}{x} - \int \frac{1}{x^2} dx \\ &= -\frac{\ln x}{x} + \int \frac{1}{x^2} dx - \int \frac{dx}{x^2} \\ &= -\frac{\ln x}{x} + C\end{aligned}$$

7 (2002,五题,6分) 设 $f(\sin^2 x) = \frac{x}{\sin x}$,求 $\int \frac{\sqrt{x}}{\sqrt{1-x}} f(x) dx$.

解 令 $u = \sin^2 x$,则有 $\sin x = \sqrt{u}, x = \arcsin\sqrt{u}$.

$$f(x) = \frac{\arcsin\sqrt{x}}{\sqrt{x}}$$

于是 $$\begin{aligned}\int \frac{\sqrt{x}}{\sqrt{1-x}} f(x) dx &= \int \frac{\arcsin\sqrt{x}}{\sqrt{1-x}} dx \\ &= -2\int \arcsin\sqrt{x} d\sqrt{1-x} \\ &= -2\sqrt{1-x}\arcsin\sqrt{x} + 2\int \sqrt{1-x} \cdot \frac{1}{\sqrt{1-x}} d\sqrt{x} \\ &= -2\sqrt{1-x}\arcsin\sqrt{x} + 2\sqrt{x} + C\end{aligned}$$

二、定积分的概念、性质及几何意义

8 (2007,3题,4分) 如图所示,连续函数 $y = f(x)$ 在区间 $[-3,-2]$,$[2,3]$ 上的图形分别是直径为1的上、下半圆周,在区间 $[-2,0]$,$[0,2]$ 上的图形分别是直径为2的下、上半圆周,设 $F(x) = \int_0^x f(t) dt$,则下列结论正确的是

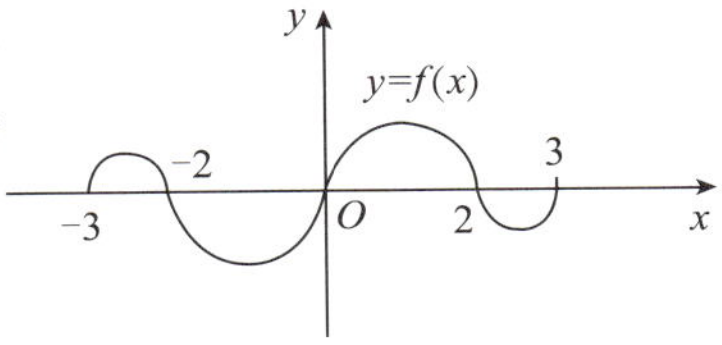

(A) $F(3) = -\frac{3}{4}F(-2)$.　　(B) $F(3) = \frac{5}{4}F(2)$.

(C) $F(-3) = \frac{3}{4}F(2)$.　　(D) $F(-3) = -\frac{5}{4}F(-2)$.

答案 C.

解析 (方法一)　四个选项中出现的 $F(x)$ 在四个点上的函数值可根据定积分的几何意义确定.

$$F(3) = \int_0^3 f(t) dt = \int_0^2 f(t) dt + \int_2^3 f(t) dt = \frac{\pi}{2} - \frac{\pi}{8} = \frac{3}{8}\pi$$

$$F(2) = \int_0^2 f(t) dt = \frac{\pi}{2}$$

$$F(-2)=\int_0^{-2}f(t)\mathrm{d}t=-\int_{-2}^{0}f(t)\mathrm{d}t=-\left(-\frac{\pi}{2}\right)=\frac{\pi}{2}$$

$$F(-3)=\int_0^{-3}f(t)\mathrm{d}t=-\int_{-3}^{0}f(t)\mathrm{d}t=-\left[\frac{\pi}{8}-\frac{\pi}{2}\right]=\frac{3}{8}\pi$$

则 $F(-3)=\frac{3}{4}F(2)$，故应选(C).

（方法二） 由定积分几何意义知 $F(2)>F(3)>0$，排除(B).
又由 $f(x)$ 的图形可知 $f(x)$ 为奇函数，则 $F(x)=\int_0^x f(t)\mathrm{d}t$ 为偶函数，从而

$$F(-3)=F(3)>0,F(-2)=F(2)>0$$

显然排除(A) 和(D)，故选(C).

【评注】 (1) 部分考生选(A)，可能是没注意到

$$F(-2)=\int_0^{-2}f(t)\mathrm{d}t=-\int_{-2}^{0}f(t)\mathrm{d}t=\frac{\pi}{2}$$

误以为 $F(-2)=\int_0^{-2}f(t)\mathrm{d}t=-\frac{\pi}{2}$；

(2) 方法二简单，这里用到一个基本结论：设 $f(x)$ 是连续函数，则

$$f(x)\text{ 为奇函数 }\Rightarrow F(x)=\int_0^x f(t)\mathrm{d}t\text{ 为偶函数}$$

$$f(x)\text{ 为偶函数 }\Rightarrow F(x)=\int_0^x f(t)\mathrm{d}t\text{ 为奇函数}$$

9 (2008，2 题，4 分) 如图所示，曲线段的方程为 $y=f(x)$，函数 $f(x)$ 在区间 $[0,a]$ 上有连续的导数，则定积分 $\int_0^a xf'(x)\mathrm{d}x$ 等于

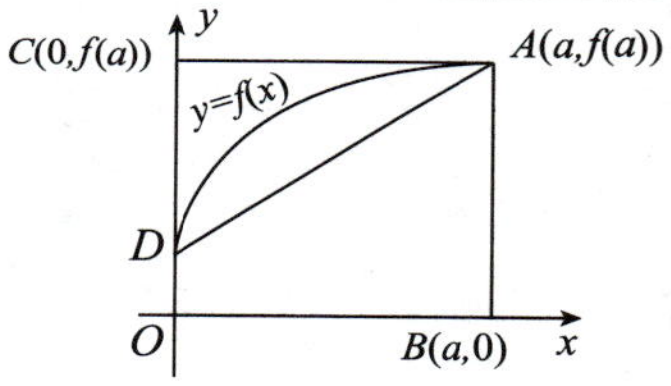

(A) 曲边梯形 $ABOD$ 的面积.
(B) 梯形 $ABOD$ 的面积.
(C) 曲边三角形 ACD 的面积.
(D) 三角形 ACD 的面积.

答案 C.

解析 $\int_0^a xf'(x)\mathrm{d}x=\int_0^a x\mathrm{d}f(x)=xf(x)\Big|_0^a-\int_0^a f(x)\mathrm{d}x$

$$=af(a)-\int_0^a f(x)\mathrm{d}x$$

其中 $af(a)$ 等于矩形 $ABOC$ 的面积，$\int_0^a f(x)\mathrm{d}x$ 等于曲边梯形 $ABOD$ 的面积. 因此 $\int_0^a xf'(x)\mathrm{d}x$ 等于曲边三角形 ACD 的面积，故应选(C).

三、定积分计算

10 (1987，一(2) 题，2 分)(判断题) $\int_{-\pi}^{\pi}x^4\sin x\mathrm{d}x=0$. （ ）

答案 √.

解析 由于 $x^4\sin x$ 为奇函数，则

$$\int_{-\pi}^{\pi} x^4 \sin x\,\mathrm{d}x = 0$$

11 (1988，二(3)题，2分)(判断题)等式 $\int_0^a f(x)\mathrm{d}x = -\int_0^a f(a-x)\mathrm{d}x$ 对任意实数 a 都成立. (　　)

答案 ×.

解析 令 $f(x)\equiv 1$，则

$$\int_0^a f(x)\mathrm{d}x = a,\ -\int_0^a f(a-x)\mathrm{d}x = -a$$

原题结论不正确.

事实上

$$-\int_0^a f(a-x)\mathrm{d}x \xlongequal{a-x=t} -\int_0^a f(t)\mathrm{d}t = -\int_0^a f(x)\mathrm{d}x$$

12 (1988，三(3)题，4分)求定积分 $\int_0^3 \frac{\mathrm{d}x}{\sqrt{x}(1+x)}$.

解 $\int_0^3 \frac{\mathrm{d}x}{\sqrt{x}(1+x)} = 2\int_0^3 \frac{\mathrm{d}\sqrt{x}}{1+(\sqrt{x})^2}$

$$= 2\arctan\sqrt{x}\Big|_0^3 = \frac{2\pi}{3}$$

13 (1994，一(1)题，3分) $\int_{-2}^{2} \frac{x+|x|}{2+x^2}\mathrm{d}x =$ ________.

答案 ln 3.

解析 $\int_{-2}^{2} \frac{x+|x|}{2+x^2}\mathrm{d}x = \int_{-2}^{2} \frac{x}{2+x^2}\mathrm{d}x + \int_{-2}^{2} \frac{|x|}{2+x^2}\mathrm{d}x$

$$= 0 + 2\int_0^2 \frac{x}{2+x^2}\mathrm{d}x$$

$$= \ln(2+x^2)\Big|_0^2 = \ln 6 - \ln 2 = \ln 3$$

14 (1997，一(2)题，3分)若函数 $f(x) = \frac{1}{1+x^2} + \sqrt{1-x^2}\int_0^1 f(x)\mathrm{d}x$，则 $\int_0^1 f(x)\mathrm{d}x =$ ________.

答案 $\frac{\pi}{4-\pi}$.

解析 等式 $f(x) = \frac{1}{1+x^2} + \sqrt{1-x^2}\int_0^1 f(x)\mathrm{d}x$ 两端从 0 到 1 积分，得

$$\int_0^1 f(x)\mathrm{d}x = \int_0^1 \frac{\mathrm{d}x}{1+x^2} + \int_0^1 \sqrt{1-x^2}\mathrm{d}x \cdot \int_0^1 f(x)\mathrm{d}x$$

即

$$\int_0^1 f(x)\mathrm{d}x = \frac{\pi}{4} + \frac{\pi}{4}\int_0^1 f(x)\mathrm{d}x$$

由此解得 $\int_0^1 f(x)\mathrm{d}x = \frac{\frac{\pi}{4}}{1-\frac{\pi}{4}} = \frac{\pi}{4-\pi}$.

【评注】 这里利用定积分几何意义得$\int_0^1 \sqrt{1-x^2}\mathrm{d}x=\frac{\pi}{4}$.

15（1999，一(1)题，3分）设 $f(x)$ 有一个原函数$\frac{\sin x}{x}$，则$\int_{\frac{\pi}{2}}^{\pi} xf'(x)\mathrm{d}x=$ ______.

答案 $\frac{4}{\pi}-1$.

解析 由题设知 $f(x)=\left(\frac{\sin x}{x}\right)'=\frac{x\cos x-\sin x}{x^2}$，则

$$\int_{\frac{\pi}{2}}^{\pi} xf'(x)\mathrm{d}x=\int_{\frac{\pi}{2}}^{\pi} x\mathrm{d}f(x)=xf(x)\Big|_{\frac{\pi}{2}}^{\pi}-\int_{\frac{\pi}{2}}^{\pi} f(x)\mathrm{d}x$$
$$=\frac{x\cos x-\sin x}{x}\Big|_{\frac{\pi}{2}}^{\pi}-\frac{\sin x}{x}\Big|_{\frac{\pi}{2}}^{\pi}$$
$$=\frac{4}{\pi}-1$$

16（1999，七题，6分）设函数 $f(x)$ 连续，且$\int_0^x tf(2x-t)\mathrm{d}t=\frac{1}{2}\arctan x^2$. 已知 $f(1)=1$，求$\int_1^2 f(x)\mathrm{d}x$ 的值.

解 令 $2x-t=u$，则 $-\mathrm{d}t=\mathrm{d}u$，

$$\int_0^x tf(2x-t)\mathrm{d}t=\int_x^{2x}(2x-u)f(u)\mathrm{d}u$$
$$=2x\int_x^{2x} f(u)\mathrm{d}u-\int_x^{2x} uf(u)\mathrm{d}u$$
$$=\frac{1}{2}\arctan x^2$$

则 $$2\int_x^{2x} f(u)\mathrm{d}u+2x[f(2x)\cdot 2-f(x)]-[2xf(2x)\cdot 2-xf(x)]=\frac{x}{1+x^4}$$

即 $$2\int_x^{2x} f(u)\mathrm{d}u=\frac{x}{1+x^4}+xf(x)$$

令 $x=1$，得 $2\int_1^2 f(u)\mathrm{d}u=\frac{1}{2}+1=\frac{3}{2}$.

则 $$\int_1^2 f(x)\mathrm{d}x=\frac{3}{4}$$

17（2004，3题，4分）设 $f(x)=\begin{cases} xe^{x^2}, & -\frac{1}{2}\leqslant x<\frac{1}{2}, \\ -1, & x\geqslant \frac{1}{2}, \end{cases}$ 则$\int_{\frac{1}{2}}^2 f(x-1)\mathrm{d}x=$ ______.

答案 $-\frac{1}{2}$.

解析 令 $t=x-1$，$\mathrm{d}x=\mathrm{d}t$，当 $x=\frac{1}{2}$ 时，$t=-\frac{1}{2}$，当 $x=2$ 时，$t=1$，则

$$\int_{\frac{1}{2}}^2 f(x-1)\mathrm{d}x=\int_{-\frac{1}{2}}^1 f(t)\mathrm{d}t$$
$$=\int_{-\frac{1}{2}}^{\frac{1}{2}} te^{t^2}\mathrm{d}t+\int_{\frac{1}{2}}^1(-1)\mathrm{d}t$$

$$= 0 - \frac{1}{2} = -\frac{1}{2}$$

18（2008，10 题，4 分）设 $f\left(x+\frac{1}{x}\right)=\frac{x+x^3}{1+x^4}$，则 $\int_2^{2\sqrt{2}} f(x)\mathrm{d}x=$ ________.

答案 $\frac{1}{2}\ln 3$.

解析 由于 $f\left(x+\frac{1}{x}\right)=\frac{x+\frac{1}{x}}{x^2+\frac{1}{x^2}}=\frac{\left(x+\frac{1}{x}\right)}{\left(x+\frac{1}{x}\right)^2-2}$，令 $x+\frac{1}{x}=u$，则有

$$f(u)=\frac{u}{u^2-2}$$

则 $\int_2^{2\sqrt{2}} f(x)\mathrm{d}x=\int_2^{2\sqrt{2}}\frac{x}{x^2-2}\mathrm{d}x=\frac{1}{2}\ln(x^2-2)\Big|_2^{2\sqrt{2}}=\frac{1}{2}\ln 3$.

四、变上限积分函数及其应用

19（1988，一(1) 题，8 分）已知函数 $f(x)=\int_0^x \mathrm{e}^{-\frac{t^2}{2}}\mathrm{d}t$，$-\infty<x<+\infty$.

①$f'(x)=$ ________.

②$f(x)$ 的单调性是________.

③$f(x)$ 的奇偶性是________.

④$f(x)$ 图形的拐点是________.

⑤$f(x)$ 的凹凸区间是________，________.

⑥$f(x)$ 的水平渐近线是________，________.

答案 ①$\mathrm{e}^{-\frac{1}{2}x^2}$；② 单调增加；③ 奇函数；④$(0,0)$；⑤$(-\infty,0)$ 内凹，$(0,+\infty)$ 内凸；⑥ $y=\sqrt{\frac{\pi}{2}}$，$y=-\sqrt{\frac{\pi}{2}}$.

解析 $f'(x)=\mathrm{e}^{-\frac{x^2}{2}}>0$，则 $f(x)$ 单调增加.

$$f''(x)=-x\mathrm{e}^{-\frac{x^2}{2}}$$

在区间$(-\infty,0)$上，$f''(x)>0$，则曲线是凹的，在区间$(0,+\infty)$上，$f''(x)<0$，则曲线是凸的.

故$(0,0)$为拐点.

又
$$\lim_{x\to-\infty}f(x)=\int_0^{-\infty}\mathrm{e}^{-\frac{t^2}{2}}\mathrm{d}t=-\int_{-\infty}^0\mathrm{e}^{-\frac{t^2}{2}}\mathrm{d}t=-\int_0^{+\infty}\mathrm{e}^{-\frac{t^2}{2}}\mathrm{d}t=-\sqrt{\frac{\pi}{2}}$$

$$\lim_{x\to+\infty}f(x)=\int_0^{+\infty}\mathrm{e}^{-\frac{t^2}{2}}\mathrm{d}t=\sqrt{\frac{\pi}{2}}$$

则该曲线有水平渐近线 $y=\pm\sqrt{\frac{\pi}{2}}$.

20（1989，六题，6 分）假设函数 $f(x)$ 在$[a,b]$上连续，在(a,b)内可导，且 $f'(x)\leqslant 0$，记 $F(x)=\frac{1}{x-a}\int_a^x f(t)\mathrm{d}t$，证明在$(a,b)$内 $F'(x)\leqslant 0$.

证明 $F'(x)=\dfrac{(x-a)f(x)-\int_a^x f(t)\mathrm{d}t}{(x-a)^2}$

$$=\frac{(x-a)f(x)-(x-a)f(\xi)}{(x-a)^2}\quad(a<\xi<x)$$

$$=\frac{f(x)-f(\xi)}{x-a}\leqslant 0$$

这是由于 $f'(x)\leqslant 0$，则 $f(x)$ 单调减，从而 $f(x)\leqslant f(\xi)$. 或者令

$$\varphi(x)=(x-a)f(x)-\int_a^x f(t)\mathrm{d}t$$

则
$$\varphi'(x)=f(x)+(x-a)f'(x)-f(x)=(x-a)f'(x)\leqslant 0$$

$\varphi(x)$ 单调减，又 $\varphi(a)=0$，则 $\varphi(x)\leqslant 0, x\in(a,b)$，故 $F'(x)\leqslant 0$.

21（1990，三(1) 题，5 分）求函数 $I(x)=\int_{\mathrm{e}}^{x}\dfrac{\ln t}{t^2-2t+1}\mathrm{d}t$ 在区间$[\mathrm{e},\mathrm{e}^2]$上的最大值.

解 由 $I'(x)=\dfrac{\ln x}{x^2-2x+1}=\dfrac{\ln x}{(x-1)^2}>0, x\in[\mathrm{e},\mathrm{e}^2]$

$I(x)$ 在$[\mathrm{e},\mathrm{e}^2]$上单调增加，故

$$\max_{\mathrm{e}\leqslant x\leqslant \mathrm{e}^2} I(x)=\int_{\mathrm{e}}^{\mathrm{e}^2}\frac{\ln t}{(t-1)^2}\mathrm{d}t=-\int_{\mathrm{e}}^{\mathrm{e}^2}\ln t\,\mathrm{d}\frac{1}{t-1}$$

$$=-\frac{\ln t}{t-1}\Big|_{\mathrm{e}}^{\mathrm{e}^2}+\int_{\mathrm{e}}^{\mathrm{e}^2}\frac{\mathrm{d}t}{t(t-1)}$$

$$=\frac{1}{\mathrm{e}-1}-\frac{2}{\mathrm{e}^2-1}+\ln\frac{t-1}{t}\Big|_{\mathrm{e}}^{\mathrm{e}^2}$$

$$=\frac{1}{\mathrm{e}+1}+\ln\frac{\mathrm{e}+1}{\mathrm{e}}=\ln(1+\mathrm{e})-\frac{\mathrm{e}}{1+\mathrm{e}}$$

22（1992，二(1) 题，3 分）设 $F(x)=\dfrac{x^2}{x-a}\int_a^x f(t)\mathrm{d}t$，其中 $f(x)$ 为连续函数，则 $\lim\limits_{x\to a}F(x)$ 等于

(A) a^2.　　(B) $a^2f(a)$.　　(C) 0.　　(D) 不存在.

答案 B.

解析 （方法一） 直接法

$$\lim_{x\to a}F(x)=\lim_{x\to a}\frac{x^2}{x-a}\int_a^x f(t)\mathrm{d}t$$

$$=a^2\lim_{x\to a}\frac{\int_a^x f(t)\mathrm{d}t}{x-a}$$

$$=a^2\lim_{x\to a}\frac{f(x)}{1}=a^2f(a)$$

故选(B).

（方法二） 直接法

$$\lim_{x\to a}F(x)=\lim_{x\to a}\frac{x^2}{x-a}\int_a^x f(t)\mathrm{d}t=\lim_{x\to a}\frac{x^2}{x-a}(x-a)f(\xi)=a^2f(a)$$

（方法三） 排除法

取 $f(x)=2$，则

$$\lim_{x\to a}F(x)=\lim_{x\to a}\frac{x^2}{x-a}\int_a^x 2\mathrm{d}t=2a^2$$

则选项(A)(C)(D)都不正确,故应选(B).

23 (1993,二(2)题,3分)设 $f(x)$ 为连续函数,且 $F(x)=\int_{\frac{1}{x}}^{\ln x} f(t)\mathrm{d}t$,则 $F'(x)$ 等于

(A) $\frac{1}{x}f(\ln x)+\frac{1}{x^2}f\left(\frac{1}{x}\right)$.　　(B) $\frac{1}{x}f(\ln x)+f\left(\frac{1}{x}\right)$.

(C) $\frac{1}{x}f(\ln x)-\frac{1}{x^2}f\left(\frac{1}{x}\right)$.　　(D) $f(\ln x)-f\left(\frac{1}{x}\right)$.

答案 A.

解析 $F'(x)=f(\ln x)\cdot\frac{1}{x}-f\left(\frac{1}{x}\right)\left(-\frac{1}{x^2}\right)=\frac{1}{x}f(\ln x)+\frac{1}{x^2}f\left(\frac{1}{x}\right)$

故应选(A).

24 (1994,六题,5分)设函数 $y=f(x)$ 可导,且 $f(0)=0$,$F(x)=\int_0^x t^{n-1}f(x^n-t^n)\mathrm{d}t$,求 $\lim\limits_{x\to 0}\frac{F(x)}{x^{2n}}$.

解 令 $u=x^n-t^n$,则 $-nt^{n-1}\mathrm{d}t=\mathrm{d}u$.

$$F(x)=\frac{1}{n}\int_0^{x^n} f(u)\mathrm{d}u$$

$$\begin{aligned}\lim_{x\to 0}\frac{F(x)}{x^{2n}}&=\lim_{x\to 0}\frac{\frac{1}{n}\int_0^{x^n} f(u)\mathrm{d}u}{x^{2n}}\\&=\lim_{x\to 0}\frac{x^{n-1}f(x^n)}{2nx^{2n-1}}\\&=\frac{1}{2n}\lim_{x\to 0}\frac{f(x^n)-f(0)}{x^n}=\frac{f'(0)}{2n}\end{aligned}$$

【评注】 本题最后一步是用导数定义,而不能用洛必达法则,这是因为极限 $\lim\limits_{x\to 0}f'(x)$ 不一定存在.

25 (1997,六题,6分)设函数 $f(x)$ 在 $[0,+\infty)$ 上连续,单调不减且 $f(0)\geqslant 0$,试证函数

$$F(x)=\begin{cases}\frac{1}{x}\int_0^x t^n f(t)\mathrm{d}t, & 若\ x>0,\\ 0, & 若\ x=0\end{cases}$$

在 $[0,+\infty)$ 上连续且单调不减(其中 $n>0$).

证明 (方法一)　显然,当 $x>0$ 时,$F(x)$ 连续.又

$$\lim_{x\to 0^+}F(x)=\lim_{x\to 0^+}\frac{\int_0^x t^n f(t)\mathrm{d}t}{x}=\lim_{x\to 0^+}\frac{x^n f(x)}{1}=0=F(0)$$

故 $F(x)$ 在 $[0,+\infty)$ 上连续.

对于 $x\in(0,+\infty)$,有

$$F'(x)=\frac{x^{n+1}f(x)-\int_0^x t^n f(t)\mathrm{d}t}{x^2}=\frac{x^{n+1}f(x)-\xi^n f(\xi)x}{x^2}=\frac{x^n f(x)-\xi^n f(\xi)}{x}$$

其中 $0<\xi<x$.因此,由 $f(x)$ 在 $[0,+\infty)$ 上单调不减知,$F'(x)\geqslant 0$,故 $F(x)$ 在 $[0,+\infty)$ 上单调不减.

(方法二) 连续性的证明同上. 由于

$$F'(x)=\frac{x^{n+1}f(x)-\int_0^x t^n f(t)\mathrm{d}t}{x^2}=\frac{\int_0^x x^n f(x)\mathrm{d}t-\int_0^x t^n f(t)\mathrm{d}t}{x^2}$$

$$=\frac{\int_0^x [x^n f(x)-t^n f(t)]\mathrm{d}t}{x^2}\geqslant 0$$

由此可知 $F(x)$ 在 $[0,+\infty)$ 上单调不减.

26 (1999,二(1)题,3分) 设 $f(x)$ 是连续函数,$F(x)$ 是 $f(x)$ 的原函数,则

(A) 当 $f(x)$ 是奇函数时,$F(x)$ 必是偶函数.

(B) 当 $f(x)$ 是偶函数时,$F(x)$ 必是奇函数.

(C) 当 $f(x)$ 是周期函数时,$F(x)$ 必是周期函数.

(D) 当 $f(x)$ 是单调增函数时,$F(x)$ 必是单调增函数.

答案 A.

解析 (方法一) 直接法 由于 $f(x)$ 连续,则 $F(x)=\int_0^x f(t)\mathrm{d}t$ 是 $f(x)$ 的一个原函数,由于 $f(x)$ 是奇函数,则 $F(x)$ 是偶函数,$F(x)+C$ 仍是偶函数,故应选(A).

(方法二) 排除法 $f(x)=x^2$ 为偶函数,$F(x)=\frac{1}{3}x^3+1$ 是 $f(x)$ 的一个原函数,但 $F(x)$ 不是奇函数,则(B)不正确;取 $f(x)=1+\cos x$ 是周期函数,但 $F(x)=x+\sin x$ 是 $f(x)$ 的一个原函数,但 $F(x)=x+\sin x$ 不是周期函数,从而(C)不正确;取 $f(x)=x$,显然是单调增,但 $F(x)=\frac{1}{2}x^2$ 是 $f(x)$ 的一个原函数,但 $F(x)=\frac{1}{2}x^2$ 不单调,则(D)不正确,故应选(A).

【评注】 方法一中用到一个基本结论:设 $f(x)$ 连续,则当 $f(x)$ 为奇函数时,$F(x)=\int_0^x f(t)\mathrm{d}t$ 为偶函数;当 $f(x)$ 为偶函数时,$F(x)=\int_0^x f(t)\mathrm{d}t$ 为奇函数.

27 (2001,二(2)题,3分) 设 $g(x)=\int_0^x f(u)\mathrm{d}u$,其中 $f(x)=\begin{cases}\frac{1}{2}(x^2+1), & 0\leqslant x<1,\\ \frac{1}{3}(x-1), & 1\leqslant x\leqslant 2,\end{cases}$ 则 $g(x)$ 在区间 $(0,2)$ 内

(A) 无界. (B) 递减. (C) 不连续. (D) 连续.

答案 D.

解析 (方法一) 当 $0\leqslant x<1$ 时,

$$g(x)=\int_0^x f(u)\mathrm{d}u=\int_0^x \frac{1}{2}(u^2+1)\mathrm{d}u=\frac{1}{6}x^3+\frac{1}{2}x$$

当 $1\leqslant x\leqslant 2$ 时,

$$g(x)=\int_0^x f(u)\mathrm{d}u=\int_0^1 \frac{1}{2}(u^2+1)\mathrm{d}u+\int_1^x \frac{1}{3}(u-1)\mathrm{d}u$$

$$=\frac{2}{3}+\frac{1}{6}(x-1)^2$$

即 $g(x)=\begin{cases}\frac{1}{6}x^3+\frac{1}{2}x, & 0\leqslant x<1,\\ \frac{2}{3}+\frac{1}{6}(x-1)^2, & 1\leqslant x\leqslant 2.\end{cases}$

$$\lim_{x\to 1^-} g(x) = \lim_{x\to 1^-}\left(\frac{1}{6}x^3+\frac{1}{2}x\right)=\frac{2}{3}$$

$$\lim_{x\to 1^+} g(x) = \lim_{x\to 1^+}\left[\frac{2}{3}+\frac{1}{6}(x-1)^2\right]=\frac{2}{3}$$

$$g(1)=\frac{2}{3}$$

则 $g(x)$ 在 $(0,2)$ 内连续.

(方法二) 由于 $f(1-0)=1, f(1+0)=0$,则 $x=1$ 为 $f(x)$ 的可去间断点,则 $f(x)$ 在闭区间 $[0,2]$ 上可积,从而 $g(x)=\int_0^x f(u)\mathrm{d}u$ 在 $[0,2]$ 上连续. 故应选(D).

【评注】 方法二中用到两个基本结论.

(1) 若 $f(x)$ 在 $[a,b]$ 上仅有有限个第一类间断点,则 $f(x)$ 在 $[a,b]$ 上可积;

(2) 若 $f(x)$ 在 $[a,b]$ 上可积,则 $F(x)=\int_a^x f(t)\mathrm{d}t$ 在 $[a,b]$ 上连续.

28 (2002,三题,5 分) 求极限 $\lim\limits_{x\to 0}\dfrac{\int_0^x\left[\int_0^{u^2}\arctan(1+t)\mathrm{d}t\right]\mathrm{d}u}{x(1-\cos x)}$.

解 $$\lim_{x\to 0}\frac{\int_0^x\left[\int_0^{u^2}\arctan(1+t)\mathrm{d}t\right]\mathrm{d}u}{x(1-\cos x)}=\lim_{x\to 0}\frac{\int_0^x\left[\int_0^{u^2}\arctan(1+t)\mathrm{d}t\right]\mathrm{d}u}{\frac{1}{2}x^3}$$

$$=\lim_{x\to 0}\frac{\int_0^{x^2}\arctan(t+1)\mathrm{d}t}{\frac{3}{2}x^2}=\lim_{x\to 0}\frac{\arctan(x^2+1)\cdot(2x)}{3x}$$

$$=\frac{2}{3}\cdot\frac{\pi}{4}=\frac{\pi}{6}$$

29 (2008,18 题,10 分) 设 $f(x)$ 是周期为 2 的连续函数.

(Ⅰ) 证明对任意的实数 t,有 $\int_t^{t+2} f(x)\mathrm{d}x=\int_0^2 f(x)\mathrm{d}x$;

(Ⅱ) 证明 $G(x)=\int_0^x\left[2f(t)-\int_t^{t+2} f(s)\mathrm{d}s\right]\mathrm{d}t$ 是周期为 2 的周期函数.

证明 (Ⅰ) 利用 $f(x)$ 是周期为 2 的连续函数知 $F(t)=\int_t^{t+2} f(x)\mathrm{d}x$ 在区间 $(-\infty,+\infty)$ 内可导,且 $F'(t)=f(t+2)-f(t)\equiv 0$ 在 $(-\infty,+\infty)$ 内成立. 这表明 $F(t)$ 的取值恒等于一个常数,由于 $F(0)=\int_0^2 f(x)\mathrm{d}x$,故对任何实数 t 都有

$$\int_t^{t+2} f(x)\mathrm{d}x=F(t)=F(0)=\int_0^2 f(x)\mathrm{d}x$$

(Ⅱ) 要证明 $G(x)$ 是周期为 2 的周期函数,就是要证明对任何 x 都有 $G(x+2)-G(x)=0$. 利用(Ⅰ) 中已经证明的结论即得

$$G(x+2)-G(x)=\int_0^{x+2}\left[2f(t)-\int_t^{t+2} f(s)\mathrm{d}s\right]\mathrm{d}t-\int_0^x\left[2f(t)-\int_t^{t+2} f(s)\mathrm{d}s\right]\mathrm{d}t$$

$$=\int_x^{x+2}\left[2f(t)-\int_t^{t+2} f(s)\mathrm{d}s\right]\mathrm{d}t=2\int_x^{x+2} f(t)\mathrm{d}t-\int_x^{x+2}\left[\int_t^{t+2} f(s)\mathrm{d}s\right]\mathrm{d}t$$

$$= 2\int_x^{x+2} f(t)\mathrm{d}t - \int_x^{x+2}\left[\int_0^2 f(s)\mathrm{d}s\right]\mathrm{d}t = 2\int_x^{x+2} f(t)\mathrm{d}t - \int_0^2 f(s)\mathrm{d}s\int_x^{x+2}\mathrm{d}t$$

$$= 2\int_x^{x+2} f(t)\mathrm{d}t - 2\int_0^2 f(s)\mathrm{d}s = 2\int_0^2 f(t)\mathrm{d}t - 2\int_0^2 f(s)\mathrm{d}s = 0.$$

【评注】 也可以用定积分的性质与换元法来证明(Ⅰ)，这时不必利用 $f(x)$ 的连续性而只需设函数 $f(x)$ 以 2 为周期且在任何长度为 2 的区间 $[t,t+2]$ 上可积. 证明过程如下：

利用定积分的性质可得

$$\int_t^{t+2} f(x)\mathrm{d}x - \int_0^2 f(x)\mathrm{d}x = \int_t^2 f(x)\mathrm{d}x + \int_2^{t+2} f(x)\mathrm{d}x - \int_0^t f(x)\mathrm{d}x - \int_t^2 f(x)\mathrm{d}x$$

$$= \int_2^{t+2} f(x)\mathrm{d}x - \int_0^t f(x)\mathrm{d}x. \quad (*)$$

在(*)式右端第一个积分中令 $x=u+2$ 作换元，则 $x:2\to t+2 \Leftrightarrow u:0\to t$，且 $\mathrm{d}x=\mathrm{d}u$，利用函数 $f(x)$ 的周期性即得

$$\int_2^{t+2} f(x)\mathrm{d}x = \int_0^t f(u+2)\mathrm{d}u = \int_0^t f(u)\mathrm{d}u = \int_0^t f(x)\mathrm{d}x$$

把所得结果代入(*)式知对任意的实数 t 有

$$\int_t^{t+2} f(x)\mathrm{d}x - \int_0^2 f(x)\mathrm{d}x = 0 \Leftrightarrow \int_t^{t+2} f(x)\mathrm{d}x = \int_0^2 f(x)\mathrm{d}x$$

五、与定积分有关的证明题

30 (1995，八题，6 分) 设 $f(x)$、$g(x)$ 在区间 $[-a,a]$ $(a>0)$ 上连续，$g(x)$ 为偶函数，且 $f(x)$ 满足条件 $f(x)+f(-x)=A$ (A 为常数).

(1) 证明 $\int_{-a}^a f(x)g(x)\mathrm{d}x = A\int_0^a g(x)\mathrm{d}x$；

(2) 利用(1)的结论计算定积分 $\int_{-\frac{\pi}{2}}^{\frac{\pi}{2}} |\sin x| \arctan \mathrm{e}^x \mathrm{d}x$.

证明 (1) $\int_{-a}^a f(x)g(x)\mathrm{d}x = \int_{-a}^0 f(x)g(x)\mathrm{d}x + \int_0^a f(x)g(x)\mathrm{d}x$

$$\int_{-a}^0 f(x)g(x)\mathrm{d}x \xlongequal{x=-t} -\int_a^0 f(-t)g(-t)\mathrm{d}t = \int_0^a f(-x)g(x)\mathrm{d}x$$

于是

$$\int_{-a}^a f(x)g(x)\mathrm{d}x = \int_0^a f(-x)g(x)\mathrm{d}x + \int_0^a f(x)g(x)\mathrm{d}x$$

$$= \int_0^a [f(-x)+f(x)]g(x)\mathrm{d}x$$

$$= A\int_0^a g(x)\mathrm{d}x$$

(2) 取 $f(x)=\arctan \mathrm{e}^x$，$g(x)=|\sin x|$，$a=\frac{\pi}{2}$，则 $f(x)$，$g(x)$ 在 $\left[-\frac{\pi}{2},\frac{\pi}{2}\right]$ 上连续. $g(x)$ 为偶函数，于是

$$(\arctan \mathrm{e}^x + \arctan \mathrm{e}^{-x})' = \frac{\mathrm{e}^x}{1+\mathrm{e}^{2x}} + \frac{-\mathrm{e}^{-x}}{1+\mathrm{e}^{-2x}} = \frac{\mathrm{e}^x}{1+\mathrm{e}^{2x}} + \frac{-\mathrm{e}^x}{\mathrm{e}^{2x}+1} = 0$$

则

$$\arctan \mathrm{e}^x + \arctan \mathrm{e}^{-x} = A$$

令 $x=0$ 得 $2\arctan 1 = A$，故 $A=\frac{\pi}{2}$.

即 $f(x)+f(-x)=\dfrac{\pi}{2}$,

于是有 $\displaystyle\int_{-\frac{\pi}{2}}^{\frac{\pi}{2}}|\sin x|\arctan e^x\mathrm{d}x=\frac{\pi}{2}\int_0^{\frac{\pi}{2}}|\sin x|\mathrm{d}x=\frac{\pi}{2}$.

31（2000，八题，6 分）设函数 $f(x)$ 在$[0,\pi]$上连续，且 $\int_0^\pi f(x)\mathrm{d}x=0$，$\int_0^\pi f(x)\cos x\mathrm{d}x=0$. 试证：在$(0,\pi)$内至少存在两个不同的点 ξ_1、ξ_2，使 $f(\xi_1)=f(\xi_2)=0$.

证明（方法一）　令 $F(x)=\int_0^x f(t)\mathrm{d}t$，$0\leqslant x\leqslant\pi$.

则有 $F(0)=0$，$F(\pi)=0$. 又因为

$$\begin{aligned}0&=\int_0^\pi f(x)\cos x\mathrm{d}x=\int_0^\pi\cos x\mathrm{d}F(x)\\&=F(x)\cos x\Big|_0^\pi+\int_0^\pi F(x)\sin x\mathrm{d}x\\&=\int_0^\pi F(x)\sin x\mathrm{d}x\\&=\pi F(\xi)\sin\xi.\quad(0<\xi<\pi)\end{aligned}$$

又 $\sin\xi\neq 0$，则 $F(\xi)=0$.

由此可得
$$F(0)=F(\xi)=F(\pi)=0\quad(0<\xi<\pi)$$

再对 $F(x)$ 在$[0,\xi]$，$[\xi,\pi]$上用罗尔定理知，至少存在 $\xi_1\in(0,\xi)$，$\xi_2\in(\xi,\pi)$，使
$$F'(\xi_1)=F'(\xi_2)=0$$

即
$$f(\xi_1)=f(\xi_2)=0$$

（方法二）　由积分中值定理知
$$0=\int_0^\pi f(x)\mathrm{d}x=\pi f(\xi_1)\quad(0<\xi_1<\pi)$$

则 $f(\xi_1)=0$.

若在$(0,\pi)$内 $f(x)=0$ 仅有一个实根 $x=\xi_1$，则由 $\int_0^\pi f(x)\mathrm{d}x=0$ 可知，$f(x)$ 在$(0,\xi_1)$与(ξ_1,π)异号. 不妨设在$(0,\xi_1)$内 $f(x)>0$，在(ξ_1,π)内 $f(x)<0$，于是再由 $\int_0^\pi f(x)\cos x\mathrm{d}x=0$ 及 $\cos x$ 在$[0,\pi]$上的单调性知

$$\begin{aligned}0&=\int_0^\pi f(x)[\cos x-\cos\xi_1]\mathrm{d}x\\&=\int_0^{\xi_1}f(x)[\cos x-\cos\xi_1]\mathrm{d}x+\int_{\xi_1}^\pi f(x)[\cos x-\cos\xi_1]\mathrm{d}x\end{aligned}$$

由于这里 $\int_0^{\xi_1}f(x)[\cos x-\cos\xi_1]\mathrm{d}x>0$，$\int_{\xi_1}^\pi f(x)[\cos x-\cos\xi_1]\mathrm{d}x>0$. 上式左、右两端矛盾，从而可知，在$(0,\pi)$内除 ξ_1 外，$f(x)=0$ 至少还有另一实根 ξ_2. 故知存在 ξ_1，$\xi_2\in(0,\pi)$，且 $\xi_1\neq\xi_2$，使 $f(\xi_1)=f(\xi_2)=0$.

32（2002，八题，6 分）设函数 $f(x)$，$g(x)$ 在$[a,b]$上连续，且 $g(x)>0$. 利用闭区间上连续函数性质，证明存在一点 $\xi\in[a,b]$，使
$$\int_a^b f(x)g(x)\mathrm{d}x=f(\xi)\int_a^b g(x)\mathrm{d}x$$

证明　因为 $f(x)$，$g(x)$ 在$[a,b]$上连续，且 $g(x)>0$，由最值定理知，$f(x)$ 在$[a,b]$上有最大值 M 和最小值 m，即
$$m\leqslant f(x)\leqslant M$$

故
$$mg(x)\leqslant f(x)g(x)\leqslant Mg(x)$$
所以
$$\int_a^b mg(x)\mathrm{d}x\leqslant\int_a^b f(x)g(x)\mathrm{d}x\leqslant\int_a^b Mg(x)\mathrm{d}x$$
即
$$m\leqslant\frac{\int_a^b f(x)g(x)\mathrm{d}x}{\int_a^b g(x)\mathrm{d}x}\leqslant M$$
由介值定理知，存在 $\xi\in[a,b]$，使
$$f(\xi)=\frac{\int_a^b f(x)g(x)\mathrm{d}x}{\int_a^b g(x)\mathrm{d}x}$$
即
$$\int_a^b f(x)g(x)\mathrm{d}x=f(\xi)\int_a^b g(x)\mathrm{d}x$$

33（2004，17 题，8 分）设 $f(x),g(x)$ 在 $[a,b]$ 上连续，且满足
$$\int_a^x f(t)\mathrm{d}t\geqslant\int_a^x g(t)\mathrm{d}t,x\in[a,b),\int_a^b f(t)\mathrm{d}t=\int_a^b g(t)\mathrm{d}t$$
证明：$\int_a^b xf(x)\mathrm{d}x\leqslant\int_a^b xg(x)\mathrm{d}x$.

证明 令 $F(x)=f(x)-g(x),G(x)=\int_a^x F(t)\mathrm{d}t$.

由题设可知，$G(x)\geqslant 0,x\in[a,b]$，
$$G(a)=G(b)=0,G'(x)=F(x)$$
从而
$$\int_a^b xF(x)\mathrm{d}x=\int_a^b x\mathrm{d}G(x)=xG(x)\Big|_a^b-\int_a^b G(x)\mathrm{d}x=-\int_a^b G(x)\mathrm{d}x$$
由于 $G(x)\geqslant 0,x\in[a,b]$，故有
$$-\int_a^b G(x)\mathrm{d}x\leqslant 0$$
即
$$\int_a^b xF(x)\mathrm{d}x\leqslant 0$$
因此
$$\int_a^b xf(x)\mathrm{d}x\leqslant\int_a^b xg(x)\mathrm{d}x$$

34（2005，19 题，8 分）设 $f(x),g(x)$ 在 $[0,1]$ 上的导数连续，且 $f(0)=0,f'(x)\geqslant 0$，$g'(x)\geqslant 0$. 证明：对任意 $a\in[0,1]$，有
$$\int_0^a g(x)f'(x)\mathrm{d}x+\int_0^1 f(x)g'(x)\mathrm{d}x\geqslant f(a)g(1)$$

分析 本题是一个积分不等式问题. 有一种常用的思路是将积分上限换成 x，从而将问题转化为证明函数不等式；另一种思路是左端两个积分中出现了导函数 $f'(x)$ 和 $g'(x)$，因此，可考虑分部积分法.

解（方法一） 令
$$F(x)=\int_0^x g(t)f'(t)\mathrm{d}t+\int_0^1 f(t)g'(t)\mathrm{d}t-f(x)g(1),x\in[0,1]$$
则 $F(x)$ 在 $[0,1]$ 上可导，且
$$F'(x)=g(x)f'(x)-f'(x)g(1)=f'(x)[g(x)-g(1)]$$
由于当 $x\in[0,1]$ 时，$f'(x)\geqslant 0,g'(x)\geqslant 0$，所以
$$F'(x)\leqslant 0$$
即 $F(x)$ 在 $[0,1]$ 上单调减少.

又

$$\begin{aligned}F(1)&=\int_0^1 g(x)f'(x)\mathrm{d}x+\int_0^1 f(x)g'(x)\mathrm{d}x-f(1)g(1)\\&=\int_0^1[f'(x)g(x)+f(x)g'(x)]\mathrm{d}x-f(1)g(1)\\&=f(x)g(x)\Big|_0^1-f(1)g(1)=0.\end{aligned}$$

因此，当 $x\in[0,1]$ 时，$F(x)\geqslant 0$. 由此可得对任何 $a\in[0,1]$，有

$$\int_0^a g(x)f'(x)\mathrm{d}x+\int_0^1 f(x)g'(x)\mathrm{d}x\geqslant f(a)g(1)$$

（方法二） $\int_0^a g(x)f'(x)\mathrm{d}x+\int_0^1 f(x)g'(x)\mathrm{d}x$

$$\begin{aligned}&=\int_0^a g(x)f'(x)\mathrm{d}x+\int_0^a f(x)g'(x)\mathrm{d}x+\int_a^1 f(x)g'(x)\mathrm{d}x\\&=\int_0^a[f'(x)g(x)+f(x)g'(x)]\mathrm{d}x+\int_a^1 f(x)g'(x)\mathrm{d}x\\&=f(x)g(x)\Big|_0^a+\int_a^1 f(x)g'(x)\mathrm{d}x\\&=f(a)g(a)+\int_a^1 f(x)g'(x)\mathrm{d}x,\end{aligned}$$

又由 $f(0)=0,f'(x)\geqslant 0,g'(x)\geqslant 0$，则

$$\begin{aligned}\int_a^1 f(x)g'(x)\mathrm{d}x&\geqslant\int_a^1 f(a)g'(x)\mathrm{d}x=f(a)\int_a^1 g'(x)\mathrm{d}x\\&=f(a)[g(1)-g(a)],\end{aligned}$$

则 $\int_0^a g(x)f'(x)\mathrm{d}x+\int_0^1 f(x)g'(x)\mathrm{d}x\geqslant f(a)g(a)+f(a)[g(1)-g(a)]$

$$=f(a)g(1).$$

（方法三） $\int_0^a g(x)f'(x)\mathrm{d}x+\int_0^1 f(x)g'(x)\mathrm{d}x$

$$\begin{aligned}&=\int_0^a g(x)\mathrm{d}f(x)+\int_0^1 f(x)g'(x)\mathrm{d}x\\&=g(x)f(x)\Big|_0^a-\int_0^a f(x)g'(x)\mathrm{d}x+\int_0^1 f(x)g'(x)\mathrm{d}x\\&=g(a)f(a)+\int_a^1 f(x)g'(x)\mathrm{d}x\\&\geqslant g(a)f(a)+\int_a^1 f(a)g'(x)\mathrm{d}x\text{（由于 }f(0)=0,f'(x)\geqslant 0,g'(x)\geqslant 0\text{）}\\&=g(a)f(a)+f(a)\int_a^1 g'(x)\mathrm{d}x\\&=g(a)f(a)+f(a)[g(1)-g(a)]\\&=f(a)g(1).\end{aligned}$$

六、反常积分的计算与敛散性

35（1987，二(3)题，2分）下列广义积分收敛的是

(A) $\int_e^{+\infty}\frac{\ln x}{x}\mathrm{d}x$.　(B) $\int_e^{+\infty}\frac{\mathrm{d}x}{x\ln x}$.　(C) $\int_e^{+\infty}\frac{\mathrm{d}x}{x(\ln x)^2}$.　(D) $\int_e^{+\infty}\frac{\mathrm{d}x}{x\sqrt{\ln x}}$.

答案 C.

解析 由于$\int_{e}^{+\infty}\frac{dx}{x(\ln x)^2}=\int_{e}^{+\infty}\frac{1}{\ln^2 x}d\ln x=-\frac{1}{\ln x}\Big|_{e}^{+\infty}=1$，

则$\int_{e}^{+\infty}\frac{dx}{x(\ln x)^2}$收敛，故应选(C).

36（1993，四题，7 分）已知$\lim\limits_{x\to+\infty}\left(\frac{x-a}{x+a}\right)^x=\int_{a}^{+\infty}4x^2e^{-2x}dx$，求常数 a 的值.

解 $\lim\limits_{x\to\infty}\left(\frac{x-a}{x+a}\right)^x=\lim\limits_{x\to\infty}\left(1+\frac{-2a}{x+a}\right)^x=e^{-2a}$

$$\begin{aligned}\int_{a}^{+\infty}4x^2e^{-2x}dx&=-2\int_{a}^{+\infty}x^2de^{-2x}\\&=-2x^2e^{-2x}\Big|_{a}^{+\infty}+4\int_{a}^{+\infty}xe^{-2x}dx\\&=2a^2e^{-2a}-2\int_{a}^{+\infty}xde^{-2x}\\&=2a^2e^{-2a}-2xe^{-2x}\Big|_{a}^{+\infty}+2\int_{a}^{+\infty}e^{-2x}dx\\&=2a^2e^{-2a}+2ae^{-2a}-e^{-2x}\Big|_{a}^{+\infty}\\&=2a^2e^{-2a}+2ae^{-2a}+e^{-2a}\end{aligned}$$

于是，由 $e^{-2a}=2a^2e^{-2a}+2ae^{-2a}+e^{-2a}$ 得 $a=0$ 或 $a=-1$.

37（1995，二(2) 题，3 分）下列广义积分发散的是

(A)$\int_{-1}^{1}\frac{dx}{\sin x}$.　　(B)$\int_{-1}^{1}\frac{dx}{\sqrt{1-x^2}}$.　　(C)$\int_{0}^{+\infty}e^{-x^2}dx$.　　(D)$\int_{2}^{+\infty}\frac{dx}{x\ln^2 x}$.

答案 A.

解析（方法一）　由于$\int_{0}^{1}\frac{1}{\sin x}dx=\lim\limits_{\varepsilon\to0^+}[\ln(\csc x-\cot x)]\Big|_{\varepsilon}^{1}=\infty$，

则$\int_{0}^{1}\frac{dx}{\sin x}$发散，故$\int_{-1}^{1}\frac{dx}{\sin x}$发散.

（方法二）　由于当 $x\to0^+$，$\sin x\sim x$，

则$\int_{0}^{1}\frac{1}{\sin x}dx$与$\int_{0}^{1}\frac{1}{x}dx$同敛散，而$\int_{0}^{1}\frac{1}{x}dx$发散，则$\int_{0}^{1}\frac{1}{\sin x}dx$发散.

【评注】　方法二中用到一个常用结论：反常积分$\int_{a}^{b}\frac{dx}{(x-a)^p}$，当 $p<1$ 时收敛，当 $p\geq1$ 时发散.

38（1996，五题，6 分）计算$\int_{0}^{+\infty}\frac{xe^{-x}}{(1+e^{-x})^2}dx$.

解
$$\begin{aligned}\int_{0}^{+\infty}\frac{xe^{-x}}{(1+e^{-x})^2}dx&=\int_{0}^{+\infty}\frac{xe^{x}}{(1+e^{x})^2}dx=-\int_{0}^{+\infty}xd\frac{1}{1+e^x}\\&=-\frac{x}{1+e^x}\Big|_{0}^{+\infty}+\int_{0}^{+\infty}\frac{dx}{1+e^x}=\int_{0}^{+\infty}\frac{dx}{1+e^x}\\&=\int_{0}^{+\infty}\frac{e^{-x}}{1+e^{-x}}dx=-\int_{0}^{+\infty}\frac{1}{1+e^{-x}}d(1+e^{-x})\\&=-\ln(1+e^{-x})\Big|_{0}^{+\infty}=\ln 2\end{aligned}$$

39 (2000,一(2)题,3分) $\int_1^{+\infty}\frac{dx}{e^x+e^{2-x}}=$ ________.

答案 $\frac{\pi}{4e}$.

解析 $\int_1^{+\infty}\frac{dx}{e^x+e^{2-x}}=\int_1^{+\infty}\frac{e^x dx}{e^{2x}+e^2}=\int_1^{+\infty}\frac{de^x}{e^2+e^{2x}}$

$$=\frac{1}{e}\arctan\frac{e^x}{e}\Big|_1^{+\infty}=\frac{1}{e}\left[\frac{\pi}{2}-\frac{\pi}{4}\right]=\frac{\pi}{4e}$$

七、定积分应用

40 (1987,四题,10分) 考虑函数 $y=\sin x, 0\leqslant x\leqslant\frac{\pi}{2}$. 问:

(1) t 取何值时,右图中阴影部分的面积 S_1 与 S_2 之和 $S=S_1+S_2$ 最小?

(2) t 取何值时,面积 $S=S_1+S_2$ 最大?

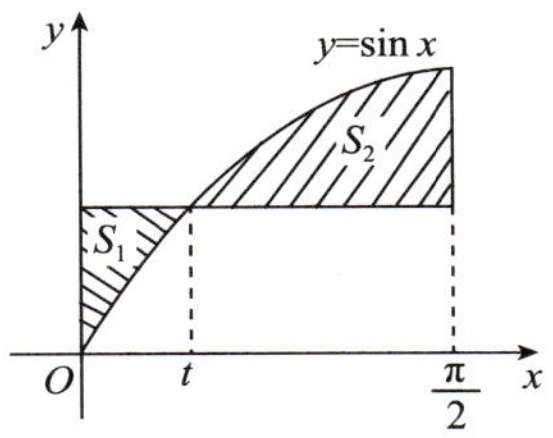

解 $S_1=t\sin t-\int_0^t\sin x dx=t\sin t+\cos t-1$

$S_2=\int_t^{\frac{\pi}{2}}\sin x dx-\left(\frac{\pi}{2}-t\right)\sin t=\cos t-\left(\frac{\pi}{2}-t\right)\sin t$

$S=S(t)=S_1+S_2=2\left(t-\frac{\pi}{4}\right)\sin t+2\cos t-1, 0\leqslant t\leqslant\frac{\pi}{2}$

$S'=2\left(t-\frac{\pi}{4}\right)\cos t$

令 $S'=2\left(t-\frac{\pi}{4}\right)\cos t=0$,在 $\left(0,\frac{\pi}{2}\right)$ 内得 $t=\frac{\pi}{4}$,有

$$S\left(\frac{\pi}{4}\right)=\sqrt{2}-1$$

其次,$S=S(t)$ 在区间 $\left[0,\frac{\pi}{2}\right]$ 两端点处的值为

$$S(0)=1, S\left(\frac{\pi}{2}\right)=\frac{\pi}{2}-1$$

由此可见,当 $t=\frac{\pi}{4}$ 时,面积 $S=S_1+S_2$ 最小;当 $t=0$ 时,面积 $S=S_1+S_2$ 最大.

41 (1988,六题,8分) 在曲线 $y=x^2(x\geqslant 0)$ 上某点 A 处作一切线,使之与曲线以及 x 轴所围图形的面积为 $\frac{1}{12}$,试求:

(1) 切点 A 的坐标;

(2) 过切点 A 的切线方程;

(3) 由上述所围平面图形绕 x 轴旋转一周所成旋转体的体积.

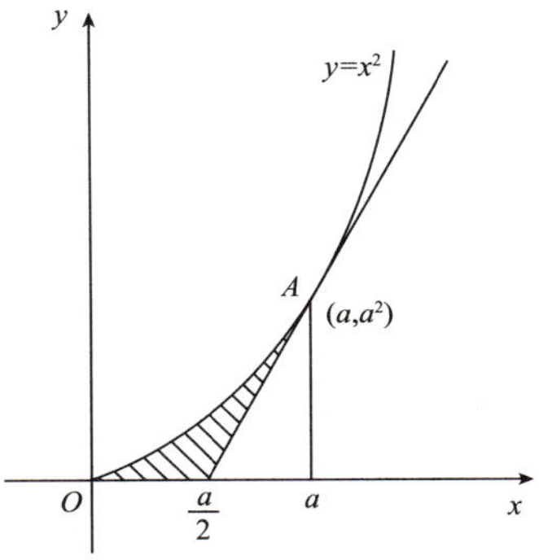

解 如右图,设切点 A 为 (a,a^2),则过 A 点的切线斜率为 $y'\big|_{x=a}=2a$,切线方程为

$$y-a^2=2a(x-a)$$

即 $y=2ax-a^2$.

由此可见，切线与 x 轴的交点为 $\left(\frac{a}{2},0\right)$，曲线与 x 轴及切线所围图形面积为

$$S=\int_0^a x^2\mathrm{d}x-\frac{a^3}{4}=\frac{a^3}{3}-\frac{a^3}{4}=\frac{a^3}{12}$$

由题设 $S=\frac{1}{12}$ 知，$a=1$.

于是切点 A 为(1,1)，过切点的切线方程为

$$y=2x-1$$

所求旋转体体积为

$$V=\pi\int_0^1(x^2)^2\mathrm{d}x-\frac{1}{3}\pi(1^2)^2\left(1-\frac{1}{2}\right)=\frac{\pi}{5}-\frac{\pi}{6}=\frac{\pi}{30}$$

42（1990，一(3)题，3分）曲线 $y=x^2$ 与直线 $y=x+2$ 所围成平面图形的面积为________.

答案 $4\frac{1}{2}$.

解析 由 $x^2=x+2$ 知，$x_1=-1$，$x_2=2$，则所求面积为

$$S=\int_{-1}^2(x+2-x^2)\mathrm{d}x=4\frac{1}{2}$$

43（1991，六题，5分）假设曲线 L_1：$y=1-x^2(0\leqslant x\leqslant 1)$、$x$ 轴和 y 轴所围区域被曲线L_2：$y=ax^2$ 分为面积相等的两部分（如图），其中 a 是大于零的常数，试确定 a 的值.

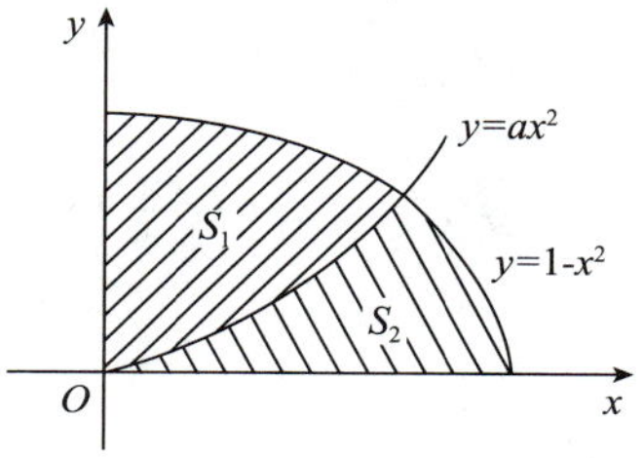

解 $y=1-x^2(0\leqslant x\leqslant 1)$ 与 $y=ax^2$ 联立求解，得

$$x=\frac{1}{\sqrt{1+a}},y=\frac{a}{1+a}$$

则 $S_1=\int_0^{\frac{1}{\sqrt{1+a}}}[1-x^2-ax^2]\mathrm{d}x$

$$=\left(x-\frac{(1+a)}{3}x^3\right)\Big|_0^{\frac{1}{\sqrt{1+a}}}=\frac{2}{3\sqrt{1+a}}$$

$$2S_1=S_1+S_2=\int_0^1(1-x^2)\mathrm{d}x=\frac{2}{3}$$

从而 $S_1=\frac{1}{3}$，因此$\frac{2}{3\sqrt{1+a}}=\frac{1}{3}$，于是 $a=3$.

44（1992，八题，9分）设曲线方程为 $y=\mathrm{e}^{-x}(x\geqslant 0)$.

(1) 把曲线 $y=\mathrm{e}^{-x}$，x 轴，y 轴和直线 $x=\xi(\xi>0)$ 所围平面图形绕 x 轴旋转一周，得一旋转体，求此旋转体体积 $V(\xi)$；求满足 $V(a)=\frac{1}{2}\lim\limits_{\xi\to+\infty}V(\xi)$ 的 a.

(2) 在此曲线上找一点，使过该点的切线与两个坐标轴所夹平面图形的面积最大，并求出该面积.

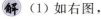

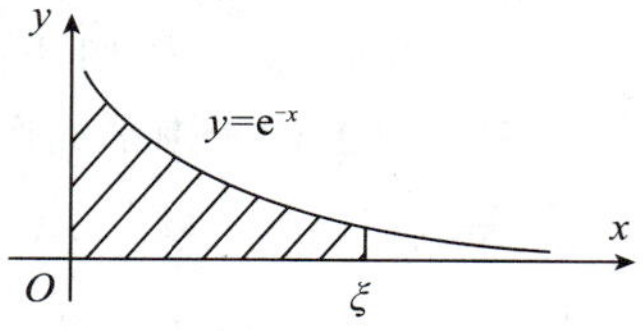

解 (1) 如右图，

$$V(\xi)=\pi\int_0^\xi y^2\mathrm{d}x=\pi\int_0^\xi \mathrm{e}^{-2x}\mathrm{d}x=\frac{\pi}{2}(1-\mathrm{e}^{-2\xi})$$

$$V(a)=\frac{\pi}{2}(1-e^{-2a})$$

$$\lim_{\xi\to+\infty}V(\xi)=\frac{\pi}{2}$$

由$\frac{\pi}{2}(1-e^{-2a})=\frac{\pi}{4}$解得 $a=\frac{1}{2}\ln 2$.

(2) 设切点为(a,e^{-a}),则切线方程为

$$y-e^{-a}=-e^{-a}(x-a)$$

令 $x=0$,得 $y=(1+a)e^{-a}$. 令 $y=0$,得 $x=1+a$.
故切线与坐标轴所夹面积为

$$S(a)=\frac{1}{2}(1+a)^2e^{-a}$$

则 $S'(a)=(1+a)e^{-a}-\frac{1}{2}(1+a)^2e^{-a}=\frac{1}{2}(1-a^2)e^{-a}$.

令 $S'(a)=0$,得 $a_1=1,a_2=-1$(舍去).

由于当 $a<1$ 时,$S'(a)>0$;当 $a>1$ 时,$S'(a)<0$. 故当 $a=1$ 时,面积 $S(a)$ 取极大值,即最大值,所求切点为$(1,e^{-1})$,最大面积为 $S=2e^{-1}$.

45 (1994,七题,8 分) 已知曲线 $y=a\sqrt{x}(a>0)$ 与曲线 $y=\ln\sqrt{x}$ 在点(x_0,y_0)处有公共切线,求

(1) 常数 a 及切点(x_0,y_0);

(2) 两曲线与 x 轴围成的平面图形绕 x 轴旋转所得旋转体的体积 V_x.

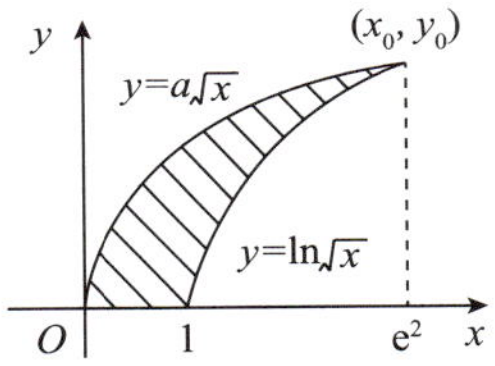

解 (1) 设两曲线在点(x_0,y_0)处有公共切点,则

$$\begin{cases}a\sqrt{x_0}=\ln\sqrt{x_0}\\ \dfrac{a}{2\sqrt{x_0}}=\dfrac{1}{2x_0}\end{cases}$$

由此解得 $x_0=e^2,a=\frac{1}{e}$,切点为$(e^2,1)$.

(2) 所求旋转体体积为

$$\begin{aligned}V_x&=\pi\int_0^{e^2}\left(\frac{1}{e}\sqrt{x}\right)^2dx-\pi\int_1^{e^2}(\ln\sqrt{x})^2dx\\&=\frac{\pi x^2}{2e^2}\Big|_0^{e^2}-\frac{\pi}{4}\left[x\ln^2x\Big|_1^{e^2}-2\int_1^{e^2}\ln x\,dx\right]\\&=\frac{1}{2}\pi e^2-\frac{\pi}{4}\left[4e^2-2x\ln x\Big|_1^{e^2}-2\int_1^{e^2}dx\right]\\&=\frac{\pi}{2}\end{aligned}$$

46 (2001,六题,7 分) 已知抛物线 $y=px^2+qx$(其中 $p<0,q>0$)在第一象限内与直线$x+y=5$ 相切,且此抛物线与 x 轴所围成的平面图形的面积为 S.

(1) 问 p 和 q 为何值时,S 达到最大值?(2) 求出此最大值.

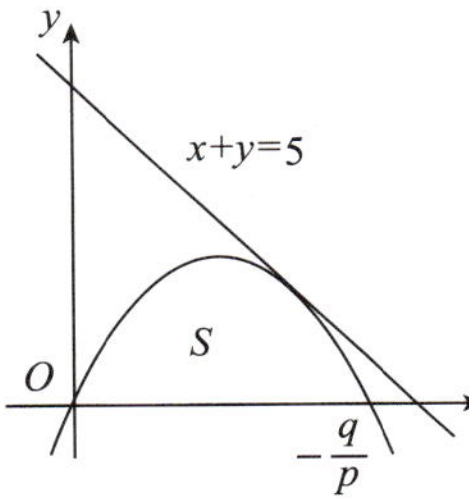

解 由题设知,抛物线如右图所示,它与 x 轴交点的横坐标为

$$x_1=0,x_2=-\frac{q}{p}$$

面积 $$S=\int_0^{-\frac{q}{p}}(px^2+qx)\mathrm{d}x=\frac{q^3}{6p^2}$$

因直线 $x+y=5$ 与抛物线 $y=px^2+qx$ 相切，故它们有唯一公共点，由方程组

$$\begin{cases}x+y=5,\\ y=px^2+qx\end{cases}$$

得 $px^2+(q+1)x-5=0$，其判别式必等于零，即

$$\Delta=(q+1)^2+20p=0,p=-\frac{1}{20}(1+q)^2$$

则 $S(q)=\dfrac{200q^3}{3(q+1)^4}$.

令 $S'(q)=\dfrac{200q^2(3-q)}{3(q+1)^5}=0$，得驻点 $q=3$，当 $0<q<3$ 时，$S'(q)>0$. 当 $q>3$ 时，$S'(q)<0$，于是 $q=3$ 时，$S(q)$ 取极大值，即最大值.

此时，$p=-\dfrac{4}{5}$，从而最大值 $S=\dfrac{225}{32}$.

47 (2002，六题，7 分) 设 D_1 是由抛物线 $y=2x^2$ 和直线 $x=a,x=2$ 及 $y=0$ 所围成的平面区域；D_2 是由抛物线 $y=2x^2$ 和直线 $y=0,x=a$ 所围成的平面区域，其中 $0<a<2$.

(1) 试求 D_1 绕 x 轴旋转而成的旋转体体积 V_1；D_2 绕 y 轴旋转而成的旋转体体积 V_2；

(2) 问当 a 为何值时，V_1+V_2 取得最大值？试求此最大值.

解 (1) 由题设知

$$V_1=\pi\int_a^2(2x^2)^2\mathrm{d}x=\frac{4\pi}{5}(32-a^5)$$

$$V_2=\pi a^2\cdot 2a^2-\pi\int_0^{2a^2}\frac{y}{2}\mathrm{d}y$$
$$=2\pi a^4-\pi a^4=\pi a^4$$

(2) 设 $V=V_1+V_2=\dfrac{4}{5}\pi(32-a^5)+\pi a^4$，由 $V'=4\pi a^3(1-a)=0$，得区间 $(0,2)$ 内唯一驻点 $a=1$. 当 $0<a<1$ 时，$V'>0$；当 $a>1$ 时，$V'<0$. 因此，$a=1$ 是极大值点，即最大值点.

此时，V_1+V_2 取最大值 $\dfrac{129}{5}\pi$.

读书之法无他，惟是笃志虚心，反复详玩，为有功耳。

——朱熹

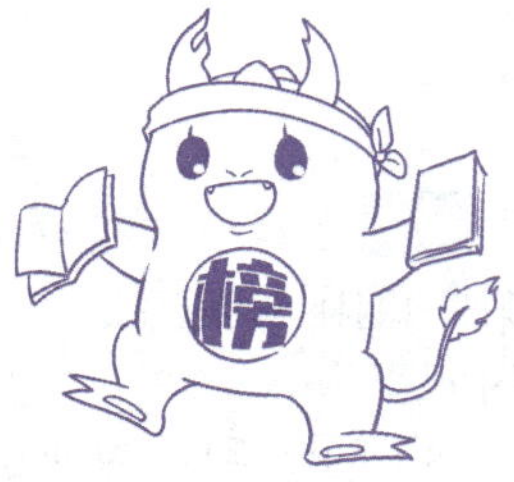

第四章　多元函数微分学

本章导读

本章主要研究二元函数的偏导数、全微分等概念，要掌握它们的各种计算方法以及它们的应用.一元函数中的许多结论可以推广到二元函数中来，但有些结论是不成立的.二元函数微分学要比一元函数的微分学复杂得多，我们要掌握它们的共同规律，踏踏实实地做一些题目，一定会收到预期的效果.

试题特点

本章每年命题一般是一个大题、一个小题，分值约占 8%，主要考查复合函数求偏导数及多元函数的极值，难度不是很大.考生一定要熟练掌握复合函数求偏导数的公式，特别要注意抽象函数求高阶偏导数的题目，以及复合函数求偏导数的方法在隐函数求偏导中的应用.同时，多元函数微分学在几何中的应用和求函数的极值、最值也是考研数学的一个重点.

考题详析

一、基本概念及性质

1 (2006，15 题，7 分) 设 $f(x,y)=\dfrac{y}{1+xy}-\dfrac{1-y\sin\dfrac{\pi x}{y}}{\arctan x}$，$x>0,y>0$，求

(Ⅰ) $g(x)=\lim\limits_{y\to+\infty}f(x,y)$；

(Ⅱ) $\lim\limits_{x\to0^+}g(x)$.

分析 第(Ⅰ)问求极限时注意将 x 作为常量求解，此问中含 $\dfrac{\infty}{\infty}$，$0\cdot\infty$ 型未定式极限；第(Ⅱ)问需利用第(Ⅰ)问的结果，含 $\infty-\infty$ 未定式极限.

解 (Ⅰ) $g(x)=\lim\limits_{y\to+\infty}f(x,y)=\lim\limits_{y\to+\infty}\left(\dfrac{y}{1+xy}-\dfrac{1-y\sin\dfrac{\pi x}{y}}{\arctan x}\right)$

$$=\lim_{y\to+\infty}\left(\frac{1}{\dfrac{1}{y}+x}-\frac{1-\dfrac{\sin\dfrac{\pi x}{y}}{\dfrac{1}{y}}}{\arctan x}\right)=\frac{1}{x}-\frac{1-\pi x}{\arctan x}.$$

(Ⅱ) $\lim\limits_{x\to0^+}g(x)=\lim\limits_{x\to0^+}\left(\dfrac{1}{x}-\dfrac{1-\pi x}{\arctan x}\right)=\lim\limits_{x\to0^+}\dfrac{\arctan x-x+\pi x^2}{x\arctan x}$(通分)

$$= \lim_{x\to 0^+} \frac{\arctan x - x + \pi x^2}{x^2} = \lim_{x\to 0^+} \frac{\frac{1}{1+x^2} - 1 + 2\pi x}{2x}$$

$$= \lim_{x\to 0^+} \frac{-x^2 + 2\pi x(1+x^2)}{2x} = \pi.$$

【评注】 本题为基本题型,注意利用洛必达法则求未定式极限时,要充分利用等价无穷小代换,并及时整理极限式,以使求解简化.

2 (2008,3题,4分)已知 $f(x,y) = e^{\sqrt{x^2+y^4}}$,则

(A) $f'_x(0,0)$,$f'_y(0,0)$ 都存在. (B) $f'_x(0,0)$ 不存在,$f'_y(0,0)$ 存在.

(C) $f'_x(0,0)$ 存在,$f'_y(0,0)$ 不存在. (D) $f'_x(0,0)$,$f'_y(0,0)$ 都不存在.

答案 B.

解析
$$f'_x(0,0) = \lim_{\Delta x\to 0} \frac{f(\Delta x,0) - f(0,0)}{\Delta x} = \lim_{\Delta x\to 0} \frac{e^{\sqrt{(\Delta x)^2}} - 1}{\Delta x}$$
$$= \lim_{\Delta x\to 0} \frac{e^{|\Delta x|} - 1}{\Delta x} = \lim_{\Delta x\to 0} \frac{|\Delta x|}{\Delta x},$$

极限不存在,所以偏导数 $f'_x(0,0)$ 不存在.

$$f'_y(0,0) = \lim_{\Delta y\to 0} \frac{f(0,\Delta y) - f(0,0)}{\Delta y} = \lim_{\Delta y\to 0} \frac{e^{\sqrt{(\Delta y)^4}} - 1}{\Delta y}$$
$$= \lim_{\Delta y\to 0} \frac{e^{(\Delta y)^2} - 1}{\Delta y} = \lim_{\Delta y\to 0} \frac{(\Delta y)^2}{\Delta y} = 0$$

偏导数 $f'_y(0,0)$ 存在.

故应选(B).

二、求多元函数的偏导数及全微分

3 (1987,三(3)题,4分)$z = \arctan \dfrac{x+y}{x-y}$,求 dz.

分析 显函数求全微分,可以利用直接求导法或一阶微分形式不变性.

解 (方法一)
$$\frac{\partial z}{\partial x} = \frac{1}{1 + \left(\frac{x+y}{x-y}\right)^2} \frac{-2y}{(x-y)^2} = \frac{-y}{x^2+y^2}$$

$$\frac{\partial z}{\partial y} = \frac{1}{1 + \left(\frac{x+y}{x-y}\right)^2} \frac{2x}{(x-y)^2} = \frac{x}{x^2+y^2}$$

有
$$dz = \frac{\partial z}{\partial x}dx + \frac{\partial z}{\partial y}dy = \frac{-y}{x^2+y^2}dx + \frac{x}{x^2+y^2}dy$$

(方法二) 利用一阶微分形式不变性

$$dz = \frac{1}{1 + \left(\frac{x+y}{x-y}\right)^2} d\left(\frac{x+y}{x-y}\right)$$

$$= \frac{1}{1 + \left(\frac{x+y}{x-y}\right)^2} \frac{(x-y)d(x+y) - (x-y)d(x+y)}{(x-y)^2}$$

$$= \frac{-y}{x^2+y^2}\mathrm{d}x + \frac{x}{x^2+y^2}\mathrm{d}y$$

4 (1988，三(2)题，4分) 已知 $u + \mathrm{e}^u = xy$，求 $\frac{\partial^2 u}{\partial x \partial y}$.

分析 这是一个由方程确定的隐函数求偏导数问题，求一阶偏导数时可以用三种办法：方程两边求偏导、方程两边微分、公式法.

解 在方程 $u + \mathrm{e}^u = xy$ 两边分别对 x，y 求偏导，得

$$\frac{\partial u}{\partial x} + \mathrm{e}^u \frac{\partial u}{\partial x} = y, \frac{\partial u}{\partial y} + \mathrm{e}^u \frac{\partial u}{\partial y} = x$$

解得

$$\frac{\partial u}{\partial x} = \frac{y}{1+\mathrm{e}^u}, \frac{\partial u}{\partial y} = \frac{x}{1+\mathrm{e}^u}$$

因而

$$\frac{\partial^2 z}{\partial x \partial y} = \frac{1+\mathrm{e}^u - y\mathrm{e}^u \frac{\partial u}{\partial y}}{(1+\mathrm{e}^u)^2} = \frac{1+\mathrm{e}^u - y\mathrm{e}^u \frac{x}{1+\mathrm{e}^u}}{(1+\mathrm{e}^u)^2} = \frac{(1+\mathrm{e}^u)^2 - xy\mathrm{e}^u}{(1+\mathrm{e}^u)^3}$$

【评注】 在求多元复合函数偏导数，特别是高阶偏导数时，要注意函数求偏导数后仍为复合函数. 如本题中 f'_u，f'_v 仍是以 u，v 为中间变量，x，y 为自变量的复合函数.

5 (1989，三(2)题，5分) 已知 $z = f(u,v)$，$u = x+y$，$v = xy$，且 $f(u,v)$ 的二阶偏导数都连续，求 $\frac{\partial^2 z}{\partial x \partial y}$.

解 利用复合函数求偏导方法

$$\frac{\partial z}{\partial x} = f'_u \frac{\partial u}{\partial x} + f'_v \frac{\partial v}{\partial x} = f'_u + yf'_v$$

进而

$$\frac{\partial^2 z}{\partial x \partial y} = \frac{\partial(f'_u + yf'_v)}{\partial y} = f''_{uu} + xf''_{uv} + f'_v + y(f''_{vu} + xf''_{vv})$$
$$= f''_{uu} + (x+y)f''_{uv} + f'_v + xyf''_{vv}$$

6 (1991，一(1)题，3分) 设 $z = \mathrm{e}^{\sin(xy)}$，则 $\mathrm{d}z =$ ________.

答案 $\mathrm{e}^{\sin(xy)}\cos(xy)(y\mathrm{d}x + x\mathrm{d}y)$.

解析 可以利用直接求导法或一阶微分形式不变性.

(方法一)　直接求导

$$\frac{\partial z}{\partial x} = y\mathrm{e}^{\sin(xy)}\cos(xy), \frac{\partial z}{\partial y} = x\mathrm{e}^{\sin(xy)}\cos(xy)$$

有 $\mathrm{d}z = \frac{\partial z}{\partial x}\mathrm{d}x + \frac{\partial z}{\partial y}\mathrm{d}y = \mathrm{e}^{\sin(xy)}\cos(xy)(y\mathrm{d}x + x\mathrm{d}y)$.

(方法二)　利用一阶微分形式不变性

$$\mathrm{d}z = \mathrm{e}^{\sin(xy)}\mathrm{d}(\sin(xy)) = \mathrm{e}^{\sin(xy)}\cos(xy)\mathrm{d}(xy)$$
$$= \mathrm{e}^{\sin(xy)}\cos(xy)(y\mathrm{d}x + x\mathrm{d}y)$$

7 (1992，五题，5分) 设 $z = \sin(xy) + \varphi\left(x, \frac{x}{y}\right)$，求 $\frac{\partial^2 z}{\partial x \partial y}$，其中 $\varphi(u,v)$ 有二阶偏导数.

解 利用复合函数求偏导方法

$$\frac{\partial z}{\partial x} = y\cos(xy) + \varphi'_1 + \frac{1}{y}\varphi'_2$$

进而

$$\frac{\partial^2 z}{\partial x \partial y} = \cos(xy) - xy\sin(xy) - \frac{x}{y^2}\varphi''_{12} - \frac{1}{y^2}\varphi'_2 - \frac{x}{y^3}\varphi''_{22}$$

8（1993，三题，5 分）设 $z=f(x,y)$ 是由方程 $z-y-x+xe^{z-y-x}=0$ 所确定的二元函数，求 dz.

分析 利用复合函数求偏导公式或全微分形式不变性.

解（方法一） 利用全微分形式不变性

方程 $z-y-x+xe^{z-y-x}=0$ 两边求微分得

$$dz-dy-dx+e^{z-y-x}dx+xe^{z-y-x}(dz-dy-dx)=0$$

故
$$dz=\frac{1-e^{z-y-x}+xe^{z-y-x}}{1+xe^{z-y-x}}dx+dy$$

（方法二） 利用复合函数求偏导的公式法

$$dz=\frac{\partial z}{\partial x}dx+\frac{\partial z}{\partial y}dy$$

令 $F(x,y,z)=z-y-x+xe^{z-y-x}$，则

$$\frac{\partial z}{\partial x}=-\frac{F'_x}{F'_z}=\frac{1-e^{z-y-x}+xe^{z-y-x}}{1+xe^{z-y-x}},\frac{\partial z}{\partial y}=-\frac{F'_y}{F'_z}=1$$

故
$$dz=\frac{1-e^{z-y-x}+xe^{z-y-x}}{1+xe^{z-y-x}}dx+dy$$

（方法三） $dz=\dfrac{\partial z}{\partial x}dx+\dfrac{\partial z}{\partial y}dy$，

方程 $z-y-x+xe^{z-y-x}=0$ 两边分别对 x,y 求偏导数得

$$\frac{\partial z}{\partial x}-1+e^{z-y-x}+xe^{z-y-x}\left(\frac{\partial z}{\partial x}-1\right)=0,\frac{\partial z}{\partial y}-1+xe^{z-y-x}\left(\frac{\partial z}{\partial y}-1\right)=0$$

得
$$\frac{\partial z}{\partial x}=\frac{1-e^{z-y-x}+xe^{z-y-x}}{1+xe^{z-y-x}},\frac{\partial z}{\partial y}=1$$

故
$$dz=\frac{1-e^{z-y-x}+xe^{z-y-x}}{1+xe^{z-y-x}}dx+dy$$

9（1994，五题，5 分）已知 $f(x,y)=x^2\arctan\dfrac{y}{x}-y^2\arctan\dfrac{x}{y}$，求 $\dfrac{\partial^2 f}{\partial x\partial y}$.

解 利用复合函数的求导方法

$$\frac{\partial f}{\partial x}=2x\arctan\frac{y}{x}+x^2\frac{1}{1+\frac{y^2}{x^2}}\left(-\frac{y}{x^2}\right)-y^2\frac{1}{1+\frac{x^2}{y^2}}\frac{1}{y}=2x\arctan\frac{y}{x}-y$$

进而
$$\frac{\partial^2 f}{\partial x\partial y}=2x\frac{1}{1+\frac{y^2}{x^2}}\frac{1}{x}-1=\frac{x^2-y^2}{x^2+y^2}$$

10（1995，一(2) 题，3 分）设 $z=xyf\left(\dfrac{y}{x}\right)$，$f(u)$ 可导，则 $xz'_x+yz'_y=$ ________.

答案 $2xyf\left(\dfrac{y}{x}\right)$.

解析 用复合函数求偏导的方法得

$$\frac{\partial z}{\partial x}=yf\left(\frac{y}{x}\right)+xyf'\left(\frac{y}{x}\right)\left(-\frac{y}{x^2}\right)$$
$$=yf\left(\frac{y}{x}\right)-\frac{y^2}{x}f'\left(\frac{y}{x}\right)$$
$$\frac{\partial z}{\partial y}=xf\left(\frac{y}{x}\right)+xyf'\left(\frac{y}{x}\right)\left(\frac{1}{x}\right)$$

$$= xf\left(\frac{y}{x}\right) + yf'\left(\frac{y}{x}\right)$$

于是 $xz'_x + yz'_y = xyf\left(\frac{y}{x}\right) - y^2 f'\left(\frac{y}{x}\right) + xyf\left(\frac{y}{x}\right) + y^2 f'\left(\frac{y}{x}\right) = 2xyf\left(\frac{y}{x}\right)$.

11(1996,四题,6分)设函数 $z = f(u)$,方程 $u = \varphi(u) + \int_y^x p(t)\mathrm{d}t$ 确定 u 是 x,y 的函数,其中 $f(u),\varphi(u)$ 可微;$p(t),\varphi'(u)$ 连续,且 $\varphi'(u) \neq 1$,求 $p(y)\frac{\partial z}{\partial x} + p(x)\frac{\partial z}{\partial y}$.

分析 z 是 x,y 的二元函数,为了求$\frac{\partial z}{\partial x},\frac{\partial z}{\partial y}$,需要求$\frac{\partial u}{\partial x},\frac{\partial u}{\partial y}$.

解 由 $z = f(u)$ 可得

$$\frac{\partial z}{\partial x} = f'(u)\frac{\partial u}{\partial x}, \frac{\partial z}{\partial y} = f'(u)\frac{\partial u}{\partial y}$$

在方程 $u = \varphi(u) + \int_y^x p(t)\mathrm{d}t$ 两边分别对变量 x,y 求偏导数,得

$$\frac{\partial u}{\partial x} = \varphi'(u)\frac{\partial u}{\partial x} + p(x), \frac{\partial u}{\partial y} = \varphi'(u)\frac{\partial u}{\partial y} - p(y)$$

解得$\frac{\partial u}{\partial x} = \frac{p(x)}{1-\varphi'(u)}, \frac{\partial u}{\partial y} = \frac{-p(y)}{1-\varphi'(u)}$.

从而

$$\begin{aligned} p(y)\frac{\partial z}{\partial x} + p(x)\frac{\partial z}{\partial y} &= p(y)f'(u)\frac{\partial u}{\partial x} + p(x)f'(u)\frac{\partial u}{\partial y} \\ &= p(y)f'(u)\frac{p(x)}{1-\varphi'(u)} + p(x)f'(u)\frac{-p(y)}{1-\varphi'(u)} \\ &= 0 \end{aligned}$$

12(1997,四题,5分)设 $u = f(x,y,z)$ 有连续偏导数,$y = y(x)$ 和 $z = z(x)$ 分别由方程 $\mathrm{e}^{xy} - y = 0$ 和 $\mathrm{e}^z - xz = 0$ 确定,试求$\frac{\mathrm{d}u}{\mathrm{d}x}$.

分析 本题是一个抽象复合函数求偏导及由方程所确定的隐函数求导的题目,先用隐函数求导法则求出$\frac{\mathrm{d}y}{\mathrm{d}x},\frac{\mathrm{d}z}{\mathrm{d}x}$,再用抽象复合函数求偏导法则求全导数$\frac{\mathrm{d}u}{\mathrm{d}x}$.

解

$$\frac{\mathrm{d}u}{\mathrm{d}x} = \frac{\partial f}{\partial x} + \frac{\partial f}{\partial y}\frac{\mathrm{d}y}{\mathrm{d}x} + \frac{\partial f}{\partial z}\frac{\mathrm{d}z}{\mathrm{d}x}$$

而由方程 $\mathrm{e}^{xy} - y = 0$ 的两边对 x 求导,得

$$\mathrm{e}^{xy} + \left(y + x\frac{\mathrm{d}y}{\mathrm{d}x}\right) - \frac{\mathrm{d}y}{\mathrm{d}x} = 0$$

有$\frac{\mathrm{d}y}{\mathrm{d}x} = \frac{y\mathrm{e}^{xy}}{1-x\mathrm{e}^{xy}} = \frac{y^2}{1-xy}$.

由方程 $\mathrm{e}^z - xz = 0$ 的两边对 x 求导,得

$$\mathrm{e}^z\frac{\mathrm{d}z}{\mathrm{d}x} - z - x\frac{\mathrm{d}z}{\mathrm{d}x} = 0$$

所以$\frac{\mathrm{d}z}{\mathrm{d}x} = \frac{z}{\mathrm{e}^z - x} = \frac{z}{xz - x}$,进而得

$$\frac{\mathrm{d}u}{\mathrm{d}x} = \frac{\partial f}{\partial x} + \frac{y^2}{1-xy}\frac{\partial f}{\partial y} + \frac{z}{xz-x}\frac{\partial f}{\partial z}$$

13（1998，三题，5 分）设 $z=(x^2+y^2)e^{-\arctan\frac{y}{x}}$，求 dz 与 $\frac{\partial^2 z}{\partial x\partial y}$.

解 $\frac{\partial z}{\partial x}=2xe^{-\arctan\frac{y}{x}}+(x^2+y^2)e^{-\arctan\frac{y}{x}}\frac{1}{1+\frac{y^2}{x^2}}\frac{y}{x^2}$

$=2xe^{-\arctan\frac{y}{x}}+ye^{-\arctan\frac{y}{x}}=(2x+y)e^{-\arctan\frac{y}{x}}$.

$\frac{\partial z}{\partial y}=2ye^{-\arctan\frac{y}{x}}-(x^2+y^2)e^{-\arctan\frac{y}{x}}\frac{1}{1+\frac{y^2}{x^2}}\frac{1}{x}$

$=2ye^{-\arctan\frac{y}{x}}-xe^{-\arctan\frac{y}{x}}=(2y-x)e^{-\arctan\frac{y}{x}}$.

于是 $dz=(2x+y)e^{-\arctan\frac{y}{x}}dx+(2y-x)e^{-\arctan\frac{y}{x}}dy$.

进而 $\frac{\partial^2 z}{\partial x\partial y}=e^{-\arctan\frac{y}{x}}-(2x+y)e^{-\arctan\frac{y}{x}}\frac{1}{1+\frac{y^2}{x^2}}\frac{1}{x}=\frac{y^2-x^2-xy}{x^2+y^2}e^{-\arctan\frac{y}{x}}$.

【评注】 求 dz 时，也可利用全微分形式不变性.

14（2000，一(1) 题，3 分）设 $z=f\left(xy,\frac{x}{y}\right)+g\left(\frac{y}{x}\right)$，其中 f,g 均可微，则 $\frac{\partial z}{\partial x}=$ ________.

答案 $yf'_1+\frac{1}{y}f'_2-\frac{y}{x^2}g'$.

解析 用复合函数求偏导的方法得

$$\frac{\partial z}{\partial x}=yf'_1+\frac{1}{y}f'_2-\frac{y}{x^2}g'$$

15（2001，三题，5 分）设 $u=f(x,y,z)$ 有连续的一阶偏导数，又函数 $y=y(x)$ 及 $z=z(x)$ 分别由下列两式确定：

$$e^{xy}-xy=2 \text{ 和 } e^x=\int_0^{x-z}\frac{\sin t}{t}dt$$

求 $\frac{du}{dx}$.

分析 先由两个方程求出 $\frac{dy}{dx},\frac{dz}{dx}$，再用复合函数求导法则求出 $\frac{du}{dx}$.

解 $\frac{du}{dx}=\frac{\partial f}{\partial x}+\frac{\partial f}{\partial y}\frac{dy}{dx}+\frac{\partial f}{\partial z}\frac{dz}{dx}$，

方程 $e^{xy}-xy=2$ 两边对 x 求导，得

$$\left(y+x\frac{dy}{dx}\right)e^{xy}-y-x\frac{dy}{dx}=0$$

即 $\frac{dy}{dx}=-\frac{y}{x}$.

方程 $e^x=\int_0^{x-z}\frac{\sin t}{t}dt$ 两边对 x 求导，得

$$e^x=\frac{\sin(x-z)}{x-z}\left(1-\frac{dz}{dx}\right)$$

即 $\frac{dz}{dx}=1-\frac{e^x(x-z)}{\sin(x-z)}$.

进而有 $\frac{du}{dx}=\frac{\partial f}{\partial x}-\frac{y}{x}\frac{\partial f}{\partial y}+\left[1-\frac{e^x(x-z)}{\sin(x-z)}\right]\frac{\partial f}{\partial z}$.

16（2002，四题，7 分）设函数 $u=f(x,y,z)$ 有连续偏导数，且 $z=z(x,y)$ 由方程 $xe^x-ye^y=ze^z$ 所确定，求 du.

分析 利用复合函数求偏导公式或全微分形式不变性.

解（方法一） 利用全微分形式不变性

$$du=f'_x dx+f'_y dy+f'_z dz$$

方程 $xe^x-ye^y=ze^z$ 求两边求全微分得

$$(x+1)e^x dx-(y+1)e^y dy=(z+1)e^z dz$$

故 $dz=\dfrac{(x+1)e^x}{(z+1)e^z}dx-\dfrac{(y+1)e^y}{(z+1)e^z}dy$，

所以 $du=\left[f'_x+f'_z\dfrac{(x+1)e^x}{(z+1)e^z}\right]dx+\left[f'_y-f'_z\dfrac{(y+1)e^y}{(z+1)e^z}\right]dy$.

（方法二） 利用复合函数求偏导

$$du=\frac{\partial u}{\partial x}dx+\frac{\partial u}{\partial y}dy$$

而 $\dfrac{\partial u}{\partial x}=f'_x+f'_z\dfrac{\partial z}{\partial x}$，$\dfrac{\partial u}{\partial y}=f'_y+f'_z\dfrac{\partial z}{\partial y}$，

令 $F(x,y,z)=xe^x-ye^y-ze^z$，则

$$\frac{\partial z}{\partial x}=-\frac{F'_x}{F'_z}=\frac{x+1}{z+1}e^{x-z},\quad\frac{\partial z}{\partial y}=-\frac{F'_y}{F'_z}=-\frac{y+1}{z+1}e^{y-z}$$

故 $du=\left[f'_x+f'_z\dfrac{(x+1)e^x}{(z+1)e^z}\right]dx+\left[f'_y-f'_z\dfrac{(y+1)e^y}{(z+1)e^z}\right]dy$.

17（2003，四题，8 分）设 $f(u,v)$ 具有二阶连续偏导数，且满足 $\dfrac{\partial^2 f}{\partial u^2}+\dfrac{\partial^2 f}{\partial v^2}=1$，又 $g(x,y)=f\left[xy,\dfrac{1}{2}(x^2-y^2)\right]$，求 $\dfrac{\partial^2 g}{\partial x^2}+\dfrac{\partial^2 g}{\partial y^2}$.

分析 本题是典型的复合函数求偏导问题：$g=f(u,v)$，$u=xy$，$v=\dfrac{1}{2}(x^2-y^2)$，直接利用复合函数求偏导公式即可，注意利用 $\dfrac{\partial^2 f}{\partial u\partial v}=\dfrac{\partial^2 f}{\partial v\partial u}$.

解

$$\frac{\partial g}{\partial x}=y\frac{\partial f}{\partial u}+x\frac{\partial f}{\partial v}$$

$$\frac{\partial g}{\partial y}=x\frac{\partial f}{\partial u}-y\frac{\partial f}{\partial v}$$

故

$$\frac{\partial^2 g}{\partial x^2}=y^2\frac{\partial^2 f}{\partial u^2}+2xy\frac{\partial^2 f}{\partial u\partial v}+x^2\frac{\partial^2 f}{\partial v^2}+\frac{\partial f}{\partial v}$$

$$\frac{\partial^2 g}{\partial y^2}=x^2\frac{\partial^2 f}{\partial u^2}-2xy\frac{\partial^2 f}{\partial v\partial u}+y^2\frac{\partial^2 f}{\partial v^2}-\frac{\partial f}{\partial v}$$

所以

$$\frac{\partial^2 g}{\partial x^2}+\frac{\partial^2 g}{\partial y^2}=(x^2+y^2)\frac{\partial^2 f}{\partial u^2}+(x^2+y^2)\frac{\partial^2 f}{\partial v^2}=x^2+y^2$$

【评注】 本题考查半抽象复合函数求二阶偏导.

18（2004，2 题，4 分）设函数 $f(u,v)$ 由关系式 $f[xg(y),y]=x+g(y)$ 确定，其中函数 $g(y)$ 可微，且 $g(y)\neq 0$，则 $\dfrac{\partial^2 f}{\partial u\partial v}=$ ________.

答案 $-\dfrac{g'(v)}{g^2(v)}$.

解析 令 $u=xg(y),v=y$,则 $f(u,v)=\dfrac{u}{g(v)}+g(v)$,所以,$\dfrac{\partial f}{\partial u}=\dfrac{1}{g(v)},\dfrac{\partial^2 f}{\partial u\partial v}=-\dfrac{g'(v)}{g^2(v)}$.

19（2005,3 题,4 分）设二元函数 $z=xe^{x+y}+(x+1)\ln(1+y)$,则 $dz\Big|_{(1,0)}=$ ________.

答案 $2edx+(e+2)dy$.

解析 $\dfrac{\partial z}{\partial x}=e^{x+y}+xe^{x+y}+\ln(1+y),\dfrac{\partial z}{\partial y}=xe^{x+y}+\dfrac{x+1}{1+y}$,

于是 $dz\Big|_{(1,0)}=2edx+(e+2)dy$.

20（2005,16 题,8 分）设 $f(u)$ 具有二阶连续导数,且 $g(x,y)=f(\dfrac{y}{x})+yf(\dfrac{x}{y})$,求 $x^2\dfrac{\partial^2 g}{\partial x^2}-y^2\dfrac{\partial^2 g}{\partial y^2}$.

分析 先求出二阶偏导数,再代入相应表达式即可.

解 由已知条件可得

$$\frac{\partial g}{\partial x}=-\frac{y}{x^2}f'(\frac{y}{x})+f'(\frac{x}{y})$$

$$\frac{\partial^2 g}{\partial x^2}=\frac{2y}{x^3}f'(\frac{y}{x})+\frac{y^2}{x^4}f''(\frac{y}{x})+\frac{1}{y}f''(\frac{x}{y})$$

$$\frac{\partial g}{\partial y}=\frac{1}{x}f'(\frac{y}{x})+f(\frac{x}{y})-\frac{x}{y}f'(\frac{x}{y})$$

$$\frac{\partial^2 g}{\partial y^2}=\frac{1}{x^2}f''(\frac{y}{x})-\frac{x}{y^2}f'(\frac{x}{y})+\frac{x}{y^2}f'(\frac{x}{y})+\frac{x^2}{y^3}f''(\frac{x}{y})$$

所以

$$\begin{aligned}&x^2\frac{\partial^2 g}{\partial x^2}-y^2\frac{\partial^2 g}{\partial y^2}\\&=\frac{2y}{x}f'(\frac{y}{x})+\frac{y^2}{x^2}f''(\frac{x}{y})+\frac{x^2}{y}f''(\frac{x}{y})-\frac{y^2}{x^2}f''(\frac{y}{x})-\frac{x^2}{y}f''(\frac{x}{y})\\&=\frac{2y}{x}f'(\frac{y}{x})\end{aligned}$$

【评注】 本题属基本题型,但在求偏导数的过程中应注意计算的准确性.

21（2006,3 题,4 分）设函数 $f(u)$ 可微,且 $f'(0)=\dfrac{1}{2}$,则 $z=f(4x^2-y^2)$ 在点(1,2)处的全微分 $dz\Big|_{(1,2)}=$ ________.

答案 $4dx-2dy$.

解析 因为 $\dfrac{\partial z}{\partial x}\Big|_{(1,2)}=f'(4x^2-y^2)\cdot 8x\Big|_{(1,2)}=4$,

$\dfrac{\partial z}{\partial y}\Big|_{(1,2)}=f'(4x^2-y^2)\cdot(-2y)\Big|_{(1,2)}=-2$,

所以 $dz\Big|_{(1,2)}=\dfrac{\partial z}{\partial x}\Big|_{(1,2)}dx+\dfrac{\partial z}{\partial y}\Big|_{(1,2)}dy=4dx-2dy$.

【评注】　本题也可如下求解：对 $z=f(4x^2-y^2)$ 微分得

$$dz=f'(4x^2-y^2)d(4x^2-y^2)=f'(4x^2-y^2)(8xdx-2ydy)$$

故 $dz\Big|_{(1,2)}=f'(0)(8dx-4dy)=4dx-2dy.$

22（2007,13 题,4 分）设 $f(u,v)$ 是二元可微函数，$z=f\left(\frac{y}{x},\frac{x}{y}\right)$，则 $x\frac{\partial z}{\partial x}-y\frac{\partial z}{\partial y}=$ ________.

答案　$-2\left(f_1'\frac{y}{x}-f_2'\frac{x}{y}\right)$.

解析　利用求导公式可得

$$\frac{\partial z}{\partial x}=-\frac{y}{x^2}f_1'+\frac{1}{y}f_2',\frac{\partial z}{\partial y}=\frac{1}{x}f_1'-\frac{x}{y^2}f_2'$$

所以

$$x\frac{\partial z}{\partial x}-y\frac{\partial z}{\partial y}=-2\left(f_1'\frac{y}{x}-f_2'\frac{x}{y}\right)$$

【评注】　二元复合函数求偏导时，最好设出中间变量.

23（2008,16 题,10 分）设 $z=z(x,y)$ 是由方程 $x^2+y^2-z=\varphi(x+y+z)$ 所确定的函数，其中 φ 具有二阶导数，且 $\varphi'\neq-1$ 时，求

（Ⅰ）dz；

（Ⅱ）记 $u(x,y)=\frac{1}{x-y}\left(\frac{\partial z}{\partial x}-\frac{\partial z}{\partial y}\right)$，求 $\frac{\partial u}{\partial x}$.

解（Ⅰ）（方法一）　利用微分形式不变性，等式 $x^2+y^2-z=\varphi(x+y+z)$ 两边同时求微分，得

$$2xdx+2ydy-dz=\varphi'(x+y+z)\cdot(dx+dy+dz)$$

于是有 $(\varphi'+1)dz=(-\varphi'+2x)dx+(-\varphi'+2y)dy$，即

$$dz=\frac{-\varphi'+2x}{\varphi'+1}dx+\frac{-\varphi'+2y}{\varphi'+1}dy,(\varphi'\neq-1)$$

（方法二）　设 $F(x,y,z)=x^2+y^2-z-\varphi(x+y+z)$，则

$$F_x'=2x-\varphi',F_y'=2y-\varphi',F_z'=-1-\varphi'$$

由公式 $\frac{\partial z}{\partial x}=-\frac{F_x'}{F_z'},\frac{\partial z}{\partial y}=-\frac{F_y'}{F_z'}$，得

$$\frac{\partial z}{\partial x}=\frac{2x-\varphi'}{1+\varphi'},\frac{\partial z}{\partial y}=\frac{2y-\varphi'}{1+\varphi'}$$

所以 $dz=\frac{\partial z}{\partial x}dx+\frac{\partial z}{\partial y}dy=\frac{2x-\varphi'}{\varphi'+1}dx+\frac{2y-\varphi'}{\varphi'+1}dy,(\varphi'\neq-1)$.

（Ⅱ）由（Ⅰ）知 $\frac{\partial z}{\partial x}=\frac{-\varphi'+2x}{\varphi'+1}\ \frac{\partial z}{\partial y}=\frac{-\varphi'+2y}{\varphi'+1}$，于是

$$u(x,y)=\frac{1}{x-y}\left(\frac{-\varphi'+2x}{\varphi'+1}-\frac{-\varphi'+2y}{\varphi'+1}\right)=\frac{1}{x-y}\cdot\frac{-2y+2x}{\varphi'+1}=\frac{2}{\varphi'+1}$$

从而 $\frac{\partial u}{\partial x}=\frac{-2\varphi''\left(1+\frac{\partial z}{\partial x}\right)}{(\varphi'+1)^2}=-\frac{2\varphi''\left(1+\frac{-\varphi'+2x}{\varphi'+1}\right)}{(\varphi'+1)^2}=-\frac{2\varphi''(1+2x)}{(\varphi'+1)^3}$.

三、求多元函数的极值

24（1990，四题，9 分）某公司可通过电台及报纸两种方式做销售某种商品的广告，根据统计资料，销售收入 R（万元）与电台广告费用 x_1（万元）及报纸广告费用 x_2（万元）之间的关系有如下经验公式：

$$R = 15 + 14x_1 + 32x_2 - 8x_1x_2 - 2x_1^2 - 10x_2^2$$

（1）在广告费用不限的情况下，求最优广告策略；

（2）若提供的广告费为 1.5 万元，求相应的最优广告策略.

分析 最优广告策略指的是用于不同渠道的广告费用为多少时利润最大.

解（1）利润函数为

$$L = R - (x_1 + x_2) = 15 + 13x_1 + 31x_2 - 8x_1x_2 - 2x_1^2 - 10x_2^2$$

令 $\begin{cases} \dfrac{\partial L}{\partial x_1} = -4x_1 - 8x_2 + 13 = 0, \\ \dfrac{\partial L}{\partial x_2} = -8x_1 - 20x_2 + 31 = 0, \end{cases}$ 得 $x_1 = 0.75, x_2 = 1.25$，

因驻点唯一，由实际问题含义可知，当 $x_1 = 0.75, x_2 = 1.25$，即电台广告费用为 0.75 万元，报纸广告费用为 1.25 万元时利润最大，为最优广告策略.

（2）若提供的广告费为 1.5 万元，问题转化为利润函数

$$L = 15 + 13x_1 + 31x_2 - 8x_1x_2 - 2x_1^2 - 10x_2^2$$

在 $x_1 + x_2 = 1.5$ 时的条件极值.

拉格朗日函数为

$$F = 15 + 13x_1 + 31x_2 - 8x_1x_2 - 2x_1^2 - 10x_2^2 + \lambda(x_1 + x_2 - 1.5)$$

令 $\begin{cases} \dfrac{\partial L}{\partial x_1} = -4x_1 - 8x_2 + 13 + \lambda = 0, \\ \dfrac{\partial L}{\partial x_2} = -8x_1 - 20x_2 + 31 + \lambda = 0, \\ \dfrac{\partial L}{\partial \lambda} = x_1 + x_2 - 1.5 = 0, \end{cases}$ 得 $x_1 = 0, x_2 = 1.5$，

因驻点唯一，由实际问题必有最大值，当 $x_1 = 0, x_2 = 1.5$，即 1.5 万元全部用于报纸广告利润最大，为最优广告策略.

25（1991，七题，8 分）某厂家生产的一种产品同时在两个市场销售，售价分别为 p_1 和 p_2；销售量分别为 q_1 和 q_2；需求函数分别为

$$q_1 = 24 - 0.2p_1 \text{ 和 } q_2 = 10 - 0.05p_2$$

总成本函数为

$$C = 35 + 40(q_1 + q_2)$$

试问：厂家如何确定两个市场的售价，能使其获得的总利润最大？最大总利润为多少？

分析 本题是多元函数的最值在经济中的应用，关键是写出总利润函数，再利用多元函数求最值的方法.

解（方法一） 总收入函数为 $R = p_1q_1 + p_2q_2 = 24p_1 - 0.2p_1^2 + 10p_2 - 0.05p_2^2$，

总利润函数为 $L = R - C = 32p_1 - 0.2p_1^2 + 12p_2 - 0.05p_2^2 - 1395$.

令$\begin{cases}\dfrac{\partial L}{\partial p_1}=32-0.4p_1=0,\\ \dfrac{\partial L}{\partial p_2}=12-0.1p_2=0,\end{cases}$ 得 $p_1=80, p_2=120$,

由实际问题含义可知,当 $p_1=80, p_2=120$ 时,获得的总利润最大,最大总利润为 $L(80,120)=605$.

(方法二)　由 $q_1=24-0.2p_1, q_2=10-0.05p_2$,得价格函数

$$p_1=120-5q_1, p_2=200-20q_2$$

总收入函数为 $R=p_1q_1+p_2q_2=(120-5q_1)q_1+(200-20q_2)q_2$,
总利润函数为 $L=R-C=80q_1-5q_1^2+160q_2-20q_2^2-35$.

令$\begin{cases}\dfrac{\partial L}{\partial q_1}=80-10q_1=0,\\ \dfrac{\partial L}{\partial q_2}=160-40q_2=0,\end{cases}$ 得 $q_1=8, q_2=4$,此时 $p_1=80, p_2=120$.

由实际问题含义可知,当 $q_1=8, q_2=4$,即 $p_1=80, p_2=120$ 时,获得的总利润最大,最大总利润为 $L(8,4)=605$.

【评注】　两种解法的区别在于,选择目标函数的自变量不同,但效果是相同的.

26 (1999,五题,6 分)设生产某种产品必须投入两种要素,x_1, x_2 分别为两要素的投入量,Q 为产出量;若生产函数为 $Q=2x_1^{\alpha}x_2^{\beta}$,其中 α,β 为正常数,且 $\alpha+\beta=1$. 假设两种要素的价格分别为 p_1 和 p_2,试问:当产出量为 12 时,两要素各投入多少可以使得投入总费用最小.

分析　本题是多元函数条件最值在经济中的应用.

解　由题意知,只需考虑在条件 $2x_1^{\alpha}x_2^{\beta}=12$ 下,投入总费用 $p_1x_1+p_2x_2$ 的最小值.
构造拉格朗日函数 $F(x_1,x_2,\lambda)=p_1x_1+p_2x_2+\lambda(12-2x_1^{\alpha}x_2^{\beta})$,

令$\begin{cases}\dfrac{\partial F}{\partial x_1}=p_1-2\lambda\alpha x_1^{\alpha-1}x_2^{\beta}=0,\\ \dfrac{\partial F}{\partial x_2}=p_2-2\lambda\beta x_1^{\alpha}x_2^{\beta-1}=0\\ \dfrac{\partial F}{\partial \lambda}=12-2x_1^{\alpha}x_2^{\beta}=0,\end{cases}$,解得 $x_1=6\left(\dfrac{p_2\alpha}{p_1\beta}\right)^{\beta}, x_2=6\left(\dfrac{p_1\beta}{p_2\alpha}\right)^{\alpha}$.

因可能极值点唯一,且实际问题存在最小值,故 $x_1=6\left(\dfrac{p_2\alpha}{p_1\beta}\right)^{\beta}, x_2=6\left(\dfrac{p_1\beta}{p_2\alpha}\right)^{\alpha}$ 时投入总费用最小.

27 (2000,五题,6 分)假设某企业在两个相互分割的市场上出售同一种产品,两个市场的需求函数分别是

$$p_1=18-2Q_1, p_2=12-Q_2$$

其中 p_1 和 p_2 分别表示该产品在两个市场的价格(单位:万元/吨),Q_1 和 Q_2 分别表示该产品在两个市场的销售量(即需求量,单位:吨),并且该企业生产这种产品的总成本函数是

$$C=2Q+5$$

其中 Q 表示该产品在两个市场的销售总量,即 $Q=Q_1+Q_2$.

(1) 如果该企业实行价格差别策略,试确定两个市场上该产品的销售量和价格,使该企业获得最大利润;

(2) 如果该企业实行价格无差别策略,试确定两个市场上该产品的销售量及其统一的价格,使该企业的总利润最大;并比较两种价格策略下的总利润大小.

分析 在两种不同的策略下，均应先求出总利润函数的表达式，并统一写成销售量或价格的函数，本题写成销售量的函数较方便.

解 (1) 根据题意，总利润函数为

$$L = R - C = p_1Q_1 + p_2Q_2 - C = -2Q_1^2 - Q_2^2 + 16Q_1 + 10Q_2 - 5$$

令 $\begin{cases} \dfrac{\partial L}{\partial Q_1} = -4Q_1 + 16 = 0, \\ \dfrac{\partial L}{\partial Q_2} = -2Q_2 + 10 = 0, \end{cases}$ 解得 $Q_1 = 4, Q_2 = 5$，对应 $p_1 = 10, p_2 = 7$.

因为只有一个驻点，由实际问题一定存在最大值，当销售量分别为4吨和5吨，对应的价格分别为10万元/吨及7万元/吨时获得最大利润为

$$L = -2\times 4^2 - 5^2 + 16\times 4 + 10\times 5 - 5 = 52 \text{ 万元}$$

(2) 若实行价格无差别策略，则 $p_1 = p_2$，于是有 $2Q_1 - Q_2 = 6$.
构造拉格朗日函数

$$F(Q_1, Q_2, \lambda) = -2Q_1^2 - Q_2^2 + 16Q_1 + 10Q_2 - 5 + \lambda(2Q_1 - Q_2 - 6)$$

由
$$\begin{cases} \dfrac{\partial F}{\partial Q_1} = -4Q_1 + 16 + 2\lambda = 0 \\ \dfrac{\partial F}{\partial Q_2} = -2Q_2 + 10 - \lambda = 0 \\ \dfrac{\partial F}{\partial \lambda} = 2Q_1 - Q_2 - 6 = 0 \end{cases}$$

解得 $Q_1 = 5, Q_2 = 4$，对应 $p_1 = p_2 = 8$.

当销售量分别为5吨和4吨，对应的统一价格为8万元/吨时获得最大利润为

$$L = -2\times 5^2 - 4^2 + 16\times 5 + 10\times 4 - 5 = 49 \text{ 万元}$$

综合所知，企业实行差别价格比统一价格获得的利润大.

【评注】 (2)的计算中，也可把 $Q_2 = 2Q_1 - 6$ 代入总利润函数中，转化为求一元函数的最值.

28 (2003，二(2)题，4分) 设可微函数 $f(x,y)$ 在点 (x_0, y_0) 取得极小值，则下列结论正确的是

(A) $f(x_0, y)$ 在 $y = y_0$ 处的导数等于零. (B) $f(x_0, y)$ 在 $y = y_0$ 处的导数大于零.
(C) $f(x_0, y)$ 在 $y = y_0$ 处的导数小于零. (D) $f(x_0, y)$ 在 $y = y_0$ 处的导数不存在.

答案 A.

解析 可微必有偏导数存在，再根据取极值的必要条件即可得结论.

可微函数 $f(x,y)$ 在点 (x_0, y_0) 取得极小值，根据取极值的必要条件知 $f'_y(x_0, y_0) = 0$，即 $f(x_0, y)$ 在 $y = y_0$ 处的导数等于零，故应选(A).

【评注】 (1) 本题考查了偏导数的定义，$f(x_0, y)$ 在 $y = y_0$ 处的导数即 $f'_y(x_0, y_0)$.

(2) 本题也可用排除法分析，取 $f(x,y) = x^2 + y^2$，在 $(0,0)$ 处可微且取得极小值，并且有 $f(0,y) = y^2$，可排除(B)，(C)，(D)，故正确选项为(A).

29 (2006，11题，4分) 设 $f(x,y)$ 与 $\varphi(x,y)$ 均为可微函数，且 $\varphi'_y(x,y) \neq 0$，已知 (x_0, y_0) 是 $f(x,y)$ 在约束条件 $\varphi(x,y) = 0$ 下的一个极值点，下列选项正确的是

(A) 若 $f'_x(x_0, y_0) = 0$，则 $f'_y(x_0, y_0) = 0$.

(B) 若 $f'_x(x_0,y_0)=0$,则 $f'_y(x_0,y_0)\neq 0$.

(C) 若 $f'_x(x_0,y_0)\neq 0$,则 $f'_y(x_0,y_0)=0$.

(D) 若 $f'_x(x_0,y_0)\neq 0$,则 $f'_y(x_0,y_0)\neq 0$.

答案 D.

解析 作拉格朗日函数 $F(x,y,\lambda)=f(x,y)+\lambda\varphi(x,y)$,并记对应 x_0,y_0 的参数 λ 的值为 λ_0,则

$$\begin{cases}F'_x(x_0,y_0,\lambda_0)=0,\\F'_y(x_0,y_0,\lambda_0)=0,\end{cases}\text{即}\begin{cases}f'_x(x_0,y_0)+\lambda_0\varphi'_x(x_0,y_0)=0,\\f'_y(x_0,y_0)+\lambda_0\varphi'_y(x_0,y_0)=0\end{cases}$$

消去 λ_0,得

$$f'_x(x_0,y_0)\varphi'_y(x_0,y_0)-f'_y(x_0,y_0)\varphi'_x(x_0,y_0)=0$$

整理得 $f'_x(x_0,y_0)=\dfrac{1}{\varphi'_y(x_0,y_0)}f'_y(x_0,y_0)\varphi'_x(x_0,y_0)$.(因为 $\varphi'_y(x,y)\neq 0$),

若 $f'_x(x_0,y_0)\neq 0$,则 $f'_y(x_0,y_0)\neq 0$. 故选(D).

【评注】 本题考查了二元函数极值的必要条件和拉格朗日乘数法.

读书患不多,思义患不明;患足己不学,既学患不行。

——韩愈

第五章　二重积分

本章导读

本章考查的重点是二重积分的计算，除了掌握基本的计算方法，须注意对称性、拆分区域、拆分函数、交换积分次序、交换积分坐标系等的应用.

试题特点

二重积分是数学三重要的考查知识点，每年试题一般是一个大题、一个小题，主要集中考查二重积分的计算，分值约占 8%. 考题往往在被积函数和积分区域设置障碍，因而考生要掌握一定的方法和技巧. 另外，被积函数为抽象函数的二重积分也需考生关注.

考题详析

一、基本概念及性质

1 （2005，8 题，4 分）设 $I_1=\iint\limits_D\cos\sqrt{x^2+y^2}\,d\sigma$，$I_2=\iint\limits_D\cos(x^2+y^2)\,d\sigma$，$I_3=\iint\limits_D\cos(x^2+y^2)^2\,d\sigma$，其中 $D=\{(x,y)\mid x^2+y^2\leqslant 1\}$，则

(A) $I_3>I_2>I_1$.　　(B) $I_1>I_2>I_3$.

(C) $I_2>I_1>I_3$.　　(D) $I_3>I_1>I_2$.

答案　A.

解析　在区域 $D=\{(x,y)\mid x^2+y^2\leqslant 1\}$ 上，有 $0\leqslant x^2+y^2\leqslant 1$，从而有

$$\frac{\pi}{2}>1\geqslant\sqrt{x^2+y^2}\geqslant x^2+y^2\geqslant(x^2+y^2)^2\geqslant 0$$

由于 $\cos x$ 在 $(0,\frac{\pi}{2})$ 上为单调减函数，于是

$$0\leqslant\cos\sqrt{x^2+y^2}\leqslant\cos(x^2+y^2)\leqslant\cos(x^2+y^2)^2$$

因此 $\iint\limits_D\cos\sqrt{x^2+y^2}\,d\sigma<\iint\limits_D\cos(x^2+y^2)\,d\sigma<\iint\limits_D\cos(x^2+y^2)^2\,d\sigma$，故应选(A).

【评注】　本题比较二重积分大小，本质上涉及用重积分的不等式性质和函数的单调性进行分析讨论.

二、二重积分的基本计算

2 (1987，六题，5 分) 计算二重积分 $I=\iint\limits_{D}e^{x^2}\,dxdy$，其中 D 是第一象限中由直线 $y=x$ 和 $y=x^3$ 所围成的封闭区域.

分析 因为被积函数 e^{x^2} 的原函数不是初等函数，所以积分次序应为先 y 后 x.

解 $I=\int_0^1 dx\int_{x^3}^{x}e^{x^2}dy=\int_0^1(x-x^3)e^{x^2}dx=\frac{1}{2}e^{x^2}\Big|_0^1-\frac{1}{2}\int_0^1 x^2de^{x^2}$

$=\frac{1}{2}(e-1)-\frac{1}{2}x^2e^{x^2}\Big|_0^1+\int_0^1 xe^{x^2}dx=\frac{1}{2}e-1$

【评注】 若被积函数中关于 x 的表达式为 e^{x^2}，e^{-x^2}，$\frac{\sin x}{x}$，$\frac{\cos x}{x}$ 等，应后对变量 x 求积分.

3 (1990，三(2) 题，5 分) 计算二重积分 $\iint\limits_{D}xe^{-y^2}\,dxdy$，其中 D 是曲线 $y=4x^2$ 和 $y=9x^2$ 在第一象限所围成的区域.

分析 本题是无界区域上的反常二重积分，根据被积函数和积分区域的特点，仿照二重积分的计算方法，先 x 后 y 化为累次积分.

解 积分区域 $D=\left\{(x,y)\,\Big|\,0\leqslant y<+\infty,\frac{\sqrt{y}}{3}\leqslant x\leqslant\frac{\sqrt{y}}{2}\right\}$，则

$$\iint\limits_{D}xe^{-y^2}dxdy=\int_0^{+\infty}dy\int_{\frac{1}{3}\sqrt{y}}^{\frac{1}{2}\sqrt{y}}xe^{-y^2}dx=\frac{1}{2}\int_0^{+\infty}\left(\frac{1}{4}y-\frac{1}{9}y\right)e^{-y^2}dy$$

$$=-\frac{5e^{-y^2}}{144}\Big|_0^{+\infty}=\frac{5}{144}$$

4 (1991，四题，5 分) 计算二重积分 $I=\iint\limits_{D}y\,dxdy$，其中 D 是由 x 轴、y 轴与曲线 $\sqrt{\frac{x}{a}}+\sqrt{\frac{y}{b}}=1$ 所围成的区域，$a>0$，$b>0$.

分析 画出积分区域的草图，利用直角坐标计算.

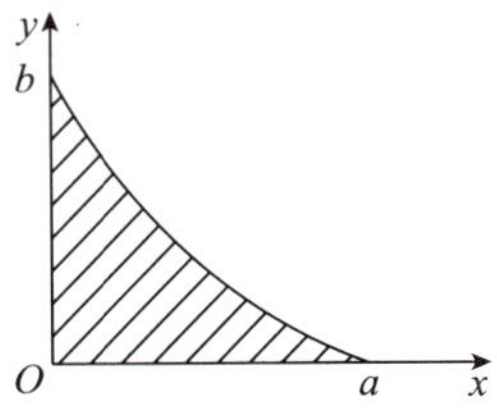

解 积分区域如图，由 $\sqrt{\frac{x}{a}}+\sqrt{\frac{y}{b}}=1$ 得 $y=b\left(1-\sqrt{\frac{x}{a}}\right)^2$，利用直角坐标

$$I=\iint\limits_{D}y\,dxdy=\int_0^a dx\int_0^{b\left(1-\sqrt{\frac{x}{a}}\right)^2}y\,dy=\frac{b^2}{2}\int_0^a\left(1-\sqrt{\frac{x}{a}}\right)^4dx$$

令 $t=1-\sqrt{\frac{x}{a}}$，有 $I=ab^2\int_1^0 t^4(t-1)dt=\frac{ab^2}{30}$.

5 (1994，三题，6 分) 计算二重积分 $\iint\limits_{D}(x+y)\,dxdy$，其中 $D=\{(x,y)\mid x^2+y^2\leqslant x+y+1\}$.

分析 由积分区域的特点，可用极坐标计算；由被积函数的形式，可用形心坐标的结果计算.

解 (方法一) $x^2+y^2\leqslant x+y+1$ 可变为 $\left(x-\frac{1}{2}\right)^2-\left(y-\frac{1}{2}\right)^2\leqslant\frac{3}{2}$.

令 $x-\frac{1}{2}=r\cos\theta, y-\frac{1}{2}=r\sin\theta$，于是

$$\iint_D (x+y)\mathrm{d}x\mathrm{d}y=\int_0^{2\pi}\mathrm{d}\theta\int_0^{\sqrt{\frac{3}{2}}}(1+r\cos\theta+r\sin\theta)r\mathrm{d}r$$

$$=2\pi\int_0^{\sqrt{\frac{3}{2}}}r\mathrm{d}r+\int_0^{2\pi}(\cos\theta+\sin\theta)\mathrm{d}\theta\int_0^{\sqrt{\frac{3}{2}}}r^2\mathrm{d}r=\frac{3}{2}\pi$$

（方法二）　区域 D 的形心坐标为$\left(\frac{1}{2},\frac{1}{2}\right)$，因而有

$$\iint_D x\mathrm{d}x\mathrm{d}y=\frac{1}{2}\iint_D\mathrm{d}x\mathrm{d}y=\frac{3}{4}\pi,\iint_D y\mathrm{d}x\mathrm{d}y=\frac{1}{2}\iint_D\mathrm{d}x\mathrm{d}y=\frac{3}{4}\pi$$

所以 $\iint_D (x+y)\mathrm{d}x\mathrm{d}y=\frac{3}{2}\pi$.

【评注】　本题还可利用作变换 $u=x-\frac{1}{2},v=y-\frac{1}{2}$ 来计算.

6（1998，四题，5 分）设 $D=\{(x,y)\mid x^2+y^2\leqslant x\}$，求$\iint_D\sqrt{x}\mathrm{d}x\mathrm{d}y$.

分析　可以用极坐标或直角坐标来计算.

解（方法一）　利用直角坐标系计算.

$$\iint_D\sqrt{x}\mathrm{d}x\mathrm{d}y=\int_0^1\sqrt{x}\mathrm{d}x\int_{-\sqrt{x-x^2}}^{\sqrt{x-x^2}}y\mathrm{d}y=2\int_0^1 x\sqrt{1-x}\mathrm{d}x$$

$$\xlongequal{\sqrt{1-x}=t}4\int_0^1(1-t^2)t^2\mathrm{d}t=\frac{8}{15}$$

（方法二）　利用极坐标系计算.

$$\iint_D\sqrt{x}\mathrm{d}x\mathrm{d}y=\int_{-\frac{\pi}{2}}^{\frac{\pi}{2}}\mathrm{d}\theta\int_0^{\cos\theta}\sqrt{r\cos\theta}r\mathrm{d}r=\int_{-\frac{\pi}{2}}^{\frac{\pi}{2}}\sqrt{\cos\theta}\mathrm{d}\theta\int_0^{\cos\theta}r^{\frac{3}{2}}\mathrm{d}r$$

$$=\frac{2}{5}\int_{-\frac{\pi}{2}}^{\frac{\pi}{2}}\cos^3\theta\mathrm{d}\theta=\frac{4}{5}\int_0^{\frac{\pi}{2}}\cos^3\theta\mathrm{d}\theta=\frac{4}{5}\times\frac{2}{3}\times1=\frac{8}{15}$$

【评注】　方法二中$\int_0^{\frac{\pi}{2}}\cos^3\theta\mathrm{d}\theta=\frac{2}{3}\times1$ 是直接利用沃里斯公式.

7（1999，二(2)题，3 分）设 $f(x,y)$ 连续，且

$$f(x,y)=xy+\iint_D f(u,v)\mathrm{d}u\mathrm{d}v$$

其中 D 是由 $y=0,y=x^2,x=1$ 所围区域，则 $f(x,y)$ 等于

(A) xy.　　(B) $2xy$.　　(C) $xy+\frac{1}{8}$.　　(D) $xy+1$.

答案　C.

解析　方程中的二重积分$\iint_D f(u,v)\mathrm{d}u\mathrm{d}v$ 为常数，只要求出此常数即可.

令 $A=\iint_D f(u,v)\mathrm{d}u\mathrm{d}v$，则 $f(x,y)=xy+A$.

两边在 D 上求二重积分，得

$$A=\iint_D f(x,y)\mathrm{d}x\mathrm{d}y=\iint_D xy\mathrm{d}x\mathrm{d}y+A\iint_D\mathrm{d}x\mathrm{d}y$$

即 $A=\int_0^1 x\mathrm{d}x\int_0^{x^2} y\mathrm{d}y+A\int_0^1\mathrm{d}x\int_0^{x^2}\mathrm{d}y=\frac{1}{12}+\frac{1}{3}A$，解得 $A=\frac{1}{8}$.

故 $f(x,y)=xy+\frac{1}{8}$，答案选(C).

8 (1999，四题，7 分) 计算二重积分 $\iint\limits_D y\mathrm{d}x\mathrm{d}y$，其中 D 是由直线 $x=-2,y=0,y=2$ 以及曲线 $x=-\sqrt{2y-y^2}$ 所围成的平面区域.

分析 因为被积函数 $f(x,y)=y$，以及积分区域的特征，所以选择先 x 后 y 的积分次序. 还可考虑用形心坐标计算公式来计算.

解 (方法一) 利用直角坐标系计算.

$$\iint\limits_D y\mathrm{d}x\mathrm{d}y=\int_0^2\mathrm{d}y\int_{-2}^{-\sqrt{2y-y^2}} y\mathrm{d}x=\int_0^2(2-\sqrt{2y-y^2})y\mathrm{d}y=4-\int_0^2 y\sqrt{2y-y^2}\mathrm{d}y$$

$$\xlongequal{y-1=\sin t}4-\int_{-\frac{\pi}{2}}^{\frac{\pi}{2}}(1+\sin t)\cos^2 t\mathrm{d}t=4-\int_{-\frac{\pi}{2}}^{\frac{\pi}{2}}\cos^2 t\mathrm{d}t=4-\frac{\pi}{2}$$

(方法二) 可看出区域 D 形心的纵坐标为 1，则

$$\frac{\iint\limits_D y\mathrm{d}x\mathrm{d}y}{\iint\limits_D \mathrm{d}x\mathrm{d}y}=1$$

进而 $\iint\limits_D y\mathrm{d}x\mathrm{d}y=\iint\limits_D\mathrm{d}x\mathrm{d}y=4-\frac{\pi}{2}$.

【评注】 其实，本题还可利用正方形区域的积分减去半圆域上的积分来计算.

9 (2000，四题，6 分) 计算二重积分 $I=\iint\limits_D\frac{\sqrt{x^2+y^2}}{\sqrt{4a^2-x^2-y^2}}\mathrm{d}x\mathrm{d}y$，其中区域 D 是由曲线 $y=-a+\sqrt{a^2-x^2}\ (a>0)$ 和直线 $y=-x$ 围成的区域.

分析 本题主要考查二重积分在极坐标系下的计算方法.

解 因为被积函数含有 $\sqrt{x^2+y^2}$，且积分区域 D 为部分圆域，用极坐标系

$$I=\int_{-\frac{\pi}{4}}^{0}\mathrm{d}\theta\int_0^{-2a\sin\theta}\frac{r}{\sqrt{4a^2-r^2}}\cdot r\mathrm{d}r\xlongequal{r=2a\sin t}\int_{-\frac{\pi}{4}}^{0}\mathrm{d}\theta\int_0^{-\theta}\frac{4a^2\sin^2 t}{2a\cos t}\cdot 2a\cos t\mathrm{d}t$$

$$=4a^2\int_{-\frac{\pi}{4}}^{0}\mathrm{d}\theta\int_0^{-\theta}\frac{1}{2}(1-\cos 2t)\mathrm{d}t=2a^2\int_{-\frac{\pi}{4}}^{0}\left(-\theta+\frac{1}{2}\sin 2\theta\right)\mathrm{d}\theta$$

$$=a^2\left(\frac{\pi^2}{16}-\frac{1}{2}\right)$$

【评注】 本题若用直角坐标计算，则较为烦琐.

10 (2001，五题，6 分) 求二重积分 $\iint\limits_D y[1+xe^{\frac{1}{2}(x^2+y^2)}]\mathrm{d}x\mathrm{d}y$ 的值，其中 D 是由直线 $y=x$，$y=-1,x=1$ 围成的平面区域.

分析 分项求二重积分，注意积分对称性的运用.

解 (方法一) 积分区域 $D=D_1+D_2$，D_1 关于 x 轴对称、D_2 关于 y 轴对称，函数 $yxe^{\frac{1}{2}(x^2+y^2)}$ 关于 x 及 y 都是奇函数，利用二重积分的性质

$$\iint_D yx\mathrm{e}^{\frac{1}{2}(x^2+y^2)}\mathrm{d}x\mathrm{d}y=\iint_{D_1} yx\mathrm{e}^{\frac{1}{2}(x^2+y^2)}\mathrm{d}x\mathrm{d}y+\iint_{D_2} yx\mathrm{e}^{\frac{1}{2}(x^2+y^2)}\mathrm{d}x\mathrm{d}y=0$$

而$\iint_D y\mathrm{d}x\mathrm{d}y=\int_{-1}^{1}\mathrm{d}x\int_{-1}^{x}y\mathrm{d}y=-\frac{2}{3}$，所以$\iint_D y[1+x\mathrm{e}^{\frac{1}{2}(x^2+y^2)}]\mathrm{d}x\mathrm{d}y=-\frac{2}{3}$.

（方法二） $\iint_D yx\mathrm{e}^{\frac{1}{2}(x^2+y^2)}\mathrm{d}x\mathrm{d}y=\int_{-1}^{1}\mathrm{d}x\int_{-1}^{x}yx\mathrm{e}^{\frac{1}{2}(x^2+y^2)}\mathrm{d}y$

$$=\int_{-1}^{1}x\mathrm{e}^{\frac{1}{2}(x^2+y^2)}\Big|_{-1}^{x}\mathrm{d}x=\int_{-1}^{1}x[\mathrm{e}^{x^2}-\mathrm{e}^{\frac{1}{2}(x^2+1)}]\mathrm{d}x=0$$

$$\iint_D y\mathrm{d}x\mathrm{d}y=\int_{-1}^{1}\mathrm{d}x\int_{-1}^{x}y\mathrm{d}y=-\frac{2}{3}$$

所以$\iint_D y[1+x\mathrm{e}^{\frac{1}{2}(x^2+y^2)}]\mathrm{d}x\mathrm{d}y=-\frac{2}{3}$.

11 (2003，一(3)题，4分)设$a>0$，$f(x)=g(x)=\begin{cases}a, & 0\leqslant x\leqslant 1,\\ 0, & \text{其他},\end{cases}$ 而D表示全平面，则$I=\iint_D f(x)g(y-x)\mathrm{d}x\mathrm{d}y=$ ________.

答案 a^2.

解析 本题积分区域为全平面，但只有当$0\leqslant x\leqslant 1$，$0\leqslant y-x\leqslant 1$时，被积函数才不为零，因此可转化为有界区域上的二重积分.

$$I=\iint_D f(x)g(y-x)\mathrm{d}x\mathrm{d}y=\iint_{0\leqslant x\leqslant 1,0\leqslant y-x\leqslant 1}a^2\mathrm{d}x\mathrm{d}y$$

$$=a^2\int_0^1\mathrm{d}x\int_x^{x+1}\mathrm{d}y=a^2\int_0^1[(x+1)-x]\mathrm{d}x=a^2.$$

12 (2003，五题，8分)计算二重积分

$$I=\iint_D \mathrm{e}^{-(x^2+y^2-\pi)}\sin(x^2+y^2)\mathrm{d}x\mathrm{d}y$$

其中积分区域$D=\{(x,y)\mid x^2+y^2\leqslant\pi\}$.

分析 从被积函数与积分区域可以看出，应该利用极坐标进行计算.

解 作极坐标变换：$x=r\cos\theta$，$y=r\sin\theta$，有

$$I=\mathrm{e}^{\pi}\iint_D \mathrm{e}^{-(x^2+y^2)}\sin(x^2+y^2)\mathrm{d}x\mathrm{d}y$$

$$=\mathrm{e}^{\pi}\int_0^{2\pi}\mathrm{d}\theta\int_0^{\sqrt{\pi}}r\mathrm{e}^{-r^2}\sin r^2\mathrm{d}r$$

令$t=r^2$，则

$$I=\pi\mathrm{e}^{\pi}\int_0^{\pi}\mathrm{e}^{-t}\sin t\mathrm{d}t$$

记$A=\int_0^{\pi}\mathrm{e}^{-t}\sin t\mathrm{d}t$，则

$$A=-\int_0^{\pi}\sin t\mathrm{d}\mathrm{e}^{-t}=-[\mathrm{e}^{-t}\sin t\Big|_0^{\pi}-\int_0^{\pi}\mathrm{e}^{-t}\cos t\mathrm{d}t]=-\int_0^{\pi}\cos t\mathrm{d}\mathrm{e}^{-t}$$

$$=-\left[\mathrm{e}^{-t}\cos t\Big|_0^{\pi}+\int_0^{\pi}\mathrm{e}^{-t}\sin t\mathrm{d}t\right]=\mathrm{e}^{-\pi}+1-A$$

因此$A=\frac{1}{2}(1+\mathrm{e}^{-\pi})$，$I=\frac{\pi\mathrm{e}^{\pi}}{2}(1+\mathrm{e}^{-\pi})=\frac{\pi}{2}(1+\mathrm{e}^{\pi})$.

【评注】 本题明显地应该选用极坐标进行计算，在将二重积分化为定积分后，再通过换元与分部积分，即可得出结果，综合考查了二重积分、换元积分与分部积分等多个基础知识点.

13（2004，16 题，8 分）求 $\iint\limits_D (\sqrt{x^2+y^2}+y)\mathrm{d}\sigma$，其中 D 是由圆 $x^2+y^2=4$ 和 $(x+1)^2+y^2=1$ 所围成的平面区域（如图）.

分析 首先，将积分区域 D 分为大圆 $D_1=\{(x,y)\mid x^2+y^2\leqslant 4\}$ 减去小圆 $D_2=\{(x,y)\mid (x+1)^2+y^2\leqslant 1\}$，再利用对称性与极坐标计算即可.

解 令 $D_1=\{(x,y)\mid x^2+y^2\leqslant 4\}$，$D_2=\{(x,y)\mid (x+1)^2+y^2\leqslant 1\}$，

由对称性，$\iint\limits_D y\,\mathrm{d}\sigma=0$.

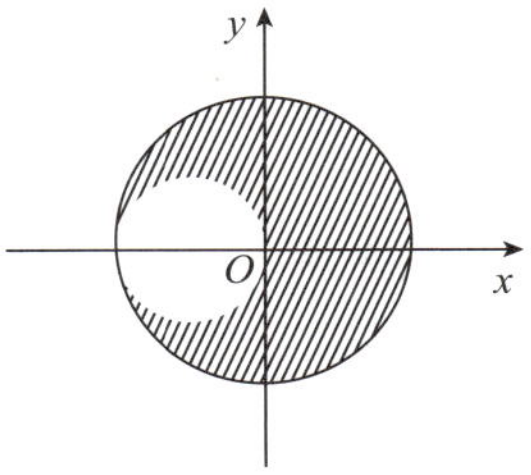

$$\begin{aligned}\iint\limits_D \sqrt{x^2+y^2}\,\mathrm{d}\sigma&=\iint\limits_{D_1}\sqrt{x^2+y^2}\,\mathrm{d}\sigma-\iint\limits_{D_2}\sqrt{x^2+y^2}\,\mathrm{d}\sigma\\&=\int_0^{2\pi}\mathrm{d}\theta\int_0^2 r^2\,\mathrm{d}r-\int_{\frac{\pi}{2}}^{\frac{3\pi}{2}}\mathrm{d}\theta\int_0^{-2\cos\theta}r^2\,\mathrm{d}r\\&=\frac{16\pi}{3}-\frac{32}{9}=\frac{16}{9}(3\pi-2)\end{aligned}$$

所以，$\iint\limits_D(\sqrt{x^2+y^2}+y)\mathrm{d}\sigma=\frac{16}{9}(3\pi-2)$.

【评注】 本题属于在极坐标系下计算二重积分的基本题型，对于二重积分，经常利用对称性及将一个复杂区域划分为两个或三个简单区域来简化计算.

14（2006，16 题，7 分）计算二重积分 $\iint\limits_D\sqrt{y^2-xy}\,\mathrm{d}x\mathrm{d}y$，其中 D 是由直线 $y=x$，$y=1$，$x=0$ 所围成的平面区域.

分析 画出积分域，将二重积分化为累次积分即可.

解 积分区域如图所示. 因为根号下的函数为关于 x 的一次函数，“先 x 后 y”积分较容易，所以

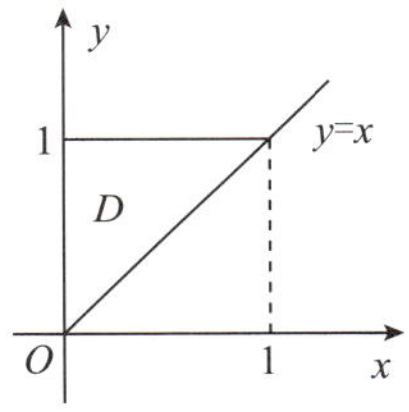

$$\begin{aligned}\iint\limits_D\sqrt{y^2-xy}\,\mathrm{d}x\mathrm{d}y&=\int_0^1\mathrm{d}y\int_0^y\sqrt{y^2-xy}\,\mathrm{d}x\\&=-\frac{2}{3}\int_0^1\frac{1}{y}(y^2-xy)^{\frac{3}{2}}\Big|_0^y\mathrm{d}y=\frac{2}{3}\int_0^1 y^2\,\mathrm{d}y\\&=\frac{2}{9}\end{aligned}$$

【评注】 计算二重积分时，首先画出积分区域的图形，然后结合积分区域的形状和被积函数的形式，选择坐标系和积分次序.

15（2008，4 题，4 分）设 $f(x)$ 连续，若 $F(u,v)=\iint\limits_{D_{uv}}\frac{f(x^2+y^2)}{\sqrt{x^2+y^2}}\mathrm{d}x\mathrm{d}y$，其中区域 D_{uv} 为图中阴影部分，则 $\frac{\partial F}{\partial u}=$

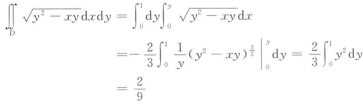

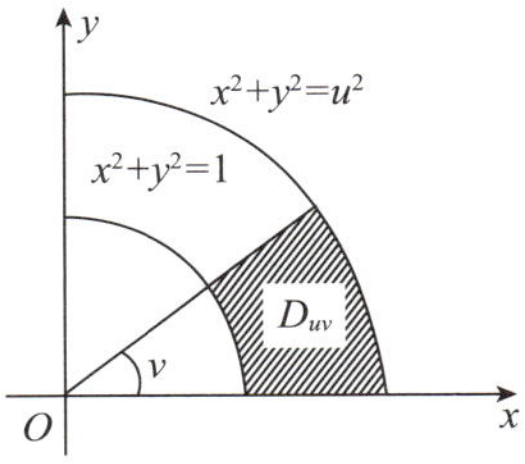

(A) $vf(u^2)$.　　(B) $\frac{v}{u}f(u^2)$.

(C) $vf(u)$.　　(D) $\frac{v}{u}f(u)$.

答案 A.

解析 利用极坐标，有

$$F(u,v)=\int_0^v \mathrm{d}\theta\int_1^u \frac{f(r^2)}{r}r\,\mathrm{d}r=v\int_1^u f(r^2)\,\mathrm{d}r$$

于是$\dfrac{\partial F}{\partial u}=vf(u^2)$，故应选(A).

三、利用区域的对称性及函数的奇偶性计算积分

16（2008，11 题，4 分）设 $D=\{(x,y)\mid x^2+y^2\leqslant 1\}$，则$\iint\limits_D(x^2-y)\mathrm{d}x\mathrm{d}y=$ ________.

答案 $\dfrac{\pi}{4}$.

解析 由于积分区域 D 关于 x，y 轴对称，则有

$$\iint\limits_D y\,\mathrm{d}x\mathrm{d}y=0,\iint\limits_D x^2\,\mathrm{d}x\mathrm{d}y=4\iint\limits_{D_1}x^2\,\mathrm{d}x\mathrm{d}y$$

其中 $D_1=\{(x,y)\mid x^2+y^2\leqslant 1,x\geqslant 0,y\geqslant 0\}$，从而

$$\iint\limits_D(x^2-y)\mathrm{d}x\mathrm{d}y=4\iint\limits_{D_1}x^2\,\mathrm{d}x\mathrm{d}y=4\int_0^{\frac{\pi}{2}}\mathrm{d}\theta\int_0^1 r^2\cdot r\cos^2\theta\,\mathrm{d}r=\frac{1}{2}\int_0^{\frac{\pi}{2}}(1+\cos 2\theta)\mathrm{d}\theta=\frac{\pi}{4}.$$

四、分块函数积分的计算

17（1995，六题，5 分）计算$\int_{-\infty}^{+\infty}\int_{-\infty}^{+\infty}\min\{x,y\}\mathrm{e}^{-(x^2+y^2)}\mathrm{d}x\mathrm{d}y$.

分析 这是一个分块反常二重积分的计算，把整个平面用一、三象限的角平分线分为两个区域.

解
$$\begin{aligned}\int_{-\infty}^{+\infty}\int_{-\infty}^{+\infty}\min\{x,y\}\mathrm{e}^{-(x^2+y^2)}\mathrm{d}x\mathrm{d}y&=\iint\limits_{x\leqslant y}x\mathrm{e}^{-(x^2+y^2)}\mathrm{d}x\mathrm{d}y+\iint\limits_{x>y}y\mathrm{e}^{-(x^2+y^2)}\mathrm{d}x\mathrm{d}y\\&=\int_{-\infty}^{+\infty}\mathrm{d}y\int_{-\infty}^{y}x\mathrm{e}^{-(x^2+y^2)}\mathrm{d}x+\int_{-\infty}^{+\infty}\mathrm{d}x\int_{-\infty}^{x}y\mathrm{e}^{-(x^2+y^2)}\mathrm{d}y\\&=-\frac{1}{2}\int_{-\infty}^{+\infty}\left(\mathrm{e}^{-y^2}\mathrm{e}^{-x^2}\Big|_{-\infty}^{y}\right)\mathrm{d}y-\frac{1}{2}\int_{-\infty}^{+\infty}\left(\mathrm{e}^{-x^2}\mathrm{e}^{-y^2}\Big|_{-\infty}^{x}\right)\mathrm{d}x\\&=-\frac{1}{2}\int_{-\infty}^{+\infty}\mathrm{e}^{-2y^2}\mathrm{d}y-\frac{1}{2}\int_{-\infty}^{+\infty}\mathrm{e}^{-2x^2}\mathrm{d}x\\&=-\int_{-\infty}^{+\infty}\mathrm{e}^{-2x^2}\mathrm{d}x=-\sqrt{\frac{\pi}{2}}.\end{aligned}$$

【评注】 因被积函数中含有 x^2+y^2，也可考虑用极坐标来计算. 题中在计算$\int_{-\infty}^{+\infty}\mathrm{e}^{-2x^2}\mathrm{d}x$时，用到了概率积分$\int_{-\infty}^{+\infty}\mathrm{e}^{-2x^2}\mathrm{d}x\xlongequal{x=\frac{t}{2}}\frac{1}{2}\int_{-\infty}^{+\infty}\mathrm{e}^{-\frac{t^2}{2}}\mathrm{d}t=\frac{\sqrt{2\pi}}{2}\int_{-\infty}^{+\infty}\frac{1}{\sqrt{2\pi}}\mathrm{e}^{-\frac{t^2}{2}}\mathrm{d}t=\frac{\sqrt{2\pi}}{2}.$

18（2005,17 题,9 分）计算二重积分$\iint\limits_D |x^2+y^2-1|\mathrm{d}\sigma$,其中

$$D=\{(x,y)\,|\,0\leqslant x\leqslant 1,0\leqslant y\leqslant 1\}$$

分析 被积函数含有绝对值,应当作分区域函数看待,利用积分的可加性分区域积分即可.

解 记$D_1=\{(x,y)\,|\,x^2+y^2\leqslant 1,(x,y)\in D\}$,

$D_2=\{(x,y)\,|\,x^2+y^2>1,(x,y)\in D\}$,

于是

$$\begin{aligned}\iint\limits_D |x^2+y^2-1|\mathrm{d}\sigma&=-\iint\limits_{D_1}(x^2+y^2-1)\mathrm{d}x\mathrm{d}y+\iint\limits_{D_2}(x^2+y^2-1)\mathrm{d}x\mathrm{d}y\\&=-\int_0^{\frac{\pi}{2}}\mathrm{d}\theta\int_0^1(r^2-1)r\mathrm{d}r+\iint\limits_D(x^2+y^2-1)\mathrm{d}x\mathrm{d}y-\iint\limits_{D_1}(x^2+y^2-1)\mathrm{d}x\mathrm{d}y\\&=\frac{\pi}{8}+\int_0^1\mathrm{d}x\int_0^1(x^2+y^2-1)\mathrm{d}y-\int_0^{\frac{\pi}{2}}\mathrm{d}\theta\int_0^1(r^2-1)r\mathrm{d}r=\frac{\pi}{4}-\frac{1}{3}.\end{aligned}$$

【评注】 形如积分$\iint\limits_D|f(x,y)|\mathrm{d}\sigma$,$\iint\limits_D\max\{f(x,y),g(x,y)\}\mathrm{d}\sigma$,$\iint\limits_D\min\{f(x,y),g(x,y)\}\mathrm{d}\sigma$,$\iint\limits_D[f(x,y)]\mathrm{d}\sigma$,$\iint\limits_D\mathrm{sgn}\{f(x,y)-g(x,y)\}\mathrm{d}\sigma$ 等的被积函数均应当作分区域函数看待,利用积分的可加性分区域积分.

19（2007,18 题,11 分）设二元函数

$$f(x,y)=\begin{cases}x^2, & |x|+|y|\leqslant 1,\\ \dfrac{1}{\sqrt{x^2+y^2}}, & 1<|x|+|y|\leqslant 2\end{cases}$$

计算二重积分$\iint\limits_D f(x,y)\mathrm{d}\sigma$,其中$D=\{(x,y)\,|\,|x|+|y|\leqslant 2\}$.

分析 由于积分区域关于x,y轴均对称,所以利用二重积分的对称性结论简化所求积分.

解 因为被积函数关于x,y均为偶函数,且积分区域关于x,y轴均对称,所以

$$\iint\limits_D f(x,y)\mathrm{d}\sigma=4\iint\limits_{D_1}f(x,y)\mathrm{d}\sigma,\text{其中 }D_1\text{ 为 }D\text{ 在第一象限内的部分}$$

而

$$\begin{aligned}\iint\limits_{D_1}f(x,y)\mathrm{d}\sigma&=\iint\limits_{x+y\leqslant 1,x\geqslant 0,y\geqslant 0}x^2\mathrm{d}\sigma+\iint\limits_{1\leqslant x+y\leqslant 2,x\geqslant 0,y\geqslant 0}\frac{1}{\sqrt{x^2+y^2}}\mathrm{d}\sigma\\&=\int_0^1\mathrm{d}x\int_0^{1-x}x^2\mathrm{d}y+\left(\int_0^1\mathrm{d}x\int_{1-x}^{2-x}\frac{1}{\sqrt{x^2+y^2}}\mathrm{d}y+\int_1^2\mathrm{d}x\int_0^{2-x}\frac{1}{\sqrt{x^2+y^2}}\mathrm{d}y\right)\\&=\frac{1}{12}+\sqrt{2}\ln(1+\sqrt{2}).\end{aligned}$$

所以$\iint\limits_D f(x,y)\mathrm{d}\sigma=\dfrac{1}{3}+4\sqrt{2}\ln(1+\sqrt{2})$.

【评注】 被积函数包含$\sqrt{x^2+y^2}$时,可考虑用极坐标,解答如下:

$$\begin{aligned}\iint\limits_{\substack{1\leqslant x+y\leqslant 2\\x>0,y>0}}f(x,y)\mathrm{d}\sigma&=\iint\limits_{\substack{1\leqslant x+y\leqslant 2\\x>0,y>0}}\frac{1}{\sqrt{x^2+y^2}}\mathrm{d}\sigma=\int_0^{\frac{\pi}{2}}\mathrm{d}\theta\int_{\frac{1}{\sin\theta+\cos\theta}}^{\frac{2}{\sin\theta+\cos\theta}}\mathrm{d}r\\&=\sqrt{2}\ln(1+\sqrt{2}).\end{aligned}$$

20（2008,17题,11分）计算$\iint\limits_D \max\{xy,1\}\mathrm{d}x\mathrm{d}y$,其中$D=\{(x,y)\mid 0\leqslant x\leqslant 2,0\leqslant y\leqslant 2\}$.

分析 被积函数$f(x,y)=\max\{xy,1\}$是分区域函数,要利用积分的可加性分区域积分.

解 $\max\{xy,1\}=\begin{cases}xy, & xy\geqslant 1,\\ 1, & xy<1,\end{cases}$

记$D_1=\{(x,y)\mid xy\geqslant 1,(x,y)\in D\}$,$D_2=\{(x,y)\mid xy<1,(x,y)\in D\}$,则

$$\begin{aligned}\iint\limits_D \max\{xy,1\}\mathrm{d}x\mathrm{d}y&=\iint\limits_{D_1}xy\mathrm{d}x\mathrm{d}y+\iint\limits_{D_2}\mathrm{d}x\mathrm{d}y\\&=\int_{\frac{1}{2}}^{2}\mathrm{d}x\int_{\frac{1}{x}}^{2}xy\mathrm{d}y+\int_0^{\frac{1}{2}}\mathrm{d}x\int_0^2\mathrm{d}y+\int_{\frac{1}{2}}^{2}\mathrm{d}x\int_0^{\frac{1}{x}}\mathrm{d}y\\&=\frac{15}{4}-\ln 2+1+2\ln 2=\frac{19}{4}+\ln 2.\end{aligned}$$

五、交换积分次序及坐标系

21（1988,三(4)题,4分）求二重积分$\int_0^{\frac{\pi}{6}}\mathrm{d}y\int_y^{\frac{\pi}{6}}\frac{\cos x}{x}\mathrm{d}x$.

分析 因为$\frac{\cos x}{x}$的原函数不是初等函数,先对x积分无法计算,所以需交换积分次序来计算二次积分.也可用分部积分法去掉变限积分计算.

解（方法一） 积分区域可表示为

$$D=\left\{(x,y)\mid 0\leqslant x\leqslant\frac{\pi}{6},0\leqslant y\leqslant x\right\}$$

则
$$\int_0^{\frac{\pi}{6}}\mathrm{d}y\int_y^{\frac{\pi}{6}}\frac{\cos x}{x}\mathrm{d}x=\int_0^{\frac{\pi}{6}}\mathrm{d}x\int_0^x\frac{\cos x}{x}\mathrm{d}y=\int_0^{\frac{\pi}{6}}\cos x\mathrm{d}x=\frac{1}{2}$$

（方法二） 用分部积分法

$$\begin{aligned}\int_0^{\frac{\pi}{6}}\mathrm{d}y\int_y^{\frac{\pi}{6}}\frac{\cos x}{x}\mathrm{d}x&=\int_0^{\frac{\pi}{6}}\left(\int_y^{\frac{\pi}{6}}\frac{\cos x}{x}\mathrm{d}x\right)\mathrm{d}y\\&=y\left(\int_y^{\frac{\pi}{6}}\frac{\cos x}{x}\mathrm{d}x\right)\Bigg|_0^{\frac{\pi}{6}}+\int_0^{\frac{\pi}{6}}\cos y\mathrm{d}y=\frac{1}{2}\end{aligned}$$

【评注】 本题方法一是交换积分次序,甚至有的题目需要变换积分坐标系.

22（1992,一(3)题,3分）交换积分次序$\int_0^1\mathrm{d}y\int_{\sqrt{y}}^{\sqrt{2-y^2}}f(x,y)\mathrm{d}x=$ ________.

答案 $\int_0^1\mathrm{d}x\int_0^{x^2}f(x,y)\mathrm{d}y+\int_1^{\sqrt{2}}\mathrm{d}x\int_0^{\sqrt{2-x^2}}f(x,y)\mathrm{d}y$.

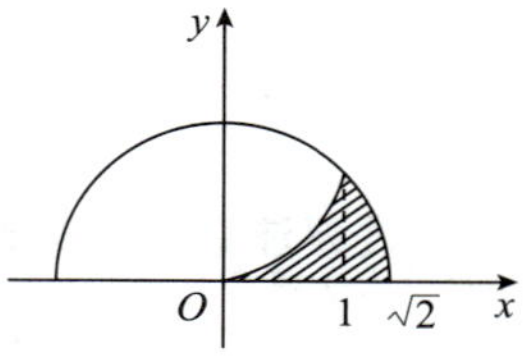

解析 积分区域$D=\{(x,y)\mid 0\leqslant y\leqslant 1,\sqrt{y}\leqslant x\leqslant\sqrt{2-y^2}\}=D_1+D_2$,其中

$$D_1=\{(x,y)\mid 0\leqslant x\leqslant 1,0\leqslant y\leqslant x^2\}$$
$$D_2=\{(x,y)\mid 1\leqslant x\leqslant\sqrt{2},0\leqslant y\leqslant\sqrt{2-x^2}\}$$

于是 $\int_0^1 dy \int_{\sqrt{y}}^{\sqrt{2-y^2}} f(x,y)dx = \int_0^1 dx \int_0^{x^2} f(x,y)dy + \int_1^{\sqrt{2}} dx \int_0^{\sqrt{2-x^2}} f(x,y)dy$.

23 (1996,二(1)题,3分)累次积分 $\int_0^{\frac{\pi}{2}} d\theta \int_0^{\cos\theta} f(r\cos\theta, r\sin\theta)rdr$ 又可表示成

(A) $\int_0^1 dy \int_0^{\sqrt{y-y^2}} f(x,y)dx$.　　(B) $\int_0^1 dy \int_0^{\sqrt{1-y^2}} f(x,y)dx$.

(C) $\int_0^1 dx \int_0^1 f(x,y)dy$.　　(D) $\int_0^1 dx \int_0^{\sqrt{x-x^2}} f(x,y)dy$.

答案 D.

解析 积分区域 D 为圆 $\left(x-\frac{1}{2}\right)^2 + y^2 \leqslant \frac{1}{4}$ 的上半部分，所以

$$\int_0^{\frac{\pi}{2}} d\theta \int_0^{\cos\theta} f(r\cos\theta, r\sin\theta)rdr = \int_0^1 dx \int_0^{\sqrt{x-x^2}} f(x,y)dy$$

答案选(D).

24 (2002,一(2)题,3分)交换积分次序 $\int_0^{\frac{1}{4}} dy \int_y^{\sqrt{y}} f(x,y)dx + \int_{\frac{1}{4}}^{\frac{1}{2}} dy \int_y^{\frac{1}{2}} f(x,y)dx =$ ________.

答案 $\int_0^{\frac{1}{2}} dx \int_{x^2}^{x} f(x,y)dy$.

解析 积分区域 $D = D_1 + D_2$，其中

$$D_1 = \left\{(x,y) \middle| 0 \leqslant y \leqslant \frac{1}{4}, y \leqslant x \leqslant \sqrt{y}\right\}$$

$$D_2 = \left\{(x,y) \middle| \frac{1}{4} \leqslant y \leqslant \frac{1}{2}, y \leqslant x \leqslant \frac{1}{2}\right\}$$

于是 D 也可表示为 $D = \left\{(x,y) \middle| 0 \leqslant x \leqslant \frac{1}{2}, x^2 \leqslant y \leqslant x\right\}$.

故 $\int_0^{\frac{1}{4}} dy \int_y^{\sqrt{y}} f(x,y)dx + \int_{\frac{1}{4}}^{\frac{1}{2}} dy \int_y^{\frac{1}{2}} f(x,y)dx = \int_0^{\frac{1}{2}} dx \int_{x^2}^{x} f(x,y)dy$.

25 (2007,4题,4分)设函数 $f(x,y)$ 连续，则二次积分 $\int_{\frac{\pi}{2}}^{\pi} dx \int_{\sin x}^{1} f(x,y)dy$ 等于

(A) $\int_0^1 dy \int_{\pi+\arcsin y}^{\pi} f(x,y)dx$.　　(B) $\int_0^1 dy \int_{\pi-\arcsin y}^{\pi} f(x,y)dx$.

(C) $\int_0^1 dy \int_{\frac{\pi}{2}}^{\pi+\arcsin y} f(x,y)dx$.　　(D) $\int_0^1 dy \int_{\frac{\pi}{2}}^{\pi-\arcsin y} f(x,y)dx$.

答案 B.

解析 由题设可知，$\frac{\pi}{2} \leqslant x \leqslant \pi, \sin x \leqslant y \leqslant 1$，则 $0 \leqslant y \leqslant 1, \pi - \arcsin y \leqslant x \leqslant \pi$，故应选(B).

【评注】 本题为基础题型. 画图更易看出.

第六章　无穷级数

本章导读

本章主要考查如下两个方面：一是判别或证明数项级数的敛散性，特别是判定抽象级数的敛散性；二是求幂级数的和函数，而求函数的幂级数展开式从2009年开始要求降低.

试题特点

几乎每年试题都涉及本章内容，可能是一个大题，也可能是一个小题，分值约占8%. 2009—2011年只考过两个小题，2012、2013、2015、2019、2020年都只考了一个选择题；2014、2018、2021年都考查了一个大题；2016、2017年分别是一个大题，一个小题. 值得注意的是，数学三、四合并后对级数的要求降低了不少. 小题主要是抽象级数敛散性的判定，一般以选择题的形式出现，往往有一定难度；大题主要涉及求幂级数的和函数和把函数展开成幂级数，题目难度不是很大.

考题详析

一、数项级数敛散性的判定

1 (1987，一(3)题，2分)(判断题)若级数 $\sum\limits_{n=1}^{\infty}a_n$ 和 $\sum\limits_{n=1}^{\infty}b_n$ 均发散，则级数 $\sum\limits_{n=1}^{\infty}(a_n+b_n)$ 也必发散.　　(　　)

答案 ×.

解析 可举例说明：如取 $a_n=1, b_n=-1$，级数 $\sum\limits_{n=1}^{\infty}a_n$ 和 $\sum\limits_{n=1}^{\infty}b_n$ 都发散，但 $\sum\limits_{n=1}^{\infty}(a_n+b_n)=\sum\limits_{n=1}^{\infty}0=0$ 收敛.

2 (1988，四(1)题，3分)讨论级数 $\sum\limits_{n=1}^{\infty}\dfrac{(n+1)!}{n^{n+1}}$ 的敛散性.

分析 此级数为正项级数，根据级数一般项的特点，可用比值判别法.

解 利用比值判别法

$$\lim_{n\to\infty}\frac{u_{n+1}}{u_n}=\lim_{n\to\infty}\frac{\dfrac{(n+2)!}{(n+1)^{n+2}}}{\dfrac{(n+1)!}{n^{n+1}}}=\lim_{n\to\infty}\frac{n(n+2)}{(n+1)^2}\frac{1}{\left(1+\dfrac{1}{n}\right)^n}=\frac{1}{e}<1$$

所以原级数收敛.

【评注】 一般来说，若正项级数的通项含有阶乘或连乘的形式往往用比值判别法.

3（1988，四(2)题，3分）已知级数$\sum_{n=1}^{\infty}a_n^2$和$\sum_{n=1}^{\infty}b_n^2$都收敛，试证明级数$\sum_{n=1}^{\infty}a_nb_n$绝对收敛.

分析　利用级数的性质和正项级数的比较判别法证明.

证明　由于$|a_nb_n|\leqslant\frac{1}{2}(a_n^2+b_n^2)$，而级数$\sum_{n=1}^{\infty}a_n^2$和$\sum_{n=1}^{\infty}b_n^2$都收敛，利用级数的性质和正项级数的比较判别法知级数$\sum_{n=1}^{\infty}|a_nb_n|$收敛，即级数$\sum_{n=1}^{\infty}a_nb_n$绝对收敛.

4（1991，二(2)题，3分）设$0\leqslant a_n<\frac{1}{n}(n=1,2,\cdots)$，则下列级数中肯定收敛的是

(A) $\sum_{n=1}^{\infty}a_n$.　　(B) $\sum_{n=1}^{\infty}(-1)^na_n$.　　(C) $\sum_{n=1}^{\infty}\sqrt{a_n}$.　　(D) $\sum_{n=1}^{\infty}(-1)^na_n^2$.

答案　D.

解析　由于$|(-1)^na_n^2|=a_n^2\leqslant\frac{1}{n^2}$，而级数$\sum_{n=1}^{\infty}\frac{1}{n^2}$收敛，所以级数$\sum_{n=1}^{\infty}(-1)^na_n^2$绝对收敛，当然$\sum_{n=1}^{\infty}(-1)^na_n^2$收敛．答案应选(D).

【评注】　可以采取举反例排除错误答案，如：

取$a_n=\frac{1}{2n}$，可排除(A)(C)；

取$a_n=\begin{cases}\frac{1}{2n}, & n=2k\\ 0, & n=2k+1\end{cases}\quad(k=1,2,\cdots)$，可排除(B).

5（1994，二(2)题，3分）设常数$\lambda>0$，且级数$\sum_{n=1}^{\infty}a_n^2$收敛，则级数$\sum_{n=1}^{\infty}(-1)^n\frac{|a_n|}{\sqrt{n^2+\lambda}}$

(A) 发散.　　(B) 条件收敛.

(C) 绝对收敛.　　(D) 收敛性与λ有关.

答案　C.

解析　由于$\left|(-1)^n\frac{|a_n|}{\sqrt{n^2+\lambda}}\right|=\frac{|a_n|}{\sqrt{n^2+\lambda}}\leqslant\frac{1}{2}\left(a_n^2+\frac{1}{n^2+\lambda}\right)\leqslant\frac{1}{2}\left(a_n^2+\frac{1}{n^2}\right)$，且级数$\sum_{n=1}^{\infty}a_n^2$，$\sum_{n=1}^{\infty}\frac{1}{n^2}$收敛，由级数的性质及正项级数的比较判别法知级数$\sum_{n=1}^{\infty}(-1)^n\frac{|a_n|}{\sqrt{n^2+\lambda}}$绝对收敛，答案应选(C).

6（1996，二(2)题，3分）下述各选项正确的是

(A) 若$\sum_{n=1}^{\infty}u_n^2$和$\sum_{n=1}^{\infty}v_n^2$都收敛，则$\sum_{n=1}^{\infty}(u_n+v_n)^2$收敛.

(B) 若$\sum_{n=1}^{\infty}|u_nv_n|$收敛，则$\sum_{n=1}^{\infty}u_n^2$和$\sum_{n=1}^{\infty}v_n^2$都收敛.

(C) 若正项级数$\sum_{n=1}^{\infty}u_n$发散，则$u_n\geqslant\frac{1}{n}$.

(D) 若级数$\sum_{n=1}^{\infty}u_n$收敛，且$u_n\geqslant v_n(n=1,2,\cdots)$，则级数$\sum_{n=1}^{\infty}v_n$也收敛.

答案 A.

解析 由于

$$(u_n+v_n)^2=u_n^2+2u_nv_n+v_n^2\leqslant 2(u_n^2+v_n^2)$$

用正项级数的比较判别法，若 $\sum\limits_{n=1}^{\infty}u_n^2$ 和 $\sum\limits_{n=1}^{\infty}v_n^2$ 都收敛，则 $\sum\limits_{n=1}^{\infty}(u_n+v_n)^2$ 一定收敛.

正确答案选(A).

【评注】 本题也可通过举反例，排除错误的答案. 如：取 $u_n=\frac{1}{n}$，$v_n=\frac{1}{\sqrt{n}}$，排除(B)；取 $u_n=\ln\left(1+\frac{1}{n}\right)$，排除(C)；取 $u_n=\frac{1}{n^2}$，$v_n=-1$，排除(D).

7 (2003，二(3)题，4分) 设 $p_n=\frac{a_n+|a_n|}{2}$，$q_n=\frac{a_n-|a_n|}{2}$，$n=1,2,\cdots$，则下列命题正确的是

(A) 若 $\sum\limits_{n=1}^{\infty}a_n$ 条件收敛，则 $\sum\limits_{n=1}^{\infty}p_n$ 与 $\sum\limits_{n=1}^{\infty}q_n$ 都收敛.

(B) 若 $\sum\limits_{n=1}^{\infty}a_n$ 绝对收敛，则 $\sum\limits_{n=1}^{\infty}p_n$ 与 $\sum\limits_{n=1}^{\infty}q_n$ 都收敛.

(C) 若 $\sum\limits_{n=1}^{\infty}a_n$ 条件收敛，则 $\sum\limits_{n=1}^{\infty}p_n$ 与 $\sum\limits_{n=1}^{\infty}q_n$ 敛散性都不定.

(D) 若 $\sum\limits_{n=1}^{\infty}a_n$ 绝对收敛，则 $\sum\limits_{n=1}^{\infty}p_n$ 与 $\sum\limits_{n=1}^{\infty}q_n$ 敛散性都不定.

答案 B.

解析 根据绝对收敛与条件收敛的关系以及收敛级数的运算性质即可找出答案. 若 $\sum\limits_{n=1}^{\infty}a_n$ 绝对收敛，即 $\sum\limits_{n=1}^{\infty}|a_n|$ 收敛，当然也有级数 $\sum\limits_{n=1}^{\infty}a_n$ 收敛，再根据 $p_n=\frac{a_n+|a_n|}{2}$，$q_n=\frac{a_n-|a_n|}{2}$ 及收敛级数的运算性质知，$\sum\limits_{n=1}^{\infty}p_n$ 与 $\sum\limits_{n=1}^{\infty}q_n$ 都收敛，故应选(B).

8 (2004，10题，4分) 设有下列命题：

(1) 若 $\sum\limits_{n=1}^{\infty}(u_{2n-1}+u_{2n})$ 收敛，则 $\sum\limits_{n=1}^{\infty}u_n$ 收敛.

(2) 若 $\sum\limits_{n=1}^{\infty}u_n$ 收敛，则 $\sum\limits_{n=1}^{\infty}u_{n+100}$ 收敛.

(3) 若 $\lim\limits_{n\to\infty}\frac{u_{n+1}}{u_n}>1$，则 $\sum\limits_{n=1}^{\infty}u_n$ 发散.

(4) 若 $\sum\limits_{n=1}^{\infty}(u_n+v_n)$ 收敛，则 $\sum\limits_{n=1}^{\infty}u_n$，$\sum\limits_{n=1}^{\infty}v_n$ 都收敛.

则以上命题中正确的是

(A)(1)(2).　　(B)(2)(3).　　(C)(3)(4).　　(D)(1)(4).

答案 B.

解析 可以通过举反例及级数的性质来说明4个命题的正确性.

(1) 是错误的,如令 $u_n = (-1)^n$,显然,$\sum\limits_{n=1}^{\infty} u_n$ 发散,而 $\sum\limits_{n=1}^{\infty}(u_{2n-1} + u_{2n})$ 收敛.

(2) 是正确的,因为改变、增加或减少级数的有限项,不改变级数的收敛性.

(3) 是正确的,因为由 $\lim\limits_{n\to\infty}\dfrac{u_{n+1}}{u_n} > 1$ 可得到 u_n 不趋向于零($n \to \infty$),所以 $\sum\limits_{n=1}^{\infty} u_n$ 发散.

(4) 是错误的,如令 $u_n = \dfrac{1}{n}, v_n = -\dfrac{1}{n}$,显然,$\sum\limits_{n=1}^{\infty} u_n$,$\sum\limits_{n=1}^{\infty} v_n$ 都发散,而 $\sum\limits_{n=1}^{\infty}(u_n + v_n)$ 收敛.

故选(B).

【评注】 本题主要考查级数的性质与敛散性的判别法,属于基本题型.

9 (2005,9 题,4 分) 设 $a_n > 0, n = 1,2,\cdots$,若 $\sum\limits_{n=1}^{\infty} a_n$ 发散,$\sum\limits_{n=1}^{\infty}(-1)^{n-1} a_n$ 收敛,则下列结论正确的是

(A) $\sum\limits_{n=1}^{\infty} a_{2n-1}$ 收敛,$\sum\limits_{n=1}^{\infty} a_{2n}$ 发散.

(B) $\sum\limits_{n=1}^{\infty} a_{2n}$ 收敛,$\sum\limits_{n=1}^{\infty} a_{2n-1}$ 发散.

(C) $\sum\limits_{n=1}^{\infty}(a_{2n-1} + a_{2n})$ 收敛.

(D) $\sum\limits_{n=1}^{\infty}(a_{2n-1} - a_{2n})$ 收敛.

答案 D.

解析 取 $a_n = \dfrac{1}{n}$,则 $\sum\limits_{n=1}^{\infty} a_n$ 发散,$\sum\limits_{n=1}^{\infty}(-1)^{n-1} a_n$ 收敛,但 $\sum\limits_{n=1}^{\infty} a_{2n-1}$ 与 $\sum\limits_{n=1}^{\infty} a_{2n}$ 均发散,排除(A)、(B) 选项,且 $\sum\limits_{n=1}^{\infty}(a_{2n-1} + a_{2n})$ 发散,进一步排除(C),故应选(D). 事实上,级数 $\sum\limits_{n=1}^{\infty}(a_{2n-1} - a_{2n})$ 的部分和数列极限存在.

【评注】 通过反例用排除法找答案是求解类似无穷级数选择题的最常用方法.

10 (2006,9 题,4 分) 若级数 $\sum\limits_{n=1}^{\infty} a_n$ 收敛,则级数

(A) $\sum\limits_{n=1}^{\infty} |a_n|$ 收敛.

(B) $\sum\limits_{n=1}^{\infty} (-1)^n a_n$ 收敛.

(C) $\sum\limits_{n=1}^{\infty} a_n a_{n+1}$ 收敛.

(D) $\sum\limits_{n=1}^{\infty} \dfrac{a_n + a_{n+1}}{2}$ 收敛.

答案 D.

解析 由 $\sum\limits_{n=1}^{\infty} a_n$ 收敛知 $\sum\limits_{n=1}^{\infty} a_{n+1}$ 收敛,所以级数 $\sum\limits_{n=1}^{\infty} \dfrac{a_n + a_{n+1}}{2}$ 收敛,故应选(D).

或利用排除法:取 $a_n = (-1)^n \dfrac{1}{n}$,则可排除选项(A)、(B);取 $a_n = (-1)^n \dfrac{1}{\sqrt{n}}$,则可排除选项(C). 故(D) 项正确.

【评注】 本题主要考查级数收敛的性质和判别法,属基本题型.

二、求幂级数的收敛半径、收敛区间及收敛域

11（1989，一（2）题，3分）幂级数 $\sum_{n=0}^{\infty}\frac{x^n}{\sqrt{n+1}}$ 的收敛域是________.

答案 $[-1,1)$.

解析 可直接用收敛半径公式，求出收敛半径及收敛区间，区间端点处的收敛性可转化为数项级数敛散性的判定，进而得到收敛域.

因为 $\rho=\lim_{n\to\infty}\frac{|a_{n+1}|}{|a_n|}=\lim_{n\to\infty}\frac{\frac{1}{\sqrt{n+1}}}{\frac{1}{\sqrt{n}}}=1$，所以收敛半径为 $R=\frac{1}{\rho}=1$，收敛区间为 $(-1,1)$.

当 $x=-1$ 时，原级数为 $\sum_{n=0}^{\infty}\frac{(-1)^n}{\sqrt{n+1}}$ 收敛，当 $x=1$ 时，原级数为 $\sum_{n=0}^{\infty}\frac{1}{\sqrt{n+1}}$ 发散. 故所求的收敛域为 $[-1,1)$.

12（1990，三（3）题，5分）求级数 $\sum_{n=1}^{\infty}\frac{(x-3)^n}{n^2}$ 的收敛域.

解 因为 $\rho=\lim_{n\to\infty}\frac{|a_{n+1}|}{|a_n|}=\lim_{n\to\infty}\frac{\frac{1}{(n+1)^2}}{\frac{1}{n^2}}=1$，所以收敛半径为 $R=\frac{1}{\rho}=1$，收敛区间为 $(2,4)$.

当 $x=2$ 时，原级数为 $\sum_{n=1}^{\infty}\frac{(-1)^n}{n^2}$ 是收敛的，当 $x=4$ 时，原级数为 $\sum_{n=1}^{\infty}\frac{1}{n^2}$ 是收敛的. 故所求的收敛域为 $[2,4]$.

13（1992，一（2）题，3分）级数 $\sum_{n=1}^{\infty}\frac{(x-2)^{2n}}{n4^n}$ 的收敛域为________.

答案 $(0,4)$.

解析 这是缺项的幂级数，不能直接用阿达玛公式求收敛半径，可看作一般函数项级数，用比值判别法或根值判别法.

令 $u_n(x)=\frac{(x-2)^{2n}}{n4^n}$，则

$$\rho(x)=\lim_{n\to\infty}\left|\frac{u_{n+1}(x)}{u_n(x)}\right|=\lim_{n\to\infty}\left|\frac{\frac{(x-2)^{2n+2}}{(n+1)4^{n+1}}}{\frac{(x-2)^{2n}}{n4^n}}\right|=\frac{(x-2)^2}{4}$$

当 $\rho(x)=\frac{(x-2)^2}{4}<1$，即 $0<x<4$ 时，幂级数 $\sum_{n=1}^{\infty}\frac{(x-2)^{2n}}{n4^n}$ 绝对收敛.

当 $\rho(x)=\frac{(x-2)^2}{4}>1$，即 $|x-2|>2$ 时，幂级数 $\sum_{n=1}^{\infty}\frac{(x-2)^{2n}}{n4^n}$ 发散.

而 $x=0$ 时，原级数为 $\sum_{n=1}^{\infty}\frac{1}{n}$ 发散. $x=4$ 时，原级数为 $\sum_{n=1}^{\infty}\frac{1}{n}$ 发散. 故级数 $\sum_{n=1}^{\infty}\frac{(x-2)^{2n}}{n4^n}$ 的

收敛域为(0,4).

【评注】　还可作变量替换 $y=(x-2)^2$,利用级数 $\sum_{n=1}^{\infty}\frac{y^n}{n4^n}$ 的收敛域得到所求.

14 (2002,二(2)题,3分)设幂级数 $\sum_{n=1}^{\infty}a_nx^n$ 与 $\sum_{n=1}^{\infty}b_nx^n$ 的收敛半径分别为 $\frac{\sqrt{5}}{3}$ 与 $\frac{1}{3}$,则幂级数 $\sum_{n=1}^{\infty}\frac{a_n^2}{b_n^2}x^n$ 的收敛半径为

(A) 5.　　(B) $\frac{\sqrt{5}}{3}$.　　(C) $\frac{1}{3}$.　　(D) $\frac{1}{5}$.

答案　A.

解析　用求收敛半径的阿达玛公式.

由已知 $\lim\limits_{n\to\infty}\left|\frac{a_{n+1}}{a_n}\right|=\frac{3}{\sqrt{5}}$, $\lim\limits_{n\to\infty}\left|\frac{b_{n+1}}{b_n}\right|=3$. 则

$$\lim_{n\to\infty}\left|\frac{a_{n+1}^2}{b_{n+1}^2}\bigg/\frac{a_n^2}{b_n^2}\right|=\lim_{n\to\infty}\left|\frac{a_{n+1}^2}{a_n^2}\bigg/\frac{b_{n+1}^2}{b_n^2}\right|=\frac{9}{5}\bigg/9=\frac{1}{5}$$

所以幂级数 $\sum_{n=1}^{\infty}\frac{a_n^2}{b_n^2}x^n$ 的收敛半径为5.

【评注】　本题假定了极限 $\lim\limits_{n\to\infty}\left|\frac{a_{n+1}}{a_n}\right|$, $\lim\limits_{n\to\infty}\left|\frac{b_{n+1}}{b_n}\right|$ 均存在,严格来说只能保证它们的上极限存在.

三、求幂级数的和函数及数项级数的和

15 (1989,五题,9分)已知函数 $f(x)=\begin{cases}x, & 0\leqslant x\leqslant 1,\\ 2-x, & 1<x\leqslant 2.\end{cases}$ 试计算下列各题:

(1) $S_0=\int_0^2 f(x)e^{-x}dx$;　　(2) $S_1=\int_2^4 f(x-2)e^{-x}dx$;

(3) $S_n=\int_{2n}^{2n+2}f(x-2n)e^{-x}dx\,(n=2,3,\cdots)$;　(4) $S=\sum_{n=0}^{\infty}S_n$.

分析　(1)求分段函数的积分;(2)(3)变量替换化为(1);(4)求数项级数的和.

解　(1) $S_0=\int_0^2 f(x)e^{-x}dx=\int_0^1 xe^{-x}dx+\int_1^2(2-x)e^{-x}dx$

$$=-xe^{-x}\Big|_0^1+\int_0^1 e^{-x}dx-(2-x)e^{-x}\Big|_1^2-\int_1^2 e^{-x}dx$$

$$=1-2e^{-1}+e^{-2}=(1-e^{-1})^2$$

(2) 令 $t=x-2$,则

$$S_1=\int_2^4 f(x-2)e^{-x}dx=e^{-2}\int_0^2 f(t)e^{-t}dt=e^{-2}S_0$$

(3) 令 $t=x-2n$,则

$$S_n=\int_{2n}^{2n+2}f(x-2n)e^{-x}dx=e^{-2n}\int_0^2 f(t)e^{-t}dt=e^{-2n}S_0$$

（4）$S=\sum_{n=0}^{\infty}S_n=\sum_{n=0}^{\infty}e^{-2n}S_0=S_0\frac{1}{1-e^{-2}}=\frac{e-1}{e+1}$.

【评注】 本题虽然涉及多个知识点，是一个综合题，但每一个问题都较简单.

16（1993，一（3）题，3分）级数 $\sum_{n=0}^{\infty}\frac{(\ln 3)^n}{2^n}$ 的和为________.

答案 $\frac{2}{2-\ln 3}$.

解析 直接利用几何级数的求和结果

$$\sum_{n=0}^{\infty}\frac{(\ln 3)^n}{2^n}=\frac{1}{1-\frac{\ln 3}{2}}=\frac{2}{2-\ln 3}$$

17（1997，七题，6分）从点 $P_1(1,0)$ 作 x 轴的垂线，交抛物线 $y=x^2$ 于点 $Q_1(1,1)$；再从 Q_1 作这条抛物线的切线与 x 轴交于 P_2，然后又从 P_2 作 x 轴的垂线，交抛物线于点 Q_2，依次重复上述过程得到一系列的点 $P_1,Q_1;P_2,Q_2;\cdots;P_n,Q_n;\cdots$.

（1）求 $\overline{OP_n}$；（2）求级数 $\overline{Q_1P_1}+\overline{Q_2P_2}+\cdots+\overline{Q_nP_n}+\cdots$ 的和.

其中 $n(n\geqslant 1)$ 为自然数，而 $\overline{M_1M_2}$ 表示点 M_1 与 M_2 之间的距离.

分析 从几何上看，$\overline{Q_nP_n}=(\overline{OP_n})^2$，而 $\overline{OP_n}$ 是点 Q_n 的横坐标.

解 （1）抛物线 $y=x^2$ 上任意点 $(a,a^2)(0<a\leqslant 1)$ 的切线方程为 $y-a^2=2a(x-a)$，且该切线与 x 轴的交点为 $\left(\frac{a}{2},0\right)$，因而得

$$\overline{OP_1}=1,\overline{OP_2}=\frac{1}{2}\overline{OP_1}=\frac{1}{2},\overline{OP_3}=\frac{1}{2}\overline{OP_2}=\frac{1}{2^2},\cdots,\overline{OP_n}=\frac{1}{2}\overline{OP_{n-1}}=\frac{1}{2^{n-1}}$$

（2）由于 $\overline{Q_nP_n}=(\overline{OP_n})^2=\frac{1}{2^{2n-2}}$，所以

$$\overline{Q_1P_1}+\overline{Q_2P_2}+\cdots+\overline{Q_nP_n}+\cdots=\frac{1}{1-\left(\frac{1}{2}\right)^2}=\frac{4}{3}$$

【评注】 本题考查了导数的几何意义及几何级数的和.

18（1998，七题，6分）设有两条抛物线 $y=nx^2+\frac{1}{n}$ 和 $y=(n+1)x^2+\frac{1}{n+1}$，记它们交点的横坐标的绝对值为 a_n.

（1）求这两条抛物线所围成的平面图形的面积 S_n；

（2）求级数 $\sum_{n=1}^{\infty}\frac{S_n}{a_n}$ 的和.

分析 先求出 a_n 和 S_n，再求 $\sum_{n=1}^{\infty}\frac{S_n}{a_n}$ 的和.

解 （1）解方程组

$$\begin{cases}y=nx^2+\frac{1}{n}\\ y=(n+1)x^2+\frac{1}{n+1}\end{cases}$$

得 $x^2=\dfrac{1}{n(n+1)}$，从而 $a_n=\dfrac{1}{\sqrt{n(n+1)}}$.

两条抛物线所围成的平面图形关于 y 轴对称，则

$$S_n=2\int_0^{\frac{1}{\sqrt{n(n+1)}}}\left[nx^2+\frac{1}{n}-(n+1)x^2-\frac{1}{n+1}\right]dx$$
$$=\frac{4}{3}\,\frac{1}{n(n+1)\sqrt{n(n+1)}}$$

(2) $\displaystyle\sum_{n=1}^{\infty}\frac{S_n}{a_n}=\frac{4}{3}\sum_{n=1}^{\infty}\frac{1}{n(n+1)}=\frac{4}{3}\lim_{n\to\infty}\left(1-\frac{1}{n+1}\right)=\frac{4}{3}$.

19 (1999，一(2) 题，3 分) 级数 $\displaystyle\sum_{n=1}^{\infty}n\left(\frac{1}{2}\right)^{n-1}=$ ________.

答案 4.

解析 构造幂级数 $\displaystyle\sum_{n=1}^{\infty}nx^{n-1}$，求其和函数在 $x=\dfrac{1}{2}$ 的值.

考虑幂级数 $\displaystyle\sum_{n=1}^{\infty}nx^{n-1}$ 的和函数 $S(x)$，

$$S(x)=\sum_{n=1}^{\infty}nx^{n-1}=\left(\sum_{n=1}^{\infty}x^n\right)'=\left(\frac{x}{1-x}\right)'=\frac{1}{(1-x)^2}$$

所以，$\displaystyle\sum_{n=1}^{\infty}n\left(\frac{1}{2}\right)^{n-1}=S\left(\frac{1}{2}\right)=4$.

20 (2000，七题，6 分) 设 $I_n=\displaystyle\int_0^{\frac{\pi}{4}}\sin^n x\cos x\,dx$，$n=0,1,2,\cdots$，求 $\displaystyle\sum_{n=0}^{\infty}I_n$.

分析 先求定积分 I_n，再利用幂级数的和函数求数项级数 $\displaystyle\sum_{n=0}^{\infty}I_n$.

解 $$I_n=\int_0^{\frac{\pi}{4}}\sin^n x\,d\sin x=\frac{1}{n+1}\sin^{n+1}x\Big|_0^{\frac{\pi}{4}}=\frac{1}{n+1}\left(\frac{\sqrt{2}}{2}\right)^{n+1}$$

$$\sum_{n=0}^{\infty}I_n=\sum_{n=1}^{\infty}\frac{1}{n}\left(\frac{\sqrt{2}}{2}\right)^n$$

考虑幂级数 $S(x)=\displaystyle\sum_{n=1}^{\infty}\frac{1}{n}x^n$，显然其收敛区间为 $(-1,1)$，有

$$S(x)=\sum_{n=1}^{\infty}\int_0^x t^{n-1}dt=\int_0^x\left(\sum_{n=1}^{\infty}t^{n-1}\right)dt=\int_0^x\frac{1}{1-t}dt=-\ln(1-x)$$

令 $x=\dfrac{\sqrt{2}}{2}$，$\displaystyle\sum_{n=0}^{\infty}I_n=\sum_{n=1}^{\infty}\frac{1}{n}\left(\frac{\sqrt{2}}{2}\right)^n=S\left(\frac{\sqrt{2}}{2}\right)=-\ln\left(1-\frac{\sqrt{2}}{2}\right)=\ln(2+\sqrt{2})$.

21 (2001，八题，7 分) 已知 $f_n(x)$ 满足 $f_n'(x)=f_n(x)+x^{n-1}e^x$ (n 为正整数)，且 $f_n(1)=\dfrac{e}{n}$，求函数项级数 $\displaystyle\sum_{n=1}^{\infty}f_n(x)$ 的和.

分析 先求一阶微分方程 $f_n'(x)=f_n(x)+x^{n-1}e^x$ 满足初值条件 $f_n(1)=\dfrac{e}{n}$ 的特解，再求 $\displaystyle\sum_{n=1}^{\infty}f_n(x)$ 的和.

解 方程 $f_n'(x)=f_n(x)+x^{n-1}e^x$ 化为一阶线性微分方程的标准形式

$$f'_n(x)-f_n(x)=x^{n-1}\mathrm{e}^x$$

$$f_n(x)=\mathrm{e}^{\int\mathrm{d}x}\left(C+\int x^{n-1}\mathrm{e}^x\mathrm{e}^{-\int\mathrm{d}x}\mathrm{d}x\right)$$

$$=\mathrm{e}^x\left(C+\int x^{n-1}\mathrm{d}x\right)=\mathrm{e}^x\left(C+\frac{x^n}{n}\right)$$

由 $f_n(1)=\dfrac{\mathrm{e}}{n}$ 得 $C=0$，所以 $f_n(x)=\mathrm{e}^x\dfrac{x^n}{n}$.

因而 $\displaystyle\sum_{n=1}^{\infty}f_n(x)=\sum_{n=1}^{\infty}\mathrm{e}^x\frac{x^n}{n}=\mathrm{e}^x\sum_{n=1}^{\infty}\frac{x^n}{n}=\mathrm{e}^x\int_0^x\left(\sum_{n=1}^{\infty}t^{n-1}\right)\mathrm{d}t(-1<x<1)$

$$=\mathrm{e}^x\int_0^x\frac{1}{1-t}\mathrm{d}t=-\mathrm{e}^x\ln(1-x)(-1\leqslant x<1).$$

【评注】 最后所求和函数要包含端点 -1.

22（2002，七题，7分）(1) 验证函数 $y(x)=1+\dfrac{x^3}{3!}+\dfrac{x^6}{6!}+\dfrac{x^9}{9!}\cdots+\dfrac{x^{3n}}{(3n)!}+\cdots(-\infty<x<+\infty)$ 满足微分方程 $y''+y'+y=\mathrm{e}^x$；

(2) 利用(1)的结果求幂级数 $\displaystyle\sum_{n=0}^{\infty}\frac{x^{3n}}{(3n)!}$ 的和函数.

分析 (1) 利用幂级数的逐项微分性质；(2) 利用(1)中微分方程的解.

解 (1) 由幂级数的逐项微分性质，可知

$$y'(x)=\frac{x^2}{2!}+\frac{x^5}{5!}+\cdots+\frac{x^{3n-1}}{(3n-1)!}+\cdots,x\in\mathbf{R}$$

$$y''(x)=x+\frac{x^4}{4!}+\cdots+\frac{x^{3n-2}}{(3n-2)!}+\cdots,x\in\mathbf{R}$$

所以

$$y''+y'+y=1+x+\frac{x^2}{2!}+\frac{x^3}{3!}+\cdots+\frac{x^n}{n!}+\cdots=\mathrm{e}^x,x\in\mathbf{R}$$

(2) 由已知 $\displaystyle\sum_{n=0}^{\infty}\frac{x^{3n}}{(3n)!}=y(x)$，所以为求 $\displaystyle\sum_{n=0}^{\infty}\frac{x^{3n}}{(3n)!}$ 的和函数，只要求出 $y(x)$ 的表达式即可. 解齐次方程 $y''+y'+y=0$，其特征方程为 $\lambda^2+\lambda+1=0$，特征根为 $\lambda_{1,2}=-\dfrac{1}{2}\pm\dfrac{\sqrt{3}}{2}\mathrm{i}$，故齐次方程的通解为 $\overline{y}=\mathrm{e}^{-\frac{x}{2}}\left(C_1\cos\dfrac{\sqrt{3}}{2}x+C_2\sin\dfrac{\sqrt{3}}{2}x\right)$.

可设方程 $y''+y'+y=\mathrm{e}^x$ 的特解为 $y^*=A\mathrm{e}^x$，代入可得 $A=\dfrac{1}{3}$，故 $y^*=\dfrac{1}{3}\mathrm{e}^x$，于是 $y=y(x)=\mathrm{e}^{-\frac{x}{2}}\left(C_1\cos\dfrac{\sqrt{3}}{2}x+C_2\sin\dfrac{\sqrt{3}}{2}x\right)+\dfrac{1}{3}\mathrm{e}^x$. 由(1)中的结果可知 $y(0)=0,y'(0)=0$，由此得

$$C_1=\frac{2}{3},C_2=0$$

因此
$$y(x)=\frac{1}{3}\mathrm{e}^x+\frac{2}{3}\mathrm{e}^{-\frac{x}{2}}\cos\frac{\sqrt{3}}{2}x$$

故
$$\sum_{n=1}^{\infty}\frac{x^{3n}}{(3n)!}=y(x)=\frac{1}{3}\mathrm{e}^x+\frac{2}{3}\mathrm{e}^{-\frac{x}{2}}\cos\frac{\sqrt{3}}{2}x$$

23(2003,六题,9分)求幂级数 $1+\sum\limits_{n=1}^{\infty}(-1)^n\frac{x^{2n}}{2n}(|x|<1)$ 的和函数 $f(x)$ 及其极值.

分析 先通过逐项求导后求和,再积分即可得和函数,注意当 $x=0$ 时和为1. 求出和函数后,再按通常方法求极值.

解
$$f'(x)=\sum_{n=1}^{\infty}(-1)^n x^{2n-1}=-\frac{x}{1+x^2}$$
上式两边从0到 x 积分,得
$$f(x)-f(0)=-\int_0^x\frac{t}{1+t^2}\mathrm{d}t=-\frac{1}{2}\ln(1+x^2)$$
由 $f(0)=1$, 得
$$f(x)=1-\frac{1}{2}\ln(1+x^2),(|x|<1)$$
令 $f'(x)=0$,求得唯一驻点 $x=0$. 由于
$$f''(x)=-\frac{1-x^2}{(1+x^2)^2}$$
$$f''(0)=-1<0$$
可见 $f(x)$ 在 $x=0$ 处取得极大值,且极大值为 $f(0)=1$.

24(2005,18题,9分)求幂级数 $\sum\limits_{n=1}^{\infty}\left(\frac{1}{2n+1}-1\right)x^{2n}$ 在区间 $(-1,1)$ 内的和函数 $S(x)$.

分析 幂级数求和函数一般采用逐项求导或逐项积分,转化为几何级数或已知函数的幂级数展开式,从而达到求和的目的.

解 设
$$S(x)=\sum_{n=1}^{\infty}\left(\frac{1}{2n+1}-1\right)x^{2n}$$
$$S_1(x)=\sum_{n=1}^{\infty}\frac{1}{2n+1}x^{2n},S_2(x)=\sum_{n=1}^{\infty}x^{2n}$$
则 $S(x)=S_1(x)-S_2(x)$,
由于
$$S_2(x)=\sum_{n=1}^{\infty}x^{2n}=\frac{x^2}{1-x^2}$$
$$(xS_1(x))'=\sum_{n=1}^{\infty}x^{2n}=\frac{x^2}{1-x^2},x\in(-1,1)$$
因此 $xS_1(x)=\int_0^x\frac{t^2}{1-t^2}\mathrm{d}t=-x+\frac{1}{2}\ln\frac{1+x}{1-x}$,
又由于 $S_1(0)=0$,故
$$S_1(x)=\begin{cases}-1+\frac{1}{2x}\ln\frac{1+x}{1-x}, & |x|<1,x\neq 0,\\ 0, & x=0\end{cases}$$
所以 $S(x)=S_1(x)-S_2(x)=\begin{cases}\frac{1}{2x}\ln\frac{1+x}{1-x}-\frac{1}{1-x^2}, & |x|<1,x\neq 0,\\ 0, & x=0.\end{cases}$

【评注】 幂级数求和尽量将其转化为形如$\sum\limits_{n=1}^{\infty}\dfrac{x^n}{n}$或$\sum\limits_{n=1}^{\infty}nx^{n-1}$的幂级数，再通过逐项求导或逐项积分求出其和函数. 本题应特别注意 $x=0$ 的情形.

25（2006，19 题，10 分）求幂级数$\sum\limits_{n=1}^{\infty}\dfrac{(-1)^{n-1}x^{2n+1}}{n(2n-1)}$的收敛域及和函数 $S(x)$.

分析 因为幂级数缺项，按函数项级数收敛域的求法计算收敛域；利用逐项求导或积分并结合已知函数的幂级数展开式计算和函数.

解 记 $u_n(x)=\dfrac{(-1)^{n-1}x^{2n+1}}{n(2n-1)}$，则

$$\lim_{n\to\infty}\left|\frac{u_{n+1}(x)}{u_n(x)}\right|=\lim_{n\to\infty}\left|\frac{\dfrac{(-1)^n x^{2n+3}}{(n+1)(2n+1)}}{\dfrac{(-1)^{n-1}x^{2n+1}}{n(2n-1)}}\right|=|x|^2$$

所以当 $|x|^2<1$，即 $|x|<1$ 时，所给幂级数收敛；当 $|x|>1$ 时，所给幂级数发散；当 $x=\pm1$ 时，所给幂级数为$\dfrac{(-1)^{n-1}}{n(2n-1)}$，$\dfrac{(-1)^n}{n(2n-1)}$均收敛，故所给幂级数的收敛域为$[-1,1]$.

在$(-1,1)$内，$S(x)=\sum\limits_{n=1}^{\infty}\dfrac{(-1)^{n-1}x^{2n+1}}{n(2n-1)}=2x\sum\limits_{n=1}^{\infty}\dfrac{(-1)^{n-1}x^{2n}}{(2n-1)(2n)}=2xS_1(x)$，而

$$S_1'(x)=\sum_{n=1}^{\infty}\frac{(-1)^{n-1}x^{2n-1}}{2n-1}$$

$$S_1''(x)=\sum_{n=1}^{\infty}(-1)^{n-1}x^{2n-2}=\frac{1}{1+x^2}$$

所以 $S_1'(x)-S_1'(0)=\int_0^x S_1''(t)\mathrm{d}t=\int_0^x\dfrac{1}{1+t^2}\mathrm{d}t=\arctan x$，又 $S_1'(0)=0$，于是 $S_1'(x)=\arctan x$.

同理 $S_1(x)-S_1(0)=\int_0^x S_1'(t)\mathrm{d}t=\int_0^x\arctan t\mathrm{d}t$

$$=t\arctan t\Big|_0^x-\int_0^x\frac{t}{1+t^2}\mathrm{d}t=x\arctan x-\frac{1}{2}\ln(1+x^2),$$

又 $S_1(0)=0$，所以 $S_1(x)=x\arctan x-\dfrac{1}{2}\ln(1+x^2)$.

故 $S(x)=2x^2\arctan x-x\ln(1+x^2)$，$x\in(-1,1)$.

由于所给幂级数在 $x=\pm1$ 处都收敛，且 $S(x)=2x^2\arctan x-x\ln(1+x^2)$ 在 $x=\pm1$ 处连续，所以 $S(x)$ 在 $x=\pm1$ 成立，即 $S(x)=2x^2\arctan x-x\ln(1+x^2)$，$x\in[-1,1]$.

【评注】 本题幂级数是缺项幂级数，则应采用函数项级数求收敛域的方法，属基本题型.

26（2008，19 题，10 分）银行存款的年利率为 $r=0.05$，并依年复利计算. 某基金会希望通过存款 A 万元，实现第一年提取 19 万元，第二年提取 28 万元，……，第 n 年提取$(10+9n)$万元，并能按此规律一直提取下去，问 A 至少应为多少万元？

分析 按年复利计算，第 n 年的 K_n 万元，相当于现值$\dfrac{K_n}{(1+r)^n}$. A 不小于各年现值和即可，问题转化为无穷级数求和.

解 设 A_n 为用于第 n 年提取$(10+9n)$万元的贴现值，则 $A_n=(1+r)^{-n}(10+9n)$，

故 $A=\sum\limits_{n=1}^{\infty}A_n=\sum\limits_{n=1}^{\infty}\dfrac{10+9n}{(1+r)^n}=10\sum\limits_{n=1}^{\infty}\dfrac{1}{(1+r)^n}+\sum\limits_{n=1}^{\infty}\dfrac{9n}{(1+r)^n}=200+9\sum\limits_{n=1}^{\infty}\dfrac{n}{(1+r)^n}$.

设 $S(x)=\sum\limits_{n=1}^{\infty}nx^n, x\in(-1,1)$，因为

$$S(x)=x\Big(\sum_{n=1}^{\infty}x^n\Big)'=x\Big(\frac{x}{1-x}\Big)'=\frac{x}{(1-x)^2}, x\in(-1,1)$$

所以 $S\Big(\dfrac{1}{1+r}\Big)=S\Big(\dfrac{1}{1.05}\Big)=420$（万元），故 $A=200+9\times420=3980$（万元），即至少应存入3980（万元）.

【评注】 本题若改为按连续复利计算，则第 n 年提取 $(10+9n)$ 万元的贴现值为 $(10+9n)\mathrm{e}^{-rn}$，于是

$$A=19\mathrm{e}^{-0.05}+28\mathrm{e}^{-0.05\times2}+\cdots+(10+9n)\mathrm{e}^{-0.05n}+\cdots$$

$$=10\sum_{n=1}^{\infty}\mathrm{e}^{-0.05n}+\sum_{n=1}^{\infty}9n\mathrm{e}^{-0.05n}=10\frac{\mathrm{e}^{-0.05}}{1-\mathrm{e}^{-0.05}}+\sum_{n=1}^{\infty}9n(\mathrm{e}^{-0.05})^n$$

设 $f(x)=\sum\limits_{n=1}^{\infty}9nx^{n-1}$，则 $\int_0^x f(t)\mathrm{d}t=9\sum\limits_{n=1}^{\infty}\int_0^x nt^{n-1}\mathrm{d}t=9\sum\limits_{n=1}^{\infty}x^n=\dfrac{9x}{1-x}, |x|<1$.

再求导，得 $f(x)=9\Big(\dfrac{x}{1-x}\Big)'=\dfrac{9}{(1-x)^2}$. 故

$$A=10\frac{\mathrm{e}^{-0.05}}{1-\mathrm{e}^{-0.05}}+\mathrm{e}^{-0.05}\sum_{n=1}^{\infty}9n(\mathrm{e}^{-0.05})^{n-1}$$

$$=10\frac{\mathrm{e}^{-0.05}}{1-\mathrm{e}^{-0.05}}+\mathrm{e}^{-0.05}\frac{9}{(1-\mathrm{e}^{-0.05})^2}=\frac{19\mathrm{e}^{-0.05}-10\mathrm{e}^{-0.1}}{(1-\mathrm{e}^{-0.05})^2}=3794.29$$

可见 A 至少应为3795，比按年复利计算的数额要少.

四、函数的幂级数展开

27（1987，五题，6分）将函数 $f(x)=\dfrac{1}{x^2-3x+2}$ 展开成 x 的幂级数，并指出其收敛区间.

分析 裂项利用常见函数的幂级数展开式.

解 $f(x)=\dfrac{1}{x^2-3x+2}=\dfrac{1}{(x-2)(x-1)}=\dfrac{1}{x-2}-\dfrac{1}{x-1}=\dfrac{1}{1-x}-\dfrac{1}{2}\dfrac{1}{1-\dfrac{x}{2}}$，

而 $\dfrac{1}{1-x}=\sum\limits_{n=0}^{\infty}x^n, x\in(-1,1)$，$\dfrac{1}{1-\dfrac{x}{2}}=\sum\limits_{n=0}^{\infty}\Big(\dfrac{x}{2}\Big)^n, x\in(-2,2)$，故

$$f(x)=\sum_{n=0}^{\infty}x^n-\frac{1}{2}\sum_{n=0}^{\infty}\frac{1}{2^n}x^n=\sum_{n=0}^{\infty}\Big(1-\frac{1}{2^{n+1}}\Big)x^n, x\in(-1,1)$$

故收敛区间为 $(-1,1)$.

【评注】 分式函数展开为幂级数一般采用间接法. 要熟记常用函数的幂级数展开公式.

28（1995，五题，6分）将函数 $f(x)=\ln(1-x-2x^2)$ 展开成 x 的幂级数，并指出其收敛区间.

分析 分解 $\ln(1-x-2x^2)=\ln(1+x)+\ln(1-2x)$，利用常见函数的展开式.

解 因为函数 $f(x)=\ln(1-x-2x^2)=\ln(1+x)+\ln(1-2x)$，而

$$\ln(1+x)=\sum_{n=0}^{\infty}(-1)^n\frac{x^{n+1}}{n+1}(-1<x\leqslant 1)$$

$$\ln(1-2x)=-\sum_{n=0}^{\infty}\frac{2^{n+1}}{n+1}x^{n+1}\left(-\frac{1}{2}\leqslant x<\frac{1}{2}\right)$$

所以，

$$f(x)=\sum_{n=0}^{\infty}(-1)^n\frac{x^{n+1}}{n+1}-\sum_{n=0}^{\infty}\frac{2^{n+1}}{n+1}x^{n+1}=\sum_{n=0}^{\infty}\frac{(-1)^n-2^{n+1}}{n+1}x^{n+1}$$

收敛域为$\left[-\frac{1}{2},\frac{1}{2}\right)$.

29（2007，20 题，10 分）将函数 $f(x)=\dfrac{1}{x^2-3x-4}$ 展开成 $x-1$ 的幂级数，并指出其收敛区间.

分析 本题考查函数的幂级数展开，利用间接法.

解 $f(x)=\dfrac{1}{x^2-3x-4}=\dfrac{1}{(x-4)(x+1)}=\dfrac{1}{5}\left(\dfrac{1}{x-4}-\dfrac{1}{x+1}\right)$，而

$$\frac{1}{x-4}=-\frac{1}{3}\cdot\frac{1}{1-\frac{x-1}{3}}=-\frac{1}{3}\sum_{n=0}^{\infty}\left(\frac{x-1}{3}\right)^n=-\sum_{n=0}^{\infty}\frac{(x-1)^n}{3^{n+1}},-2<x<4$$

$$\frac{1}{x+1}=\frac{1}{2}\cdot\frac{1}{1+\frac{x-1}{2}}=\frac{1}{2}\sum_{n=0}^{\infty}\left(-\frac{x-1}{2}\right)^n=\sum_{n=0}^{\infty}\frac{(-1)^n(x-1)^n}{2^{n+1}},-1<x<3$$

所以 $f(x)=\dfrac{1}{5}\left(-\sum_{n=0}^{\infty}\dfrac{(x-1)^n}{3^{n+1}}-\sum_{n=0}^{\infty}\dfrac{(-1)^n(x-1)^n}{2^{n+1}}\right)=-\dfrac{1}{5}\sum_{n=0}^{\infty}\left[\dfrac{1}{3^{n+1}}+\dfrac{(-1)^n}{2^{n+1}}\right](x-1)^n$，收敛区间为 $-1<x<3$.

【评注】 请记住常见函数的幂级数展开.

吾生也有涯，而知也无涯。

——庄子

第七章　常微分方程与差分方程

本章导读

本章内容是试题的重要组成部分，主要侧重于考查一阶微分方程及二阶常系数线性微分方程的求解. 微分方程的应用多涉及几何方面.

试题特点

每年试题对本章内容的考查形式一般是一个大题或一个小题，分值约占4%，难度不是很大. 除了各种微分方程的求解，常系数线性微分方程解的结构及性质也是考查的一个重要方面.

考题详析

一、一阶微分方程的求解

1 (1990，三(4)题，5分) 求微分方程 $y'+y\cos x=(\ln x)e^{-\sin x}$ 的通解.

分析 此题为标准的一阶线性方程，可利用公式法求出方程的通解.

解 由一阶线性方程通解公式得

$$y=e^{-\int\cos x\mathrm{d}x}\left(\int(\ln x)e^{-\sin x}e^{\int\cos x\mathrm{d}x}\mathrm{d}x+C\right)=e^{-\sin x}\left(\int\ln x\mathrm{d}x+C\right)$$

$$=e^{-\sin x}(x\ln x-x+C)$$

2 (1991，五题，5分) 求微分方程 $xy\dfrac{\mathrm{d}y}{\mathrm{d}x}=x^2+y^2$ 满足初始条件 $y\Big|_{x=e}=2e$ 的特解.

分析 方程为齐次方程，作变量替换 $u=\dfrac{y}{x}$.

解 方程化为

$$\frac{\mathrm{d}y}{\mathrm{d}x}=\frac{x}{y}+\frac{y}{x}$$

令 $u=\dfrac{y}{x}$，有 $u+x\dfrac{\mathrm{d}u}{\mathrm{d}x}=\dfrac{1}{u}+u$，即 $x\dfrac{\mathrm{d}u}{\mathrm{d}x}=\dfrac{1}{u}$，分离变量后得

$$u\mathrm{d}u=\frac{1}{x}\mathrm{d}x$$

两边积分

$$\frac{1}{2}u^2=\ln|x|+C$$

方程的通解为 $y^2=2x^2(\ln|x|+C)$，代入 $y\Big|_{x=e}=2e$，得 $C=1$，所求方程的特解为 $y^2=2x^2(\ln|x|+1)$.

3 (1992，六题，5 分) 求连续函数 $f(x)$，使它满足 $f(x)+2\int_0^x f(t)\mathrm{d}t = x^2$.

分析 方程两边对 x 求导，去掉变限积分，得到微分方程，再解微分方程求连续函数 $f(x)$.

解 方程 $f(x)+2\int_0^x f(t)\mathrm{d}t = x^2$ 两边对 x 求导，得

$$f'(x)+2f(x) = 2x，且满足 f(0)=0$$

解此一阶线性微分方程

$$f(x) = \mathrm{e}^{-\int 2\mathrm{d}x}\left(C+\int 2x\mathrm{e}^{\int 2\mathrm{d}x}\mathrm{d}x\right)$$

$$= \mathrm{e}^{-2x}\left(C+\int 2x\mathrm{e}^{2x}\mathrm{d}x\right) = C\mathrm{e}^{-2x}+x-\frac{1}{2}$$

代入 $f(0)=0$，得 $C=\frac{1}{2}$，所求 $f(x)=\frac{1}{2}\mathrm{e}^{-2x}+x-\frac{1}{2}$.

【评注】 注意题中隐含的初值条件 $f(0)=0$.

4 (1995，四题，6 分) 已知连续函数 $f(x)$ 满足条件 $f(x)=\int_0^{3x} f\left(\frac{t}{3}\right)\mathrm{d}t+\mathrm{e}^{2x}$，求 $f(x)$.

分析 方程两边对 x 求导，去掉变限积分，得到微分方程，再解微分方程.

解 方程 $f(x)=\int_0^{3x} f\left(\frac{t}{3}\right)\mathrm{d}t+\mathrm{e}^{2x}$ 两边对 x 求导，得 $f'(x)=3f(x)+2\mathrm{e}^{2x}$，即 $f'(x)-3f(x)=2\mathrm{e}^{2x}$，且满足 $f(0)=1$.

解此一阶线性微分方程

$$f(x) = \mathrm{e}^{\int 3\mathrm{d}x}\left(C+\int 2\mathrm{e}^{2x}\mathrm{e}^{-\int 3\mathrm{d}x}\mathrm{d}x\right)$$

$$= \mathrm{e}^{3x}(C-2\mathrm{e}^{-x}) = C\mathrm{e}^{3x}-2\mathrm{e}^{2x}$$

代入 $f(0)=1$，得 $C=3$，所求 $f(x)=3\mathrm{e}^{3x}-2\mathrm{e}^{2x}$.

【评注】 注意题中隐含的初值条件 $f(0)=1$.

5 (1996，八题，6 分) 求微分方程 $\frac{\mathrm{d}y}{\mathrm{d}x}=\frac{y-\sqrt{x^2+y^2}}{x}$ 的通解.

分析 所给方程为齐次方程，按常规方法求解，但须分 $x>0$ 及 $x<0$ 讨论.

解 $x>0$ 时方程化为

$$\frac{\mathrm{d}y}{\mathrm{d}x}=\frac{y}{x}-\sqrt{1+\left(\frac{y}{x}\right)^2}$$

令 $u=\frac{y}{x}$，有 $u+x\frac{\mathrm{d}u}{\mathrm{d}x}=u-\sqrt{1+u^2}$，分离变量

$$\frac{\mathrm{d}u}{\sqrt{1+u^2}}=-\frac{1}{x}\mathrm{d}x$$

两边积分

$$\ln(u+\sqrt{1+u^2})=-\ln x+\ln C$$

即 $u+\sqrt{1+u^2}=\frac{C}{x}$，代入 $u=\frac{y}{x}$，得方程的通解为 $y+\sqrt{x^2+y^2}=C(x>0)$.

同理，当 $x<0$ 时，也可得方程的通解为 $y+\sqrt{x^2+y^2}=C(x<0)$.

6 (1997,八题,6 分) 设函数 $f(t)$ 在$[0,+\infty)$上连续,且满足方程

$$f(t)=e^{4\pi t^2}+\iint\limits_{x^2+y^2\leqslant 4t^2} f\left(\frac{1}{2}\sqrt{x^2+y^2}\right)dxdy$$

求 $f(t)$.

分析 因被积函数 f 具有因子 x^2+y^2,且积分区域为圆域,用极坐标将二重积分化为累次积分,得到一个积分方程,再通过求导,得关于 $f(t)$ 的微分方程.

解 由于

$$f(t)=e^{4\pi t^2}+\int_0^{2\pi}d\theta\int_0^{2t}f\left(\frac{1}{2}r\right)r\,dr=e^{4\pi t^2}+2\pi\int_0^{2t}f\left(\frac{1}{2}r\right)r\,dr$$

方程两边对 t 求导得

$$f'(t)=8\pi te^{4\pi t^2}+8\pi tf(t)$$

解方程

$$f(t)=e^{\int 8\pi t dt}\left(C+\int 8\pi te^{4\pi t^2}e^{-\int 8\pi t dt}dt\right)=e^{4\pi t^2}(C+4\pi t^2)$$

可看出 $f(0)=1$,代入上式得 $C=1$,所以 $f(t)=e^{4\pi t^2}(1+4\pi t^2)$.

【评注】 由一般的变限积分方程 $f(x)=\int_{x_0}^{x}f(t)dt$ 所得到的微分方程,均有一个隐含的初始条件 $f(x_0)=0$. 本题中用到了 $f(0)=1$.

7 (1999,六题,6 分) 设有微分方程 $y'-2y=\varphi(x)$,其中 $\varphi(x)=\begin{cases}2, & x<1,\\0, & x>1.\end{cases}$ 试求在$(-\infty,+\infty)$内的连续函数 $y=y(x)$,使之在$(-\infty,1)$和$(1,+\infty)$内都满足所给方程,且满足条件 $y(0)=0$.

分析 本题主要考查非齐次项为分段函数的微分方程的求特解的方法以及解的连续性问题.

解 当 $x<1$ 时,非齐次线性微分方程 $y'-2y=2$ 的通解为

$$y=e^{\int 2dx}\left(C_1+\int 2e^{-\int 2dx}dx\right)=C_1e^{2x}-1$$

由 $y(0)=0$,得 $C_1=1$,此时 $y=e^{2x}-1$.

当 $x>1$ 时,齐次线性微分方程 $y'-2y=0$ 的通解为 $y=C_2e^{2x}$.

由题意知 $\lim\limits_{x\to1^+}C_2e^{2x}=\lim\limits_{x\to1^-}(e^{2x}-1)$,得 $C_2=1-e^{-2}$,此时 $y=(1-e^{-2})e^{2x}$.

于是,补充定义函数值 $y(1)=e^2-1$,则得在$(-\infty,+\infty)$内的连续且满足题中条件的函数

$$y(x)=\begin{cases}e^{2x}-1, & x\leqslant 1,\\(1-e^{-2})e^{2x}, & x>1\end{cases}$$

8 (2003,七题,9 分) 设 $F(x)=f(x)g(x)$,其中函数 $f(x)$,$g(x)$ 在$(-\infty,+\infty)$内满足以下条件:

$$f'(x)=g(x),g'(x)=f(x),\text{且 } f(0)=0,\ f(x)+g(x)=2e^x$$

(1) 求 $F(x)$ 所满足的一阶微分方程;

(2) 求出 $F(x)$ 的表达式.

分析 $F(x)$ 所满足的微分方程自然应含有其导函数,导出相应的微分方程,然后再求解相应的微分方程.

解 (1) $F'(x)=f'(x)g(x)+f(x)g'(x)$

$$= g^2(x) + f^2(x)$$
$$= [f(x) + g(x)]^2 - 2f(x)g(x)$$
$$= (2e^x)^2 - 2F(x)$$

可见 $F(x)$ 所满足的一阶微分方程为

$$F'(x) + 2F(x) = 4e^{2x}$$

(2) $F(x) = e^{-\int 2dx}\left[\int 4e^{2x} \cdot e^{\int 2dx} dx + C\right]$

$$= e^{-2x}\left[\int 4e^{4x} dx + C\right]$$
$$= e^{2x} + Ce^{-2x}$$

将 $F(0) = f(0)g(0) = 0$ 代入上式,得 $C = -1$. 于是 $F(x) = e^{2x} - e^{-2x}$.

【评注】 本题没有直接告知微分方程,要求先通过求导以及恒等变形引出微分方程的形式,但具体到微分方程的求解则并不复杂,仍然是基本要求的范围.

9 (2004,19 题,9 分)设级数

$$\frac{x^4}{2\cdot 4} + \frac{x^6}{2\cdot 4\cdot 6} + \frac{x^8}{2\cdot 4\cdot 6\cdot 8} + \cdots (-\infty < x < +\infty)$$

的和函数为 $S(x)$. 求:

(1) $S(x)$ 所满足的一阶微分方程;

(2) $S(x)$ 的表达式.

分析 对 $S(x)$ 进行求导,可得到 $S(x)$ 所满足的一阶微分方程,解方程可得 $S(x)$ 的表达式.

解 (1) $S(x) = \frac{x^4}{2\cdot 4} + \frac{x^6}{2\cdot 4\cdot 6} + \frac{x^8}{2\cdot 4\cdot 6\cdot 8} + \cdots$,易见

$$S(0) = 0$$

$$S'(x) = \frac{x^3}{2} + \frac{x^5}{2\cdot 4} + \frac{x^7}{2\cdot 4\cdot 6} + \cdots$$
$$= x\left(\frac{x^2}{2} + \frac{x^4}{2\cdot 4} + \frac{x^6}{2\cdot 4\cdot 6} + \cdots\right)$$
$$= x\left[\frac{x^2}{2} + S(x)\right]$$

因此 $S(x)$ 是初值问题 $y' = xy + \frac{x^3}{2}, y(0) = 0$ 的解.

(2) 方程 $y' = xy + \frac{x^3}{2}$ 的通解为

$$y = e^{\int x dx}\left[\int \frac{x^3}{2} e^{-\int x dx} dx + C\right] = -\frac{x^2}{2} - 1 + Ce^{\frac{x^2}{2}}$$

由初始条件 $y(0) = 0$,得 $C = 1$. 故 $y = -\frac{x^2}{2} + e^{\frac{x^2}{2}} - 1$,因此和函数 $S(x) = -\frac{x^2}{2} + e^{\frac{x^2}{2}} - 1$.

【评注】 本题综合了级数求和问题与微分方程问题,类似的题考过几次.

10 (2005,2 题,4 分)微分方程 $xy' + y = 0$ 满足初始条件 $y(1) = 2$ 的特解为________.

答案 $xy = 2$.

解析 原方程可化为 $(xy)' = 0$,积分得 $xy = C$,代入初始条件得 $C = 2$,故所求特解为 $xy = 2$.

【评注】　本题虽属基本题型，也可先变形$\frac{dy}{y}=-\frac{dx}{x}$，再积分求解.

11 (2006,10 题,4 分) 设非齐次线性微分方程 $y'+P(x)y=Q(x)$ 有两个不同的解 $y_1(x),y_2(x)$，C 为任意常数，则该方程的通解是

(A) $C[y_1(x)-y_2(x)]$.　　(B) $y_1(x)+C[y_1(x)-y_2(x)]$.

(C) $C[y_1(x)+y_2(x)]$.　　(D) $y_1(x)+C[y_1(x)+y_2(x)]$.

答案　B.

解析　由于 $y_1(x)-y_2(x)$ 是对应齐次线性微分方程 $y'+P(x)y=0$ 的非零解，所以它的通解是 $Y=C[y_1(x)-y_2(x)]$，故原方程的通解为

$$y=y_1(x)+Y=y_1(x)+C[y_1(x)-y_2(x)]$$

故应选(B).

【评注】　本题属基本题型，考查一阶线性非齐次微分方程解的结构：$y=y^*+Y$. 其中 y^* 是所给一阶线性非齐次微分方程的特解，Y 是对应线性齐次微分方程的通解.

12 (2007,14 题,4 分) 微分方程$\frac{dy}{dx}=\frac{y}{x}-\frac{1}{2}\left(\frac{y}{x}\right)^3$满足 $y\Big|_{x=1}=1$ 的特解为 $y=$________.

答案　$y=\frac{x}{\sqrt{\ln x+1}}(x>e^{-1})$.

解析　令 $u=\frac{y}{x}$，则原方程变为 $u+x\frac{du}{dx}=u-\frac{1}{2}u^3\Rightarrow\frac{du}{u^3}=-\frac{dx}{2x}$.

两边积分得

$$-\frac{1}{2u^2}=-\frac{1}{2}\ln x-\frac{1}{2}\ln C$$

即 $x=\frac{1}{C}e^{\frac{1}{u^2}}\Rightarrow x=\frac{1}{C}e^{\frac{x^2}{y^2}}$，将 $y\Big|_{x=1}=1$ 代入左式得 $C=e$.

故满足条件的方程的特解为 $ex=e^{\frac{x^2}{y^2}}$，即 $y=\frac{x}{\sqrt{\ln x+1}}$，$x>e^{-1}$.

13 (2008,12 题,4 分) 微分方程 $xy'+y=0$ 满足条件 $y(1)=1$ 的解是 $y=$________.

答案　$y=\frac{1}{x}$.

解析　分离变量，得$\frac{dy}{y}=-\frac{1}{x}dx$，两边积分有

$$\ln|y|=-\ln|x|+C_1\Rightarrow\ln|xy|=C_1\Rightarrow xy=\pm e^{C_1}=C$$

利用条件 $y(1)=1$ 知 $C=1$，故满足条件的解为 $y=\frac{1}{x}$.

【评注】　微分方程 $xy'+y=0$ 可改写为 $(xy)'=0$，再两边积分即可.

二、二阶常系数线性微分方程的求解

14 (1989,三(3) 题,5 分) 求微分方程 $y''+5y'+6y=2e^{-x}$ 的通解.

分析　本题是求解二阶常系数非齐次微分方程的通解，利用二阶常系数非齐次微分方程

解的结构求解，即先求出对应齐次方程的通解 $\overline{y}$，然后求出非齐次微分方程的一个特解 y^*，则其通解为 $y=\overline{y}+y^*$.

解 对应齐次方程的特征方程为

$$\lambda^2+5\lambda+6=0，得 \lambda_1=-2,\lambda_2=-3$$

则对应齐次方程的通解为 $\overline{y}=C_1e^{-2x}+C_2e^{-3x}$.

因 -1 不是特征方程的根，可设原方程的特解为 $y^*=Ae^{-x}$，代入原方程得 $A=1$.

故原方程的通解为 $y=C_1e^{-2x}+C_2e^{-3x}+e^{-x}$，其中 C_1,C_2 为任意常数.

15（1994，四题，5 分）设函数 $y=y(x)$ 满足条件 $\begin{cases}y''+4y'+4y=0,\\ y(0)=2,y'(0)=-4,\end{cases}$ 求广义积分 $\int_0^{+\infty}y(x)dx$.

分析 先求出二阶常系数齐次线性微分方程的特解 $y=y(x)$，然后再计算广义积分.

解 齐次微分方程的特征方程为 $\lambda^2+4\lambda+4=0$，得 $\lambda_1=\lambda_2=-2$. 所以，齐次微分方程的通解为 $y=(C_1+C_2x)e^{-2x}$. 代入条件 $y(0)=2,y'(0)=-4$，有 $C_1=2,C_2=0$，即 $y(x)=2e^{-2x}$. 进而 $\int_0^{+\infty}y(x)dx=\int_0^{+\infty}2e^{-2x}dx=e^{-2x}\Big|_0^{+\infty}=1$.

【评注】 本题综合考查了微分方程和广义积分的计算.

16（2000，三题，6 分）求微分方程 $y''-2y'-e^{2x}=0$ 满足条件 $y(0)=1,y'(0)=1$ 的解.

解 利用线性微分方程的通解的结构求解.

先求齐次微分方程 $y''-2y'=0$ 的通解 $\overline{y}$.

特征方程为 $\lambda^2-2\lambda=0$，得 $\lambda_1=0,\lambda_2=2$. 所以，齐次微分方程的通解为 $\overline{y}=C_1+C_2e^{2x}$.

再求非齐次微分方程 $y''-2y'-e^{2x}=0$ 的一个特解 y^*. $\lambda_2=2$ 是特征方程为 $\lambda^2-2\lambda=0$ 的单根，则设特解的形式为 $y^*=Axe^{2x}$.

将 y^* 代入到原微分方程，得 $A=\frac{1}{2}$，原微分方程的通解为 $y=C_1+C_2e^{2x}+\frac{1}{2}xe^{2x}$.

由条件 $y(0)=1,y'(0)=1$ 得 $C_1=\frac{3}{4},C_2=\frac{1}{4}$，所求的解为 $y=\frac{3}{4}+\frac{1}{4}e^{2x}+\frac{1}{2}xe^{2x}$.

【评注】 此方程也可如下方法求解，方程 $y''-2y'-e^{2x}=0$ 两边积分，有 $y'-2y=\frac{1}{2}e^{2x}+C_1$，再解此一阶线性微分方程即可.

三、差分方程

17（1997，一(3) 题，3 分）差分方程 $y_{t+1}-y_t=t2^t$ 的通解为________.

答案 $y_t=C+(t-2)2^t$.

解析 本题是典型的一阶常系数非齐次线性差分方程，按固定方法求解.

齐次线性差分方程的通解为 $\overline{y}_t=C$.

可设非齐次方程的特解为 $y_t^*=(a+bt)2^t$，将其代入原方程

$$[a+b(t+1)]2^{t+1}-(a+bt)2^t=t2^t$$

待定系数得 $a=-2,b=1$.

故差分方程的通解为 $y_t=C+(t-2)2^t$.

18（1998，一(3) 题，3 分）差分方程 $2y_{t+1}+10y_t-5t=0$ 的通解为________.

答案　$y_t=C(-5)^t+\frac{5}{12}\left(t-\frac{1}{6}\right)$.

解析　将原方程化为标准形式 $y_{t+1}+5y_t=\frac{5}{2}t$. 对应的齐次方程的通解为 $\overline{y}_t=C(-5)^t$.

设非齐次方程的特解为 $y_t^*=at+b$，代入方程得 $a=\frac{5}{12},b=-\frac{5}{72}$.

因此，原方程的通解为 $y_t=C(-5)^t+\frac{5}{12}\left(t-\frac{1}{6}\right)$.

19（2001，一(2) 题，3 分）某公司每年的工资总额在比上一年增加 20% 的基础上再追加 2 百万元. 若以 W_t 表示第 t 年的工资总额（单位：百万元），则 W_t 满足的差分方程是________.

答案　$W_t=1.2W_{t-1}+2$.

解析　这是一个简单的建立差分方程模型的问题，直接按题意即可列出关系式.

由题设，有 $W_t=(1+0.2)W_{t-1}+2$，即得 W_t 所满足的差分方程 $W_t=1.2W_{t-1}+2$.

四、微分方程的应用

20（1988，五题，8 分）已知某商品的需求量 D 和供给量 S 都是价格 p 的函数：

$$D=D(p)=\frac{a}{p^2},S=S(p)=bp$$

其中 $a>0$ 和 $b>0$ 为常数；价格 p 是时间 t 的函数且满足方程

$$\frac{\mathrm{d}p}{\mathrm{d}t}=k[D(p)-S(p)]（k\text{ 为正的常数}）$$

假设当 $t=0$ 时价格为 1，试求

(1) 需求量等于供给量时的均衡价格 p_e；

(2) 价格函数 $p(t)$；

(3) 极限 $\lim\limits_{t\to+\infty}p(t)$.

分析　本题是一个简单的经济应用问题，涉及到了微分方程和极限等知识，但每一个知识点的考查都较容易.

解　(1) 需求量等于供给量时，有 $\frac{a}{p^2}=bp$，此时均衡价格 $p_e=\left(\frac{a}{b}\right)^{\frac{1}{3}}$.

(2) 把 $D(p)=\frac{a}{p^2},S(p)=bp$ 代入方程 $\frac{\mathrm{d}p}{\mathrm{d}t}=k[D(p)-S(p)]$，得

$$\frac{\mathrm{d}p}{\mathrm{d}t}=k\left(\frac{a}{p^2}-bp\right)，有\frac{p^2\mathrm{d}p}{a-bp^3}=k\mathrm{d}t$$

两边积分 $-\frac{1}{3b}\ln|a-bp^3|=kt+C_1$，即 $p^3=\frac{a}{b}-\frac{C}{b}\mathrm{e}^{-3kbt}$ $(C=\pm\mathrm{e}^{-3bC_1})$，代入 $p(0)=1$，得 $C=a-b$.

所以价格函数 $p(t)=\left[\frac{a}{b}+\left(1-\frac{a}{b}\right)\mathrm{e}^{-3kbt}\right]^{\frac{1}{3}}$.

(3) $\lim\limits_{t\to\infty}p(t)=\lim\limits_{t\to\infty}\left[\dfrac{a}{b}+\left(1-\dfrac{a}{b}\right)e^{-3kbt}\right]^{\frac{1}{3}}=\left(\dfrac{a}{b}\right)^{\frac{1}{3}}=p_e$.

21 (1993，六题，8分) 假设：(1) 函数 $y=f(x)(0\leqslant x<+\infty)$ 满足条件 $f(0)=0$ 和 $0\leqslant f(x)\leqslant e^x-1$；

(2) 平行于 y 轴的动直线 MN 与曲线 $y=f(x)$ 和 $y=e^x-1$ 分别相交于点 P_1 和 P_2；

(3) 曲线 $y=f(x)$、直线 MN 与 x 轴所围封闭图形的面积 S 恒等于线段 P_1P_2 的长度. 求函数 $y=f(x)$ 的表达式.

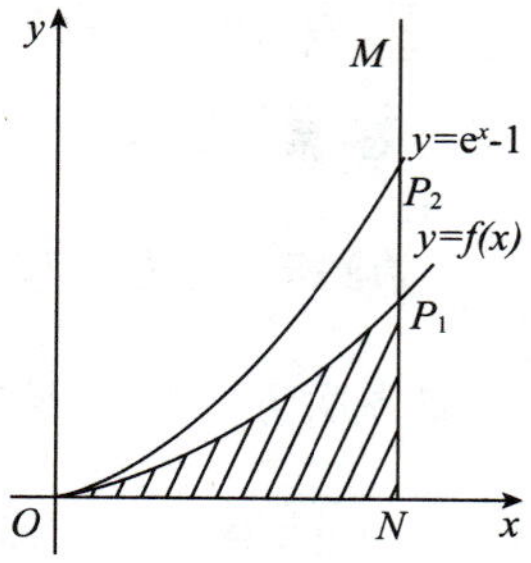

分析 由条件(3) 列出积分方程，进而转化为微分方程，解方程求出 $y=f(x)$.

解 由题意及图示，有 $\int_0^x f(t)dt=e^x-1-f(x)$，两边对 x 求导，得

$$f(x)=e^x-f'(x)\text{，即 }f'(x)+f(x)=e^x$$

解此一阶线性微分方程，有

$$f(x)=e^{-\int dx}(C+\int e^x e^{\int dx}dx)=e^{-x}(C+\frac{1}{2}e^{2x})=\frac{1}{2}e^x+Ce^{-x}$$

在 $\int_0^x f(t)dt=e^x-1-f(x)$ 中，令 $x=0$，有 $f(0)=0$，进而 $C=-\dfrac{1}{2}$.

所以 $f(x)=\dfrac{1}{2}(e^x-e^{-x})$.

【评注】 注意题目中隐含的条件 $f(0)=0$.

22 (1998，八题，7分) 设函数 $f(x)$ 在 $[1,+\infty)$ 上连续，若由曲线 $y=f(x)$，直线 $x=1$，$x=t(t>1)$ 与 x 轴所围成的平面图形绕 x 轴旋转一周所成的旋转体体积为 $V(t)=\dfrac{\pi}{3}[t^2f(t)-f(1)]$. 试求 $y=f(x)$ 所满足的微分方程，并求该方程的满足条件 $y\Big|_{x=2}=\dfrac{2}{9}$ 的解.

分析 用变限积分表示旋转体的体积，得到一个积分方程，继而转化为微分方程并求解.

解 由题意知

$$\int_1^t \pi f^2(x)dx=\frac{\pi}{3}[t^2f(t)-f(1)]$$

两边对 t 求导得

$$3f^2(t)=2tf(t)+t^2f'(t)$$

这即为所求的微分方程，为方便进一步计算，将方程改写为

$$y'=3\left(\frac{y}{x}\right)^2-2\frac{y}{x}$$

令 $u=\dfrac{y}{x}$，方程变形为 $u+x\dfrac{du}{dx}=3u^2-2u$，分离变量得

$$\frac{du}{u(u-1)}=\frac{3}{x}dx$$

两边积分得

$$\frac{u-1}{u}=Cx^3$$

即 $y-x=Cx^3y$，用条件 $y\Big|_{x=2}=\dfrac{2}{9}$ 得 $C=-1$，

所以所求的解为 $y-x=-x^3y$，即 $y=\dfrac{x}{1+x^3}$.

23 (2006，18 题，8 分) 在 xOy 坐标平面上，连续曲线 L 过点 $M(1,0)$，其上任意点 $P(x,y)(x\neq 0)$ 处的切线斜率与直线 OP 的斜率之差等于 ax（常数 $a>0$）.

（Ⅰ）求 L 的方程；

（Ⅱ）当 L 与直线 $y=ax$ 所围成平面图形的面积为 $\dfrac{8}{3}$ 时，确定 a 的值.

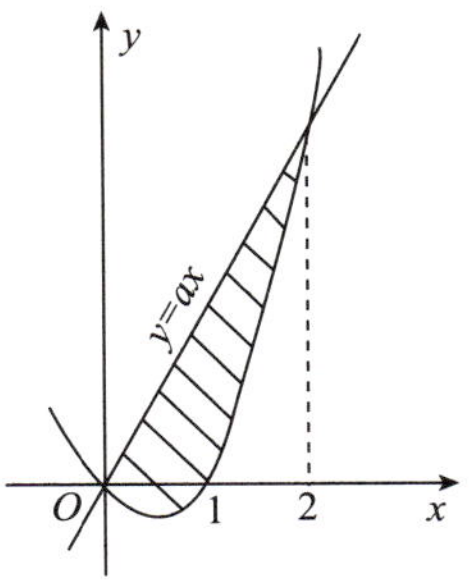

分析 （Ⅰ）利用导数的几何意义建立微分方程，并求解；（Ⅱ）利用定积分计算平面图形的面积，确定参数.

解 （Ⅰ）设曲线 L 的方程为 $y=f(x)$，则由题设可得 $y'-\dfrac{y}{x}=ax$，这是一阶线性微分方程，其中 $P(x)=-\dfrac{1}{x}$，$Q(x)=ax$，代入通解公式得

$$y=\mathrm{e}^{\int\frac{1}{x}\mathrm{d}x}\left(\int ax\,\mathrm{e}^{-\int\frac{1}{x}\mathrm{d}x}\mathrm{d}x+C\right)=x(ax+C)=ax^2+Cx$$

又 $f(1)=0$，所以 $C=-a$. 故曲线 L 的方程为 $y=ax^2-ax\ (x\neq 0)$.

（Ⅱ）L 与直线 $y=ax\ (a>0)$ 所围成平面图形如图所示. 所以

$$D=\int_0^2[ax-(ax^2-ax)]\mathrm{d}x=a\int_0^2(2x-x^2)\mathrm{d}x=\frac{4}{3}a=\frac{8}{3}$$

故 $a=2$.

【评注】 本题涉及了导数和定积分的几何意义，一阶线性微分方程的求解，属基本题型.

读书之法无他，惟是笃志虚心，反复详玩，为有功耳。

——朱熹

第二部分　线性代数

第一章　行列式

本章导读

历年来单纯考查行列式的考题不多，分值也不高，相对重要的是抽象型行列式的计算，另一方面大家要注意如何通过行列式的计算来帮助解答矩阵、向量、方程组、特征值、二次型中的一系列问题，即行列式的应用.

一、数字型行列式的计算

试题特点

对于数字型行列式的计算主要是用按行、按列展开公式，但在展开之前往往先运用行列式性质对其作恒等变形，以期某行或某列有较多的零元素，这时再展开可减少计算量. 同时，也要注意一些特殊行列式的计算，如上（下）三角、范德蒙行列式以及拉普拉斯展开式的运用.

计算行列式时，一些常用的技巧有：把第一行的 k_i 倍加至第 i 行；把每行都加到第一行；逐行相加；……

1 (1988，一(2) 题，1 分) $\begin{vmatrix} 1 & 1 & 1 & 0 \\ 1 & 1 & 0 & 1 \\ 1 & 0 & 1 & 1 \\ 0 & 1 & 1 & 1 \end{vmatrix} =$ ________.

答案　-3.

解析　这是基础题，解法很多，先用性质恒等变形再展开，例如

$$\begin{vmatrix} 1 & 1 & 1 & 0 \\ 1 & 1 & 0 & 1 \\ 1 & 0 & 1 & 1 \\ 0 & 1 & 1 & 1 \end{vmatrix} = \begin{vmatrix} 1 & 1 & 1 & 0 \\ 0 & 0 & -1 & 1 \\ 0 & -1 & 0 & 1 \\ 0 & 1 & 1 & 1 \end{vmatrix} = \begin{vmatrix} 0 & -1 & 1 \\ -1 & 0 & 1 \\ 1 & 1 & 1 \end{vmatrix} = \begin{vmatrix} 0 & -1 & 1 \\ 0 & 1 & 2 \\ 1 & 1 & 1 \end{vmatrix} = -3$$

或

$$\begin{vmatrix} 1 & 1 & 1 & 0 \\ 1 & 1 & 0 & 1 \\ 1 & 0 & 1 & 1 \\ 0 & 1 & 1 & 1 \end{vmatrix} = \begin{vmatrix} 3 & 3 & 3 & 3 \\ 1 & 1 & 0 & 1 \\ 1 & 0 & 1 & 1 \\ 0 & 1 & 1 & 1 \end{vmatrix} = 3\begin{vmatrix} 1 & 1 & 1 & 1 \\ 1 & 1 & 0 & 1 \\ 1 & 0 & 1 & 1 \\ 0 & 1 & 1 & 1 \end{vmatrix} = 3\begin{vmatrix} 1 & 1 & 1 & 1 \\ 0 & 0 & -1 & 0 \\ 0 & -1 & 0 & 0 \\ -1 & 0 & 0 & 0 \end{vmatrix} = -3.$$

【评注】　第一种方法是直接用展开公式，第二种方法用到公式

$$\begin{vmatrix} a_{11} & a_{12} & \cdots & a_{1(n-1)} & a_{1n} \\ a_{21} & a_{22} & \cdots & a_{2(n-1)} & 0 \\ \vdots & \vdots & & \vdots & \vdots \\ a_{(n-1)1} & a_{(n-1)2} & \cdots & 0 & 0 \\ a_{n1} & 0 & \cdots & 0 & 0 \end{vmatrix} = (-1)^{\frac{1}{2}n(n-1)} a_{1n}a_{2(n-1)}\cdots a_{n1}$$

2 (2008,20 题,6 分)(局部) 设 n 元线性方程组 $\boldsymbol{Ax}=\boldsymbol{b}$，其中

$$\boldsymbol{A}=\begin{bmatrix} 2a & 1 & & & & \\ a^2 & 2a & 1 & & & \\ & a^2 & 2a & 1 & & \\ & & \ddots & \ddots & \ddots & \\ & & & a^2 & 2a & 1 \\ & & & & a^2 & 2a \end{bmatrix}_{n\times n},\boldsymbol{x}=\begin{bmatrix} x_1 \\ x_2 \\ \vdots \\ x_n \end{bmatrix},\boldsymbol{b}=\begin{bmatrix} 1 \\ 0 \\ \vdots \\ 0 \end{bmatrix}.$$

证明行列式 $|\boldsymbol{A}|=(n+1)a^n$.

提示：为证明 $|\boldsymbol{A}|=(n+1)a^n$ 可以用数学归纳法；或者用逐行相加的技巧，即把第一行的倍数加到第二行，再把新第二行倍数加到第三行，……，化其为上三角行列式.

详细解答参看第四章线性方程组.

练习题

1.(2001,数四,3 分) 设行列式 $D=\begin{vmatrix} 3 & 0 & 4 & 0 \\ 2 & 2 & 2 & 2 \\ 0 & -7 & 0 & 0 \\ 5 & 3 & -2 & 2 \end{vmatrix}$，则第 4 行各元素余子式之和的值为________.

2.(1991,数四,3 分)n 阶行列式 $\begin{vmatrix} a & b & 0 & \cdots & 0 & 0 \\ 0 & a & b & \cdots & 0 & 0 \\ 0 & 0 & a & \cdots & 0 & 0 \\ \vdots & \vdots & \vdots & & \vdots & \vdots \\ 0 & 0 & 0 & \cdots & a & b \\ b & 0 & 0 & \cdots & 0 & a \end{vmatrix}$.

练习题参考答案

1.【答案】　-28.

【解析】　按余子式定义，即求下列 4 个行列式值之和

$$\begin{vmatrix} 0 & 4 & 0 \\ 2 & 2 & 2 \\ -7 & 0 & 0 \end{vmatrix}+\begin{vmatrix} 3 & 4 & 0 \\ 2 & 2 & 2 \\ 0 & 0 & 0 \end{vmatrix}+\begin{vmatrix} 3 & 0 & 0 \\ 2 & 2 & 2 \\ 0 & -7 & 0 \end{vmatrix}+\begin{vmatrix} 3 & 0 & 4 \\ 2 & 2 & 2 \\ 0 & -7 & 0 \end{vmatrix}$$

$$=-56+0+42-14=-28$$

因为行列式中有较多的零元素，所以用余子式的定义直接求和并不复杂.

如果利用余子式与代数余子式的关系及代数余子式的性质，也可如下计算

$$\sum M_{4j}=-A_{41}+A_{42}-A_{43}+A_{44}$$

$$=\begin{vmatrix} 3 & 0 & 4 & 0 \\ 2 & 2 & 2 & 2 \\ 0 & -7 & 0 & 0 \\ -1 & 1 & -1 & 1 \end{vmatrix}=7\begin{vmatrix} 3 & 4 & 0 \\ 2 & 2 & 2 \\ -1 & -1 & 1 \end{vmatrix}=-28$$

2.【答案】 $a^n+(-1)^{n+1}b^n$.

【解析】 将行列式按第1列展开，有

$$D=a\begin{vmatrix} a & b & & & \\ & a & \ddots & & \\ & & \ddots & \ddots & \\ & & & a & b \\ & & & & a \end{vmatrix}+b(-1)^{n+1}\begin{vmatrix} b & & & & \\ a & b & & & \\ & \ddots & \ddots & & \\ & & \ddots & b & \\ & & & a & b \end{vmatrix}$$

$$=a^n+(-1)^{n+1}b^n$$

请思考本题按第1行展开与按第1列展开哪一种方法更简便？

二、抽象型行列式的计算

试题特点

对于抽象型行列式的计算，有可能考查行列式性质的理解、运用，有可能涉及矩阵的运算，也可能用特征值、相似等处理. 这一类题目往往综合性强，涉及知识点多. 因此，考生复习时要注意知识的衔接与转换，如果内在联系把握得好，解题时的思路就灵活. 这一类题目计算量一般不会太大.

3 （1988，九题，6分）设 $\boldsymbol{A}$ 是3阶方阵，$\boldsymbol{A}^*$ 是 $\boldsymbol{A}$ 的伴随矩阵，$\boldsymbol{A}$ 的行列式 $|\boldsymbol{A}|=\frac{1}{2}$，求行列式 $|(3\boldsymbol{A})^{-1}-2\boldsymbol{A}^*|$ 的值.

解 因为 $(3\boldsymbol{A})^{-1}=\frac{1}{3}\boldsymbol{A}^{-1}$，$\boldsymbol{A}^*=|\boldsymbol{A}|\boldsymbol{A}^{-1}=\frac{1}{2}\boldsymbol{A}^{-1}$，又 $|\boldsymbol{A}^{-1}|=\frac{1}{|\boldsymbol{A}|}=2$，

所以 $|(3\boldsymbol{A})^{-1}-2\boldsymbol{A}^*|=\left|\frac{1}{3}\boldsymbol{A}^{-1}-\boldsymbol{A}^{-1}\right|=\left|-\frac{2}{3}\boldsymbol{A}^{-1}\right|=\left(-\frac{2}{3}\right)^3|\boldsymbol{A}^{-1}|=-\frac{16}{27}$.

【评注】 $|k\boldsymbol{A}|=k^n|\boldsymbol{A}|$ 不要出错. 对于 $|\boldsymbol{A}+\boldsymbol{B}|$ 型行列式没有计算公式，应设法恒等变形化 $\boldsymbol{A}+\boldsymbol{B}$ 为乘积的形式.

4 （1992，一(4)题，3分）设 $\boldsymbol{A}$ 为 m 阶方阵，$\boldsymbol{B}$ 为 n 阶方阵，且 $|\boldsymbol{A}|=a$，$|\boldsymbol{B}|=b$，$\boldsymbol{C}=\begin{bmatrix}\boldsymbol{O} & \boldsymbol{A}\\ \boldsymbol{B} & \boldsymbol{O}\end{bmatrix}$，则 $|\boldsymbol{C}|=$ ________.

答案 $(-1)^{mn}ab$.

解析 由拉普拉斯展开式，有

$$|\boldsymbol{C}|=\begin{vmatrix}\boldsymbol{O} & \boldsymbol{A}\\ \boldsymbol{B} & \boldsymbol{O}\end{vmatrix}=(-1)^{mn}|\boldsymbol{A}||\boldsymbol{B}|=(-1)^{mn}ab$$

故应填：$(-1)^{mn}ab$.

5 （2006，4题，4分）设矩阵 $\boldsymbol{A}=\begin{bmatrix}2 & 1\\ -1 & 2\end{bmatrix}$，$\boldsymbol{E}$ 为二阶单位矩阵，矩阵 $\boldsymbol{B}$ 满足 $\boldsymbol{BA}=\boldsymbol{B}+2\boldsymbol{E}$，则 $|\boldsymbol{B}|=$ ________.

答案 2.

解析 由 $\boldsymbol{BA}=\boldsymbol{B}+2\boldsymbol{E}$ 得 $\boldsymbol{B}(\boldsymbol{A}-\boldsymbol{E})=2\boldsymbol{E}$，两边取行列式，有

$$|\boldsymbol{B}|\cdot|\boldsymbol{A}-\boldsymbol{E}|=|2\boldsymbol{E}|=4$$

因为 $|\boldsymbol{A}-\boldsymbol{E}|=\begin{vmatrix}1 & 1\\ -1 & 1\end{vmatrix}=2$，所以 $|\boldsymbol{B}|=2$.

【评注】 本题考查抽象行列式的计算，运用的是矩阵运算，行列式乘法公式等基础知识. 另外 $|kA| = k^n|A|$ 不要出错.

6 (2008，13 题，4 分) 设三阶矩阵 A 的特征值为 1，2，2，E 为 3 阶单位矩阵，则 $|4A^{-1} - E| =$ ________.

答案 3.

解析 本题为抽象行列式的计算，考查的是 $|A| = \prod \lambda_i$ 以及相关联矩阵特征值之间的联系.

A 的特征值 1，2，2 $\Rightarrow A^{-1}$ 的特征值 $1, \frac{1}{2}, \frac{1}{2} \Rightarrow 4A^{-1}$ 的特征值 4，2，2 $\Rightarrow 4A^{-1} - E$ 的特征值 3，1，1. 所以 $|4A^{-1} - E| = 3 \times 1 \times 1 = 3$.

练习题

1. (1988，数一，3 分) 设 4×4 矩阵 $A = [\alpha, \gamma_2, \gamma_3, \gamma_4]$，$B = [\beta, \gamma_2, \gamma_3, \gamma_4]$，其中 $\alpha, \beta, \gamma_2, \gamma_3, \gamma_4$ 均为 4 维列向量，且已知行列式 $|A| = 4$，$|B| = 1$，则行列式 $|A + B| =$ ________.

2. (2000，数四，3 分) 已知 4 阶矩阵 A 相似于 B，A 的特征值为 2，3，4，5，E 为 4 阶单位矩阵，则 $|B - E| =$ ________.

练习题参考答案

1.【答案】 40.

【解析】 这是抽象行列式的计算. 由于

$$A + B = [\alpha + \beta, 2\gamma_2, 2\gamma_3, 2\gamma_4]$$

从而

$$\begin{aligned} |A + B| &= 8|\alpha + \beta, \gamma_2, \gamma_3, \gamma_4| \\ &= 8(|\alpha, \gamma_2, \gamma_3, \gamma_4| + |\beta, \gamma_2, \gamma_3, \gamma_4|) \\ &= 8(|A| + |B|) = 40 \end{aligned}$$

【评注】 当行列式的一行(列)有公因数时，可把公因数提取到行列式记号之外，这一性质不要与 $|kA| = k^n|A|$ 相混淆.

当行列式的一行(列)是两个数的和时，可把行列式对该行(列)拆开成两个行列式之和，拆开时其他各行(列)均保持不变，对于行列式的这一性质应当正确理解. 因此，若要拆开 n 阶行列式 $|A + B|$，则应当是 2^n 个 n 阶行列式的和，所以 $|A + B| = |A| + |B|$ 是不正确的.

2.【答案】 24.

【解析】 由 $A \sim B$ 得 B 的特征值为 2，3，4，5. 进而知 $B - E$ 的特征值为 1，2，3，4. 故应填：24.

若用 $B \sim A = \begin{bmatrix} 1 & & & \\ & 2 & & \\ & & 3 & \\ & & & 4 \end{bmatrix}$，推出 $B - E \sim A - E$，进而知 $|B - E| = |A - E|$，亦可求出行列式的值.

三、行列式 |A| 是否为零的判定

试题特点

常用的判断 $|A|$ 是否为零的问题的思路有：

① 利用秩，设法证 $r(A) < n$；

② 用齐次方程组 $Ax = 0$ 是否有非零解；

③ 据 $|A| = \prod \lambda_i$，判断 0 是否是特征值；

④ 反证法；

⑤ 相反数 $|A| = -|A|$.

最近十年没有考这类题型.下列考题会做吗？

7 (1989,二(3)题,3分) 设 A 为 n 阶方阵且 $|A| = 0$，则

(A)A 中必有两行(列)的元素对应成比例.

(B)A 中任意一行(列)向量是其余各行(列)向量的线性组合.

(C)A 中必有一行(列)向量是其余各行(列)向量的线性组合.

(D)A 中至少有一行(列)的元素全为 0.

答案 C.

解析 (A)(B)(D) 均是 $|A| = 0$ 的充分条件，并不必要.建议自编简单的反例.

$|A| = 0 \Leftrightarrow A$ 的行(列)向量组线性相关

$\Leftrightarrow$ 有一行(列)向量可由其余的行(列)向量线性表出.

因此，应选(C).

练习题

1.(1989,数一,3分) 设 A 是 4 阶矩阵，且 A 的行列式 $|A| = 0$，则 A 中

(A) 必有一列元素全为 0.

(B) 必有两列元素对应成比例.

(C) 必有一列向量是其余列向量的线性组合.

(D) 任一列向量是其余列向量的线性组合.

2.(1994,数一,6分) 设 A 为 n 阶非零方阵，A^* 是 A 的伴随矩阵，A^T 是 A 的转置矩阵.当 $A^* = A^T$ 时，证明 $|A| \neq 0$.

练习题参考答案

1.【答案】 C.

【解析】 本题考查的是 $|A| = 0$ 的充分必要条件，而选项(A)(B)(D) 都是充分条件，并不必要.

以 3 阶矩阵为例，若 $A = \begin{bmatrix} 1 & 1 & 2 \\ 1 & 2 & 3 \\ 1 & 3 & 4 \end{bmatrix}$，条件(A)，(B) 均不成立，但 $|A| = 0$.

若 $A = \begin{bmatrix} 1 & 2 & 3 \\ 1 & 2 & 4 \\ 1 & 2 & 5 \end{bmatrix}$，则 $|A| = 0$，但第 3 列并不是其余两列的线性组合，可见(D) 不正确.

这样，用排除法可知应选(C).

复习时，对于概念性的选择题，错误的最好能举一个简单的反例，正确的最好有一个简单的证明，这样可加深理解，把握概念能更透彻.

2.【解】 (方法一) 由于 $A^* = A^T$，根据 A^* 的定义有

$$A_{ij} = a_{ij} \quad (\forall i,j = 1,2,\cdots,n)$$

其中 A_{ij} 是行列式 $|A|$ 中 a_{ij} 的代数余子式.

因为 $A \neq O$，不妨设 $a_{ij} \neq 0$，那么

$$|A| = a_{i1}A_{i1} + a_{i2}A_{i2} + \cdots + a_{in}A_{in} = a_{i1}^2 + a_{i2}^2 + \cdots + a_{in}^2 > 0$$

故 $|A| \neq 0$.

(方法二) (反证法) 若 $|A| = 0$，则

$$AA^T = AA^* = |A|E = O$$

设 A 的行向量为 $\alpha_i (i = 1,2,\cdots,n)$，则

$$\alpha_i\alpha_i^T = a_{i1}^2 + a_{i2}^2 + \cdots + a_{in}^2 = 0 (i = 1,2,\cdots,n)$$

于是 $\alpha_i = (a_{i1}, a_{i2}, \cdots, a_{in}) = 0 (i = 1,2,\cdots,n)$.进而有 $A = O$，这与 A 是非零矩阵相矛盾.故 $|A| \neq 0$.

第二章　矩阵

本章导读

矩阵是线性代数的核心内容，矩阵的概念、运算及理论贯穿线性代数的始终．几乎年年都有单纯的矩阵知识的考题，而且其他考题也回避不了矩阵的知识，矩阵的重要性不言而喻．

二十多年来，矩阵的解答题考得很少，但复习时，对于填空题与选择题不要大意失荆州．

一、矩阵运算、初等变换

试题特点

本章考查的试题简单、基本、但容易失误．由于矩阵乘法没有交换律、没有消去律、有零因子，这和大家熟悉的算术运算有很大区别，试题往往就是考查考生对这些内容的掌握程度，因此考生在复习时对于矩阵的运算要正确、熟练，不要眼高手低犯低级错误．

矩阵的初等行变换是左乘初等矩阵、矩阵的初等列变换是右乘初等矩阵，在这里要分清左乘、右乘，记住初等矩阵的逆矩阵．

1 (1989，二(4)题，3分) 设 $\boldsymbol{A}$ 和 $\boldsymbol{B}$ 均为 $n\times n$ 矩阵，则必有

(A) $|\boldsymbol{A}+\boldsymbol{B}|=|\boldsymbol{A}|+|\boldsymbol{B}|$．　　(B) $\boldsymbol{AB}=\boldsymbol{BA}$．

(C) $|\boldsymbol{AB}|=|\boldsymbol{BA}|$．　　(D) $(\boldsymbol{A}+\boldsymbol{B})^{-1}=\boldsymbol{A}^{-1}+\boldsymbol{B}^{-1}$．

答案 C.

解析 回顾行列式性质，知(A)错误．矩阵的运算是表格的运算，它不同于数字运算，矩阵的乘法没有交换律，故(B)不正确．

若 $\boldsymbol{A}=\begin{bmatrix}1&0\\0&1\end{bmatrix}$，$\boldsymbol{B}=\begin{bmatrix}1&0\\0&2\end{bmatrix}$，则

$$(\boldsymbol{A}+\boldsymbol{B})^{-1}=\begin{bmatrix}2&0\\0&3\end{bmatrix}^{-1}=\begin{bmatrix}\frac{1}{2}&0\\0&\frac{1}{3}\end{bmatrix}$$

$$\boldsymbol{A}^{-1}+\boldsymbol{B}^{-1}=\begin{bmatrix}1&0\\0&1\end{bmatrix}+\begin{bmatrix}1&0\\0&\frac{1}{2}\end{bmatrix}=\begin{bmatrix}2&0\\0&\frac{3}{2}\end{bmatrix}$$

可知(D)错误．

由行列式乘法公式

$$|\boldsymbol{AB}|=|\boldsymbol{A}||\boldsymbol{B}|=|\boldsymbol{B}||\boldsymbol{A}|=|\boldsymbol{BA}|$$

知(C)正确．注意，行列式是数，故恒有 $|\boldsymbol{A}||\boldsymbol{B}|=|\boldsymbol{B}||\boldsymbol{A}|$，而矩阵则不行．

2 (1998,二(3)题,3分)齐次线性方程组

$$\begin{cases}\lambda x_1 + x_2 + \lambda^2 x_3 = 0\\ x_1 + \lambda x_2 + x_3 = 0\\ x_1 + x_2 + \lambda x_3 = 0\end{cases}$$

的系数矩阵为 $\boldsymbol{A}$,若存在三阶矩阵 $\boldsymbol{B} \neq \boldsymbol{O}$ 使得 $\boldsymbol{AB} = \boldsymbol{O}$,则

(A)$\lambda = -2$ 且 $|\boldsymbol{B}| = 0$.　　(B)$\lambda = -2$ 且 $|\boldsymbol{B}| \neq 0$.

(C)$\lambda = 1$ 且 $|\boldsymbol{B}| = 0$.　　(D)$\lambda = 1$ 且 $|\boldsymbol{B}| \neq 0$.

答案 C.

解析 由 $\boldsymbol{AB} = \boldsymbol{O}$ 知 $r(\boldsymbol{A}) + r(\boldsymbol{B}) \leqslant 3$,又因 $\boldsymbol{A} \neq \boldsymbol{O}, \boldsymbol{B} \neq \boldsymbol{O}$,于是 $1 \leqslant r(\boldsymbol{A}) < 3, 1 \leqslant r(\boldsymbol{B}) < 3$. 故 $|\boldsymbol{B}| = 0$. 可排除(B)和(D). 显然,$\lambda = 1$ 时

$$\boldsymbol{A} = \begin{bmatrix}\lambda & 1 & \lambda^2\\ 1 & \lambda & 1\\ 1 & 1 & \lambda\end{bmatrix}$$

有 $1 \leqslant r(\boldsymbol{A}) < 3$. 故应选(C).

作为选择题,只需在 $\lambda = -2$ 与 $\lambda = 1$ 中选择一个,因而可以用特殊值代入法.

3 (1999,一(3)题,3分)设 $\boldsymbol{A} = \begin{bmatrix}1 & 0 & 1\\ 0 & 2 & 0\\ 1 & 0 & 1\end{bmatrix}$,而 $n \geqslant 2$ 为正整数,则 $\boldsymbol{A}^n - 2\boldsymbol{A}^{n-1} =$ ________.

答案 $\boldsymbol{O}$.

解析 由于 $\boldsymbol{A}^n - 2\boldsymbol{A}^{n-1} = (\boldsymbol{A} - 2\boldsymbol{E})\boldsymbol{A}^{n-1}$,而

$$\boldsymbol{A} - 2\boldsymbol{E} = \begin{bmatrix}-1 & 0 & 1\\ 0 & 0 & 0\\ 1 & 0 & -1\end{bmatrix}, (\boldsymbol{A} - 2\boldsymbol{E})\boldsymbol{A} = \begin{bmatrix}-1 & 0 & 1\\ 0 & 0 & 0\\ 1 & 0 & -1\end{bmatrix}\begin{bmatrix}1 & 0 & 1\\ 0 & 2 & 0\\ 1 & 0 & 1\end{bmatrix} = \boldsymbol{O}$$

从而 $\boldsymbol{A}^n - 2\boldsymbol{A}^{n-1} = \boldsymbol{O}$.

【评注】 由于

$$\boldsymbol{A}^2 = \begin{bmatrix}1 & 0 & 1\\ 0 & 2 & 0\\ 1 & 0 & 1\end{bmatrix}\begin{bmatrix}1 & 0 & 1\\ 0 & 2 & 0\\ 1 & 0 & 1\end{bmatrix} = \begin{bmatrix}2 & 0 & 2\\ 0 & 4 & 0\\ 2 & 0 & 2\end{bmatrix} = 2\boldsymbol{A}$$

利用数学归纳法也容易得出 $\boldsymbol{A}^n - 2\boldsymbol{A}^{n-1} = \boldsymbol{O}$. 本题若用相似对角化的理论来求 $\boldsymbol{A}^n$,虽亦可得到正确结论,但计算较烦琐.

4 (2001,二(3)题,3分)设

$$\boldsymbol{A} = \begin{bmatrix}a_{11} & a_{12} & a_{13} & a_{14}\\ a_{21} & a_{22} & a_{23} & a_{24}\\ a_{31} & a_{32} & a_{33} & a_{34}\\ a_{41} & a_{42} & a_{43} & a_{44}\end{bmatrix}, \boldsymbol{B} = \begin{bmatrix}a_{14} & a_{13} & a_{12} & a_{11}\\ a_{24} & a_{23} & a_{22} & a_{21}\\ a_{34} & a_{33} & a_{32} & a_{31}\\ a_{44} & a_{43} & a_{42} & a_{41}\end{bmatrix}$$

$$\boldsymbol{P}_1 = \begin{bmatrix}0 & 0 & 0 & 1\\ 0 & 1 & 0 & 0\\ 0 & 0 & 1 & 0\\ 1 & 0 & 0 & 0\end{bmatrix}, \boldsymbol{P}_2 = \begin{bmatrix}1 & 0 & 0 & 0\\ 0 & 0 & 1 & 0\\ 0 & 1 & 0 & 0\\ 0 & 0 & 0 & 1\end{bmatrix}$$

其中 $\boldsymbol{A}$ 可逆，则 $\boldsymbol{B}^{-1}$ 等于

(A)$\boldsymbol{A}^{-1}\boldsymbol{P}_1\boldsymbol{P}_2$.　　(B)$\boldsymbol{P}_1\boldsymbol{A}^{-1}\boldsymbol{P}_2$.　　(C)$\boldsymbol{P}_1\boldsymbol{P}_2\boldsymbol{A}^{-1}$.　　(D)$\boldsymbol{P}_2\boldsymbol{A}^{-1}\boldsymbol{P}_1$.

答案 C.

解析 把矩阵 $\boldsymbol{A}$ 的 1、4 两列对换，2、3 两列对换即得到矩阵 $\boldsymbol{B}$. 根据初等矩阵的性质，有

$$\boldsymbol{B}=\boldsymbol{A}\boldsymbol{P}_1\boldsymbol{P}_2 \text{ 或 } \boldsymbol{B}=\boldsymbol{A}\boldsymbol{P}_2\boldsymbol{P}_1$$

那么 $\boldsymbol{B}^{-1}=(\boldsymbol{A}\boldsymbol{P}_2\boldsymbol{P}_1)^{-1}=\boldsymbol{P}_1^{-1}\boldsymbol{P}_2^{-1}\boldsymbol{A}^{-1}=\boldsymbol{P}_1\boldsymbol{P}_2\boldsymbol{A}^{-1}$.

所以应选(C).

【评注】 本题考查初等矩阵的两个定理，一个是行变换、列变换与左乘、右乘初等矩阵间的关系，一个是初等矩阵逆矩阵的公式. 复习初等矩阵时应搞清这两个基本定理.

5 (2004,12 题,4 分) 设 n 阶矩阵 $\boldsymbol{A}$ 与 $\boldsymbol{B}$ 等价，则必有

(A) 当 $|\boldsymbol{A}|=a(a\neq 0)$ 时，$|\boldsymbol{B}|=a$.　　(B) 当 $|\boldsymbol{A}|=a(a\neq 0)$ 时，$|\boldsymbol{B}|=-a$.

(C) 当 $|\boldsymbol{A}|\neq 0$ 时，$|\boldsymbol{B}|=0$.　　(D) 当 $|\boldsymbol{A}|=0$ 时，$|\boldsymbol{B}|=0$.

答案 D.

解析 所谓矩阵 $\boldsymbol{A}$ 与 $\boldsymbol{B}$ 等价，即 $\boldsymbol{A}$ 经初等变换得到 $\boldsymbol{B}$. $\boldsymbol{A}$ 与 $\boldsymbol{B}$ 等价的充分必要条件是 $\boldsymbol{A}$ 与 $\boldsymbol{B}$ 有相同的秩.

矩阵经过初等变换其行列式的值不一定相等，例如，假若把矩阵 $\boldsymbol{A}$ 的第一行乘以 5 可得到 $\boldsymbol{B}$，那么 $\boldsymbol{A}$ 与 $\boldsymbol{B}$ 等价，而 $|\boldsymbol{A}|=a$ 时，$|\boldsymbol{B}|=5a$. 可知(A)(B) 均不正确.

若 $|\boldsymbol{A}|\neq 0$，说明 $r(\boldsymbol{A})=n$，而 $|\boldsymbol{B}|=0$，说明 $r(\boldsymbol{B})<n$，因此(C) 不正确.

当 $|\boldsymbol{A}|=0$ 时，$r(\boldsymbol{A})<n$，故 $r(\boldsymbol{B})<n$，因而 $|\boldsymbol{B}|=0$，即(D) 正确，应选(D).

6 (2006,13 题,4 分) 设 $\boldsymbol{A}$ 为三阶矩阵，将 $\boldsymbol{A}$ 的第 2 行加到第 1 行得 $\boldsymbol{B}$，再将 $\boldsymbol{B}$ 的第 1 列的 -1 倍加到第 2 列得 $\boldsymbol{C}$，记 $\boldsymbol{P}=\begin{bmatrix}1&1&0\\0&1&0\\0&0&1\end{bmatrix}$，则

(A)$\boldsymbol{C}=\boldsymbol{P}^{-1}\boldsymbol{A}\boldsymbol{P}$.　　(B)$\boldsymbol{C}=\boldsymbol{P}\boldsymbol{A}\boldsymbol{P}^{-1}$.　　(C)$\boldsymbol{C}=\boldsymbol{P}^{\mathrm{T}}\boldsymbol{A}\boldsymbol{P}$.　　(D)$\boldsymbol{C}=\boldsymbol{P}\boldsymbol{A}\boldsymbol{P}^{\mathrm{T}}$.

答案 B.

解析 按已知条件，用初等矩阵描述有

$$\boldsymbol{B}=\begin{bmatrix}1&1&0\\0&1&0\\0&0&1\end{bmatrix}\boldsymbol{A},\boldsymbol{C}=\boldsymbol{B}\begin{bmatrix}1&-1&0\\0&1&0\\0&0&1\end{bmatrix}$$

于是 $\boldsymbol{C}=\begin{bmatrix}1&1&0\\0&1&0\\0&0&1\end{bmatrix}\boldsymbol{A}\begin{bmatrix}1&-1&0\\0&1&0\\0&0&1\end{bmatrix}=\boldsymbol{P}\boldsymbol{A}\boldsymbol{P}^{-1}$，所以应选(B).

【评注】 本题考查初等矩阵的左乘、右乘问题及初等矩阵逆矩阵的公式.

练习题

1. (1997, 数一, 3 分) 设 $\boldsymbol{A}=\begin{bmatrix}1&2&-2\\4&t&3\\3&-1&1\end{bmatrix}$，$\boldsymbol{B}$ 为三阶非零矩阵，且 $\boldsymbol{A}\boldsymbol{B}=\boldsymbol{O}$，则 $t=$ ________.

2. (1997, 数一, 5 分) 设 $\boldsymbol{A}$ 是 n 阶可逆方阵，将 $\boldsymbol{A}$ 的第 i 行和第 j 行对换后得到的矩阵记为 $\boldsymbol{B}$.

（Ⅰ）证明 B 可逆；

（Ⅱ）求 AB^{-1}.

练习题参考答案

1.【答案】 -3.

【解析】 由 $AB=O$，对 B 按列分块有

$$AB=A(\beta_1,\beta_2,\beta_3)=(A\beta_1,A\beta_2,A\beta_3)=(0,0,0)$$

即 β_1,β_2,β_3 是齐次方程组 $Ax=0$ 的解.

又因 $B\neq O$，故 $Ax=0$ 有非零解，那么

$$|A|=\begin{vmatrix}1&2&-2\\4&t&3\\3&-1&1\end{vmatrix}=\begin{vmatrix}7&0&0\\4&t&3\\3&-1&1\end{vmatrix}=7(t+3)=0$$

所以应填：-3.

若熟悉公式：$AB=O$，则 $r(A)+r(B)\leqslant n$. 可知 $r(A)<3$. 亦可求出 $t=-3$.

2.【解】 由于 $B=E_{ij}A$，其中 E_{ij} 是初等矩阵

$$E_{ij}=\begin{bmatrix}1&&&&&\\&\ddots&&&&\\&&0&&1&\\&&&\ddots&&\\&&1&&0&\\&&&&&\ddots&\\&&&&&&1\end{bmatrix}\begin{matrix}\\\\i\\\\j\\\\\\\end{matrix}$$

（Ⅰ）因为 A 可逆，$|A|\neq0$，故

$$|B|=|E_{ij}A|=|E_{ij}|\cdot|A|=-|A|\neq0$$

所以 B 可逆.

（Ⅱ）由 $B=E_{ij}A$，知

$$AB^{-1}=A(E_{ij}A)^{-1}=AA^{-1}E_{ij}^{-1}=E_{ij}^{-1}=E_{ij}$$

二、伴随矩阵、可逆矩阵

试题特点

伴随与可逆是矩阵中最重要的知识点，关键公式：$AA^*=A^*A=|A|E$，进而有

$$A^{-1}=\frac{1}{|A|}A^*\ \text{或}\ A^*=|A|A^{-1}$$

涉及伴随与可逆的试题非常多，要想到并灵活运用 $AA^*=A^*A=|A|E$ 这一核心公式.

定义法，单位矩阵恒等变形，可逆的充要条件都是重要的考点.

7 (1988，一(3) 题，1 分) $\begin{bmatrix}0&0&0&1\\0&0&1&0\\0&1&0&0\\1&0&0&0\end{bmatrix}^{-1}=$ ________.

答案 $\begin{bmatrix}0&0&0&1\\0&0&1&0\\0&1&0&0\\1&0&0&0\end{bmatrix}$.

解析 这是基础题,解法很多,例如

利用$\begin{bmatrix} O & A \\ B & O \end{bmatrix}^{-1} = \begin{bmatrix} O & B^{-1} \\ A^{-1} & O \end{bmatrix}$及$\begin{bmatrix} 0 & 1 \\ 1 & 0 \end{bmatrix}^{-1} = \begin{bmatrix} 0 & 1 \\ 1 & 0 \end{bmatrix}$或$\begin{bmatrix} 0 & 0 & a \\ 0 & b & 0 \\ c & 0 & 0 \end{bmatrix}^{-1} = \begin{bmatrix} 0 & 0 & \frac{1}{c} \\ 0 & \frac{1}{b} & 0 \\ \frac{1}{a} & 0 & 0 \end{bmatrix}$

知其逆仍是$\begin{bmatrix} 0 & 0 & 0 & 1 \\ 0 & 0 & 1 & 0 \\ 0 & 1 & 0 & 0 \\ 1 & 0 & 0 & 0 \end{bmatrix}$.

当然,用初等行变换$(A \quad E) \to \cdots \to (E \quad A^{-1})$也很简捷.

8 (1990,七题,5 分) 已知对于 n 阶方阵 A,存在自然数 k,使得 $A^k = O$. 试证明矩阵 $E - A$ 可逆,并写出其逆矩阵的表达式(E 为 n 阶单位阵).

证明 由于 $A^k = O$,故

$$(E - A)(E + A + A^2 + \cdots + A^{k-1}) = E - A^k = E$$

所以 $E - A$ 可逆,且

$$(E - A)^{-1} = E + A + A^2 + \cdots + A^{k-1}$$

9 (1991,一(4) 题,3 分) 设 A 和 B 为可逆矩阵,$X = \begin{bmatrix} O & A \\ B & O \end{bmatrix}$为分块矩阵,则 $X^{-1} =$ ________.

答案 $\begin{bmatrix} O & B^{-1} \\ A^{-1} & O \end{bmatrix}$.

解析 利用分块矩阵,按可逆定义有

$$\begin{bmatrix} O & A \\ B & O \end{bmatrix}\begin{bmatrix} X_1 & X_2 \\ X_3 & X_4 \end{bmatrix} = \begin{bmatrix} E & O \\ O & E \end{bmatrix}$$

即

$$\begin{cases} AX_3 = E \\ AX_4 = O \\ BX_1 = O \\ BX_2 = E \end{cases}$$

从 A、B 均可逆知 $X_3 = A^{-1}$,$X_4 = O$,$X_1 = O$,$X_2 = B^{-1}$.

故应填:$\begin{bmatrix} O & B^{-1} \\ A^{-1} & O \end{bmatrix}$.

10 (1994,一(4) 题,3 分) 设 $A = \begin{bmatrix} 0 & a_1 & 0 & \cdots & 0 \\ 0 & 0 & a_2 & \cdots & 0 \\ \vdots & \vdots & \vdots & & \vdots \\ 0 & 0 & 0 & \cdots & a_{n-1} \\ a_n & 0 & 0 & \cdots & 0 \end{bmatrix}$,其中 $a_i \neq 0, i = 1, 2, \cdots, n$,

则 $A^{-1} =$ ________.

答案 $\begin{bmatrix} 0 & 0 & \cdots & 0 & \frac{1}{a_n} \\ \frac{1}{a_1} & 0 & \cdots & 0 & 0 \\ 0 & \frac{1}{a_2} & \cdots & 0 & 0 \\ \vdots & \vdots & & \vdots & \vdots \\ 0 & 0 & \cdots & \frac{1}{a_{n+1}} & 0 \end{bmatrix}$

解析 由于$\begin{bmatrix} \boldsymbol{O} & \boldsymbol{A} \\ \boldsymbol{B} & \boldsymbol{O} \end{bmatrix}^{-1} = \begin{bmatrix} \boldsymbol{O} & \boldsymbol{B}^{-1} \\ \boldsymbol{A}^{-1} & \boldsymbol{O} \end{bmatrix}$且$\begin{bmatrix} a_1 & & & \\ & a_2 & & \\ & & \ddots & \\ & & & a_n \end{bmatrix}^{-1} = \begin{bmatrix} \frac{1}{a_1} & & & \\ & \frac{1}{a_2} & & \\ & & \ddots & \\ & & & \frac{1}{a_n} \end{bmatrix}$，

本题对 $\boldsymbol{A}$ 分块后可知

$$\boldsymbol{A}^{-1} = \begin{bmatrix} 0 & 0 & \cdots & 0 & \frac{1}{a_n} \\ \frac{1}{a_1} & 0 & \cdots & 0 & 0 \\ 0 & \frac{1}{a_2} & \cdots & 0 & 0 \\ \vdots & \vdots & & \vdots & \vdots \\ 0 & 0 & \cdots & \frac{1}{a_{n+1}} & 0 \end{bmatrix}$$

11 (1995，一(4)题，3分) 设$\boldsymbol{A} = \begin{bmatrix} 1 & 0 & 0 \\ 2 & 2 & 0 \\ 3 & 4 & 5 \end{bmatrix}$，$\boldsymbol{A}^*$ 是 $\boldsymbol{A}$ 的伴随矩阵，则$(\boldsymbol{A}^*)^{-1} =$ ________.

答案 $\frac{1}{10}\begin{bmatrix} 1 & 0 & 0 \\ 2 & 2 & 0 \\ 3 & 4 & 5 \end{bmatrix}$.

解析 由 $\boldsymbol{AA}^* = |\boldsymbol{A}|\boldsymbol{E}$ 有$\frac{\boldsymbol{A}}{|\boldsymbol{A}|}\boldsymbol{A}^* = \boldsymbol{E}$，故$(\boldsymbol{A}^*)^{-1} = \frac{\boldsymbol{A}}{|\boldsymbol{A}|}$.

现 $|\boldsymbol{A}| = 10$，所以

$$(\boldsymbol{A}^*)^{-1} = \frac{1}{10}\begin{bmatrix} 1 & 0 & 0 \\ 2 & 2 & 0 \\ 3 & 4 & 5 \end{bmatrix}$$

12 (1996，二(3)题，3分) 设 n 阶矩阵 $\boldsymbol{A}$ 非奇异($n \geqslant 2$)，$\boldsymbol{A}^*$ 是矩阵 $\boldsymbol{A}$ 的伴随矩阵，则

(A) $(\boldsymbol{A}^*)^* = |\boldsymbol{A}|^{n-1}\boldsymbol{A}$.　　(B) $(\boldsymbol{A}^*)^* = |\boldsymbol{A}|^{n+1}\boldsymbol{A}$.

(C) $(\boldsymbol{A}^*)^* = |\boldsymbol{A}|^{n-2}\boldsymbol{A}$.　　(D) $(\boldsymbol{A}^*)^* = |\boldsymbol{A}|^{n+2}\boldsymbol{A}$.

答案 C.

解析 伴随矩阵的基本关系式为

$$\boldsymbol{AA}^* = \boldsymbol{A}^*\boldsymbol{A} = |\boldsymbol{A}|\boldsymbol{E}$$

现将 A^* 视为关系式中的矩阵 A，则有

$$A^*(A^*)^* = |A^*|E$$

那么，由 $|A^*| = |A|^{n-1}$ 及 $(A^*)^{-1} = \dfrac{A}{|A|}$，可得

$$(A^*)^* = |A^*|(A^*)^{-1} = |A|^{n-1}\frac{A}{|A|} = |A|^{n-2}A$$

故应选(C).

13（1997，九题，6 分）设 A 为 n 阶非奇异矩阵，α 为 n 维列向量，b 为常数，记分块矩阵

$$P = \begin{bmatrix} E & 0 \\ -\alpha^{\mathrm{T}}A^* & |A| \end{bmatrix}, Q = \begin{bmatrix} A & \alpha \\ \alpha^{\mathrm{T}} & b \end{bmatrix}$$

其中 A^* 是矩阵 A 的伴随矩阵，E 为 n 阶单位矩阵.

(1) 计算并化简 PQ.

(2) 证明矩阵 Q 可逆的充分必要条件是 $\alpha^{\mathrm{T}}A^{-1}\alpha \neq b$.

解 (1) 由 $AA^* = A^*A = |A|E$ 及 $A^* = |A|A^{-1}$，有

$$PQ = \begin{bmatrix} E & 0 \\ -\alpha^{\mathrm{T}}A^* & |A| \end{bmatrix}\begin{bmatrix} A & \alpha \\ \alpha^{\mathrm{T}} & b \end{bmatrix}$$

$$= \begin{bmatrix} A & \alpha \\ -\alpha^{\mathrm{T}}A^*A + |A|\alpha^{\mathrm{T}} & -\alpha^{\mathrm{T}}A^*\alpha + b|A| \end{bmatrix}$$

$$= \begin{bmatrix} A & \alpha \\ 0 & |A|(b - \alpha^{\mathrm{T}}A^{-1}\alpha) \end{bmatrix}$$

(2) 用行列式拉普拉斯展开公式及行列式乘法公式，有

$$|P| = \begin{vmatrix} E & 0 \\ -\alpha^{\mathrm{T}}A^* & |A| \end{vmatrix} = |A||E| = |A|$$

$$|P||Q| = |PQ| = \begin{vmatrix} A & \alpha \\ 0 & |A|(b - \alpha^{\mathrm{T}}A^{-1}\alpha) \end{vmatrix} = |A|^2(b - \alpha^{\mathrm{T}}A^{-1}\alpha)$$

又因 A 可逆，$|A| \neq 0$，故

$$|Q| = |A|(b - \alpha^{\mathrm{T}}A^{-1}\alpha)$$

由此可知 Q 可逆的充分必要条件是 $b - \alpha^{\mathrm{T}}A^{-1}\alpha \neq 0$，即 $\alpha^{\mathrm{T}}A^{-1}\alpha \neq b$.

14（2003，一(4)题，4 分）设 n 维向量 $\alpha = (a, 0, \cdots, 0, a)^{\mathrm{T}}$，$a < 0$，$E$ 为 n 阶单位矩阵.

$$A = E - \alpha\alpha^{\mathrm{T}}, B = E + \frac{1}{a}\alpha\alpha^{\mathrm{T}}$$

其中 A 的逆矩阵为 B，则 $a =$ ________.

答案　-1.

解析　按可逆定义，有 $AB = E$，即

$$AB = (E - \alpha\alpha^{\mathrm{T}})\left(E + \frac{1}{a}\alpha\alpha^{\mathrm{T}}\right) = E + \frac{1}{a}\alpha\alpha^{\mathrm{T}} - \alpha\alpha^{\mathrm{T}} - \frac{1}{a}\alpha\alpha^{\mathrm{T}}\alpha\alpha^{\mathrm{T}}$$

由于 $\alpha^{\mathrm{T}}\alpha = 2a^2$，而 $\alpha\alpha^{\mathrm{T}}$ 是秩为 1 的矩阵，故

$$AB = E \Leftrightarrow \left(\frac{1}{a} - 1 - 2a\right)\alpha\alpha^{\mathrm{T}} = O \Leftrightarrow \frac{1}{a} - 1 - 2a = 0 \Rightarrow a = \frac{1}{2}, a = -1$$

已知 $a < 0$，故应填：-1.

15（2005,12 题,4 分）设矩阵 $\boldsymbol{A}=(a_{ij})_{3\times3}$ 满足 $\boldsymbol{A}^*=\boldsymbol{A}^{\mathrm{T}}$，其中 $\boldsymbol{A}^*$ 为 $\boldsymbol{A}$ 的伴随矩阵，$\boldsymbol{A}^{\mathrm{T}}$ 为 $\boldsymbol{A}$ 的转置矩阵，若 a_{11},a_{12},a_{13} 为三个相等的正数，则 a_{11} 为

(A) $\frac{\sqrt{3}}{3}$. (B) 3. (C) $\frac{1}{3}$. (D) $\sqrt{3}$.

答案 A.

解析 $\boldsymbol{A}^*=\boldsymbol{A}^{\mathrm{T}}$ 即

$$\begin{bmatrix}A_{11}&A_{21}&A_{31}\\A_{12}&A_{22}&A_{32}\\A_{13}&A_{23}&A_{33}\end{bmatrix}=\begin{bmatrix}a_{11}&a_{21}&a_{31}\\a_{12}&a_{22}&a_{32}\\a_{13}&a_{23}&a_{33}\end{bmatrix}$$

可见 $a_{ij}=A_{ij}(i,j=1,2,3)$. 那么 $|\boldsymbol{A}|=a_{11}A_{11}+a_{12}A_{12}+a_{13}A_{13}=a_{11}^2+a_{12}^2+a_{13}^2=3a_{11}^2>0$，又因 $\boldsymbol{AA}^*=|\boldsymbol{A}|\boldsymbol{E}$ 即 $\boldsymbol{AA}^{\mathrm{T}}=|\boldsymbol{A}|\boldsymbol{E}$ 两边取行列式，有

$$|\boldsymbol{A}|\cdot|\boldsymbol{A}^{\mathrm{T}}|=||\boldsymbol{A}|\boldsymbol{E}|\Rightarrow|\boldsymbol{A}|^2=|\boldsymbol{A}|^3\Rightarrow|\boldsymbol{A}|\text{ 为 0 或 1}$$

从而 $3a_{11}^2=1$，故 $a_{11}=\frac{\sqrt{3}}{3}$.

16（2008,5 题,4 分）设 $\boldsymbol{A}$ 为 n 阶非零矩阵，$\boldsymbol{E}$ 为 n 阶单位矩阵. 若 $\boldsymbol{A}^3=\boldsymbol{O}$，则

(A) $\boldsymbol{E}-\boldsymbol{A}$ 不可逆，$\boldsymbol{E}+\boldsymbol{A}$ 不可逆. (B) $\boldsymbol{E}-\boldsymbol{A}$ 不可逆，$\boldsymbol{E}+\boldsymbol{A}$ 可逆.

(C) $\boldsymbol{E}-\boldsymbol{A}$ 可逆，$\boldsymbol{E}+\boldsymbol{A}$ 可逆. (D) $\boldsymbol{E}-\boldsymbol{A}$ 可逆，$\boldsymbol{E}+\boldsymbol{A}$ 不可逆.

答案 C.

解析 判断矩阵 $\boldsymbol{A}$ 可逆通常用定义，或者用充要条件行列式 $|\boldsymbol{A}|\neq0$（当然 $|\boldsymbol{A}|\neq0$ 又有很多等价的说法）. 因为

$$(\boldsymbol{E}-\boldsymbol{A})(\boldsymbol{E}+\boldsymbol{A}+\boldsymbol{A}^2)=\boldsymbol{E}-\boldsymbol{A}^3=\boldsymbol{E},(\boldsymbol{E}+\boldsymbol{A})(\boldsymbol{E}-\boldsymbol{A}+\boldsymbol{A}^2)=\boldsymbol{E}+\boldsymbol{A}^3=\boldsymbol{E}$$

所以，由定义知 $\boldsymbol{E}-\boldsymbol{A},\boldsymbol{E}+\boldsymbol{A}$ 均可逆. 故选(C).

【评注】 本题也可用特征值，由 $\boldsymbol{A}^3=\boldsymbol{O}\Rightarrow\boldsymbol{A}$ 的特征值 $\lambda=0\Rightarrow\boldsymbol{E}-\boldsymbol{A}$（或 $\boldsymbol{E}+\boldsymbol{A}$）特征值均不为 $0\Rightarrow|\boldsymbol{E}-\boldsymbol{A}|\neq0$（或 $|\boldsymbol{E}+\boldsymbol{A}|\neq0$）$\Rightarrow\boldsymbol{E}-\boldsymbol{A}$（或 $\boldsymbol{E}+\boldsymbol{A}$）可逆.

练习题

1.（1993,数四,8 分）已知 3 阶矩阵 $\boldsymbol{A}$ 的逆矩阵为 $\boldsymbol{A}^{-1}=\begin{bmatrix}1&1&1\\1&2&1\\1&1&3\end{bmatrix}$. 试求伴随矩阵 $\boldsymbol{A}^*$ 的逆矩阵.

2.（2002,数四,3 分）设 $\boldsymbol{A},\boldsymbol{B}$ 为 n 阶矩阵，$\boldsymbol{A}^*,\boldsymbol{B}^*$ 分别为 $\boldsymbol{A},\boldsymbol{B}$ 对应的伴随矩阵，分块矩阵 $\boldsymbol{C}=\begin{bmatrix}\boldsymbol{A}&\boldsymbol{O}\\\boldsymbol{O}&\boldsymbol{B}\end{bmatrix}$，则 $\boldsymbol{C}$ 的伴随矩阵 $\boldsymbol{C}^*=$

(A) $\begin{bmatrix}|\boldsymbol{A}|\boldsymbol{A}^*&\boldsymbol{O}\\\boldsymbol{O}&|\boldsymbol{B}|\boldsymbol{B}^*\end{bmatrix}$. (B) $\begin{bmatrix}|\boldsymbol{B}|\boldsymbol{B}^*&\boldsymbol{O}\\\boldsymbol{O}&|\boldsymbol{A}|\boldsymbol{A}^*\end{bmatrix}$.

(C) $\begin{bmatrix}|\boldsymbol{A}|\boldsymbol{B}^*&\boldsymbol{O}\\\boldsymbol{O}&|\boldsymbol{B}|\boldsymbol{A}^*\end{bmatrix}$. (D) $\begin{bmatrix}|\boldsymbol{B}|\boldsymbol{A}^*&\boldsymbol{O}\\\boldsymbol{O}&|\boldsymbol{A}|\boldsymbol{B}^*\end{bmatrix}$.

3.（1992,数四,3 分）设 $\boldsymbol{A},\boldsymbol{B},\boldsymbol{A}+\boldsymbol{B},\boldsymbol{A}^{-1}+\boldsymbol{B}^{-1}$ 均为 n 阶可逆矩阵，则 $(\boldsymbol{A}^{-1}+\boldsymbol{B}^{-1})^{-1}$ 等于

(A) $\boldsymbol{A}^{-1}+\boldsymbol{B}^{-1}$. (B) $\boldsymbol{A}+\boldsymbol{B}$. (C) $\boldsymbol{A}(\boldsymbol{A}+\boldsymbol{B})^{-1}\boldsymbol{B}$. (D) $(\boldsymbol{A}+\boldsymbol{B})^{-1}$.

4.（2002,数四,3 分）设矩阵 $\boldsymbol{A}=\begin{bmatrix}1&-1\\2&3\end{bmatrix}$，$\boldsymbol{B}=\boldsymbol{A}^2-3\boldsymbol{A}+2\boldsymbol{E}$，则 $\boldsymbol{B}^{-1}=$ ________.

练习题参考答案

1.【解】 由 $AA^* = A^*A = |A|E$，有

$$\frac{A}{|A|}A^* = A^*\frac{A}{|A|} = E$$

按可逆定义，知

$$(A^*)^{-1} = \frac{A}{|A|} = |A^{-1}|A$$

由于 $(A^{-1})^{-1} = A$，求 A^{-1} 的逆矩阵，有

$$(A^{-1} \vdots E) = \begin{bmatrix} 1 & 1 & 1 & \vdots & 1 & 0 & 0 \\ 1 & 2 & 1 & \vdots & 0 & 1 & 0 \\ 1 & 1 & 3 & \vdots & 0 & 0 & 1 \end{bmatrix} \to \begin{bmatrix} 1 & 0 & 0 & \vdots & \frac{5}{2} & -1 & -\frac{1}{2} \\ 0 & 1 & 0 & \vdots & -1 & 1 & 0 \\ 0 & 0 & 1 & \vdots & -\frac{1}{2} & 0 & \frac{1}{2} \end{bmatrix}$$

于是 $A = \begin{bmatrix} \frac{5}{2} & -1 & -\frac{1}{2} \\ -1 & 1 & 0 \\ -\frac{1}{2} & 0 & \frac{1}{2} \end{bmatrix}$.

又因 $|A^{-1}| = 2$，故知

$$(A^*)^{-1} = |A^{-1}|A = \begin{bmatrix} 5 & -2 & -1 \\ -2 & 2 & 0 \\ -1 & 0 & 1 \end{bmatrix}$$

2.【答案】 D.

【解析】 对任何 n 阶矩阵 A,B 关系式要成立，那么 A、B 可逆时仍应成立，故可看 A,B 可逆时 $C^* = ?$

由于 $$C^* = |C|C^{-1} = \begin{vmatrix} A & O \\ O & B \end{vmatrix}\begin{bmatrix} A & O \\ O & B \end{bmatrix}^{-1}$$

$$= |A||B|\begin{bmatrix} A^{-1} & O \\ O & B^{-1} \end{bmatrix} = \begin{bmatrix} |A||B|A^{-1} & O \\ O & |A||B|B^{-1} \end{bmatrix}$$

故应选(D).

3.【答案】 C.

【解析】 因为 $A,B,A+B$ 均可逆，则有

$$\begin{aligned}(A^{-1}+B^{-1})^{-1} &= (EA^{-1}+B^{-1}E)^{-1} \\ &= (B^{-1}BA^{-1}+B^{-1}AA^{-1})^{-1} = [B^{-1}(B+A)A^{-1}]^{-1} \\ &= (A^{-1})^{-1}(B+A)^{-1}(B^{-1})^{-1} = A(A+B)^{-1}B\end{aligned}$$

故应选(C).

注意，一般情况下 $(A+B)^{-1} \neq A^{-1}+B^{-1}$，不要与转置的性质相混淆.

4.【答案】 $\begin{bmatrix} 0 & \frac{1}{2} \\ -1 & -1 \end{bmatrix}$.

【解析】 因为 $B = (A-2E)(A-E)$，故

$$B^{-1} = (A-E)^{-1}(A-2E)^{-1}$$

因此，应求出 $(A-E)^{-1}$，$(A-2E)^{-1}$.

$$(A-E)^{-1} = \begin{bmatrix} 0 & -1 \\ 2 & 2 \end{bmatrix}^{-1} = \frac{1}{2}\begin{bmatrix} 2 & 1 \\ -2 & 0 \end{bmatrix}$$

$$(A-2E)^{-1} = \begin{bmatrix} -1 & -1 \\ 2 & 1 \end{bmatrix}^{-1} = \begin{bmatrix} 1 & 1 \\ -2 & -1 \end{bmatrix}$$

所以 $$B^{-1}=\frac{1}{2}\begin{bmatrix}2&1\\-2&0\end{bmatrix}\begin{bmatrix}1&1\\-2&-1\end{bmatrix}=\begin{bmatrix}0&\frac{1}{2}\\-1&-1\end{bmatrix}$$

【评注】 A 是 2 阶矩阵，有 $A^{-1}=\frac{A^*}{|A|}$，而 2 阶矩阵的伴随矩阵有“主对调，副变号”之规律.

这是许多教材中都出现过的习题，但仍有相当多的考生（约 36%）答错，反映出考生基本运算不熟练，计算能力差，在复习的过程中，要动脑要动手，千万不要眼高手低.

三、矩阵的秩

试题特点

矩阵的秩是重点也是难点，要正确理解矩阵秩的概念.

$r(A)=r \Leftrightarrow$ A 中有 r 阶子式不为 0，每个 $r+1$ 阶子式（若还有）全为 0.

在这里要分清“有一个”与“每一个”，当 $r(A)=r$ 时，A 中能否有 $r-1$ 阶子式为 0？能否有 $r+1$ 阶子式不为 0？

你用行列式来如何描述 $r(A)\geqslant r$？如何描述 $r(A)<r$？

要搞清矩阵的秩与向量组秩之间的关系，这种转换是重要的. 在线性相关的判断与证明中往往是由矩阵的秩推导向量组的秩，而解方程组时往往由相关、无关推导矩阵的秩.

经初等变换矩阵的秩不变，这是求秩的最重要的方法，有时可以把定义法与初等变换法相结合来分析推导矩阵的秩.

要会用 ① $|A|$ 是否为 0；② 相关、无关；③ 方程组的解. 会用其中的两个信息夹逼求出矩阵 A 的秩.

17 (1987，一(4) 题，2 分)（判断题）假设 D 是矩阵 A 的 r 阶子式，且 $D\neq 0$，但含 D 的一切 $r+1$ 阶子式都等于 0，那么矩阵 A 的一切 $r+1$ 阶子式都等于 0.　（　　）

答案 √.

解析 本题实际上是矩阵秩的一个等价定义，证明如下：

不失一般性，可以假设 D 位于 A 的左上角，即

$$A=\begin{bmatrix}a_{11}&\cdots&a_{1r}&\cdots&a_{1l}&\cdots&a_{1n}\\ \vdots&D&\vdots&&&&\\ a_{r1}&\cdots&a_{rr}&\cdots&a_{rl}&\cdots&a_{rn}\\ \vdots&&\vdots&&\vdots&&\vdots\\ a_{k1}&\cdots&a_{kr}&\cdots&a_{kl}&\cdots&a_{kn}\\ \vdots&&\vdots&&\vdots&&\vdots\\ a_{m1}&\cdots&a_{mr}&\cdots&a_{ml}&\cdots&a_{mn}\end{bmatrix}$$

对于方程组
$$\begin{cases}a_{11}x_1+a_{12}x_2+\cdots+a_{1r}x_r=a_{1l}\\ a_{21}x_1+a_{22}x_2+\cdots+a_{2r}x_r=a_{2l}\\ \quad\cdots\cdots\\ a_{r1}x_1+a_{r2}x_2+\cdots+a_{rr}x_r=a_{rl}\end{cases}$$

其中，$l=r+1,r+2,\cdots,n$. 由于系数行列式 $D\neq 0$，则方程组有唯一解

$$x_1=c_1,x_2=c_2,\cdots,x_r=c_r$$

那么对于包含 D 的 $r+1$ 阶子式

$$\Delta_{kl}=\begin{vmatrix}a_{11}&\cdots&a_{1r}&a_{1l}\\ \vdots&&\vdots&\vdots\\ a_{r1}&\cdots&a_{rr}&a_{rl}\\ a_{k1}&\cdots&a_{kr}&a_{kl}\end{vmatrix}$$

$$=\begin{vmatrix}a_{11}&\cdots&a_{1r}&a_{1l}-a_{11}c_1-\cdots-a_{1r}c_r\\ \vdots&&\vdots&\vdots\\ a_{r1}&\cdots&a_{rr}&a_{rl}-a_{r1}c_1-\cdots-a_{rr}c_r\\ a_{k1}&\cdots&a_{kr}&a_{kl}-a_{k1}c_1-\cdots-a_{kr}c_r\end{vmatrix}\text{（把 } j \text{ 列的} -c_j \text{ 倍加至最后一列）}$$

$$=\begin{vmatrix}a_{11}&\cdots&a_{1r}&0\\ \vdots&&\vdots&\vdots\\ a_{r1}&\cdots&a_{rr}&0\\ a_{k1}&\cdots&a_{kr}&a_{kl}-a_{k1}c_1-\cdots-a_{kr}c_r\end{vmatrix}$$

$$=(a_{kl}-a_{k1}c_1-\cdots-a_{kr}c_r)D$$

又因 $\Delta_{kl}=0, D\neq 0$. 从而

$$a_{k1}c_1+a_{k2}c_2+\cdots+a_{kr}c_r=a_{kl}, r<k\leqslant m$$

即

$$c_1\begin{bmatrix}a_{11}\\ \vdots\\ a_{r1}\\ \vdots\\ a_{m1}\end{bmatrix}+c_2\begin{bmatrix}a_{12}\\ \vdots\\ a_{r2}\\ \vdots\\ a_{m2}\end{bmatrix}+\cdots+c_r\begin{bmatrix}a_{1r}\\ \vdots\\ a_{rl}\\ \vdots\\ a_{ml}\end{bmatrix}=\begin{bmatrix}a_{1l}\\ \vdots\\ a_{rl}\\ \vdots\\ a_{ml}\end{bmatrix}, \text{其口 } l=r+1,\cdots,n$$

由 $D\neq 0$，知向量组

$$(a_{11},\cdots,a_{r1})^{\mathrm T},(a_{12},\cdots,a_{r2})^{\mathrm T},\cdots,(a_{1r},\cdots,a_{rr})^{\mathrm T}$$

线性无关，那么其延伸组

$$(a_{11},\cdots,a_{r1},\cdots,a_{m1})^{\mathrm T},(a_{12},\cdots,a_{r2},\cdots,a_{m2})^{\mathrm T},\cdots,(a_{1r},\cdots,a_{rr},\cdots,a_{mr})^{\mathrm T}$$

线性无关.

于是矩阵 $\boldsymbol{A}$ 的前 r 个列向量线性无关，而第 $r+1$ 个至第 n 个列向量均可由这前 r 个列向量线性表出. 所以矩阵 $\boldsymbol{A}$ 的列秩是 r，亦即矩阵 $\boldsymbol{A}$ 的秩是 r. 故 $\boldsymbol{A}$ 中所有 $r+1$ 阶子式全为 0.

【评注】 本题考查矩阵秩的概念，由证明可知：$r(\boldsymbol{A})=\boldsymbol{A}$ 的列秩 $=\boldsymbol{A}$ 的行秩，因此，对于矩阵的秩可以从不同的角度（行列式，列向量组、行向量组）去思考.

18 (1988，二(4) 题，2 分)（判断题）若 $\boldsymbol{A}$ 和 $\boldsymbol{B}$ 都是 n 阶非零方阵，且 $\boldsymbol{AB}=\boldsymbol{O}$，则 $\boldsymbol{A}$ 的秩必小于 n. (　　)

答案 正确.

解析 若知命题：设 $\boldsymbol{A}$ 是 $m\times n$ 矩阵，$\boldsymbol{B}$ 是 $n\times s$ 矩阵，且 $\boldsymbol{AB}=\boldsymbol{O}$，则 $r(\boldsymbol{A})+r(\boldsymbol{B})\leqslant n$. 再由 $\boldsymbol{B}\neq\boldsymbol{O}, r(\boldsymbol{B})\geqslant 1$，立即知命题正确.

或由 $\boldsymbol{AB}=\boldsymbol{O}$，知

$$\boldsymbol{A}(\boldsymbol{\beta}_1,\boldsymbol{\beta}_2,\cdots,\boldsymbol{\beta}_s)=(\boldsymbol{A\beta}_1,\boldsymbol{A\beta}_2,\cdots,\boldsymbol{A\beta}_s)=(\boldsymbol{0},\boldsymbol{0},\cdots,\boldsymbol{0})$$

从而 $\boldsymbol{A\beta}_j=\boldsymbol{0}(j=1,2,\cdots,s)$，即 $\boldsymbol{B}$ 的列向量 $\boldsymbol{\beta}_j$ 是齐次方程组 $\boldsymbol{Ax}=\boldsymbol{0}$ 的解. 又因 $\boldsymbol{B}\neq\boldsymbol{O}$，知 $\boldsymbol{Ax}=\boldsymbol{0}$ 有非零解，亦知 $r(\boldsymbol{A})<n$. 命题正确.

19（1993，一(4) 题，3 分）设 4 阶方阵 $\boldsymbol{A}$ 的秩为 2，则其伴随矩阵 $\boldsymbol{A}^*$ 的秩为________.

答案 0.

解析 由于 $r(\boldsymbol{A})=2$，说明 $\boldsymbol{A}$ 中 3 阶子式全为 0，于是 $|\boldsymbol{A}|$ 的代数余子式 $A_{ij}\equiv 0$，故 $\boldsymbol{A}^*=0$. 所以秩 $r(\boldsymbol{A}^*)=0$.

若熟悉伴随矩阵 $\boldsymbol{A}^*$ 秩的关系式

$$r(\boldsymbol{A}^*)=\begin{cases}n, & 若\ r(\boldsymbol{A})=n\\ 1, & 若\ r(\boldsymbol{A})=n-1\\ 0, & 若\ r(\boldsymbol{A})<n-1\end{cases}$$

易知 $r(\boldsymbol{A}^*)=0$.

20（1994，二(3) 题，3 分）设 $\boldsymbol{A}$ 是 $m\times n$ 矩阵，$\boldsymbol{C}$ 是 n 阶可逆矩阵，矩阵 $\boldsymbol{A}$ 的秩为 r，矩阵 $\boldsymbol{B}=\boldsymbol{AC}$ 的秩为 r_1，则

(A) $r>r_1$.　　(B) $r<r_1$.

(C) $r=r_1$.　　(D) r 与 r_1 的关系依 $\boldsymbol{C}$ 而定.

答案 C.

解析 利用公式，如 $\boldsymbol{A}$ 可逆，则 $r(\boldsymbol{BA})=r(\boldsymbol{B})$.

或由可逆矩阵可写成若干初等矩阵的乘积，于是 $\boldsymbol{C}=\boldsymbol{P}_1\boldsymbol{P}_2\cdots\boldsymbol{P}_s$，$\boldsymbol{P}_i$ 是初等矩阵，再用经初等变换矩阵的秩不变，亦有 $r=r_1$.

即可逆矩阵与矩阵相乘不改变矩阵的秩，所以应选(C).

21（1995，二(3) 题，3 分）设矩阵 $\boldsymbol{A}_{m\times n}$ 的秩 $r(\boldsymbol{A})=m<n$，$\boldsymbol{E}_m$ 为 m 阶单位矩阵，下述结论中正确的是

(A) $\boldsymbol{A}$ 的任意 m 个列向量必线性无关.

(B) $\boldsymbol{A}$ 的任意一个 m 阶子式不等于零.

(C) 若矩阵 $\boldsymbol{B}$ 满足 $\boldsymbol{BA}=\boldsymbol{O}$，则 $\boldsymbol{B}=\boldsymbol{O}$.

(D) $\boldsymbol{A}$ 通过初等行变换，必可以化为 $(\boldsymbol{E}_m,\boldsymbol{O})$ 形式.

答案 C.

解析 $r(\boldsymbol{A})=m$ 表示 $\boldsymbol{A}$ 中有 m 个列向量线性无关，有 m 阶子式不等于零，并不是任意的，因此(A)、(B) 均不正确.

经初等变换可把 $\boldsymbol{A}$ 化成标准形，一般应当既有初等行变换也有初等列变换，只用一种不一定能化为标准形. 例如

$$\begin{bmatrix}0 & 1 & 0\\ 0 & 0 & 1\end{bmatrix}$$

只用初等行变换就不能化成 $(\boldsymbol{E}_2,\boldsymbol{O})$ 形式，故(D) 不正确.

关于(C)，由 $\boldsymbol{BA}=\boldsymbol{O}$ 知 $r(\boldsymbol{B})+r(\boldsymbol{C})\leqslant m$，又 $r(\boldsymbol{A})=m$，从而 $r(\boldsymbol{B})\leqslant 0$，按定义又有 $r(\boldsymbol{B})\geqslant 0$，于是 $r(\boldsymbol{B})=0$ 即 $\boldsymbol{B}=\boldsymbol{O}$.

22（1998，二(4) 题，3 分）设 $n(n\geqslant 3)$ 阶矩阵

$$\boldsymbol{A}=\begin{bmatrix}1 & a & a & \cdots & a\\ a & 1 & a & \cdots & a\\ a & a & 1 & \cdots & a\\ \vdots & \vdots & \vdots & & \vdots\\ a & a & a & \cdots & 1\end{bmatrix}$$

若矩阵 $\boldsymbol{A}$ 的秩为 $n-1$，则 a 必为

(A)1.　　(B) $\dfrac{1}{1-n}$.　　(C) -1.　　(D) $\dfrac{1}{n-1}$.

答案　B.

分析　由于

$$|\boldsymbol{A}| = [(n-1)a+1]\begin{vmatrix} 1 & 1 & 1 & \cdots & 1 \\ a & 1 & a & \cdots & a \\ a & a & 1 & \cdots & a \\ \vdots & \vdots & \vdots & & \vdots \\ a & a & a & \cdots & 1 \end{vmatrix}$$

$$= [(n-1)a+1]\begin{vmatrix} 1 & 1 & 1 & \cdots & 1 \\ & 1-a & & & \\ & & 1-a & & \\ & & & \ddots & \\ & & & & 1-a \end{vmatrix}$$

$$= [(n-1)a+1](1-a)^{n-1}$$

由 $r(\boldsymbol{A}) = n-1$ 知 $|\boldsymbol{A}| = 0$，故 a 取自于 $\dfrac{1}{1-n}$ 或 1. 显然 $a=1$ 时，

$$\boldsymbol{A} = \begin{bmatrix} 1 & 1 & 1 & \cdots & 1 \\ 1 & 1 & 1 & \cdots & 1 \\ \vdots & \vdots & \vdots & & \vdots \\ 1 & 1 & 1 & \cdots & 1 \end{bmatrix}$$

而 $r(\boldsymbol{A}) = 1$ 不合题意，故应选(B).

23（2001，一(3) 题，3 分）设矩阵 $\boldsymbol{A} = \begin{bmatrix} k & 1 & 1 & 1 \\ 1 & k & 1 & 1 \\ 1 & 1 & k & 1 \\ 1 & 1 & 1 & k \end{bmatrix}$，且 $r(\boldsymbol{A}) = 3$，则 $k =$ ________.

答案　-3.

解析　由于

$$|\boldsymbol{A}| = \begin{vmatrix} k & 1 & 1 & 1 \\ 1 & k & 1 & 1 \\ 1 & 1 & k & 1 \\ 1 & 1 & 1 & k \end{vmatrix} = \begin{vmatrix} k+3 & k+3 & k+3 & k+3 \\ 1 & k & 1 & 1 \\ 1 & 1 & k & 1 \\ 1 & 1 & 1 & k \end{vmatrix}$$

$$= (k+3)\begin{vmatrix} 1 & 1 & 1 & 1 \\ 0 & k-1 & 0 & 0 \\ 0 & 0 & k-1 & 0 \\ 0 & 0 & 0 & k-1 \end{vmatrix} = (k+3)(k-1)^3$$

那么

$$r(\boldsymbol{A}) = 3 \Rightarrow |\boldsymbol{A}| = 0$$

而 $k=1$ 时，显然 $r(\boldsymbol{A}) = 1$. 故必有 $k=-3$.

24（2003，二(4) 题，4 分）设三阶矩阵 $\boldsymbol{A} = \begin{bmatrix} a & b & b \\ b & a & b \\ b & b & a \end{bmatrix}$，若 $\boldsymbol{A}$ 的伴随矩阵的秩等于 1，则必有

(A) $a=b$ 或 $a+2b=0$.　　(B) $a=b$ 或 $a+2b \neq 0$.

(C) $a \neq b$ 且 $a+2b=0$.　　　　(D) $a \neq b$ 且 $a+2b \neq 0$.

答案 C.

解析 根据伴随矩阵 $\boldsymbol{A}^*$ 秩的关系式

$$r(\boldsymbol{A}^*)=\begin{cases} n, & \text{若 } r(\boldsymbol{A})=n \\ 1, & \text{若 } r(\boldsymbol{A})=n-1 \\ 0, & \text{若 } r(\boldsymbol{A})<n-1 \end{cases}$$

知 $r(\boldsymbol{A}^*)=1 \Leftrightarrow r(\boldsymbol{A})=2$.

若 $a=b$，易见 $r(\boldsymbol{A}) \leqslant 1$，故可排除(A)，(B).

当 $a \neq b$ 时，$\boldsymbol{A}$ 中有 2 阶子式 $\begin{vmatrix} a & b \\ b & a \end{vmatrix} \neq 0$，若 $r(\boldsymbol{A})=2$，按定义只需 $|\boldsymbol{A}|=0$. 由于

$$|\boldsymbol{A}|=\begin{vmatrix} a+2b & a+2b & a+2b \\ b & a & b \\ b & b & a \end{vmatrix}=(a+2b)(a-b)^2$$

所以应选(C).

25 (2007，15 题，4 分) 设矩阵 $\boldsymbol{A}=\begin{bmatrix} 0 & 1 & 0 & 0 \\ 0 & 0 & 1 & 0 \\ 0 & 0 & 0 & 1 \\ 0 & 0 & 0 & 0 \end{bmatrix}$，则 $\boldsymbol{A}^3$ 的秩为________.

答案 1.

解析 因为 $\boldsymbol{A}^2=\begin{bmatrix} 0 & 0 & 1 & 0 \\ 0 & 0 & 0 & 1 \\ 0 & 0 & 0 & 0 \\ 0 & 0 & 0 & 0 \end{bmatrix}$，$\boldsymbol{A}^3=\begin{bmatrix} 0 & 0 & 0 & 1 \\ 0 & 0 & 0 & 0 \\ 0 & 0 & 0 & 0 \\ 0 & 0 & 0 & 0 \end{bmatrix}$，所以 $r(\boldsymbol{A}^3)=1$，

【评注】 这是基础题，但考的并不理想，难度系数是 0.696.

注意，若 $\boldsymbol{A}=\begin{bmatrix} 0 & 1 & 0 & \cdots & 0 \\ 0 & 0 & 1 & \cdots & 0 \\ \vdots & \vdots & \vdots & & \vdots \\ 0 & 0 & 0 & \cdots & 1 \\ 0 & 0 & 0 & \cdots & 0 \end{bmatrix}$，则

$$\boldsymbol{A}^2=\begin{bmatrix} 0 & 0 & 1 & 0 & \cdots & 0 & 0 \\ 0 & 0 & 0 & 1 & \cdots & 0 & 0 \\ \vdots & \vdots & \vdots & \vdots & & \vdots & \vdots \\ 0 & 0 & 0 & 0 & \cdots & 0 & 1 \\ 0 & 0 & 0 & 0 & \cdots & 0 & 0 \\ 0 & 0 & 0 & 0 & \cdots & 0 & 0 \end{bmatrix}_{n\times n},\cdots,\boldsymbol{A}^{n-1}=\begin{bmatrix} 0 & 0 & \cdots & 0 & 1 \\ 0 & 0 & \cdots & 0 & 0 \\ \vdots & \vdots & & \vdots & \vdots \\ 0 & 0 & \cdots & 0 & 0 \end{bmatrix}_{n\times n}$$

$$\boldsymbol{A}^n=\boldsymbol{O}$$

练习题

1. (1994，数四，3 分) 设 $\boldsymbol{A},\boldsymbol{B}$ 都是 n 阶非零矩阵，且 $\boldsymbol{AB}=\boldsymbol{O}$，则 $\boldsymbol{A}$ 和 $\boldsymbol{B}$ 的秩

(A) 必有一个等于 0.　　　　(B) 都小于 n.

(C) 一个小于 n，一个等于 n.　　　　(D) 都等于 n.

2.(1995,数四,3 分)设矩阵 $A_{m\times n}$ 的秩为 $r(A)=m<n$,E_m 为 m 阶单位矩阵,下述结论中正确的是

(A)A 的任意 m 个列向量必线性无关.

(B)A 的任意一个 m 阶子式不等于零.

(C)A 通过初等行变换,必可以化为(E_m,O)形式.

(D)非齐次线性方程组 $Ax=b$ 一定有无穷多组解.

练习题参考答案

1.【答案】 B.

【解析】 本题主要考查矩阵秩的概念和性质,还涉及矩阵运算、可逆,齐次方程组解的概念与性质等知识点.

在中学代数里,若 $ab=0$,我们知道其中至少有一个数为0,而作为矩阵 $AB=O$ 就不能说其中至少有一个矩阵是零矩阵,这种差异要搞清楚.例如

$$\begin{bmatrix}1&2\\2&4\end{bmatrix}\begin{bmatrix}2&-2\\-1&1\end{bmatrix}=\begin{bmatrix}0&0\\0&0\end{bmatrix}=O$$

即 $AB=O\not\Rightarrow A=O$ 或 $B=O$,那么再按矩阵秩的定义就知(A)错误.

又 $r(A)=n\Leftrightarrow|A|\neq 0\Leftrightarrow A$ 可逆.因此对于 $AB=O$,若其中有一个矩阵的秩为 n,例如设$r(A)=n$,则有

$$B=A^{-1}AB=A^{-1}O=O$$

与已知 $B\neq O$ 相矛盾.从而可排除(C)(D).

对 $AB=O$,把矩阵 B 与零矩阵均按列分块

$$AB=A(\beta_1,\beta_2,\cdots,\beta_n)=(A\beta_1,A\beta_2,\cdots,A\beta_n)=(0,0,\cdots,0)$$

于是 $A\beta_i=0(i=1,2,\cdots,n)$,即 β_i 是齐次方程组 $Ax=0$ 的解.

那么,$AB=O$ 意味着 B 的列向量全是齐次方程组 $Ax=0$ 的解.

因此,$AB=O,B\neq O$ 表明 $Ax=0$ 有非零解,从而 $r(A)<n$.

可以继续用非零解的观点来处理 $r(B)$,方法如下:

$$B^TA^T=(AB)^T=O^T=O$$

从 A^T 非零,知 $r(B^T)<n$,故 $r(B)<n$.

当然,本题最简单的方法是用命题:

若 A 是 $m\times n$ 矩阵,B 是 $n\times s$ 矩阵,$AB=O$,则 $r(A)+r(B)\leqslant n$.再以 A,B 均非零,按秩的定义有$r(A)\geqslant 1$,$r(B)\geqslant 1$,也就不难看出应选(B).

本题涉及线性代数中的许多基本概念,思路亦多样化,知识点的切换较多,还考查了用基本概念进行推理判断的能力.

2.【答案】 D.

【解析】 因为 A 是 $m\times n$ 矩阵,秩 $r(A)=m$,故增广矩阵的秩必为 m.那么 $r(A)=r(\overline{A})=m<n$,所以方程组 $Ax=b$ 必有无穷多组解,故应选(D).

四、矩阵方程

试题特点

解矩阵方程时,首先要根据矩阵的运算法则、性质把方程化简(特别要注意矩阵的乘法没有交换律),化简之后有三种形式:

$$AX=B;XA=B;AXB=C$$

对于前两个方程,若判断出 A 可逆,则有

$$X=A^{-1}B,X=BA^{-1}$$

对于第三个方程,若 A,B 均可逆,则有 $X=A^{-1}CB^{-1}$,那么,再通过求逆等运算就可求出 X.

26（1987，九题，7 分）假设矩阵 $\boldsymbol{A}$ 和 $\boldsymbol{B}$ 满足关系式 $\boldsymbol{AB}=\boldsymbol{A}+2\boldsymbol{B}$，其中

$$\boldsymbol{A}=\begin{bmatrix}4&2&3\\1&1&0\\-1&2&3\end{bmatrix}$$

求矩阵 $\boldsymbol{B}$.

解 由 $\boldsymbol{AB}=\boldsymbol{A}+2\boldsymbol{B}$ 知 $(\boldsymbol{A}-2\boldsymbol{E})\boldsymbol{B}=\boldsymbol{A}$，由于

$$(\boldsymbol{A}-2\boldsymbol{E})^{-1}=\begin{bmatrix}2&2&3\\1&-1&0\\-1&2&1\end{bmatrix}^{-1}=\begin{bmatrix}1&-4&-3\\1&-5&-3\\-1&6&4\end{bmatrix}$$

因此 $$\boldsymbol{B}=(\boldsymbol{A}-2\boldsymbol{E})^{-1}\boldsymbol{A}=\begin{bmatrix}1&-4&-3\\1&-5&-3\\-1&6&4\end{bmatrix}\begin{bmatrix}4&2&3\\1&1&0\\-1&2&3\end{bmatrix}=\begin{bmatrix}3&-8&-6\\2&-9&-6\\-2&12&9\end{bmatrix}$$

27（1989，七题，5 分）已知 $\boldsymbol{X}=\boldsymbol{AX}+\boldsymbol{B}$，其中

$$\boldsymbol{A}=\begin{bmatrix}0&1&0\\-1&1&1\\-1&0&-1\end{bmatrix},\boldsymbol{B}=\begin{bmatrix}1&-1\\2&0\\5&-3\end{bmatrix}$$

求矩阵 $\boldsymbol{X}$.

解 由 $\boldsymbol{X}=\boldsymbol{AX}+\boldsymbol{B}$，得 $(\boldsymbol{E}-\boldsymbol{A})\boldsymbol{X}=\boldsymbol{B}$.

因为 $$(\boldsymbol{E}-\boldsymbol{A})^{-1}=\begin{bmatrix}1&-1&0\\1&0&-1\\1&0&2\end{bmatrix}^{-1}=\frac{1}{3}\begin{bmatrix}0&2&1\\-3&2&1\\0&-1&1\end{bmatrix}$$

所以 $$\boldsymbol{X}=(\boldsymbol{E}-\boldsymbol{A})^{-1}\boldsymbol{B}=\frac{1}{3}\begin{bmatrix}0&2&1\\-3&2&1\\0&-1&1\end{bmatrix}\begin{bmatrix}1&-1\\2&0\\5&-3\end{bmatrix}=\begin{bmatrix}3&-1\\2&0\\1&-1\end{bmatrix}$$

28（1998，一(4)题，3 分）设矩阵 $\boldsymbol{A},\boldsymbol{B}$ 满足 $\boldsymbol{A}^*\boldsymbol{BA}=2\boldsymbol{BA}-8\boldsymbol{E}$，其中 $\boldsymbol{A}=\begin{bmatrix}1&0&0\\0&-2&0\\0&0&1\end{bmatrix}$，$\boldsymbol{E}$ 为单位矩阵，$\boldsymbol{A}^*$ 为 $\boldsymbol{A}$ 的伴随矩阵，则 $\boldsymbol{B}=$ ________.

答案 $\begin{bmatrix}2&0&0\\0&-4&0\\0&0&2\end{bmatrix}$.

解析 先化简矩阵方程．将已知矩阵方程左乘 $\boldsymbol{A}$ 右乘 $\boldsymbol{A}^{-1}$ 有

$$\boldsymbol{A}(\boldsymbol{A}^*\boldsymbol{BA})\boldsymbol{A}^{-1}=\boldsymbol{A}(2\boldsymbol{BA})\boldsymbol{A}^{-1}-\boldsymbol{A}(8\boldsymbol{E})\boldsymbol{A}^{-1}$$

并利用 $\boldsymbol{AA}^*=|\boldsymbol{A}|\boldsymbol{E}$ 及本题中 $|\boldsymbol{A}|=-2$，则

$$\boldsymbol{B}+\boldsymbol{AB}=4\boldsymbol{E}$$

得 $$\boldsymbol{B}=4(\boldsymbol{E}+\boldsymbol{A})^{-1}=4\begin{bmatrix}2&0&0\\0&-1&0\\0&0&2\end{bmatrix}^{-1}=\begin{bmatrix}2&0&0\\0&-4&0\\0&0&2\end{bmatrix}$$

第三章　向量

本章导读

向量既是重点又是难点，由于向量的抽象性及在逻辑推理上有较高的要求，考生在复习时要迎难而上.

本章考查的重点首先是对线性相关、无关概念的理解与判断，要清晰选择、填空、证明各类题型的解题思路和技巧；其次，要把握线性表出问题的处理；最后，要理解向量组的极大线性无关组和向量组秩的概念，会推导和计算.

一、向量的线性表出

试题特点

向量 $\boldsymbol{\beta}$ 可以由 $\boldsymbol{\alpha}_1,\boldsymbol{\alpha}_2,\cdots,\boldsymbol{\alpha}_s$ 线性表出

$\Leftrightarrow$ 方程组 $x_1\boldsymbol{\alpha}_1+x_2\boldsymbol{\alpha}_2+\cdots+x_s\boldsymbol{\alpha}_s=\boldsymbol{\beta}$ 有解

$\Leftrightarrow r(\boldsymbol{\alpha}_1,\boldsymbol{\alpha}_2,\cdots,\boldsymbol{\alpha}_s)=r(\boldsymbol{\alpha}_1,\boldsymbol{\alpha}_2,\cdots,\boldsymbol{\alpha}_s,\boldsymbol{\beta})$

如果已知向量的坐标，那就通过判断方程组是否有解来回答向量能否线性表出的问题，不仅要会一个向量 $\boldsymbol{\beta}$ 能否由 $\boldsymbol{\alpha}_1,\boldsymbol{\alpha}_2,\cdots,\boldsymbol{\alpha}_s$ 线性表出，还要会分析、讨论一个向量组 $\boldsymbol{\beta}_1,\boldsymbol{\beta}_2,\cdots,\boldsymbol{\beta}_t$ 能否由 $\boldsymbol{\alpha}_1,\boldsymbol{\alpha}_2,\cdots,\boldsymbol{\alpha}_s$ 线性表出的问题.

如果向量 $\boldsymbol{\beta}$ 的坐标是未知的，那就要能用秩、概念以及相关的定理来推理、分析.

1 (1991，九题，7 分) 设有三维列向量

$$\boldsymbol{\alpha}_1=\begin{bmatrix}1+\lambda\\1\\1\end{bmatrix},\boldsymbol{\alpha}_2=\begin{bmatrix}1\\1+\lambda\\1\end{bmatrix},\boldsymbol{\alpha}_3=\begin{bmatrix}1\\1\\1+\lambda\end{bmatrix},\boldsymbol{\beta}=\begin{bmatrix}0\\\lambda\\\lambda^2\end{bmatrix}$$

问 λ 取何值时：

(1) $\boldsymbol{\beta}$ 可由 $\boldsymbol{\alpha}_1,\boldsymbol{\alpha}_2,\boldsymbol{\alpha}_3$ 线性表示，且表达式唯一？

(2) $\boldsymbol{\beta}$ 可由 $\boldsymbol{\alpha}_1,\boldsymbol{\alpha}_2,\boldsymbol{\alpha}_3$ 线性表示，但表达式不唯一？

(3) $\boldsymbol{\beta}$ 不能由 $\boldsymbol{\alpha}_1,\boldsymbol{\alpha}_2,\boldsymbol{\alpha}_3$ 线性表示？

解 设 $x_1\boldsymbol{\alpha}_1+x_2\boldsymbol{\alpha}_2+x_3\boldsymbol{\alpha}_3=\boldsymbol{\beta}$，将各分量代入，得到方程组

$$\begin{cases}(1+\lambda)x_1+x_2+x_3=0\\x_1+(1+\lambda)x_2+x_3=\lambda\\x_1+x_2+(1+\lambda)x_3=\lambda^2\end{cases}$$

对增广矩阵作初等行变换，有

$$\left[\begin{array}{ccc:c}1+\lambda&1&1&0\\1&1+\lambda&1&\lambda\\1&1&1+\lambda&\lambda^2\end{array}\right]\to\left[\begin{array}{ccc:c}1+\lambda&1&1&0\\-\lambda&\lambda&0&\lambda\\-\lambda&0&\lambda&\lambda^2\end{array}\right]$$

若 $\lambda \neq 0$,则 $\overline{\boldsymbol{A}} \to \left[\begin{array}{ccc:c} 1+\lambda & 1 & 1 & 0 \\ -1 & 1 & 0 & 1 \\ -1 & 0 & 1 & \lambda \end{array}\right] \to \left[\begin{array}{ccc:c} 3+\lambda & 0 & 0 & -\lambda-1 \\ -1 & 1 & 0 & 1 \\ -1 & 0 & 1 & \lambda \end{array}\right]$

若 $\lambda \neq 0$ 且 $\lambda \neq -3$,则 $r(\boldsymbol{A}) = r(\overline{\boldsymbol{A}}) = 3$,方程组有唯一解,即 $\boldsymbol{\beta}$ 可由 $\boldsymbol{\alpha}_1,\boldsymbol{\alpha}_2,\boldsymbol{\alpha}_3$ 线性表示且表示法唯一.

若 $\lambda = 0$,则 $r(\boldsymbol{A}) = r(\overline{\boldsymbol{A}}) = 1 < 3$,方程有无穷多解,即 $\boldsymbol{\beta}$ 可由 $\boldsymbol{\alpha}_1,\boldsymbol{\alpha}_2,\boldsymbol{\alpha}_3$ 线性表示,但表示法不唯一.

若 $\lambda = -3$,则 $r(\boldsymbol{A}) = 2, r(\overline{\boldsymbol{A}}) = 3$,方程组无解,从而 $\boldsymbol{\beta}$ 不能由 $\boldsymbol{\alpha}_1,\boldsymbol{\alpha}_2,\boldsymbol{\alpha}_3$ 线性表示.

【评注】 本题也可计算 $|\boldsymbol{A}| = \begin{vmatrix} 1+\lambda & 1 & 1 \\ 1 & 1+\lambda & 1 \\ 1 & 1 & 1+\lambda \end{vmatrix} = \lambda^2(\lambda+3)$,然后再分情况讨论.

2 (1999,二(3)题,3分)设向量 $\boldsymbol{\beta}$ 可由向量组 $\boldsymbol{\alpha}_1,\boldsymbol{\alpha}_2,\cdots,\boldsymbol{\alpha}_m$ 线性表示,但不能由向量组(Ⅰ):$\boldsymbol{\alpha}_1,\boldsymbol{\alpha}_2,\cdots,\boldsymbol{\alpha}_{m-1}$ 线性表示,记向量组(Ⅱ):$\boldsymbol{\alpha}_1,\boldsymbol{\alpha}_2,\cdots,\boldsymbol{\alpha}_{m-1},\boldsymbol{\beta}$,则

(A)$\boldsymbol{\alpha}_m$ 不能由(Ⅰ)线性表示,也不能由(Ⅱ)线性表示.

(B)$\boldsymbol{\alpha}_m$ 不能由(Ⅰ)线性表示,但可由(Ⅱ)线性表示.

(C)$\boldsymbol{\alpha}_m$ 可由(Ⅰ)线性表示,也可由(Ⅱ)线性表示.

(D)$\boldsymbol{\alpha}_m$ 可由(Ⅰ)线性表示,但不可由(Ⅱ)线性表示.

答案 B.

解析 因为 $\boldsymbol{\beta}$ 可由 $\boldsymbol{\alpha}_1,\boldsymbol{\alpha}_2,\cdots,\boldsymbol{\alpha}_m$ 线性表示,故可设

$$\boldsymbol{\beta} = k_1\boldsymbol{\alpha}_1 + k_2\boldsymbol{\alpha}_2 + \cdots + k_m\boldsymbol{\alpha}_m$$

由于 $\boldsymbol{\beta}$ 不能由 $\boldsymbol{\alpha}_1,\boldsymbol{\alpha}_2,\cdots,\boldsymbol{\alpha}_{m-1}$ 线性表示,故上述表达式中必有 $k_m \neq 0$. 因此

$$\boldsymbol{\alpha}_m = \frac{1}{k_m}(\boldsymbol{\beta} - k_1\boldsymbol{\alpha}_1 - k_2\boldsymbol{\alpha}_2 - \cdots - k_{m-1}\boldsymbol{\alpha}_{m-1})$$

即 $\boldsymbol{\alpha}_m$ 可由(Ⅱ)线性表示,可排除(A)、(D).

若 $\boldsymbol{\alpha}_m$ 可由(Ⅰ)线性表示,设 $\boldsymbol{\alpha}_m = l_1\boldsymbol{\alpha}_1 + \cdots + l_{m-1}\boldsymbol{\alpha}_{m-1}$,则

$$\boldsymbol{\beta} = (k_1 + k_m l_1)\boldsymbol{\alpha}_1 + (k_2 + k_m l_2)\boldsymbol{\alpha}_2 + \cdots + (k_{m-1} + k_m l_{m-1})\boldsymbol{\alpha}_{m-1}$$

与题设矛盾,故应选(B).

3 (2000,九题,8分)设向量组 $\boldsymbol{\alpha}_1 = (a,2,10)^{\mathrm{T}},\boldsymbol{\alpha}_2 = (-2,1,5)^{\mathrm{T}},\boldsymbol{\alpha}_3 = (-1,1,4)^{\mathrm{T}}$,$\boldsymbol{\beta} = (1,b,c)^{\mathrm{T}}$. 试问:当 a,b,c 满足什么条件时,

(1)$\boldsymbol{\beta}$ 可由 $\boldsymbol{\alpha}_1,\boldsymbol{\alpha}_2,\boldsymbol{\alpha}_3$ 线性表出,且表示唯一?

(2)$\boldsymbol{\beta}$ 不能由 $\boldsymbol{\alpha}_1,\boldsymbol{\alpha}_2,\boldsymbol{\alpha}_3$ 线性表出?

(3)$\boldsymbol{\beta}$ 可由 $\boldsymbol{\alpha}_1,\boldsymbol{\alpha}_2,\boldsymbol{\alpha}_3$ 线性表出,但表示不唯一?并求出一般表达式.

分析 $\boldsymbol{\beta}$ 能否由 $\boldsymbol{\alpha}_1,\boldsymbol{\alpha}_2,\boldsymbol{\alpha}_3$ 线性表出等价于方程组 $x_1\boldsymbol{\alpha}_1 + x_2\boldsymbol{\alpha}_2 + x_3\boldsymbol{\alpha}_3 = \boldsymbol{\beta}$ 是否有解. 通常用增广矩阵作初等行变换来讨论. 本题是三个方程三个未知数,因而也可从系数行列式讨论.

解 设 $x_1\boldsymbol{\alpha}_1 + x_2\boldsymbol{\alpha}_2 + x_3\boldsymbol{\alpha}_3 = \boldsymbol{\beta}$,系数行列式

$$|\boldsymbol{A}| = |\boldsymbol{\alpha}_1,\boldsymbol{\alpha}_2,\boldsymbol{\alpha}_3| = \begin{vmatrix} a & -2 & -1 \\ 2 & 1 & 1 \\ 10 & 5 & 4 \end{vmatrix} = -a-4$$

(1) 当 $a \neq -4$ 时,$|\boldsymbol{A}| \neq 0$,方程组有唯一解,即 $\boldsymbol{\beta}$ 可能由 $\boldsymbol{\alpha}_1,\boldsymbol{\alpha}_2,\boldsymbol{\alpha}_3$ 线性表出,且表示唯一.

(2) 当 $a = -4$ 时,对增广矩阵作初等行变换,有

$$\overline{\mathbf{A}}=\left[\begin{array}{ccc:c}-4 & -2 & -1 & 1\\ 2 & 1 & 1 & b\\ 10 & 5 & 4 & c\end{array}\right]\to\left[\begin{array}{ccc:c}2 & 1 & 1 & b\\ 0 & 0 & 1 & 2b+1\\ 0 & 0 & 0 & 3b-c-1\end{array}\right]$$

故当 $3b-c\neq 1$ 时，$r(\mathbf{A})=2$，$r(\overline{\mathbf{A}})=3$，方程组无解，即 $\boldsymbol{\beta}$ 不能由 $\boldsymbol{\alpha}_1,\boldsymbol{\alpha}_2,\boldsymbol{\alpha}_3$ 线性表出.

(3) 若 $a=-4$，且 $3b-c=1$，有 $r(\mathbf{A})=r(\overline{\mathbf{A}})=2<3$，方程组有无穷多组解，即 $\boldsymbol{\beta}$ 可由 $\boldsymbol{\alpha}_1,\boldsymbol{\alpha}_2,\boldsymbol{\alpha}_3$ 线性表出，且表示法不唯一.

此时，增广矩阵化简为

$$\overline{\mathbf{A}}\to\left[\begin{array}{ccc:c}2 & 1 & 0 & -b-1\\ 0 & 0 & 1 & 2b+1\\ 0 & 0 & 0 & 0\end{array}\right]$$

取 x_1 为自由变量. 解出

$$x_1=t,x_2=-2t-b-1,x_3=2b+1$$

即 $\boldsymbol{\beta}=t\boldsymbol{\alpha}_1-(2t+b+1)\boldsymbol{\alpha}_2+(2b+1)\boldsymbol{\alpha}_3$，$t$ 为任意常数.

练习题

1.（1991，数一，8 分）已知 $\boldsymbol{\alpha}_1=[1,0,2,3]$，$\boldsymbol{\alpha}_2=[1,1,3,5]$，$\boldsymbol{\alpha}_3=[1,-1,a+2,1]$，$\boldsymbol{\alpha}_4=[1,2,4,a+8]$ 及 $\boldsymbol{\beta}=[1,1,b+3,5]$.

（Ⅰ）a,b 为何值时，$\boldsymbol{\beta}$ 不能表示成 $\boldsymbol{\alpha}_1,\boldsymbol{\alpha}_2,\boldsymbol{\alpha}_3,\boldsymbol{\alpha}_4$ 的线性组合？

（Ⅱ）a,b 为何值时，$\boldsymbol{\beta}$ 有 $\boldsymbol{\alpha}_1,\boldsymbol{\alpha}_2,\boldsymbol{\alpha}_3,\boldsymbol{\alpha}_4$ 的唯一线性表示式？写出该表示式.

2.（1992，数一，7 分）设向量组 $\boldsymbol{\alpha}_1,\boldsymbol{\alpha}_2,\boldsymbol{\alpha}_3$ 线性相关，向量组 $\boldsymbol{\alpha}_2,\boldsymbol{\alpha}_3,\boldsymbol{\alpha}_4$ 线性无关，问：

（Ⅰ）$\boldsymbol{\alpha}_1$ 能否由 $\boldsymbol{\alpha}_2,\boldsymbol{\alpha}_3$ 线性表出？证明你的结论；

（Ⅱ）$\boldsymbol{\alpha}_4$ 能否由 $\boldsymbol{\alpha}_1,\boldsymbol{\alpha}_2,\boldsymbol{\alpha}_3$ 线性表出？证明你的结论.

练习题参考答案

1.【解】　设 $x_1\boldsymbol{\alpha}_1+x_2\boldsymbol{\alpha}_2+x_3\boldsymbol{\alpha}_3+x_4\boldsymbol{\alpha}_4=\boldsymbol{\beta}$，按分量写出，则有

$$\begin{cases}x_1+x_2+x_3+x_4=1\\ x_2-x_3+2x_4=1\\ 2x_1+3x_2+(a+2)x_3+4x_4=b+3\\ 3x_1+5x_2+x_3+(a+8)x_4=5\end{cases}$$

对增广矩阵高斯消元，有

$$\overline{\mathbf{A}}\to\left[\begin{array}{cccc:c}1 & 1 & 1 & 1 & 1\\ 0 & 1 & -1 & 2 & 1\\ 0 & 1 & a & 2 & b+1\\ 0 & 2 & -2 & a+5 & 2\end{array}\right]\to\left[\begin{array}{cccc:c}1 & 0 & 2 & -1 & 0\\ 0 & 1 & -1 & 2 & 1\\ 0 & 0 & a+1 & 0 & b\\ 0 & 0 & 0 & a+1 & 0\end{array}\right]$$

所以当 $a=-1,b\neq 0$ 时，方程组无解，$\boldsymbol{\beta}$ 不能表示成 $\boldsymbol{\alpha}_1,\boldsymbol{\alpha}_2,\boldsymbol{\alpha}_3,\boldsymbol{\alpha}_4$ 的线性组合；

当 $a\neq-1$ 时，方程组有唯一解 $\left(-\dfrac{2b}{a+1},\dfrac{a+b+1}{a+1},\dfrac{b}{a+1},0\right)^{\mathrm{T}}$，故 $\boldsymbol{\beta}$ 有唯一表示式，且

$$\boldsymbol{\beta}=-\frac{2b}{a+1}\boldsymbol{\alpha}_1+\frac{a+b+1}{a+1}\boldsymbol{\alpha}_2+\frac{b}{a+1}\boldsymbol{\alpha}_3+0\cdot\boldsymbol{\alpha}_4$$

2.【解】（Ⅰ）$\boldsymbol{\alpha}_1$ 能由 $\boldsymbol{\alpha}_2,\boldsymbol{\alpha}_3$ 线性表出.

因为已知 $\boldsymbol{\alpha}_2,\boldsymbol{\alpha}_3,\boldsymbol{\alpha}_4$ 线性无关，所以 $\boldsymbol{\alpha}_2,\boldsymbol{\alpha}_3$ 线性无关. 又因 $\boldsymbol{\alpha}_1,\boldsymbol{\alpha}_2,\boldsymbol{\alpha}_3$ 线性相关，故 $\boldsymbol{\alpha}_1$ 可以由 $\boldsymbol{\alpha}_2,\boldsymbol{\alpha}_3$ 线性表出.

（Ⅱ）$\boldsymbol{\alpha}_4$ 不能由 $\boldsymbol{\alpha}_1,\boldsymbol{\alpha}_2,\boldsymbol{\alpha}_3$ 线性表出.

（反证法）若 $\boldsymbol{\alpha}_4$ 能由 $\boldsymbol{\alpha}_1,\boldsymbol{\alpha}_2,\boldsymbol{\alpha}_3$ 线性表出，设

$$\boldsymbol{\alpha}_4=k_1\boldsymbol{\alpha}_1+k_2\boldsymbol{\alpha}_2+k_3\boldsymbol{\alpha}_3$$

由（Ⅰ）知，可设 $\boldsymbol{\alpha}_1=l_2\boldsymbol{\alpha}_2+l_3\boldsymbol{\alpha}_3$，那么代入上式整理得

$$\boldsymbol{\alpha}_4=(k_1l_2+k_2)\boldsymbol{\alpha}_2+(k_1l_3+k_3)\boldsymbol{\alpha}_3$$

即 $\boldsymbol{\alpha}_4$ 可以由 $\boldsymbol{\alpha}_2,\boldsymbol{\alpha}_3$ 线性表出,从而 $\boldsymbol{\alpha}_2,\boldsymbol{\alpha}_3,\boldsymbol{\alpha}_4$ 线性相关,这与已知矛盾.

因此,$\boldsymbol{\alpha}_4$ 不能由 $\boldsymbol{\alpha}_1,\boldsymbol{\alpha}_2,\boldsymbol{\alpha}_3$ 线性表出.

【评注】 对于 $k_1\boldsymbol{\alpha}_1+k_2\boldsymbol{\alpha}_2+k_3\boldsymbol{\alpha}_3=\mathbf{0}$,若知 $k_1\neq 0$,那么移项处理亦知 $\boldsymbol{\alpha}_1$ 可以由 $\boldsymbol{\alpha}_2,\boldsymbol{\alpha}_3$ 线性表出,故(Ⅰ)的证明也可以为:

因为 $\boldsymbol{\alpha}_1,\boldsymbol{\alpha}_2,\boldsymbol{\alpha}_3$ 线性相关,故存在不全为零的数 k_1,k_2,k_3 使得

$$k_1\boldsymbol{\alpha}_1+k_2\boldsymbol{\alpha}_2+k_3\boldsymbol{\alpha}_3=\mathbf{0}$$

成立,其中必有 $k_1\neq 0$.

因为若 $k_1=0$,则 k_2,k_3 不全为零,使 $k_2\boldsymbol{\alpha}_2+k_3\boldsymbol{\alpha}_3=\mathbf{0}$. 于是 $\boldsymbol{\alpha}_2,\boldsymbol{\alpha}_3$ 线性相关,进而 $\boldsymbol{\alpha}_2,\boldsymbol{\alpha}_3,\boldsymbol{\alpha}_4$ 线性相关,这与已知矛盾. 故 $k_1\neq 0$.

由此有 $\boldsymbol{\alpha}_1=-\dfrac{k_2}{k_1}\boldsymbol{\alpha}_2-\dfrac{k_3}{k_1}\boldsymbol{\alpha}_3$,即 $\boldsymbol{\alpha}_1$ 可以由 $\boldsymbol{\alpha}_2,\boldsymbol{\alpha}_3$ 线性表出.

注意,"若 $\boldsymbol{\alpha}_1,\boldsymbol{\alpha}_2,\cdots,\boldsymbol{\alpha}_s$ 线性无关,$\boldsymbol{\alpha}_1,\boldsymbol{\alpha}_2,\cdots,\boldsymbol{\alpha}_s,\boldsymbol{\beta}$ 线性相关,则 $\boldsymbol{\beta}$ 可以由 $\boldsymbol{\alpha}_1,\boldsymbol{\alpha}_2,\cdots,\boldsymbol{\alpha}_s$ 线性表出,且表示法唯一". 这一定理在考题中多次出现,应当理解并会运用这一定理.

二、向量组的线性相关和线性无关

试题特点

线性相关是难点之一,也是历年考生在考试时丢分最多的一个考点.

如存在不全为 0 的数组 $k_1,k_2,\cdots,k_s$,使 $k_1\boldsymbol{\alpha}_1+k_2\boldsymbol{\alpha}_2+\cdots+k_s\boldsymbol{\alpha}_s=\mathbf{0}$ 成立,则称向量组 $\boldsymbol{\alpha}_1,\boldsymbol{\alpha}_2,\cdots,\boldsymbol{\alpha}_s$线性相关.

$$\boldsymbol{\alpha}_1,\boldsymbol{\alpha}_2,\cdots,\boldsymbol{\alpha}_s \text{ 线性相关}\Leftrightarrow \text{齐次方程组}(\boldsymbol{\alpha}_1,\boldsymbol{\alpha}_2,\cdots,\boldsymbol{\alpha}_s)\begin{pmatrix}x_1\\x_2\\\vdots\\x_s\end{pmatrix}=\mathbf{0}\text{ 有非零解}$$

$$\Leftrightarrow r(\boldsymbol{\alpha}_1,\boldsymbol{\alpha}_2,\cdots,\boldsymbol{\alpha}_s)<s$$

若使 $k_1\boldsymbol{\alpha}_1+k_2\boldsymbol{\alpha}_2+\cdots+k_s\boldsymbol{\alpha}_s=\mathbf{0}$ 成立,必有 $k_1=0,k_2=0,\cdots,k_s=0$,则称向量组 $\boldsymbol{\alpha}_1,\boldsymbol{\alpha}_2,\cdots,\boldsymbol{\alpha}_s$ 线性无关.

$$\boldsymbol{\alpha}_1,\boldsymbol{\alpha}_2,\cdots,\boldsymbol{\alpha}_s \text{ 线性无关}\Leftrightarrow \text{齐次方程组}(\boldsymbol{\alpha}_1,\boldsymbol{\alpha}_2,\cdots,\boldsymbol{\alpha}_s)\begin{pmatrix}x_1\\x_2\\\vdots\\x_s\end{pmatrix}=\mathbf{0}\text{ 只有零解}$$

$$\Leftrightarrow r(\boldsymbol{\alpha}_1,\boldsymbol{\alpha}_2,\cdots,\boldsymbol{\alpha}_s)=s.$$

证无关,若用定义法就是设法证 $k_1=0,\cdots,k_s=0$;若用秩,就是设法证 $r(\boldsymbol{\alpha}_1,\boldsymbol{\alpha}_2,\cdots,\boldsymbol{\alpha}_s)=s$(这里就是要通过用矩阵秩的定理、公式转换推导出向量组秩的信息).

4 (1987,二(4)题,2 分)设 n 阶方阵 $\mathbf{A}$ 的秩 $r(\mathbf{A})=r<n$,那么在 $\mathbf{A}$ 的 n 个行向量中

(A) 必有 r 个行向量线性无关.

(B) 任意 r 个行向量都线性无关.

(C) 任意 r 个行向量都构成极大线性无关向量组.

(D) 任意一个行向量都可以由其他 r 个行向量线性表出.

答案 A.

解析 矩阵的秩 $r(\mathbf{A})=\mathbf{A}$ 的行秩 $=\mathbf{A}$ 的列秩,关于秩的概念要搞清是"有一个"与"任一

个”,若 $r(\boldsymbol{A})=r$,表明 $\boldsymbol{A}$ 中有 r 阶子式不为 0,任一个 $r+1$ 阶子式全为 0,亦即 $\boldsymbol{A}$ 有 r 个向量线性无关,任 $r+1$ 个向量必线性相关.注意,不是每一个 r 阶子式不为 0,也不是任意 r 个行向量都线性无关.故本题应选(A).

5 (1988,八题,7 分) 已知向量组 $\boldsymbol{\alpha}_1,\boldsymbol{\alpha}_2,\cdots,\boldsymbol{\alpha}_s(s\geqslant 2)$ 线性无关,设 $\boldsymbol{\beta}_1=\boldsymbol{\alpha}_1+\boldsymbol{\alpha}_2,\boldsymbol{\beta}_2=\boldsymbol{\alpha}_2+\boldsymbol{\alpha}_3,\cdots,\boldsymbol{\beta}_{s-1}=\boldsymbol{\alpha}_{s-1}+\boldsymbol{\alpha}_s,\boldsymbol{\beta}_s=\boldsymbol{\alpha}_s+\boldsymbol{\alpha}_1$.试讨论向量组 $\boldsymbol{\beta}_1,\boldsymbol{\beta}_2,\cdots,\boldsymbol{\beta}_s$ 的线性相关性.

解 若 $k_1\boldsymbol{\beta}_1+k_2\boldsymbol{\beta}_2+\cdots+k_s\boldsymbol{\beta}_s=\boldsymbol{0}$,即

$$(k_s+k_1)\boldsymbol{\alpha}_1+(k_1+k_2)\boldsymbol{\alpha}_2+\cdots+(k_{s-1}+k_s)\boldsymbol{\alpha}_s=\boldsymbol{0}$$

由于 $\boldsymbol{\alpha}_1,\boldsymbol{\alpha}_2,\cdots,\boldsymbol{\alpha}_s$ 线性无关,故有

$$\begin{cases}k_1+k_s=0\\k_1+k_2=0\\k_2+k_3=0\\\cdots\cdots\\k_{s-1}+k_s=0\end{cases}\tag{1}$$

此方程组的系数行列式为 s 阶行列式

$$D=\begin{vmatrix}1&0&0&\cdots&0&1\\1&1&0&\cdots&0&0\\0&1&1&\cdots&0&0\\\vdots&\vdots&\vdots&&\vdots&\vdots\\0&0&0&\cdots&1&1\end{vmatrix}=1+(-1)^{1+s}=\begin{cases}2, & 若\ s\ 为奇数\\0, & 若\ s\ 为偶数\end{cases}$$

那么,当 s 为奇数时,$D=2\neq 0$,方程组(1)只有零解,即必有 $k_1=0,k_2=0,\cdots,k_s=0$.于是向量组 $\boldsymbol{\beta}_1,\boldsymbol{\beta}_2,\cdots,\boldsymbol{\beta}_s$ 线性无关.

当 s 为偶数时,$D=0$,方程组(1)有非零解,即有不全为 0 的数组 $k_1,k_2,\cdots,k_s$,使

$$k_1\boldsymbol{\beta}_1+k_2\boldsymbol{\beta}_2+\cdots+k_s\boldsymbol{\beta}_s=\boldsymbol{0}$$

故向量组 $\boldsymbol{\beta}_1,\boldsymbol{\beta}_2,\cdots,\boldsymbol{\beta}_s$ 线性相关.

或者,由已知有 $(\boldsymbol{\beta}_1,\boldsymbol{\beta}_2,\cdots,\boldsymbol{\beta}_s)=(\boldsymbol{\alpha}_1,\boldsymbol{\alpha}_2,\cdots,\boldsymbol{\alpha}_s)\begin{bmatrix}1&0&\cdots&1\\1&1&\cdots&0\\0&1&\cdots&0\\\vdots&\vdots&&\vdots\\0&0&\cdots&1\end{bmatrix}=(\boldsymbol{\alpha}_1,\boldsymbol{\alpha}_2,\cdots,\boldsymbol{\alpha}_s)\boldsymbol{A}$

由 $\boldsymbol{\alpha}_1,\boldsymbol{\alpha}_2,\cdots,\boldsymbol{\alpha}_s$ 线性无关知 $r(\boldsymbol{\alpha}_1,\boldsymbol{\alpha}_2,\cdots,\boldsymbol{\alpha}_s)=s$.

那么 $\boldsymbol{\beta}_1,\boldsymbol{\beta}_2,\cdots,\boldsymbol{\beta}_s$ 线性无关 $\Leftrightarrow r(\boldsymbol{\beta}_1,\boldsymbol{\beta}_2,\cdots,\boldsymbol{\beta}_s)=s\Leftrightarrow\boldsymbol{A}$ 可逆.然后来讨论 $|\boldsymbol{A}|=0$.

6 (1989,八题,6 分) 设 $\boldsymbol{\alpha}_1=(1,1,1),\boldsymbol{\alpha}_2=(1,2,3),\boldsymbol{\alpha}_3=(1,3,t)$.

(1) 问当 t 为何值时,向量组 $\boldsymbol{\alpha}_1,\boldsymbol{\alpha}_2,\boldsymbol{\alpha}_3$ 线性无关?

(2) 当 t 为何值时,向量组 $\boldsymbol{\alpha}_1,\boldsymbol{\alpha}_2,\boldsymbol{\alpha}_3$ 线性相关?

(3) 当 $\boldsymbol{\alpha}_1,\boldsymbol{\alpha}_2,\boldsymbol{\alpha}_3$ 线性相关时,将 $\boldsymbol{\alpha}_3$ 表示为 $\boldsymbol{\alpha}_1$ 和 $\boldsymbol{\alpha}_2$ 的线性组合.

解 n 个 n 维向量 $\boldsymbol{\alpha}_1,\boldsymbol{\alpha}_2,\cdots,\boldsymbol{\alpha}_n$ 线性相关的充分必要条件是行列式 $|\boldsymbol{\alpha}_1,\boldsymbol{\alpha}_2,\cdots,\boldsymbol{\alpha}_n|=0$.由于

$$|\boldsymbol{\alpha}_1,\boldsymbol{\alpha}_2,\boldsymbol{\alpha}_3|=\begin{vmatrix}1&1&1\\1&2&3\\1&3&t\end{vmatrix}=t-5$$

故当 $t\neq 5$ 时,向量组 $\boldsymbol{\alpha}_1,\boldsymbol{\alpha}_2,\boldsymbol{\alpha}_3$ 线性无关;$t=5$ 时,向量组 $\boldsymbol{\alpha}_1,\boldsymbol{\alpha}_2,\boldsymbol{\alpha}_3$ 线性相关.

当 $t=5$ 时,设 $x_1\boldsymbol{\alpha}_1+x_2\boldsymbol{\alpha}_2=\boldsymbol{\alpha}_3$,将坐标代入有

$$\begin{cases}x_1+x_2=1\\x_1+2x_2=3\\x_1+3x_2=5\end{cases}$$

解出 $x_1=-1,x_2=2$. 即 $\boldsymbol{\alpha}_3=-\boldsymbol{\alpha}_1+2\boldsymbol{\alpha}_2$.

7 (1990,二(3)题,3分)向量组 $\boldsymbol{\alpha}_1,\boldsymbol{\alpha}_2,\cdots,\boldsymbol{\alpha}_s$ 线性无关的充分条件是

(A) $\boldsymbol{\alpha}_1,\boldsymbol{\alpha}_2,\cdots,\boldsymbol{\alpha}_s$ 均不为零向量.

(B) $\boldsymbol{\alpha}_1,\boldsymbol{\alpha}_2,\cdots,\boldsymbol{\alpha}_s$ 中任意两个向量的分量不成比例.

(C) $\boldsymbol{\alpha}_1,\boldsymbol{\alpha}_2,\cdots,\boldsymbol{\alpha}_s$ 中任意一个向量均不能由其余 $s-1$ 个向量线性表示.

(D) $\boldsymbol{\alpha}_1,\boldsymbol{\alpha}_2,\cdots,\boldsymbol{\alpha}_s$ 中有一部分向量线性无关.

答案 C.

解析 本题考查线性无关的概念与理论,以及充分必要条件的概念.

(A)(B)(D)均是必要条件,并非充分. 例如:$(1,0),(0,1),(1,1)$,显然有 $(1,0)+(0,1)-(1,1)=(0,0)$,该向量组线性相关. 但(A)(B)(D)均成立.

$\boldsymbol{\alpha}_1,\boldsymbol{\alpha}_2,\cdots,\boldsymbol{\alpha}_s$ 线性相关的充分必要条件是存在某 $\boldsymbol{\alpha}_i(i=1,2,\cdots,s)$ 可以由 $\boldsymbol{\alpha}_1,\cdots,\boldsymbol{\alpha}_{i-1},\boldsymbol{\alpha}_{i+1},\cdots,\boldsymbol{\alpha}_s$ 线性表出.

$\boldsymbol{\alpha}_1,\boldsymbol{\alpha}_2,\cdots,\boldsymbol{\alpha}_s$ 线性无关的充分必要条件是对任意一个 $\boldsymbol{\alpha}_i(i=1,2,\cdots,s)$ 均不能由 $\boldsymbol{\alpha}_1,\cdots,\boldsymbol{\alpha}_{i-1},\boldsymbol{\alpha}_{i+1},\cdots,\boldsymbol{\alpha}_s$ 线性表出.

可知(C)是充分必要的,故应选(C).

8 (1991,十一题,6分)试证明 n 维列向量 $\boldsymbol{\alpha}_1,\boldsymbol{\alpha}_2,\cdots,\boldsymbol{\alpha}_n$ 线性无关的充分必要条件是

$$D=\begin{vmatrix}\boldsymbol{\alpha}_1^{\mathrm T}\boldsymbol{\alpha}_1 & \boldsymbol{\alpha}_1^{\mathrm T}\boldsymbol{\alpha}_2 & \cdots & \boldsymbol{\alpha}_1^{\mathrm T}\boldsymbol{\alpha}_n\\ \boldsymbol{\alpha}_2^{\mathrm T}\boldsymbol{\alpha}_1 & \boldsymbol{\alpha}_2^{\mathrm T}\boldsymbol{\alpha}_2 & \cdots & \boldsymbol{\alpha}_2^{\mathrm T}\boldsymbol{\alpha}_n\\ \vdots & \vdots & & \vdots\\ \boldsymbol{\alpha}_1^{\mathrm T}\boldsymbol{\alpha}_n & \boldsymbol{\alpha}_n^{\mathrm T}\boldsymbol{\alpha}_2 & \cdots & \boldsymbol{\alpha}_n^{\mathrm T}\boldsymbol{\alpha}_n\end{vmatrix}\neq 0$$

其中 $\boldsymbol{\alpha}_i^{\mathrm T}$ 是 $\boldsymbol{\alpha}_i$ 的转置,$i=1,2,\cdots,n$.

证明 记 $\boldsymbol{A}=(\boldsymbol{\alpha}_1,\boldsymbol{\alpha}_2,\cdots,\boldsymbol{\alpha}_n)$,则 $\boldsymbol{\alpha}_1,\boldsymbol{\alpha}_2,\cdots,\boldsymbol{\alpha}_n$ 线性无关的充分必要条件是 $|\boldsymbol{A}|\neq 0$.

由于
$$\boldsymbol{A}^{\mathrm T}\boldsymbol{A}=\begin{bmatrix}\boldsymbol{\alpha}_1^{\mathrm T}\\ \boldsymbol{\alpha}_2^{\mathrm T}\\ \vdots\\ \boldsymbol{\alpha}_n^{\mathrm T}\end{bmatrix}[\boldsymbol{\alpha}_1,\boldsymbol{\alpha}_2,\cdots,\boldsymbol{\alpha}_n]=\begin{bmatrix}\boldsymbol{\alpha}_1^{\mathrm T}\boldsymbol{\alpha}_1 & \boldsymbol{\alpha}_1^{\mathrm T}\boldsymbol{\alpha}_2 & \cdots & \boldsymbol{\alpha}_1^{\mathrm T}\boldsymbol{\alpha}_n\\ \boldsymbol{\alpha}_2^{\mathrm T}\boldsymbol{\alpha}_1 & \boldsymbol{\alpha}_2^{\mathrm T}\boldsymbol{\alpha}_2 & \cdots & \boldsymbol{\alpha}_2^{\mathrm T}\boldsymbol{\alpha}_n\\ \vdots & \vdots & & \vdots\\ \boldsymbol{\alpha}_1^{\mathrm T}\boldsymbol{\alpha}_n & \boldsymbol{\alpha}_n^{\mathrm T}\boldsymbol{\alpha}_2 & \cdots & \boldsymbol{\alpha}_n^{\mathrm T}\boldsymbol{\alpha}_n\end{bmatrix}$$

从而
$$D=|\boldsymbol{A}^{\mathrm T}\boldsymbol{A}|=|\boldsymbol{A}^{\mathrm T}||\boldsymbol{A}|=|\boldsymbol{A}|^2$$

由此可见 $\boldsymbol{\alpha}_1,\boldsymbol{\alpha}_2,\cdots,\boldsymbol{\alpha}_n$ 线性无关的充分必要条件是 $D\neq 0$.

9 (1996,二(4)题,3分)设有任意两个 n 维向量组 $\boldsymbol{\alpha}_1,\cdots,\boldsymbol{\alpha}_m$ 和 $\boldsymbol{\beta}_1,\cdots,\boldsymbol{\beta}_m$,若存在两组不全为零的数 $\lambda_1,\cdots,\lambda_m$ 和 $k_1,\cdots,k_m$,使 $(\lambda_1+k_1)\boldsymbol{\alpha}_1+\cdots+(\lambda_m+k_m)\boldsymbol{\alpha}_m+(\lambda_1-k_1)\boldsymbol{\beta}_1+\cdots+(\lambda_m-k_m)\boldsymbol{\beta}_m=\boldsymbol{0}$,则

(A) $\boldsymbol{\alpha}_1,\cdots,\boldsymbol{\alpha}_m$ 和 $\boldsymbol{\beta}_1,\cdots,\boldsymbol{\beta}_m$ 都线性相关.

(B) $\boldsymbol{\alpha}_1,\cdots,\boldsymbol{\alpha}_m$ 和 $\boldsymbol{\beta}_1,\cdots,\boldsymbol{\beta}_m$ 都线性无关.

(C) $\boldsymbol{\alpha}_1+\boldsymbol{\beta}_1,\cdots,\boldsymbol{\alpha}_m+\boldsymbol{\beta}_m,\boldsymbol{\alpha}_1-\boldsymbol{\beta}_1,\cdots,\boldsymbol{\alpha}_m-\boldsymbol{\beta}_m$ 线性无关.

(D) $\boldsymbol{\alpha}_1+\boldsymbol{\beta}_1,\cdots,\boldsymbol{\alpha}_m+\boldsymbol{\beta}_m,\boldsymbol{\alpha}_1-\boldsymbol{\beta}_1,\cdots,\boldsymbol{\alpha}_m-\boldsymbol{\beta}_m$ 线性相关.

答案 D.

解析 一般情况下,对于

$$k_1\boldsymbol{\alpha}_1+\cdots+k_s\boldsymbol{\alpha}_s+l_1\boldsymbol{\beta}_1+\cdots+l_s\boldsymbol{\beta}_s=\boldsymbol{0}$$

不能保证必有 $k_1\boldsymbol{\alpha}_1+\cdots+k_s\boldsymbol{\alpha}_s=\boldsymbol{0}$ 及 $l_1\boldsymbol{\beta}_1+\cdots+l_s\boldsymbol{\beta}_s=\boldsymbol{0}$,故(A)不正确. 由已知条件,有

$$\lambda_1(\boldsymbol{\alpha}_1+\boldsymbol{\beta}_1)+\cdots+\lambda_m(\boldsymbol{\alpha}_m+\boldsymbol{\beta}_m)+k_1(\boldsymbol{\alpha}_1-\boldsymbol{\beta}_1)+\cdots+k_m(\boldsymbol{\alpha}_m-\boldsymbol{\beta}_m)=\boldsymbol{0}$$

又因 $\lambda_1,\cdots,\lambda_m,k_1,\cdots,k_m$ 不全为零,从而 $\boldsymbol{\alpha}_1+\boldsymbol{\beta}_1,\cdots,\boldsymbol{\alpha}_m+\boldsymbol{\beta}_m,\boldsymbol{\alpha}_1-\boldsymbol{\beta}_1,\cdots,\boldsymbol{\alpha}_m-\boldsymbol{\beta}_m$ 线性相关.

故应选(D).

10 (1996,十题,8 分)设向量组 $\boldsymbol{\alpha}_1,\boldsymbol{\alpha}_2,\cdots,\boldsymbol{\alpha}_t$ 是齐次线性方程组 $\boldsymbol{Ax}=\boldsymbol{0}$ 的一个基础解系,向量 $\boldsymbol{\beta}$ 不是方程组 $\boldsymbol{Ax}=\boldsymbol{0}$ 的解,即 $\boldsymbol{A\beta}\neq\boldsymbol{0}$. 试证明:向量组 $\boldsymbol{\beta},\boldsymbol{\beta}+\boldsymbol{\alpha}_1,\boldsymbol{\beta}+\boldsymbol{\alpha}_2,\cdots,\boldsymbol{\beta}+\boldsymbol{\alpha}_t$ 线性无关.

证明 (方法一) (定义法)若有一组数 $k,k_1,k_2,\cdots,k_t$ 使得

$$k\boldsymbol{\beta}+k_1(\boldsymbol{\beta}+\boldsymbol{\alpha}_1)+k_2(\boldsymbol{\beta}+\boldsymbol{\alpha}_2)+\cdots k_t(\boldsymbol{\beta}+\boldsymbol{\alpha}_t)=\boldsymbol{0} \tag{1}$$

则因 $\boldsymbol{\alpha}_1,\boldsymbol{\alpha}_2,\cdots,\boldsymbol{\alpha}_t$ 是 $\boldsymbol{Ax}=\boldsymbol{0}$ 的解,知 $\boldsymbol{A\alpha}_i=\boldsymbol{0}(i=1,2,\cdots,t)$,用 $\boldsymbol{A}$ 左乘上式的两边,有

$$(k+k_1+k_2+\cdots+k_t)\boldsymbol{A\beta}=\boldsymbol{0}$$

由于 $\boldsymbol{A\beta}\neq\boldsymbol{0}$,故

$$k+k_1+k_2+\cdots+k_t=0 \tag{2}$$

对(1)重新分组为

$$(k+k_1+\cdots+k_t)\boldsymbol{\beta}+k_1\boldsymbol{\alpha}_1+k_2\boldsymbol{\alpha}_2+\cdots+k_t\boldsymbol{\alpha}_t=\boldsymbol{0} \tag{3}$$

把(2)代入(3),得

$$k_1\boldsymbol{\alpha}_1+k_2\boldsymbol{\alpha}_2+\cdots+k_t\boldsymbol{\alpha}_t=\boldsymbol{0}$$

由于 $\boldsymbol{\alpha}_1,\boldsymbol{\alpha}_2,\cdots,\boldsymbol{\alpha}_t$ 是基础解系,它们线性无关,故必有

$$k_1=0,k_2=0,\cdots,k_t=0$$

代入(2)式得:$k=0$.

因此,向量组 $\boldsymbol{\beta},\boldsymbol{\beta}+\boldsymbol{\alpha}_1,\cdots,\boldsymbol{\beta}+\boldsymbol{\alpha}_t$ 线性无关.

(方法二) (用秩)经初等变换向量组的秩不变. 把向量组第1列的-1倍分别加至其余各列,有

$$(\boldsymbol{\beta},\boldsymbol{\beta}+\boldsymbol{\alpha}_1,\boldsymbol{\beta}+\boldsymbol{\alpha}_2,\cdots,\boldsymbol{\beta}+\boldsymbol{\alpha}_t)\to(\boldsymbol{\beta},\boldsymbol{\alpha}_1,\boldsymbol{\alpha}_2,\cdots,\boldsymbol{\alpha}_t)$$

因此 $$r(\boldsymbol{\beta},\boldsymbol{\beta}+\boldsymbol{\alpha},\cdots,\boldsymbol{\beta}+\boldsymbol{\alpha}_t)=r(\boldsymbol{\beta},\boldsymbol{\alpha}_1,\cdots,\boldsymbol{\alpha}_t)$$

由于 $\boldsymbol{\alpha}_1,\boldsymbol{\alpha}_2,\cdots,\boldsymbol{\alpha}_t$ 是基础解系,它们是线性无关的,秩 $r(\boldsymbol{\alpha}_1,\boldsymbol{\alpha}_2,\cdots,\boldsymbol{\alpha}_t)=t$,又 $\boldsymbol{\beta}$ 必不能由 $\boldsymbol{\alpha}_1,\boldsymbol{\alpha}_2,\cdots,\boldsymbol{\alpha}_t$ 线性表出(否则 $\boldsymbol{A\beta}=\boldsymbol{0}$),故

$$r(\boldsymbol{\alpha}_1,\boldsymbol{\alpha}_2,\cdots,\boldsymbol{\alpha}_t,\boldsymbol{\beta})=t+1$$

所以 $$r(\boldsymbol{\beta},\boldsymbol{\beta}+\boldsymbol{\alpha}_1,\boldsymbol{\beta}+\boldsymbol{\alpha}_2,\cdots,\boldsymbol{\beta}+\boldsymbol{\alpha}_t)=t+1$$

即向量组 $\boldsymbol{\beta},\boldsymbol{\beta}+\boldsymbol{\alpha}_1,\boldsymbol{\beta}+\boldsymbol{\alpha}_2,\cdots,\boldsymbol{\beta}+\boldsymbol{\alpha}_t$ 线性无关.

11 (1997,二(3)题,3 分)设向量组 $\boldsymbol{\alpha}_1,\boldsymbol{\alpha}_2,\boldsymbol{\alpha}_3$ 线性无关,则下列向量组中线性无关的是

(A)$\boldsymbol{\alpha}_1+\boldsymbol{\alpha}_2,\boldsymbol{\alpha}_2+\boldsymbol{\alpha}_3,\boldsymbol{\alpha}_3-\boldsymbol{\alpha}_1$.

(B)$\boldsymbol{\alpha}_1+\boldsymbol{\alpha}_2,\boldsymbol{\alpha}_2+\boldsymbol{\alpha}_3,\boldsymbol{\alpha}_1+2\boldsymbol{\alpha}_2+\boldsymbol{\alpha}_3$.

(C)$\boldsymbol{\alpha}_1+2\boldsymbol{\alpha}_2,2\boldsymbol{\alpha}_2+3\boldsymbol{\alpha}_3,3\boldsymbol{\alpha}_3+\boldsymbol{\alpha}_1$.

(D)$\boldsymbol{\alpha}_1+\boldsymbol{\alpha}_2+\boldsymbol{\alpha}_3,2\boldsymbol{\alpha}_1-3\boldsymbol{\alpha}_2+22\boldsymbol{\alpha}_3,3\boldsymbol{\alpha}_1+5\boldsymbol{\alpha}_2-5\boldsymbol{\alpha}_3$.

答案 C.

解析 这一类题目,最好把观察法与$(\boldsymbol{\beta}_1,\boldsymbol{\beta}_2,\boldsymbol{\beta}_3)=(\boldsymbol{\alpha}_1,\boldsymbol{\alpha}_2,\boldsymbol{\alpha}_3)\boldsymbol{C}$ 法相结合.

对于(A),$(\boldsymbol{\alpha}_1+\boldsymbol{\alpha}_2)-(\boldsymbol{\alpha}_2+\boldsymbol{\alpha}_3)+(\boldsymbol{\alpha}_3-\boldsymbol{\alpha}_1)=\boldsymbol{0}$,

对于(B),$(\boldsymbol{\alpha}_1+\boldsymbol{\alpha}_2)+(\boldsymbol{\alpha}_2+\boldsymbol{\alpha}_3)-(\boldsymbol{\alpha}_1+2\boldsymbol{\alpha}_2+\boldsymbol{\alpha}_3)=\boldsymbol{0}$,

易知(A),(B)均线性相关.

对于(C),简单加加减减得不到 $\boldsymbol{0}$,就不应继续观察下去,而应立即转为计算行列式. 由

$$(\boldsymbol{\beta}_1,\boldsymbol{\beta}_2,\boldsymbol{\beta}_3)=(\boldsymbol{\alpha}_1,\boldsymbol{\alpha}_2,\boldsymbol{\alpha}_3)\begin{bmatrix}1&0&1\\2&2&0\\0&3&3\end{bmatrix}$$

而 $$|\boldsymbol{C}|=\begin{vmatrix}1&0&1\\2&2&0\\0&3&3\end{vmatrix}=12\neq0$$

知应选(C).(假若 $|\boldsymbol{C}|=0$,则说明(C)组线性相关,那么用排除法可知(D)应当线性无关)

12（2002，一(3) 题，3 分）设三阶矩阵 $\boldsymbol{A}=\begin{bmatrix}1&2&-2\\2&1&2\\3&0&4\end{bmatrix}$，三维列向量 $\boldsymbol{\alpha}=(a,1,1)^{\mathrm{T}}$. 已知 $\boldsymbol{A\alpha}$ 与 $\boldsymbol{\alpha}$ 线性相关，则 $a=$ ________.

答案 -1.

解析 因为

$$\boldsymbol{A\alpha}=\begin{bmatrix}1&2&-2\\2&1&2\\3&0&4\end{bmatrix}\begin{bmatrix}a\\1\\1\end{bmatrix}=\begin{bmatrix}a\\2a+3\\3a+4\end{bmatrix}$$

那么由 $\boldsymbol{A\alpha}$，$\boldsymbol{\alpha}$ 线性相关，有

$$\frac{a}{a}=\frac{2a+3}{1}=\frac{3a+4}{1}$$

可解出 $a=-1$.

13（2003，二(5) 题，4 分）设 $\boldsymbol{\alpha}_1,\boldsymbol{\alpha}_2,\cdots,\boldsymbol{\alpha}_s$ 均为 n 维向量，下列结论不正确的是

(A) 若对于任意一组不全为零的数 $k_1,k_2,\cdots,k_s$，都有 $k_1\boldsymbol{\alpha}_1+k_2\boldsymbol{\alpha}_2+\cdots+k_s\boldsymbol{\alpha}_s\neq\boldsymbol{0}$，则 $\boldsymbol{\alpha}_1,\boldsymbol{\alpha}_2,\cdots,\boldsymbol{\alpha}_s$ 线性无关.

(B) 若 $\boldsymbol{\alpha}_1,\boldsymbol{\alpha}_2,\cdots,\boldsymbol{\alpha}_s$ 线性相关，则对于任意一组不全为零的数 $k_1,k_2,\cdots,k_s$，有 $k_1\boldsymbol{\alpha}_1+k_2\boldsymbol{\alpha}_2+\cdots+k_s\boldsymbol{\alpha}_s=\boldsymbol{0}$.

(C) $\boldsymbol{\alpha}_1,\boldsymbol{\alpha}_2,\cdots,\boldsymbol{\alpha}_s$ 线性无关的充分必要条件是此向量组的秩为 s.

(D) $\boldsymbol{\alpha}_1,\boldsymbol{\alpha}_2,\cdots,\boldsymbol{\alpha}_s$ 线性无关的必要条件是其中任意两个向量线性无关.

答案 D.

解析 按线性相关定义：若存在不全为零的数 $k_1,k_2,\cdots,k_s$，使

$$k_1\boldsymbol{\alpha}_1+k_2\boldsymbol{\alpha}_2+\cdots+k_s\boldsymbol{\alpha}_s=\boldsymbol{0}\tag{1}$$

则称向量组 $\boldsymbol{\alpha}_1,\boldsymbol{\alpha}_2,\cdots,\boldsymbol{\alpha}_s$ 线性相关. 即齐次方程组 $(\boldsymbol{\alpha}_1,\boldsymbol{\alpha}_2,\cdots,\boldsymbol{\alpha}_s)\begin{bmatrix}x_1\\x_2\\\vdots\\x_s\end{bmatrix}=\boldsymbol{0}$ 有非零解，则向量组 $\boldsymbol{\alpha}_1,\boldsymbol{\alpha}_2,\cdots,\boldsymbol{\alpha}_s$ 线性相关，而非零解就是关系式(1) 中的组合系数.

按定义不难看出(B) 是错误的，因为(1) 式中的常数 $k_1,k_2,\cdots,k_s$ 不能是任意的，而应当是齐次方程组的解. 所以应选(B).

而向量组 $\boldsymbol{\alpha}_1,\boldsymbol{\alpha}_2,\cdots,\boldsymbol{\alpha}_s$ 线性无关，即齐次方程组 $(\boldsymbol{\alpha}_1,\boldsymbol{\alpha}_2,\cdots,\boldsymbol{\alpha}_s)\begin{bmatrix}x_1\\x_2\\\vdots\\x_s\end{bmatrix}=\boldsymbol{0}$ 只有零解，亦即系数矩阵的秩 $r(\boldsymbol{\alpha}_1,\boldsymbol{\alpha}_2,\cdots,\boldsymbol{\alpha}_s)=s$. 故(C) 是正确的.

因为线性无关等价于齐次方程组只有零解，那么，若 $k_1,k_2,\cdots,k_s$ 不全为 0，则 $(k_1,k_2,\cdots,k_s)^{\mathrm{T}}$ 一定不是齐次方程组的解，即必有 $k_1\boldsymbol{\alpha}_1+k_2\boldsymbol{\alpha}_2+\cdots+k_s\boldsymbol{\alpha}_s\neq\boldsymbol{0}$. 可知(A) 是正确的.

因为“如果 $\boldsymbol{\alpha}_1,\boldsymbol{\alpha}_2,\cdots,\boldsymbol{\alpha}_s$ 线性相关，则必有 $\boldsymbol{\alpha}_1,\cdots,\boldsymbol{\alpha}_s,\boldsymbol{\alpha}_{s+1}$ 线性相关”，所以，若 $\boldsymbol{\alpha}_1,\boldsymbol{\alpha}_2,\cdots,\boldsymbol{\alpha}_s$ 中有某两个向量线性相关，则必有 $\boldsymbol{\alpha}_1,\boldsymbol{\alpha}_2,\cdots,\boldsymbol{\alpha}_s$ 线性相关. 那么 $\boldsymbol{\alpha}_1,\boldsymbol{\alpha}_2,\cdots,\boldsymbol{\alpha}_s$ 线性无关的必要条件是其任一个部分组必线性无关. 因此(D) 是正确的.

14（2005，4 题，4 分）设行向量组 $(2,1,1,1)$，$(2,1,a,a)$，$(3,2,1,a)$，$(4,3,2,1)$ 线性相关，且 $a\neq1$，则 $a=$ ________.

答案 $\frac{1}{2}$.

解析 基础题,考查判断 n 个 n 维向量线性相关的方法.

$$\begin{vmatrix} 2 & 2 & 3 & 4 \\ 1 & 1 & 2 & 3 \\ 1 & a & 1 & 2 \\ 1 & a & a & 1 \end{vmatrix} = \begin{vmatrix} 0 & 2 & 3 & 4 \\ 0 & 1 & 2 & 3 \\ 1-a & a & 1 & 2 \\ 1-a & a & a & 1 \end{vmatrix} = \begin{vmatrix} 0 & 1 & 1 & 1 \\ 0 & 1 & 2 & 3 \\ 0 & 0 & 1-a & 1 \\ 1-a & a & a & 1 \end{vmatrix}$$

$$= (1-a)(-1)^{4+1}\begin{vmatrix} 1 & 1 & 1 \\ 1 & 2 & 3 \\ 0 & 1-a & 1 \end{vmatrix} = (a-1)(2a-1) = 0$$

又因 $a \neq 1$. 故必有 $a = \frac{1}{2}$.

或者,用秩. 将向量按列排,记成 $\boldsymbol{A}$,则

$$\boldsymbol{A} = \begin{bmatrix} 2 & 2 & 3 & 4 \\ 1 & 1 & 2 & 3 \\ 1 & a & 1 & 2 \\ 1 & a & a & 1 \end{bmatrix} \to \begin{bmatrix} 1 & 1 & 2 & 3 \\ 0 & a-1 & -1 & -1 \\ 0 & 0 & -1 & -2 \\ 0 & 0 & a-1 & -1 \end{bmatrix} \to \begin{bmatrix} 1 & 1 & 2 & 3 \\ 0 & a-1 & -1 & -1 \\ 0 & 0 & 1 & 2 \\ 0 & 0 & 0 & 2a-1 \end{bmatrix}$$

当 $a = 1$ 或 $a = \frac{1}{2}$ 时,秩 $r(\boldsymbol{A}) < 4$,由题意 $a = \frac{1}{2}$.

15 (2005,13 题,4 分) 设 λ_1,λ_2 是矩阵 $\boldsymbol{A}$ 的两个不同的特征值,对应的特征向量分别为 $\boldsymbol{\alpha}_1,\boldsymbol{\alpha}_2$,则 $\boldsymbol{\alpha}_1,\boldsymbol{A}(\boldsymbol{\alpha}_1+\boldsymbol{\alpha}_2)$ 线性无关的充分必要条件是

(A) $\lambda_1 \neq 0$.　　(B) $\lambda_2 \neq 0$.　　(C) $\lambda_1 = 0$.　　(D) $\lambda_2 = 0$.

答案 B.

解析 按特征值、特征向量定义

$$\boldsymbol{A}(\boldsymbol{\alpha}_1+\boldsymbol{\alpha}_2) = \boldsymbol{A}\boldsymbol{\alpha}_1 + \boldsymbol{A}\boldsymbol{\alpha}_2 = \lambda_1\boldsymbol{\alpha}_1 + \lambda_2\boldsymbol{\alpha}_2$$

若 $\lambda_2 = 0$,则 $\boldsymbol{\alpha}_1,\boldsymbol{A}(\boldsymbol{\alpha}_1+\boldsymbol{\alpha}_2)$ 即 $\boldsymbol{\alpha}_1,\lambda_1\boldsymbol{\alpha}_1$ 必线性相关. 排除(D).

若 $\lambda_1 = 0$,则 $\boldsymbol{\alpha}_1,\boldsymbol{A}(\boldsymbol{\alpha}_1+\boldsymbol{\alpha}_2) = \lambda_2\boldsymbol{\alpha}_2$ 必线性无关,但 $\lambda_1 = 0$ 只是 $\boldsymbol{\alpha}_1,\boldsymbol{A}(\boldsymbol{\alpha}_1+\boldsymbol{\alpha}_2)$ 线性无关的充分条件,并不必要. 因此(C) 是错误的.

(方法一) (用定义) 设 $k_1\boldsymbol{\alpha}_1 + k_2\boldsymbol{A}(\boldsymbol{\alpha}_1+\boldsymbol{\alpha}_2) = \boldsymbol{0}$,即有

$$(k_1+\lambda_1k_2)\boldsymbol{\alpha}_1 + \lambda_2k_2\boldsymbol{\alpha}_2 = \boldsymbol{0} \tag{1}$$

由于不同特征值对应的特征向量线性无关,所以 $\boldsymbol{\alpha}_1,\boldsymbol{\alpha}_2$ 线性无关. 由(1) 得

$$\begin{cases} k_1+\lambda_1k_2 = 0 \\ \lambda_2k_2 = 0 \end{cases} \tag{2}$$

$\boldsymbol{\alpha}_1,\boldsymbol{A}(\boldsymbol{\alpha}_1+\boldsymbol{\alpha}_2)$ 无关 $\Leftrightarrow \begin{cases} k_1 = 0 \\ k_2 = 0 \end{cases} \Leftrightarrow$(2) 只有零解 $\Leftrightarrow \begin{vmatrix} 1 & \lambda_1 \\ 0 & \lambda_2 \end{vmatrix} \neq 0 \Leftrightarrow \lambda_2 \neq 0$.

(方法二) (用秩) 因为 $(\boldsymbol{\alpha}_1,\boldsymbol{A}(\boldsymbol{\alpha}_1+\boldsymbol{\alpha}_2)) = (\boldsymbol{\alpha}_1,\lambda_1\boldsymbol{\alpha}_1+\lambda_2\boldsymbol{\alpha}_2) = (\boldsymbol{\alpha}_1,\boldsymbol{\alpha}_2)\begin{bmatrix} 1 & \lambda_1 \\ 0 & \lambda_2 \end{bmatrix}$,

那么 $\boldsymbol{\alpha}_1,\boldsymbol{A}(\boldsymbol{\alpha}_1+\boldsymbol{\alpha}_2)$ 线性无关 $\Leftrightarrow r(\boldsymbol{\alpha}_1,\lambda_1\boldsymbol{\alpha}_1+\lambda_2\boldsymbol{\alpha}_2) = 2$.

由于 $\boldsymbol{\alpha}_1,\boldsymbol{\alpha}_2$ 线性无关,故 $\boldsymbol{\alpha}_1,\boldsymbol{A}(\boldsymbol{\alpha}_1+\boldsymbol{\alpha}_2)$ 线性无关 $\Leftrightarrow r\begin{bmatrix} 1 & \lambda_1 \\ 0 & \lambda_2 \end{bmatrix} = 2 \Leftrightarrow \lambda_2 \neq 0$.

【评注】 处理线性相关、线性无关要会用定义法和秩这些手段.

16（2006，12 题，4 分）设 $\boldsymbol{\alpha}_1,\boldsymbol{\alpha}_2,\cdots,\boldsymbol{\alpha}_s$ 均为 n 维列向量，$\boldsymbol{A}$ 是 $m\times n$ 矩阵，下列选项正确的是

(A) 若 $\boldsymbol{\alpha}_1,\boldsymbol{\alpha}_2,\cdots,\boldsymbol{\alpha}_s$ 线性相关，则 $\boldsymbol{A\alpha}_1,\boldsymbol{A\alpha}_2,\cdots,\boldsymbol{A\alpha}_s$ 线性相关.

(B) 若 $\boldsymbol{\alpha}_1,\boldsymbol{\alpha}_2,\cdots,\boldsymbol{\alpha}_s$ 线性相关，则 $\boldsymbol{A\alpha}_1,\boldsymbol{A\alpha}_2,\cdots,\boldsymbol{A\alpha}_s$ 线性无关.

(C) 若 $\boldsymbol{\alpha}_1,\boldsymbol{\alpha}_2,\cdots,\boldsymbol{\alpha}_s$ 线性无关，则 $\boldsymbol{A\alpha}_1,\boldsymbol{A\alpha}_2,\cdots,\boldsymbol{A\alpha}_s$ 线性相关.

(D) 若 $\boldsymbol{\alpha}_1,\boldsymbol{\alpha}_2,\cdots,\boldsymbol{\alpha}_s$ 线性无关，则 $\boldsymbol{A\alpha}_1,\boldsymbol{A\alpha}_2,\cdots,\boldsymbol{A\alpha}_s$ 线性无关.

答案 A.

解析 （方法一）（用定义法）

因为 $\boldsymbol{\alpha}_1,\boldsymbol{\alpha}_2,\cdots,\boldsymbol{\alpha}_s$ 线性相关，故存在不全为零的数 $k_1,k_2,\cdots,k_s$ 使得

$$k_1\boldsymbol{\alpha}_1+k_2\boldsymbol{\alpha}_2+\cdots+k_s\boldsymbol{\alpha}_s=\boldsymbol{0}$$

从而有

$$\boldsymbol{A}(k_1\boldsymbol{\alpha}_1+k_2\boldsymbol{\alpha}_2+\cdots+k_s\boldsymbol{\alpha}_s)=\boldsymbol{A0}=\boldsymbol{0}$$

亦即

$$k_1\boldsymbol{A\alpha}_1+k_2\boldsymbol{A\alpha}_2+\cdots+k_s\boldsymbol{A\alpha}_s=\boldsymbol{0}$$

由于 $k_1,k_2,\cdots,k_s$ 不全为 0 而使上式成立，说明 $\boldsymbol{A\alpha}_1,\boldsymbol{A\alpha}_2,\cdots,\boldsymbol{A\alpha}_s$ 线性相关. 故(A) 正确.

（方法二）（用秩）利用分块矩阵有 $(\boldsymbol{A\alpha}_1,\boldsymbol{A\alpha}_2,\cdots,\boldsymbol{A\alpha}_s)=\boldsymbol{A}(\boldsymbol{\alpha}_1,\boldsymbol{\alpha}_2,\cdots,\boldsymbol{\alpha}_s)$，那么

$$r(\boldsymbol{A\alpha}_1,\boldsymbol{A\alpha}_2,\cdots,\boldsymbol{A\alpha}_s)\leqslant r(\boldsymbol{\alpha}_1,\boldsymbol{\alpha}_2,\cdots,\boldsymbol{\alpha}_s)$$

因为 $\boldsymbol{\alpha}_1,\boldsymbol{\alpha}_2,\cdots,\boldsymbol{\alpha}_s$ 线性相关，有 $r(\boldsymbol{\alpha}_1,\boldsymbol{\alpha}_2,\cdots,\boldsymbol{\alpha}_s)<s$. 从而 $r(\boldsymbol{A\alpha}_1,\boldsymbol{A\alpha}_2,\cdots,\boldsymbol{A\alpha}_s)<s$，故 $\boldsymbol{A\alpha}_1,\boldsymbol{A\alpha}_2,\cdots,\boldsymbol{A\alpha}_s$ 线性相关，即应选(A).

【评注】 如令 $\boldsymbol{A}=\boldsymbol{O}$ 易见(B)、(D) 不正确. 如令 $\boldsymbol{A}=\boldsymbol{E}$ 易见(C) 不正确.

17（2007，7 题，4 分）设向量组 $\boldsymbol{\alpha}_1,\boldsymbol{\alpha}_2,\boldsymbol{\alpha}_3$ 线性无关，则下列向量组线性相关的是

(A) $\boldsymbol{\alpha}_1-\boldsymbol{\alpha}_2,\boldsymbol{\alpha}_2-\boldsymbol{\alpha}_3,\boldsymbol{\alpha}_3-\boldsymbol{\alpha}_1$.

(B) $\boldsymbol{\alpha}_1+\boldsymbol{\alpha}_2,\boldsymbol{\alpha}_2+\boldsymbol{\alpha}_3,\boldsymbol{\alpha}_3+\boldsymbol{\alpha}_1$.

(C) $\boldsymbol{\alpha}_1-2\boldsymbol{\alpha}_2,\boldsymbol{\alpha}_2-2\boldsymbol{\alpha}_3,\boldsymbol{\alpha}_3-2\boldsymbol{\alpha}_1$.

(D) $\boldsymbol{\alpha}_1+2\boldsymbol{\alpha}_2,\boldsymbol{\alpha}_2+2\boldsymbol{\alpha}_3,\boldsymbol{\alpha}_3+2\boldsymbol{\alpha}_1$.

答案 A.

解析 因为 $(\boldsymbol{\alpha}_1-\boldsymbol{\alpha}_2)+(\boldsymbol{\alpha}_2-\boldsymbol{\alpha}_3)+(\boldsymbol{\alpha}_3-\boldsymbol{\alpha}_1)=\boldsymbol{0}$，所以向量组 $\boldsymbol{\alpha}_1-\boldsymbol{\alpha}_2,\boldsymbol{\alpha}_2-\boldsymbol{\alpha}_3,\boldsymbol{\alpha}_3-\boldsymbol{\alpha}_1$ 线性相关，故应选(A).

(B)(C)(D) 的线性无关性可以用 $(\boldsymbol{\beta}_1,\boldsymbol{\beta}_2,\boldsymbol{\beta}_3)=(\boldsymbol{\alpha}_1,\boldsymbol{\alpha}_2,\boldsymbol{\alpha}_3)\boldsymbol{C}$ 的方法来处理. 即若 $\boldsymbol{\alpha}_1,\boldsymbol{\alpha}_2,\boldsymbol{\alpha}_3$ 线性无关，那么 $\boldsymbol{\beta}_1,\boldsymbol{\beta}_2,\boldsymbol{\beta}_3$ 线性无关 $\Leftrightarrow|\boldsymbol{C}|\neq0$. 选项(B)(C)(D) 中的向量有

$$(\boldsymbol{\alpha}_1+\boldsymbol{\alpha}_2,\boldsymbol{\alpha}_2+\boldsymbol{\alpha}_3,\boldsymbol{\alpha}_3+\boldsymbol{\alpha}_1)=(\boldsymbol{\alpha}_1,\boldsymbol{\alpha}_2,\boldsymbol{\alpha}_3)\begin{bmatrix}1&0&1\\1&1&0\\0&1&1\end{bmatrix}$$

$$(\boldsymbol{\alpha}_1-2\boldsymbol{\alpha}_2,\boldsymbol{\alpha}_2-2\boldsymbol{\alpha}_2,\boldsymbol{\alpha}_3-2\boldsymbol{\alpha}_1)=(\boldsymbol{\alpha}_1,\boldsymbol{\alpha}_2,\boldsymbol{\alpha}_3)\begin{bmatrix}1&0&-2\\-2&1&0\\0&-2&1\end{bmatrix}$$

$$(\boldsymbol{\alpha}_1+2\boldsymbol{\alpha}_2,\boldsymbol{\alpha}_2+2\boldsymbol{\alpha}_3,\boldsymbol{\alpha}_3+2\boldsymbol{\alpha}_1)=(\boldsymbol{\alpha}_1,\boldsymbol{\alpha}_1,\boldsymbol{\alpha}_2,\boldsymbol{\alpha}_3)\begin{bmatrix}1&0&2\\2&1&0\\0&2&1\end{bmatrix}$$

由于 $\begin{vmatrix}1&0&1\\1&1&0\\0&1&1\end{vmatrix}=2\neq0$，$\begin{vmatrix}1&0&-2\\-2&1&0\\0&-2&1\end{vmatrix}=-7\neq0$，$\begin{vmatrix}1&0&2\\2&1&0\\0&2&1\end{vmatrix}=9\neq0$，可知(B)(C)(D) 的向量组都是线性无关的，故选(A).

18 (2008,21 题,10 分) 设 $\boldsymbol{A}$ 为三阶矩阵,$\boldsymbol{\alpha}_1,\boldsymbol{\alpha}_2$ 为 $\boldsymbol{A}$ 的分别属于特征值 $-1,1$ 的特征向量,向量 $\boldsymbol{\alpha}_3$ 满足 $\boldsymbol{A}\boldsymbol{\alpha}_3=\boldsymbol{\alpha}_2+\boldsymbol{\alpha}_3$.

(Ⅰ) 证明 $\boldsymbol{\alpha}_1,\boldsymbol{\alpha}_2,\boldsymbol{\alpha}_3$ 线性无关;

(Ⅱ) 令 $\boldsymbol{P}=(\boldsymbol{\alpha}_1,\boldsymbol{\alpha}_2,\boldsymbol{\alpha}_3)$,求 $\boldsymbol{P}^{-1}\boldsymbol{A}\boldsymbol{P}$.

解 (Ⅰ)(用定义法) 按特征值定义:$\boldsymbol{A}\boldsymbol{\alpha}_1=-\boldsymbol{\alpha}_1,\boldsymbol{A}\boldsymbol{\alpha}_2=\boldsymbol{\alpha}_2$,如果存在实数 k_1,k_2,k_3,使得

$$k_1\boldsymbol{\alpha}_1+k_2\boldsymbol{\alpha}_2+k_3\boldsymbol{\alpha}_3=\boldsymbol{0} \tag{1}$$

用 $\boldsymbol{A}$ 左乘(1) 的两边有

$$-k_1\boldsymbol{\alpha}_1+k_2\boldsymbol{\alpha}_2+k_3(\boldsymbol{\alpha}_2+\boldsymbol{\alpha}_3)=\boldsymbol{0} \tag{2}$$

(1) − (2) 得

$$2k_1\boldsymbol{\alpha}_1-k_3\boldsymbol{\alpha}_2=\boldsymbol{0} \tag{3}$$

因为 $\boldsymbol{\alpha}_1,\boldsymbol{\alpha}_2$ 是 $\boldsymbol{A}$ 的属于不同特征值的特征向量,所以 $\boldsymbol{\alpha}_1,\boldsymbol{\alpha}_2$ 线性无关,从而 $k_1=k_3=0$. 代入(1) 得 $k_2\boldsymbol{\alpha}_2=\boldsymbol{0}$,由于 $\boldsymbol{\alpha}_2\neq\boldsymbol{0}$,所以 $k_2=0$,故 $\boldsymbol{\alpha}_1,\boldsymbol{\alpha}_2,\boldsymbol{\alpha}_3$ 线性无关.

(Ⅱ) 由题设,可得

$$\boldsymbol{A}\boldsymbol{P}=\boldsymbol{A}(\boldsymbol{\alpha}_1,\boldsymbol{\alpha}_2,\boldsymbol{\alpha}_3)=(\boldsymbol{A}\boldsymbol{\alpha}_1,\boldsymbol{A}\boldsymbol{\alpha}_2,\boldsymbol{A}\boldsymbol{\alpha}_3)=(-\boldsymbol{\alpha}_1,\boldsymbol{\alpha}_2,\boldsymbol{\alpha}_2+\boldsymbol{\alpha}_3)$$

$$=(\boldsymbol{\alpha}_1,\boldsymbol{\alpha}_2,\boldsymbol{\alpha}_3)\begin{bmatrix}-1&0&0\\0&1&1\\0&0&1\end{bmatrix}=\boldsymbol{P}\begin{bmatrix}-1&0&0\\0&1&1\\0&0&1\end{bmatrix}$$

由(Ⅰ),$\boldsymbol{P}$ 为可逆矩阵,从而

$$\boldsymbol{P}^{-1}\boldsymbol{A}\boldsymbol{P}=\begin{bmatrix}-1&0&0\\0&1&1\\0&0&1\end{bmatrix}$$

【评注】 如果已知 $\boldsymbol{\alpha}_1,\boldsymbol{\alpha}_2,\boldsymbol{\alpha}_3$ 线性无关,且有

$$\boldsymbol{A}\boldsymbol{\alpha}_1=a_{11}\boldsymbol{\alpha}_1+a_{21}\boldsymbol{\alpha}_2+a_{31}\boldsymbol{\alpha}_3,\boldsymbol{A}\boldsymbol{\alpha}_2=a_{12}\boldsymbol{\alpha}_1+a_{22}\boldsymbol{\alpha}_2+a_{32}\boldsymbol{\alpha}_3,\boldsymbol{A}\boldsymbol{\alpha}_3=a_{13}\boldsymbol{\alpha}_1+a_{23}\boldsymbol{\alpha}_2+a_{33}\boldsymbol{\alpha}_3$$

这就有相似的背景,这是一个常考的知识点,本题的(Ⅰ)实际上是为(Ⅱ)作提示的.

当然,本题(Ⅰ)也可用反证法:

若 $\boldsymbol{\alpha}_1,\boldsymbol{\alpha}_2,\boldsymbol{\alpha}_3$ 线性相关,由于 $\boldsymbol{\alpha}_1,\boldsymbol{\alpha}_2$ 是矩阵 $\boldsymbol{A}$ 不同特征值的特征向量,$\boldsymbol{\alpha}_1,\boldsymbol{\alpha}_2$ 必线性无关,那么 $\boldsymbol{\alpha}_3$ 必可由 $\boldsymbol{\alpha}_1,\boldsymbol{\alpha}_2$ 线性表出. 不妨设

$$\boldsymbol{\alpha}_3=k_1\boldsymbol{\alpha}_1+k_2\boldsymbol{\alpha}_2 \tag{1}$$

用 $\boldsymbol{A}$ 左乘式(1) 得

$$\boldsymbol{A}\boldsymbol{\alpha}_3=k_1\boldsymbol{A}\boldsymbol{\alpha}_1+k_2\boldsymbol{A}\boldsymbol{\alpha}_2 \tag{2}$$

因为 $\boldsymbol{A}\boldsymbol{\alpha}_1=-\boldsymbol{\alpha}_1,\boldsymbol{A}\boldsymbol{\alpha}_2=\boldsymbol{\alpha}_2,\boldsymbol{A}\boldsymbol{\alpha}_3=\boldsymbol{\alpha}_2+\boldsymbol{\alpha}_3$,有

$$\boldsymbol{\alpha}_2+\boldsymbol{\alpha}_3=-k_1\boldsymbol{\alpha}_1+k_2\boldsymbol{\alpha}_2 \tag{3}$$

式(3) − 式(1) 得 $\boldsymbol{\alpha}_2=-2k_1\boldsymbol{\alpha}_1$. 与 $\boldsymbol{\alpha}_1,\boldsymbol{\alpha}_2$ 线性无关相矛盾. 从而 $\boldsymbol{\alpha}_1,\boldsymbol{\alpha}_2,\boldsymbol{\alpha}_3$ 线性无关.

本题难度系数 0.268,反映的是同学们的推理能力较低.

练习题

1. (2002,数四,3 分) 设向量组 $\boldsymbol{\alpha}_1=(a,0,c),\boldsymbol{\alpha}_2=(b,c,0),\boldsymbol{\alpha}_3=(0,a,b)$ 线性无关,则 a,b,c 必满足关系式________.

2. (1992,数四,3 分) 设 $\boldsymbol{\alpha}_1,\boldsymbol{\alpha}_2,\cdots,\boldsymbol{\alpha}_m$ 均为 n 维列向量,那么,下列结论正确的是

(A) 若 $k_1\boldsymbol{\alpha}_1+k_2\boldsymbol{\alpha}_2+\cdots+k_m\boldsymbol{\alpha}_m=\boldsymbol{0}$,则 $\boldsymbol{\alpha}_1,\boldsymbol{\alpha}_2,\cdots,\boldsymbol{\alpha}_m$ 线性相关.

(B) 若对任意一组不全为零的数 $k_1,k_1,\cdots,k_m$,都有 $k_1\boldsymbol{\alpha}_1+k_2\boldsymbol{\alpha}_2+\cdots+k_m\boldsymbol{\alpha}_m\neq\boldsymbol{0}$,则 $\boldsymbol{\alpha}_1,\boldsymbol{\alpha}_2,\cdots,\boldsymbol{\alpha}_m$ 线性无关.

(C) 若 $\boldsymbol{\alpha}_1,\boldsymbol{\alpha}_2,\cdots,\boldsymbol{\alpha}_m$ 线性相关,则对任意一组不全为零的数 $k_1,k_2,\cdots,k_m$,都有 $k_1\boldsymbol{\alpha}_1+k_2\boldsymbol{\alpha}_2+\cdots+k_m\boldsymbol{\alpha}_m=\boldsymbol{0}$.

(D) 若 $0\boldsymbol{\alpha}_1+0\boldsymbol{\alpha}_2+\cdots+0\boldsymbol{\alpha}_m=\mathbf{0}$,则 $\boldsymbol{\alpha}_1,\boldsymbol{\alpha}_2,\cdots,\boldsymbol{\alpha}_m$ 线性无关.

练习题参考答案

1.【答案】 $abc\neq 0$.

【解析】 n 个 n 维向量 $\boldsymbol{\alpha}_1,\boldsymbol{\alpha}_2,\cdots,\boldsymbol{\alpha}_n$ 线性无关的充分必要条件是行列式 $|\boldsymbol{\alpha}_1,\boldsymbol{\alpha}_2,\cdots,\boldsymbol{\alpha}_n|\neq 0$. 而

$$|\boldsymbol{\alpha}_1,\boldsymbol{\alpha}_2,\boldsymbol{\alpha}_3|=\begin{vmatrix} a & b & 0 \\ 0 & c & a \\ c & 0 & b \end{vmatrix}=2abc$$

故应填:$abc\neq 0$.

2.【答案】 B.

【解析】 按向量组线性相关的定义,若存在不全为零的一组数 $k_1,k_2,\cdots,k_m$,使

$$k_1\boldsymbol{\alpha}_1+k_2\boldsymbol{\alpha}_2+\cdots+k_m\boldsymbol{\alpha}_m=\mathbf{0}$$

则称 $\boldsymbol{\alpha}_1,\boldsymbol{\alpha}_2,\cdots,\boldsymbol{\alpha}_m$ 线性相关.

选项(A) 没有指明 $k_1,k_2,\cdots,k_m$ 不全为 0,故(A) 不正确. 选项(C) 要求任意一组不全为 0 的数,这只能 $\boldsymbol{\alpha}_i(i=1,\cdots,m)$ 全是零向量,不是线性相关定义所要求的.

对任意一组向量 $\boldsymbol{\alpha}_1,\boldsymbol{\alpha}_2,\cdots,\boldsymbol{\alpha}_m$,

$$0\boldsymbol{\alpha}_1+0\boldsymbol{\alpha}_2+\cdots+0\boldsymbol{\alpha}_m=\mathbf{0}$$

恒成立. 而 $\boldsymbol{\alpha}_1,\boldsymbol{\alpha}_2,\cdots,\boldsymbol{\alpha}_m$ 是否线性相关?就是问除去上述情况外,是否还能找到不全为 0 的一组数 $k_1,k_2,\cdots,k_m$,仍能使

$$k_1\boldsymbol{\alpha}_1+k_2\boldsymbol{\alpha}_2+\cdots+k_m\boldsymbol{\alpha}_m=\mathbf{0}$$

成立. 若能则线性相关,若不能即只要 $k_1,k_2,\cdots,k_m$ 不全为 0,必有

$$k_1\boldsymbol{\alpha}_1+k_2\boldsymbol{\alpha}_2+\cdots+k_m\boldsymbol{\alpha}_m\neq\mathbf{0}$$

可见(B) 是线性无关的定义. 而(D) 没有指明仅当 $k_1=0,k_2=0,\cdots,k_m=0$ 时,$k_1\boldsymbol{\alpha}_1+k_2\boldsymbol{\alpha}_2+\cdots+k_m\boldsymbol{\alpha}_m=\mathbf{0}$ 成立. 故(D) 不正确. 所以应选(B).

三、向量组的极大线性无关组与秩

试题特点

向量组的极大线性无关组或向量组秩的考题虽不多,但是齐次方程组的基础解系实际上就是解向量的极大线性无关组,这在方程组求解和求特征向量时是回避不了的,所以复习时这里的概念、计算、证明仍然要认真对待.

19 (1995,九题,9 分) 已知向量组(Ⅰ)$\boldsymbol{\alpha}_1,\boldsymbol{\alpha}_2,\boldsymbol{\alpha}_3$;(Ⅱ)$\boldsymbol{\alpha}_1,\boldsymbol{\alpha}_2,\boldsymbol{\alpha}_3,\boldsymbol{\alpha}_4$;(Ⅲ)$\boldsymbol{\alpha}_1,\boldsymbol{\alpha}_2,\boldsymbol{\alpha}_3,\boldsymbol{\alpha}_5$. 如果各向量组的秩分别为 $r(\text{Ⅰ})=r(\text{Ⅱ})=3,r(\text{Ⅲ})=4$.

证明:向量组 $\boldsymbol{\alpha}_1,\boldsymbol{\alpha}_2,\boldsymbol{\alpha}_3,\boldsymbol{\alpha}_5-\boldsymbol{\alpha}_4$ 的秩为 4.

证明 因为 $r(\text{Ⅰ})=r(\text{Ⅱ})=3$,所以 $\boldsymbol{\alpha}_1,\boldsymbol{\alpha}_2,\boldsymbol{\alpha}_3$ 线性无关,而 $\boldsymbol{\alpha}_1,\boldsymbol{\alpha}_2,\boldsymbol{\alpha}_3,\boldsymbol{\alpha}_4$ 线性相关,因此 $\boldsymbol{\alpha}_4$ 可由 $\boldsymbol{\alpha}_1,\boldsymbol{\alpha}_2,\boldsymbol{\alpha}_3$ 线性表出,设为 $\boldsymbol{\alpha}_4=l_1\boldsymbol{\alpha}_1+l_2\boldsymbol{\alpha}_2+l_3\boldsymbol{\alpha}_3$.

若 $k_1\boldsymbol{\alpha}_1+k_2\boldsymbol{\alpha}_2+k_3\boldsymbol{\alpha}_3+k_4(\boldsymbol{\alpha}_5-\boldsymbol{\alpha}_4)=\mathbf{0}$,即

$$(k_1-l_1k_4)\boldsymbol{\alpha}_1+(k_2-l_2k_4)\boldsymbol{\alpha}_2+(k_3-l_3k_4)\boldsymbol{\alpha}_3+k_4\boldsymbol{\alpha}_5=\mathbf{0}$$

由于 $r(\text{Ⅲ})=4$,即 $\boldsymbol{\alpha}_1,\boldsymbol{\alpha}_2,\boldsymbol{\alpha}_3,\boldsymbol{\alpha}_5$ 线性无关. 故必有

$$\begin{cases} k_1-l_1k_4=0 \\ k_2-l_2k_4=0 \\ k_3-l_3k_4=0 \\ k_4=0 \end{cases}$$

解出 $k_4=0, k_3=0, k_2=0, k_1=0$. 于是 $\boldsymbol{\alpha}_1, \boldsymbol{\alpha}_2, \boldsymbol{\alpha}_3, \boldsymbol{\alpha}_5-\boldsymbol{\alpha}_4$ 线性无关. 即其秩为 4.

20（2006,20 题,13 分）设四维向量组 $\boldsymbol{\alpha}_1=(1+a,1,1,1)^{\mathrm{T}}, \boldsymbol{\alpha}_2=(2,2+a,2,2)^{\mathrm{T}}, \boldsymbol{\alpha}_3=(3,3,3+a,3)^{\mathrm{T}}, \boldsymbol{\alpha}_4=(4,4,4,4+a)^{\mathrm{T}}$，问 a 为何值时，$\boldsymbol{\alpha}_1, \boldsymbol{\alpha}_2, \boldsymbol{\alpha}_3, \boldsymbol{\alpha}_4$ 线性相关？当 $\boldsymbol{\alpha}_1, \boldsymbol{\alpha}_2, \boldsymbol{\alpha}_3, \boldsymbol{\alpha}_4$ 线性相关时，求其一个极大线性无关组，并将其余向量用该极大线性无关组线性表出.

解（方法一）　n 个 n 维向量线性相关 $\Leftrightarrow |\boldsymbol{\alpha}_1, \boldsymbol{\alpha}_2, \cdots, \boldsymbol{\alpha}_n|=0$. 记 $\boldsymbol{A}=(\boldsymbol{\alpha}_1, \boldsymbol{\alpha}_2, \boldsymbol{\alpha}_3, \boldsymbol{\alpha}_4)$

$$|\boldsymbol{A}|=\begin{vmatrix}1+a & 2 & 3 & 4\\ 1 & 2+a & 3 & 4\\ 1 & 2 & 3+a & 4\\ 1 & 2 & 3 & 4+a\end{vmatrix}=(a+10)a^3$$

于是当 $a=0$ 或 $a=-10$ 时，$\boldsymbol{\alpha}_1, \boldsymbol{\alpha}_2, \boldsymbol{\alpha}_3, \boldsymbol{\alpha}_4$ 线性相关.

当 $a=0$ 时，$\boldsymbol{\alpha}_1$ 为 $\boldsymbol{\alpha}_1, \boldsymbol{\alpha}_2, \boldsymbol{\alpha}_3, \boldsymbol{\alpha}_4$ 的一个极大线性无关组，且 $\boldsymbol{\alpha}_2=2\boldsymbol{\alpha}_1, \boldsymbol{\alpha}_3=3\boldsymbol{\alpha}_1, \boldsymbol{\alpha}_4=4\boldsymbol{\alpha}_1$.

当 $a=-10$ 时，对 $\boldsymbol{A}$ 施以初等行变换，有

$$\boldsymbol{A}=\begin{bmatrix}-9 & 2 & 3 & 4\\ 1 & -8 & 3 & 4\\ 1 & 2 & -7 & 4\\ 1 & 2 & 3 & -6\end{bmatrix}\to\begin{bmatrix}-9 & 2 & 3 & 4\\ 10 & -10 & 0 & 0\\ 10 & 0 & -10 & 0\\ 10 & 0 & 0 & -10\end{bmatrix}$$

$$\to\begin{bmatrix}-9 & 2 & 3 & 4\\ 1 & -1 & 0 & 0\\ 1 & 0 & -1 & 0\\ 1 & 0 & 0 & -1\end{bmatrix}\to\begin{bmatrix}0 & 0 & 0 & 0\\ 1 & -1 & 0 & 0\\ 1 & 0 & -1 & 0\\ 1 & 0 & 0 & -1\end{bmatrix}=(\boldsymbol{\beta}_1, \boldsymbol{\beta}_2, \boldsymbol{\beta}_3, \boldsymbol{\beta}_4).$$

由于 $\boldsymbol{\beta}_2, \boldsymbol{\beta}_3, \boldsymbol{\beta}_4$ 为 $\boldsymbol{\beta}_1, \boldsymbol{\beta}_2, \boldsymbol{\beta}_3, \boldsymbol{\beta}_4$ 的一个极大线性无关组，且 $\boldsymbol{\beta}_1=-\boldsymbol{\beta}_2-\boldsymbol{\beta}_3-\boldsymbol{\beta}_4$，故 $\boldsymbol{\alpha}_2, \boldsymbol{\alpha}_3, \boldsymbol{\alpha}_4$ 为 $\boldsymbol{\alpha}_1, \boldsymbol{\alpha}_2, \boldsymbol{\alpha}_3, \boldsymbol{\alpha}_4$ 的一个极大线性无关组，且 $\boldsymbol{\alpha}_1=-\boldsymbol{\alpha}_2-\boldsymbol{\alpha}_3-\boldsymbol{\alpha}_4$.

（方法二）　记 $\boldsymbol{A}=(\boldsymbol{\alpha}_1, \boldsymbol{\alpha}_2, \boldsymbol{\alpha}_3, \boldsymbol{\alpha}_4)$，对 $\boldsymbol{A}$ 施以初等行变换，有

$$\boldsymbol{A}=\begin{bmatrix}1+a & 2 & 3 & 4\\ 1 & 2+a & 3 & 4\\ 1 & 2 & 3+a & 4\\ 1 & 2 & 3 & 4+a\end{bmatrix}\to\begin{bmatrix}1+a & 2 & 3 & 4\\ -a & a & 0 & 0\\ -a & 0 & a & 0\\ -a & 0 & 0 & a\end{bmatrix}=\boldsymbol{B}$$

当 $a=0$ 时，$\boldsymbol{A}$ 的秩为 1，因而 $\boldsymbol{\alpha}_1, \boldsymbol{\alpha}_2, \boldsymbol{\alpha}_3, \boldsymbol{\alpha}_4$ 线性相关，此时 $\boldsymbol{\alpha}_1$ 为 $\boldsymbol{\alpha}_1, \boldsymbol{\alpha}_2, \boldsymbol{\alpha}_3, \boldsymbol{\alpha}_4$ 的一个极大线性无关组，且 $\boldsymbol{\alpha}_2=2\boldsymbol{\alpha}_1, \boldsymbol{\alpha}_3=3\boldsymbol{\alpha}_1, \boldsymbol{\alpha}_4=4\boldsymbol{\alpha}_1$.

当 $a\neq 0$ 时，再对 $\boldsymbol{B}$ 施以初等行变换，有

$$\boldsymbol{B}\to\begin{bmatrix}1+a & 2 & 3 & 4\\ -1 & 1 & 0 & 0\\ -1 & 0 & 1 & 0\\ -1 & 0 & 0 & 1\end{bmatrix}\to\begin{bmatrix}a+10 & 0 & 0 & 0\\ -1 & 1 & 0 & 0\\ -1 & 0 & 1 & 0\\ -1 & 0 & 0 & 1\end{bmatrix}=\boldsymbol{C}=(\boldsymbol{\gamma}_1, \boldsymbol{\gamma}_2, \boldsymbol{\gamma}_3, \boldsymbol{\gamma}_4)$$

如果 $a\neq -10$，$\boldsymbol{C}$ 的秩为 4，从而 $\boldsymbol{A}$ 的秩为 4，故 $\boldsymbol{\alpha}_1, \boldsymbol{\alpha}_2, \boldsymbol{\alpha}_3, \boldsymbol{\alpha}_4$ 线性无关.

如果 $a=-10$，$\boldsymbol{C}$ 的秩为 3，从而 $\boldsymbol{A}$ 的秩为 3，故 $\boldsymbol{\alpha}_1, \boldsymbol{\alpha}_2, \boldsymbol{\alpha}_3, \boldsymbol{\alpha}_4$ 线性相关.

由于 $\boldsymbol{\gamma}_2, \boldsymbol{\gamma}_3, \boldsymbol{\gamma}_4$ 为 $\boldsymbol{\gamma}_1, \boldsymbol{\gamma}_2, \boldsymbol{\gamma}_3, \boldsymbol{\gamma}_4$ 的一个极大线性无关组，且 $\boldsymbol{\gamma}_1=-\boldsymbol{\gamma}_2-\boldsymbol{\gamma}_3-\boldsymbol{\gamma}_4$. 于是 $\boldsymbol{\alpha}_2, \boldsymbol{\alpha}_3, \boldsymbol{\alpha}_4$ 为 $\boldsymbol{\alpha}_1, \boldsymbol{\alpha}_2, \boldsymbol{\alpha}_3, \boldsymbol{\alpha}_4$ 的一个极大线性无关组，且 $\boldsymbol{\alpha}_1=-\boldsymbol{\alpha}_2-\boldsymbol{\alpha}_3-\boldsymbol{\alpha}_4$.

【评注】　本题是考查求极大线性无关组并把其他向量用极大线性无关组线性表出的方法.（注意：列向量作行变换，用化简以后的矩阵来回答极大无关组的问题.）

练习题

1.（1994，数四，3 分）设有向量组 $\boldsymbol{\alpha}_1=(1,-1,2,4)$，$\boldsymbol{\alpha}_2=(0,3,1,2)$，$\boldsymbol{\alpha}_3=(3,0,7,14)$，$\boldsymbol{\alpha}_4=(1,-2,2,0)$，$\boldsymbol{\alpha}_5=(2,1,5,10)$，则该向量组的极大线性无关组是

(A) $\boldsymbol{\alpha}_1,\boldsymbol{\alpha}_2,\boldsymbol{\alpha}_3$.　(B) $\boldsymbol{\alpha}_1,\boldsymbol{\alpha}_2,\boldsymbol{\alpha}_4$.　(C) $\boldsymbol{\alpha}_1,\boldsymbol{\alpha}_2,\boldsymbol{\alpha}_5$.　(D) $\boldsymbol{\alpha}_1,\boldsymbol{\alpha}_2,\boldsymbol{\alpha}_4,\boldsymbol{\alpha}_5$.

2.（1999，数二，8 分）设向量组 $\boldsymbol{\alpha}_1=(1,1,1,3)^{\mathrm{T}}$，$\boldsymbol{\alpha}_2=(-1,-3,5,1)^{\mathrm{T}}$，$\boldsymbol{\alpha}_3=(3,2,-1,p+2)^{\mathrm{T}}$，$\boldsymbol{\alpha}_4=(-2,-6,10,p)^{\mathrm{T}}$.

(1) p 为何值时，该向量组线性无关？并在此时将向量 $\boldsymbol{\alpha}=(4,1,6,10)^{\mathrm{T}}$ 用 $\boldsymbol{\alpha}_1,\boldsymbol{\alpha}_2,\boldsymbol{\alpha}_3,\boldsymbol{\alpha}_4$ 线性表出.

(2) p 为何值时，该向量组线性相关？并在此时求出它的秩和一个极大线性无关组.

练习题参考答案

1.【答案】 B.

【解析】 这是一道常规题，按一般方法求解即可.

$$\begin{bmatrix}1&-1&2&4\\0&3&1&2\\3&0&7&14\\1&-2&2&0\\2&1&5&10\end{bmatrix}\to\begin{bmatrix}1&-1&2&4\\0&3&1&2\\0&3&1&2\\0&-1&0&-4\\0&3&1&2\end{bmatrix}\to\begin{bmatrix}1&-1&2&4\\0&3&1&2\\0&0&0&0\\0&-1&0&-4\\0&0&0&0\end{bmatrix}\begin{matrix}\boldsymbol{\alpha}_1\\\boldsymbol{\alpha}_2\\\boldsymbol{\alpha}_3-3\boldsymbol{\alpha}_1-\boldsymbol{\alpha}_2\\\boldsymbol{\alpha}_4-\boldsymbol{\alpha}_1\\\boldsymbol{\alpha}_5-2\boldsymbol{\alpha}_1-\boldsymbol{\alpha}_2\end{matrix}$$

已能看出秩为 3，极大线性无关组是 $\boldsymbol{\alpha}_1,\boldsymbol{\alpha}_2,\boldsymbol{\alpha}_4$. 或用列向量作行变换，有

$$\begin{bmatrix}1&0&3&1&2\\-1&3&0&-2&1\\2&1&7&2&5\\4&2&14&0&10\end{bmatrix}\to\begin{bmatrix}1&0&3&1&2\\0&3&3&-1&3\\0&1&1&0&1\\0&2&2&-4&2\end{bmatrix}$$

$$\to\begin{bmatrix}1&0&3&1&2\\0&1&1&0&1\\0&3&3&-1&3\\0&2&2&-4&2\end{bmatrix}\to\begin{bmatrix}1&0&3&1&2\\0&1&1&0&1\\0&0&0&1&0\\0&0&0&0&0\end{bmatrix}$$

每行第 1 个非零数在第 1，2，4 列，故 $\boldsymbol{\alpha}_1,\boldsymbol{\alpha}_2,\boldsymbol{\alpha}_4$ 是极大线性无关组. 因此应选(B).

【评注】 当选择 $\boldsymbol{\alpha}_1,\boldsymbol{\alpha}_2,\boldsymbol{\alpha}_4$ 作为极大线性无关组时，由第一种方法立即知

$$\boldsymbol{\alpha}_3=3\boldsymbol{\alpha}_1+\boldsymbol{\alpha}_2+0\boldsymbol{\alpha}_4,\quad \boldsymbol{\alpha}_5=2\boldsymbol{\alpha}_1+\boldsymbol{\alpha}_2+0\boldsymbol{\alpha}_4$$

即用极大线性无关组表示向量组中每个向量，那么用第二种方法时，你如何写出上述表达式？

2.【解】 对矩阵 $[\boldsymbol{\alpha}_1,\boldsymbol{\alpha}_2,\boldsymbol{\alpha}_3,\boldsymbol{\alpha}_4 \vdots \boldsymbol{\alpha}]$ 作初等行变换：

$$\left[\begin{array}{cccc:c}1&-1&3&-2&4\\1&-3&2&-6&1\\1&5&-1&10&6\\3&1&p+2&p&10\end{array}\right]\to\left[\begin{array}{cccc:c}1&-1&3&-2&4\\0&-2&-1&-4&-3\\0&6&-4&12&2\\0&4&p-7&p+6&-2\end{array}\right]$$

$$\to\left[\begin{array}{cccc:c}1&-1&3&-2&4\\0&-2&-1&-4&-3\\0&0&-7&0&-7\\0&0&p-9&p-2&-8\end{array}\right]\to\left[\begin{array}{cccc:c}1&0&0&0&2\\0&1&0&2&1\\0&0&1&0&1\\0&0&0&p-2&1-p\end{array}\right]$$

(1) 当 $p\neq 2$ 时，向量组 $\boldsymbol{\alpha}_1,\boldsymbol{\alpha}_2,\boldsymbol{\alpha}_3,\boldsymbol{\alpha}_4$ 线性无关. 由 $\boldsymbol{\alpha}=x_1\boldsymbol{\alpha}_1+x_2\boldsymbol{\alpha}_2+x_3\boldsymbol{\alpha}_3+x_4\boldsymbol{\alpha}_4$，解得

$$x_1=2,x_2=\frac{3p-4}{p-2},x_3=1,x_4=\frac{1-p}{p-2}$$

(2) 当 $p=2$ 时，向量组 $\boldsymbol{\alpha}_1,\boldsymbol{\alpha}_2,\boldsymbol{\alpha}_3,\boldsymbol{\alpha}_4$ 线性相关. 此时，向量组的秩等于 3. $\boldsymbol{\alpha}_1,\boldsymbol{\alpha}_2,\boldsymbol{\alpha}_3$（或 $\boldsymbol{\alpha}_1,\boldsymbol{\alpha}_3,\boldsymbol{\alpha}_4$）为其一个极大线性无关组.

第四章　线性方程组

本章导读

线性方程组是否有解？若有解，那么一共有多少解？有解时怎样求出其所有的解？如何求齐次方程组的基础解系？

当给出具体的方程组时，如何加减消元化简（注意只用行变换）？如何求出所有的解（可能还涉及对一些参数的讨论）？

没有具体的方程组时，如何利用解的结构（注意对矩阵秩的推断）分析、推导出通解？

面对两个方程组，如何处理公共解或同解问题？

以上这些都是大家在复习方程组时要认真对待的．方程组历年来都是考查的重点，比重大、分值高、解答题多，考生一定要好好复习．

一、齐次方程组、基础解系

试题特点

考查的主要定理是：

(1) 设 $\boldsymbol{A}$ 是 $m\times n$ 矩阵，齐次方程组 $\boldsymbol{Ax}=\boldsymbol{0}$ 有非零解 $\Leftrightarrow$ 秩 $r(\boldsymbol{A})<n$；

(2) 齐次方程组 $\boldsymbol{Ax}=\boldsymbol{0}$ 如有非零解，则必有无穷多解，而线性无关的解向量个数为 $n-r(\boldsymbol{A})$．

求基础解系是重点．

$n-r(\boldsymbol{A})$ 既表示 $\boldsymbol{Ax}=\boldsymbol{0}$ 线性无关解向量的个数，也表示方程组中自由变量的个数，如何确定自由变量？如何给自由变量赋值并求解，是这里的基本功．

不论是 $\boldsymbol{Ax}=\boldsymbol{0}$ 还是 $\boldsymbol{Ax}=\boldsymbol{b}$ 都要涉及求 $\boldsymbol{Ax}=\boldsymbol{0}$ 的基础解系，这里的计算一定要过关（正确、熟练）．

线性无关的证明题另一种出题方法就是证基础解系．

下面的考题既涉及如何加减消元求基础解系也涉及如何判断矩阵的秩和基础解系的证明．

1 (1989，一(3)题，3分) 设齐次线性方程组 $\begin{cases}\lambda x_1+x_2+x_3=0,\\ x_1+\lambda x_2+x_3=0,\\ x_1+x_2+x_3=0\end{cases}$ 只有零解，则 λ 应满足的条件是________．

答案 $\lambda\neq 1$．

解析 n 个方程 n 个未知数的齐次方程组 $\boldsymbol{Ax}=\boldsymbol{0}$ 有非零解的充分必要条件是 $|\boldsymbol{A}|=0$．而

$$\begin{vmatrix}\lambda & 1 & 1\\ 1 & \lambda & 1\\ 1 & 1 & 1\end{vmatrix}=\begin{vmatrix}\lambda-1 & 0 & 0\\ 0 & \lambda-1 & 0\\ 1 & 1 & 1\end{vmatrix}=(\lambda-1)^2$$

所以应填 $\lambda \neq 1$.

2 (1992,二(3)题,3分)设 $\boldsymbol{A}$ 为 $m\times n$ 矩阵,齐次线性方程组 $\boldsymbol{Ax}=\boldsymbol{0}$ 仅有零解的充分条件是

(A)$\boldsymbol{A}$ 的列向量线性无关. (B)$\boldsymbol{A}$ 的列向量线性相关.

(C)$\boldsymbol{A}$ 的行向量线性无关. (D)$\boldsymbol{A}$ 的行向量线性相关.

答案 A.

解析 齐次方程组 $\boldsymbol{Ax}=\boldsymbol{0}$ 只有零解 $\Leftrightarrow r(\boldsymbol{A})=n$.

由于 $r(\boldsymbol{A})=\boldsymbol{A}$ 的行秩 $=\boldsymbol{A}$ 的列秩,现 $\boldsymbol{A}$ 是 $m\times n$ 矩阵,$r(\boldsymbol{A})=n$,即 $\boldsymbol{A}$ 的列向量线性无关.故应选(A).

注意,虽 $\boldsymbol{A}$ 的行秩 $=\boldsymbol{A}$ 的列秩,但行向量组与列向量组的线性相关性是可以不同的.

3 (1992,十题,6分)已知三阶矩阵 $\boldsymbol{B}\neq\boldsymbol{O}$,且 $\boldsymbol{B}$ 的每一个列向量都是以下方程组的解

$$\begin{cases} x_1+2x_2-2x_3=0 \\ 2x_1-x_2+\lambda x_3=0 \\ 3x_1+x_2-x_3=0 \end{cases}$$

(1)求 λ 的值;(2)证明 $|\boldsymbol{B}|=0$.

解 (1)因为 $\boldsymbol{B}\neq\boldsymbol{O}$,故 $\boldsymbol{B}$ 中至少有一个非零列向量.依题意,所给齐次方程组 $\boldsymbol{Ax}=\boldsymbol{0}$ 有非零解,于是

$$|\boldsymbol{A}|=\begin{vmatrix} 1 & 2 & -2 \\ 2 & -1 & \lambda \\ 3 & 1 & -1 \end{vmatrix}=\begin{vmatrix} 1 & 0 & -2 \\ 2 & \lambda-1 & \lambda \\ 3 & 0 & -1 \end{vmatrix}=5(\lambda-1)=0$$

解出 $\lambda=1$.

(2)对于 $\boldsymbol{AB}=\boldsymbol{O}$,若 $|\boldsymbol{B}|\neq 0$,则 $\boldsymbol{B}$ 可逆,那么

$$\boldsymbol{A}=(\boldsymbol{AB})\boldsymbol{B}^{-1}=\boldsymbol{OB}^{-1}=\boldsymbol{O}$$

与已知条件 $\boldsymbol{A}\neq\boldsymbol{O}$ 矛盾,故 $|\boldsymbol{B}|=0$.

4 (2002,二(3)题,3分)设 $\boldsymbol{A}$ 是 $m\times n$ 矩阵,$\boldsymbol{B}$ 是 $n\times m$ 矩阵,则线性方程组 $(\boldsymbol{AB})\boldsymbol{x}=\boldsymbol{0}$

(A)当 $n>m$ 时仅有零解. (B)当 $n>m$ 时必有非零解.

(C)当 $m>n$ 时仅有零解. (D)当 $m>n$ 时必有非零解.

答案 D.

解析 $\boldsymbol{AB}$ 是 m 阶矩阵,那么 $\boldsymbol{ABx}=\boldsymbol{0}$ 仅有零解的充分必要条件是 $r(\boldsymbol{AB})=m$.

又因 $$r(\boldsymbol{AB})\leqslant r(\boldsymbol{B})\leqslant \min(m,n)$$

故当 $m>n$ 时,必有 $r(\boldsymbol{AB})\leqslant\min(m,n)=n<m$.所以应当选(D).

5 (2002,九题,8分)设齐次线性方程组

$$\begin{cases} ax_1+bx_2+bx_3+\cdots+bx_n=0 \\ bx_1+ax_2+bx_3+\cdots+bx_n=0 \\ \qquad\cdots\cdots \\ bx_1+bx_2+bx_3+\cdots+ax_n=0 \end{cases}$$

其中 $a\neq 0,b\neq 0,n\geqslant 2$.试讨论 a,b 为何值时,方程组仅有零解、有无穷多组解?在有无穷多组解时,求出全部解,并用基础解系表示全部解.

分析 这是 n 个未知数 n 个方程的齐次线性方程组,$\boldsymbol{Ax}=\boldsymbol{0}$ 只有零解的充分必要条件是 $|\boldsymbol{A}|\neq 0$,故可从计算系数行列式入手.

解 方程组的系数行列式

$$|\boldsymbol{A}|=\begin{vmatrix}a&b&b&\cdots&b\\b&a&b&\cdots&b\\b&b&a&\cdots&b\\\vdots&\vdots&\vdots&&\vdots\\b&b&b&\cdots&a\end{vmatrix}=[a+(n-1)b]\begin{vmatrix}1&1&1&\cdots&1\\b&a&b&\cdots&b\\b&b&a&\cdots&b\\\vdots&\vdots&\vdots&&\vdots\\b&b&b&\cdots&a\end{vmatrix}$$

$$=[a+(n-1)b]\begin{vmatrix}1&1&1&\cdots&1\\0&a-b&0&\cdots&0\\0&0&a-b&\cdots&0\\\vdots&\vdots&\vdots&&\vdots\\0&0&0&\cdots&a-b\end{vmatrix}$$

$$=[a+(n-1)b](a-b)^{n-1}$$

(1) 当 $a\neq b$ 且 $a\neq(1-n)b$ 时，方程组只有零解.

(2) 当 $a=b$ 时，对系数矩阵作初等行变换，有

$$\boldsymbol{A}=\begin{bmatrix}a&a&a&\cdots&a\\a&a&a&\cdots&a\\a&a&a&\cdots&a\\\vdots&\vdots&\vdots&&\vdots\\a&a&a&\cdots&a\end{bmatrix}\to\begin{bmatrix}1&1&1&\cdots&1\\0&0&0&\cdots&0\\0&0&0&\cdots&0\\\vdots&\vdots&\vdots&&\vdots\\0&0&0&\cdots&0\end{bmatrix}$$

由于 $n-r(\boldsymbol{A})=n-1$，取自由变量为 $x_2,x_3,\cdots,x_n$. 得到基础解系为

$$\boldsymbol{\alpha}_1=(-1,1,0,\cdots,0)^{\mathrm{T}},\boldsymbol{\alpha}_2=(-1,0,1,\cdots,0)^{\mathrm{T}},\cdots,\boldsymbol{\alpha}_{n-1}=(-1,0,0,\cdots,1)^{\mathrm{T}}$$

方程组的通解是：$k_1\boldsymbol{\alpha}_1+k_2\boldsymbol{\alpha}_2+\cdots+k_{n-1}\boldsymbol{\alpha}_{n-1}$，其中 $k_1,k_2,\cdots,k_{n-1}$ 为任意常数.

(3) 当 $a=(1-n)b$ 时

$$\boldsymbol{A}\to\begin{bmatrix}(1-n)b&b&b&\cdots&b\\b&(1-n)b&b&\cdots&b\\b&b&(1-n)b&\cdots&b\\\vdots&\vdots&\vdots&&\vdots\\b&b&b&\cdots&(1-n)b\end{bmatrix}\to\begin{bmatrix}(1-n)b&b&b&\cdots&b\\nb&-nb&0&\cdots&0\\nb&0&-nb&\cdots&0\\\vdots&\vdots&\vdots&&\vdots\\nb&0&0&\cdots&-nb\end{bmatrix}$$

$$\to\begin{bmatrix}1-n&1&1&\cdots&1\\1&-1&0&\cdots&0\\1&0&-1&\cdots&0\\\vdots&\vdots&\vdots&&\vdots\\1&0&0&\cdots&-1\end{bmatrix}\to\begin{bmatrix}0&0&0&\cdots&0\\1&-1&0&\cdots&0\\1&0&-1&\cdots&0\\\vdots&\vdots&\vdots&&\vdots\\1&0&0&\cdots&-1\end{bmatrix}$$

由 $n-r(A)=n-(n-1)=1$. 令 $x_1=1$ 得基础解系

$$\boldsymbol{\alpha}=(1,1,1,\cdots,1)^{\mathrm{T}}$$

故通解为 $k\boldsymbol{\alpha}$（k 为任意常数）.

6 (2003，九题，13 分) 已知齐次线性方程组

$$\begin{cases}(a_1+b)x_1+a_2x_2+a_3x_3+\cdots+a_nx_n=0\\a_1x_1+(a_2+b)x_2+a_3x_3+\cdots+a_nx_n=0\\a_1x_1+a_2x_2+(a_3+b)x_3+\cdots+a_nx_n=0\\\cdots\cdots\qquad\cdots\cdots\\a_1x_1+a_2x_2+a_3x_3+\cdots+(a_n+b)x_n=0\end{cases}$$

其中 $\sum_{i=1}^{n} a_i \neq 0$. 试讨论 $a_1, a_2, \cdots, a_n$ 和 b 满足何种关系时，

(1) 方程组仅有零解；

(2) 方程组有非零解，在有非零解时，求此方程组的一个基础解系.

解 方程组的系数行列式

$$|\boldsymbol{A}| = \begin{vmatrix} a_1+b & a_2 & a_3 & \cdots & a_n \\ a_1 & a_2+b & a_3 & \cdots & a_n \\ a_1 & a_2 & a_3+b & \cdots & a_n \\ \vdots & \vdots & \vdots & & \vdots \\ a_1 & a_2 & a_3 & \cdots & a_n+b \end{vmatrix} = \begin{vmatrix} a_1+b & a_2 & a_3 & \cdots & a_n \\ -b & b & 0 & \cdots & 0 \\ -b & 0 & b & \cdots & 0 \\ \vdots & \vdots & \vdots & & \vdots \\ -b & 0 & 0 & \cdots & b \end{vmatrix}$$

$$= \begin{vmatrix} \sum_{i=1}^{n} a_i + b & a_2 & a_3 & \cdots & a_n \\ 0 & b & 0 & \cdots & 0 \\ 0 & 0 & b & \cdots & 0 \\ \vdots & \vdots & \vdots & & \vdots \\ 0 & 0 & 0 & \cdots & b \end{vmatrix} = b^{n-1}\left(\sum_{i=1}^{n} a_i + b\right)$$

(1) 当 $b \neq 0$ 且 $\sum_{i=1}^{n} a_i + b \neq 0$ 时，$|\boldsymbol{A}| \neq 0$，方程组仅有零解.

(2) 当 $b = 0$ 时，原方程组的同解方程组为

$$a_1 x_1 + a_2 x_2 + \cdots + a_n x_n = 0$$

由 $\sum_{i=1}^{n} a_i \neq 0$，可知 $a_i (i = 1, 2, \cdots, n)$ 不全为零，不妨设 $a_1 \neq 0$. 因为秩 $r(\boldsymbol{A}) = 1$，取 $x_2, x_3, \cdots, x_n$ 为自由变量，可得到方程组的基础解系为

$$\boldsymbol{\alpha}_1 = (-a_2, a_1, 0, \cdots, 0)^{\mathrm{T}}, \boldsymbol{\alpha}_2 = (-a_3, 0, a_1, \cdots, 0)^{\mathrm{T}}, \cdots, \boldsymbol{\alpha}_{n-1} = (-a_n, 0, 0, \cdots, a_1)^{\mathrm{T}}$$

当 $b = -\sum_{i=1}^{n} a_i$ 时，由 $\sum_{i=1}^{n} a_i \neq 0$ 知 $b \neq 0$，系数矩阵可化为

$$\boldsymbol{A} \rightarrow \begin{bmatrix} a_1+b & a_2 & a_3 & \cdots & a_n \\ -b & b & 0 & \cdots & 0 \\ -b & 0 & b & \cdots & 0 \\ \vdots & \vdots & \vdots & & \vdots \\ -b & 0 & 0 & \cdots & b \end{bmatrix} \rightarrow \begin{bmatrix} a_1 - \sum_{i=1}^{n} a_i & a_2 & a_3 & \cdots & a_n \\ -1 & 1 & 0 & \cdots & 0 \\ -1 & 0 & 1 & \cdots & 0 \\ \vdots & \vdots & \vdots & & \vdots \\ -1 & 0 & 0 & \cdots & 1 \end{bmatrix}$$

$$\rightarrow \begin{bmatrix} -1 & 1 & 0 & \cdots & 0 \\ -1 & 0 & 1 & \cdots & 0 \\ \vdots & \vdots & \vdots & & \vdots \\ -1 & 0 & 0 & \cdots & 1 \\ 0 & 0 & 0 & \cdots & 0 \end{bmatrix}$$

由于秩 $r(\boldsymbol{A}) = n - 1$，则 $\boldsymbol{Ax} = \boldsymbol{0}$ 的基础解系是 $\boldsymbol{\alpha} = (1, 1, 1, \cdots, 1)^{\mathrm{T}}$.

7 (2004，13 题，4 分) 设 n 阶矩阵 $\boldsymbol{A}$ 的伴随矩阵 $\boldsymbol{A}^* \neq \boldsymbol{O}$，若 $\xi_1, \xi_2, \xi_3, \xi_4$ 是非齐次线性方程组 $\boldsymbol{Ax} = \boldsymbol{b}$ 的互不相等的解，则对应的齐次线性方程组 $\boldsymbol{Ax} = \boldsymbol{0}$ 的基础解系

(A) 不存在.

(B) 仅含一个非零解向量.

(C) 含有两个线性无关的解向量.

(D) 含有三个线性无关的解向量.

答案　B.

解析　因为 $\xi_1 \neq \xi_2$，知 $\xi_1 - \xi_2$ 是 $\boldsymbol{A}\boldsymbol{x} = \boldsymbol{0}$ 的非零解，故秩 $r(\boldsymbol{A}) < n$. 又因伴随矩阵 $\boldsymbol{A}^* \neq \boldsymbol{O}$，说明有代数余子式 $A_{ij} \neq 0$，即 $|\boldsymbol{A}|$ 中有 $n-1$ 阶子式非零. 因此秩 $r(\boldsymbol{A}) = n-1$. 那么 $n - r(\boldsymbol{A}) = 1$，即 $\boldsymbol{A}\boldsymbol{x} = \boldsymbol{0}$ 的基础解系仅含有一个非零解向量. 应选(B).

练习题

1.(1989，数四，3 分) 设 n 元齐次线性方程组 $\boldsymbol{A}\boldsymbol{x} = \boldsymbol{0}$ 的系数矩阵 $\boldsymbol{A}$ 的秩为 r，则 $\boldsymbol{A}\boldsymbol{x} = \boldsymbol{0}$ 有非零解的充分必要条件是

(A)$r = n$.　　(B)$r \geqslant n$.　　(C)$r < n$.　　(D)$r > n$.

2.(1994，数四，8 分) 设 $\boldsymbol{\alpha}_1, \boldsymbol{\alpha}_2, \boldsymbol{\alpha}_3$ 是齐次线性方程组 $\boldsymbol{A}\boldsymbol{x} = \boldsymbol{0}$ 的一个基础解系. 证明 $\boldsymbol{\alpha}_1 + \boldsymbol{\alpha}_2, \boldsymbol{\alpha}_2 + \boldsymbol{\alpha}_3, \boldsymbol{\alpha}_3 + \boldsymbol{\alpha}_1$ 也是该方程组的一个基础解系.

练习题参考答案

1.【答案】　C.

【解析】　对矩阵 $\boldsymbol{A}$ 按列分块，有 $\boldsymbol{A} = (\boldsymbol{\alpha}_1, \boldsymbol{\alpha}_2, \cdots, \boldsymbol{\alpha}_n)$，则 $\boldsymbol{A}\boldsymbol{x} = \boldsymbol{0}$ 的向量形式为

$$x_1\boldsymbol{\alpha}_1 + x_2\boldsymbol{\alpha}_2 + \cdots + x_n\boldsymbol{\alpha}_n = \boldsymbol{0}$$

那么，$\boldsymbol{A}\boldsymbol{x} = \boldsymbol{0}$ 有非零解 $\Leftrightarrow \boldsymbol{\alpha}_1, \boldsymbol{\alpha}_2, \cdots, \boldsymbol{\alpha}_n$ 线性相关

$$\Leftrightarrow r(\boldsymbol{\alpha}_1, \boldsymbol{\alpha}_2, \cdots, \boldsymbol{\alpha}_n) < n$$

$$\Leftrightarrow r(\boldsymbol{A}) < n$$

故应选(C).

注意，n 元方程组只是强调有 n 个未知数而方程的个数不一定是 n，因此，系数矩阵 $\boldsymbol{A}$ 不一定是 n 阶方阵，所以我们应当用 $r(\boldsymbol{A}) < n$. 而有些同学特别爱用行列式 $|\boldsymbol{A}| = 0$，这里是要小心的.

2.【证明】　由 $\boldsymbol{A}(\boldsymbol{\alpha}_1 + \boldsymbol{\alpha}_2) = \boldsymbol{A}\boldsymbol{\alpha}_1 + \boldsymbol{A}\boldsymbol{\alpha}_2 = \boldsymbol{0} + \boldsymbol{0} = \boldsymbol{0}$，知 $\boldsymbol{\alpha}_1 + \boldsymbol{\alpha}_2$ 是 $\boldsymbol{A}\boldsymbol{x} = \boldsymbol{0}$ 的解.
同理知 $\boldsymbol{\alpha}_2 + \boldsymbol{\alpha}_3, \boldsymbol{\alpha}_3 + \boldsymbol{\alpha}_1$ 也都是 $\boldsymbol{A}\boldsymbol{x} = \boldsymbol{0}$ 的解.

若 $k_1(\boldsymbol{\alpha}_1 + \boldsymbol{\alpha}_2) + k_2(\boldsymbol{\alpha}_2 + \boldsymbol{\alpha}_3) + k_3(\boldsymbol{\alpha}_3 + \boldsymbol{\alpha}_1) = \boldsymbol{0}$，即

$$(k_1 + k_3)\boldsymbol{\alpha}_1 + (k_1 + k_2)\boldsymbol{\alpha}_2 + (k_2 + k_3)\boldsymbol{\alpha}_3 = \boldsymbol{0}$$

由于 $\boldsymbol{\alpha}_1, \boldsymbol{\alpha}_2, \boldsymbol{\alpha}_3$ 是基础解系，知 $\boldsymbol{\alpha}_1, \boldsymbol{\alpha}_2, \boldsymbol{\alpha}_3$ 线性无关. 故知

$$\begin{cases} k_1 \quad\quad + k_3 = 0 \\ k_1 + k_2 \quad\quad = 0 \\ \quad\quad k_2 + k_3 = 0 \end{cases}$$

因为系数行列式

$$\begin{vmatrix} 1 & 0 & 1 \\ 1 & 1 & 0 \\ 0 & 1 & 1 \end{vmatrix} = 2 \neq 0$$

所以方程组只有零解 $k_1 = k_2 = k_3 = 0$. 从而 $\boldsymbol{\alpha}_1 + \boldsymbol{\alpha}_2, \boldsymbol{\alpha}_2 + \boldsymbol{\alpha}_3, \boldsymbol{\alpha}_3 + \boldsymbol{\alpha}_1$ 线性无关.

由已知，$\boldsymbol{A}\boldsymbol{x} = \boldsymbol{0}$ 的基础解系含三个线性无关的解向量，所以 $\boldsymbol{\alpha}_1 + \boldsymbol{\alpha}_2, \boldsymbol{\alpha}_2 + \boldsymbol{\alpha}_3, \boldsymbol{\alpha}_3 + \boldsymbol{\alpha}_1$ 是 $\boldsymbol{A}\boldsymbol{x} = \boldsymbol{0}$ 的基础解系.

二、非齐次方程组的求解

试题特点

记住解的结构

$$\boldsymbol{\alpha} + k_1\boldsymbol{\eta}_1 + k_2\boldsymbol{\eta}_2 + \cdots + k_{n-r}\boldsymbol{\eta}_{n-r}$$

其中 $\boldsymbol{\alpha}$ 是 $\boldsymbol{Ax}=\boldsymbol{b}$ 的特解，$\boldsymbol{\eta}_1,\boldsymbol{\eta}_2,\cdots,\boldsymbol{\eta}_{n-r}$ 是 $\boldsymbol{Ax}=\boldsymbol{0}$ 的基础解系.

往届考生在加减消元时计算错误较多（一定要多动手认真做）；讨论参数时不能丢三落四，要严谨.

求 $\boldsymbol{A}$ 的秩、求特解、求基础解系、讨论参数是复习时要注意的知识点.

8（1987，八题，8 分）解线性方程组 $\begin{cases}2x_1-x_2+4x_3-3x_4=-4\\ x_1\qquad+x_3-x_4=-3\\ 3x_1+x_2+x_3\qquad=1\\ 7x_1\qquad+7x_3-3x_4=3\end{cases}$.

解 对增广矩阵作初等行变换，有

$$\left[\begin{array}{cccc:c}2&-1&4&-3&-4\\1&0&1&-1&-3\\3&1&1&0&1\\7&0&7&-3&3\end{array}\right]\to\left[\begin{array}{cccc:c}1&0&1&-1&-3\\2&-1&4&-3&-4\\3&1&1&0&1\\7&0&7&-3&3\end{array}\right]\to\left[\begin{array}{cccc:c}1&0&1&-1&-3\\0&-1&2&-1&2\\0&1&-2&3&10\\0&0&0&4&24\end{array}\right]$$

$$\to\left[\begin{array}{cccc:c}1&0&1&-1&-3\\0&1&-2&1&-2\\0&0&0&2&12\\0&0&0&1&6\end{array}\right]\to\left[\begin{array}{cccc:c}1&0&1&0&3\\&1&-2&0&-8\\&&&1&6\\&&&&0\end{array}\right]$$

因为 $r(\boldsymbol{A})=r(\overline{\boldsymbol{A}})=3<4$，所以方程组有无穷多解.

令 $x_3=0$，得到特解 $(3,-8,0,6)^{\mathrm{T}}$.

令 $x_3=1$，得到导出组基础解系 $(-1,2,1,0)^{\mathrm{T}}$.

故方程组通解为 $(3,-8,0,6)^{\mathrm{T}}+k(-1,2,1,0)^{\mathrm{T}}$，$k$ 为任意常数.

9（1988，七题，8 分）已给线性方程组

$$\begin{cases}x_1+x_2+2x_3+3x_4=1\\ x_1+3x_2+6x_3+x_4=3\\ 3x_1-x_2-k_1x_3+15x_4=3\\ x_1-5x_2-10x_3+12x_4=k_2\end{cases}$$

问 k_1 和 k_2 各取何值时，方程组无解？有唯一解？有无穷多组解？在方程组有无穷多组解的情形下，试求出一般解.

解 对增广矩阵作初等行变换，有

$$\left[\begin{array}{cccc:c}1&1&2&3&1\\1&3&6&1&3\\3&-1&-k_1&15&3\\1&-5&-10&12&k_2\end{array}\right]\to\left[\begin{array}{cccc:c}1&1&2&3&1\\0&2&4&-2&2\\0&-4&-k_1-6&6&0\\0&-6&-12&9&k_2-1\end{array}\right]$$

$$\to\left[\begin{array}{cccc:c}1&1&2&3&1\\0&1&2&-1&1\\0&0&-k_1+2&2&4\\0&0&0&3&k_2+5\end{array}\right]$$

若 $k_1\neq 2$，$r(\boldsymbol{A})=r(\overline{\boldsymbol{A}})=4$，方程组有唯一解.

若 $k_1=2$，对 $\overline{\boldsymbol{A}}$ 继续作初等行变换，有

$$\overline{\mathbf{A}} \to \left[\begin{array}{cccc:c} 1 & 1 & 2 & 3 & 1 \\ & 1 & 2 & -1 & 1 \\ & & & 1 & 2 \\ & & & 3 & k_2+5 \end{array}\right] \to \left[\begin{array}{cccc:c} 1 & 0 & 0 & 0 & -8 \\ & 1 & 2 & 0 & 3 \\ & & & 1 & 2 \\ & & & 0 & k_2-1 \end{array}\right]$$

此时，若 $k_2 \neq 1$，则 $r(\mathbf{A}) = 3, r(\overline{\mathbf{A}}) = 4$，方程组无解. 若 $k_2 = 1$，则 $r(\mathbf{A}) = r(\overline{\mathbf{A}}) = 3 < 4$，方程组有无穷多解. 一般解为 $(-8,3,0,2)^{\mathrm{T}} + k(0,-2,1,0)^{\mathrm{T}}$，$k$ 为任意常数.

10 (1990，一(4) 题，3 分) 若线性方程组

$$\begin{cases} x_1 + x_2 = -a_1 \\ x_2 + x_3 = a_2 \\ x_3 + x_4 = -a_3 \\ x_4 + x_1 = a_4 \end{cases}$$

有解，则常数 a_1, a_2, a_3, a_4 应满足条件________.

答案　$a_1 + a_2 + a_3 + a_4 = 0$.

解析

$$\left[\begin{array}{cccc:c} 1 & 1 & 0 & 0 & -a_1 \\ 0 & 1 & 1 & 0 & a_2 \\ 0 & 0 & 1 & 1 & -a_3 \\ 1 & 0 & 0 & 1 & a_4 \end{array}\right] \to \left[\begin{array}{cccc:c} 1 & 1 & 0 & 0 & -a_1 \\ 0 & 1 & 1 & 0 & a_2 \\ 0 & 0 & 1 & 1 & -a_3 \\ 0 & -1 & 0 & 1 & a_1+a_4 \end{array}\right]$$

$$\to \left[\begin{array}{cccc:c} 1 & 1 & 0 & 0 & -a_1 \\ 0 & 1 & 1 & 0 & a_2 \\ 0 & 0 & 1 & 1 & -a_3 \\ 0 & 0 & 1 & 1 & a_1+a_2+a_4 \end{array}\right]$$

$$\to \left[\begin{array}{cccc:c} 1 & 1 & 0 & 0 & -a_1 \\ & 1 & 1 & 0 & a_2 \\ & & 1 & 1 & -a_3 \\ & & & 0 & a_1+a_2+a_3+a_4 \end{array}\right]$$

故应填：$a_1 + a_2 + a_3 + a_4 = 0$.

11 (1990，六题，8 分) 已知线性方程组

$$\begin{cases} x_1 + x_2 + x_3 + x_4 + x_5 = a \\ 3x_1 + 2x_2 + x_3 + x_4 - 3x_5 = 0 \\ x_2 + 2x_3 + 2x_4 + 6x_5 = b \\ 5x_1 + 4x_2 + 3x_3 + 3x_4 - x_5 = 2 \end{cases}$$

(1) a, b 为何值时，方程组有解？

(2) 方程组有解时，求出方程组的导出组的一个基础解系.

(3) 方程组有解时，求出方程组的全部解.

解　对增广矩阵作初等行变换，有

$$\left[\begin{array}{ccccc:c} 1 & 1 & 1 & 1 & 1 & a \\ 3 & 2 & 1 & 1 & -3 & 0 \\ 0 & 1 & 2 & 2 & 6 & b \\ 5 & 4 & 3 & 3 & -1 & 2 \end{array}\right] \to \left[\begin{array}{ccccc:c} 1 & 0 & -1 & -1 & -5 & a \\ & 1 & 2 & 2 & 6 & 3a \\ & & & & & b-3a \\ & & & & & 2-2a \end{array}\right]$$

(1) 当 $b - 3a = 0$ 且 $2 - 2a = 0$，即 $a = 1, b = 3$ 时，方程组有解.

(2) 当 $a = 1, b = 3$ 时，方程组的同解方程组是

$$\begin{cases} x_1 \quad - x_3 - x_4 - 5x_5 = -2 \\ x_2 + 2x_3 + 2x_4 + 6x_5 = 3 \end{cases}$$

由 $n - r(\boldsymbol{A}) = 5 - 2 = 3$，取自由变量为 x_3, x_4, x_5，则导出组的基础解系为

$$\boldsymbol{\eta}_1 = (1, -2, 1, 0, 0)^{\mathrm{T}}, \boldsymbol{\eta}_2 = (1, -2, 0, 1, 0)^{\mathrm{T}}, \boldsymbol{\eta}_3 = (5, -6, 0, 0, 1)^{\mathrm{T}}$$

(3) 令 $x_3 = x_4 = x_5 = 0$，得方程组的特解为

$$\boldsymbol{\alpha} = (-2, 3, 0, 0, 0)^{\mathrm{T}}$$

因此，方程组的所有解是 $\boldsymbol{\alpha} + k_1\boldsymbol{\eta}_1 + k_2\boldsymbol{\eta}_2 + k_3\boldsymbol{\eta}_3$，其中 k_1, k_2, k_3 为任意常数.

12 (1993，八题，10 分) k 为何值时，线性方程组

$$\begin{cases} x_1 + x_2 + kx_3 = 4 \\ -x_1 + kx_2 + x_3 = k^2 \\ x_1 - x_2 + 2x_3 = -4 \end{cases}$$

有唯一解、无解、有无穷多组解？在有解情况下，求出其全部解.

解 对增广矩阵作初等行变换，有

$$\overline{\boldsymbol{A}} = \left[\begin{array}{ccc:c} 1 & 1 & k & 4 \\ -1 & k & 1 & k^2 \\ 1 & -1 & 2 & -4 \end{array}\right] \rightarrow \left[\begin{array}{ccc:c} 1 & -1 & 2 & -4 \\ 0 & 2 & k-2 & 8 \\ 0 & k-1 & 3 & k^2-4 \end{array}\right]$$

$$\rightarrow \left[\begin{array}{ccc:c} 1 & -1 & 2 & -4 \\ 0 & 2 & k-2 & 8 \\ 0 & 0 & \dfrac{(1+k)(4-k)}{2} & k(k-4) \end{array}\right]$$

(1) 当 $k \neq -1$ 且 $k \neq 4$ 时，$r(\boldsymbol{A}) = r(\overline{\boldsymbol{A}}) = 3$，方程组有唯一解，即

$$x_1 = \frac{k^2 + 2k}{k+1}, x_2 = \frac{k^2 + 2k + 4}{k+1}, x_3 = \frac{-2k}{k+1}$$

(2) 当 $k = -1$ 时，$r(\boldsymbol{A}) = 2$，$r(\overline{\boldsymbol{A}}) = 3$，方程组无解.

(3) 当 $k = 4$ 时，有

$$\overline{\boldsymbol{A}} \rightarrow \left[\begin{array}{ccc:c} 1 & -1 & 2 & -4 \\ 0 & 2 & 2 & 8 \\ 0 & 0 & 0 & 0 \end{array}\right] \rightarrow \left[\begin{array}{ccc:c} 1 & 0 & 3 & 0 \\ 0 & 1 & 1 & 4 \\ 0 & 0 & 0 & 0 \end{array}\right]$$

因为 $r(\boldsymbol{A}) = r(\overline{\boldsymbol{A}}) = 2 < 3$，方程组有无穷多解. 取 x_3 为自由变量，得方程组的特解为 $\boldsymbol{\alpha} = (0, 4, 0)^{\mathrm{T}}$，又因为导出组的基础解系为 $\boldsymbol{\eta} = (-3, -1, 1)^{\mathrm{T}}$，所以方程组的通解为 $\boldsymbol{\alpha} + k\boldsymbol{\eta}$，$k$ 为任意常数.

13 (1994，九题，11 分) 设线性方程组

$$\begin{cases} x_1 + a_1x_2 + a_1^2x_3 = a_1^3 \\ x_1 + a_2x_2 + a_2^2x_3 = a_2^3 \\ x_1 + a_3x_2 + a_3^2x_3 = a_3^3 \\ x_1 + a_4x_2 + a_4^2x_3 = a_4^3 \end{cases}$$

(1) 证明：若 a_1, a_2, a_3, a_4 两两不相等，则此线性方程组无解.

(2) 设 $a_1 = a_3 = k$，$a_2 = a_4 = -k (k \neq 0)$，且已知 $\boldsymbol{\beta}_1, \boldsymbol{\beta}_2$ 是该方程组的两个解，其中

$$\boldsymbol{\beta}_1 = \begin{bmatrix} -1 \\ 1 \\ 1 \end{bmatrix}, \boldsymbol{\beta}_2 = \begin{bmatrix} 1 \\ 1 \\ -1 \end{bmatrix}$$

写出此方程组的通解.

解 (1) 证明:因为增广矩阵 $\overline{\mathbf{A}}$ 的行列式是范德蒙行列式

$$|\overline{\mathbf{A}}|=(a_2-a_1)(a_3-a_1)(a_4-a_1)(a_3-a_2)(a_4-a_2)(a_4-a_3)\neq 0$$

故 $r(\overline{\mathbf{A}})=4$. 而系数矩阵 $\mathbf{A}$ 的秩 $r(\mathbf{A})=3$,所以方程组无解.

(2) 当 $a_1=a_3=k,a_2=a_4=-k(k\neq 0)$ 时,方程组同解于

$$\begin{cases}x_1+kx_2+k^2x_3=k^3\\x_1-kx_2+k^2x_3=-k^3\end{cases}$$

因为 $\begin{vmatrix}1 & k\\1 & -k\end{vmatrix}=-2k\neq 0$,知 $r(\mathbf{A})=r(\overline{\mathbf{A}})=2$.

由 $n-r(\mathbf{A})=3-2=1$,知导出组 $\mathbf{A}\boldsymbol{x}=\mathbf{0}$ 的基础解系含有 1 个解向量. 那么

$$\boldsymbol{\eta}=\boldsymbol{\beta}_1-\boldsymbol{\beta}_2=\begin{bmatrix}-1\\1\\1\end{bmatrix}-\begin{bmatrix}1\\1\\-1\end{bmatrix}=\begin{bmatrix}-2\\0\\2\end{bmatrix}$$

是 $\mathbf{A}\boldsymbol{x}=\mathbf{0}$ 的基础解系.

于是方程组的通解为 $\boldsymbol{\beta}_1+c\boldsymbol{\eta}=\begin{bmatrix}-1\\1\\1\end{bmatrix}+c\begin{bmatrix}-2\\0\\2\end{bmatrix}$,$c$ 为任意常数.

14 (1996,一(4)题,3 分)设

$$\mathbf{A}=\begin{bmatrix}1 & 1 & 1 & \cdots & 1\\a_1 & a_2 & a_3 & \cdots & a_n\\a_1^2 & a_2^2 & a_3^2 & \cdots & a_n^2\\\vdots & \vdots & \vdots & & \vdots\\a_1^{n-1} & a_2^{n-1} & a_3^{n-1} & \cdots & a_n^{n-1}\end{bmatrix},\boldsymbol{x}=\begin{bmatrix}x_1\\x_2\\x_3\\\vdots\\x_n\end{bmatrix},\boldsymbol{b}=\begin{bmatrix}1\\1\\1\\\vdots\\1\end{bmatrix}$$

其中 $a_i\neq a_j(i\neq j,i,j=1,2,\cdots,n)$. 则线性方程组 $\mathbf{A}^{\mathrm{T}}\boldsymbol{x}=\boldsymbol{b}$ 的解是________.

答案 $(1,0,0,\cdots,0)^{\mathrm{T}}$.

解析 因为 $|\mathbf{A}|$ 是范德蒙行列式,由 $a_i\neq a_j$ 知

$$|\mathbf{A}|=\prod(a_i-a_j)\neq 0$$

所以方程组 $\mathbf{A}^{\mathrm{T}}\boldsymbol{x}=\boldsymbol{b}$ 有唯一解.

根据克拉默法则,对于

$$\begin{bmatrix}1 & a_1 & a_1^2 & \cdots & a_1^{n-1}\\1 & a_2 & a_2^2 & \cdots & a_2^{n-1}\\1 & a_3 & a_3^2 & \cdots & a_3^{n-1}\\\vdots & \vdots & \vdots & & \vdots\\1 & a_n & a_n^2 & \cdots & a_n^{n-1}\end{bmatrix}\begin{bmatrix}x_1\\x_2\\x_3\\\vdots\\x_n\end{bmatrix}=\begin{bmatrix}1\\1\\1\\\vdots\\1\end{bmatrix}$$

易见

$$\Delta_1=|\mathbf{A}|,\Delta_2=\Delta_3=\cdots=\Delta_n=0$$

故 $\mathbf{A}^{\mathrm{T}}\boldsymbol{x}=\boldsymbol{b}$ 的解是 $(1,0,0,\cdots,0)^{\mathrm{T}}$.

15 (2000,二(3)题,3 分)设 $\boldsymbol{\alpha}_1,\boldsymbol{\alpha}_2,\boldsymbol{\alpha}_3$ 是四元非齐次线性方程组 $\mathbf{A}\boldsymbol{x}=\boldsymbol{b}$ 的三个解向量,且 $r(\mathbf{A})=3$,$\boldsymbol{\alpha}_1=(1,2,3,4)^{\mathrm{T}}$,$\boldsymbol{\alpha}_2+\boldsymbol{\alpha}_3=(0,1,2,3)^{\mathrm{T}}$,$c$ 表示任意常数,则线性方程组 $\mathbf{A}\boldsymbol{x}=\boldsymbol{b}$ 的通解 $\boldsymbol{x}=$

(A) $\begin{bmatrix}1\\2\\3\\4\end{bmatrix}+c\begin{bmatrix}1\\1\\1\\1\end{bmatrix}$.　(B) $\begin{bmatrix}1\\2\\3\\4\end{bmatrix}+c\begin{bmatrix}0\\1\\2\\3\end{bmatrix}$.　(C) $\begin{bmatrix}1\\2\\3\\4\end{bmatrix}+c\begin{bmatrix}2\\3\\4\\5\end{bmatrix}$.　(D) $\begin{bmatrix}1\\2\\3\\4\end{bmatrix}+c\begin{bmatrix}3\\4\\5\\6\end{bmatrix}$.

答案 C.

解析 方程组 $\boldsymbol{A}\boldsymbol{x}=\boldsymbol{b}$ 有解，应搞清解的结构.

由于 $n-r(\boldsymbol{A})=4-3=1$，所以通解形式为 $\boldsymbol{\alpha}+k\boldsymbol{\eta}$，其中 $\boldsymbol{\alpha}$ 是特解，$\boldsymbol{\eta}$ 是导出组 $\boldsymbol{A}\boldsymbol{x}=\boldsymbol{0}$ 的基础解系. 现在特解可取为 $\boldsymbol{\alpha}_1$，下面应找出 $\boldsymbol{A}\boldsymbol{x}=\boldsymbol{0}$ 的一个非零解.

由于 $\boldsymbol{A}\boldsymbol{\alpha}_i=\boldsymbol{b}$，有

$$\boldsymbol{A}[2\boldsymbol{\alpha}_1-(\boldsymbol{\alpha}_2+\boldsymbol{\alpha}_3)]=\boldsymbol{0}$$

即 $2\boldsymbol{\alpha}_1-(\boldsymbol{\alpha}_2+\boldsymbol{\alpha}_3)=(2,3,4,5)^{\mathrm{T}}$ 是 $\boldsymbol{A}\boldsymbol{x}=\boldsymbol{0}$ 的一个非零解.
故应选(C).

16（2001，二(4)题，3分）设 $\boldsymbol{A}$ 是 n 阶矩阵，$\boldsymbol{\alpha}$ 是 n 维列向量，若 $r\begin{bmatrix}\boldsymbol{A} & \boldsymbol{\alpha}\\ \boldsymbol{\alpha}^{\mathrm{T}} & 0\end{bmatrix}=r(\boldsymbol{A})$，则线性方程组

(A) $\boldsymbol{A}\boldsymbol{x}=\boldsymbol{\alpha}$ 必有无穷多解.

(B) $\boldsymbol{A}\boldsymbol{x}=\boldsymbol{\alpha}$ 必有唯一解.

(C) $\begin{bmatrix}\boldsymbol{A} & \boldsymbol{\alpha}\\ \boldsymbol{\alpha}^{\mathrm{T}} & 0\end{bmatrix}\begin{bmatrix}\boldsymbol{x}\\ y\end{bmatrix}=\boldsymbol{0}$ 仅有零解.

(D) $\begin{bmatrix}\boldsymbol{A} & \boldsymbol{\alpha}\\ \boldsymbol{\alpha}^{\mathrm{T}} & 0\end{bmatrix}\begin{bmatrix}\boldsymbol{x}\\ y\end{bmatrix}=\boldsymbol{0}$ 必有非零解.

答案 D.

解析 因为“$\boldsymbol{A}\boldsymbol{x}=\boldsymbol{0}$ 仅有零解”与“$\boldsymbol{A}\boldsymbol{x}=\boldsymbol{0}$ 必有非零解”这两个命题必然是一对一错，不可能两个命题同时正确，也不可能两个命题同时错误. 所以本题应当从(C)或(D)入手.

由于 $\begin{bmatrix}\boldsymbol{A} & \boldsymbol{\alpha}\\ \boldsymbol{\alpha}^{\mathrm{T}} & 0\end{bmatrix}$ 是 $n+1$ 阶矩阵，$\boldsymbol{A}$ 是 n 阶矩阵，故必有

$$r\left(\begin{bmatrix}\boldsymbol{A} & \boldsymbol{\alpha}\\ \boldsymbol{\alpha}^{\mathrm{T}} & 0\end{bmatrix}\right)=r(\boldsymbol{A})\leqslant n<n+1$$

因此(D)正确.

17（2004，20题，13分）设 $\boldsymbol{\alpha}_1=(1,2,0)^{\mathrm{T}}$，$\boldsymbol{\alpha}_2=(1,a+2,-3a)^{\mathrm{T}}$，$\boldsymbol{\alpha}_3=(-1,-b-2,a+2b)^{\mathrm{T}}$，$\boldsymbol{\beta}=(1,3,-3)^{\mathrm{T}}$. 试讨论当 a,b 为何值时，

(Ⅰ) $\boldsymbol{\beta}$ 不能由 $\boldsymbol{\alpha}_1,\boldsymbol{\alpha}_2,\boldsymbol{\alpha}_3$ 线性表示；

(Ⅱ) $\boldsymbol{\beta}$ 可由 $\boldsymbol{\alpha}_1,\boldsymbol{\alpha}_2,\boldsymbol{\alpha}_3$ 唯一地线性表示，并求出表示式；

(Ⅲ) $\boldsymbol{\beta}$ 可由 $\boldsymbol{\alpha}_1,\boldsymbol{\alpha}_2,\boldsymbol{\alpha}_3$ 线性表示，但表示式不唯一，并求出表示式.

解 设

$$x_1\boldsymbol{\alpha}_1+x_2\boldsymbol{\alpha}_2+x_3\boldsymbol{\alpha}_3=\boldsymbol{\beta} \tag{1}$$

记 $\boldsymbol{A}=(\boldsymbol{\alpha}_1,\boldsymbol{\alpha}_2,\boldsymbol{\alpha}_3)$，对矩阵 $(\boldsymbol{A}\vdots\boldsymbol{\beta})$ 施以初等行变换，有

$$(\boldsymbol{A}\vdots\boldsymbol{\beta})=\left[\begin{array}{ccc:c}1 & 1 & -1 & 1\\ 2 & a+2 & -b-2 & 3\\ 0 & -3a & a+2b & -3\end{array}\right]\to\left[\begin{array}{ccc:c}1 & 1 & -1 & 1\\ 0 & a & -b & 1\\ 0 & 0 & a-b & 0\end{array}\right]$$

(Ⅰ) 当 $a=0$，b 为任意常数时，有

$$(\boldsymbol{A}\vdots\boldsymbol{\beta})\to\left[\begin{array}{ccc:c}1 & 1 & -1 & 1\\ 0 & 0 & -b & 1\\ 0 & 0 & 0 & -1\end{array}\right]$$

可知 $r(\boldsymbol{A})\neq r(\boldsymbol{A}\vdots\boldsymbol{\beta})$. 故方程组(1)无解，$\boldsymbol{\beta}$ 不能由 $\boldsymbol{\alpha}_1,\boldsymbol{\alpha}_2,\boldsymbol{\alpha}_3$ 线性表示.

(Ⅱ) 当 $a\neq 0$，且 $a\neq b$ 时，$r(\boldsymbol{A})=r(\boldsymbol{A}\vdots\boldsymbol{\beta})=3$，故方程组(1)有唯一解

$$x_1=1-\frac{1}{a},x_2=\frac{1}{a},x_3=0$$

则 $\boldsymbol{\beta}$ 可由 $\boldsymbol{\alpha}_1,\boldsymbol{\alpha}_2,\boldsymbol{\alpha}_3$ 唯一地线性表示，其表达式为.

$$\boldsymbol{\beta}=\left(1-\frac{1}{a}\right)\boldsymbol{\alpha}_1+\frac{1}{a}\boldsymbol{\alpha}_2$$

（Ⅲ）当 $a=b\neq 0$ 时，对 $(\boldsymbol{A}\vdots\boldsymbol{\beta})$ 施以初等行变换，有

$$(\boldsymbol{A}\vdots\boldsymbol{\beta})\rightarrow\left[\begin{array}{ccc:c}1&0&0&1-\frac{1}{a}\\0&1&-1&\frac{1}{a}\\0&0&0&0\end{array}\right]$$

可知 $r(\boldsymbol{A})=r(\boldsymbol{A}\vdots\boldsymbol{\beta})=2$，故方程组(1)有无穷多解，其全部解为

$$x_1=1-\frac{1}{a},x_2=\left(\frac{1}{a}+c\right),x_3=c\text{，其中 }c\text{ 为任意常数}$$

$\boldsymbol{\beta}$ 可由 $\boldsymbol{\alpha}_1,\boldsymbol{\alpha}_2,\boldsymbol{\alpha}_3$ 线性表示，但表示式不唯一，其表示式为

$$\boldsymbol{\beta}=\left(1-\frac{1}{a}\right)\boldsymbol{\alpha}_1+\left(\frac{1}{a}+c\right)\boldsymbol{\alpha}_2+c\boldsymbol{\alpha}_3$$

18（2008，20 题，12 分）设 n 元线性方程组 $\boldsymbol{Ax}=\boldsymbol{b}$，其中

$$\boldsymbol{A}=\begin{bmatrix}2a&1&&&&\\a^2&2a&1&&&\\&a^2&2a&1&&\\&&\ddots&\ddots&\ddots&\\&&&a^2&2a&1\\&&&&a^2&2a\end{bmatrix}_{n\times n},\boldsymbol{x}=\begin{bmatrix}x_1\\x_2\\\vdots\\x_n\end{bmatrix},\boldsymbol{b}=\begin{bmatrix}1\\0\\\vdots\\0\end{bmatrix}$$

（Ⅰ）证明行列式 $|\boldsymbol{A}|=(n+1)a^n$；

（Ⅱ）当 a 为何值时，该方程组有唯一解，并求 x_1；

（Ⅲ）当 a 为何值时，该方程组有无穷多解，并求通解.

分析 本题考查 n 阶行列式的计算和方程组的求解. 作为“三对角”行列式可用数学归纳法或“三角化”；对于唯一解应利用克拉默法则.

解（Ⅰ）用数学归纳法. 记 n 阶行列式 $|\boldsymbol{A}|$ 的值为 $D_n=(n+1)a^n$.

当 $n=1$ 时 $D_1=2a$，命题 $D_n=(n+1)a^n$ 正确；

当 $n=2$ 时，$D_2=\begin{vmatrix}2a&1\\a^2&2a\end{vmatrix}=3a^2$，命题正确.

设 $n<k$ 时 $D_n=(n+1)a^n$，命题正确.

当 $n=k$ 时，按第一列展开，则有

$$D_k=2a\begin{vmatrix}2a&1&&&\\a^2&2a&1&&\\&a^2&2a&\ddots&\\&&\ddots&\ddots&1\\&&&a^2&2a\end{vmatrix}_{k-1}+a^2(-1)^{2+1}\begin{vmatrix}1&0&&&\\a^2&2a&1&&\\&a^2&2a&\ddots&\\&&\ddots&\ddots&1\\&&&a^2&2a\end{vmatrix}_{k-1}$$

$$=2aD_{k-1}-a^2D_{k-2}=2a(ka^{k-1})-a^2[(k-1)a^{k-2}]=(k+1)a^k\text{，命题正确.}$$

所以 $|\boldsymbol{A}|=(n+1)a^n$.

（Ⅱ）据（Ⅰ）由克拉默法则，$|\boldsymbol{A}|\neq 0$ 方程组有唯一解，故 $a\neq 0$ 时方程组有唯一解，且用克拉默法则，有

$$x_1=\frac{\begin{vmatrix}1&1&&&\\0&2a&1&&\\0&a^2&2a&\ddots&\\\vdots&&\ddots&\ddots&1\\0&&&a^2&2a\end{vmatrix}}{D_n}=\frac{na^{n-1}}{(n+1)a^n}=\frac{n}{(n+1)a}$$

（Ⅲ）当 $a=0$ 时，方程组为 $\begin{bmatrix}0&1&&&\\&0&1&&\\&&\ddots&\ddots&\\&&&0&1\\&&&&0\end{bmatrix}\begin{bmatrix}x_1\\x_2\\\vdots\\x_n\end{bmatrix}=\begin{bmatrix}1\\0\\\vdots\\0\end{bmatrix}$，由 $r(\boldsymbol{A})=r(\overline{\boldsymbol{A}})=n-1$，方程组有无穷多解．按解的结构．其通解为 $\boldsymbol{x}=(0,1,0,\cdots,0)^{\mathrm{T}}+k(1,0,0,\cdots,0)^{\mathrm{T}}$，其中 k 为任意常数．

【评注】 本题的“三对角”行列式也可用逐行相加的技巧将其上三角化，即把第一行的 $-\frac{1}{2}a$ 倍加至第二行，再把新第 2 行的 $-\frac{2}{3}a$ 倍加至第三行，…

$$|\boldsymbol{A}|=\begin{vmatrix}2a&1&&&&\\a^2&2a&1&&&\\&a^2&2a&1&&\\&&\ddots&\ddots&\ddots&\\&&&a^2&2a&1\\&&&&a^2&2a\end{vmatrix}_n=\begin{vmatrix}2a&1&&&&\\0&\frac{3}{2}a&1&&&\\&a^2&2a&1&&\\&&\ddots&\ddots&\ddots&\\&&&a^2&2a&1\\&&&&a^2&2a\end{vmatrix}_n$$

$$=\begin{vmatrix}2a&1&&&&&\\0&\frac{3}{2}a&1&&&&\\&0&\frac{4}{3}a&1&&&\\&&a^2&2a&1&&\\&&&\ddots&\ddots&\ddots&\\&&&&a^2&2a&1\\&&&&&a^2&2a\end{vmatrix}_n=\cdots$$

$$=\begin{vmatrix}2a&1&&&&\\0&\frac{3}{2}a&1&&&\\&0&\frac{4}{3}a&1&&\\&&\ddots&\ddots&\ddots&\\&&&0&\frac{n}{n-1}a&1\\&&&&0&\frac{n+1}{n}a\end{vmatrix}_n=(n+1)a^n.$$

三、公共解与同解

试题特点

如果已知两个方程组(Ⅰ)和(Ⅱ),那么将其联立$\begin{cases}(\text{Ⅰ})\\(\text{Ⅱ})\end{cases}$,其联立方程组的解就是(Ⅰ)与(Ⅱ)的公共解.

如果已知(Ⅰ)与(Ⅱ)的基础解系分别是$\boldsymbol{\alpha}_1,\boldsymbol{\alpha}_2,\boldsymbol{\alpha}_3$和$\boldsymbol{\beta}_1,\boldsymbol{\beta}_2$,则可设公共解为$\boldsymbol{\gamma}$,那么

$$\boldsymbol{\gamma}=k_1\boldsymbol{\alpha}_1+k_2\boldsymbol{\alpha}_2+k_3\boldsymbol{\alpha}_3=l_1\boldsymbol{\beta}_1+l_2\boldsymbol{\beta}_2$$

由此得$k_1\boldsymbol{\alpha}_1+k_2\boldsymbol{\alpha}_2+k_3\boldsymbol{\alpha}_3-l_1\boldsymbol{\beta}_1-l_2\boldsymbol{\beta}_2=\mathbf{0}$,解出$k_1,k_2,k_3,l_1,l_2$可求出公共解$\boldsymbol{\gamma}$.

这两种常见的出题方法应当把握.

而处理同解的方法,往往是代入来处理,即把(Ⅰ)的解代入(Ⅱ),把(Ⅱ)的解代入(Ⅰ).

19 (2000,二(4)题,3分)设$\boldsymbol{A}$为n阶实矩阵,$\boldsymbol{A}^{\mathrm{T}}$是$\boldsymbol{A}$的转置矩阵,则对于线性方程组(Ⅰ):$\boldsymbol{Ax}=\mathbf{0}$和(Ⅱ):$\boldsymbol{A}^{\mathrm{T}}\boldsymbol{Ax}=\mathbf{0}$,必有

(A)(Ⅱ)的解是(Ⅰ)的解,(Ⅰ)的解也是(Ⅱ)的解.

(B)(Ⅱ)的解是(Ⅰ)的解,但(Ⅰ)的解不是(Ⅱ)的解.

(C)(Ⅰ)的解不是(Ⅱ)的解,(Ⅱ)的解也不是(Ⅰ)的解.

(D)(Ⅰ)的解是(Ⅱ)的解,但(Ⅱ)的解不是(Ⅰ)的解.

答案 A.

解析 若$\boldsymbol{\eta}$是(Ⅰ)的解,则$\boldsymbol{A\eta}=\mathbf{0}$,那么

$$(\boldsymbol{A}^{\mathrm{T}}\boldsymbol{A})\boldsymbol{\eta}=\boldsymbol{A}^{\mathrm{T}}(\boldsymbol{A\eta})=\boldsymbol{A}^{\mathrm{T}}\mathbf{0}=\mathbf{0}$$

即$\boldsymbol{\eta}$是(Ⅱ)的解.

若$\boldsymbol{\alpha}$是(Ⅱ)的解,有$\boldsymbol{A}^{\mathrm{T}}\boldsymbol{A\alpha}=\mathbf{0}$,用$\boldsymbol{\alpha}^{\mathrm{T}}$左乘得

$$\boldsymbol{\alpha}^{\mathrm{T}}\boldsymbol{A}^{\mathrm{T}}\boldsymbol{A\alpha}=0,\text{即}(\boldsymbol{A\alpha})^{\mathrm{T}}(\boldsymbol{A\alpha})=0$$

亦即$\boldsymbol{A\alpha}$自己的内积$(\boldsymbol{A\alpha},\boldsymbol{A\alpha})=0$,故必有$\boldsymbol{A\alpha}=\mathbf{0}$,即$\boldsymbol{\alpha}$是(Ⅰ)的解.

所以(Ⅰ)与(Ⅱ)同解,故应选(A).

【评注】 若$\boldsymbol{\alpha}=(a_1,a_2,\cdots,a_n)^{\mathrm{T}}$,则$\boldsymbol{\alpha}^{\mathrm{T}}\boldsymbol{\alpha}=a_1^2+a_2^2+\cdots+a_n^2$,可见$\boldsymbol{\alpha}^{\mathrm{T}}\boldsymbol{\alpha}=0\Leftrightarrow\boldsymbol{\alpha}=\mathbf{0}$.

20 (2005,20题,13分) 已知齐次线性方程组

$$(\text{Ⅰ})\begin{cases}x_1+2x_2+3x_3=0,\\2x_1+3x_2+5x_3=0,\\x_1+x_2+ax_3=0\end{cases}$$

和

$$(\text{Ⅱ})\begin{cases}x_1+bx_2+cx_3=0,\\2x_1+b^2x_2+(c+1)x_3=0\end{cases}$$

同解,求a,b,c的值.

解 因为方程组(Ⅱ)中方程个数<未知数个数,(Ⅱ)必有无穷多解,所以(Ⅰ)必有无穷多解.因此(Ⅰ)的系数行列式必为0,即有

$$\begin{vmatrix}1&2&3\\2&3&5\\1&1&a\end{vmatrix}=2-a=0\Rightarrow a=2$$

对(Ⅰ)系数矩阵作初等行变换,有

$$\begin{bmatrix}1&2&3\\2&3&5\\1&1&2\end{bmatrix}\to\begin{bmatrix}1&0&1\\0&1&1\\0&0&0\end{bmatrix}$$

可求出方程组(Ⅰ)的通解是 $k(-1,-1,1)^{\mathrm{T}}$.

因为 $(-1,-1,1)^{\mathrm{T}}$ 应当是方程组(Ⅱ)的解,故有

$$\begin{cases}-1-b+c=0,\\-2-b^2+c+1=0\end{cases}$$

解得 $b=1,c=2$ 或 $b=0,c=1$.

当 $b=0,c=1$ 时,方程组(Ⅱ)为

$$\begin{cases}x_1\quad+x_3=0,\\2x_1+2x_3=0\end{cases}$$

因其系数矩阵的秩为1,从而可验证出(Ⅰ)与(Ⅱ)不同解,故 $b=0,c=1$ 应舍去.

当 $a=2,b=1,c=2$ 时,可验证出(Ⅰ)与(Ⅱ)同解.

21 (2007,21题,11分)设线性方程组

$$\begin{cases}x_1+x_2\quad+x_3=0,\\x_1+2x_2+ax_3=0,\\x_1+4x_2+a^2x_3=0\end{cases}\qquad ①$$

与方程

$$x_1+2x_2+x_3=a-1\qquad ②$$

有公共解,求 a 的值及所有公共解.

分析 本题考查两个方程组的公共解问题,应当有两种思路:一个是①与②联立方程组的解就是公共解;一个是先求①的解然后代入到②中来确定公共解.

解(方法一) 因为方程组①与②的公共解,即为联立方程组

$$\begin{cases}x_1+x_2\quad+x_3=0,\\x_1+2x_2+ax_3=0,\\x_1+4x_2+a^2x_3=0,\\x_1+2x_2\quad+x_3=a-1\end{cases}\qquad ③$$

的解.

对方程组③的增广矩阵 $\overline{\mathbf{A}}$ 施以初等行变换,有

$$\overline{\mathbf{A}}=\left[\begin{array}{ccc:c}1&1&1&0\\1&2&a&0\\1&4&a^2&0\\1&2&1&a-1\end{array}\right]\to\left[\begin{array}{ccc:c}1&1&1&0\\0&1&a-1&0\\0&3&a^2-1&0\\0&1&0&a-1\end{array}\right]\to\left[\begin{array}{ccc:c}1&1&1&0\\0&1&0&a-1\\0&0&a-1&1-a\\0&0&a^2-1&3(1-a)\end{array}\right]$$

$$\to\left[\begin{array}{ccc:c}1&0&1&1-a\\0&1&0&a-1\\0&0&a-1&1-a\\0&0&0&(a-1)(a-2)\end{array}\right]$$

由于方程组③有解,故③的系数矩阵的秩等于增广矩阵 $\overline{\mathbf{A}}$ 的秩,于是 $(a-1)(a-2)=0$,

即 $a=1$ 或 $a=2$.

当 $a=1$ 时,

$$\overline{\mathbf{A}} \to \left[\begin{array}{ccc:c} 1 & 0 & 1 & 0 \\ 0 & 1 & 0 & 0 \\ 0 & 0 & 0 & 0 \\ 0 & 0 & 0 & 0 \end{array}\right]$$

因此 ① 与 ② 的公共解为:$\boldsymbol{x}=k\begin{bmatrix}-1\\0\\1\end{bmatrix}$,其中 k 为任意常数.

当 $a=2$ 时,

$$\overline{\mathbf{A}} \to \left[\begin{array}{ccc:c} 1 & 0 & 1 & -1 \\ 0 & 1 & 0 & 1 \\ 0 & 0 & 1 & -1 \\ 0 & 0 & 0 & 0 \end{array}\right] \to \left[\begin{array}{ccc:c} 1 & 0 & 0 & 0 \\ 0 & 1 & 0 & 1 \\ 0 & 0 & 1 & -1 \\ 0 & 0 & 0 & 0 \end{array}\right]$$

因此 ① 与 ② 有唯一的公共解为:$\boldsymbol{x}=\begin{bmatrix}0\\1\\-1\end{bmatrix}$.

(方法二)　先求出方程组 ① 的解,其系数行列式 $\begin{vmatrix}1 & 1 & 1\\1 & 2 & a\\1 & 4 & a^2\end{vmatrix}=(a-1)(a-2)$.

当 $a\neq 1,a\neq 2$ 时,方程组 ① 只有零解,但此时 $\boldsymbol{x}=(0,0,0)^{\mathrm{T}}$ 不是方程 ② 的解.所以公共解发生在 $a=1$ 或 $a=2$ 时.

当 $a=1$ 时,对方程组 ① 的系数矩阵施以初等行变换.

$$\begin{bmatrix}1 & 1 & 1\\1 & 2 & 1\\1 & 4 & 1\end{bmatrix}\to\begin{bmatrix}1 & 0 & 1\\0 & 1 & 0\\0 & 0 & 0\end{bmatrix}$$

因此 ① 的通解为 $\boldsymbol{x}=k\begin{bmatrix}-1\\0\\1\end{bmatrix}$,其中 k 为任意常数.

此解也满足方程 ②,所以方程组 ① 与 ② 的所有公共解为:$\boldsymbol{x}=k\begin{bmatrix}-1\\0\\1\end{bmatrix}$,其中 k 为任意常数.

当 $a=2$ 时,对线性方程组 ① 的系数矩阵施以初等行变换,

$$\mathbf{A}=\begin{bmatrix}1 & 1 & 1\\1 & 2 & 2\\1 & 4 & 4\end{bmatrix}\to\begin{bmatrix}1 & 0 & 0\\0 & 1 & 1\\0 & 0 & 0\end{bmatrix}$$

得到方程组 ① 的通解是 $\boldsymbol{x}=k(0,-1,1)^{\mathrm{T}}$,$k$ 为任意常数.将其代入方程组 ② 有

$$0+2(-k)+k=1$$

得 $k=-1$,因此 ① 与 ② 的公共解唯一为 $\boldsymbol{x}=(0,1,-1)^{\mathrm{T}}$.

【评注】　本题是给了两个方程组求公共解的题,大家还要会没有给两个方程组的题,例如 2002 年数四考题.

练习题

1.（1994，数一，8 分）设四元齐次线性方程组（Ⅰ）为：$\begin{cases}x_1+x_2=0,\\x_2-x_4=0.\end{cases}$ 又已知某线性齐次方程组（Ⅱ）的通解为：$k_1(0,1,1,0)^T+k_2(-1,2,2,1)^T$.

（1）求线性方程组（Ⅰ）的基础解系；

（2）问线性方程组（Ⅰ）和（Ⅱ）是否有非零公共解？若有，则求出所有的非零公共解．若没有，则说明理由．

2.（2002，数四，8 分）设 4 元齐次线性方程组（Ⅰ）为

$$\begin{cases}2x_1+3x_2-x_3=0\\x_1+2x_2+x_3-x_4=0\end{cases}$$

而已知另一 4 元齐次线性方程组（Ⅱ）的一个基础解系为

$$\boldsymbol{\alpha}_1=(2,-1,a+2,1)^T,\boldsymbol{\alpha}_2=(-1,2,4,a+8)^T$$

（1）求方程组（Ⅰ）的一个基础解系；

（2）当 a 为何值时，方程组（Ⅰ）与（Ⅱ）有非零公共解？在有非零公共解时，求出全部非零公共解．

练习题参考答案

1.【解】（1）由已知，（Ⅰ）的系数矩阵为

$$\boldsymbol{A}=\begin{bmatrix}1&1&0&0\\0&1&0&-1\end{bmatrix}$$

由于 $n-r(\boldsymbol{A})=2$，x_3，x_4 可为自由变量，故（Ⅰ）的基础解系可取为

$$(0,0,1,0),(-1,1,0,1)$$

（2）方程组（Ⅰ）与方程组（Ⅱ）有非零公共解．

将（Ⅱ）的通解 $x_1=-k_2$，$x_2=k_1+2k_2$，$x_3=k_1+2k_2$，$x_4=k_2$ 代入方程组（Ⅰ），则有

$$\begin{cases}-k_2+k_1+2k_2=0\\k_1+2k_2-k_2=0\end{cases}$$

解出 $k_1=-k_2$．

那么当 $k_1=-k_2\neq0$ 时，向量

$$k_1(0,1,1,0)+k_2(-1,2,2,1)=k_1(1,-1,-1,-1)$$

是（Ⅰ）与（Ⅱ）的非零公共解．

【评注】 由于（Ⅰ）的通解是 $l_1(0,0,1,0)+l_2(-1,1,0,1)$，（Ⅱ）的通解是 $k_1(0,1,1,0)+k_2(-1,2,2,1)$，因此若令公共解为 $\boldsymbol{\gamma}$，则

$$\boldsymbol{\gamma}=l_1(0,0,1,0)+l_2(-1,1,0,1)=k_1(0,1,1,0)+k_2(-1,2,2,1)$$

只要能求出不全为 0 的 l_1,l_2，则 $\boldsymbol{\gamma}\neq\boldsymbol{0}$，且 $\boldsymbol{\gamma}$ 是（Ⅰ）的解，也是（Ⅱ）的解．由此可得 l_1,l_2,k_1,k_2 的齐次方程组

$$\begin{bmatrix}0&-1&0&1\\0&1&-1&-2\\1&0&-1&-2\\0&1&0&-1\end{bmatrix}\to\begin{bmatrix}1&0&-1&-2\\&1&0&-1\\&&1&1\\&&&0\end{bmatrix}$$

可见当 $k_1=-k_2\neq0$ 时，有非零公共解，下略．

2.【解】（1）对方程组（Ⅰ）的系数矩阵作初等行变换，有

$$\begin{bmatrix}2&3&-1&0\\1&2&1&-1\end{bmatrix}\to\begin{bmatrix}1&2&1&-1\\&1&3&-2\end{bmatrix}$$

由于 $n-r(\boldsymbol{A})=4-2=2$，基础解系由 2 个线性无关的解向量所构成，取 x_3，x_4 为自由变量，所以 $\boldsymbol{\beta}_1=(5,-3,1,0)^T$，$\boldsymbol{\beta}_2=(-3,2,0,1)^T$ 是方程组（Ⅰ）的基础解系．

（2）设 $\boldsymbol{\eta}$ 是方程组（Ⅰ）与（Ⅱ）的非零公共解，则 $\boldsymbol{\eta}=k_1\boldsymbol{\beta}_1+k_2\boldsymbol{\beta}_2=l_1\boldsymbol{\alpha}_1+l_2\boldsymbol{\alpha}_2$，其中 k_1，k_2 与 l_1，l_2 均不全为零的常数．

由此得齐次方程组(Ⅲ)

$$\begin{cases} 5k_1-3k_2-2l_1+l_2=0 \\ -3k_1+2k_2+l_1-2l_2=0 \\ k_1-(a+2)l_1-4l_2=0 \\ k_2-l_1-(a+8)l_2=0 \end{cases}$$

有非零解. 对系数矩阵作初等行变换，有

$$\begin{bmatrix} 5 & -3 & -2 & 1 \\ -3 & 2 & 1 & -2 \\ 1 & 0 & -a-2 & -4 \\ 0 & 1 & -1 & -a-8 \end{bmatrix} \rightarrow \begin{bmatrix} 1 & 0 & -a-2 & -4 \\ 0 & 1 & -1 & -a-8 \\ 0 & 2 & -3a-5 & -14 \\ 0 & -3 & 5a+8 & 21 \end{bmatrix}$$

$$\rightarrow \begin{bmatrix} 1 & 0 & -a-2 & -4 \\ 0 & 1 & -1 & -a-8 \\ 0 & 0 & -3a-3 & 2a+2 \\ 0 & 0 & 5a+5 & -3a-3 \end{bmatrix}$$

当且仅当 $a+1=0$ 时，r(Ⅲ) <4，方程组有非零解.

此时，(Ⅲ) 的同解方程组是

$$\begin{cases} k_1-l_1-4l_2=0 \\ k_2-l_1-7l_2=0 \end{cases}$$

于是

$$\boldsymbol{\eta}=(l_1+4l_2)\boldsymbol{\beta}_1+(l_1+7l_2)\boldsymbol{\beta}_2=l_1(\boldsymbol{\beta}_1+\boldsymbol{\beta}_2)+l_2(4\boldsymbol{\beta}_1+7\boldsymbol{\beta}_2)$$

$$=l_1\begin{bmatrix} 2 \\ -1 \\ 1 \\ 1 \end{bmatrix}+l_2\begin{bmatrix} -1 \\ 2 \\ 4 \\ 7 \end{bmatrix}$$

读书之法，在循序渐进，熟读而精思。

——朱熹

第五章　特征值与特征向量

本章导读

特征值和特征向量是线性代数的重要内容之一，也是考研数学的重点之一，它涉及行列式，矩阵，相关、无关，秩，基础解系…… 一系列问题，知识点多，综合性强，必须好好复习.

考生首先要掌握求特征值、特征向量的各种方法；第二是相似，把握住和对角矩阵相似的充分必要条件，会求可逆矩阵 $\boldsymbol{P}$；第三（可能更重要），要会利用实对称矩阵的隐含信息处理求特征值、特征向量，用正交矩阵相似对角化等一系列问题.

一、特征值、特征向量的概念与计算

试题特点

常见的命题形式：

(1) 用定义 $\boldsymbol{A\alpha}=\lambda\boldsymbol{\alpha},\boldsymbol{\alpha}\neq\boldsymbol{0}$ 推理、分析、判断.

(2) 由 $|\lambda\boldsymbol{E}-\boldsymbol{A}|=0$ 和 $(\lambda_i\boldsymbol{E}-\boldsymbol{A})\boldsymbol{x}=\boldsymbol{0}$ 求基础解系.

(3) 通过相似 $\boldsymbol{P}^{-1}\boldsymbol{AP}=\boldsymbol{B}$.

若 $\boldsymbol{A\alpha}=\lambda\boldsymbol{\alpha}$，则 $\boldsymbol{B}(\boldsymbol{P}^{-1}\boldsymbol{\alpha})=\lambda(\boldsymbol{P}^{-1}\boldsymbol{\alpha})$；

若 $\boldsymbol{B\alpha}=\lambda\boldsymbol{\alpha}$，则 $\boldsymbol{A}(\boldsymbol{P\alpha})=\lambda(\boldsymbol{P\alpha})$.

特别地，若 $r(\boldsymbol{A})=1$，有

$$|\lambda\boldsymbol{E}-\boldsymbol{A}|=\lambda^n-\sum a_{ii}\lambda^{n-1}$$

$$\lambda_1=\sum a_{ii},\lambda_2=\lambda_3=\cdots=\lambda_n=0$$

通过下面的考题，请进一步体会考场上如何求特征值、特征向量.

1 (1987，十题，6 分) 求矩阵

$$\boldsymbol{A}=\begin{bmatrix}-3&-1&2\\0&-1&4\\-1&0&1\end{bmatrix}$$

的实特征值及对应的特征向量.

解 由 $\boldsymbol{A}$ 的特征多项式

$$|\lambda\boldsymbol{E}-\boldsymbol{A}|=\begin{vmatrix}\lambda+3&1&-2\\0&\lambda+1&-4\\1&0&\lambda-1\end{vmatrix}=\begin{vmatrix}\lambda+3&1&0\\0&\lambda+1&2\lambda-2\\1&0&\lambda-1\end{vmatrix}$$

$$=(\lambda-1)\begin{vmatrix}\lambda+3&1&0\\-2&\lambda+1&0\\1&0&1\end{vmatrix}$$

$$= (\lambda - 1)(\lambda^2 + 4\lambda + 5)$$

得到唯一实特征值 $\lambda = 1$.

由 $(\boldsymbol{E} - \boldsymbol{A})\boldsymbol{x} = \boldsymbol{0}$,

$$\begin{bmatrix} 4 & 1 & -2 \\ 0 & 2 & -4 \\ 1 & 0 & 0 \end{bmatrix} \to \begin{bmatrix} 1 & 0 & 0 \\ 0 & 1 & -2 \\ 0 & 0 & 0 \end{bmatrix}$$

得到基础解系 $(0,2,1)^{\mathrm{T}}$.

所以属于特征值 $\lambda = 1$ 的特征向量为 $k(0,2,1)^{\mathrm{T}}, k \neq 0$.

2 (1989,九题,5 分)设

$$\boldsymbol{A} = \begin{bmatrix} -1 & 2 & 2 \\ 2 & -1 & -2 \\ 2 & -2 & -1 \end{bmatrix}$$

(1) 试求矩阵 $\boldsymbol{A}$ 的特征值.

(2) 利用(1)小题的结果,求矩阵 $\boldsymbol{E} + \boldsymbol{A}^{-1}$ 的特征值,其中 $\boldsymbol{E}$ 是 3 阶单位矩阵.

解 (1) 由矩阵 $\boldsymbol{A}$ 的特征方程

$$|\lambda \boldsymbol{E} - \boldsymbol{A}| = \begin{vmatrix} \lambda+1 & -2 & -2 \\ -2 & \lambda+1 & 2 \\ -2 & 2 & \lambda+1 \end{vmatrix} = \begin{vmatrix} \lambda-1 & -2 & -2 \\ \lambda-1 & \lambda+1 & 2 \\ 0 & 2 & \lambda+1 \end{vmatrix}$$

$$= \begin{vmatrix} \lambda-1 & -2 & -2 \\ 0 & \lambda+3 & 4 \\ 0 & 2 & \lambda+1 \end{vmatrix} = (\lambda-1)\begin{vmatrix} \lambda+3 & 4 \\ 2 & \lambda+1 \end{vmatrix}$$

$$= (\lambda-1)^2(\lambda+5) = 0$$

故矩阵 $\boldsymbol{A}$ 的特征值为:$1,1,-5$.

(2) 由 $\boldsymbol{A}$ 的特征值是 $1,1,-5$,可知 $\boldsymbol{A}^{-1}$ 的特征值是 $1,1,-\frac{1}{5}$. 那么 $\boldsymbol{E} + \boldsymbol{A}^{-1}$ 的特征值是 $2,2,\frac{4}{5}$.

3 (1990,八题,6 分)设 $\boldsymbol{A}$ 为 n 阶矩阵,λ_1 和 λ_2 是 $\boldsymbol{A}$ 的两个不同的特征值,$\boldsymbol{\alpha}_1,\boldsymbol{\alpha}_2$ 是分别属于 λ_1 和 λ_2 的特征向量,试证明 $\boldsymbol{\alpha}_1 + \boldsymbol{\alpha}_2$ 不是 $\boldsymbol{A}$ 的特征向量.

证明 (反证法)若 $\boldsymbol{\alpha}_1 + \boldsymbol{\alpha}_2$ 是 $\boldsymbol{A}$ 的特征向量,它所对应的特征值为 λ,则

$$\boldsymbol{A}(\boldsymbol{\alpha}_1 + \boldsymbol{\alpha}_2) = \lambda(\boldsymbol{\alpha}_1 + \boldsymbol{\alpha}_2)$$

由已知又有

$$\boldsymbol{A}(\boldsymbol{\alpha}_1 + \boldsymbol{\alpha}_2) = \boldsymbol{A}\boldsymbol{\alpha}_1 + \boldsymbol{A}\boldsymbol{\alpha}_2 = \lambda_1\boldsymbol{\alpha}_1 - \lambda_2\boldsymbol{\alpha}_2$$

两式相减得

$$(\lambda - \lambda_1)\boldsymbol{\alpha}_1 + (\lambda - \lambda_2)\boldsymbol{\alpha}_2 = \boldsymbol{0}$$

由 $\lambda_1 \neq \lambda_2$,知 $\lambda - \lambda_1, \lambda - \lambda_2$ 不全为零,于是 $\boldsymbol{\alpha}_1,\boldsymbol{\alpha}_2$ 线性相关,这与不同特征值的特征向量线性无关相矛盾. 所以,$\boldsymbol{\alpha}_1 + \boldsymbol{\alpha}_2$ 不是 $\boldsymbol{A}$ 的特征向量.

4 (1991,二(3)题,3 分)设 $\boldsymbol{A}$ 为 n 阶可逆矩阵,λ 是 $\boldsymbol{A}$ 的一个特征值,则 $\boldsymbol{A}$ 的伴随矩阵 $\boldsymbol{A}^*$ 的特征值之一是

(A) $\lambda^{-1}|\boldsymbol{A}|^n$.　(B) $\lambda^{-1}|\boldsymbol{A}|$.　(C) $\lambda|\boldsymbol{A}|$.　(D) $\lambda|\boldsymbol{A}|^n$.

答案 B.

解析 由于 $\boldsymbol{A\alpha}=\lambda\boldsymbol{\alpha}$，有

$$\boldsymbol{A}^*(\lambda\boldsymbol{\alpha})=\boldsymbol{A}^*\boldsymbol{A\alpha}$$

即
$$\lambda\boldsymbol{A}^*\boldsymbol{\alpha}=|\boldsymbol{A}|\boldsymbol{\alpha}$$

于是
$$\boldsymbol{A}^*\boldsymbol{\alpha}=\lambda^{-1}|\boldsymbol{A}|\boldsymbol{\alpha}$$

所以应选(B).

5 (1998，九题，9分) 设向量 $\boldsymbol{\alpha}=(a_1,a_2,\cdots,a_n)^{\mathrm{T}}$，$\boldsymbol{\beta}=(b_1,b_2,\cdots,b_n)^{\mathrm{T}}$ 都是非零向量，且满足条件 $\boldsymbol{\alpha}^{\mathrm{T}}\boldsymbol{\beta}=0$，记 n 阶矩阵 $\boldsymbol{A}=\boldsymbol{\alpha\beta}^{\mathrm{T}}$. 求：

(1) $\boldsymbol{A}^2$.

(2) 矩阵 $\boldsymbol{A}$ 的特征值和特征向量.

解 (1) 由 $\boldsymbol{A}=\boldsymbol{\alpha\beta}^{\mathrm{T}}$ 和 $\boldsymbol{\alpha}^{\mathrm{T}}\boldsymbol{\beta}=0$，有

$$\boldsymbol{A}^2=(\boldsymbol{\alpha\beta}^{\mathrm{T}})(\boldsymbol{\alpha\beta}^{\mathrm{T}})=\boldsymbol{\alpha}(\boldsymbol{\beta}^{\mathrm{T}}\boldsymbol{\alpha})\boldsymbol{\beta}^{\mathrm{T}}=0\boldsymbol{\alpha\beta}^{\mathrm{T}}=\boldsymbol{O}$$

(2) 设 λ 是 $\boldsymbol{A}$ 的任一特征值，$\boldsymbol{\alpha}$ 是 $\boldsymbol{A}$ 属于特征值 λ 的特征向量，即 $\boldsymbol{A\alpha}=\lambda\boldsymbol{\alpha}$，$\boldsymbol{\alpha}\neq\boldsymbol{0}$. 那么

$$\boldsymbol{A}^2\boldsymbol{\alpha}=\lambda\boldsymbol{A\alpha}=\lambda^2\boldsymbol{\alpha}$$

因为 $\boldsymbol{A}^2=\boldsymbol{O}$，故 $\lambda^2\boldsymbol{\alpha}=\boldsymbol{0}$，又因 $\boldsymbol{\alpha}\neq\boldsymbol{0}$，从而矩阵 $\boldsymbol{A}$ 的特征值是 $\lambda=0$(n 重根).

不妨设向量 $\boldsymbol{\alpha},\boldsymbol{\beta}$ 的第1个分量 $a_1\neq0$，$b_1\neq0$. 对齐次线性方程组 $(0\boldsymbol{E}-\boldsymbol{A})\boldsymbol{x}=\boldsymbol{0}$ 的系数矩阵作初等行变换，有

$$-\boldsymbol{A}=\begin{bmatrix}-a_1b_1 & -a_1b_2 & \cdots & -a_1b_n\\ -a_2b_1 & -a_2b_2 & \cdots & -a_2b_n\\ \vdots & \vdots & & \vdots\\ -a_nb_1 & -a_nb_2 & \cdots & -a_nb_n\end{bmatrix}\to\begin{bmatrix}b_1 & b_2 & \cdots & b_n\\ 0 & 0 & \cdots & 0\\ \vdots & \vdots & & \vdots\\ 0 & 0 & \cdots & 0\end{bmatrix}$$

得到基础解系

$$\boldsymbol{\alpha}_1=(-b_2,b_1,0,\cdots,0)^{\mathrm{T}},\boldsymbol{\alpha}_2=(-b_3,0,b_1,\cdots,0)^{\mathrm{T}},\cdots,\boldsymbol{\alpha}_{n-1}=(-b_n,0,0,\cdots,b_1)^{\mathrm{T}}$$

于是矩阵 $\boldsymbol{A}$ 属于特征值 $\lambda=0$ 的特征向量为 $k_1\boldsymbol{\alpha}_1+k_2\boldsymbol{\alpha}_2+\cdots+k_{n-1}\boldsymbol{\alpha}_{n-1}$，其中 $k_1,k_2,\cdots,k_{n-1}$ 是不全为零的任意常数.

6 (1999，九题，9分) 设矩阵 $\boldsymbol{A}=\begin{bmatrix}a & -1 & c\\ 5 & b & 3\\ 1-c & 0 & -a\end{bmatrix}$，其行列式 $|\boldsymbol{A}|=-1$，又 $\boldsymbol{A}$ 的伴随矩阵 $\boldsymbol{A}^*$ 有一个特征值 λ_0，属于 λ_0 的一个特征向量为 $\boldsymbol{\alpha}=(-1,-1,1)^{\mathrm{T}}$，求 a,b,c 和 λ_0 的值.

解 因为 $\boldsymbol{\alpha}$ 是 $\boldsymbol{A}^*$ 属于特征值 λ_0 的特征向量，即

$$\boldsymbol{A}^*\boldsymbol{\alpha}=\lambda_0\boldsymbol{\alpha}\tag{1}$$

根据 $\boldsymbol{AA}^*=|\boldsymbol{A}|\boldsymbol{E}$ 及已知条件 $|\boldsymbol{A}|=-1$，用 $\boldsymbol{A}$ 左乘式(1)两端有

$$-\boldsymbol{\alpha}=\lambda_0\boldsymbol{A\alpha}$$

即
$$\lambda_0\begin{bmatrix}a & -1 & c\\ 5 & b & 3\\ 1-c & 0 & -a\end{bmatrix}\begin{bmatrix}-1\\ -1\\ 1\end{bmatrix}=-\begin{bmatrix}-1\\ -1\\ 1\end{bmatrix}$$

由此可得

$$\begin{cases}\lambda_0(-a+1+c)=1 & (2)\\ \lambda_0(-5-b+3)=1 & (3)\\ \lambda_0(-1+c-a)=-1 & (4)\end{cases}$$

式(2)－式(4)得 $\lambda_0=1$. 将 $\lambda_0=1$ 代入式(3)得 $b=-3$，代入式(2)得 $a=c$.

由 $|\boldsymbol{A}|=-1$ 和 $a=c$ 有

$$\begin{vmatrix} a & -1 & a \\ 5 & -3 & 3 \\ 1-a & 0 & -a \end{vmatrix} = a-3=-1$$

故 $a=c=2$. 因此

$$a=2, b=-3, c=2, \lambda_0=1$$

7 (2002,二(4) 题,3 分) 设 $\boldsymbol{A}$ 是 n 阶实对称矩阵,$\boldsymbol{P}$ 是 n 阶可逆矩阵. 已知 n 维列向量 $\boldsymbol{\alpha}$ 是 $\boldsymbol{A}$ 的属于特征值 λ 的特征向量,则矩阵 $(\boldsymbol{P}^{-1}\boldsymbol{A}\boldsymbol{P})^{\mathrm{T}}$ 属于特征值 λ 的特征向量是

(A) $\boldsymbol{P}^{-1}\boldsymbol{\alpha}$.　　(B) $\boldsymbol{P}^{\mathrm{T}}\boldsymbol{\alpha}$.　　(C) $\boldsymbol{P}\boldsymbol{\alpha}$.　　(D) $(\boldsymbol{P}^{-1})^{\mathrm{T}}\boldsymbol{\alpha}$.

答案 B.

解析 因为 $\boldsymbol{A}$ 是实对称矩阵,故

$$(\boldsymbol{P}^{-1}\boldsymbol{A}\boldsymbol{P})^{\mathrm{T}} = \boldsymbol{P}^{\mathrm{T}}\boldsymbol{A}^{\mathrm{T}}(\boldsymbol{P}^{-1})^{\mathrm{T}} = \boldsymbol{P}^{\mathrm{T}}\boldsymbol{A}(\boldsymbol{P}^{\mathrm{T}})^{-1}$$

那么,由 $\boldsymbol{A}\boldsymbol{\alpha}=\lambda\boldsymbol{\alpha}$ 知

$$(\boldsymbol{P}^{-1}\boldsymbol{A}\boldsymbol{P})^{\mathrm{T}}(\boldsymbol{P}^{\mathrm{T}}\boldsymbol{\alpha}) = (\boldsymbol{P}^{\mathrm{T}}\boldsymbol{A}(\boldsymbol{P}^{\mathrm{T}})^{-1})(\boldsymbol{P}^{\mathrm{T}}\boldsymbol{\alpha}) = \boldsymbol{P}^{\mathrm{T}}\boldsymbol{A}\boldsymbol{\alpha} = \lambda(\boldsymbol{P}^{\mathrm{T}}\boldsymbol{\alpha})$$

所以应选(B).

练习题

1. (1991,数四,4 分) 已知向量 $\boldsymbol{\alpha}=(1,k,1)^{\mathrm{T}}$ 是矩阵

$$\boldsymbol{A}=\begin{bmatrix} 2 & 1 & 1 \\ 1 & 2 & 1 \\ 1 & 1 & 2 \end{bmatrix}$$

的逆矩阵 $\boldsymbol{A}^{-1}$ 的特征向量,试求常数 k 的值.

2. (1992,数四,3 分) 矩阵 $\boldsymbol{A}=\begin{bmatrix} 1 & 1 & 1 & 1 \\ 1 & 1 & 1 & 1 \\ 1 & 1 & 1 & 1 \\ 1 & 1 & 1 & 1 \end{bmatrix}$ 的非零特征值是________.

练习题参考答案

1.【解】　设 λ_0 是 $\boldsymbol{\alpha}$ 所属的特征值,即

$$\boldsymbol{A}^{-1}\boldsymbol{\alpha}=\lambda_0\boldsymbol{\alpha}$$

于是

$$\boldsymbol{\alpha}=\lambda_0\boldsymbol{A}\boldsymbol{\alpha}$$

即

$$\lambda_0\begin{bmatrix} 2 & 1 & 1 \\ 1 & 2 & 1 \\ 1 & 1 & 2 \end{bmatrix}\begin{bmatrix} 1 \\ k \\ 1 \end{bmatrix}=\begin{bmatrix} 1 \\ k \\ 1 \end{bmatrix}$$

由此得

$$\begin{cases} \lambda_0(2+k+1)=1 \\ \lambda_0(1+2k+1)=k \\ \lambda_0(1+k+2)=1 \end{cases}$$

由

$$\frac{3+k}{2+2k}=\frac{1}{k}$$

解出 $k=-2$ 或 $k=1$.

2.【答案】　4.

【解析】　由矩阵 $\boldsymbol{A}$ 的特征多项式

$$|\lambda\boldsymbol{E}-\boldsymbol{A}|=\begin{vmatrix} \lambda-1 & -1 & -1 & -1 \\ -1 & \lambda-1 & -1 & -1 \\ -1 & -1 & \lambda-1 & -1 \\ -1 & -1 & -1 & \lambda-1 \end{vmatrix}=\begin{vmatrix} \lambda-4 & \lambda-4 & \lambda-4 & \lambda-4 \\ -1 & \lambda-1 & -1 & -1 \\ -1 & -1 & \lambda-1 & -1 \\ -1 & -1 & -1 & \lambda-1 \end{vmatrix}$$

$$=(\lambda-4)\begin{vmatrix}1&1&1&1\\0&\lambda&0&0\\0&0&\lambda&0\\0&0&0&\lambda\end{vmatrix}=(\lambda-4)\lambda^3$$

知矩阵 $\boldsymbol{A}$ 的特征值是 $\lambda_1=4,\lambda_2=\lambda_3=\lambda_4=0$. 故应填：4.

【评注】 若 $r(\boldsymbol{A})=1$，则 $|\lambda\boldsymbol{E}-\boldsymbol{A}|=\lambda^n-\sum a_{ii}\lambda^{n-1}$，于是矩阵 $\boldsymbol{A}$ 的特征值是 $\lambda_1=\sum a_{ii},\lambda_2=\cdots=\lambda_n=0$，现 $\boldsymbol{A}$ 的秩为 1，$\sum a_{ii}=4$，故知应填：4.

二、相似与相似对角化

试题特点

围绕相似定义 $\boldsymbol{P}^{-1}\boldsymbol{AP}=\boldsymbol{B}$，相似的性质设计试题，或者考查判断是否和对角矩阵相似.

$\boldsymbol{A}\sim\boldsymbol{\Lambda}\Leftrightarrow\boldsymbol{A}$ 有 n 个线性无关的特征向量

$\Leftrightarrow$ 如 λ 是 $\boldsymbol{A}$ 的 k 重特征值，则 λ 有 k 个线性无关的特征向量.

如 $\boldsymbol{A}$ 有 n 个不同的特征值 $\Rightarrow\boldsymbol{A}\sim\boldsymbol{\Lambda}$.

8 (1992，九题，7 分) 设矩阵 $\boldsymbol{A}$ 与 $\boldsymbol{B}$ 相似，其中

$$\boldsymbol{A}=\begin{bmatrix}-2&0&0\\2&x&2\\3&1&1\end{bmatrix},\boldsymbol{B}=\begin{bmatrix}-1&0&0\\0&2&0\\0&0&y\end{bmatrix}$$

(1) 求 x 和 y 的值.

(2) 求可逆矩阵 $\boldsymbol{P}$，使得 $\boldsymbol{P}^{-1}\boldsymbol{AP}=\boldsymbol{B}$.

解 (1) 因为 $\boldsymbol{A}\sim\boldsymbol{B}$，故其特征多项式相同，即

$$|\lambda\boldsymbol{E}-\boldsymbol{A}|=|\lambda\boldsymbol{E}-\boldsymbol{B}|$$

即 $$(\lambda+2)[\lambda^2-(x+1)\lambda+(x-2)]=(\lambda+1)(\lambda-2)(\lambda-y)$$

令 $\lambda=0$，得 $2(x-2)=2y$.

令 $\lambda=1$，得 $3\cdot(-2)=-2(1-y)$.

由上两式解出 $y=-2$ 与 $x=0$.

(2) 由(1) 知

$$\begin{bmatrix}-2&0&0\\2&0&2\\3&1&1\end{bmatrix}\sim\begin{bmatrix}-1&&\\&2&\\&&-2\end{bmatrix}$$

于是矩阵 $\boldsymbol{A}$ 的特征值是 $\lambda_1=-1,\lambda_2=2,\lambda_3=-2$.

当 $\lambda_1=-1$ 时，由 $(-\boldsymbol{E}-\boldsymbol{A})\boldsymbol{x}=\boldsymbol{0}$，

$$\begin{bmatrix}1&0&0\\-2&-1&-2\\-3&-1&-2\end{bmatrix}\to\begin{bmatrix}1&0&0\\0&1&2\\0&0&0\end{bmatrix}$$

得到属于特征值 $\lambda_1=-1$ 的特征向量 $\boldsymbol{\alpha}_1=(0,-2,1)^{\mathrm{T}}$.

当 $\lambda_2=2$ 时，由 $(2\boldsymbol{E}-\boldsymbol{A})\boldsymbol{x}=\boldsymbol{0}$，

$$\begin{bmatrix}4&0&0\\-2&2&-2\\-3&-1&1\end{bmatrix}\to\begin{bmatrix}1&0&0\\0&1&-1\\0&0&0\end{bmatrix}$$

得到属于特征值 $\lambda_2=2$ 的特征向量 $\boldsymbol{\alpha}_2=(0,1,1)^{\mathrm{T}}$.

当 $\lambda_3=-2$ 时,由 $(-2\boldsymbol{E}-\boldsymbol{A})\boldsymbol{x}=\boldsymbol{0}$,

$$\begin{bmatrix}0&0&0\\-2&-2&-2\\-3&-1&-3\end{bmatrix}\to\begin{bmatrix}1&0&1\\0&1&0\\0&0&0\end{bmatrix}$$

得到属于特征值 $\lambda_3=-2$ 的特征向量 $\boldsymbol{\alpha}_3=(1,0,-1)^{\mathrm{T}}$.

那么,令 $\boldsymbol{P}=(\boldsymbol{\alpha}_1,\boldsymbol{\alpha}_2,\boldsymbol{\alpha}_3)=\begin{bmatrix}0&0&1\\-2&1&0\\1&1&-1\end{bmatrix}$,有

$$\boldsymbol{P}^{-1}\boldsymbol{A}\boldsymbol{P}=\boldsymbol{B}$$

【评注】 由 $\sum a_{ii}=\sum b_{ii}$ 和 $\lambda=-2$ 是 $\boldsymbol{A}$ 的特征值

$$\begin{cases}-2+x+1=-1+2+y\\|-\boldsymbol{E}-\boldsymbol{A}|=0\end{cases}$$

建立方程组来求参数 x,y 更简单.

9 (1993,二(3)题,3分)n 阶矩阵 $\boldsymbol{A}$ 具有 n 个不同的特征值是 $\boldsymbol{A}$ 与对角阵相似的

(A) 充分必要条件.　　(B) 充分而非必要条件.

(C) 必要而非充分条件.　　(D) 既非充分也非必要条件.

答案 B.

解析 $\boldsymbol{A}\sim\boldsymbol{\Lambda}\Leftrightarrow\boldsymbol{A}$ 有 n 个线性无关的特征向量. 由于当特征值 $\lambda_1\neq\lambda_2$ 时,特征向量 $\boldsymbol{\alpha}_1,\boldsymbol{\alpha}_2$ 线性无关. 从而知,当 $\boldsymbol{A}$ 有 n 个不同特征值时,矩阵 $\boldsymbol{A}$ 有 n 个线性无关的特征向量,那么矩阵 $\boldsymbol{A}$ 可以相似对角化. 因为,当 $\boldsymbol{A}$ 的特征值有重根时,矩阵 $\boldsymbol{A}$ 仍有可能相似对角化,所以特征值不同仅是能相似对角化的充分条件,并不必要,故应选(B).

10 (1994,十题,8分)设 $\boldsymbol{A}=\begin{bmatrix}0&0&1\\x&1&y\\1&0&0\end{bmatrix}$ 有三个线性无关的特征向量,求 x 和 y 应满足的条件.

解 由 $\boldsymbol{A}$ 的特征方程

$$|\lambda\boldsymbol{E}-\boldsymbol{A}|=\begin{vmatrix}\lambda&0&-1\\-x&\lambda-1&-y\\-1&0&\lambda\end{vmatrix}=(\lambda-1)\begin{vmatrix}\lambda&-1\\-1&\lambda\end{vmatrix}$$
$$=(\lambda-1)^2(\lambda+1)=0$$

得到 $\boldsymbol{A}$ 的特征值为 $\lambda_1=\lambda_2=1,\lambda_3=-1$.

因此,$\lambda_1=\lambda_2=1$ 必有两个线性无关的特征向量,从而 $r(\boldsymbol{E}-\boldsymbol{A})=1$. 由

$$\boldsymbol{E}-\boldsymbol{A}=\begin{bmatrix}1&0&-1\\-x&0&-y\\-1&0&1\end{bmatrix}\to\begin{bmatrix}1&0&-1\\0&0&-x-y\\0&0&0\end{bmatrix}$$

知 x 和 y 必须满足条件 $x+y=0$.

11 (1999,二(4)题,3分)设 $\boldsymbol{A}$、$\boldsymbol{B}$ 为 n 阶矩阵,且 $\boldsymbol{A}$ 与 $\boldsymbol{B}$ 相似,$\boldsymbol{E}$ 为 n 阶单位矩阵,则

(A) $\lambda\boldsymbol{E}-\boldsymbol{A}=\lambda\boldsymbol{E}-\boldsymbol{B}$.　　(B) $\boldsymbol{A}$ 与 $\boldsymbol{B}$ 有相同的特征值和特征向量.

(C) $\boldsymbol{A}$ 与 $\boldsymbol{B}$ 都相似于一个对角矩阵.　　(D) 对任意常数 t,$t\boldsymbol{E}-\boldsymbol{A}$ 与 $t\boldsymbol{E}-\boldsymbol{B}$ 相似.

答案 D.

解析 若 $\lambda\boldsymbol{E}-\boldsymbol{A}=\lambda\boldsymbol{E}-\boldsymbol{B}$,则 $\boldsymbol{A}=\boldsymbol{B}$,故(A)不对. 当 $\boldsymbol{A}\sim\boldsymbol{B}$ 时,即 $\boldsymbol{P}^{-1}\boldsymbol{A}\boldsymbol{P}=\boldsymbol{B}$,有

$|\lambda E - A| = |\lambda E - B|$，即 A 与 B 有相同的特征值，但若 $AX = \lambda X$，则 $B(P^{-1}X) = \lambda P^{-1}X$. 故 A 与 B 的特征向量不同. 所以(B) 不正确. 当 $A \sim B$ 时，不能保证它们必可相似对角化，因此(C) 也不正确.

由 $P^{-1}AP = B$ 知，$\forall t$ 恒有

$$P^{-1}(tE - A)P = tE - P^{-1}AP = tE - B$$

即 $tE - A \sim tE - B$.

故应选(D).

12（2000，一(3) 题，3 分）若四阶矩阵 A 与 B 相似，矩阵 A 的特征值为 $\frac{1}{2},\frac{1}{3},\frac{1}{4},\frac{1}{5}$，则行列式 $|B^{-1} - E| =$ ________.

答案 24.

解析 本题已知条件是特征值，而要求出行列式的值，因为 $|A| = \prod \lambda_i$，故应求出 $B^{-1} - E$ 的特征值.

由 $A \sim B$，知 B 的特征值是 $\frac{1}{2},\frac{1}{3},\frac{1}{4},\frac{1}{5}$. 于是 B^{-1} 的特征值是 2，3，4，5. 那么 $B^{-1} - E$ 的特征值是 1，2，3，4. 从而

$$|B^{-1} - E| = 1 \cdot 2 \cdot 3 \cdot 4 = 24$$

故应填：24.

13（2004，21 题，13 分）设 n 阶矩阵

$$A = \begin{bmatrix} 1 & b & \cdots & b \\ b & 1 & \cdots & b \\ \vdots & \vdots & & \vdots \\ b & b & \cdots & 1 \end{bmatrix}$$

（Ⅰ）求 A 的特征值和特征向量；

（Ⅱ）求可逆矩阵 P，使得 $P^{-1}AP$ 为对角矩阵.

解 （Ⅰ）(1) 当 $b \neq 0$ 时，

$$|\lambda E - A| = \begin{vmatrix} \lambda - 1 & -b & \cdots & -b \\ -b & \lambda - 1 & \cdots & -b \\ \vdots & \vdots & & \vdots \\ -b & -b & \cdots & \lambda - 1 \end{vmatrix}$$

$$= [\lambda - 1 - (n-1)b][\lambda - (1-b)]^{n-1}$$

故 A 的特征值为 $\lambda_1 = 1 + (n-1)b, \lambda_2 = \cdots = \lambda_n = 1 - b$.

对于 $\lambda_1 = 1 + (n-1)b$，设 A 的属于特征值 λ_1 的一个特征向量为 ξ_1，则按定义

$$\begin{bmatrix} 1 & b & \cdots & b \\ b & 1 & \cdots & b \\ \vdots & \vdots & & \vdots \\ b & b & \cdots & 1 \end{bmatrix} \xi_1 = [1 + (n-1)b]\xi_1$$

解得 $\xi_1 = (1,1,\cdots,1)^T$，所以全部特征向量为

$$k\xi_1 = k(1,1,\cdots,1)^T \text{（} k \text{ 为任意非零常数）}$$

对于 $\lambda_2 = \cdots = \lambda_n = 1 - b$，解齐次线性方程组 $[(1-b)E - A]x = \mathbf{0}$，由

$$(1-b)E - A = \begin{bmatrix} -b & -b & \cdots & -b \\ -b & -b & \cdots & -b \\ \vdots & \vdots & & \vdots \\ -b & -b & \cdots & -b \end{bmatrix} \to \begin{bmatrix} 1 & 1 & \cdots & 1 \\ 0 & 0 & \cdots & 0 \\ \vdots & \vdots & & \vdots \\ 0 & 0 & \cdots & 0 \end{bmatrix}$$

解得基础解系

$$\xi_2 = (1, -1, 0, \cdots, 0)^T$$
$$\xi_3 = (1, 0, -1, \cdots, 0)^T$$
$$\cdots\cdots$$
$$\xi_n = (1, 0, 0, \cdots, -1)^T$$

故全部特征向量为

$$k_2\xi_2 + k_3\xi_3 + \cdots + k_n\xi_n (k_2, \cdots, k_n \text{ 是不全为零的常数})$$

(2) 当 $b = 0$ 时，特征值 $\lambda_1 = \cdots = \lambda_n = 1$，任意非零列向量均为特征向量.

(Ⅱ) 当 $b \neq 0$ 时，$\boldsymbol{A}$ 有 n 个线性无关的特征向量，令

$$\boldsymbol{P} = \begin{bmatrix} 1 & 1 & \cdots & 1 & 1 \\ -1 & 0 & \cdots & 0 & 1 \\ 0 & -1 & \cdots & 0 & 1 \\ \vdots & \vdots & & \vdots & \vdots \\ 0 & 0 & \cdots & -1 & 1 \end{bmatrix}$$

则有
$$\boldsymbol{P}^{-1}\boldsymbol{AP} = \boldsymbol{\Lambda} = \begin{bmatrix} 1-b & & & & \\ & 1-b & & & \\ & & \ddots & & \\ & & & 1-b & \\ & & & & 1+(n-1)b \end{bmatrix}$$

当 $b = 0$ 时，因为 $\boldsymbol{A} = \boldsymbol{E}$，那么对任意可逆矩阵 $\boldsymbol{P}$，均有 $\boldsymbol{P}^{-1}\boldsymbol{AP} = \boldsymbol{E}$.

练习题

1.(1997，数四，9 分) 设矩阵 $\boldsymbol{A}$ 与 $\boldsymbol{B}$ 相似，且

$$\boldsymbol{A} = \begin{bmatrix} 1 & -1 & 1 \\ 2 & 4 & -2 \\ -3 & -3 & a \end{bmatrix}, \boldsymbol{B} = \begin{bmatrix} 2 & 0 & 0 \\ 0 & 2 & 0 \\ 0 & 0 & b \end{bmatrix}$$

(1) 求 a, b 的值.

(2) 求可逆矩阵 $\boldsymbol{P}$，使 $\boldsymbol{P}^{-1}\boldsymbol{AP} = \boldsymbol{B}$.

2.(1999，数四，7 分) 设矩阵 $\boldsymbol{A} = \begin{bmatrix} 3 & 2 & -2 \\ -k & -1 & k \\ 4 & 2 & -3 \end{bmatrix}$，问当 k 为何值时，存在可逆矩阵 $\boldsymbol{P}$，使得 $\boldsymbol{P}^{-1}\boldsymbol{AP}$ 为对角矩阵？并求出 $\boldsymbol{P}$ 和相应的对角矩阵.

练习题参考答案

1.【分析】 $\boldsymbol{B}$ 是对角矩阵，那么 $\boldsymbol{A}$ 与 $\boldsymbol{B}$ 相似时的矩阵 $\boldsymbol{P}$ 就是由 $\boldsymbol{A}$ 的线性无关的特征向量所构成的，求矩阵 $\boldsymbol{P}$ 也就是求 $\boldsymbol{A}$ 的特征向量.

【解】 (1) 由于 $\boldsymbol{A} \sim \boldsymbol{B}$，故

$$\begin{cases} 1+4+a = 2+2+b \\ 6(a-1) = |\boldsymbol{A}| = |\boldsymbol{B}| = 4b \end{cases}$$

解出 $a = 5, b = 6$.

(2) 因为 $\boldsymbol{A} \sim \boldsymbol{B}$，$\boldsymbol{A}$ 与 $\boldsymbol{B}$ 有相同的特征值，故矩阵 $\boldsymbol{A}$ 的特征值是 $\lambda_1 = \lambda_2 = 2, \lambda_3 = 6$.

当 $\lambda_1 = \lambda_2 = 2$ 时，由 $(2\boldsymbol{E} - \boldsymbol{A})\boldsymbol{x} = \boldsymbol{0}$，

$$\begin{bmatrix} 1 & 1 & -1 \\ -2 & -2 & 2 \\ 3 & 3 & -3 \end{bmatrix} \to \begin{bmatrix} 1 & 1 & -1 \\ 0 & 0 & 0 \\ 0 & 0 & 0 \end{bmatrix}$$

得到基础解系为

$$\boldsymbol{\alpha}_1=(-1,1,0)^{\mathrm T},\boldsymbol{\alpha}_2=(1,0,1)^{\mathrm T}$$

即为矩阵 $\boldsymbol{A}$ 的属于特征值 $\lambda_1=\lambda_2=2$ 的线性无关的特征向量.

当 $\lambda_3=6$ 时，由 $(6\boldsymbol{E}-\boldsymbol{A})\boldsymbol{x}=\boldsymbol{0}$，

$$\begin{bmatrix}5&1&-1\\-2&2&2\\3&3&1\end{bmatrix}\to\begin{bmatrix}1&-1&-1\\0&3&2\\0&0&0\end{bmatrix}$$

其基础解系为

$$\boldsymbol{\alpha}_3=(1,-2,3)^{\mathrm T}$$

即为矩阵 $\boldsymbol{A}$ 属于特征值 $\lambda_3=6$ 的特征向量.

那么，令

$$\boldsymbol{P}=[\boldsymbol{\alpha}_1,\boldsymbol{\alpha}_2,\boldsymbol{\alpha}_3]=\begin{bmatrix}-1&1&1\\1&0&-2\\0&1&3\end{bmatrix}$$

则有 $\boldsymbol{P}^{-1}\boldsymbol{AP}=\boldsymbol{B}$.

2.【分析】 因为 $\boldsymbol{A}\sim\boldsymbol{\Lambda}\Leftrightarrow\boldsymbol{A}$ 有 n 个线性无关的特征向量，而对于 $\boldsymbol{P}^{-1}\boldsymbol{AP}=\boldsymbol{\Lambda}$，其中 $\boldsymbol{\Lambda}$ 的对角线上的元素是 $\boldsymbol{A}$ 的全部特征值，$\boldsymbol{P}$ 的每一列是矩阵 $\boldsymbol{A}$ 的对应特征值的线性无关的特征向量，因此，本题应当从矩阵 $\boldsymbol{A}$ 的特征值、特征向量入手，分析 k 的取值对相似对角化的影响.

【解】 由矩阵 $\boldsymbol{A}$ 的特征多项式

$$|\lambda\boldsymbol{E}-\boldsymbol{A}|=\begin{vmatrix}\lambda-3&-2&2\\k&\lambda+1&-k\\-4&-2&\lambda+3\end{vmatrix}=\begin{vmatrix}\lambda-1&-2&2\\0&\lambda+1&-k\\\lambda-1&-2&\lambda+3\end{vmatrix}$$

$$=\begin{vmatrix}\lambda-1&-2&2\\0&\lambda+1&-k\\0&0&\lambda+1\end{vmatrix}=(\lambda-1)(\lambda+1)^2$$

得知矩阵 $\boldsymbol{A}$ 的特征值为 $\lambda_1=1,\lambda_2=\lambda_3=-1$.

由于 $\boldsymbol{A}\sim\boldsymbol{\Lambda}$，故 $\lambda_2=\lambda_3=-1$ 时，矩阵 $\boldsymbol{A}$ 必有两个线性无关的特征向量，因此秩 $r(-\boldsymbol{E}-\boldsymbol{A})=1$. 由

$$-\boldsymbol{E}-\boldsymbol{A}=\begin{bmatrix}-4&-2&2\\k&0&-k\\-4&-2&2\end{bmatrix}\to\begin{bmatrix}-4&-2&2\\k&0&-k\\0&0&0\end{bmatrix}$$

知，$k=0$.

当 $\lambda_1=1$ 时，由 $(\boldsymbol{E}-\boldsymbol{A})\boldsymbol{x}=\boldsymbol{0}$，

$$\begin{bmatrix}-2&-2&2\\0&2&0\\-4&-2&4\end{bmatrix}\to\begin{bmatrix}1&1&-1\\0&1&0\\0&0&0\end{bmatrix}$$

得到矩阵 $\boldsymbol{A}$ 属于特征值 $\lambda_1=1$ 的特征向量 $\boldsymbol{\alpha}_1=(1,0,1)^{\mathrm T}$.

当 $\lambda_2=\lambda_3=-1$ 时，由 $(-\boldsymbol{E}-\boldsymbol{A})\boldsymbol{x}=\boldsymbol{0}$，

$$\begin{bmatrix}-4&-2&2\\0&0&0\\-4&-2&2\end{bmatrix}\to\begin{bmatrix}2&1&-1\\0&0&0\\0&0&0\end{bmatrix}$$

得到矩阵 $\boldsymbol{A}$ 属于特征值 $\lambda_2=\lambda_3=-1$ 的线性无关的特征向量 $\boldsymbol{\alpha}_2=(-1,2,0)^{\mathrm T},\boldsymbol{\alpha}_3=(0,1,1)^{\mathrm T}$.

那么，令

$$\boldsymbol{P}=[\boldsymbol{\alpha}_1,\boldsymbol{\alpha}_2,\boldsymbol{\alpha}_3]=\begin{bmatrix}1&-1&0\\0&2&1\\1&0&1\end{bmatrix}$$

有

$$\boldsymbol{P}^{-1}\boldsymbol{AP}=\boldsymbol{\Lambda}=\begin{bmatrix}1&&\\&-1&\\&&-1\end{bmatrix}$$

【评注】 本题得分率不高，人均仅 2.2 分. 有的同学是不会计算含有参数 k 的特征多项式 $|\lambda\boldsymbol{E}-\boldsymbol{A}|$，有的同学不知用什么方法来确定 k 的取值. 其实，早在 1994 年就出现了用相似对角化理论，利用秩来确定参数的思想方法.

三、实对称矩阵

试题特点

实对称矩阵有几个重要的定理，例如：实对称矩阵一定和对角矩阵相似（不管特征值有没有重根）；实对称矩阵特征值不同时特征向量必相互正交（由此有内积为 0，从而可构造齐次方程组求特征向量）；实对称矩阵可以用正交矩阵来相似对角化. 试题就是围绕这些定理来设计的. 考研的重点，特别要复习好综合性强的解答题.

14（1997，十题，10 分）设 3 阶实对称矩阵 $\boldsymbol{A}$ 的特征值是 1，2，3；矩阵 $\boldsymbol{A}$ 的属于特征值 1，2 的特征向量分别是 $\boldsymbol{\alpha}_1=(-1,-1,1)^{\mathrm{T}}$，$\boldsymbol{\alpha}_2=(1,-2,-1)^{\mathrm{T}}$.

（1）求 $\boldsymbol{A}$ 的属于特征值 3 的特征向量.

（2）求矩阵 $\boldsymbol{A}$.

解（1）设 $\boldsymbol{A}$ 的属于特征值 $\lambda=3$ 的特征向量为

$$\boldsymbol{\alpha}_3=(x_1,x_2,x_3)^{\mathrm{T}}$$

因为实对称矩阵属于不同特征值的特征向量相互正交，故

$$\begin{cases}\boldsymbol{\alpha}_1^{\mathrm{T}}\boldsymbol{\alpha}_3=-x_1-x_2+x_3=0\\ \boldsymbol{\alpha}_2^{\mathrm{T}}\boldsymbol{\alpha}_3=x_1-2x_2-x_3=0\end{cases}$$

得到基础解系为 $(1,0,1)^{\mathrm{T}}$.

因此，矩阵 $\boldsymbol{A}$ 的属于特征值 $\lambda=3$ 的特征向量为

$$\boldsymbol{\alpha}_3=k(1,0,1)^{\mathrm{T}}\ (k\text{ 为非零常数})$$

（2）由于矩阵 $\boldsymbol{A}$ 的特征值是 1，2，3，特征向量依次为 $\boldsymbol{\alpha}_1,\boldsymbol{\alpha}_2,\boldsymbol{\alpha}_3$，利用分块矩阵有

$$\boldsymbol{A}(\boldsymbol{\alpha}_1,\boldsymbol{\alpha}_2,\boldsymbol{\alpha}_3)=(\boldsymbol{\alpha}_1,2\boldsymbol{\alpha}_2,3\boldsymbol{\alpha}_3)$$

因为 $\boldsymbol{\alpha}_1,\boldsymbol{\alpha}_2,\boldsymbol{\alpha}_3$ 是不同特征值的特征向量，它们线性无关，于是矩阵 $(\boldsymbol{\alpha}_1,\boldsymbol{\alpha}_2,\boldsymbol{\alpha}_3)$ 可逆. 故

$$\begin{aligned}\boldsymbol{A}&=(\boldsymbol{\alpha}_1,2\boldsymbol{\alpha}_3,3\boldsymbol{\alpha}_3)(\boldsymbol{\alpha}_1,\boldsymbol{\alpha}_2,\boldsymbol{\alpha}_3)^{-1}\\&=\begin{bmatrix}-1&2&3\\-1&-4&0\\1&-2&3\end{bmatrix}\begin{bmatrix}-1&1&1\\-1&-2&0\\1&-1&1\end{bmatrix}^{-1}\\&=\frac{1}{6}\begin{bmatrix}-1&2&3\\-1&-4&0\\1&-2&3\end{bmatrix}\begin{bmatrix}-2&-2&2\\1&-2&-1\\3&0&3\end{bmatrix}=\frac{1}{6}\begin{bmatrix}13&-2&5\\-2&10&2\\5&2&13\end{bmatrix}\end{aligned}$$

15（2001，九题，9 分）设矩阵 $\boldsymbol{A}=\begin{bmatrix}1&1&a\\1&a&1\\a&1&1\end{bmatrix}$，$\boldsymbol{\beta}=\begin{bmatrix}1\\1\\-2\end{bmatrix}$，已知线性方程组 $\boldsymbol{Ax}=\boldsymbol{\beta}$ 有解但不唯一. 试求：

（1）a 的值；（2）正交矩阵 $\boldsymbol{Q}$，使 $\boldsymbol{Q}^{\mathrm{T}}\boldsymbol{AQ}$ 为对角矩阵.

分析 方程组有解且不唯一，即方程组有无穷多解，故可由 $r(\boldsymbol{A})=r(\overline{\boldsymbol{A}})<3$ 来求 a 的值. 而 $\boldsymbol{Q}^{\mathrm{T}}\boldsymbol{AQ}=\boldsymbol{\Lambda}$ 即 $\boldsymbol{Q}^{-1}\boldsymbol{AQ}=\boldsymbol{\Lambda}$，为此应当求出 $\boldsymbol{A}$ 的特征值与特征向量再构造正交矩阵 $\boldsymbol{Q}$.

解 对方程组 $\boldsymbol{Ax}=\boldsymbol{\beta}$ 的增广矩阵作初等行变换，有

$$\overline{\boldsymbol{A}}=\left[\begin{array}{ccc:c}1&1&a&1\\1&a&1&1\\a&1&1&-2\end{array}\right]\to\left[\begin{array}{ccc:c}1&1&a&1\\0&a-1&1-a&0\\0&0&(a-1)(a+2)&a+2\end{array}\right]$$

因为方程组有无穷多解，所以 $r(\boldsymbol{A}) = r(\overline{\boldsymbol{A}}) < 3$. 故 $a = -2$.

$$|\lambda\boldsymbol{E} - \boldsymbol{A}| = \begin{vmatrix} \lambda - 1 & -1 & 2 \\ -1 & \lambda + 2 & -1 \\ 2 & -1 & \lambda - 1 \end{vmatrix} = \lambda(\lambda + 3)(\lambda - 3)$$

故矩阵 $\boldsymbol{A}$ 的特征值为：$\lambda_1 = 3, \lambda_2 = 0, \lambda_3 = -3$.

当 $\lambda_1 = 3$ 时，由 $(3\boldsymbol{E} - \boldsymbol{A})\boldsymbol{x} = \boldsymbol{0}$，

$$\begin{bmatrix} 2 & -1 & 2 \\ -1 & 5 & -1 \\ 2 & -1 & 2 \end{bmatrix} \to \begin{bmatrix} 1 & 0 & 1 \\ 0 & 1 & 0 \\ 0 & 0 & 0 \end{bmatrix}$$

得到属于特征值 $\lambda_1 = 3$ 的特征向量 $\boldsymbol{\alpha}_1 = (1, 0, -1)^{\mathrm{T}}$.

当 $\lambda_2 = 0$ 时，由 $(0\boldsymbol{E} - \boldsymbol{A})\boldsymbol{x} = \boldsymbol{0}$，

$$\begin{bmatrix} -1 & -1 & 2 \\ -1 & 2 & -1 \\ 2 & -1 & -1 \end{bmatrix} \to \begin{bmatrix} 1 & 0 & -1 \\ 0 & 1 & -1 \\ 0 & 0 & 0 \end{bmatrix}$$

得到属于特征值 $\lambda_2 = 0$ 的特征向量 $\boldsymbol{\alpha}_2 = (1, 1, 1)^{\mathrm{T}}$.

当 $\lambda_3 = -3$ 时，由 $(-3\boldsymbol{E} - \boldsymbol{A})\boldsymbol{x} = \boldsymbol{0}$，

$$\begin{bmatrix} -4 & -1 & 2 \\ -1 & -1 & -1 \\ 2 & -1 & -4 \end{bmatrix} \to \begin{bmatrix} 1 & 0 & -1 \\ 0 & 1 & 2 \\ 0 & 0 & 0 \end{bmatrix}$$

得到属于特征值 $\lambda_3 = -3$ 的特征向量 $\boldsymbol{\alpha}_3 = (1, -2, 1)^{\mathrm{T}}$.

实对称矩阵的特征值不同时，其特征向量已经正交，故只需单位化.

$$\boldsymbol{\beta}_1 = \frac{1}{\sqrt{2}}\begin{bmatrix} 1 \\ 0 \\ -1 \end{bmatrix}, \boldsymbol{\beta}_2 = \frac{1}{\sqrt{3}}\begin{bmatrix} 1 \\ 1 \\ 1 \end{bmatrix}, \boldsymbol{\beta}_3 = \frac{1}{\sqrt{6}}\begin{bmatrix} 1 \\ -2 \\ 1 \end{bmatrix}$$

那么令

$$\boldsymbol{Q} = (\boldsymbol{\beta}_1, \boldsymbol{\beta}_2, \boldsymbol{\beta}_3) = \begin{bmatrix} \frac{1}{\sqrt{2}} & \frac{1}{\sqrt{3}} & \frac{1}{\sqrt{6}} \\ 0 & \frac{1}{\sqrt{3}} & -\frac{2}{\sqrt{6}} \\ -\frac{1}{\sqrt{2}} & \frac{1}{\sqrt{3}} & \frac{1}{\sqrt{6}} \end{bmatrix}$$

得

$$\boldsymbol{Q}^{\mathrm{T}}\boldsymbol{A}\boldsymbol{Q} = \boldsymbol{Q}^{-1}\boldsymbol{A}\boldsymbol{Q} = \boldsymbol{\Lambda} = \begin{bmatrix} 3 & & \\ & 0 & \\ & & -3 \end{bmatrix}$$

16（2002，十题，8 分）设 $\boldsymbol{A}$ 为 3 阶实对称矩阵，且满足条件 $\boldsymbol{A}^2 + 2\boldsymbol{A} = \boldsymbol{O}$，已知 $\boldsymbol{A}$ 的秩 $r(\boldsymbol{A}) = 2$.

(1) 求 $\boldsymbol{A}$ 的全部特征值；

(2) 当 k 为何值时，矩阵 $\boldsymbol{A} + k\boldsymbol{E}$ 为正定矩阵，其中 $\boldsymbol{E}$ 为 3 阶单位矩阵.

分析 矩阵 $\boldsymbol{A}$ 的元素没有具体给出，故应用定义法求特征值. 然后再用正定的充分必要条件是特征值全大于零来求 k 的值.

解 (1) 设 λ 是矩阵 $\boldsymbol{A}$ 的任一特征值，$\boldsymbol{\alpha}$ 是属于特征值 λ 的特征向量，即

$$\boldsymbol{A}\boldsymbol{\alpha} = \lambda\boldsymbol{\alpha}, \boldsymbol{\alpha} \neq \boldsymbol{0}$$

那么，$\boldsymbol{A}^2\boldsymbol{\alpha} = \lambda^2\boldsymbol{\alpha}$，于是由 $\boldsymbol{A}^2 + 2\boldsymbol{A} = \boldsymbol{O}$ 得

$$(\boldsymbol{A}^2+2\boldsymbol{A})\boldsymbol{\alpha}=(\lambda^2+2\lambda)\boldsymbol{\alpha}=\boldsymbol{0}$$

又因 $\boldsymbol{\alpha}\neq\boldsymbol{0}$，故 $\lambda=-2$ 或 $\lambda=0$.

因为 $\boldsymbol{A}$ 是实对称矩阵，必可相似对角化，且 $r(\boldsymbol{\Lambda})=r(\boldsymbol{A})=2$. 所以

$$\boldsymbol{A}\sim\boldsymbol{\Lambda}=\begin{bmatrix}-2&&\\&-2&\\&&0\end{bmatrix}$$

即矩阵 $\boldsymbol{A}$ 的特征值为 $\lambda_1=\lambda_2=-2,\lambda_3=0$.

(2) 由于 $\boldsymbol{A}+k\boldsymbol{E}$ 是对称矩阵，且由(1)知 $\boldsymbol{A}+k\boldsymbol{E}$ 的特征值为 $k-2,k-2,k$. 那么

$$\boldsymbol{A}+k\boldsymbol{E}\text{ 正定}\Leftrightarrow\begin{cases}k-2>0\\k>0\end{cases}$$

因此，$k>2$ 时，矩阵 $\boldsymbol{A}+k\boldsymbol{E}$ 为正定矩阵.

17(2006,21 题,13 分) 设 3 阶实对称矩阵 $\boldsymbol{A}$ 的各行元素之和均为 3，向量 $\boldsymbol{\alpha}_1=(-1,2,-1)^{\mathrm{T}}$，$\boldsymbol{\alpha}_2=(0,-1,1)^{\mathrm{T}}$ 是线性方程组 $\boldsymbol{Ax}=\boldsymbol{0}$ 的两个解.

(Ⅰ) 求 $\boldsymbol{A}$ 的特征值与特征向量；

(Ⅱ) 求正交矩阵 $\boldsymbol{Q}$ 和对角矩阵 $\boldsymbol{\Lambda}$，使得 $\boldsymbol{Q}^{\mathrm{T}}\boldsymbol{AQ}=\boldsymbol{\Lambda}$；

(Ⅲ) 求 $\boldsymbol{A}$ 及 $\left(\boldsymbol{A}-\frac{3}{2}\boldsymbol{E}\right)^6$，其中 $\boldsymbol{E}$ 为 3 阶单位矩阵.

分析 本题矩阵 $\boldsymbol{A}$ 未知，而(Ⅰ)要求出 $\boldsymbol{A}$ 的特征值、特征向量. 因而要有用定义法分析、推导的构思.

解 (Ⅰ) 因为矩阵 $\boldsymbol{A}$ 的各行元素之和均为 3，即有 $\boldsymbol{A}\begin{bmatrix}1\\1\\1\end{bmatrix}=\begin{bmatrix}3\\3\\3\end{bmatrix}=3\begin{bmatrix}1\\1\\1\end{bmatrix}$，所以 3 是矩阵 $\boldsymbol{A}$ 的特征值，$\boldsymbol{\alpha}=(1,1,1)^{\mathrm{T}}$ 是 $\boldsymbol{A}$ 属于 $\lambda=3$ 的特征向量.

又 $\boldsymbol{A\alpha}_1=\boldsymbol{0}=0\boldsymbol{\alpha}_1$，$\boldsymbol{A\alpha}_2=\boldsymbol{0}=0\boldsymbol{\alpha}_2$，故 $\boldsymbol{\alpha}_1,\boldsymbol{\alpha}_2$ 是矩阵 $\boldsymbol{A}$ 属于 $\lambda=0$ 的两个线性无关的特征向量. 因此矩阵 $\boldsymbol{A}$ 的特征值是 3,0,0.

$\lambda=3$ 的特征向量为 $k(1,1,1)^{\mathrm{T}}$，其中 $k\neq0$ 为常数；

$\lambda=0$ 的特征向量为 $k_1(-1,2,-1)^{\mathrm{T}}+k_2(0,-1,1)^{\mathrm{T}}$，其中 k_1,k_2 是不全为 0 的常数.

(Ⅱ) 因为 $\boldsymbol{\alpha}_1,\boldsymbol{\alpha}_2$ 不正交，故要 Schmidt 正交化.

$$\boldsymbol{\beta}_1=\boldsymbol{\alpha}_1=(-1,2,-1)^{\mathrm{T}}$$

$$\boldsymbol{\beta}_2=\boldsymbol{\alpha}_2-\frac{(\boldsymbol{\alpha}_2,\boldsymbol{\beta}_1)}{(\boldsymbol{\beta}_1,\boldsymbol{\beta}_1)}\boldsymbol{\beta}_1=\begin{bmatrix}0\\-1\\1\end{bmatrix}-\frac{-3}{6}\begin{bmatrix}-1\\2\\-1\end{bmatrix}=\frac{1}{2}\begin{bmatrix}-1\\0\\1\end{bmatrix}$$

单位化 $\boldsymbol{\gamma}_1=\frac{1}{\sqrt6}\begin{bmatrix}-1\\2\\-1\end{bmatrix}$，$\boldsymbol{\gamma}_2=\frac{1}{\sqrt2}\begin{bmatrix}-1\\0\\1\end{bmatrix}$，$\boldsymbol{\gamma}_3=\frac{1}{\sqrt3}\begin{bmatrix}1\\1\\1\end{bmatrix}$.

那么令 $\boldsymbol{Q}=(\boldsymbol{\gamma}_1,\boldsymbol{\gamma}_2,\boldsymbol{\gamma}_3)=\begin{bmatrix}-\frac{1}{\sqrt6}&-\frac{1}{\sqrt2}&\frac{1}{\sqrt3}\\\frac{2}{\sqrt6}&0&\frac{1}{\sqrt3}\\-\frac{1}{\sqrt6}&\frac{1}{\sqrt2}&\frac{1}{\sqrt3}\end{bmatrix}$，得 $\boldsymbol{Q}^{\mathrm{T}}\boldsymbol{AQ}=\boldsymbol{\Lambda}=\begin{bmatrix}0&&\\&0&\\&&3\end{bmatrix}$.

(Ⅲ) 由(Ⅱ)知 $\boldsymbol{Q}^{-1}\boldsymbol{AQ}=\boldsymbol{\Lambda}$，有 $\boldsymbol{A}=\boldsymbol{Q\Lambda Q}^{-1}=\boldsymbol{Q\Lambda Q}^{\mathrm{T}}$，即

$$A=\begin{bmatrix}-\frac{1}{\sqrt6} & -\frac{1}{\sqrt2} & \frac{1}{\sqrt3}\\ \frac{2}{\sqrt6} & 0 & \frac{1}{\sqrt3}\\ -\frac{1}{\sqrt6} & \frac{1}{\sqrt2} & \frac{1}{\sqrt3}\end{bmatrix}\begin{bmatrix}0 & & \\ & 0 & \\ & & 3\end{bmatrix}\begin{bmatrix}-\frac{1}{\sqrt6} & \frac{2}{\sqrt6} & -\frac{1}{\sqrt6}\\ -\frac{1}{\sqrt2} & 0 & \frac{1}{\sqrt2}\\ \frac{1}{\sqrt3} & \frac{1}{\sqrt3} & \frac{1}{\sqrt3}\end{bmatrix}=\begin{bmatrix}1&1&1\\1&1&1\\1&1&1\end{bmatrix}$$

又
$$Q^{-1}AQ=\Lambda\Rightarrow Q^{-1}\left(A-\frac{3}{2}E\right)Q=\Lambda-\frac{3}{2}E$$
$$\Rightarrow Q^{-1}\left(A-\frac{3}{2}E\right)^6Q=\left(\Lambda-\frac{3}{2}E\right)^6=\left(\frac{3}{2}\right)^6E$$

所以$\left(A-\frac{3}{2}E\right)^6=Q\left[\left(\frac{3}{2}\right)^6E\right]Q^{-1}=\left(\frac{3}{2}\right)^6E.$

【评注】 本题也可先求出矩阵A，然后来完成（Ⅰ）和（Ⅱ），这样工作量会大一些，

设$A=\begin{bmatrix}a_{11}&a_{12}&a_{13}\\a_{12}&a_{22}&a_{23}\\a_{13}&a_{23}&a_{33}\end{bmatrix}$，由题设有$\begin{cases}a_{11}+a_{12}+a_{13}=3,\\a_{12}+a_{22}+a_{23}=3,\\a_{13}+a_{23}+a_{33}=3,\end{cases}$

又由$A\alpha_1=0,A\alpha_2=0$有

$$\begin{cases}-a_{11}+2a_{12}-a_{13}=0,\\-a_{12}+2a_{22}-a_{23}=0,\\-a_{13}+2a_{23}-a_{33}=0\end{cases}\quad 和\quad\begin{cases}-a_{12}+a_{13}=0,\\-a_{22}+a_{23}=0,\\-a_{23}+a_{33}=0\end{cases}$$

联立这几个方程可得

$$A=\begin{bmatrix}1&1&1\\1&1&1\\1&1&1\end{bmatrix}$$

进而由$|\lambda E-A|=0\cdots$可完成本题.

当特征值有重根时，要小心此时的特征向量是否垂直，是否有 Schmidt 正交化的考点.

18（2007，22 题，11 分）设 3 阶实对称矩阵A的特征值$\lambda_1=1,\lambda_2=2,\lambda_3=-2$，且$\alpha_1=(1,-1,1)^T$是$A$的属于$\lambda_1$的一个特征向量，记$B=A^5-4A^3+E$，其中$E$为 3 阶单位矩阵.

（Ⅰ）验证α_1是矩阵B的特征向量，并求B的全部特征值与特征向量；

（Ⅱ）求矩阵B.

解（Ⅰ）由$A\alpha=\lambda\alpha$知$A^n\alpha=\lambda^n\alpha$. 那么

$$B\alpha_1=(A^5-4A^3+E)\alpha_1=A^5\alpha_1-4A^3\alpha_1+\alpha_1=(\lambda_1^5-4\lambda_1^3+1)\alpha_1=-2\alpha_1$$

所以α_1是矩阵B属于特征值$\mu_1=-2$的特征向量.

类似地，若$A\alpha_2=\lambda_2\alpha_2,A\alpha_3=\lambda_3\alpha_3$，有

$$B\alpha_2=(\lambda_2^5-4\lambda_2^3+1)\alpha_2=\alpha_2,B\alpha_3=(\lambda_3^5-4\lambda_3^3+1)\alpha_3=\alpha_3$$

因此，矩阵B的特征值为$\mu_1=-2,\mu_2=\mu_3=1$.

由矩阵A是对称矩阵知矩阵B也是对称矩阵，设矩阵B属于特征值$\mu_2=\mu_3=1$的特征向量是$\beta=(x_1,x_2,x_3)^T$，那么因为实对称矩阵特征值不同时特征向量相互正交，有

$$\alpha_1^T\beta=x_1-x_2+x_3=0$$

所以矩阵B属于特征值$\mu_2=\mu_3=1$的线性无关的特征向量是$\beta_2=(1,1,0)^T,\beta_3=(-1,0,1)^T$.

因而，矩阵B属于特征值$\mu_1=-2$的特征向量是$k_1(1,-1,1)^T$，其中k_1是不为0的任意常数.

矩阵B属于特征值$\mu_2=\mu_3=1$的特征向量是$k_2(1,1,0)^T+k_3(-1,0,1)^T$，其中$k_2,k_3$是

不全为 0 的任意常数.

（Ⅱ）由 $B\alpha_1=-2\alpha_1, B\beta_2=\beta_2, B\beta_3=\beta_3$ 有 $B(\alpha_1,\beta_2,\beta_3)=(-2\alpha_1,\beta_2,\beta_3)$. 那么

$$B=(-2\alpha_1,\beta_2,\beta_3)(\alpha_1,\beta_2,\beta_3)^{-1}$$
$$=\begin{bmatrix}-2&1&-1\\2&1&0\\-2&0&1\end{bmatrix}\begin{bmatrix}1&1&-1\\-1&1&0\\1&0&1\end{bmatrix}^{-1}=\begin{bmatrix}-2&1&-1\\2&1&0\\-2&0&1\end{bmatrix}\cdot\frac{1}{3}\begin{bmatrix}1&-1&1\\1&2&1\\-1&1&2\end{bmatrix}$$
$$=\begin{bmatrix}0&1&-1\\1&0&1\\-1&1&0\end{bmatrix}.$$

【评注】 本题求矩阵 B，亦可用 $P^{-1}BP=\Lambda$ 或 $Q^{-1}BQ=\Lambda$ 的方法来实现，例如，令 $P=(\alpha_1,\beta_2,\beta_3)$ 有 $B=P\begin{bmatrix}-2&&\\&1&\\&&1\end{bmatrix}P^{-1}=\cdots\cdots$，作为复习，这里的计算建议同学动手具体做做.

要想到用正交内积为 0 来求特征向量.

练习题

（2004，数四，13 分）设 3 阶实对称矩阵 A 的秩为 2，$\lambda_1=\lambda_2=6$ 是 A 的二重特征值. 若 $\alpha_1=(1,1,0)^T$，$\alpha_2=(2,1,1)^T$，$\alpha_3=(-1,2,-3)^T$ 都是 A 的属于特征值 6 的特征向量.

（Ⅰ）求 A 的另一特征值和对应的特征向量；

（Ⅱ）求矩阵 A.

练习题参考答案

【解】（Ⅰ）由秩 $r(A)=2$，知 $|A|=0$，所以 $\lambda=0$ 是 A 的另一特征值.

因为 $\lambda_1=\lambda_2=6$ 是实对称矩阵 A 的二重特征值，故 A 的属于特征值 $\lambda_1=\lambda_2=6$ 的线性无关的特征向量有 2 个. 因此 $\alpha_1,\alpha_2,\alpha_3$ 必线性相关，而 α_1,α_2 是 A 的属于特征值 $\lambda_1=\lambda_2=6$ 的线性无关的特征向量.

设 $\lambda_3=0$ 所对应的特征向量为 $\alpha=(x_1,x_2,x_3)^T$，由于实对称矩阵不同特征值的特征向量相互正交，故有

$$\begin{cases}\alpha_1^T\alpha=x_1+x_2=0\\\alpha_2^T\alpha=2x_1+x_2+x_3=0\end{cases}$$

解此方程组得基础解系 $\alpha=(-1,1,1)^T$，那么矩阵 A 属于特征值 $\lambda_3=0$ 的特征向量为 $k(-1,1,1)^T$，k 是不为零的任意常数.

（Ⅱ）令 $P=[\alpha_1,\alpha_2,\alpha]$，则

$$P^{-1}AP=\begin{bmatrix}6&0&0\\0&6&0\\0&0&0\end{bmatrix}$$

所以

$$A=P\begin{bmatrix}6&0&0\\0&6&0\\0&0&0\end{bmatrix}P^{-1}$$

又

$$P^{-1}=\begin{bmatrix}0&1&-1\\\frac{1}{3}&-\frac{1}{3}&\frac{2}{3}\\-\frac{1}{3}&\frac{1}{3}&\frac{1}{3}\end{bmatrix}$$

故

$$\boldsymbol{A}=\begin{bmatrix}1&2&-1\\1&1&1\\0&1&1\end{bmatrix}\begin{bmatrix}6&0&0\\0&6&0\\0&0&0\end{bmatrix}\times\frac{1}{3}\begin{bmatrix}0&3&-3\\1&-1&2\\-1&1&1\end{bmatrix}=\begin{bmatrix}4&2&2\\2&4&-2\\2&-2&4\end{bmatrix}$$

【评注】 如果λ是$\boldsymbol{A}$的k重特征值，那么λ至多有k个线性无关的特征向量，而作为实对称矩阵，则k重特征值必有k个线性无关的特征向量. 上述定理保证了本题中$\boldsymbol{\alpha}_1,\boldsymbol{\alpha}_2,\boldsymbol{\alpha}_3$一定线性相关.

在矩阵$\boldsymbol{A}$的求解上，亦可用矩阵方程来处理. 由$\boldsymbol{A\alpha}_1=6\boldsymbol{\alpha}_1,\boldsymbol{A\alpha}_2=6\boldsymbol{\alpha}_2,\boldsymbol{A\alpha}=0\boldsymbol{\alpha}$，有

$$\boldsymbol{A}[\boldsymbol{\alpha}_1,\boldsymbol{\alpha}_2,\boldsymbol{\alpha}]=[6\boldsymbol{\alpha}_1,6\boldsymbol{\alpha}_2,\boldsymbol{0}]$$

从而

$$\boldsymbol{A}=[6\boldsymbol{\alpha}_1,6\boldsymbol{\alpha}_2,\boldsymbol{0}][\boldsymbol{\alpha}_1,\boldsymbol{\alpha}_2,\boldsymbol{\alpha}]^{-1}$$

陈景润出生在一个小职员的家庭，上有哥姐、下有弟妹，排行第三。因为家里孩子多，父亲收入微薄，家庭生活非常拮据。因此，陈景润一出生便似乎成为父母的累赘，一个自认为是不受欢迎的人。上学后，由于瘦小体弱，常受人欺负。这种特殊的生活境况，把他塑造成了一个极为内向、不善言谈的人，加上对数学的痴恋，更使他养成了独来独往、独自闭门思考的习惯，因此竟被别人认为是一个“怪人”。陈景润毕业后选择研究数学这条异常艰辛的人生道路，与沈元教授有关。在他那里，陈景润第一次知道了哥德巴赫猜想，也就是从那里，陈景润第一刻起，他就立志去摘取那颗数学皇冠上的明珠。1953年，他毕业于厦门大学，留校在图书馆工作，但始终没有忘记哥德巴赫猜想，他把数学论文寄给华罗庚教授，华罗庚阅后非常赏识他的才华，把他调到中国科学院数学研究所当实习研究员，从此便有幸在华罗庚的指导下，向哥德巴赫猜想进军。

1966年5月，一颗耀眼的新星闪烁于全球数学界的上空——陈景润宣布证明了哥德巴赫猜想中的"1+2"；1972年2月，他完成了对"1+2"证明的修改。令人难以置信的是，外国数学家在证明"1+3"时用了大型高速计算机，而陈景润却完全靠纸、笔和头颅。如果这令人费解的话，那么他单为简化"1+2"这一证明就用去的6麻袋稿纸，则足以说明问题了。1973年，他发表的著名的"陈氏定理"，被誉为筛法的光辉顶点。

对于陈景润的成就，一位著名的外国数学家曾敬佩和感慨地誉：他移动了群山！

第六章　二次型

本章导读

二次型实际上是特征值的几何应用，复习二次型一定得搞清它与特征值、特征向量之间的内在联系.

考点主要有三个：第一是二次型化标准形的正、反两方面的问题，依托的是特征值、特征向量相似对角化的理论与方法；第二是二次型的正定性，既有正定性的判定，又有正定性质的运用，也都会涉及特征值；第三是合同，它是由二次型经坐标变换引申出来的概念.

一、二次型的概念与标准形

试题特点

用正交变换化二次型为标准形，求其标准形就是求二次型矩阵 $\boldsymbol{A}$ 的特征值，求坐标变换就是求 $\boldsymbol{A}$ 的特征向量，若求二次型的表达式就是求矩阵 $\boldsymbol{A}$，这样的试题一般都是实对称矩阵试题的翻版.

1 (1993，九题，9 分) 设二次型 $f=x_1^2+x_2^2+x_3^2+2\alpha x_1x_2+2\beta x_2x_3+2x_1x_3$ 经正交变换 $\boldsymbol{x}=\boldsymbol{Py}$ 化成 $f=y_2^2+2y_3^2$，其中 $\boldsymbol{x}=(x_1,x_2,x_3)^{\mathrm{T}}$，$\boldsymbol{y}=(y_1,y_2,y_3)^{\mathrm{T}}$ 是三维列向量，$\boldsymbol{P}$ 是三阶正交矩阵，试求常数 α,β.

解 经正交变换二次型矩阵分别为

$$\boldsymbol{A}=\begin{bmatrix}1&\alpha&1\\\alpha&1&\alpha\\1&\beta&1\end{bmatrix}\text{与}\boldsymbol{B}=\begin{bmatrix}0&&\\&1&\\&&2\end{bmatrix}$$

由于 $\boldsymbol{P}$ 是正交矩阵，有 $\boldsymbol{P}^{-1}\boldsymbol{AP}=\boldsymbol{B}$，即知矩阵 $\boldsymbol{A}$ 的特征值是 0，1，2. 那么

$$\begin{cases}|\boldsymbol{A}|=2\alpha\beta-\alpha^2-\beta^2=0\\|\boldsymbol{E}-\boldsymbol{A}|=-2\alpha\beta=0\end{cases}$$

解得 $\alpha=\beta=0$.

2 (1995，十题，10 分) 已知二次型 $f(x_1,x_2,x_3)=4x_2^2-3x_3^2+4x_1x_2-4x_1x_3+8x_2x_3$.

(1) 写出二次型 f 的矩阵表达式.

(2) 用正交变换把二次型 f 化为标准形，并写出相应的正交矩阵.

解 (1) f 的矩阵表示为

$$f(x_1,x_2,x_3)=\boldsymbol{x}^{\mathrm{T}}\boldsymbol{Ax}=(x_1,x_2,x_3)\begin{bmatrix}0&2&-2\\2&4&4\\-2&4&-3\end{bmatrix}\begin{bmatrix}x_1\\x_2\\x_3\end{bmatrix}$$

(2) 由 $\boldsymbol{A}$ 的特征方程

$$|\lambda E-A|=\begin{vmatrix}\lambda & -2 & 2\\ -2 & \lambda-4 & -4\\ 2 & -4 & \lambda+3\end{vmatrix}=(\lambda-1)(\lambda^2-36)=0$$

得到 A 的特征值为 $\lambda_1=1,\lambda_2=6,\lambda_3=-6$.

由 $(E-A)x=0$ 得基础解系 $\alpha_1=(2,0,-1)^T$,即属于 $\lambda_1=1$ 的特征向量.

由 $(6E-A)x=0$ 得基础解系 $\alpha_2=(1,5,2)^T$,即属于 $\lambda_2=6$ 的特征向量.

由 $(-6E-A)x=0$ 得基础解系 $\alpha_3=(1,-1,2)^T$,即属于 $\lambda_3=-6$ 的特征向量.

对于实对称矩阵,特征值不同时特征向量已正交,故只须单位化,有

$$\gamma_1=\frac{\alpha_1}{|\alpha_1|}=\frac{1}{\sqrt5}\begin{bmatrix}2\\0\\-1\end{bmatrix},\gamma_2=\frac{\alpha_2}{|\alpha_2|}=\frac{1}{\sqrt{30}}\begin{bmatrix}1\\5\\2\end{bmatrix},\gamma_3=\frac{\alpha_3}{|\alpha_3|}=\frac{1}{\sqrt6}\begin{bmatrix}1\\-1\\2\end{bmatrix}$$

那么,令
$$Q=(\gamma_1,\gamma_2,\gamma_3)=\begin{bmatrix}\frac{2}{\sqrt5} & \frac{1}{\sqrt{30}} & \frac{1}{\sqrt6}\\ 0 & \frac{5}{\sqrt{30}} & -\frac{1}{\sqrt6}\\ -\frac{1}{\sqrt5} & \frac{2}{\sqrt{30}} & \frac{2}{\sqrt6}\end{bmatrix}$$

经正交变换
$$\begin{bmatrix}x_1\\x_2\\x_3\end{bmatrix}=Q\begin{bmatrix}y_1\\y_2\\y_3\end{bmatrix}$$

二次型化为标准形 $f(x_1x_2x_3)=x^TAx=y^T\Lambda y=y_1^2+6y_2^2-6y_3^2$.

3 (2003,十题,13 分)设二次型

$$f(x_1,x_2,x_3)=x^TAx=ax_1^2+2x_2^2-2x_3^2+2bx_1x_3(b>0)$$

其中二次型的矩阵 A 的特征值之和为 1,特征值之积为 -12.

(1) 求 a,b 的值.

(2) 利用正交变换将二次型 f 化为标准形,并写出所用的正交变换和对应的正交矩阵.

解 (1) 二次型 f 的矩阵为

$$A=\begin{bmatrix}a & 0 & b\\ 0 & 2 & 0\\ b & 0 & -2\end{bmatrix}$$

设 A 的特征值为 $\lambda_i(i=1,2,3)$,由题设,有

$$\lambda_1+\lambda_2+\lambda_3=a+2+(-2)=1$$
$$\lambda_1\lambda_2\lambda_3=|A|=2(-2a-b^2)=-12$$

解得 $a=1,b=2$(已知 $b>0$).

(2) 由矩阵 A 的特征多项式

$$|\lambda E-A|=\begin{vmatrix}\lambda-1 & 0 & -2\\ 0 & \lambda-2 & 0\\ -2 & 0 & \lambda+2\end{vmatrix}=(\lambda-2)\begin{vmatrix}\lambda-1 & -2\\ -2 & \lambda+2\end{vmatrix}$$
$$=(\lambda-2)^2(\lambda+3)$$

得到 A 的特征值 $\lambda_1=\lambda_2=2,\lambda_3=-3$.

对于 $\lambda_1=\lambda_2=2$,由 $(2E-A)x=0$,

$$\begin{bmatrix}1&0&-2\\0&0&0\\-2&0&4\end{bmatrix}\to\begin{bmatrix}1&0&-2\\0&0&0\\0&0&0\end{bmatrix}$$

得到属于 $\lambda_1=\lambda_2=2$ 的线性无关的特征向量 $\boldsymbol{\alpha}_1=(0,1,0)^{\mathrm{T}},\boldsymbol{\alpha}_2=(2,0,1)^{\mathrm{T}}$.

对于 $\lambda_3=-3$，由 $(-3\boldsymbol{E}-\boldsymbol{A})\boldsymbol{x}=\boldsymbol{0}$，

$$\begin{bmatrix}-4&0&-2\\0&-5&0\\-2&0&-1\end{bmatrix}\to\begin{bmatrix}2&0&1\\0&1&0\\0&0&0\end{bmatrix}$$

得到属于 $\lambda_3=-3$ 的特征向量 $\boldsymbol{\alpha}_3=(1,0,-2)^{\mathrm{T}}$.

由于 $\boldsymbol{\alpha}_1,\boldsymbol{\alpha}_2,\boldsymbol{\alpha}_3$ 已两两正交，故只需单位化，有

$$\boldsymbol{\gamma}_1=(0,1,0)^{\mathrm{T}},\boldsymbol{\gamma}_2=\frac{1}{\sqrt{5}}(2,0,1)^{\mathrm{T}},\boldsymbol{\gamma}_3=\frac{1}{\sqrt{5}}(1,0,-2)^{\mathrm{T}}$$

那么，令 $\boldsymbol{P}=(\boldsymbol{\gamma}_1,\boldsymbol{\gamma}_2,\boldsymbol{\gamma}_3)=\begin{bmatrix}0&\frac{2}{\sqrt{5}}&\frac{1}{\sqrt{5}}\\1&0&0\\0&\frac{1}{\sqrt{5}}&-\frac{2}{\sqrt{5}}\end{bmatrix}$，则 $\boldsymbol{P}$ 为正交矩阵，在正交变换 $\boldsymbol{x}=\boldsymbol{P}\boldsymbol{y}$ 下，有

$$\boldsymbol{P}^{\mathrm{T}}\boldsymbol{A}\boldsymbol{P}=\boldsymbol{P}^{-1}\boldsymbol{A}\boldsymbol{P}=\begin{bmatrix}2&&\\&2&\\&&-3\end{bmatrix}$$

二次型的标准形为 $f=2y_1^2+2y_2^2-3y_3^2$.

4 (2004，4 题，4 分) 二次型 $f(x_1,x_2,x_3)=(x_1+x_2)^2+(x_2-x_3)^2+(x_3+x_1)^2$ 的秩为________.

答案 2.

解析 因为

$$f(x_1,x_2,x_3)=2x_1^2+2x_2^2+2x_3^2+2x_1x_2-2x_2x_3+2x_3x_1$$

二次型 f 的矩阵是

$$\boldsymbol{A}=\begin{bmatrix}2&1&1\\1&2&-1\\1&-1&2\end{bmatrix}$$

易见秩 $r(\boldsymbol{A})=2$，故二次型的秩为 2.

二、二次型的正定

试题特点

围绕正定的定义"$\forall\,\boldsymbol{x}\neq\boldsymbol{0}$ 必有 $\boldsymbol{x}^{\mathrm{T}}\boldsymbol{A}\boldsymbol{x}>0$"设计的试题一般难度较大，考特征值(参看 2010 年数一试题)、顺序主子式的考题是容易的.

5 (1991，十题，6 分) 考虑二次型

$$f=x_1^2+4x_2^2+4x_3^2+2\lambda x_1x_2-2x_1x_3+4x_2x_3$$

问 λ 取何值时，f 为正定二次型.

解 二次型 f 的矩阵为

$$\boldsymbol{A}=\begin{bmatrix}1 & \lambda & -1\\ \lambda & 4 & 2\\ -1 & 2 & 4\end{bmatrix}$$

其顺序主子式为

$$\Delta_1=1,\Delta_2=\begin{vmatrix}1 & \lambda\\ \lambda & 4\end{vmatrix}=4-\lambda^2,\Delta_3=|\boldsymbol{A}|=-4^2-4\lambda+8$$

正定的充分必要条件是

$$\Delta_1>0,\Delta_2=(2-\lambda)(2+\lambda)>0,\Delta_3=-4(\lambda-1)(\lambda+2)>0$$

解出其交集为$(-2,1)$. 故 $\lambda\in(-2,1)$ 时，f 是正定二次型.

6 (1992，十一题，6 分) 设 $\boldsymbol{A},\boldsymbol{B}$ 分别为 m 阶，n 阶正定矩阵，试判定分块矩阵 $\boldsymbol{C}=\begin{bmatrix}\boldsymbol{A} & \boldsymbol{O}\\ \boldsymbol{O} & \boldsymbol{B}\end{bmatrix}$是否为正定矩阵.

解 (方法一) 因为 $\boldsymbol{A},\boldsymbol{B}$ 均为正定矩阵，故 $\boldsymbol{A}^{\mathrm{T}}=\boldsymbol{A},\boldsymbol{B}^{\mathrm{T}}=\boldsymbol{B}$.

那么

$$\boldsymbol{C}^{\mathrm{T}}=\begin{bmatrix}\boldsymbol{A} & \boldsymbol{O}\\ \boldsymbol{O} & \boldsymbol{B}\end{bmatrix}^{\mathrm{T}}=\begin{bmatrix}\boldsymbol{A}^{\mathrm{T}} & \boldsymbol{O}\\ \boldsymbol{O} & \boldsymbol{B}^{\mathrm{T}}\end{bmatrix}=\begin{bmatrix}\boldsymbol{A} & \boldsymbol{O}\\ \boldsymbol{O} & \boldsymbol{B}\end{bmatrix}=\boldsymbol{C}$$

即 $\boldsymbol{C}$ 是对称矩阵.

设 $m+n$ 维列向量 $\boldsymbol{Z}^{\mathrm{T}}=(\boldsymbol{X}^{\mathrm{T}},\boldsymbol{Y}^{\mathrm{T}})$，其中

$$\boldsymbol{X}^{\mathrm{T}}=(x_1,x_2,\cdots,x_m),\boldsymbol{Y}^{\mathrm{T}}=(y_1,y_2,\cdots,y_n)$$

若 $\boldsymbol{Z}\neq\boldsymbol{0}$，则 $\boldsymbol{X},\boldsymbol{Y}$ 不同时为 $\boldsymbol{0}$，不妨设 $\boldsymbol{X}\neq\boldsymbol{0}$，因为 $\boldsymbol{A}$ 是正定矩阵，所以

$$\boldsymbol{X}^{\mathrm{T}}\boldsymbol{A}\boldsymbol{X}>0$$

又因 $\boldsymbol{B}$ 是正定矩阵，故对任意 n 维向量 $\boldsymbol{Y}$，恒有

$$\boldsymbol{Y}^{\mathrm{T}}\boldsymbol{B}\boldsymbol{Y}\geqslant 0$$

于是

$$\boldsymbol{Z}^{\mathrm{T}}\boldsymbol{C}\boldsymbol{Z}=(\boldsymbol{X}^{\mathrm{T}},\boldsymbol{Y}^{\mathrm{T}})\begin{bmatrix}\boldsymbol{A} & \boldsymbol{O}\\ \boldsymbol{O} & \boldsymbol{B}\end{bmatrix}\begin{pmatrix}\boldsymbol{X}\\ \boldsymbol{Y}\end{pmatrix}=\boldsymbol{X}^{\mathrm{T}}\boldsymbol{A}\boldsymbol{X}+\boldsymbol{Y}^{\mathrm{T}}\boldsymbol{B}\boldsymbol{Y}>0$$

即 $\boldsymbol{Z}^{\mathrm{T}}\boldsymbol{C}\boldsymbol{Z}$ 是正定二次型，因此 $\boldsymbol{C}$ 是正定矩阵.

(方法二) $\boldsymbol{C}^{\mathrm{T}}=\boldsymbol{C}$ 同(方法一)，略.

设 $\boldsymbol{A}$ 的特征值是$\lambda_1,\lambda_2,\cdots,\lambda_m$，$\boldsymbol{B}$ 的特征值是$\mu_1,\mu_2,\cdots,\mu_n$. 由 $\boldsymbol{A},\boldsymbol{B}$ 均正定，知 $\lambda_i>0,\mu_j>0(i=1,2,\cdots,m,j=1,2,\cdots,n)$. 因为

$$|\lambda\boldsymbol{E}-\boldsymbol{C}|=\begin{vmatrix}\lambda\boldsymbol{E}_m-\boldsymbol{A} & \boldsymbol{O}\\ \boldsymbol{O} & \lambda\boldsymbol{E}_n-\boldsymbol{B}\end{vmatrix}=|\lambda\boldsymbol{E}_m-\boldsymbol{A}|\cdot|\lambda\boldsymbol{E}_n-\boldsymbol{B}|$$
$$=(\lambda-\lambda_1)\cdots(\lambda-\lambda_m)(\lambda-\mu_1)\cdots(\lambda-\mu_n)$$

于是矩阵 $\boldsymbol{C}$ 的特征值为

$$\lambda_1,\lambda_2,\cdots,\lambda_m,\mu_1,\mu_2,\cdots,\mu_n$$

因为 $\boldsymbol{C}$ 的特征值全大于 0，所以矩阵 $\boldsymbol{C}$ 正定.

(方法三) $\boldsymbol{C}$ 是实对称矩阵的证明同前.

因为 $\boldsymbol{A},\boldsymbol{B}$ 均是正定矩阵，故存在可逆矩阵 $\boldsymbol{C}_1$ 与 $\boldsymbol{C}_2$，使

$$\boldsymbol{C}_1^{\mathrm{T}}\boldsymbol{A}\boldsymbol{C}_1=\boldsymbol{E}_m,\boldsymbol{C}_2^{\mathrm{T}}\boldsymbol{B}\boldsymbol{C}_2=\boldsymbol{E}_n$$

那么

$$\begin{bmatrix}\boldsymbol{C}_1 & \boldsymbol{O}\\ \boldsymbol{O} & \boldsymbol{C}_2\end{bmatrix}^{\mathrm{T}}\begin{bmatrix}\boldsymbol{A} & \boldsymbol{O}\\ \boldsymbol{O} & \boldsymbol{B}\end{bmatrix}\begin{bmatrix}\boldsymbol{C}_1 & \boldsymbol{O}\\ \boldsymbol{O} & \boldsymbol{C}_2\end{bmatrix}=\begin{bmatrix}\boldsymbol{C}_1^{\mathrm{T}}\boldsymbol{A}\boldsymbol{C}_1 & \boldsymbol{O}\\ \boldsymbol{O} & \boldsymbol{C}_2^{\mathrm{T}}\boldsymbol{B}\boldsymbol{C}_2\end{bmatrix}=\begin{bmatrix}\boldsymbol{E}_m & \boldsymbol{O}\\ \boldsymbol{O} & \boldsymbol{E}_n\end{bmatrix}$$

且
$$\begin{vmatrix} C_1 & O \\ O & C_2 \end{vmatrix} = |C_1| \cdot |C_2| \neq 0$$
即$\begin{bmatrix} A & O \\ O & B \end{bmatrix}$与$E$合同. 故$\begin{bmatrix} A & O \\ O & B \end{bmatrix}$正定.

7 (1997,一(4)题,3分)若二次型$f(x_1,x_2,x_3)=2x_1^2+x_2^2+x_3^2+2x_1x_2+tx_2x_3$是正定的,则$t$的取值范围是________.

答案 $-\sqrt{2}<t<\sqrt{2}$.

解析 二次型f的矩阵为
$$A=\begin{bmatrix} 2 & 1 & 0 \\ 1 & 1 & \frac{t}{2} \\ 0 & \frac{t}{2} & 1 \end{bmatrix}$$
因为f正定$\Leftrightarrow A$的顺序主子式全大于零. 又
$$\Delta_1=2,\Delta_2=\begin{vmatrix} 2 & 1 \\ 1 & 1 \end{vmatrix}=1,\Delta_3=|A|=1-\frac{1}{2}t^2$$
故f正定$\Leftrightarrow 1-\frac{1}{2}t^2>0$,即$-\sqrt{2}<t<\sqrt{2}$.

【评注】 本题若用配方法,有
$$f=2\left(x_1+\frac{1}{2}x_2\right)^2+\frac{1}{2}(x_2+tx_3)^2+\left(1-\frac{1}{2}t^2\right)x_3^2$$
$$=2y_1^2+\frac{1}{2}y_2^2+\left(1-\frac{1}{2}t^2\right)y_3^2$$
因此,f正定$\Leftrightarrow p=3\Leftrightarrow 1-\frac{1}{2}t^2>0$.

8 (1998,十题,7分)设矩阵$A=\begin{bmatrix} 1 & 0 & 1 \\ 0 & 2 & 0 \\ 1 & 0 & 1 \end{bmatrix}$,矩阵$B=(kE+A)^2$,其中$k$为实数,$E$为单位矩阵.求对角矩阵$\Lambda$,使$B$与$\Lambda$相似,并求$k$为何值时,$B$为正定矩阵.

分析 由于B是实对称矩阵,B必可相似对角化,而对角矩阵Λ即由B的特征值组成,只要求出B的特征值即知Λ,又因正定的充分必要条件是特征值全大于0,k的值亦可求出.

解 由于A是实对称矩阵,有
$$B^T=[(kE+A)^2]^T=[(kE+A)^T]^2=(kE+A)^2=B$$
即B是实对称矩阵,故B必可相似对角化.

由
$$|\lambda E-A|=\begin{vmatrix} \lambda-1 & 0 & 1 \\ 0 & \lambda-2 & 0 \\ -1 & 0 & \lambda-1 \end{vmatrix}=\lambda(\lambda-2)^2$$
可得到A的特征值是$\lambda_1=\lambda_2=2,\lambda_3=0$.
那么,$kE+A$的特征值是$k+2,k+2,k$,而$(kE+A)^2$的特征值是$(k+2)^2,(k+2)^2,k^2$.

故
$$B\sim\Lambda=\begin{bmatrix} (k+2)^2 & & \\ & (k+2)^2 & \\ & & k^2 \end{bmatrix}$$

因为矩阵 $\boldsymbol{B}$ 正定的充分必要条件是特征值全大于0，可见当 $k\neq -2$ 且 $k\neq 0$ 时，矩阵 $\boldsymbol{B}$ 正定.

9（1999，十题，7分）设 $\boldsymbol{A}$ 为 $m\times n$ 实矩阵，$\boldsymbol{E}$ 为 n 阶单位矩阵，已知矩阵 $\boldsymbol{B}=\lambda\boldsymbol{E}+\boldsymbol{A}^{\mathrm{T}}\boldsymbol{A}$，试证：当 $\lambda>0$ 时，矩阵 $\boldsymbol{B}$ 为正定矩阵.

证明 因为 $\boldsymbol{B}^{\mathrm{T}}=(\lambda\boldsymbol{E}+\boldsymbol{A}^{\mathrm{T}}\boldsymbol{A})^{\mathrm{T}}=\lambda\boldsymbol{E}+\boldsymbol{A}^{\mathrm{T}}\boldsymbol{A}=\boldsymbol{B}$，所以 $\boldsymbol{B}$ 是 n 阶实对称矩阵. 构造二次型 $\boldsymbol{x}^{\mathrm{T}}\boldsymbol{B}\boldsymbol{x}$，那么

$$\begin{aligned}\boldsymbol{x}^{\mathrm{T}}\boldsymbol{B}\boldsymbol{x}&=\boldsymbol{x}^{\mathrm{T}}(\lambda\boldsymbol{E}+\boldsymbol{A}^{\mathrm{T}}\boldsymbol{A})\boldsymbol{x}\\&=\lambda\boldsymbol{x}^{\mathrm{T}}\boldsymbol{x}+\boldsymbol{x}^{\mathrm{T}}\boldsymbol{A}^{\mathrm{T}}\boldsymbol{A}\boldsymbol{x}=\lambda\boldsymbol{x}^{\mathrm{T}}\boldsymbol{x}+(\boldsymbol{A}\boldsymbol{x})^{\mathrm{T}}(\boldsymbol{A}\boldsymbol{x})\end{aligned}$$

$\forall\,\boldsymbol{x}\neq\boldsymbol{0}$，恒有 $\boldsymbol{x}^{\mathrm{T}}\boldsymbol{x}>0$，$(\boldsymbol{A}\boldsymbol{x})^{\mathrm{T}}(\boldsymbol{A}\boldsymbol{x})\geqslant 0$. 因此，当 $\lambda>0$ 时，$\forall\,\boldsymbol{x}\neq\boldsymbol{0}$，有

$$\boldsymbol{x}^{\mathrm{T}}\boldsymbol{B}\boldsymbol{x}=\lambda\boldsymbol{x}^{\mathrm{T}}\boldsymbol{x}+(\boldsymbol{A}\boldsymbol{x})^{\mathrm{T}}(\boldsymbol{A}\boldsymbol{x})>0$$

二次型为正定二次型. 故 $\boldsymbol{B}$ 为正定矩阵.

10（2000，十题，9分）设有 n 元实二次型

$$f(x_1,x_2,\cdots,x_n)=(x_1+a_1x_2)^2+(x_2+a_2x_3)^2+\cdots+(x_{n-1}+a_{n-1}x_n)^2+(x_n+a_nx_1)^2$$

其中 $a_i(i=1,2,\cdots,n)$ 为实数. 试问：当 $a_1,a_2,\cdots,a_n$ 满足何种条件时，二次型 $f(x_1,x_2,\cdots,x_n)$ 为正定二次型.

解 由已知条件知，对任意的 $x_1,x_2,\cdots,x_n$，恒有

$$f(x_1,x_2,\cdots,x_n)\geqslant 0$$

其中等号 $f=0$ 成立的充分必要条件是

$$\begin{cases}x_1+a_1x_2=0\\x_2+a_2x_3=0\\\cdots\cdots\cdots\cdots\\x_{n-1}+a_{n-1}x_n=0\\x_n+a_nx_1=0\end{cases}\tag{1}$$

根据正定的定义，只要 $\boldsymbol{x}\neq\boldsymbol{0}$，恒有 $\boldsymbol{x}^{\mathrm{T}}\boldsymbol{A}\boldsymbol{x}>0$，则 $\boldsymbol{x}^{\mathrm{T}}\boldsymbol{A}\boldsymbol{x}$ 是正定二次型. 为此，只要方程组(1)仅有零解，就必有当 $\boldsymbol{x}\neq\boldsymbol{0}$ 时，$x_1+a_1x_2,x_2+a_2x_3,\cdots$ 必不全为0，从而 $f(x_1,x_2,\cdots,x_n)>0$，亦即 f 是正定二次型.

而方程组(1)只有零解的充分必要条件是系数行列式

$$\begin{vmatrix}1&a_1&0&\cdots&0&0\\0&1&a_2&\cdots&0&0\\0&0&1&\cdots&0&0\\\vdots&\vdots&\vdots&&\vdots&\vdots\\0&0&0&\cdots&1&a_{n-1}\\a_n&0&0&\cdots&0&1\end{vmatrix}=1+(-1)^{n+1}a_1a_2\cdots a_n\neq 0$$

即当 $a_1a_2\cdots a_n\neq(-1)^n$ 时，二次型 $f(x_1,x_2,\cdots,x_n)$ 为正定二次型.

11（2005，21题，13分）设 $\boldsymbol{D}=\begin{bmatrix}\boldsymbol{A}&\boldsymbol{C}\\\boldsymbol{C}^{\mathrm{T}}&\boldsymbol{B}\end{bmatrix}$ 为正定矩阵，其中 $\boldsymbol{A},\boldsymbol{B}$ 分别为 m 阶，n 阶对称矩阵，$\boldsymbol{C}$ 为 $m\times n$ 矩阵.

（Ⅰ）计算 $\boldsymbol{P}^{\mathrm{T}}\boldsymbol{D}\boldsymbol{P}$，其中 $\boldsymbol{P}=\begin{bmatrix}\boldsymbol{E}_m&-\boldsymbol{A}^{-1}\boldsymbol{C}\\\boldsymbol{O}&\boldsymbol{E}_n\end{bmatrix}$；

（Ⅱ）利用（Ⅰ）的结果判断矩阵 $\boldsymbol{B}-\boldsymbol{C}^{\mathrm{T}}\boldsymbol{A}^{-1}\boldsymbol{C}$ 是否为正定矩阵，并证明你的结论.

解（Ⅰ）因为 $\boldsymbol{P}^{\mathrm{T}}=\begin{bmatrix}\boldsymbol{E}_m&-\boldsymbol{A}^{-1}\boldsymbol{C}\\\boldsymbol{O}&\boldsymbol{E}_n\end{bmatrix}^{\mathrm{T}}=\begin{bmatrix}\boldsymbol{E}_m&\boldsymbol{O}\\-\boldsymbol{C}^{\mathrm{T}}\boldsymbol{A}^{-1}&\boldsymbol{E}_n\end{bmatrix}$，

所以
$$P^{T}DP=\begin{bmatrix}E_m & O\\ -C^{T}A^{-1} & E_n\end{bmatrix}\begin{bmatrix}A & C\\ C^{T} & B\end{bmatrix}\begin{bmatrix}E_m & -A^{-1}C\\ O & E_n\end{bmatrix}$$
$$=\begin{bmatrix}A & C\\ O & B-C^{T}A^{-1}C\end{bmatrix}\begin{bmatrix}E_m & -A^{-1}C\\ O & E_n\end{bmatrix}=\begin{bmatrix}A & O\\ O & B-C^{T}A^{-1}C\end{bmatrix}$$

（Ⅱ）因为 D 是对称矩阵，知 $P^{T}DP$ 是对称矩阵，所以 $B-C^{T}A^{-1}C$ 为对称矩阵，又因矩阵 D 与 $\begin{bmatrix}A & O\\ O & B-C^{T}A^{-1}C\end{bmatrix}$ 合同，且 D 正定，知矩阵 $\begin{bmatrix}A & O\\ O & B-C^{T}A^{-1}C\end{bmatrix}$ 正定，那么，$\forall\begin{bmatrix}0\\ y\end{bmatrix}$ 不等于零向量，恒有
$$[0^{T},y^{T}]\begin{bmatrix}A & O\\ O & B-C^{T}A^{-1}C\end{bmatrix}\begin{bmatrix}0\\ y\end{bmatrix}=y^{T}(B-C^{T}A^{-1}C)y>0$$
所以矩阵 $B-C^{T}A^{-1}C$ 正定.

【评注】 对于抽象的二次型其正定性的判断往往要考虑用定义法，另外不应忘记首先要检验矩阵的对称性. 本题考的较差，难度系数仅 0.259.

三、合同矩阵

试题特点

不是重点，填空、选择为主.
$$A\simeq B\Leftrightarrow p_A=p_B,q_A=q_B$$
通过什么来确定正、负惯性指数?特征值!有时也可用配方法.
注意相似与合同的联系和区别.

12（1996，九题，8 分）设矩阵 $A=\begin{bmatrix}0&1&0&0\\1&0&0&0\\0&0&y&1\\0&0&1&2\end{bmatrix}$.

(1) 已知 A 的一个特征值为 3，试求 y.
(2) 求可逆矩阵 P，使 $(AP)^{T}(AP)$ 为对角矩阵.

解 (1) 因为 $\lambda=3$ 是 A 的特征值，故
$$|3E-A|=\begin{vmatrix}3&-1&0&0\\-1&3&0&0\\0&0&3-y&-1\\0&0&-1&1\end{vmatrix}$$
$$=\begin{vmatrix}3&-1\\-1&3\end{vmatrix}\cdot\begin{vmatrix}3-y&-1\\-1&1\end{vmatrix}=8(2-y)=0$$
所以 $y=2$.

(2) 由于 $A^{T}=A$，要使 $(AP)^{T}(AP)=P^{T}A^{2}P=\Lambda$，而
$$A^{2}=\begin{bmatrix}1&0&0&0\\0&1&0&0\\0&0&5&4\\0&0&4&5\end{bmatrix}$$

是对称矩阵，故可构造二次型 $\boldsymbol{x}^{\mathrm{T}}\boldsymbol{A}^2\boldsymbol{x}$，将其化为标准形 $\boldsymbol{y}^{\mathrm{T}}\boldsymbol{\Lambda}\boldsymbol{y}$. 即有 $\boldsymbol{A}^2$ 与 $\boldsymbol{\Lambda}$ 合同. 亦即 $\boldsymbol{P}^{\mathrm{T}}\boldsymbol{A}^2\boldsymbol{P}=\boldsymbol{\Lambda}$.

由于

$$\begin{aligned}\boldsymbol{x}^{\mathrm{T}}\boldsymbol{A}^2\boldsymbol{x}&=x_1^2+x_2^2+5x_3^2+5x_4^2+8x_3x_4\\&=x_1^2+x_2^2+5\left(x_3^2+\frac{8}{5}x_3x_4+\frac{16}{25}x_4^2\right)+5x_4^2-\frac{16}{5}x_4^2\\&=x_1^2+x_2^2+5\left(x_1+\frac{4}{5}x_4\right)^2+\frac{9}{5}x_4^2\end{aligned}$$

那么，令 $y_1=x_1,y_2=x_2,y_3=x_3+\frac{4}{5}x_4,y_4=x_4$，即经坐标变换

$$\begin{bmatrix}x_1\\x_2\\x_3\\x_4\end{bmatrix}=\begin{bmatrix}1&0&0&0\\0&1&0&0\\0&0&1&-\frac{4}{5}\\0&0&0&1\end{bmatrix}\begin{bmatrix}y_1\\y_2\\y_3\\y_4\end{bmatrix}$$

有

$$\boldsymbol{x}^{\mathrm{T}}\boldsymbol{A}^2\boldsymbol{x}=y_1^2+y_2^2+5y_3^2+\frac{9}{5}y_4^2$$

所以，取

$$\boldsymbol{P}=\begin{bmatrix}1&0&0&0\\0&1&0&0\\0&0&1&-\frac{4}{5}\\0&0&0&1\end{bmatrix}$$

有

$$(\boldsymbol{AP})^{\mathrm{T}}(\boldsymbol{AP})=\boldsymbol{P}^{\mathrm{T}}\boldsymbol{A}^2\boldsymbol{P}=\begin{bmatrix}1&&&\\&1&&\\&&5&\\&&&\frac{9}{5}\end{bmatrix}$$

13（1997，二(4)题，3分）设 $\boldsymbol{A},\boldsymbol{B}$ 为同阶可逆矩阵，则

(A) $\boldsymbol{AB}=\boldsymbol{BA}$.

(B) 存在可逆矩阵 $\boldsymbol{P}$，使 $\boldsymbol{P}^{-1}\boldsymbol{AP}=\boldsymbol{B}$.

(C) 存在可逆矩阵 $\boldsymbol{C}$，使 $\boldsymbol{C}^{\mathrm{T}}\boldsymbol{AC}=\boldsymbol{B}$.

(D) 存在可逆矩阵 $\boldsymbol{P}$ 和 $\boldsymbol{Q}$，使 $\boldsymbol{PAQ}=\boldsymbol{B}$.

答案 D.

解析 矩阵乘法没有交换律，故(A)不正确.

两个可逆矩阵不一定相似，因为特征值可以不一样. 故(B)不正确.

两个可逆矩阵所对应的二次型的正、负惯性指数可以不同，因而不一定合同. 例如

$$\boldsymbol{A}=\begin{bmatrix}1&0\\0&2\end{bmatrix}\text{与}\ \boldsymbol{B}=\begin{bmatrix}-1&0\\0&3\end{bmatrix}$$

既不相似也不合同.

$\boldsymbol{A}$ 与 $\boldsymbol{B}$ 等价，即 $\boldsymbol{A}$ 经初等变换可得到 $\boldsymbol{B}$，即有初等矩阵 $\boldsymbol{P}_1,\boldsymbol{P}_2,\cdots,\boldsymbol{Q}_1,\boldsymbol{Q}_2,\cdots$，使

$$\boldsymbol{P}_s\cdots\boldsymbol{P}_2\boldsymbol{P}_1\boldsymbol{AQ}_1\boldsymbol{Q}_2\cdots\boldsymbol{Q}_t=\boldsymbol{B}$$

亦即有可逆矩阵 $\boldsymbol{P}$ 和 $\boldsymbol{Q}$ 使 $\boldsymbol{PAQ}=\boldsymbol{B}$.

另一方面，$\boldsymbol{A}$ 与 $\boldsymbol{B}$ 等价 $\Leftrightarrow r(\boldsymbol{A})=r(\boldsymbol{B})$，从而知(D)正确. 故应选(D).

14（2001，十题，8分）设 $\boldsymbol{A}$ 为 n 阶实对称矩阵，$r(\boldsymbol{A})=n$，A_{ij} 是 $\boldsymbol{A}=(a_{ij})_{n\times n}$ 中元素 a_{ij} 的代数余子式($i,j=1,2,\cdots,n$). 二次型

$$f(x_1,x_2,\cdots,x_n)=\sum_{i=1}^{n}\sum_{j=1}^{n}\frac{A_{ij}}{|\boldsymbol{A}|}x_ix_j$$

(1) 记 $\boldsymbol{x}=(x_1,x_2,\cdots,x_n)^{\mathrm{T}}$，把 $f(x_1,x_2,\cdots,x_n)$ 写成矩阵形式，并证明二次型 $f(\boldsymbol{x})$ 的矩阵为 $\boldsymbol{A}^{-1}$；
(2) 二次型 $g(\boldsymbol{x})=\boldsymbol{x}^{\mathrm{T}}\boldsymbol{A}\boldsymbol{x}$ 与 $f(\boldsymbol{x})$ 的规范形是否相同？说明理由.

分析 如果 $f(\boldsymbol{x})=\boldsymbol{x}^{\mathrm{T}}\boldsymbol{A}\boldsymbol{x}$，其中 $\boldsymbol{A}$ 是实对称矩阵，那么 $\boldsymbol{x}^{\mathrm{T}}\boldsymbol{A}\boldsymbol{x}$ 就是二次型 $f(\boldsymbol{x})$ 的矩阵表示，为此应读出双和号的含义. 两个二次型如果其正负惯性指数相同，它们的规范形就一样，反之亦然. 而根据惯性定理，经坐标变换二次型的正负惯性指数不变，因而规范形相同.

解 由于

$$f(x_1,x_2,\cdots,x_n)=\sum_{i=1}^{n}\sum_{j=1}^{n}\frac{A_{ij}}{|\boldsymbol{A}|}x_ix_j$$
$$=(x_1,x_2,\cdots,x_n)\frac{1}{|\boldsymbol{A}|}\begin{bmatrix}A_{11}&A_{12}&\cdots&A_{1n}\\A_{21}&A_{22}&\cdots&A_{2n}\\\vdots&\vdots&&\vdots\\A_{n1}&A_{n2}&\cdots&A_{nn}\end{bmatrix}\begin{bmatrix}x_1\\x_2\\\vdots\\x_n\end{bmatrix}$$

因为 $r(\boldsymbol{A})=n$，知 $\boldsymbol{A}$ 可逆，又因 $\boldsymbol{A}$ 是实对称的，有

$$(\boldsymbol{A}^{-1})^{\mathrm{T}}=(\boldsymbol{A}^{\mathrm{T}})^{-1}=\boldsymbol{A}^{-1}$$

得知 $\boldsymbol{A}^{-1}=\dfrac{\boldsymbol{A}^*}{|\boldsymbol{A}|}$ 是实对称矩阵，于是 $\boldsymbol{A}^*$ 是对称的，故二次型 $f(\boldsymbol{x})$ 的矩阵是 $\boldsymbol{A}^{-1}$.

(2) 经坐标变换 $\boldsymbol{x}=\boldsymbol{A}^{-1}\boldsymbol{y}$，有

$$g(\boldsymbol{x})=\boldsymbol{x}^{\mathrm{T}}\boldsymbol{A}\boldsymbol{x}=(\boldsymbol{A}^{-1}\boldsymbol{y})^{\mathrm{T}}\boldsymbol{A}(\boldsymbol{A}^{-1}\boldsymbol{y})$$
$$=\boldsymbol{y}^{\mathrm{T}}(\boldsymbol{A}^{-1})^{\mathrm{T}}\boldsymbol{y}=\boldsymbol{y}^{\mathrm{T}}\boldsymbol{A}^{-1}\boldsymbol{y}=f(\boldsymbol{y})$$

即 $g(\boldsymbol{x})$ 与 $f(\boldsymbol{x})$ 有相同的规范形.

15 (2007，8 题，4 分) 设矩阵 $\boldsymbol{A}=\begin{bmatrix}2&-1&-1\\-1&2&-1\\-1&-1&2\end{bmatrix}$，$\boldsymbol{B}=\begin{bmatrix}1&0&0\\0&1&0\\0&0&0\end{bmatrix}$，则 $\boldsymbol{A}$ 与 $\boldsymbol{B}$

(A) 合同且相似.　　(B) 合同，但不相似.
(C) 不合同，但相似.　　(D) 既不合同，也不相似.

答案 B.

解析 根据相似的必要条件：$\sum a_{ii}=\sum b_{ii}$，易见 $\boldsymbol{A}$ 和 $\boldsymbol{B}$ 肯定不相似，由此可排除(A)与(C). 而合同的充分必要条件是有相同的正惯性指数、负惯性指数. 为此可以用特征值加以判断. 由

$$|\lambda\boldsymbol{E}-\boldsymbol{A}|=\begin{vmatrix}\lambda-2&1&1\\1&\lambda-2&1\\1&1&\lambda-2\end{vmatrix}=\begin{vmatrix}\lambda&\lambda&\lambda\\1&\lambda-2&1\\1&1&\lambda-2\end{vmatrix}=\lambda(\lambda-3)^2$$

知矩阵 $\boldsymbol{A}$ 的特征值为 3，3，0. 故二次型 $\boldsymbol{x}^{\mathrm{T}}\boldsymbol{A}\boldsymbol{x}$ 的正惯性指数 $p=2$，负惯性指数 $q=0$. 而二次型 $\boldsymbol{x}^{\mathrm{T}}\boldsymbol{B}\boldsymbol{x}$ 的正惯性指数亦为 $p=2$，负惯性指数 $q=0$，所以 $\boldsymbol{A}$ 与 $\boldsymbol{B}$ 合同，故应选(B).

【评注】 实对称矩阵 $\boldsymbol{A}$ 和 $\boldsymbol{B}$ 相似，则 $\boldsymbol{A}$ 和 $\boldsymbol{B}$ 必合同，(因为 $\boldsymbol{A}\sim\boldsymbol{B}\Rightarrow\lambda_{\boldsymbol{A}}=\lambda_{\boldsymbol{B}}\Rightarrow p_{\boldsymbol{A}}=p_{\boldsymbol{B}}$，$q_{\boldsymbol{A}}=q_{\boldsymbol{B}}\Rightarrow\boldsymbol{A}\simeq\boldsymbol{B}$) 但合同不一定相似，一般情况通过特征值来判断合同是方便的.

16 (2008，6 题，4 分) 设 $\boldsymbol{A}=\begin{bmatrix}1&2\\2&1\end{bmatrix}$，则在实数域上与 $\boldsymbol{A}$ 合同的矩阵为

(A) $\begin{bmatrix}-2&1\\1&-2\end{bmatrix}$.　　(B) $\begin{bmatrix}2&-1\\-1&2\end{bmatrix}$.

(C) $\begin{bmatrix}2 & 1\\1 & 2\end{bmatrix}$.　　　　(D) $\begin{bmatrix}1 & -2\\-2 & 1\end{bmatrix}$.

答案 D.

解析 $\boldsymbol{A}$ 与 $\boldsymbol{B}$ 合同 $\Leftrightarrow \boldsymbol{x}^{\mathrm{T}}\boldsymbol{A}\boldsymbol{x}$ 与 $\boldsymbol{x}^{\mathrm{T}}\boldsymbol{B}\boldsymbol{x}$ 有相同的正惯性指数，及相同的负惯性指数. 而正（负）惯性指数的问题可由特征值的正（负）来决定. 因为

$$|\lambda \boldsymbol{E}-\boldsymbol{A}|=\begin{vmatrix}\lambda-1 & -2\\-2 & \lambda-1\end{vmatrix}=(\lambda-3)(\lambda+1)=0$$

故 $p=1, q=1$.

本题中(D)之矩阵，特征值为 $\begin{vmatrix}\lambda-1 & 2\\2 & \lambda-1\end{vmatrix}=(\lambda-3)(\lambda+1)=0$，故 $p=1, q=1$. 所以选(D).

【评注】 本题的矩阵 $\boldsymbol{A}=\begin{bmatrix}1 & 2\\2 & 1\end{bmatrix}$ 不仅和矩阵 $\begin{bmatrix}1 & -2\\-2 & 1\end{bmatrix}$ 合同，而且它们也相似，因为它们都和对角矩阵 $\begin{bmatrix}3 & \\ & -1\end{bmatrix}$ 相似.

有志者，事竟成。

——《后汉书》

第三部分　概率论与数理统计

第一章　随机事件和概率

本章导读

本章是概率论与数理统计的基础，近几年单独出本章的考题较少，平均2～3年一个小题，大多作为基本知识点出现在后面各章的考题中，考生应该将本章有关的重点的基本概念、基本理论和基本方法理解透彻和熟练掌握.

试题特点

本章的考题大多是选择题或填空题，考查重点有事件的关系和运算、概率的性质、概率的五大公式(加法公式、减法公式、乘法公式、全概率公式以及贝叶斯公式)、古典概型和伯努利概型.

一部分考生对古典概型中的难题感到困惑. 其实考试大纲对古典概型和几何概型的要求是只要会计算一般难度的题型就可以，不必刻意去做各种复杂的题.

本章的选择题或填空题一般会综合 3 ～ 4 个考点，计算量不太大.

考题详析

一、事件关系，概率性质和五大公式

1 (1987，二(5) 题，2 分) 若两事件 A 和 B 同时出现的概率 $P(AB)=0$，则

(A)A 和 B 不相容(互斥).　　(B)AB 是不可能事件.

(C)AB 未必是不可能事件.　　(D)$P(A)=0$ 或 $P(B)=0$.

答案　C.

解析　$P(AB)=0$ 概率是不能得到事件的结论，所以(A)，(B) 不可能. 例如，X 为正态分布随机变量，$X\sim N(0,1)$. A:“$x\geqslant 0$”，B:“$x\leqslant 0$”，AB:“$x=0$”. 显然，$P(AB)=P\{x=0\}=0$，$P(A)=P(B)=\frac{1}{2}$.

2 (1987，十二题，8 分) 假设有两箱同种零件：第一箱内装 50 件，其中 10 件一等品；第二箱内装 30 件，其中 18 件一等品，现从两箱中随意挑出一箱，然后从该箱中先后随机取两个零件(取出的零件均不放回). 试求：

(1) 先取出的零件是一等品的概率 p；

(2) 在先取出的零件是一等品的条件下,第二次取出的零件仍然是一等品的条件概率 q.

解 设事件 B_i 为第 i 次取出的零件是一等品($i=1,2$).事件 A 为被挑出的是第一箱,A 与 $\overline{A}$ 构成一个 Ω 的完备事件组,且 $P(A)=P(\overline{A})=\dfrac{1}{2}$.

(1) 应用全概率公式,知

$$p=P(B_1)=P(B_1\mid A)P(A)+P(B_1\mid \overline{A})P(\overline{A})=\frac{10}{50}\cdot\frac{1}{2}+\frac{18}{30}\cdot\frac{1}{2}=\frac{2}{5}$$

(2) 设事件 C 为先取的零件是一等品的条件下,再取出的零件仍是一等品,则

$$q=P(C)=P(C\mid A)P(A)+P(C\mid \overline{A})P(\overline{A})=\frac{9}{49}\cdot\frac{1}{2}+\frac{17}{29}\cdot\frac{1}{2}=0.3849$$

【评注】 1987 年有不少考生用了一种错误解法:

$$q=P(B_2\mid B_1)=\frac{P(B_2B_1)}{P(B_1)}=\frac{P(B_2B_1\mid A)P(A)+P(B_2B_1\mid \overline{A})P(\overline{A})}{P(B_1\mid A)P(A)+P(B_1\mid \overline{A})P(\overline{A})}$$

$$=\frac{\dfrac{10\cdot 9}{50\cdot 49}\cdot\dfrac{1}{2}+\dfrac{18\cdot 17}{30\cdot 29}\cdot\dfrac{1}{2}}{\dfrac{10}{50}\cdot\dfrac{1}{2}+\dfrac{18}{30}\cdot\dfrac{1}{2}}=0.4855$$

这种解法的错误在于应用公式 $q=P(B_2\mid B_1)=\dfrac{P(B_2B_1)}{P(B_1)}$ 时,其中 B_1,B_2 必须是在同一箱(因先挑一箱,然后取出两个零件),而且分母中 B_1 与分子中 B_1 是同一个 B_1.

但在应用公式

$$\frac{P(B_2B_1)}{P(B_1)}=\frac{P(B_2B_1\mid A)P(A)+P(B_2B_1\mid \overline{A})P(\overline{A})}{P(B_1\mid A)P(A)+P(B_1\mid \overline{A})P(\overline{A})}$$

时,分子式中把 B_2B_1 分成第一箱和第二箱,且 B_2 与 B_1 在同一箱中,同时分母的 B_1 也被分成两箱,这就没法保证公式中的分子 B_1 与分母 B_1 在同一箱了.

3 (1988,一(4)题,2分)假设 $P(A)=0.4,P(A\cup B)=0.7$,那么

① 若 A 与 B 互不相容,则 $P(B)=$ ________;

② 若 A 与 B 相互独立,则 $P(B)=$ ________.

答案 ①0.3; ②0.5.

解析 ①$P(A\cup B)=P(A)+P(B)-P(AB)=P(A)+P(B)$,即 $0.7=0.4+P(B)$,$P(B)=0.3$.

②$P(A\cup B)=P(A)+P(B)-P(AB)=P(A)+P(B)-P(A)P(B)$

即 $0.7=0.4+P(B)-0.4P(B)$,$0.3=0.6P(B)$,$P(B)=0.5$.

4 (1988,二(5)题,2分)(判断题)若事件 A,B,C 满足等式 $A\cup C=B\cup C$,则 $A=B$.

( )

答案 ×.

解析 例如 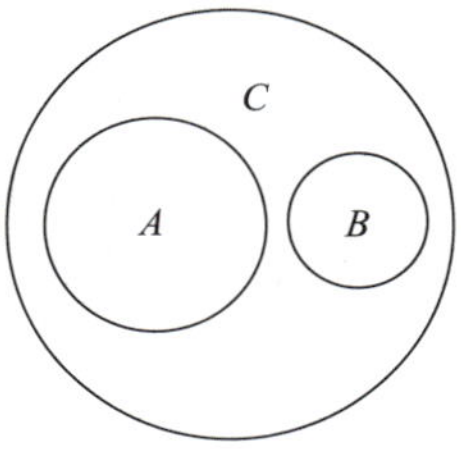

,显然 $A\cup C=C=B\cup C$,但 $A\neq B$.

5 (1988,十题,7 分)玻璃杯成箱出售,每箱 20 只.假设各箱含 0,1,2 只残次品的概率相应为 0.8,0.1 和 0.1.一顾客欲购一箱玻璃杯,在购买时,售货员随意取一箱,而顾客随机地查看 4 只,若无残次品,则买下该箱玻璃杯,否则退回.试求:

(1) 顾客买下该箱的概率 α;

(2) 在顾客买下的一箱中,确实没有残次品的概率 β.

分析 设事件 A—— 顾客买下该箱.事件 B_i—— 箱中恰好有 i 件残次品,$i=0,1,2$.

显然 B_0,B_1,B_2 是 Ω 的一个完备事件组,$P(B_0)=0.8,P(B_1)=0.1,P(B_2)=0.1$.

$P(A\mid B_0)=1,P(A\mid B_1)=\dfrac{C_{19}^4}{C_{20}^4}=\dfrac{4}{5},P(A\mid B_2)=\dfrac{C_{18}^4}{C_{20}^4}=\dfrac{12}{19}$.

要求的是 $P(A)=\alpha,P(B_0\mid A)=\beta$.

解 (1)$\alpha=P(A)=P(B_0)P(A\mid B_0)+P(B_1)P(A\mid B_1)+P(B_2)P(A\mid B_2)$

$$=0.8+0.1\cdot\frac{4}{5}+0.1\cdot\frac{12}{19}=0.94$$

(2)$\beta=P(B_0\mid A)=\dfrac{P(B_0)P(A\mid B_0)}{P(A)}=\dfrac{0.1\cdot\frac{4}{5}}{0.94}=0.85$.

6 (1989,二(5)题,3 分)以 A 表示事件"甲种产品畅销,乙种产品滞销",则其对立事件 $\overline{A}$ 为:

(A)"甲种产品滞销,乙种产品畅销".　　(B)"甲、乙两种产品均畅销".

(C)"甲种产品滞销".　　(D)"甲种产品滞销或乙种产品畅销".

答案 D.

解析 设事件 B—— 甲种产品畅销.

事件 C—— 乙种产品滞销.

则 $A=BC$

A 的对立事件 $\overline{A}=\overline{BC}=\overline{B}\cup\overline{C}$—— 甲种产品滞销或乙种产品畅销.

7 (1990,二(4)题,3 分)设 A、B 为两随机事件,且 $B\subset A$,则下列式子正确的是

(A)$P(A\cup B)=P(A)$.　　(B)$P(AB)=P(A)$.

(C)$P(B\mid A)=P(B)$.　　(D)$P(B-A)=P(B)-P(A)$.

答案 A.

解析 $B\subset A$.故 $A\cup B=A,P(A\cup B)=P(A)$.

8 (1991,二(4)题,3 分)设 A 和 B 是任意两个概率不为零的互不相容事件,则下列结论中肯定正确的是

(A)$\overline{A}$ 与 $\overline{B}$ 不相容.　　(B)$\overline{A}$ 与 $\overline{B}$ 相容.

(C)$P(AB)=P(A)P(B)$.　　(D)$P(A-B)=P(A)$.

答案 D.

解析 $P(A-B)=P(A)-P(AB)=P(A)$.

9 (1992,一(5)题,3 分)将 C,C,E,E,I,N,S 等七个字母随机地排成一行,那么,恰好排成英文单词 $SCIENCE$ 的概率为________.

答案 $\dfrac{1}{1260}$.

解析 七个字母中有两对是一样的,两个 C,两个 E,七个字母任意排有 $\dfrac{7!}{2\cdot 2}$ 种不同可能

排法. $\frac{7!}{4}=1260$，现 $SCIENCE$，如两个 C，两个 E 固定位也就算一种排法.

10 (1992，二(4)题，3分) 设当事件 A 与 B 同时发生时，事件 C 必发生，则

(A) $P(C)\leqslant P(A)+P(B)-1$. (B) $P(C)\geqslant P(A)+P(B)-1$.

(C) $P(C)=P(AB)$. (D) $P(C)=P(A\cup B)$.

答案 B.

解析 A,B 同时发生，事件 C 必发生，即 $AB\subset C$，所以 $P(AB)\leqslant P(C)$，

$1\geqslant P(A\cup B)=P(A)+P(B)-P(AB)$，即 $P(AB)\geqslant P(A)+P(B)-1$，所以 $P(C)\geqslant P(A)+P(B)-1$.

11 (1993，二(4)题，3分) 假设事件 A 与 B 满足 $P(B\mid A)=1,P(A)>0$，则

(A) A 是必然事件. (B) $P(B\mid\overline{A})=0$. (C) $A\supset B$. (D) $P(A-B)=0$.

答案 D.

解析 （方法一） $P(B\mid A)=\frac{P(BA)}{P(A)}=1$，

所以 $P(A)=P(AB)$，$P(A)-P(AB)=P(A-B)=0$.

（方法二） $P(B\mid A)=1$，$P(\overline{B}\mid A)=0$，即 $\frac{P(\overline{B}A)}{P(A)}=0$，$P(A\overline{B})=P(A-B)=0$.

【评注】 本题原题是：假设事件 A 和 B 满足 $P(B\mid A)=1$，则

(A) A 是必然事件. (B) $P(B\mid\overline{A})=0$. (C) $A\supset B$. (D) $A\subset B$.

$P(B\mid A)=1$ 得不出(D)的结论：概率是推不出事件的结论的.

12 (1994，二(4)题，3分) 设 $0<P(A)<1,0<P(B)<1,P(A\mid B)+P(\overline{A}\mid\overline{B})=1$，则

(A) 事件 A 和 B 互不相容. (B) 事件 A 和 B 互相对立.

(C) 事件 A 和 B 互不独立. (D) 事件 A 和 B 相互独立.

答案 D.

解析 $P(A\mid B)+P(\overline{A}\mid\overline{B})=1$，即 $P(A\mid B)=1-P(\overline{A}\mid\overline{B})=P(A\mid\overline{B})$，$A,B$ 独立.

13 (1996，二(5)题，3分) 已知 $0<P(B)<1$，且 $P[(A_1+A_2)\mid B]=P(A_1\mid B)+P(A_2\mid B)$，则下列选项成立的是

(A) $P[(A_1+A_2)\mid\overline{B}]=P(A_1\mid\overline{B})+P(A_2\mid\overline{B})$.

(B) $P(A_1B+A_2B)=P(A_1B)+P(A_2B)$.

(C) $P(A_1+A_2)=P(A_1\mid B)+P(A_2\mid B)$.

(D) $P(B)=P(A_1)P(B\mid A_1)+P(A_2)P(B\mid A_2)$.

答案 B.

解析 $P((A_1+A_2)\mid B)=\frac{P((A_1+A_1)B)}{P(B)}=\frac{P(A_1B+A_2B)}{P(B)}$

$P(A_1\mid B)+P(A_2\mid B)=\frac{P(A_1B)}{P(B)}+\frac{P(A_2B)}{P(B)}=\frac{P(A_1B)+P(A_2B)}{P(B)}$

所以 $\frac{P(A_1B+A_2B)}{P(B)}=\frac{P(A_1B)+P(A_2B)}{P(B)}$，即(B)成立.

14 (1998，十二题，9分) 设有来自三个地区的各10名、15名和25名考生的报名表，其中女生的报名表分别为3份、7份和5份. 随机地取一个地区的报名表，从中先后抽出两份.

(1) 求先抽到的一份是女生表的概率 p；

(2) 已知后抽到的一份是男生表，求先抽到的一份是女生表的概率 q.

解 设事件 B_i 为第 i 次抽到的报名表是女生表($i=1,2$).

事件 A_i 为报名表是第 j 区考生的($j=1,2,3$)，显然 A_1,A_2,A_3 构成 Ω 的完备事件组，且 $P(A_i)=\frac{1}{3},j=1,2,3.$

$$P(B_1\mid A_1)=\frac{3}{10},P(B_1\mid A_2)=\frac{7}{15},P(B_1\mid A_3)=\frac{5}{25}$$

(1) 应用全概率公式，$p=P(B_1)=\sum_{j=1}^{3}P(A_j)P(B_1\mid A_j)=\frac{1}{3}\left(\frac{3}{10}+\frac{7}{15}+\frac{5}{25}\right)=\frac{29}{90}.$

(2) 当 A_1 发生时，$P(B_1\mid\overline{B}_2)=\frac{3}{9}$；

当 A_2 发生时，$P(B_1\mid\overline{B}_2)=\frac{7}{14}$；

当 A_3 发生时 $P(B_1\mid\overline{B}_2)=\frac{5}{24}$.

所以 $q=\frac{1}{3}\cdot\frac{3}{9}+\frac{1}{3}\cdot\frac{7}{14}+\frac{1}{3}\cdot\frac{5}{24}=\frac{1}{3}\left(\frac{1}{3}+\frac{1}{2}+\frac{5}{24}\right)=\frac{25}{72}.$

【评注】 本题与1987年试卷四第十二题类似，本题很容易错误解成如下结果：

(2)$q=P(B_1\mid\overline{B}_2)=\frac{P(B_1\overline{B}_2)}{P(\overline{B}_1)}$，对 $P(B_1\overline{B}_2)$ 和 $P(\overline{B}_2)$ 用全概率公式：

$$P(B_1\overline{B}_2)=\sum_{j=1}^{3}P(B_1\overline{B}_2\mid A_j)P(A_j)=\frac{1}{3}\left(\frac{3\cdot 7}{10\cdot 9}+\frac{7\cdot 8}{15\cdot 14}+\frac{5\cdot 20}{25\cdot 24}\right)=\frac{20}{90}$$

$$P(\overline{B}_2)=\sum_{j=1}^{3}P(\overline{B}_2\mid A_j)P(A_j)=\frac{1}{3}\left(\frac{7}{10}+\frac{8}{15}+\frac{20}{25}\right)=\frac{61}{90}$$

$$q=P(B_1\mid\overline{B}_2)=\frac{P(B_1\overline{B}_2)}{P(\overline{B}_2)}=\frac{20}{61}$$

这种解法错误与1987试卷四第十二题类似.

15 (2000，二(5)题，3分) 在电炉上安装了4个温控器，其显示温度的误差是随机的，在使用过程中，只要有两个温控器显示的温度不低于临界温度 t_0，电炉断电. 以 E 表示事件"电炉断电"，设 $T_{(1)}\leqslant T_{(2)}\leqslant T_{(3)}\leqslant T_{(4)}$ 为4个温控器显示的按递增顺序排列的温度值，则事件 E 等于

(A) $\{T_{(1)}\geqslant t_0\}$.　(B) $\{T_{(2)}\geqslant t_0\}$.　(C) $\{T_{(3)}\geqslant t_0\}$.　(D) $\{T_{(4)}\geqslant t_0\}$.

答案 C.

解析 E——"电炉断电"，就有两个温控器显示温度大于等于 t_0，就有 $T_{(3)},T_{(4)}$ 大于等于 t_0，$T_{(4)}\geqslant T_{(3)}$，只要 $T_{(3)}\geqslant t_0$ 就断电.

16 (2003，二(6)题，4分) 将一枚硬币独立地掷两次，引进事件：$A_1=\{$掷第一次出现正面$\}$，$A_2=\{$掷第二次出现正面$\}$，$A_3=\{$正、反面各出现一次$\}$，$A_4=\{$正面出现两次$\}$，则事件

(A) A_1,A_2,A_3 相互独立.　(B) A_2,A_3,A_4 相互独立.

(C) A_1,A_2,A_3 两两独立.　(D) A_2,A_3,A_4 两两独立.

答案 C.

解析 (方法一)　如果(A)成立，则(C)一定成立，不能有两选项都成立. 同理(B)成立

(D) 也成立.

所以只要在(C),(D) 中选. $A_4 \subset A_2$,$P(A_2A_4)=P(A_4)=\frac{1}{4}$,而 $P(A_2)P(A_4)=\frac{1}{2}\cdot\frac{1}{4}=\frac{1}{8}$,$A_2$,$A_4$ 不独立,只能选(C).

(方法二) $P(A_1)=P(A_2)=P(A_3)=\frac{1}{2}$,$P(A_1A_2)=\frac{1}{4}=P(A_1)P(A_2)$,$P(A_1A_3)=\frac{1}{4}=P(A_1)P(A_3)$,$P(A_2A_3)=\frac{1}{4}=P(A_2)P(A_3)$.

二、古典概型,几何概型和伯努利概型

17 (1989,十一题,8 分)设随机变量 X 在[2,5]上服从均匀分布. 现在对 X 进行三次独立观测,试求至少有两次观测值大于 3 的概率.

分析 对 X 进行三次独立观测,可理解为对 X 进行三次独立重复试验,再把“观测值大于3”这件事理解为试验成功. 本题所求的概率为三次独立重复试验中至少有两次成功的概率. 先求出一次试验成功的概率,然后再用二项概率公式求解.

解 设事件 A 为“X 的观测值大于 3”,则

$$P(A)=P\{X>3\}=\frac{5-3}{5-2}=\frac{2}{3}$$

令 Y 是三次独立观测中 X 的观测值大于 3 的次数,则 $Y\sim B\left(3,\frac{2}{3}\right)$. 故所求概率为

$$\begin{aligned}P\{Y\geqslant 2\}&=P\{Y=2\}+P\{Y=3\}\\&=C_3^2\left(\frac{2}{3}\right)^2\left(\frac{1}{3}\right)+\left(\frac{2}{3}\right)^3=\frac{20}{27}\end{aligned}$$

18 (1990,一(5) 题,3 分)一射手对同一目标独立地进行 4 次射击,若至少命中一次的概率为 $\frac{80}{81}$,则该射手的命中率为________.

答案 $\frac{2}{3}$.

解析 至少命中一次的概率为 $\frac{80}{81}$,则四次射击一次也没击中的概率应为 $1-\frac{80}{81}=\frac{1}{81}$,如果记命中率为 p,则不中的概率为 $1-p$,四次都不中的概率 $(1-p)^4=\frac{1}{81}$,即 $1-p=\frac{1}{3}$,$p=\frac{2}{3}$.

19 (1990,九题,4 分)从 0,1,2,…,9 等十个数字中任意选出三个不同的数字,试求下列事件的概率:$A_1=\{$三个数字中不含 0 和 5$\}$;$A_2=\{$三个数字中不含 0 或 5$\}$;$A_3=\{$三个数字中含 0 但不含 5$\}$.

解 $P(A_1)=\frac{C_8^3}{C_{10}^3}=\frac{7}{15}$,$P(A_2)=\frac{2C_9^3-C_8^3}{C_{10}^3}=\frac{14}{15}$,$P(A_3)=\frac{C_9^2-C_8^1}{C_{10}^3}=\frac{7}{30}$.

20 (1995,十一题,8 分)假设一厂家生产的每台仪器,以概率 0.70 可以直接出厂,以概率 0.30 需进一步调试. 经调试后以概率 0.80 可以出厂,以概率 0.20 定为不合格品不能出厂. 现该厂生产了 $n(n\geqslant 2)$ 台仪器(假设各台仪器的生产过程相互独立).

求(1) 全部能出厂的概率 α；

(2) 其中恰好有两台不能出厂的概率 β；

(3) 其中至少有两台不能出厂的概率 θ.

分析 对新生产的每台仪器，设 A—— 需进一步调试，则 $\overline{A}$—— 可直接出厂.

设 B—— 仪器能出厂，则 AB—— 仪器经调试后能出厂.

由题设条件：$P(A)=0.30, P(B \mid A)=0.8$，

$P(AB)=P(A)P(B \mid A)=0.3\times 0.80=0.24$，

$B=\overline{A}+AB, P(B)=P(\overline{A}+AB)=P(\overline{A})+P(AB)=0.70+0.24=0.94$.

每生产一台仪器，可以看成一次独立试验，如果能出厂（不管调试前，或调试后）可能看成是一次独立试验成功，出厂仪器数就是独立重复试验成功数.

设 X—— 所生产的 n 台仪器中能出厂的台数，显然 $X\sim B(n, 0.94)$.

解 (1) 全部都能出厂

$$\alpha=P\{X=n\}=0.94^n$$

(2) 恰有两台不能出厂

$$\beta=P\{X=n-2\}=C_n^2(0.94)^{n-2}(0.06)^2$$

(3) 至少两台不能出厂

$$\theta=P\{X\leqslant n-2\}=1-P\{X=n-1\}-P\{X=n\}=1-n\cdot(0.94)^{n-1}\cdot 0.06-(0.94)^n$$

21 (1996，十二题，6 分) 考虑一元二次方程 $x^2+Bx+C=0$，其中 B, C 分别是将一枚色子(骰子)接连掷两次先后出现的点数，求该方程有实根的概率 p 和有重根的概率 q.

解 一枚骰子掷两次，每次 1,2,3,4,5,6 六种可能，两次基本事件总数 36. 方程有实根 $B^2-4C\geqslant 0$，或 $C\leqslant \frac{B^2}{4}$，有重根 $B^2-4C=0$ 或 $C=\frac{B^2}{4}$. 显然，

B	1	2	3	4	5	6
$C\leqslant \frac{B^2}{4}$ 个数实根	0	1	2	4	6	6
$C=\frac{B^2}{4}$ 个数重根	0	1	0	1	0	0

由此可见，该方程有实根的基本事件个数为 $1+2+4+6+6=19$. 所以 $p=\frac{19}{36}$. 使方程有重根的基本事件个数为 $1+1=2, q=\frac{2}{36}=\frac{1}{18}$.

22 (2007，9 题，4 分) 某人向同一目标独立重复射击，每次射击命中目标的概率为 $p(0<p<1)$，则此人第 4 次射击恰好第 2 次命中目标的概率为

(A) $3p(1-p)^2$.　　(B) $6p(1-p)^2$.

(C) $3p^2(1-p)^2$.　　(D) $6p^2(1-p)^2$.

答案 C.

解析 本题考查事件的独立性，独立重复试验.

把独立重复射击看成独立重复试验，射击命中目标看成试验成功. 第 4 次射击恰好是第 2 次命中目标就可以理解为：第 4 次试验为成功，而前三次试验中必有 1 次成功，2 次失败.

根据独立重复的伯努利试验，前 3 次试验中有 1 次成功和 2 次失败，其概率为 $C_3^1p(1-p)^2$，再加上第 4 次试验是成功的，其概率为 p. 根据独立性，第 4 次射击为第 2 次命中

目标的概率为

$$C_3^1 p(1-p)^2 \cdot p = 3p^2(1-p)^2$$

答案应选(C).

【评注】 求解这类问题关键在于分析好各次试验的结构,这时可以作如下图分析:

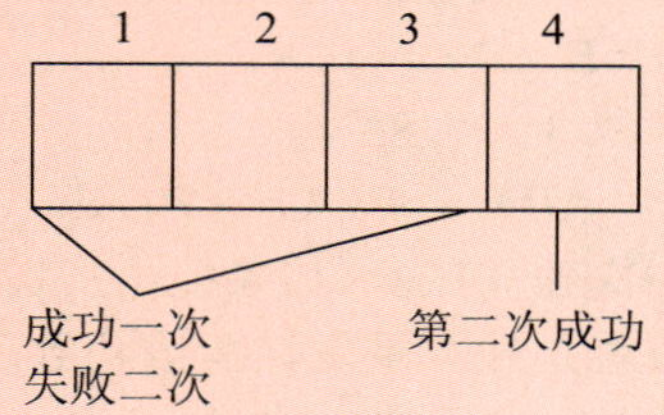

23 (2007,16题,4分)在区间(0,1)中随机地取两个数,则这两个数之差的绝对值小于$\frac{1}{2}$的概率为________.

答案 $\frac{3}{4}$.

解析 本题是几何型概率.不妨假定随机地取出两个数分别为X和Y,它们应是相互独立的,如果把(X,Y)看成平面上一个点的坐标,则由于$0<X<1$,$0<Y<1$,所以(X,Y)为平面上正方形$0<X<1,0<Y<1$中的一个点.而满足X与Y两个数之差的绝对值小于$\frac{1}{2}$的点(X,Y)对应于正方形中$|X-Y|<\frac{1}{2}$的区域.

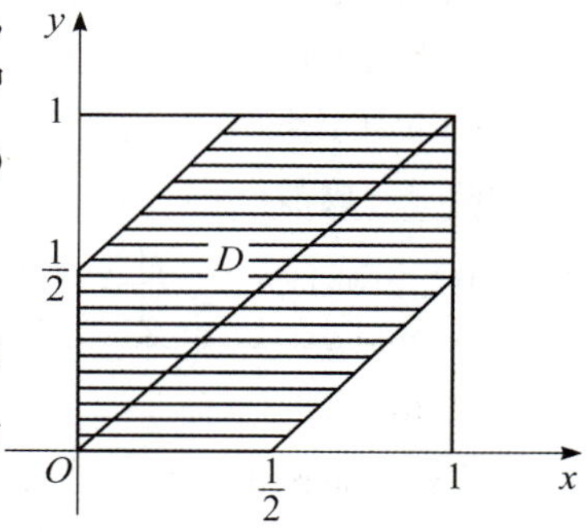

在区间(0,1)中随机选取的所有可能的两个数X和Y,可以将点(X,Y)看成右图单位正方形里的点.满足$|X-Y|<\frac{1}{2}$的点的区域就是图中阴影标出的区域D.根据几何型概率

$$P\left\{|X-Y|<\frac{1}{2}\right\}=\frac{D\text{的面积}}{\text{单位正方形面积}}=\frac{1-2\times\frac{1}{2}\left(\frac{1}{2}\right)^2}{1}=\frac{3}{4}$$

答案应填$\frac{3}{4}$.

【评注】 几何型概率题的求解关键在于如何将满足条件的可能结果与某区域中的一个点对应起来,这区域可能是一维的,也可能是二维的,甚至可能是三维的,然后求出题目要求的区域和可能结果所对应区域长度或面积或体积之比.

第二章　随机变量及其分布

本章导读

本章作为基础会渗透到后面的各章考题中，尤其是第三章多维随机变量及其分布，近年考得较多的是多维随机变量函数的分布的考题. 多维要会做，当然一维也要会做，若没有一维的基础，多维就无法掌握.

试题特点

本章的考点：分布函数、分布律、概率密度，常考的一些分布的性质. 这些考点常以选择题或填空题的形式来考查.

随机变量函数的分布常出现在较大的解答题中.

考题详析

1 (1987，一(5) 题，2 分)(判断题) 连续型随机变量取任何给定实数值的概率等于 0.

(　　)

答案 √.

解析 连续型随机变量 X 的分布函数 $F(x)$ 是连续函数.

根据分布函数性质：对任意实数 x，$P\{X=x\}=F(x)-F(x-0)=0$.

2 (1987，十一(1) 题，4 分) 已知随机变量 X 的概率分布为

$$P\{X=1\}=0.2, P\{X=2\}=0.3, P\{X=3\}=0.5$$

试写出其分布函数 $F(x)$.

解

$$F(x)=P\{X\leqslant 2\}=\begin{cases}0, & x<1,\\ 0.2, & 1\leqslant x<2,\\ 0.3, & 2\leqslant x<3,\\ 1, & 3\leqslant x.\end{cases}$$

3 (1988，十二题，6 分) 假设随机变量 X 在区间 $(1,2)$ 上服从均匀分布，试求随机变量 $Y=e^{2X}$ 的概率密度 $f_Y(y)$.

解 设 X 的密度函数为 $f_X(x)=\begin{cases}1, & 1<x<2,\\ 0, & 其他.\end{cases}$

记 Y 的分布函数为 $F_Y(y)$，则 $F_Y(y)=P\{Y\leqslant y\}=P\{e^{2X}\leqslant y\}$，

当 $y\leqslant 0$ 时，$F_Y(y)=P\{e^{2X}\leqslant y\}=0$；

当 $0<y\leqslant e^2$ 时，$F_Y(y)=P\{e^{2X}\leqslant y\}=P\{2X\leqslant \ln y\}=P\{X\leqslant \frac{1}{2}\ln y\}=\int_{-\infty}^{\frac{1}{2}\ln y} f_X(x)dx$

$$=0;$$

当 $e^2<y<e^4$ 时，$F_Y(y)=P\{e^{2X}\leqslant y\}=P\{2X\leqslant \ln y\}=P\{X\leqslant \frac{1}{2}\ln y\}=\int_{-\infty}^{\frac{1}{2}\ln y} f_X(x)\mathrm{d}x$

$$=\int_1^{\frac{1}{2}\ln y}\mathrm{d}x=\frac{1}{2}\ln y-1;$$

当 $e^4\leqslant y$ 时，$F_Y(y)=1$.

总之 $F_Y(y)=\begin{cases}0, & y\leqslant e^2,\\ \frac{1}{2}\ln y-1, & e^2<y<e^2,\\ 1, & e^4\leqslant y,\end{cases}$ $f_Y(y)=F'_Y(y)=\begin{cases}\frac{1}{2y}, & e^2<y<e^4,\\ 0, & \text{其他}.\end{cases}$

4 (1989，一(4)题，3分) 设随机变量 X 的分布函数为

$$F(x)=\begin{cases}0, & x<0,\\ A\sin x, & 0\leqslant x\leqslant \frac{\pi}{2},\\ 1, & x>\frac{\pi}{2}\end{cases}$$

则 $A=$ ________，$P\left\{|X|<\frac{\pi}{6}\right\}=$ ________.

答案 1；$\frac{1}{2}$.

解析 $F(x)$ 是右连续的，$F\left(\frac{\pi}{2}\right)=A\sin\frac{\pi}{2}=A$，而 $\lim\limits_{x\to\frac{\pi}{2}^+}F(x)=1$，故 $A=1$.

$$P\left\{|X|<\frac{\pi}{6}\right\}=P\left\{-\frac{\pi}{6}<X<\frac{\pi}{6}\right\}=F\left(\frac{\pi}{6}\right)-F\left(-\frac{\pi}{6}\right)=A\sin\frac{\pi}{6}-0=\frac{1}{2}$$

5 (1990，十一题，7分) 某地抽样调查结果表明，考生的外语成绩(百分制)近似正态分布，平均成绩为72分，96分以上的占考生总数的2.3%，试求考生的外语成绩在60分至84分之间的概率.

[附表](表中的 $\Phi(x)$ 是标准正态分布函数).

x	0	0.5	1.0	1.5	2.0	2.5	3.0
$\Phi(x)$	0.500	0.692	0.841	0.933	0.977	0.994	0.999

解 设 X 为考生的外语成绩，则 $X\sim N(72,\sigma^2)$. 根据题给 $P\{X>96\}=0.023$.

$$\begin{aligned}0.023=P\{X>96\}&=1-P\{X\leqslant 96\}\\&=1-P\left\{\frac{X-72}{\sigma}\leqslant\frac{96-72}{\sigma}\right\}\\&=1-P\left\{\frac{X-72}{\sigma}\leqslant\frac{24}{\sigma}\right\}=1-\Phi\left(\frac{24}{\sigma}\right)\end{aligned}$$

即 $\Phi\left(\frac{24}{\sigma}\right)=0.977$，查表得 $\frac{24}{\sigma}=2$，$\sigma=12$，即 $X\sim N(72,12^2)$，

现求 $P\{60\leqslant X\leqslant 84\}=P\left\{\frac{60-72}{12}\leqslant\frac{X-72}{12}\leqslant\frac{84-72}{12}\right\}=\Phi(1)-\Phi(-1)$

$$=2\Phi(1)-1=2\times 0.841-1=0.682.$$

6 (1991，一(5)题，3分) 设随机变量 X 的分布函数为

$$F(x) = P\{X \leqslant x\} = \begin{cases} 0, & x < -1, \\ 0.4, & -1 \leqslant x < 1, \\ 0.8, & 1 \leqslant x < 3, \\ 1, & x \geqslant 3 \end{cases}$$

则 X 的概率分布为________.

答案

X	-1	1	3
P	0.4	0.4	0.2

.

7 (1991，十二题，6分) 一汽车沿一街道行驶，需要通过三个均设有红绿信号灯的路口，每个信号灯为红或绿与其他信号灯为红或绿相互独立，且红绿两种信号显示的时间相等. 以 X 表示该汽车首次遇到红灯前已通过的路口的个数. 求 X 的概率分布.

分析 X 的可能取值为 0,1,2,3. 设 A_i 表示事件"汽车在第 i 个路口首次遇到红灯"，$i=1,2,3$. 故题给条件 A_1, A_2, A_3 相互独立，且

$$P(A_i) = P(\overline{A}_i) = \frac{1}{2}, i = 1,2,3.$$

X 表示汽车首次遇到红灯前已通过的路口的个数. 则

$$P\{X=0\} = P\{A_1\} = \frac{1}{2}, P\{X=1\} = P(\overline{A}_1 A_2) = P(\overline{A}_1)P(A_2) = \frac{1}{4}$$

$$P\{X=2\} = P(\overline{A}_1\,\overline{A}_2 A_3) = P(\overline{A}_1)P(\overline{A}_2)P(A_3) = \frac{1}{8}$$

$$P\{X=3\} = P(\overline{A}_1\,\overline{A}_2\,\overline{A}_3) = P(\overline{A}_1)P(\overline{A}_2)P(\overline{A}_3) = \frac{1}{8}$$

解

X	0	1	2	3
P	$\frac{1}{2}$	$\frac{1}{4}$	$\frac{1}{8}$	$\frac{1}{8}$

.

8 (1992，十二题，7分) 假设测量的随机误差 $X \sim N(0, 10^2)$，试求在 100 次独立重复测量中，至少有三次测量误差的绝对值大于 19.6 的概率 α，并利用泊松分布求出 α 的近似值.（要求小数点后取两位有效数字）.

[附表]

λ	1	2	3	4	5	6	7	…
$e^{-\lambda}$	0.368	0.135	0.050	0.018	0.007	0.002	0.001	…

解 设 p 为每次测量误差的绝对值大于 19.6 的概率

$$p = P\{|X| > 19.6\} = P\left\{\left|\frac{X-0}{10}\right| > \frac{19.6}{10}\right\} = P\left\{\left|\frac{X-0}{10}\right| > 1.96\right\}$$

$$= P\left\{\frac{X-0}{10} < -1.96\right\} + P\left\{\frac{X-0}{10} > 1.96\right\}$$

$p = 2\Phi(-1.96) = 0.05$

设 Y 为 100 次独立重复测量中事件 $\{|X| > 19.6\}$ 出现的次数，则 Y 服从参数为 $n=100$，$p=0.05$ 的二项分布，$Y \sim B(100, 0.05)$. 所求概率

$$\alpha = P\{Y \geqslant 3\} = 1 - P\{Y < 3\} = 1 - (1-p)^{100} - C_{100}^{1}p(1-p)^{99} - C_{100}^{2}p^2(1-p)^{98}$$

由泊松定理知 Y 近似服从参数为 $\lambda = np = 100 \cdot 0.05 = 5$ 的泊松分布.

$$\alpha \approx 1 - e^{-\lambda}\left(1 + \lambda + \frac{\lambda^2}{2}\right) = 1 - e^{-5}\left(1 + 5 + \frac{25}{2}\right) = 1 - 0.007 \times 185 \approx 0.17$$

【评注】 原题没有给出 $\Phi(-1.96) = 0.025$,要求背出,α 的值写出表达式即可.

9 (1993,二(5)题,3分)设随机变量 X 的密度函数为 $\varphi(x)$,且 $\varphi(-x) = \varphi(x)$,$F(x)$ 为 X 的分布函数,则对任意实数 a,有

(A) $F(-a) = 1 - \int_0^a \varphi(x)\mathrm{d}x$.　　(B) $F(-a) = \frac{1}{2} - \int_0^a \varphi(x)\mathrm{d}x$.

(C) $F(-a) = F(a)$.　　(D) $F(-a) = 2F(a) - 1$.

答案 B.

解析 本题涉及用密度表示分布,密度函数又是偶函数,所以可以用积分代换,也可用图形对称性.应该说选择题用图形更方便.

(方法一) $$F(-a) = \int_{-\infty}^{-a} \varphi(x)\mathrm{d}x = \int_{-\infty}^{0} \varphi(x)\mathrm{d}x + \int_0^{-a} \varphi(x)\mathrm{d}x$$
$$= \frac{1}{2} + \int_0^a \varphi(-t)\mathrm{d}(-t) = \frac{1}{2} - \int_0^a \varphi(x)\mathrm{d}x.$$

(方法二)

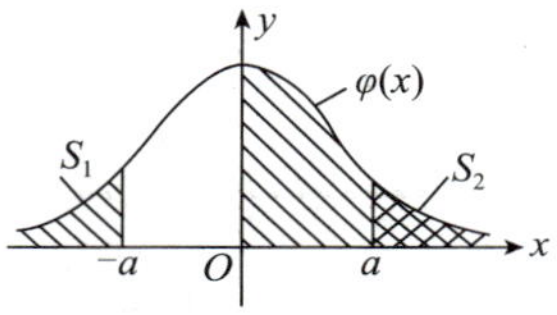

$$S_1 = \int_{-\infty}^{-a} \varphi(x)\mathrm{d}x, S_2 = \int_{a}^{+\infty} \varphi(x)\mathrm{d}x$$
$$S_1 = S_2$$
$$S_1 = S_2 = \frac{1}{2} - \int_0^a \varphi(x)\mathrm{d}x.$$

10 (1993,十一题,8分)假设大型设备在任何长为 t 的时间内发生故障的次数 $N(t)$ 服从参数为 λt 的泊松分布.

(1) 求相继两次故障之间时间间隔 T 的概率分布;

(2) 求在设备已无故障工作 8 小时的情形下,再无故障运行 8 小时的概率 Q.

解 (1) T 是非负随机变量,设 T 的概率分布为 $F(t) = P\{T \leqslant t\}$. 显然,

$t < 0$ 时,$F(t) = 0$.

$t \geqslant 0$ 时,事件 $\{T > t\}$ 就是 $\{N(t) = 0\}$,即两次故障间故障次数 $N(t) = 0$. 所以 $t \geqslant 0$ 时,

$$F(t) = P\{T \leqslant t\} = 1 - P\{T > t\} = 1 - P\{N(t) = 0\} = 1 - \frac{(\lambda t)^0}{0!}e^{-\lambda t} = 1 - e^{-\lambda t}.$$

总之 $F(t) = \begin{cases} 1 - e^{-\lambda t}, & t \geqslant 0, \\ 0, & t < 0, \end{cases}$ T 服从参数为 λ 的指数分布.

(2) $Q = P\{T \geqslant 16 \mid T \geqslant 8\} = P\{T \geqslant 8\} = e^{-8\lambda}$,这用了指数分布的两个性质:

① $P\{T \geqslant s + t \mid T \geqslant t\} = P\{T \geqslant s\}, s > 0, t > 0$

② $P\{T > t\} = e^{-\lambda t}$.

11 (1994,一(5)题,3分)设随机变量 X 的概率密度为

$$f(x) = \begin{cases} 2x, & 0 < x < 1, \\ 0, & \text{其他} \end{cases}$$

以 Y 表示对 X 的三次独立重复观察中事件 $\left\{X \leqslant \frac{1}{2}\right\}$ 出现的次数,则 $P\{Y = 2\} =$ ______.

答案 $\frac{9}{64}$.

解析 事件$\left\{X \leqslant \frac{1}{2}\right\}$发生的概率 $P\left\{X \leqslant \frac{1}{2}\right\} = \int_{-\infty}^{\frac{1}{2}} f(x)\mathrm{d}x = \int_{0}^{\frac{1}{2}} 2x\mathrm{d}x = \frac{1}{4}$.

Y 服从二项分布 $B\left(3,\frac{1}{4}\right)$,$P\{Y=2\} = C_3^2\left(\frac{1}{4}\right)^2\left(1-\frac{1}{4}\right) = \frac{9}{64}$.

12(1995,二(5)题,3分)设随机变量 X 服从正态分布 $N(\mu,\sigma^2)$,则随着 σ 的增大,概率 $P\{|X-\mu|<\sigma\}$

(A)单调增大.　　(B)单调减小.　　(C)保持不变.　　(D)增减不定.

答案 C.

解析 $X \sim N(\mu,\sigma^2)$,$\frac{X-\mu}{\sigma} \sim N(0,1)$.

$P\{|X-\mu|<\sigma\} = P\left\{\left|\frac{X-\mu}{\sigma}\right|<1\right\} = \Phi(1)-\Phi(-1)$.

13(1997,十一题,7分)假设随机变量 X 的绝对值不大于1;$P\{X=-1\}=\frac{1}{8}$,$P\{X=1\}=\frac{1}{4}$;在事件$\{-1<X<1\}$出现的条件下,X 在$(-1,1)$内的任一子区间上取值的条件概率与该子区间长度成正比.试求 X 的分布函数.

解 X 的绝对值不大于1,所以 $x<-1$ 时 $F(x)=0$,$x\geqslant 1$ 时 $F(x)=1$.

$P\{X=-1\}=\frac{1}{8}$,所以 $F(-1)=\frac{1}{8}$,$P\{X=1\}=\frac{1}{4}$,所以

$$\lim_{x\to 1}F(x) = 1-\frac{1}{4} = \frac{3}{4},P\{-1<X<1\} = 1-\frac{1}{8}-\frac{1}{4} = \frac{5}{8}$$

在 X 的值属于$(-1,1)$的条件下,事件$\{-1<X\leqslant x\}(-1<X<1)$的条件概率为

$$P\{-1<X\leqslant x\mid -1<X<1\} = \frac{x+1}{2}$$

于是对于 $-1<x<1$,有

$$\begin{aligned}P\{-1<X\leqslant x\} &= P\{-1<X\leqslant x,-1<X<1\}\\&= P\{-1<X<1\}P\{-1<X\leqslant x\mid -1<X<1\}\\&= \frac{5}{8}\cdot\frac{x+1}{2} = \frac{5x+5}{16}\end{aligned}$$

$$F(x) = P\{X\leqslant -1\}+P\{-1<X\leqslant x\} = \frac{1}{8}+\frac{5x+5}{16} = \frac{5x+7}{16}$$

总之 $F(x) = \begin{cases}0, & x<-1,\\ \frac{5x+7}{16}, & -1\leqslant x<1,\\ 1, & 1\leqslant x.\end{cases}$

【评注】 本题 $F(x)$ 实质就是在 $x=-1$ 处有$\frac{1}{8}$的跳跃.

在 $x=1$ 处有$\frac{1}{4}$的跳跃.

在$(-1,1)$内均匀分布,如图.

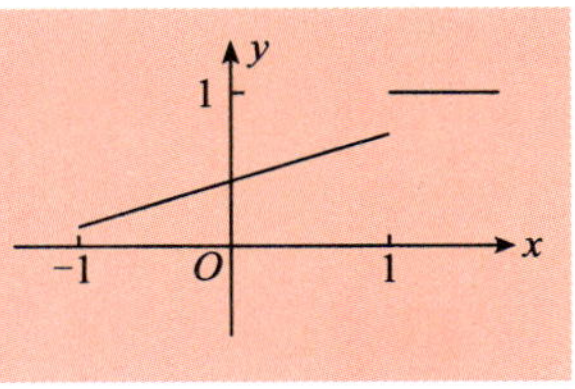

14（1998，二(5)题，3分）设 $F_1(x)$ 与 $F_2(x)$ 分别为随机变量 X_1 与 X_2 的分布函数. 为使

$$F(x) = aF_1(x) - bF_2(x)$$

是某一随机变量的分布函数，在下列给定的各组数值中应取

(A) $a = \frac{3}{5}, b = -\frac{2}{5}$. (B) $a = \frac{2}{3}, b = \frac{2}{3}$. (C) $a = -\frac{1}{2}, b = \frac{3}{2}$. (D) $a = \frac{1}{2}, b = -\frac{3}{2}$.

答案 A.

解析 $F(x)$ 是分布函数，必有 $F(+\infty) = 1 = aF_1(+\infty) - bF_2(+\infty) = a - b$，即 $a - b = 1$，只有 A 满足.

15（2000，一(4)题，3分）设随机变量 X 的概率密度为

$$f(x) = \begin{cases} \frac{1}{3}, & x \in [0,1], \\ \frac{2}{9}, & x \in [3,6], \\ 0, & \text{其他} \end{cases}$$

若 k 使得 $P\{X \geqslant k\} = \frac{2}{3}$，则 k 的取值范围是________.

答案 $[1,3]$.

解析 $P\{X \geqslant k\} = \int_k^{+\infty} f(x)\mathrm{d}x = \frac{2}{3}$，$1 \leqslant k \leqslant 3$ 成立.

16（2003，十一题，13分）设随机变量 X 的概率密度为

$$f(x) = \begin{cases} \frac{1}{3\sqrt[3]{x^2}}, & x \in [1,8], \\ 0, & \text{其他} \end{cases}$$

$F(x)$ 是 X 的分布函数. 求随机变量 $Y = F(X)$ 的分布函数.

解 先求出 $F(x)$，$F(x) = \int_{-\infty}^{x} f(x)\mathrm{d}x$.

当 $x < 1$ 时，$F(x) = 0$.

当 $1 \leqslant x \leqslant 8$ 时，$F(x) = \int_1^x \frac{1}{3\sqrt[3]{x^2}}\mathrm{d}t = \sqrt[3]{x} - 1$.

当 $8 < x$ 时，$F(x) = 1$.

总之 $F(x) = \begin{cases} 0, & x < 1, \\ \sqrt[3]{x} - 1, & 1 \leqslant x \leqslant 8, \\ 1, & 8 < x. \end{cases}$

设 $Y = F(X)$ 的分布函数为 $F_Y(y) = P\{Y \leqslant y\} = P\{F(X) \leqslant y\}$，

当 $y \leqslant 0$ 时，$F_Y(y) = 0$.

当 $0 < y < 1$ 时，$F_Y(y) = P\{\sqrt[3]{X} - 1 \leqslant y\} = P\{X \leqslant (y+1)^3\} = F[(y+1)^3] = y$.

当 $1 \leqslant y$ 时，$F_Y(y) = 0$.

总之 $F_Y(y) = \begin{cases} 0, & y \leqslant 0, \\ y, & 0 < y < 1, \\ 1, & 1 \leqslant y. \end{cases}$

17（2004，14题，4分）设随机变量 X 服从正态分布 $N(0,1)$，对给定的 $\alpha(0 < \alpha < 1)$，数 u_α 满足 $P\{X > u_\alpha\} = \alpha$. 若 $P\{|X| < x\} = \alpha$，则 x 等于

(A)$u_{\frac{\alpha}{2}}$.　　(B)$u_{1-\frac{\alpha}{2}}$.　　(C)$u_{\frac{1-\alpha}{2}}$.　　(D)$u_{1-\alpha}$.

答案 C.

解析 $\alpha = P\{|X|<x\} = 1-P\{|X|\geqslant x\} = 1-P\{X\geqslant x\}-P\{X\leqslant -x\} = 1-2P\{X\geqslant x\}$

故 $2P\{X\geqslant x\} = 1-\alpha, P\{X\geqslant x\} = \dfrac{1-\alpha}{2}, P\{X>x\} = P\{X\geqslant x\} = \dfrac{1-\alpha}{2}, x = u_{\frac{1-\alpha}{2}}$.

18 (2006,14 题,4 分)设随机变量 X 服从正态分布 $N(\mu_1,\sigma_1^2)$,Y 服从正态分布 $N(\mu_2,\sigma_2^2)$,且

$$P\{|X-\mu_1|<1\} > P\{|Y-\mu_2|<1\}$$

则必有

(A)$\sigma_1<\sigma_2$.　　(B)$\sigma_1>\sigma_2$.　　(C)$\mu_1<\mu_2$.　　(D)$\mu_1>\mu_2$.

答案 A.

解析 由于 X 与 Y 的分布不同,不能直接判断 $P\{|X-\mu_1|<1\}$ 和 $P\{|Y-\mu_2|<1\}$ 的大小与参数的关系,如果将其标准化,就可以方便地比较.

$P\{|X-\mu_1|<1\} = P\left\{\left|\dfrac{X-\mu_1}{\sigma_1}\right|<\dfrac{1}{\sigma_1}\right\}$.

随机变量$\dfrac{X-\mu_1}{\sigma_1}\sim N(0,1)$,且其概率密度函数是偶函数.故

$$P\left\{\left|\frac{X-\mu_1}{\sigma_1}\right|<\frac{1}{\sigma_1}\right\} = 2P\left\{0<\frac{X-\mu_1}{\sigma_1}<\frac{1}{\sigma_1}\right\} = 2\left[\Phi\left(\frac{1}{\sigma_1}\right)-\Phi(0)\right] = 2\Phi\left(\frac{1}{\sigma_1}\right)-1$$

同理,$P\{|Y-\mu_2|<1\} = 2\Phi\left(\dfrac{1}{\sigma_2}\right)-1$.

因为 $\Phi(x)$ 是单调增加函数,当 $P\{|X-\mu_1|<1\} > P\{|Y-\mu_2|<1\}$ 时,

$$2\Phi\left(\frac{1}{\sigma_1}\right)-1 > 2\Phi\left(\frac{1}{\sigma_2}\right)-1$$

即 $\Phi\left(\dfrac{1}{\sigma_1}\right) > \Phi\left(\dfrac{1}{\sigma_2}\right)$,所以$\dfrac{1}{\sigma_1} > \dfrac{1}{\sigma_2}$,即 $\sigma_1<\sigma_2$.

答案应选(A).

学知不足,业精于勤。

——韩愈

第三章　多维随机变量的分布

本章导读

本章是概率论的重点之一，也是每年必考的内容，且往往是解答题. 尤其要注意 ① 二维随机变量的函数 $Z=g(X,Y)$ 的分布函数 $F_Z(z)$ 的求法；② 二维随机变量 (X,Y) 的两个分量之间的关系，包括 X 与 Y 的相互独立的条件及不独立时的条件，概率分布和条件概率密度等，都是这几年常考的内容.

试题特点

试题一般只涉及二维随机变量，很少涉及三维随机变量的情况.

在涉及二维离散型随机变量的题中，常要考生自己建立分布，计算边缘分布、条件分布. 在涉及二维连续型随机变量的题中，常要考生熟练地应用二重积分和二次积分来计算边缘密度、条件密度.

独立性及不相关性是一对重要概念，考生要掌握它们的关系及判定方法，特别是对二维正态分布及其参数做独立性和不相关性的判定.

对二维均匀分布，密度函数是常数，如何判定该常数，以及在积分时如何利用这一特性，考生应予以充分注意.

考题详析

一、(X,Y) 的概率分布，X 与 Y 相互独立性

1 (1990，二(5) 题，3 分) 设随机变量 X 和 Y 相互独立，其概率分布为

m	-1	1
$P\{X=m\}$	$\frac{1}{2}$	$\frac{1}{2}$

m	-1	1
$P\{Y=m\}$	$\frac{1}{2}$	$\frac{1}{2}$

则下列式子正确的是

(A) $X=Y$.　　(B) $P\{X=Y\}=0$.

(C) $P\{X=Y\}=\frac{1}{2}$.　　(D) $P\{X=Y\}=1$.

答案 C.

解析 $P\{X=Y\}=P\{X=-1,Y=-1\}+P\{X=1,Y=1\}$

$=P\{X=-1\}P\{Y=-1\}+P\{X=1\}P\{Y=1\}$

$$= \frac{1}{2} \cdot \frac{1}{2} + \frac{1}{2} \cdot \frac{1}{2} = \frac{1}{2}.$$

2 (1990，十题，5 分) 一电子仪器由两个部件构成，以 X 和 Y 分别表示两个部件的寿命(单位：千小时)，已知 X 和 Y 的联合分布函数为

$$F(x,y) = \begin{cases} 1 - e^{-0.5x} - e^{-0.5y} + e^{-0.5(x+y)}, & x \geqslant 0, y \geqslant 0, \\ 0, & \text{其他} \end{cases}$$

(1) 问 X 和 Y 是否独立?

(2) 求两个部件的寿命都超过 100 小时的概率 α.

分析 (1) X 和 Y 相互独立充要条件：设 X 的分布为 $F_X(x) = F(x, +\infty)$

Y 的分布为 $F_Y(y) = F(+\infty, y)$

X, Y 独立就有 $F(x,y) = F_X(x)F_Y(y)$.

(2) X 部件工作寿命超过 100 小时，即 0.1 千小时，其概率为 $P\{X > 0.1\} = 1 - F_X(0.1)$.

同样，$P\{Y > 0.1\} = 1 - F_Y(0.1)$.

解 (1) $F_X(x) = F(x, +\infty) = \begin{cases} 1 - e^{-0.5x} - 0 + 0, & x \geqslant 0 \\ 0, & \text{其他} \end{cases} = \begin{cases} 1 - e^{-0.5x}, & x \geqslant 0, \\ 0, & \text{其他}. \end{cases}$

同理 $F_Y(y) = \begin{cases} 1 - e^{-0.5y}, & y \geqslant 0, \\ 0, & \text{其他}. \end{cases}$

显然 $F(x,y) = F_X(x)F_Y(y)$，X, Y 相互独立.

$$(2)\alpha = P\{X > 0.1, Y > 0.1\} = P\{X > 0.1\}P\{Y > 0.1\}$$
$$= [1 - F_X(0.1)][1 - F_Y(0.1)] = e^{-0.05}e^{-0.05} = e^{-0.1}.$$

【评注】 本题也可用 (X,Y)，X 和 Y 的密度函数 $f(x,y)$，$f_X(x)$ 和 $f_Y(y)$ 来求.

(1) $f(x,y) = f_X(x)f_Y(y)$;

(2) $\alpha = \int_{0.1}^{+\infty}\int_{0.1}^{+\infty} f(x,y)\mathrm{d}x\mathrm{d}y$.

3 (1992，十四题，4 分) 设二维随机变量 (X,Y) 的概率密度为

$$f(x,y) = \begin{cases} e^{-y}, & 0 < x < y, \\ 0, & \text{其他} \end{cases}$$

(Ⅰ) 求随机变量 X 的密度 $f_X(x)$;

(Ⅱ) 求概率 $P\{X + Y \leqslant 1\}$.

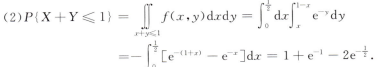

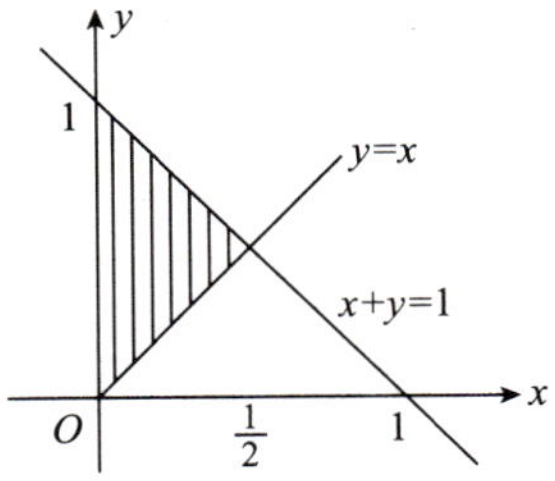

解 (1) $f_X(x) = \int_{-\infty}^{\infty} f(x,y)\mathrm{d}y = \begin{cases} \int_x^{\infty} e^{-y}\mathrm{d}y, & x > 0, \\ 0, & x \leqslant 0. \end{cases}$

$$f_X(x) = \begin{cases} e^{-x}, & x > 0 \\ 0, & x \leqslant 0 \end{cases}$$

$$(2) P\{X + Y \leqslant 1\} = \iint\limits_{x+y\leqslant 1} f(x,y)\mathrm{d}x\mathrm{d}y = \int_0^{\frac{1}{2}}\mathrm{d}x\int_x^{1-x} e^{-y}\mathrm{d}y$$
$$= -\int_0^{\frac{1}{2}}[e^{-(1+x)} - e^{-x}]\mathrm{d}x = 1 + e^{-1} - 2e^{-\frac{1}{2}}.$$

4 (1995，十二题，8 分) 已知随机变量 X 和 Y 的联合概率密度为

$$\varphi(x,y) = \begin{cases} 4xy, & 0 \leqslant x \leqslant 1, 0 \leqslant y \leqslant 1, \\ 0, & \text{其他} \end{cases}$$

求 X 和 Y 的联合分布函数 $F(x,y)$.

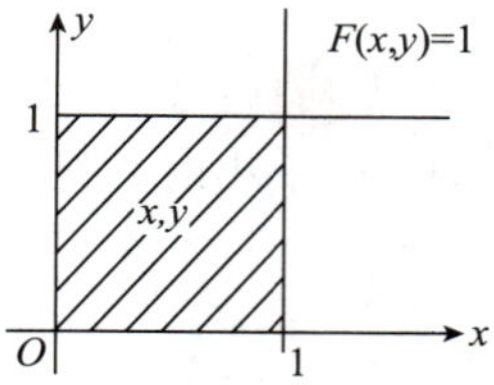

分析 $F(x,y)=\int_{-\infty}^{x}\int_{-\infty}^{y}\varphi(x,y)\mathrm{d}x\mathrm{d}y$

(1) 对 $x<0$ 或 $y<0$，$F(x,y)=0$.

(2) 对 $0\leqslant x\leqslant 1,0\leqslant y\leqslant 1$，

$$F(x,y)=4\int_{0}^{x}\int_{0}^{y}xy\mathrm{d}x\mathrm{d}y=x^2y^2$$

(3) 对 $x>1,y>1$ 时，$F(x,y)=1$.

(4) 对 $x>1,0\leqslant y\leqslant 1$，有 $F(x,y)=P\{X\leqslant 1,Y\leqslant y\}=y^2$.

(5) 对 $y>1,0\leqslant x\leqslant 1$，有 $F(x,y)=P\{X\leqslant x,Y\leqslant 1\}=x^2$.

解 (X,Y) 的分布函数

$$F(x,y)=\begin{cases}0, & x<0\text{ 或 }y<0,\\ x^2y^2, & 0\leqslant x\leqslant 1,0\leqslant y\leqslant 1,\\ x^2, & 0\leqslant x\leqslant 1,1<y,\\ y^2, & 1<x,0\leqslant y\leqslant 1,\\ 1, & 1<x,1<y\end{cases}$$

5 (1997，二(5)题，3分) 设两个随机变量 X 与 Y 相互独立且同分布：$P\{X=-1\}=P\{Y=-1\}=\dfrac{1}{2}$，$P\{X=1\}=P\{Y=1\}=\dfrac{1}{2}$，则下列各式中成立的是

(A) $P\{X=Y\}=\dfrac{1}{2}$.　　(B) $P\{X=Y\}=1$.

(C) $P\{X+Y=0\}=\dfrac{1}{4}$.　　(D) $P\{XY=1\}=\dfrac{1}{4}$.

答案 A.

解析 由已知条件可得如下分布律

X	-1	1
P	$\frac{1}{2}$	$\frac{1}{2}$

，

Y	-1	1
P	$\frac{1}{2}$	$\frac{1}{2}$

由 X,Y 相互独立得

$$\begin{aligned}P\{X=Y\}&=P\{X=-1,Y=-1\}+P\{X=1,Y=1\}\\&=P\{X=-1\}P(Y=-1)+P\{X=1\}P\{Y=1\}\\&=\frac{1}{2}\cdot\frac{1}{2}+\frac{1}{2}\cdot\frac{1}{2}=\frac{1}{2}.\end{aligned}$$

6 (1999，二(5)题，3分) 设随机变量 $X_i\sim\begin{bmatrix}-1 & 0 & 1\\ \frac{1}{4} & \frac{1}{2} & \frac{1}{4}\end{bmatrix}(i=1,2)$，且满足 $P\{X_1X_2=0\}=1$，则 $P\{X_1=X_2\}$ 等于

(A) 0.　　(B) $\dfrac{1}{4}$.　　(C) $\dfrac{1}{2}$.　　(D) 1.

答案 A.

解析

X_i	-1	0	1
P	$\frac{1}{4}$	$\frac{1}{2}$	$\frac{1}{4}$

，$i=1,2$

故

X_1 \ X_2	-1	0	1	$P_{i\cdot}$
-1				$\frac{1}{4}$
0				$\frac{1}{2}$
1				$\frac{1}{4}$
$P_{\cdot j}$	$\frac{1}{4}$	$\frac{1}{2}$	$\frac{1}{4}$	

题给 $P\{X_1X_2=0\}=1.$

就有 $P\{X_1X_2\neq 0\}=0.$

因此$P\{X_1=1,X_2=1\}=P\{X_1=-1,X_2=1\}=0,$

$P\{X_1=1,X_2=-1\}=P\{X_1=-1,X_2=-1\}=0.$

即

X_1 \ X_2	-1	0	1	$P_{i\cdot}$
-1	0		0	$\frac{1}{4}$
0				$\frac{1}{2}$
1	0		0	$\frac{1}{4}$
$P_{\cdot j}$	$\frac{1}{4}$	$\frac{1}{2}$	$\frac{1}{4}$	

进一步得

X_1 \ X_2	-1	0	1	$P_{i\cdot}$
-1	0	$\frac{1}{4}$	0	$\frac{1}{4}$
0	$\frac{1}{4}$	0	$\frac{1}{4}$	$\frac{1}{2}$
1	0	$\frac{1}{4}$	0	$\frac{1}{4}$
$P_{\cdot j}$	$\frac{1}{4}$	$\frac{1}{2}$	$\frac{1}{4}$	

最后 $P\{X_1=X_2\}=P\{X_1=-1,X_2=-1\}+P\{X_1=0,X_2=0\}+P\{X_1=1,X_2=1\}=0.$

7 (2005,5题,4分) 从数1,2,3,4中任取一个数,记为 X,再从 $1,\cdots,X$ 中任取一个数,记为 Y,则 $P\{Y=2\}=$ ______.

答案 $\frac{13}{48}$.

解析 先取的一个数为 X,后取的数为 Y. 显然 Y 是受 X 的取值影响. 现求 $Y=2$ 的概率,这就涉及 X 可能取2,3或4. 先求出 (X,Y) 的概率分布. 因为 X 是等可能的取1,2,3,4,故 (X,Y) 关于 X 的边缘分布必有 $P\{X=i\}=\frac{1}{4}(i=1,2,3,4)$. 而 Y 只从 $1\sim X$ 中取,也是等可能的取 $1,\cdots,X$,概率必为 $\frac{1}{4X}$. 所以 $P\{X=i,Y=j\}=\begin{cases}0, & j>i,\\ \frac{1}{4i}, & j\leqslant i.\end{cases}$ 即

Y \ X	1	2	3	4	
1	$\frac{1}{4}$	0	0	0	$\frac{1}{4}$
2	$\frac{1}{8}$	$\frac{1}{8}$	0	0	$\frac{1}{4}$
3	$\frac{1}{12}$	$\frac{1}{12}$	$\frac{1}{12}$	0	$\frac{1}{4}$
4	$\frac{1}{16}$	$\frac{1}{16}$	$\frac{1}{16}$	$\frac{1}{16}$	$\frac{1}{4}$

故 $P\{Y=2\}=\frac{1}{8}+\frac{1}{12}+\frac{1}{16}=\frac{13}{48}$.

8 (2005,6 题,4 分) 设二维随机变量(X,Y)的概率分布为

Y \ X	0	1
0	0.4	a
1	b	0.1

若随机事件$\{X=0\}$与$\{X+Y=1\}$相互独立,则 $a=$ ________,$b=$ ________.

答案 0.4,0.1.

解析 显然,$0.4+a+b+0.1=1$,可知 $a+b=0.5$,再由事件$\{X=0\}$和$\{X+Y=1\}$相互独立可以求出 a,b.

(方法一) 由独立性可知 $P\{X=0,X+Y=1\}=P\{X=0\}P\{X+Y=1\}$,而

$$P\{X=0,X+Y=1\}=P\{X=0,Y=1\}=a$$

$$P\{X=0\}=P\{X=0,Y=0\}+P\{X=0,Y=1\}=0.4+a$$

$$P\{X+Y=1\}=P\{X=0,Y=1\}+P\{X=1,Y=0\}=a+b=0.5$$

代入独立性等式,得 $a=(0.4+a)\times0.5$,解得 $a=0.4$,再由 $a+b=0.5$,得 $b=0.1$.

答案应填 $a=0.4,b=0.1$.

(方法二) 如果把独立性理解为

$$P\{X+Y=1\mid X=0\}=P\{X+Y=1\}$$

即 $$P\{Y=1\mid X=0\}=P\{X+Y=1\}=a+b=0.5$$

所以 $$P\{Y=0\mid X=0\}=1-P\{Y=1\mid X=0\}=0.5$$

即 $$P\{X=1\mid X=0\}=P\{Y=0\mid X=0\}=0.5$$

从而 $$P\{X=0,Y=1\}=P\{X=0,Y=0\}$$

即 $a=0.4$,又因 $a+b=0.5$,得 $b=0.1$.

答案应填 $a=0.4,b=0.1$.

【评注】 也可以把本题的独立性理解成下列各式中任一个:

(1)$P\{X=0,X+Y\neq1\}=P\{X=0\}P\{X+Y\neq1\}$;

(2)$P\{X=1,X+Y=1\}=P\{X=1\}P\{X+Y=1\}$;

(3)$P\{X+Y=1\mid X=1\}=P\{X+Y=1\}$.

各有相应的解法.

9（2006，5 题，4 分）设随机变量 X 与 Y 相互独立，且均服从区间 $[0,3]$ 上的均匀分布，则 $P\{\max\{X,Y\}\leqslant 1\}=$ ________.

答案 $\frac{1}{9}$.

解析 本题考查均匀分布，两个随机变量的独立性和它们的简单函数的分布.

事件 $\{\max\{X,Y\}\leqslant 1\}=\{X\leqslant 1,Y\leqslant 1\}=\{X\leqslant 1\}\cap\{Y\leqslant 1\}$，又根据 X,Y 相互独立，均服从均匀分布，可以直接写出 $P\{X\leqslant 1\}=\frac{1}{3}$.

$$\begin{aligned}P\{\max\{X,Y\}\leqslant 1\}&=P\{X\leqslant 1,Y\leqslant 1\}\\&=P\{X\leqslant 1\}P\{Y\leqslant 1\}=\frac{1}{3}\times\frac{1}{3}=\frac{1}{9}.\end{aligned}$$

10（2007，10 题，4 分）设随机变量 (X,Y) 服从二维正态分布，且 X 与 Y 不相关，$f_X(x)$，$f_Y(y)$ 分别表示 X,Y 的概率密度，则在 $Y=y$ 的条件下，X 的条件概率密度 $f_{X|Y}(x\mid y)$ 为

(A) $f_X(x)$.　　(B) $f_Y(y)$.　　(C) $f_X(x)f_Y(y)$.　　(D) $\frac{f_X(x)}{f_Y(y)}$.

答案 A.

解析 二维正态分布随机变量 (X,Y) 中，X 与 Y 的独立等价于 X 与 Y 不相关．而对任意两随机变量 X 与 Y，如果它们相互独立，则有 $f(x,y)=f_X(x)f_Y(y)$.

根据条件概率密度的定义，当在 $Y=y$ 的条件下，如果 $f_Y(y)\neq 0$，则

$$f_{X|Y}(x\mid y)=\frac{f(x,y)}{f_Y(y)}=\frac{f_X(x)f_Y(y)}{f_Y(y)}=f_X(x)$$

现 $f_Y(y)$ 显然不为 0，因此 $f_{X|Y}(x\mid y)=f_X(x)$. 答案应选(A).

【评注】 因为 X,Y 不相关，(X,Y) 又服从二维正态分布，故 X 与 Y 相互独立．直观上考虑 Y 的取值不影响 X 的取值，所以 $f_{X|Y}(x\mid y)=f_X(x)$.

对于不要求解题过程的选择题以上分析也是一种好方法.

11（2008，7 题，4 分）设随机变量 X,Y 独立同分布，且 X 的分布函数为 $F(x)$，则 $Z=\max\{X,Y\}$ 的分布函数为

(A) $F^2(x)$.　　(B) $F(x)F(y)$.

(C) $1-[1-F(x)]^2$.　　(D) $[1-F(x)][1-F(y)]$.

答案 A.

解析 随机变量 $Z=\max(X,Y)$ 的分布函数 $F_Z(x)$ 应为 $F_Z(x)=P\{Z\leqslant x\}$，由此定义不难推出 $F_Z(x)$.

$$\begin{aligned}F_Z(x)&=P\{Z\leqslant x\}=P\{\max(X,Y)\leqslant x\}=P\{X\leqslant x,Y\leqslant x\}\\&=P\{X\leqslant x\}P\{Y\leqslant x\}=F(x)F(x)=F^2(x).\end{aligned}$$

故答案应选(A).

【评注】 不难验证(B)选项中，$F(x)\ F(y)$ 恰是二维随机变量 (X,Y) 的分布函数．(C)选项中，$1-[1-F(x)]^2$ 是随机变量 $\min(X,Y)$ 的分布函数．(D)选项中，$[1-F(x)][1-F(y)]$ 本身不是分布函数，因它不满足分布函数的充要条件.

二、二维随机变量的函数 $Z=g(X,Y)$ 的分布

12（1994，十一题，8分）假设随机变量 X_1,X_2,X_3,X_4 相互独立，且同分布．$P\{X_i=0\}=0.6,P\{X_i=1\}=0.4(i=1,2,3,4)$．

求行列式 $X=\begin{vmatrix} X_1 & X_2 \\ X_3 & X_4 \end{vmatrix}$ 的概率分布．

解 $X=X_1X_4-X_2X_3$，故 $P\{X_1X_4=1\}=P\{X_1=1,X_4=1\}=P\{X_1=1\}P\{X_4=1\}=0.16$．

所以

X_1X_4	0	1
P	0.84	0.16

同理

X_2X_3	0	1
P	0.84	0.16

$X=X_1X_4-X_2X_3$，X 可能取值为 $-1,0,1$．且 X_1X_4 与 X_2X_3 是相互独立．

$P\{X=-1\}=P\{X_1X_4-X_2X_3=-1\}=P\{X_1X_4=0,X_2X_3=1\}$

$=P\{X_1X_4=0\}P\{X_2X_3=1\}=0.84\times0.16=0.1344$．

$P\{X=1\}=P\{X_1X_4-X_2X_3=1\}=P\{X_1X_4=1,X_2X_3=0\}$ 这与 $P\{X=-1\}$ 情况对称，故 $P\{X=-1\}=P\{X=1\}$

$P\{X=0\}=1-2\times0.1344=0.7312$

总之

X	-1	0	1
P	0.1344	0.7312	0.1344

13（1999，十一题，9分）假设二维随机变量 (X,Y) 在矩形 $G=\{(x,y)\mid 0\leqslant x\leqslant2,0\leqslant y\leqslant1\}$ 上服从均匀分布．记

$$U=\begin{cases}0, & X\leqslant Y,\\1, & X>Y;\end{cases}\qquad V=\begin{cases}0, & X\leqslant 2Y,\\1, & X>2Y\end{cases}$$

(1) 求 U 和 V 的联合分布；

(2) 求 U 和 V 的相关系数 ρ．

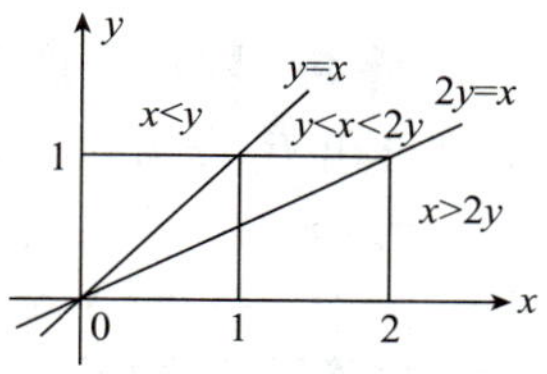

解 由题设可得

$P\{X\leqslant Y\}=\dfrac{1}{4},P\{X>2Y\}=\dfrac{1}{2},P\{Y<X\leqslant2Y\}=\dfrac{1}{4}$．

(1) (U,V) 有四个可能取值 $(0,0),(0,1),(1,0),(1,1)$．

$P\{U=0,V=0\}=P\{X\leqslant Y,X\leqslant2Y\}=P\{X\leqslant Y\}=\dfrac{1}{4}$，

$P\{U=0,V=1\}=P\{X\leqslant Y,X>2Y\}=0$，

$P\{U=1,V=0\}=P\{X>Y,X\leqslant2Y\}=P\{Y<X\leqslant2Y\}=\dfrac{1}{4}$，

$P\{U=1,V=1\}=1-\left(\frac{1}{4}+0+\frac{1}{4}\right)=\frac{1}{2}$.

或者

U \ V	0	1	
0	$\frac{1}{4}$	0	$\frac{1}{4}$
1	$\frac{1}{4}$	$\frac{1}{2}$	$\frac{3}{4}$
	$\frac{1}{2}$	$\frac{1}{2}$	

(2)$\rho=\dfrac{\operatorname{Cov}(U,V)}{\sqrt{D(U)}\sqrt{D(V)}}=\dfrac{E(UV)-E(U)\cdot E(V)}{\sqrt{D(U)}\sqrt{D(V)}}$

显然 $E(U)=\frac{3}{4}$，$D(U)=\frac{1}{4}\cdot\frac{3}{4}=\frac{3}{16}$，$E(V)=\frac{1}{2}$，$D(V)=\frac{1}{2}\cdot\frac{1}{2}=\frac{1}{4}$.

UV	0	1
	$\frac{1}{2}$	$\frac{1}{2}$

$E(UV)=\frac{1}{2}$ 代入 $\rho=\dfrac{\frac{1}{2}-\frac{3}{4}\cdot\frac{1}{2}}{\sqrt{\frac{3}{16}}\sqrt{\frac{1}{4}}}=\dfrac{\frac{1}{8}}{\sqrt{\frac{3}{64}}}=\frac{1}{\sqrt{3}}$.

14 (2001，十二题，8 分) 设随机变量 X 和 Y 的联合分布是正方形 $G=\{(x,y)\mid 1\leqslant x\leqslant 3,1\leqslant y\leqslant 3\}$ 上的均匀分布，试求随机变量 $U=|X-Y|$ 的概率密度 $p(u)$.

解 (X,Y) 的联合密度为

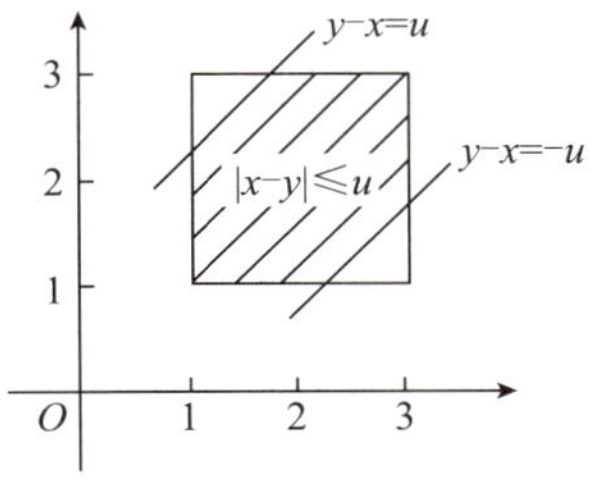

$$f(x,y)=\begin{cases}\frac{1}{4}, & 1\leqslant x\leqslant 3,1\leqslant y\leqslant 3,\\ 0, & \text{其他}\end{cases}$$

随机变量 U 的分布 $F_U(u)=P(U\leqslant u)$.

显然，当 $u\leqslant 0$ 时，$F_U(u)=0$；

当 $0<u<2$ 时，
$$F_U(u)=\iint\limits_{(x-y)\leqslant u}f(x,y)\mathrm{d}x\mathrm{d}y=\iint\limits_{(x-y)\leqslant u}\frac{1}{4}\mathrm{d}x\mathrm{d}y=\frac{1}{4}[4-(2-u)^2]=1-\frac{1}{4}(2-u)^2$$

当 $u\geqslant 2$ 时，$F_U(u)=1$.

总之，$p(u)=\begin{cases}\frac{1}{2}(2-u), & 0<u<2,\\ 0, & \text{其他}.\end{cases}$

15 (2002，十二题，8 分) 假设一设备开机后无故障工作的时间 X 服从指数分布，平均无故障工作的时间 $E(X)$ 为 5 小时. 设备定时开机，出现故障时自动关机，而在无故障的情况下工作 2 小时便关机. 试求该设备每次开机无故障工作的时间 Y 的分布函数 $F(y)$.

解 设 X 的分布参数为 λ，X 是服从指数分布，所以 $E(X)=\dfrac{1}{\lambda}$.

现题给 $E(X)=5$，可见 $\lambda=\dfrac{1}{5}$.

显然，$Y=\min\{X,2\}$，$F(y)=P\{Y\leqslant y\}=P\{\min\{X,2\}\leqslant y\}$.

当 $y<0$ 时，$F(y)=0$.

当 $y\geqslant 2$ 时，$F(y)=1$.

当 $0\leqslant y<2$ 时，$F(y)=P\{\min(X,2)\leqslant y\}=P\{X\leqslant y\}=1-e^{-\frac{1}{5}y}$.

总之，Y 的分布函数 $F(y)=\begin{cases}0, & y<0,\\ 1-e^{-\frac{y}{5}}, & 0\leqslant y<2,\\ 1, & 2\leqslant y.\end{cases}$

16（2003，十二题，13 分）设随机变量 X 与 Y 独立，其中 X 的概率分布为

$$X\sim\begin{pmatrix}1 & 2\\ 0.3 & 0.7\end{pmatrix}$$

而 Y 的概率密度为 $f(y)$，求随机变量 $U=X+Y$ 的概率密度 $g(u)$.

解 设 Y 的分布函数为 $F(y)$，U 的分布函数为 $G(u)$. 则

$$\begin{aligned}G(u)&=P\{X+Y\leqslant u\}=P\{X=1\}P\{X+Y\leqslant u\mid X=1\}+P\{X=2\}P\{X+Y\leqslant u\mid X=2\}\\&=0.3P\{Y\leqslant u-1\mid X>1\}+0.7\{Y\leqslant u-2\mid X=2\}\end{aligned}$$

由于 X 和 Y 独立，所以

$$G(u)=0.3P\{Y\leqslant u-1\}+0.7P\{Y\leqslant u-2\}=0.3F(u-1)+0.7F(u-2)$$

由此，得 U 的概率密度

$$g(u)=G'(u)=0.3F'(u-1)+0.7F'(u-2)=0.3f(u-1)+0.7f(u-2)$$

17（2005，22 题，13 分）设二维随机变量 (X,Y) 的概率密度为

$$f(x,y)=\begin{cases}1, & 0<x<1,0<y<2x;\\ 0, & \text{其他}\end{cases}$$

求（Ⅰ）(X,Y) 的边缘概率密度 $f_X(x)$，$f_Y(y)$；

（Ⅱ）$Z=2X-Y$ 的概率密度 $f_Z(z)$；

（Ⅲ）$P\{Y\leqslant\dfrac{1}{2}\mid X\leqslant\dfrac{1}{2}\}$.

分析 本题涉及公式为

$$f_X(x)=\int_{-\infty}^{+\infty}f(x,y)\mathrm{d}y,\quad f_Y(y)=\int_{-\infty}^{+\infty}f(x,y)\mathrm{d}x.$$

$$F_Z(z)=P\{Z\leqslant z\}=\iint\limits_{2x-y\leqslant z}f(x,y)\mathrm{d}x\mathrm{d}y,\quad f_Z(z)=F'_Z(z).$$

$$P(A\mid B)=\frac{P(AB)}{P(B)}.$$

解 （Ⅰ）$f_X(x)=\displaystyle\int_{-\infty}^{+\infty}f(x,y)\mathrm{d}y=\begin{cases}\displaystyle\int_0^{2x}\mathrm{d}y, 0<x<1\\ 0, \quad \text{其他}\end{cases}=\begin{cases}2x, 0<x<1,\\ 0, \text{其他}.\end{cases}$

$$f_Y(y)=\int_{-\infty}^{+\infty}f(x,y)\mathrm{d}x=\begin{cases}\displaystyle\int_{\frac{y}{2}}^{1}\mathrm{d}x, & 0<y<2\\ 0, & \text{其他}\end{cases}=\begin{cases}1-\dfrac{y}{2}, & 0<y<2,\\ 0, & \text{其他}.\end{cases}$$

（Ⅱ）当 $z \leqslant 0$ 时，$F_Z(z)=0$；

当 $0<z<2$ 时，$F_Z(z)=P\{2X-Y\leqslant z\}=\iint\limits_{2x-y\leqslant z} f(x,y)\mathrm{d}x\mathrm{d}y$

$$=1-\iint\limits_{2x-y>z} f(x,y)\mathrm{d}x\mathrm{d}y=1-\int_{\frac{z}{2}}^{1}\mathrm{d}x\int_0^{2x-z}\mathrm{d}y=z-\frac{z^2}{4};$$

当 $z\geqslant 2$ 时，$F_Z(z)=1$.

所以
$$f_Z(z)=\begin{cases}1-\dfrac{z}{2}, & 0<z<2,\\ 0, & 其他\end{cases}$$

（Ⅲ）$P\{X\leqslant \frac{1}{2}\}=\int_{-\infty}^{\frac{1}{2}} f_X(x)\mathrm{d}x=\int_0^{\frac{1}{2}}2x\mathrm{d}x=\frac{1}{4}$.

$$P\left\{X\leqslant\frac{1}{2},Y\leqslant\frac{1}{2}\right\}=\iint\limits_{x\leqslant\frac{1}{2},y\leqslant\frac{1}{2}} f(x,y)\mathrm{d}x\mathrm{d}y=\int_0^{\frac{1}{2}}\mathrm{d}y\int_{\frac{y}{2}}^{\frac{1}{2}}\mathrm{d}x=\frac{3}{16}.$$

故 $P\left\{Y\leqslant\frac{1}{2}\mid X\leqslant\frac{1}{2}\right\}=\dfrac{P\left\{X\leqslant\frac{1}{2},Y\leqslant\frac{1}{2}\right\}}{P\left\{X\leqslant\frac{1}{2}\right\}}=\dfrac{\frac{3}{16}}{\frac{1}{4}}=\frac{3}{4}$.

【评注】 由于 $f(x,y)$ 是均匀分布密度，有些积分可以不必直接计算，而可用几何图形的面积来求，例如（Ⅱ）中的积分

$$\iint\limits_{2x-y\leqslant z} f(x,y)\mathrm{d}x\mathrm{d}y=\iint\limits_{D} f(x,y)\mathrm{d}x\mathrm{d}y=S_D=1-(1-\frac{y}{2})^2=y-\frac{y^2}{4}.$$

（Ⅲ）中 $P\{X\leqslant\frac{1}{2}\}=S_{D_1}=\frac{1}{4}$.

$P\{X\leqslant\frac{1}{2},Y\leqslant\frac{1}{2}\}=S_{D_2}=S_{D_3}=\frac{1}{4}-\frac{1}{16}=\frac{3}{16}$.

故 $P\{Y\leqslant\frac{1}{2}\mid X\leqslant\frac{1}{2}\}=\dfrac{S_{D_2}}{S_{D_1}}=\frac{3}{4}$.

或者由右图直接看出 D_2 的面积占 D_1 面积的 $\frac{3}{4}$.

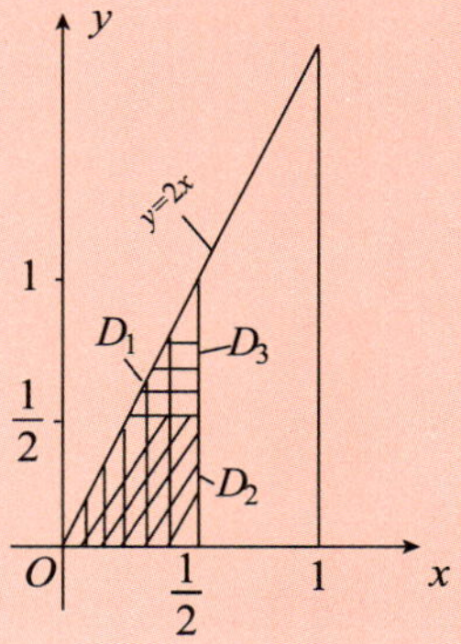

近几年考题常有二维均匀分布密度，有时直接计算几何图形的面积会简化很多计算.

18（2007，23 题，11 分）设二维随机变量 (X,Y) 的概率密度为

$$f(x,y)=\begin{cases}2-x-y, & 0<x<1,0<y<1,\\ 0, & 其他\end{cases}$$

（Ⅰ）求 $P\{X>2Y\}$；

（Ⅱ）求 $Z=X+Y$ 的概率密度 $f_Z(z)$.

分析 本题考查二维随机变量相关事件的概率和两个随机变量简单函数的分布计算 $P\{X>2Y\}$ 可用公式

$$P\{X>2Y\}=\iint\limits_{x>2y} f(x,y)\mathrm{d}x\mathrm{d}y$$

求 $Z=X+Y$ 的概率密度 $f_Z(z)$，可用两个随机变量和的概率密度的一般公式求解.

$$f_Z(z)=\int_{-\infty}^{+\infty} f(z-y,y)\mathrm{d}y=\int_{-\infty}^{+\infty} f(x,z-x)\mathrm{d}x$$

此公式简单，但讨论具体的积分上下限会较复杂．

另一种方法可用定义先求出

$$F_Z(z)=P\{Z\leqslant z\}=P\{X+Y\leqslant z\}$$

然后 $f_Z(z)=F'_Z(z)$.

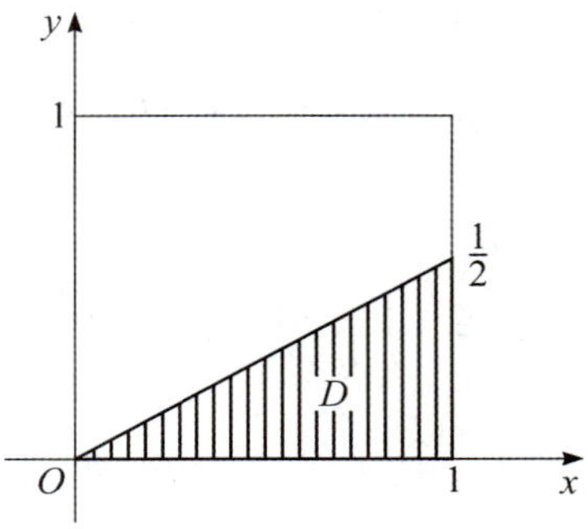

解 （Ⅰ）$P\{X>2Y\}=\iint\limits_{x>2y}f(x,y)\mathrm{d}x\mathrm{d}y$

$$=\iint\limits_{D}(2-x-y)\mathrm{d}x\mathrm{d}y$$

$$=\int_0^1\mathrm{d}x\int_0^{\frac{1}{2}x}(2-x-y)\mathrm{d}y$$

$$=\int_0^1\left(x-\frac{5}{8}x^2\right)\mathrm{d}x=\frac{7}{24}.$$

其中 D 为区域：$1>x>2y>0$.

（Ⅱ）**（方法一）** 根据两个随机变量和的概率密度的一般公式有

$$f_Z(z)=\int_{-\infty}^{+\infty}f(x,z-x)\mathrm{d}x$$

先考虑被积函数 $f(x,z-x)$ 中第一个自变量 x 的变化范围，根据题设条件只有当 $0<x<1$ 时 $f(x,z-x)$ 才不等于 0．因此，不妨将积分范围改成：

$$f_Z(z)=\int_0^1 f(x,z-x)\mathrm{d}x$$

现在考虑被积函数 $f(x,z-x)$ 中第二个变量 $z-x$．显然，只有当 $0<z-x<1$ 时，$f(x,z-x)$ 才不等于 0，且为 $2-x-(z-x)=2-z$．为此，我们将 z 分段讨论：

$z\leqslant 0$ 时，由于 $0<x<1$，故 $z-x<0$，所以 $f_Z(z)=0$；

$0<z\leqslant 1$ 时，$f_Z(z)=\int_0^z(2-z)\mathrm{d}x=2z-z^2$；

$1<z\leqslant 2$ 时，$f_Z(z)=\int_{z-1}^1(2-z)\mathrm{d}x=4-4z+z^2$；

$z>2$ 时，由于 $0<x<1$，故 $z-x>1$，所以 $f_Z(z)=0$．总之，

$$f_Z(z)=\begin{cases}2z-z^2, & 0<z\leqslant 1,\\ 4-4z+z^2, & 1<z\leqslant 2,\\ 0, & \text{其他}\end{cases}$$

（方法二） 由题意可得右图，则

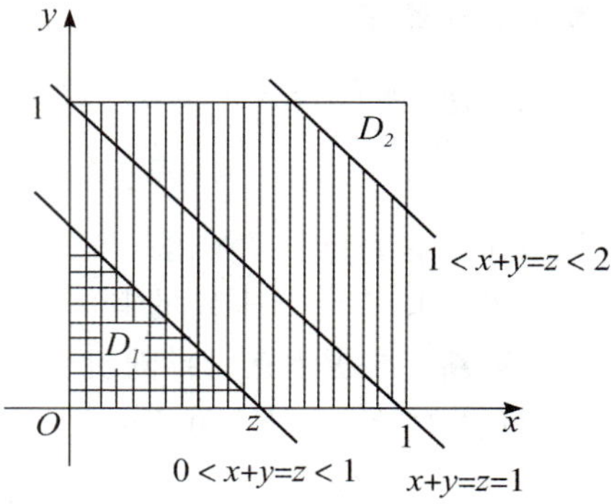

$F_Z(z)=P\{Z\leqslant z\}=P\{X+Y\leqslant z\}$

$$=\iint\limits_{x+y\leqslant z}f(x,y)\mathrm{d}x\mathrm{d}y.$$

$z\leqslant 0$ 时，$F_Z(z)=0$；

$0<z\leqslant 1$ 时，$F_Z(z)=\iint\limits_{x+y\leqslant z}f(x,y)\mathrm{d}x\mathrm{d}y$

$$=\iint\limits_{D_1}f(x,y)\mathrm{d}x\mathrm{d}y$$

$$=\int_0^z\mathrm{d}x\int_0^{z-x}(2-x-y)\mathrm{d}y$$

$$=z^2-\frac{1}{3}z^3;$$

$1 < z \leqslant 2$ 时，$F_Z(x) = \iint\limits_{x+y\leqslant z} f(x,y)\mathrm{d}x\mathrm{d}y$

$$= 1 - \iint\limits_{x+y\leqslant z} f(x,y)\mathrm{d}x\mathrm{d}y$$

$$= 1 - \int_{z-1}^{1}\mathrm{d}x\int_{z-x}^{1}(2-x-y)\mathrm{d}y$$

$$= \frac{1}{3}z^3 - 2z^2 + 4z - \frac{5}{3};$$

$z > 2$ 时，$F_Z(z) = 1$.

所以

$$f_Z(z) = \begin{cases} 2z - z^2, & 0 < z \leqslant 1, \\ 4 - 4z + z^2, & 1 < z \leqslant 2, \\ 0, & 其他 \end{cases}$$

19（2008，22 题，11 分）设随机变量 X 与 Y 相互独立，X 的概率分布为 $P\{X=i\} = \frac{1}{3}$ $(i=-1,0,1)$，Y 的概率密度为 $f_Y(y) = \begin{cases} 1, & 0 \leqslant y < 1, \\ 0, & 其他. \end{cases}$ 记 $Z = X + Y$.

（Ⅰ）求 $P\left\{Z \leqslant \frac{1}{2} \middle| X = 0\right\}$；

（Ⅱ）求 Z 的概率密度 $f_Z(z)$.

分析 本题考查均匀分布，随机变量的独立性，条件概率和随机变量简单函数的分布.

求 $P\left\{Z \leqslant \frac{1}{2} \middle| X = 0\right\}$ 时，由于 $Z = X + Y$，且 X 与 Y 又独立，所以

$P\left\{Z \leqslant \frac{1}{2} \middle| X = 0\right\} = P\left\{X + Y \leqslant \frac{1}{2} \middle| X = 0\right\} = P\left\{Y \leqslant \frac{1}{2} \middle| X = 0\right\} = P\left\{Y \leqslant \frac{1}{2}\right\}$.

再利用 Y 均匀分布特性求 Z 的分布，即求 $F_Z(z) = P\{Z \leqslant z\} = P\{X + Y \leqslant z\}$.

可以将事件“$X + Y \leqslant z$”分解成

$$\{X + Y \leqslant z, X = -1\} \cup \{X + Y \leqslant z, X = 0\} \cup \{X + Y \leqslant z, X = 1\}$$

就不难进一步求解 .

解（Ⅰ）$P\left\{Z \leqslant \frac{1}{2} \middle| X = 0\right\} = P\left\{X + Y \leqslant \frac{1}{2} \middle| X = 0\right\} = P\left\{Y \leqslant \frac{1}{2} \middle| X = 0\right\}$

$$= P\left\{Y \leqslant \frac{1}{2}\right\} = \frac{1}{2}.$$

（Ⅱ）$F_Z(z) = P\{Z \leqslant z\} = P\{X + Y \leqslant z\}$

$$= P\{X + Y \leqslant z, X = -1\} + P\{X + Y \leqslant z, X = 0\} + P\{X + Y \leqslant z, X = 1\}$$

$$= P\{Y \leqslant z + 1, X = -1\} + P\{Y \leqslant z, X = 0\} + P\{Y \leqslant z - 1, X = 1\}$$

$$= P\{Y \leqslant z + 1\}P\{X = -1\} + P\{Y \leqslant z\}P\{X = 0\} + P\{Y \leqslant z - 1\}P\{X = 1\}$$

$$= \frac{1}{3}[P\{Y \leqslant z + 1\} + P\{Y \leqslant z\} + P\{Y \leqslant z - 1\}]$$

$$= \frac{1}{3}[F_Y(z + 1) + F_Y(z) + F_Y(z - 1)],$$

其中 $F_Y(z)$ 为 Y 的分布函数，由此得到

$$f_Z(z) = F'_Z(z) = \frac{1}{3}[f_Y(z + 1) + f_Y(z) + f_Y(z - 1)] = \begin{cases} \frac{1}{3}, & -1 \leqslant z < 2, \\ 0, & 其他 . \end{cases}$$

【评注】 (1) 本题主要考查条件概率和独立性的运用，关键在于

$$P\left\{X+Y\leqslant\frac{1}{2}\middle|X=0\right\}=P\left\{Y\leqslant\frac{1}{2}\middle|X=0\right\}=P\left\{Y\leqslant\frac{1}{2}\right\}$$

(2) 在求 $F_Z(z)$ 时，也可用全概率公式：

$$\begin{aligned}P\{Z\leqslant z\}&=\sum_{i=-1}^{1}P\{X=i\}P\{X+Y\leqslant z\mid X=i\}\\&=\frac{1}{3}\sum_{i=-1}^{1}P\{Y\leqslant z-i\mid X=i\}\\&=\frac{1}{3}\sum_{i=-1}^{1}P\{Y\leqslant z-i\}=\frac{1}{3}\sum_{i=-1}^{1}F_Y(z-i)\end{aligned}$$

一般地说，如果 $Z=X+Y$，其中 X 是离散型随机变量，X 和 Y 又独立，常常采用本题所用的方法求解 $F_Z(z)$.

(3) 当得到 $F_Z(z)=\frac{1}{3}[F_Y(z+1)+F_Y(z)+F_Y(z-1)]$ 后，就有

$$f_Z(z)=F'_Z(z)=\frac{1}{3}[f_Y(z+1)+f_Y(z)+f_Y(z-1)]$$

严格地说，$F'_y(z)=f_Y(z)$ 只有当 $z\neq0$ 和 $z\neq1$ 时成立，因为在 $z=0$ 和 $z=1$ 处 $f_Y(z)$ 不连续．实际上，$F'_y(z)$ 在 $z=0$ 和 $z=1$ 处不存在．但作为密度函数，$f_Y(z)$ 个别点的取值并不影响 $f_Y(z)$ 和 $F_Y(z)$ 的概率性质，就直接写成 $F'_y(z)=f_Y(z)$ 处处成立．

非学无以广才，非志无以成学。

——诸葛亮

第四章　随机变量的数字特征

本章导读

本章是概率论的重点之一，有相当多的考题涉及本章内容．求随机变量的数字特征，包括数学期望、方差、矩、协方差、相关系数，归根结底都是求随机变量函数的数学期望．

试题特点

本章的试题除了求一些给定随机变量的数学期望外，很多题的数学期望或方差的计算都与常用分布有关．考生应该牢记常用分布的参数和它们的概率意义，有些常用分布的参数就是该随机变量的数学期望或方差；也应该会用数字特征的基本性质，会求一般随机变量函数的数学期望．考试大纲要求掌握切比雪夫不等式，但其的考查频率一般不会像数学期望的那么高．

考题详析

一、数学期望 $E(X)$ 与方差 $D(X)$

1 (1987，十一(2)题，4分) 已知随机变量 Y 的概率密度

$$f(y)=\begin{cases}\dfrac{y}{a^2}e^{-\frac{y^2}{2a^2}}, & y>0,\\ 0, & y\leqslant 0\end{cases}$$

求随机变量 $Z=\dfrac{1}{Y}$ 的数学期望 $E(Z)$．

解 $E(Z)=E\left(\dfrac{1}{Y}\right)=\displaystyle\int_{-\infty}^{\infty}\dfrac{1}{y}f(y)dy=\dfrac{1}{a^2}\int_0^{\infty}e^{-\frac{y^2}{2a^2}}dy=\dfrac{\sqrt{\pi}}{\sqrt{2}a}\int_{-\infty}^{\infty}\dfrac{1}{\sqrt{2\pi}a}e^{-\frac{y^2}{2a^2}}dy$

显然 $\dfrac{1}{\sqrt{2\pi}a}e^{-\frac{y^2}{2a^2}}$ 是正态分布 $N(0,a^2)$ 的概率密度函数，其积分应为1，所以 $E(Z)=\dfrac{\sqrt{2\pi}}{2a}$．

2 (1989，十题，7分) 已知随机变量 X 和 Y 的联合密度为

$$f(x,y)=\begin{cases}e^{-(x+y)}, & 0<x<+\infty,0<y<+\infty,\\ 0, & 其他\end{cases}$$

试求：(1) $P\{X<Y\}$；(2) $E(XY)$．

解 (方法一) $P\{X<Y\}=\displaystyle\iint\limits_{x<y}f(x,y)dxdy=\int_0^{+\infty}\int_0^{y}e^{-(x+y)}dxdy=\int_0^{+\infty}e^{-y}dy\int_0^{y}e^{-x}dx$

$$=\int_0^{+\infty}e^{-y}(1-e^{-y})dy=\frac{1}{2}$$

（方法二） 因 $f(x,y)=\begin{cases} e^{-(x+y)}, & x>0,y>0, \\ 0, & \text{其他}. \end{cases}$ $f(x,y)$ 关于 x,y 是对称的.

$$\text{故 } P\{X<Y\}=P\{Y<X\}=P\{Y\leqslant X\}=1-P\{X<Y\}$$

即 $2P\{X<Y\}=1, P\{X<Y\}=\dfrac{1}{2}$.

(2)（方法一） $E(XY)=\int_0^{+\infty}\int_0^{+\infty}xyf(x,y)\mathrm{d}x\mathrm{d}y=\int_0^{+\infty}xe^{-x}\mathrm{d}x\int_0^{+\infty}ye^{-y}\mathrm{d}y=1.$

（方法二） 因 $f(x,y)=f_X(x)f_Y(y), f_X(x)=\begin{cases} e^{-x}, & x>0, \\ 0, & \text{其他}, \end{cases}$ $f_Y(y)=\begin{cases} e^{-y}, & y>0, \\ 0, & \text{其他}. \end{cases}$

X,Y 相互独立，$E(XY)=E(X)E(Y)=1\cdot 1=1$.

3（1991，二(5)题，3分）对任意两个随机变量 X 和 Y，若 $E(XY)=E(X)\cdot E(Y)$，则

(A) $D(XY)=D(X)\cdot D(Y)$.　　(B) $D(X+Y)=D(X)+D(Y)$.

(C) X 与 Y 独立.　　(D) X 与 Y 不独立.

答案 B.

解析 $D(X+Y)=D(X)+D(Y)+2\mathrm{Cov}(X,Y)$

$$=D(X)+D(Y)+2(E(XY)-E(X)\cdot E(Y))=D(X)+D(Y).$$

4（1992，十三题，5分）一台设备由三大部件构成，在设备运转中各部件需要调整的概率相应为0.10，0.20和0.30.假设各部件的状态相互独立，以 X 表示同时需要调整的部件数，试求 X 的概率分布，数学期望 $E(X)$ 和方差 $D(X)$.

解（方法一） X 可能取值为0，1，2，3，设 A_i——第 i 个部件需要调整，$i=1,2,3$.

$P\{X=0\}=P\{\overline{A}_1\overline{A}_2\overline{A}_3\}=0.90\times 0.8\times 0.7=0.504$.

$P\{X=1\}=P\{A_1\overline{A}_2\overline{A}_3\cup\overline{A}_1A_2\overline{A}_3\cup\overline{A}_1\overline{A}_2A_3\}$

$=0.1\times 0.8\times 0.7+0.9\times 0.2\times 0.7+0.9\times 0.8\times 0.3=0.398$.

$P\{X=2\}=P\{A_1A_2\overline{A}_3\cup A_1\overline{A}_2A_3\cup\overline{A}_1A_2A_3\}$

$=0.1\times 0.2\times 0.7+0.1\times 0.8\times 0.3+0.9\times 0.2\times 0.3=0.092$.

$P\{X=3\}=P\{A_1A_2A_3\}=0.1\times 0.2\times 0.3=0.006$.

X 的分布为

X	0	1	2	3
P	0.504	0.398	0.092	0.006

$E(X)=1\times 0.398+2\times 0.092+3\times 0.006=0.6$.

$E(X^2)=1\times 0.398+4\times 0.092+9\times 0.006=0.820$.

$D(X)=E(X^2)-(E(X))^2=0.820-0.36=0.46$.

（方法二） X 的概率分布求法同方法一.

设随机变量 $X_i=\begin{cases} 1, & A_i, \\ 0, & \overline{A}_i. \end{cases}$ $i=1,2,3$.

显然，$E(X_i)=P(A_i), D(X_i)=P(A_i)[1-P(A_i)]$.

$X=X_1+X_2+X_3$，X_1,X_2,X_3 相互独立.

$E(X)=E(X_1)+E(X_2)+E(X_3)=P(A_1)+P(A_2)+P(A_3)=0.1+0.2+0.3=0.6$.

$D(X)=D(X_1)+D(X_2)+D(X_3)=0.1\times 0.9+0.2\times 0.8+0.3\times 0.7=0.46$.

5 (1993,十题,8 分) 设随机变量 X 和 Y 同分布,X 的概率密度为

$$f(x)=\begin{cases}\frac{3}{8}x^2, & 0<x<2,\\ 0, & 其他\end{cases}$$

(1) 已知事件 $A=\{X>a\}$ 和 $B=\{Y>a\}$ 独立,且 $P(A\cup B)=\frac{3}{4}$,求常数 a;

(2) 求 $\frac{1}{X^2}$ 的数学期望.

解 (1)(方法一) $P(A)=P(B),P(AB)=P(A)P(B)$,

$P(A\cup B)=P(A)+P(B)-P(AB)=2P(A)-[P(A)]^2=\frac{3}{4}$.

所以$[P(A)]^2-2P(A)+\frac{3}{4}=0$,解得 $P(A)=\frac{1}{2}$,

$\frac{1}{2}=P\{X>a\}=\int_a^{+\infty}f(x)\mathrm{d}x=\frac{3}{8}\int_a^2 x^3\mathrm{d}x=\frac{1}{8}(8-a^3),a=\sqrt[3]{4}$.

(方法二) $P(A\cup B)=\frac{3}{4}$ 即 $1-P(A\cup B)=P(\overline{A}\cap\overline{B})=\frac{1}{4},[P(\overline{A}^2)]=\frac{1}{4},P(\overline{A})=\frac{1}{2}$.

$\frac{1}{2}=P(\overline{A})=P\{X\leqslant a\}=\int_0^a\frac{3}{8}x^2\mathrm{d}x=\frac{a^3}{8},a^3=4,a=\sqrt[3]{4}$.

(2)$E\left(\frac{1}{X^2}\right)=\int_{-\infty}^{+\infty}\frac{1}{x^2}f(x)\mathrm{d}x=\frac{3}{8}\int_0^2\frac{1}{x^2}x^2\mathrm{d}x=\frac{3}{4}$.

6 (1994,十二题,8 分) 假设由自动线加工的某种零件的内径 X(毫米) 服从正态分布 $N(\mu,1)$,内径小于 10 或大于 12 为不合格品,其余为合格品. 销售每件合格品获利,销售每件不合格品亏损,已知销售利润 T(单位:元) 与销售零件的内径 X 有如下关系:

$$T=\begin{cases}-1, & X<10,\\ 20, & 10\leqslant X\leqslant 12,\\ -5, & 12<X\end{cases}$$

问平均内径 μ 取何值时,销售一个零件的平均利润最大?

解 平均利润为

$$\begin{aligned}E(T)&=-P\{X<10\}+20P\{10\leqslant X\leqslant 12\}-5P\{12<X\}\\&=-P\left\{\frac{X-\mu}{1}<\frac{10-\mu}{1}\right\}+20P\left\{\frac{10-\mu}{1}\leqslant\frac{X-\mu}{1}\leqslant\frac{12-\mu}{1}\right\}-5P\left\{\frac{12-\mu}{1}<\frac{X-\mu}{1}\right\}\\&=-\Phi(10-\mu)+20[\Phi(12-\mu)-\Phi(10-\mu)]-5[1-\Phi(12-\mu)]\\&=25\Phi(12-\mu)-21\Phi(10-\mu)-5\end{aligned}$$

其中 $\Phi(x)$ 是标准正态分布函数 $\Phi(x)=\int_{-\infty}^{x}\frac{1}{\sqrt{2\pi}}\mathrm{e}^{-\frac{x^2}{2}}\mathrm{d}x$.

令
$$\frac{\mathrm{d}E(T)}{\mathrm{d}\mu}=25\Phi'(12-\mu)-21\Phi'(10-\mu)=0$$

即
$$-\frac{25}{\sqrt{2\pi}}\mathrm{e}^{-\frac{(12-\mu)^2}{2}}+\frac{21}{\sqrt{2\pi}}\mathrm{e}^{-\frac{(10-\mu)^2}{2}}=0$$

所以 $25\mathrm{e}^{-\frac{(12-\mu)^2}{2}}=21\mathrm{e}^{-\frac{(10-\mu)^2}{2}}$,解得 $\mu=\mu_0=11-\frac{1}{2}\ln\frac{25}{21}\approx 10.9$.

总之,当 $\mu=\mu_0\approx 10.9$ 毫米时,平均利润最大.

7 (1996，十一题，7分）假设一部机器在一天内发生故障的概率为0.2，机器发生故障时全天停止工作.若一周5个工作日里无故障，可获利润10万元；发生一次故障仍可获利润5万元；发生二次故障所获利润0元；发生三次或三次以上故障就要亏损2万元，求一周内期望利润是多少？

解 每天机器可能工作，也可能故障，可以看成一次试验，机器工作 —— 试验成功.

可以理解一周做了5次独立重复试验 X—— 一周内机器正常的天数.

X 服从二项分布 $B(5,0.8)$

$P\{X=5\}=0.8^5=0.328, P\{X=4\}=C_5^4 0.8^4\times 0.2=0.410,$

$P\{X=3\}=C_5^3 0.8^3\times 0.2^2=0.205.$

$P\{X\leqslant 2\}=1-P\{X=5\}-P\{X=4\}-P\{X=3\}=0.057.$

则 X 的分布为

X	$\leqslant 2$	3	4	5
P	0.057	0.205	0.410	0.328

以 Y 表示所获利润，则

X	$\leqslant 2$	3	4	5
Y	-2	0	5	10
P	0.057	0.205	0.410	0.328

$$E(Y)=(-2)\cdot 0.057+0\cdot 0.205+5\cdot 0.410+10\cdot 0.328=5.216(\text{万元})$$

8 (1997，十二题，6分）游客乘电梯从底层到电视塔顶层观光，电梯于每个整点的第5分钟、25分钟和55分钟从底层起行.假设一游客在早八点的第 X 分钟到达底层候梯处，且 X 在 $[0,60]$ 上均匀分布，求该游客等候时间的数学期望.

解 $X\sim U[0,60]$，故 X 的概率密度为 $X\sim f(x)=\begin{cases}\frac{1}{60}, & 0\leqslant x\leqslant 60,\\ 0, & \text{其他}.\end{cases}$

设 Y 是游客等候电梯的时间（分钟），则

$$Y=g(X)=\begin{cases}5-X, & 0<X\leqslant 5,\\ 25-X, & 5<X\leqslant 25,\\ 55-X, & 25<X\leqslant 55,\\ 60-X+5, & 55<X\leqslant 60\end{cases}$$

因此 $E(Y)=E[g(X)]=\int_{-\infty}^{+\infty}g(x)f(x)\mathrm{d}x=\frac{1}{60}\int_0^{60}g(x)\mathrm{d}x$

$$=\frac{1}{60}\left[\int_0^5(5-x)\mathrm{d}x+\int_5^{25}(25-x)\mathrm{d}x+\int_{25}^{55}(55-x)\mathrm{d}x+\int_{55}^{60}(65-x)\mathrm{d}x\right]$$

$$=\frac{1}{60}[12.5+200+450+37.5]=11.67$$

$E(Y)=11.67.$

9 (1997，十三题，6分）两台同样的自动记录仪，每台无故障工作的时间服从参数为5的指数分布；首先开动其中一台，当其发生故障时停用而另一台自动开动.试求两台记录仪无故障工作的总时间 T 的概率密度 $f(t)$、数学期望和方差.

解 以 X_1 和 X_2 表示先后开动的记录仪无故障工作的时间，则 $T=X_1+X_2$，已知 X_i 的概率密度为

$$X_i \sim f_i(x)=\begin{cases}5\mathrm{e}^{-5x}, & x>0,\\ 0, & x\leqslant 0,\end{cases}\quad i=1,2$$

显然，X_1 和 X_2 相互独立. 利用两独立随机变量和的密度公式可求出 T 的概率密度

$$f(x)=\int_{-\infty}^{+\infty}f_1(t)f_2(x-t)\mathrm{d}t$$

$x\leqslant 0$ 时，$f(x)=0$；

$x>0$ 时，$f(x)=5\int_0^{+\infty}\mathrm{e}^{-5t}f_2(x-t)\mathrm{d}t=25\int_0^x\mathrm{e}^{-5t}\mathrm{e}^{-5(x-t)}\mathrm{d}t=25\mathrm{e}^{-5x}\int_0^x\mathrm{d}t=25x\mathrm{e}^{-5x}$.

总之，T 的密度 $f(t)=\begin{cases}25t\mathrm{e}^{-5t}, & t>0,\\ 0, & t\leqslant 0.\end{cases}$

$X_i\sim E(5)$ 分布，则 $E(X_i)=\dfrac{1}{5}$，$D(X_i)=\dfrac{1}{25}$，$i=1,2$.

因此，

$E(T)=E(X_1+X_2)=E(X_1)+E(X_2)=\dfrac{2}{5}$，

$D(T)=D(X_1+X_2)=D(X_1)+D(X_2)=\dfrac{2}{25}$.

10 (1998，十一题，10 分) 一商店经销某种商品，每周进货的数量 X 与顾客对该种商品的需求量 Y 是相互独立的随机变量，且都服从区间[10,20]上的均匀分布. 商店每售出一单位商品可得利润 1 000 元；若需求量超过了进货量，商店可从其他商店调剂供应，这时每单位商品获利润为 500 元. 试计算此商店经销该种商品每周所得利润的期望值.

解 设 Z 表示此商店经销该种商品每周所得的利润. 则

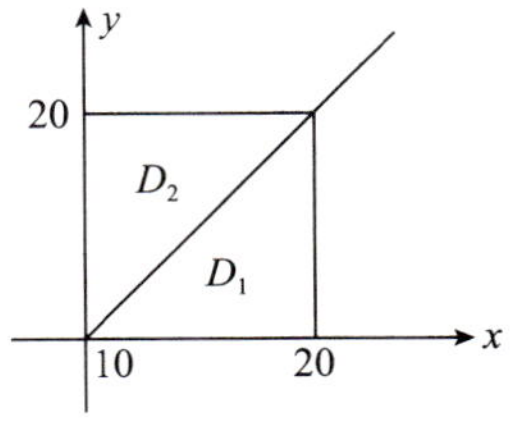

$$Z=g(X,Y)=\begin{cases}1000Y, & Y\leqslant X,\\ 1000X+500(Y-X), & Y>X\end{cases}$$

由于 X 和 Y 相互独立，因此 (X,Y) 的概率密度为

$$f(x,y)=\begin{cases}\dfrac{1}{100}, & 10\leqslant x\leqslant 20, 10\leqslant y\leqslant 20,\\ 0, & \text{其他}\end{cases}$$

从而可得每周所得利润的数学期望为

$$\begin{aligned}E(Z)=E[g(X,Y)]&=\int_{-\infty}^{+\infty}\int_{-\infty}^{+\infty}g(x,y)f(x,y)\mathrm{d}x\mathrm{d}y\\&=\int_{10}^{20}\int_{10}^{20}g(x,y)\frac{1}{100}\mathrm{d}x\mathrm{d}y\\&=\iint_{D_1}1000y\frac{1}{100}\mathrm{d}x\mathrm{d}y+\iint_{D_2}500(x+y)\frac{1}{100}\mathrm{d}x\mathrm{d}y\\&=\int_{10}^{20}\mathrm{d}x\int_{10}^{x}10y\mathrm{d}y+\int_{10}^{20}\mathrm{d}x\int_{x}^{20}5(x-y)\mathrm{d}y=14166.67(\text{元})\end{aligned}$$

11 (1999，一(5)题，3 分) 设随机变量 $X_{ij}(i,j=1,2,\cdots,n;n\geqslant 2)$ 独立同分布，$E(X_{ij})=2$，则行列式

$$Y = \begin{vmatrix} X_{11} & X_{12} & \cdots & X_{1n} \\ X_{21} & X_{22} & \cdots & X_{2n} \\ \vdots & \vdots & & \vdots \\ X_{n1} & X_{n2} & \cdots & X_{nn} \end{vmatrix}$$

的数学期望 $E(Y) =$ ________.

答案 0.

解析 行列式展开后每项均是行列式不同行、不同列元素相乘，各元素都是独立同分布的随机变量，它们相乘的数学期望等于各元素数学期望的相乘. 即

$$E(Y) = \begin{vmatrix} E(X_{11}) & E(X_{12}) & \cdots & E(X_{1n}) \\ E(X_{21}) & E(X_{22}) & \cdots & E(X_{2n}) \\ \vdots & \vdots & & \vdots \\ E(X_{n1}) & E(X_{n2}) & \cdots & E(X_{nn}) \end{vmatrix} = \begin{vmatrix} 2 & 2 & \cdots & 2 \\ 2 & 2 & \cdots & 2 \\ \vdots & \vdots & & \vdots \\ 2 & 2 & \cdots & 2 \end{vmatrix} = 0$$

12（2000，一(5)题，3分）设随机变量 X 在区间 $[-1,2]$ 上服从均匀分布，随机变量

$$Y = \begin{cases} 1, & X > 0, \\ 0, & X = 0, \\ -1, & X < 0 \end{cases}$$

则方差 $D(Y) =$ ________.

答案 $\frac{8}{9}$.

解析 $D(Y) = E(Y^2) - [E(Y)]^2$

$$E(Y) = 1 \cdot P\{X > 0\} + 0 \cdot P\{X = 0\} + (-1)P\{X < 0\} = 1 \cdot \frac{2}{3} + 0 \cdot 0 - 1 \cdot \frac{1}{3} = \frac{1}{3}$$

$$E(Y^2) = 1^2 \cdot P\{X > 0\} + 0^2 \cdot P\{X = 0\} + (-1)^2 P\{X < 0\} = 1 \cdot \frac{2}{3} + 0 \cdot 0 + 1 \cdot \frac{1}{3} = 1$$

$$D(Y) = E(Y^2) - [E(Y)]^2 = 1 - \left(\frac{1}{3}\right)^2 = \frac{8}{9}.$$

13（2002，十一题，8分）假设随机变量 U 在区间 $[-2,2]$ 上服从均匀分布，随机变量

$$X = \begin{cases} -1, & U \leqslant -1, \\ 1, & U > -1; \end{cases} \quad Y = \begin{cases} -1, & U \leqslant 1, \\ 1, & U > 1 \end{cases}$$

试求(1) X 和 Y 的联合概率分布；(2) $D(X+Y)$.

解 (1) 由题可得

X	-1	1
P	$\frac{1}{4}$	$\frac{3}{4}$

，

Y	-1	1
P	$\frac{3}{4}$	$\frac{1}{4}$

因 $P\{U \leqslant -1\} = \frac{1}{4}, P\{U \leqslant 1\} = \frac{3}{4}$

$$P\{X = -1, Y = -1\} = P\{U \leqslant -1, U \leqslant 1\} = P\{U \leqslant -1\} = \frac{1}{4}$$

所以

X \ Y	-1	1	
-1			$\frac{1}{4}$
1			$\frac{3}{4}$
	$\frac{3}{4}$	$\frac{1}{4}$	

进一步有

X \ Y	-1	1	
-1	$\frac{1}{4}$		$\frac{1}{4}$
1			$\frac{3}{4}$
	$\frac{3}{4}$	$\frac{1}{4}$	

最后得(X,Y)的联合分布

X \ Y	-1	1	
-1	$\frac{1}{4}$	0	$\frac{1}{4}$
1	$\frac{1}{2}$	$\frac{1}{4}$	$\frac{3}{4}$
	$\frac{3}{4}$	$\frac{1}{4}$	

(2) 因

$$P\{X+Y=-2\}=P\{X=-1,Y=-1\}=\frac{1}{4}$$

$$P\{X+Y=2\}=P\{X=1,Y=1\}=\frac{1}{4}$$

$$P\{X+Y=0\}=1-\frac{1}{4}-\frac{1}{4}=\frac{1}{2}$$

故

$$E(X+Y)=-2\cdot\frac{1}{4}+0\cdot\frac{1}{2}+2\cdot\frac{1}{4}=0$$

$$E((X+Y)^2)=(-2)^2\,\frac{1}{4}+0^2\cdot\frac{1}{2}+2^2\cdot\frac{1}{4}=2$$

从而，$D(X+Y)=2$.

14 (2004,5 题,4 分) 设随机变量 X 服从参数为 λ 的指数分布，则 $P\{X>\sqrt{D(X)}\}=$ ________.

答案 $\frac{1}{e}$.

解析 X 服从参数为 λ 的指数分布，故 $D(X)=\frac{1}{\lambda^2}$.

$$P\{X>\sqrt{D(X)}\}=P\left\{X>\frac{1}{\lambda}\right\}=\int_{\frac{1}{\lambda}}^{+\infty}f(x)\mathrm{d}x=\int_{\frac{1}{\lambda}}^{+\infty}\lambda e^{-\lambda x}\mathrm{d}x=\frac{1}{e}$$

15（2008，14 题，4 分）设随机变量 X 服从参数为 1 的泊松分布，则 $P\{X=E(X^2)\}=$ ________.

答案 $\frac{1}{2e}$.

解析 $X\sim P(\lambda)$，则有 $P\{X=k\}=\frac{\lambda^k}{k!}e^{-\lambda}, k=0,1,2,\cdots$，且 $E(X)=\lambda, D(X)=\lambda$，将 $\lambda=1$ 直接代入就可以了.

由 $D(X)=E(X^2)-(EX)^2$，即 $1=E(X^2)-1^2$，$E(X^2)=2$.

$$P\{X=E(X)^2\}=P\{X=2\}=\frac{1^2}{2!}e^{-1}=\frac{1}{2e}$$

二、协方差 Cov(X,Y)

16（2002，一(4) 题，3 分）设随机变量 X 和 Y 的联合概率分布为

$X \backslash Y$	-1	0	1
0	0.07	0.18	0.15
1	0.08	0.32	0.20

则 X^2 和 Y^2 的协方差 $\mathrm{Cov}(X^2,Y^2)=$ ________.

答案 -0.02.

解析 （方法一） $\mathrm{Cov}(X^2,Y^2)=E(X^2Y^2)-E(X^2)E(Y^2)$.

$$E(X^2)=0^2\cdot 0.40+1^2\cdot 0.60=0.60$$

$$E(Y^2)=(-1)^2\cdot 0.15+0^2\cdot 0.50+1^2\cdot 0.35=0.50$$

$$E(X^2Y^2)=0^2\cdot(0.07+0.18+0.15+0.32)+1^2\cdot(0.08+0.20)=0.28$$

故 $\mathrm{Cov}(X^2,Y^2)=0.28-0.60\cdot 0.50=-0.02$.

（方法二） 由已知可得如下分布律

$X^2 \backslash Y^2$	0	1	
0	0.18	0.22	0.40
1	0.32	0.28	0.60
	0.50	0.50	

$E(X^2)=0.60, E(Y^2)=0.50, E(X^2Y^2)=1\cdot 0.28=0.28$,

$\mathrm{Cov}(X^2,Y^2)=E(X^2Y^2)-E(X^2)E(Y^2)=0.28-0.60\cdot 0.50=-0.02$.

17（2006，22 题，13 分）设随机变量 X 的概率密度为

$$f_X(x)=\begin{cases}\frac{1}{2}, & -1<x<0,\\ \frac{1}{4}, & 0\leqslant x<2,\\ 0, & \text{其他}\end{cases}$$

令 $Y = X^2$，$F(x,y)$ 为二维随机变量 (X,Y) 的分布函数.

求（Ⅰ）Y 的概率密度 $f_Y(y)$；

（Ⅱ）$\mathrm{Cov}(X,Y)$；

（Ⅲ）$F\left(-\frac{1}{2},4\right)$.

分析　$f_Y(y) = F'_Y(y)$，而 $F_Y(y) = P\{Y \leqslant y\} = P\{X^2 \leqslant y\}$，因为 $f_X(x)$ 是分段函数，在计算 $P\{X^2 \leqslant y\}$ 时，要相应地分段讨论.

$$\mathrm{Cov}(X,Y) = \mathrm{Cov}(X,X^2) = E(X^3) - E(X)E(X^2)$$

$$F\left(-\frac{1}{2},4\right) = P\left\{X \leqslant -\frac{1}{2}, Y \leqslant 4\right\} = P\left\{X \leqslant -\frac{1}{2}, X^2 \leqslant 4\right\}$$

只与 X 有关，不必先求出 $F(x,y)$ 函数.

解　（Ⅰ）设 Y 的分布函数为 $F_Y(y)$，则

$$F_Y(y) = P\{Y \leqslant y\} = P\{X^2 \leqslant y\}$$

当 $y \leqslant 0$ 时，$F_Y(y) = 0$，$f_Y(y) = 0$；

当 $0 < y < 1$ 时，

$$\begin{aligned} F_Y(y) &= P\{-\sqrt{y} \leqslant X \leqslant \sqrt{y}\} = P\{-\sqrt{y} \leqslant X < 0\} + P\{0 \leqslant X \leqslant \sqrt{y}\} \\ &= \frac{1}{2}\sqrt{y} + \frac{1}{4}\sqrt{y} = \frac{3}{4}\sqrt{y} \end{aligned}$$

$$f_Y(y) = F'_Y(y) = \frac{3}{8\sqrt{y}}$$

当 $1 \leqslant y < 4$ 时，

$$F_Y(y) = P\{-1 \leqslant X < 0\} + P\{0 \leqslant X \leqslant \sqrt{y}\} = \frac{1}{2} + \frac{1}{4}\sqrt{y}$$

$$f_Y(y) = F'_Y(y) = \frac{1}{8\sqrt{y}}$$

当 $y \geqslant 4$ 时，

$$F_Y(y) = 1, f_Y(y) = 0$$

故 Y 的概率密度为

$$f_Y(y) = \begin{cases} \dfrac{3}{8\sqrt{y}}, & 0 < y < 1, \\ \dfrac{1}{8\sqrt{y}}, & 1 \leqslant y < 4, \\ 0, & \text{其他} \end{cases}$$

（Ⅱ）$$E(X) = \int_{-\infty}^{+\infty} x f_X(x)\mathrm{d}x = \int_{-1}^{0} \frac{x}{2}\mathrm{d}x + \int_{0}^{2} \frac{x}{4}\mathrm{d}x = \frac{1}{4}$$

$$E(X^2) = \int_{-\infty}^{+\infty} x^2 f_X(x)\mathrm{d}x = \int_{-1}^{0} \frac{x^2}{2}\mathrm{d}x + \int_{0}^{2} \frac{x^2}{4}\mathrm{d}x = \frac{5}{6}$$

$$E(X^3) = \int_{-\infty}^{+\infty} x^3 f_X(x)\mathrm{d}x = \int_{-1}^{0} \frac{x^3}{2}\mathrm{d}x + \int_{0}^{2} \frac{x^3}{4}\mathrm{d}x = \frac{7}{8}$$

故 $\mathrm{Cov}(X,Y) = \mathrm{Cov}(X,X^2) = E(X^3) - E(X)E(X^2) = \frac{7}{8} - \frac{1}{4} \times \frac{5}{6} = \frac{2}{3}$.

（Ⅲ）$$\begin{aligned} F\left(-\frac{1}{2},4\right) &= P\left\{X \leqslant -\frac{1}{2}, Y \leqslant 4\right\} = P\left\{X \leqslant -\frac{1}{2}, X^2 \leqslant 4\right\} \\ &= P\left\{X \leqslant -\frac{1}{2}, -2 \leqslant X \leqslant 2\right\} = P\left\{-2 \leqslant X \leqslant -\frac{1}{2}\right\} \end{aligned}$$

$$=P\left\{-1<X\leqslant-\frac{1}{2}\right\}=\frac{1}{4}.$$

三、相关系数ρ_{XY}

18（1991，十三题，6 分）假设随机变量(X,Y)在圆域$x^2+y^2\leqslant r^2$上服从联合均匀分布.

(1) 求 X 和 Y 的相关系数ρ；

(2) 问 X 和 Y 是否独立？

分析 (1) 相关系数$\rho=\dfrac{\text{Cov}(X,Y)}{\sqrt{D(X)}\sqrt{D(Y)}}$，$\text{Cov}(X,Y)=E(XY)-E(X)E(Y)$.

(X,Y)的概率密度函数$f(x,y)=\begin{cases}\dfrac{1}{\pi r^2}, & x^2+y^2\leqslant r^2,\\ 0, & \text{其他}.\end{cases}$

(2)X,Y独立等价于$f(x,y)=f_X(x)\cdot f_Y(y)$，其中

$$f_X(x)=\int_{-\infty}^{+\infty}f(x,y)\mathrm{d}y,\ f_Y(y)=\int_{-\infty}^{+\infty}f(x,y)\mathrm{d}x.$$

解 (1)$E(X)=\displaystyle\int_{-\infty}^{+\infty}\int_{-\infty}^{+\infty}xf(x,y)\mathrm{d}x\mathrm{d}y=\int_{-r}^{r}\mathrm{d}x\int_{-\sqrt{r^2-x^2}}^{\sqrt{r^2-x^2}}\frac{x}{\pi r^2}\mathrm{d}y=\int_{-r}^{r}\frac{x}{\pi r^2}2\sqrt{r^2-x^2}\mathrm{d}x$

$=0$ （奇函数）

由对称性，同理$E(Y)=0$.

$$E(XY)=\iint\limits_{x^2+y^2\leqslant r^2}xyf(x,y)\mathrm{d}x\mathrm{d}y=\int_{-r}^{r}x\mathrm{d}x\int_{-\sqrt{r^2-x^2}}^{\sqrt{r^2-x^2}}y\frac{1}{\pi r^2}\mathrm{d}y=0.$$

以上几个积分均为 0 是用了被积函数为奇函数，积分区域又对称.

总之$\text{Cov}(X,Y)=E(XY)-E(X)E(Y)=0$，$\rho=\dfrac{\text{Cov}(X,Y)}{\sqrt{D(X)}\sqrt{D(Y)}}=0$.

(2)$f_X(x)=\displaystyle\int_{-\infty}^{+\infty}f(x,y)\mathrm{d}y=\begin{cases}\displaystyle\int_{-\sqrt{r^2-x^2}}^{\sqrt{r^2-x^2}}\frac{1}{\pi r^2}\mathrm{d}y, & -r\leqslant x\leqslant r\\ 0, & \text{其他}\end{cases}=\begin{cases}\dfrac{2}{\pi r^2}\sqrt{r^2-x^2}, & -r\leqslant x\leqslant r,\\ 0, & \text{其他},\end{cases}$

同理，$f_Y(y)=\begin{cases}\dfrac{2}{\pi r^2}\sqrt{r^2-x^2}, & -r\leqslant y\leqslant r,\\ 0, & \text{其他}.\end{cases}$

因此$f(x,y)\neq f_X(x)f_Y(y)$，X,Y不独立.

19（1995，二(4)题，3 分）设随机变量 X 和 Y 独立同分布，记$U=X-Y$，$V=X+Y$，则随机变量 U 与 V 必然

(A) 不独立.　　(B) 独立.

(C) 相关系数不为零.　　(D) 相关系数为零.

答案 D.

解析 U,V的相关系数$\rho_{UV}=\dfrac{\text{Cov}(U,V)}{\sqrt{D(U)}\sqrt{D(V)}}$.

$$\begin{aligned}\text{Cov}(U,V)&=\text{Cov}(X-Y,X+Y)=\text{Cov}(X,X)+\text{Cov}(X,Y)-\text{Cov}(Y,X)-\text{Cov}(Y,Y)\\&=D(X)+\text{Cov}(X,Y)-\text{Cov}(X,Y)-D(Y)=D(X)-DY=0.\end{aligned}$$

所以相关系数 $\rho_{UV}=0$.

【评注】 本题范围已超出考试大纲:如果 (X,Y) 正态分布,则 U,V 相互独立.本题设给出 (X,Y) 服从正态分布,其实选项(B)成立必有(D)也成立,不能选(B).

20 (2000,十二题,8分)设 A,B 是两个随机事件,随机变量

$$X=\begin{cases}1, & \text{若} A \text{出现},\\ -1, & \text{若} A \text{不出现},\end{cases}\quad Y=\begin{cases}1, & \text{若} B \text{出现},\\ -1, & \text{若} B \text{不出现}\end{cases}$$

试证明随机变量 X 和 Y 不相关的充分必要条件是 A 与 B 相互独立.

证明 X 与 Y 不相关,即 $\rho_{XY}=\dfrac{\mathrm{Cov}(X,Y)}{\sqrt{D(X)}\sqrt{D(Y)}}=0$,就有 $\mathrm{Cov}(X,Y)=E(XY)-E(X)\cdot E(Y)=0$.

X	-1	1
P	$P(\overline{A})$	$P(A)$

,

Y	-1	1
P	$P(\overline{B})$	$P(B)$

,

XY	-1	1
P	$P(\overline{A}B\cup A\overline{B})$	$P(AB\cup\overline{A}\,\overline{B})$

$E(X)=-P(\overline{A})+P(A)=-1+P(A)+P(A)=2P(A)-1$,

$E(Y)=-P(\overline{B})+P(B)=2P(B)-1$,

$$\begin{aligned}E(XY)&=-P(\overline{A}B\cup A\overline{B})+P(AB\cup\overline{A}\,\overline{B})=-P(\overline{A}B)-P(A\overline{B})+P(AB)+P(\overline{A}\,\overline{B})\\&=-P(B)+P(AB)-P(A)+P(AB)+P(AB)+1-P(A\cup B)\\&=-P(B)-P(A)+3P(AB)-P(A)-P(B)+P(AB)+1\\&=4P(AB)-2P(A)-2P(B)+1\end{aligned}$$

X,Y 不相关的充要条件为 $\mathrm{Cov}(X,Y)=0$,即 $E(XY)=E(X)\cdot E(Y)$.

所以,$4P(AB)-2P(A)-2P(B)+1=[2P(A)-1][2P(B)-1]=4P(A)P(B)-2P(A)-2P(B)+1$,即 $P(AB)=P(A)P(B)$,A,B 独立.

21 (2001,二(5)题,3分)将一枚硬币重复掷 n 次,以 X 和 Y 分别表示正面向上和反面向上的次数,则 X 和 Y 的相关系数等于

(A) -1.　　(B) 0.　　(C) $\dfrac{1}{2}$.　　(D) 1.

答案 A.

解析 显然,$X+Y=n$,$\rho_{XY}=\dfrac{\mathrm{Cov}(X,Y)}{\sqrt{DX}\sqrt{DY}}$,$D(Y)=D(n-X)=D(X)$.

$\mathrm{Cov}(X,Y)=\mathrm{Cov}(X,n-X)=\mathrm{Cov}(X,n)-\mathrm{Cov}(X,X)=-D(X)$,$\rho_{XY}=\dfrac{-D(X)}{\sqrt{D(X)}\sqrt{D(X)}}=-1$

22 (2003,一(5)题,4分)设随机变量 X 和 Y 的相关系数为 0.9,若 $Z=X-0.4$,则 Y 与 Z 的相关系数为________.

答案 0.9.

解析 $\rho_{YZ}=\dfrac{\mathrm{Cov}(Y,Z)}{\sqrt{D(Y)}\sqrt{D(Z)}}=\dfrac{\mathrm{Cov}(Y,X-0.4)}{\sqrt{D(Y)}\sqrt{D(X-0.4)}}=\dfrac{\mathrm{Cov}(X,Y)}{\sqrt{D(Y)}\sqrt{D(X)}}=0.9$.

23 (2004,22题,13分)设 A,B 为随机事件,且 $P(A)=\dfrac{1}{4}$,$P(B\mid A)=\dfrac{1}{3}$,$P(A\mid B)=\dfrac{1}{2}$,令

$$X=\begin{cases}1, & A\text{发生},\\ 0, & A\text{不发生},\end{cases}\quad Y=\begin{cases}1, & B\text{发生},\\ 0, & B\text{不发生}\end{cases}$$

求：（Ⅰ）二维随机变量(X,Y)的概率分布；

（Ⅱ）X与Y的相关系数ρ_{XY}；

（Ⅲ）$Z=X^2+Y^2$的概率分布.

解（Ⅰ）由$X=\begin{cases}1, & A,\\ 0, & \overline{A},\end{cases}$ $Y=\begin{cases}1, & B,\\ 0, & \overline{B}\end{cases}$和$P(A)=\frac{1}{4}$得到

X \ Y	$\overline{B}$ 0	B 1	
$\overline{A}$ 0			$\frac{3}{4}$
A 1			$\frac{1}{4}$

再由$P(B\mid A)=\frac{P(AB)}{P(A)}=\frac{1}{3}$，故$P(AB)=\frac{1}{3}P(A)=\frac{1}{12}$.

又因$P(A\mid B)=\frac{P(AB)}{P(B)}=\frac{1}{2}$，故$P(B)=\frac{P(AB)}{\frac{1}{2}}=\frac{\frac{1}{12}}{\frac{1}{2}}=\frac{1}{6}$.

将$P(AB)=\frac{1}{12}$和$P(B)=\frac{1}{6}$填入分布，得

X \ Y	$\overline{B}$ 0	B 1	
$\overline{A}$ 0			$\frac{3}{4}$
A 1		$\frac{1}{12}$	$\frac{1}{4}$
		$\frac{1}{6}$	

，进一步有

X \ Y	$\overline{B}$ 0	B 1	
$\overline{A}$ 0	$\frac{2}{3}$	$\frac{1}{12}$	$\frac{3}{4}$
A 1	$\frac{1}{6}$	$\frac{1}{12}$	$\frac{1}{4}$
	$\frac{5}{6}$	$\frac{1}{6}$	

（Ⅱ）$\rho_{XY}=\frac{\mathrm{Cov}(X,Y)}{\sqrt{D(X)}\sqrt{D(Y)}}=\frac{E(XY)-E(X)\cdot E(Y)}{\sqrt{D(X)}\sqrt{D(Y)}}$

由于

X	0	1
P	$\frac{3}{4}$	$\frac{1}{4}$

，所以$E(X)=\frac{1}{4}$，$D(X)=\frac{1}{4}\cdot\frac{3}{4}=\frac{3}{16}$.

同理

Y	0	1
P	$\frac{5}{6}$	$\frac{1}{6}$

，$E(Y)=\frac{1}{6}$，$DY=\frac{1}{6}\cdot\frac{5}{6}=\frac{5}{36}$，$E(XY)=1\cdot P(AB)=\frac{1}{12}$.

$\mathrm{Cov}(X,Y)=E(XY)-EX\cdot E(Y)=\frac{1}{12}-\frac{1}{4}\cdot\frac{1}{6}=\frac{1}{24}$.

$\rho_{XY}=\frac{1/24}{\sqrt{\frac{3}{16}}\sqrt{\frac{5}{36}}}=\frac{1}{\sqrt{15}}$.

（Ⅲ）$Z=X^2+Y^2$，故

Z	0	1	2
P	$\frac{2}{3}$	$\frac{1}{4}$	$\frac{1}{12}$

24 (2008,8 题,4 分) 设随机变量 $X \sim N(0,1)$,$Y \sim N(1,4)$ 且相关系数 $\rho_{XY} = 1$,则

(A) $P\{Y = -2X - 1\} = 1$.　　(B) $P\{Y = 2X - 1\} = 1$.

(C) $P\{Y = -2X + 1\} = 1$.　　(D) $P\{Y = 2X + 1\} = 1$.

答案　D.

解析　由相关系数的性质可知:如果 $|\rho_{XY}| = 1$,则必有 $P\{Y = aX + b\} = 1 (a \neq 0)$,

现在题设条件 $\rho_{XY} = 1$,只要在 $P\{Y = \pm 2X \pm 1\} = 1$ 四个选项中选一项就可以了,实际上只要确定它们的正负号即可.

本题可以从 $X \sim N(0,1)$ 和 $Y \sim N(1,4)$ 及 $\rho_{XY} = 1$ 直接推出 $P\{Y = aX + b\} = 1$ 中的 a,b 值. 但更方便的,不如直接定出 a,b 的正负号更简单.

先来确定常数 b,由 $P\{Y = aX + b\} = 1$. 可得到 $E(Y) = aE(X) + b$,再因为 $X \sim N(0,1)$,$Y \sim N(1,4)$,所以,$1 = a \cdot 0 + b$,即得 $b = 1$.

现来求常数 a,实际上只要判定 a 的正负号就可以了.

$$1 = \rho_{XY} = \frac{\text{Cov}(X,Y)}{\sqrt{D(X)} \cdot \sqrt{D(Y)}}$$

而 $\text{Cov}(X,Y) = \text{Cov}(X, aX + b) = a\text{Cov}(X,X) = a$,故 $a > 0$.

答案应选(D).

【评注】　从 $1 = \rho_{XY} = \frac{\text{Cov}(X,Y)}{\sqrt{D(X)}\sqrt{D(Y)}} = \frac{a\text{Cov}(X,X)}{\sqrt{1}\sqrt{4}} = \frac{a}{2}$,也可得到 $a = 2$.

节饮食以养胃,多读书以养胆。

——庄子

第五章　大数定律和中心极限定理

本章导读

本章内容不是考试的重点，2001 年考过一次中心极限定理，2003 年考过一次大数定律，近十年就没再考过. 本章内容包括三个大数定律：切比雪夫大数定律，伯努利大数定律，辛钦大数定律；两个中心极限定理：棣莫弗-拉普拉斯定理，列维-林德伯格定理.

试题特点

本章试题大多是简单的选择题和填空题，考生只要把本章定律和定理的条件与结论记住就可以了. 曾经有用中心极限定理来近似计算的解答题，但由于考试时不能使用计算器，因此计算量过大，这类考题近几年也不太出现.

考题详析

1 （1988，十一题，6 分）某保险公司多年统计资料表明，在索赔中被盗索赔户占 20%，以 X 表示在随意抽查的 100 个索赔户中因被盗向保险公司索赔的户数.

（1）写出 X 的概率分布；

（2）利用棣莫弗-拉普拉斯定理，求被盗索赔户不少于 14 户且不多于 30 户的概率的近似值.

附表　设 $\Phi(x)$ 是标准正态分布函数.

x	0	0.5	1.0	1.5	2.0	2.5	3.0
$\Phi(x)$	0.500	0.692	0.841	0.933	0.977	0.994	0.999

解 （1）X 服从二项分布 $B(100,0.2)$，$P\{X=k\}=C_{100}^{k}(0.2)^k(0.8)^{100-k}$，$k=0,1,2,\cdots,100$.

（2）根据棣莫弗-拉普拉斯中心极限定理：

$X_n \sim B(n,p)$，$n=1,2,\cdots$，则对于任意实数 x

$$\lim_{n\to\infty} P\left\{\frac{X_n-np}{\sqrt{np(1-p)}}\leqslant x\right\}=\Phi(x)$$

定理表明当 n 充分大时，$X\sim B(100,0.2)$，标准化后 $\dfrac{X-100\cdot 0.2}{\sqrt{100\cdot 0.2(1-0.2)}}=\dfrac{X-20}{4}$，近似服从标准正态分布 $N(0,1)$.

$$\begin{aligned}P\{14\leqslant X\leqslant 30\}&=P\left\{\frac{14-20}{4}\leqslant\frac{X-20}{4}\leqslant\frac{30-20}{4}\right\}=P\left\{-1.5\leqslant\frac{X-20}{4}\leqslant 2.5\right\}\\&=\Phi(2.5)-\Phi(-1.5)=\Phi(2.5)-[1-\Phi(1.5)]\\&=0.994-[1-0.933]=0.927\end{aligned}$$

2 （1989，一(5)题，3 分）设随机变量 X 的数学期望 $E(X)=\mu$，方差 $D(X)=\sigma^2$，则由切比雪夫不等式，有 $P\{|X-\mu|\geqslant 3\sigma\}\leqslant$ ________.

答案 $\frac{1}{9}$.

解析 根据切比雪夫不等式 $P\{|X-E(X)|\geqslant\varepsilon\}\leqslant\frac{D(X)}{\varepsilon^2}$,

现在 $\varepsilon=3\sigma, E(X)=\mu, D(X)=\sigma^2$,上式成为 $P\{|X-\mu|\geqslant 3\sigma\}\leqslant\frac{\sigma^2}{(3\sigma)^2}=\frac{1}{9}$.

3 (1996,十三题,6分)假设 $X_1, X_2, \cdots, X_n$ 是来自总体 X 的简单随机样本;已知 $E(X^k)=\alpha_k(k=1,2,3,4)$. 证明当 n 充分大时,随机变量 $Z_n=\frac{1}{n}\sum_{i=1}^{n}X_i^2$ 近似服从正态分布,并指出其分布参数.

解 $X_1, X_2, \cdots, X_n$ 独立同分布,因而 $X_1^2, X_2^2, \cdots, X_n^2$ 也独立同分布,

$$E(X_i^2)=E(X^2)=a_2, D(X_i^2)=D(X^2)=E(X^4)-(EX^2)^2=a_4-a_2^2$$

都存在,根据中心极限定理 $\frac{Z_n-E(Z_n)}{\sqrt{D(Z_1)}}$ 的极限分布是标准正态分布,即当 n 充分大时,$Z_n\approx N(E(Z_n), D(Z_n))$ 近似正态. 其分布参数

$$E(Z_n)=\frac{1}{n}\sum_{i=1}^{n}E(X_i^2)=a_2, D(Z_n)=\frac{1}{n^2}\sum_{i=1}^{n}D(X_i^2)=\frac{a_4-a_2^2}{n}$$

总之 Z_n 近似服从参数为 $\left(a_2, \frac{a_4-a_2^2}{n}\right)$ 的正态分布.

4 (2001,一(4)题,3分)设随机变量 X 和 Y 的数学期望分别为 -2 和 2,方差分别为 1 和 4,而相关系数为 -0.5,根据切比雪夫不等式 $P\{|X+Y|\geqslant 6\}\leqslant$ ________.

答案 $\frac{1}{12}$.

解析 令 $Z=X+Y$,则

$$E(Z)=E(X+Y)=E(X)+E(Y)=-2+2=0$$

$$D(Z)=D(X+Y)=D(X)+D(Y)+2\rho_{XY}\sqrt{D(X)}\sqrt{D(Y)}=1+4-2\times0.5\times1\times2=3$$

根据切比雪夫不等式 $P\{|Z-E(Z)|\geqslant 6\}\leqslant\frac{D(Z)}{6^2}$,即 $P\{|X+Y|\geqslant 6\}\leqslant\frac{3}{36}=\frac{1}{12}$.

5 (2001,十一题,8分)一生产线生产的产品成箱包装,每箱的重量是随机的. 假设每箱平均重 50 千克,标准差为 5 千克. 若用最大载重量为 5 吨的汽车承运,试利用中心极限定理说明每辆车最多可以装多少箱,才能保障不超载的概率大于 0.977.($\Phi(2)=0.977$,其中 $\Phi(x)$ 是标准正态分布函数.)

解 设 n 是所求箱数,且假定第 i 箱的重量是 X_i(千克),$i=1,2,\cdots,n$. 由题设条件可以把 $X_1, X_2, \cdots, X_n$ 视为独立同分布随机变量序列,而 n 箱总重量为 $T_n=X_1+X_2+\cdots+X_n$ 是独立同分布随机变量之和.

根据题设条件有

$$E(X_i)=50, \sqrt{D(X_i)}=5, E(T_n)=50n, \sqrt{D(T_n)}=5\sqrt{n}$$

根据列维-林德伯格中心极限定理,T_n 近似服从正态分布 $N(50n, 25n)$,从而

$$P\{T_n\leqslant 5000\}=P\left\{\frac{T_n-50n}{5\sqrt{n}}\leqslant\frac{5000-50n}{5\sqrt{n}}\right\}\approx\Phi\left(\frac{1000-10n}{\sqrt{n}}\right)>0.977=\Phi(2)$$

由此可见 $\frac{1000-10n}{\sqrt{n}}>2$,解得 $n<98.0199$,所以最多可装 98 箱.

6 (2003，一(6)题，4分)设总体 X 服从参数为2的指数分布，$X_1,X_2,\cdots,X_n$ 为来自总体 X 的简单随机样本，则当 $n\to\infty$ 时，$Y_n=\dfrac{1}{n}\sum\limits_{i=1}^{n}X_i^2$ 依概率收敛于________.

答案 $\dfrac{1}{2}$.

解析 随机变量 $X_1^2,X_2^2,\cdots,X_n^2$ 独立同分布，具有数学期望

$$E(X_i^2)=D(X_i)+(EX_i)^2=\frac{1}{2^2}+\left(\frac{1}{2}\right)^2=\frac{1}{2}$$

根据辛钦大数定律：当 $n\to\infty$ 时，$Y_n=\dfrac{1}{n}\sum\limits_{i=1}^{n}X_i^2$ 依概率收敛于 $E(X_i^2)=\dfrac{1}{2}$.

博学之，审问之，慎思之，明辨之，笃行之。

——《礼记·中庸》

第六章　数理统计的基本概念

本章导读

本章是数理统计的基础，也是重点之一. 数理统计的基本概念包括总体、简单随机样本、统计量、样本均值、样本方差等. 特别对正态总体的分布及其性质考生应予以充分的注意，对 χ^2 分布、t 分布和 F 分布，要掌握这些分布对应随机变量的典型模式和它们参数的确定.

试题特点

近几年数三的数理统计都只考一个小题，也就是一个填空题或选择题，这个小题大多是本章的一些基本概念. 数理统计一般是历届考生的薄弱点，很多考生感到公式多不好记，其实只要熟记一个总体的 $\overline{X}, S^2, E(\overline{X}), D(\overline{X}), E(S^2)$ 和 χ^2 分布，t 分布，F 分布的典型模式和参数，尤其是正态总体抽样分布的一些性质就可以了.

考题详析

1 (1994，二(5) 题，3 分) 设 $X_1, X_2, \cdots, X_n$ 是来自正态总体 $N(\mu, \sigma^2)$ 的简单随机样本，$\overline{X}$ 是样本均值，记

$$S_1^2 = \frac{1}{n-1}\sum_{i=1}^{n}(X_i - \overline{X})^2, S_2^2 = \frac{1}{n}\sum_{i=1}^{n}(X_i - \overline{X})^2, S_3^2 = \frac{1}{n-1}\sum_{i=1}^{n}(X_i - \mu)^2, S_4^2 = \frac{1}{n}\sum_{i=1}^{n}(X_i - \mu)^2,$$

则服从自由度为 $n-1$ 的 t 分布的随机变量是

(A) $t = \dfrac{\overline{X}-\mu}{S_1/\sqrt{n-1}}$.　(B) $t = \dfrac{\overline{X}-\mu}{S_2/\sqrt{n-1}}$.　(C) $t = \dfrac{\overline{X}-\mu}{S_3/\sqrt{n}}$.　(D) $t = \dfrac{\overline{X}-\mu}{S_4/\sqrt{n}}$.

答案　B.

解析　$T = \dfrac{\overline{X}-\mu}{S/\sqrt{n}} \sim t(n-1)$，其中 $S^2 = \dfrac{1}{n-1}\sum\limits_{i=1}^{n}(X_i - \overline{X})^2$.

2 (1997，一(5) 题，3 分) 设随机变量 X 和 Y 相互独立且都服从正态分布 $N(0, 3^2)$，而 $X_1, \cdots, X_9$ 和 $Y_1, \cdots, Y_9$ 分别是来自总体 X 和 Y 的简单随机样本，则统计量 $U = \dfrac{X_1 + \cdots + X_9}{\sqrt{Y_1^2 + \cdots + Y_9^2}}$ 服从________分布，参数为________.

答案　t，9.

解析　$E(X_1 + \cdots + X_9) = E(X_1) + \cdots + E(X_9) = 0, D(X_1 + \cdots + X_9) = D(X_1) + \cdots + D(X_9) = 9D(X) = 81$. 故 $(X_1 + \cdots + X_9) \sim N(0, 9^2)$，$\dfrac{X_1 + \cdots + X_9}{9} \sim N(0,1)$，$Y_i \sim N(0, 3^2)$，$\dfrac{Y_i^2}{3^2} \sim \chi^2(1)$，$\dfrac{Y_1^2 + \cdots + Y_9^2}{9} \sim \chi^2(9)$

$$\frac{(X_1 + \cdots + X_9)}{9} \text{与} \frac{Y_1^2 + \cdots + Y_9^2}{9} \text{独立}, \frac{\frac{X_1 + \cdots + X_9}{9}}{\sqrt{\frac{Y_1^2 + \cdots + Y_9^2}{9}/9}} \sim t(9), \text{即} U = \frac{X_1 + \cdots + X_9}{\sqrt{Y_1^2 + \cdots + Y_9^2}} \sim t(9).$$

3 (1998，一(5)题，3分) 设 X_1,X_2,X_3,X_4 是来自正态总体 $N(0,2^2)$ 的简单随机样本，

$$X=a(X_1-2X_2)^2+b(3X_3-4X_4)^2,\text{其中 } a,b\neq 0$$

则当 $a=$ ________，$b=$ ________ 时，统计量 X 服从 χ^2 分布，其自由度为________.

答案 $\frac{1}{20},\frac{1}{100},2$.

解析 $X_1-2X_2\sim N(0,20),\frac{X_1-2X_2}{\sqrt{20}}\sim N(0,1),3X_3-4X_4\sim N(0,100),\frac{3X_3-4X_4}{10}\sim N(0,1)$.

$$\left(\frac{X_1-2X_2}{\sqrt{20}}\right)^2+\left(\frac{3X_3-4X_4}{\sqrt{100}}\right)^2=\frac{1}{20}(X_1-2X_2)^2+\frac{1}{100}(3X_3-4X_4)^2\sim\chi^2(2).$$

【评注】 严格地说本题有三个答案都对，

$$\frac{1}{20},\frac{1}{100},2;\quad \frac{1}{20},0,1;\quad 0,\frac{1}{100},1$$

4 (1999，一(4)题，3分) 在天平上重复称量一重为 a 的物品，假设各次称量结果相互独立且同服从正态分布 $N(a,0.2^2)$. 若以 $\overline{X}_n$ 表示 n 次称量结果的算术平均值，则为使

$$P\{|\overline{X}_n-a|<0.1\}\geqslant 0.95$$

n 的最小值应不小于自然数________.

答案 16.

解析 设第 i 次称得结果为 $X_i,i=1,2,\cdots,n$，则

$$\overline{X}_n=\frac{1}{n}\sum_{i=1}^{n}X_i\sim N\left(a,\frac{0.2^2}{n}\right),\frac{\overline{X}_n-a}{\frac{0.2}{\sqrt{n}}}\sim N(0,1).$$

$$P\{|\overline{X}_n-a|<0.1\}=P\left\{\left|\frac{\overline{X}_n-a}{\frac{0.2}{\sqrt{n}}}\right|<\frac{0.1}{\frac{0.2}{\sqrt{n}}}\right\}=2\Phi\left(\frac{0.1\sqrt{n}}{0.2}\right)=1=2\Phi\left(\frac{\sqrt{n}}{2}\right)-1\geqslant 0.95$$

$\Phi\left(\frac{\sqrt{n}}{2}\right)\geqslant 0.975$，即 $\frac{\sqrt{n}}{2}\geqslant 1.96$，解得 $n=16$.

5 (1999，十二题，7分) 设 $X_1,X_2,\cdots,X_9$ 是来自正态总体 X 的简单随机样本：

$$Y_1=\frac{1}{6}(X_1+\cdots+X_6),Y_2=\frac{1}{3}(X_7+X_8+X_9),S^2=\frac{1}{2}\sum_{i=7}^{9}(X_i-Y_2)^2,Z=\frac{\sqrt{2}(Y_1-Y_2)}{S}.$$

证明统计量 Z 服从自由度为 2 的 t 分布.

证明 设 $X\sim N(\mu,\sigma^2)$，σ^2 未知，则 $E(Y_1)=E(Y_2)=\mu,D(Y_1)=\frac{\sigma^2}{6},D(Y_2)=\frac{\sigma^2}{3}$. 由于 Y_1 和 Y_2 独立，$D(Y_1-Y_2)=\frac{\sigma^2}{6}+\frac{\sigma^2}{3}=\frac{\sigma^2}{2}$，

所以 $U=\frac{Y_1-Y_2}{\sigma/\sqrt{2}}\sim N(0,1)$，而 $\frac{2S^2}{\sigma^2}\sim\chi^2(2)$，由于 Y_1 与 Y_2 独立，Y_1 与 S^2 独立，Y_2 与 S^2 独立，所以 Y_1-Y_2 与 S^2 独立，

总之 $Z=\frac{U}{\sqrt{\frac{2S^2}{\sigma^2}/2}}=\frac{\sqrt{2}(Y_1-Y_2)/\sigma}{S/\sigma}=\frac{\sqrt{2}(Y_1-Y_2)}{S}\sim t(2)$.

6 (2001,一(5)题,3分)设总体 X 服从正态分布 $N(0,2^2)$,而 $X_1,X_2,\cdots,X_{15}$ 是来自总体 X 的简单随机样本,则随机变量

$$Y=\frac{X_1^2+\cdots+X_{10}^2}{2(X_{11}^2+\cdots+X_{15}^2)}$$

服从________分布,参数为________.

答案　$F,(10.5)$.

解析　$X_i\sim N(0,2^2),\dfrac{X_i}{2}\sim N(0,1),i=1,2,\cdots,15.$

记 $Y_1^2=\left(\dfrac{X_1}{2}\right)^2+\left(\dfrac{X_2}{2}\right)^2+\cdots+\left(\dfrac{X_{10}}{2}\right)^2$,则 $Y_1^2\sim\chi^2(10)$.

记 $Y_2^2=\left(\dfrac{X_{11}}{2}\right)^2+\cdots+\left(\dfrac{X_{15}}{2}\right)^2$,则 $Y_2^2\sim\chi^2(5)$,且 Y_1^2 与 Y_2^2 相互独立.

则 $Y=\dfrac{Y_1^2/10}{Y_2^2/5}=\dfrac{Y_1^2}{2Y_2^2}=\dfrac{X_1^2+\cdots+X_{10}^2}{2(X_{10}^2+\cdots+X_{15}^2)}\sim F(10,5)$.

7 (2002,二(5)题,3分)设随机变量 X 和 Y 都服从标准正态分布,则

(A) $X+Y$ 服从正态分布.　　(B) X^2+Y^2 服从 χ^2 分布.

(C) X^2 和 Y^2 都服从 χ^2 分布.　　(D) X^2/Y^2 服从 F 分布.

答案　C.

解析　X 和 Y 均服从标准正态 $N(0,1)$,X^2 和 Y^2 都服从 $\chi^2(1)$.

至于选项(A)(B)(D)如要成立,都要求 X 与 Y 相互独立,这在题干中没假设.

8 (2004,6题,4分)设总体 X 服从正态分布 $N(\mu_1,\sigma^2)$,总体 Y 服从正态分布 $N(\mu_2,\sigma^2)$,$X_1,X_2,\cdots,X_{n_1}$ 和 $Y_1,Y_2,\cdots,Y_{n_2}$ 分别来自总体 X 和 Y 的简单随机样本,则

$$E\left[\frac{\sum_{i=1}^{n_1}(X_i-\overline{X})^2+\sum_{j=1}^{n_2}(Y_j-\overline{Y})^2}{n_1+n_2-2}\right]=\_\_\_\_\_\_\_\_.$$

答案　σ^2.

解析　$E\left[\dfrac{\sum_{i=1}^{n_1}(X_i-\overline{X})^2+\sum_{j=1}^{n_2}(Y_j-\overline{Y})^2}{n_1+n_2-2}\right]$

$$=\frac{1}{n_1+n_2-2}\left\{(n_1-1)E\left[\frac{1}{n_1-1}\sum_{i=1}^{n_1}(X_i-\overline{X})^2\right]+(n_2-1)E\left[\frac{1}{n_2-1}\sum_{j=1}^{n_2}(Y_j-\overline{Y})^2\right]\right\}$$

$$=\frac{1}{n_1+n_2-2}\{(n_1-1)\sigma^2+(n_2-1)\sigma^2\}=\sigma^2.$$

9 (2006,6题,4分)设总体 X 的概率密度为 $f(x)=\dfrac{1}{2}e^{-|x|}(-\infty<x<+\infty)$,$X_1,X_2\cdots,X_n$ 为总体 X 的简单随机样本,其样本方差为 S^2,则 $E(S^2)=$________.

答案　2.

解析　$E(S^2)=D(X)=E(X^2)-[E(X)]^2=E(X^2)$

$$=\int_{-\infty}^{+\infty}x^2f(x)\mathrm{d}x=2\int_0^{+\infty}x^2\,\frac{1}{2}\,e^{-x}\mathrm{d}x=2.$$

第七章　参数估计

本章导读

本章要求了解点估计、估计量与估计值的概念，掌握矩估计法和最大似然估计法.

在 2008 年修订考试大纲前，本章也是考试重点之一，大纲修订后取消了原先要求的估计量的无偏性、有效性和一致性，区间估计，假设检验，所以本章所列 2008 年及以前的考题，一些超大纲范围题(我们题后都有标注）可以不看.

2008 年修订后的大纲，仍要求掌握矩估计法和最大似然估计法. 但随后 2009—2012 年四年间数三的数理统计都是考第六章的内容，而且全是填空题和选择题. 2008—2012 年五年间就一直没有出过矩估计法和最大似然估计法的考题. 直到 2013 年，数三第 23 题解答题又开始考矩估计法和最大似然估计法. 2021 版大纲对本章的要求无变化.

试题特点

要掌握离散型和连续型两种不同形式的处理方法，尤其要会写出似然函数.

统计量的无偏性不属考试范围，但应该会求统计量的数学期望.

考题详析

1 (1991，十四题，5 分）设总体 X 的概率密度为

$$f(x;\lambda)=\begin{cases}\lambda a x^{a-1}\mathrm{e}^{-\lambda x^{a}}, & x>0,\\ 0, & x\leqslant 0\end{cases}$$

其中 $\lambda>0$ 是未知参数，$a>0$ 是已知常数，试根据来自总体 X 的简单随机样本 $X_1,X_2,\cdots,X_n$，求 λ 的最大似然估计量 $\hat{\lambda}$.

解 似然函数为 $L(\lambda)=\prod\limits_{i=1}^{n}f(x_i;\lambda)=(\lambda a)^n\prod\limits_{i=1}^{n}x_i^{a-1}\mathrm{e}^{2\lambda\sum\limits_{i=1}^{n}x_i^a}$,

$$\frac{\partial\ln L}{\partial\lambda}=\frac{n}{\lambda}-\sum_{i=1}^{n}x_i^a=0$$

解得 $\lambda=\dfrac{n}{\sum\limits_{i=1}^{n}x_i^a}$，故 λ 的最大似然估计量 $\hat{\lambda}=\dfrac{n}{\sum\limits_{i=1}^{n}X_i^a}$.

2 (1992，二(5) 题，3 分）设 n 个随机变量 $X_1,X_2,\cdots,X_n$ 独立同分布，$D(X_1)=\sigma^2$，$\overline{X}=\dfrac{1}{n}\sum\limits_{i=1}^{n}X_i$，$S^2=\dfrac{1}{n-1}\sum\limits_{i=1}^{n}(X_i-\overline{X})^2$，则

(A) S 是 σ 的无偏估计量.　　(B) S 是 σ 的最大似然估计量.

(C) S 是 σ 的相合估计量(即一致估计量).　　(D) S 与 $\overline{X}$ 相互独立.

答案 C.

解析　S^2 是 σ^2 的无偏估计量，但 S 不是 σ 的无偏估计量，S^2 是 σ^2 的一致估计量，S 也是 σ 的一致估计量，S^2 与 $\overline{X}$ 在 X_i 为正态时，相互独立.

3（1993，一(5)题，3分）设总体 X 的方差为1，根据来自 X 的容量为100的简单随机样本，测得样本均值为5，则 X 的数学期望的置信度近似等于0.95的置信区间为________.（最新考纲已不考此知识点）.

答案　(4.804,5.196).

解析　正态总体 $X \sim N(\mu,\sigma^2)$，方差已知 $\sigma^2=1$，置信度 $1-\alpha=0.95$，数学期望的置信区间为 $\left(\overline{X}-u_{\frac{\alpha}{2}}\dfrac{\sigma}{\sqrt{n}},\overline{X}+u_{\frac{\alpha}{2}}\dfrac{\sigma}{\sqrt{n}}\right)$.

$$\overline{X}-u_{\frac{\alpha}{2}}\frac{\sigma}{\sqrt{n}}=5-u_{0.025}\cdot\frac{1}{10}=5-1.96\cdot\frac{1}{10}=4.804,\overline{X}-u_{\frac{\alpha}{2}}\frac{\sigma}{\sqrt{n}}=5+0.196=5.196$$

即所求置信区间为(4.804,5.196).

【评注】　本题应设 $X \sim N(\mu,\sigma^2)$，给出表 $\Phi(-1.96)=0.025$，由于题中有…近似等于…，所以当年改卷时如写置信区间(4.8,5.2)也算对的. 本题超纲.

4（1996，一(5)题，3分）设由来自正态总体 $X \sim N(\mu,0.9^2)$，容量为9的简单随机样本，得样本均值 $\overline{X}=5$. 则未知参数 μ 的置信度为0.95的置信区间是________.（最新考纲已不考此知识点）.

答案　(4.412,5.588).

解析　$\sigma^2=0.9^2$ 已知，μ 的 $1-\alpha$ 置信区间为 $\left(\overline{X}-u_{\frac{\alpha}{2}}\dfrac{\sigma}{\sqrt{n}},\overline{X}+u_{\frac{\alpha}{2}}\dfrac{\sigma}{\sqrt{n}}\right)$，现 $\overline{X}=5$，$n=9$，

$\sigma=0.9$，$\alpha=0.05$. $u_{\frac{\alpha}{2}}=u_{0.025}=1.96$，$u_{\frac{\alpha}{2}}\dfrac{5}{\sqrt{n}}=1.96\times\dfrac{0.9}{3}=0.588$.

算得置信区间为(5−0.588,5+0.588)即(4.412,5.583).

5（2000，十一题，8分）假设0.50，1.25，0.80，2.00是来自总体 X 的简单随机样本值. 已知 $Y=\ln X$ 服从正态分布 $N(\mu,1)$.

(1) 求 X 的数学期望 $E(X)$（记 $E(X)$ 为 b）；

(2) 求 μ 的置信度为0.95的置信区间；（最新大纲不再考查）

(3) 利用上述结果求 b 的置信度为0.95的置信区间.（最新大纲不再考查）

解　(1) $Y \sim N(\mu,1)$，Y 的概率密度 $f_Y(y)=\dfrac{1}{\sqrt{2\pi}}e^{-\frac{(y-\mu)^2}{2}}$，$-\infty<y<+\infty$.

$Y=\ln X$，即 $X=e^Y$.

$$\begin{aligned} b=E(X)=E(e^Y)&=\frac{1}{\sqrt{2\pi}}\int_{-\infty}^{+\infty}e^y e^{-\frac{(y-\mu)^2}{2}}dy \\ &=\frac{1}{\sqrt{2\pi}}\int_{-\infty}^{+\infty}e^{t+\mu}e^{-\frac{t^2}{2}}dt \\ &=e^{\mu+\frac{1}{2}}\int_{-\infty}^{+\infty}\frac{1}{\sqrt{2\pi}}e^{-\frac{(t-1)^2}{2}}dt \\ &=e^{\mu+\frac{1}{2}} \end{aligned}$$

$$b=E(X)=e^{\mu+\frac{1}{2}}$$

(2) 当置信度 $1-\alpha=0.95$ 时，$\alpha=0.05$，标准正态分布的水平为 $\alpha=0.05$ 的分位数等于

1.96.

故由 $\overline{Y} \sim N\left(\mu, \frac{1}{4}\right)$ 可得

$$P\left\{\overline{Y} - 1.96 \cdot \frac{1}{\sqrt{4}} < \mu < \overline{Y} + 1.96 \cdot \frac{1}{\sqrt{4}}\right\} = 0.95$$

其中

$$\overline{Y} = \frac{1}{4}(\ln 0.50 + \ln 1.25 + \ln 0.80 + \ln 2.00) = \frac{1}{4}\ln 1 = 0$$

于是，有

$$P\{-0.98 < \mu < 0.98\} = 0.95$$

从而 μ 的置信度为 0.95 的置信区间为 $(-0.98, 0.98)$.

(3) 由 e^x 的严格递增性

$$0.95 = P\left\{-0.48 < \mu + \frac{1}{2} < 1.48\right\} = P\{e^{-0.48} < e^{\mu+\frac{1}{2}} < e^{1.48}\}$$

总之 b 的置信度为 0.95 的置信区间为 $(e^{-0.48}, e^{1.48})$.

6 (2002，一(5)题，3分) 设总体 X 的概率密度为

$$f(x;\theta) = \begin{cases} e^{-(x-\theta)}, & x \geqslant \theta, \\ 0, & x < \theta \end{cases}$$

而 $X_1, X_2, \cdots, X_n$ 是来自总体 X 的简单随机样本，则未知参数 θ 的矩估计量为________.

答案 $\frac{1}{n}\sum_{i=1}^{n} X_i - 1$.

解析 $E(X) = \int_{-\infty}^{\infty} x f(x)\mathrm{d}x = \int_{\theta}^{\infty} x e^{-x-\theta}\mathrm{d}x = \int_{\theta}^{\infty}(x-\theta)e^{-(x-\theta)}\mathrm{d}x + \int_{\theta}^{\infty}\theta e^{-(x-\theta)}\mathrm{d}x = 1 + \theta.$

矩估计量：$E(X) = \overline{X} = \frac{1}{n}\sum_{i=1}^{n} X_i, 1 + \theta = \frac{1}{n}\sum_{i=1}^{n} X_i, \hat{\theta} = \frac{1}{n}\sum_{i=1}^{n} X_i - 1.$

7 (2004，23题，13分) 设随机变量 X 的分布函数为

$$F(x;\alpha,\beta) = \begin{cases} 1 - \left(\frac{\alpha}{x}\right)^{\beta}, & x > \alpha, \\ 0, & x \leqslant \alpha \end{cases}$$

其中参数 $\alpha > 0, \beta > 1$. 设 $X_1, X_2, \cdots, X_n$ 为来自总体 X 的简单随机样本.

(Ⅰ) 当 $\alpha = 1$ 时，求未知参数 β 的矩估计量；

(Ⅱ) 当 $\alpha = 1$ 时，求未知参数 β 的最大似然估计量；

(Ⅲ) 当 $\beta = 2$ 时，求未知参数 α 的最大似然估计量.

解 (Ⅰ) 当 $\alpha = 1$ 时，X 的概率密度为 $f(x;1,\beta) = \begin{cases} \frac{\beta}{x^{\beta+1}}, & x > 1, \\ 0, & x \leqslant 1, \end{cases}$

$$E(X) = \int_{-\infty}^{\infty} x f(x;1,\beta)\mathrm{d}x = \int_{1}^{\infty} x \cdot \frac{\beta}{x^{\beta+1}}\mathrm{d}x = \frac{\beta}{\beta - 1}$$

令 $E(X) = \overline{X}$，即 $\frac{\beta}{\beta-1} = \overline{X}$，解得 $\beta = \frac{\overline{X}}{\overline{X}-1}$,

当 $\alpha = 1$ 时，β 的矩估计量 $\hat{\beta}_1 = \frac{\overline{X}}{\overline{X}-1}$.

(Ⅱ) 似然函数

$$L(1,\beta)=\prod_{i=1}^{n}f(x_i;1,\beta)=\begin{cases}\dfrac{\beta^n}{(x_1x_2\cdots x_n)^{\beta+1}}, & x_i>1(i=1,2,\cdots,n),\\ 0, & \text{其他}\end{cases}$$

当 $x_1,x_2,\cdots,x_n>1$ 时，$L(1,\beta)>0$，$\ln L(1,\beta)=n\ln\beta-(\beta+1)\sum_{i=1}^{n}\ln x_i$，

令 $\dfrac{\mathrm{d}\ln L(1,\beta)}{\mathrm{d}\beta}=\dfrac{n}{\beta}-\sum_{i=1}^{n}\ln x_i=0$，解得 $\beta=\dfrac{n}{\sum_{i=1}^{n}\ln x_i}$.

故 $\alpha=1$ 时，β 的最大似然估计量 $\hat{\beta}_2=\dfrac{n}{\sum_{i=1}^{n}\ln X_i}$.

（Ⅲ）当 $\beta=2$ 时，X 的概率密度为

$$f(x;\alpha,2)=\begin{cases}\dfrac{2\alpha^2}{x^3}, & x>\alpha,\\ 0, & x\leqslant\alpha\end{cases}$$

似然函数 $L(\alpha,2)=\prod_{i=1}^{n}f(x_i;\alpha,2)=\begin{cases}\dfrac{2^n\alpha^{2n}}{(x_1x_2\cdots x_n)^3}, & x_i>\alpha(i=1,2,\cdots,n),\\ 0, & \text{其他},\end{cases}$

当 $x_1,x_2,\cdots,x_n>\alpha$ 时，α 越大 $L(\alpha,2)$ 越大，所以 α 取 $\min(x_1,x_2,\cdots,x_n)$ 时，$L(\alpha,2)$ 最大. 于是 α 的最大似然估计量为 $\hat{\alpha}=\min(X_1,X_2,\cdots,X_n)$.

8 （2005，14 题，4 分）设一批零件的长度服从正态分布 $N(\mu,\sigma^2)$，其中 μ,σ 均未知. 现从中随机抽取 16 个零件，测得样本均值 $\bar{x}=20$ cm，样本标准差 $S=1$ cm，则 μ 的置信度为 0.90 的置信区间是（最新大纲已不考此知识点）

(A) $\left(20-\frac{1}{4}t_{0.05}(16),20+\frac{1}{4}t_{0.05}(16)\right)$.　　(B) $\left(20-\frac{1}{4}t_{0.1}(16),20+\frac{1}{4}t_{0.1}(16)\right)$.

(C) $\left(20-\frac{1}{4}t_{0.05}(15),20+\frac{1}{4}t_{0.05}(15)\right)$.　　(D) $\left(20-\frac{1}{4}t_{0.1}(15),20+\frac{1}{4}t_{0.1}(15)\right)$.

答案 C.

解析 正态总体方差未知时，关于期望值 μ 的置信区间公式为

$$\left(\bar{X}-\frac{S}{\sqrt{n}}t_{\frac{\alpha}{2}}(n-1),\bar{X}+\frac{S}{\sqrt{n}}t_{\frac{\alpha}{2}}(n-1)\right)$$

其中 $t_{\frac{\alpha}{2}}(n-1)$ 满足 $P\{|T|>t_{\frac{\alpha}{2}}(n-1)\}=\alpha$，$T\sim t(n-1)$.

本题 $n=16$，$\bar{x}=20$，$S=1$，$\alpha=1-0.90=0.10$，$t_{\frac{\alpha}{2}}(n-1)=t_{0.05}(15)$.

答案应选(C).

9 （2005，23 题，13 分）设 $X_1,X_2,\cdots,X_n(n>2)$ 为来自总体 $N(0,\sigma^2)$ 的简单随机样本，其样本均值为 $\bar{X}$. 记 $Y_i=X_i-\bar{X}$，$i=1,2,\cdots,n$.

（Ⅰ）求 Y_i 的方差 $D(Y_i)$，$i=1,2,\cdots,n$；

（Ⅱ）求 Y_1 与 Y_n 的协方差 $\mathrm{Cov}(Y_1,Y_n)$；

（Ⅲ）若 $c(Y_1+Y_n)^2$ 是 σ^2 的无偏估计量，求常数 c.（可改为"若 $E(c(Y_1+Y_n)^2)=\sigma^2$，求常数 c."）

分析 求 $D(Y_i)$ 时，$Y_i=X_i-\bar{X}$，而 $\bar{X}$ 中又有 X_i，因而 X_i 与 $\bar{X}$ 并不独立. 故 $D(Y_i)=D(X_i-\bar{X})\neq D(X_i)+D(\bar{X})$. 应该将 $\bar{X}$ 中的 X_i 成份与 X_i 合并，再用 $X_1,X_2,\cdots,X_n$

相互独立性求解.

求 $\operatorname{Cov}(Y_1,Y_n)$ 也用类似的方法.

求 $c(Y_1+Y_n)^2$ 是 σ^2 的无偏估计量的关键是求出 $E(Y_1+Y_n)^2$. 因为 $E(Y_1+Y_n)=0$，所以 $E(Y_1+Y_n)^2=D(Y_1+Y_n)=D(Y_1)+D(Y_n)+2\operatorname{Cov}(Y_1,Y_n)$.

解 （Ⅰ）$D(Y_i)=D(X_i-\overline{X})=D\left[\left(1-\dfrac{1}{n}\right)X_i-\dfrac{1}{n}\sum\limits_{\substack{j=1\\j\neq i}}^{n}X_j\right]$

$$=\left(1-\frac{1}{n}\right)^2D(X_i)+\frac{1}{n^2}\sum_{\substack{j=1\\j\neq i}}^{n}D(X_j)$$

$$=\left[\frac{(n-1)^2}{n^2}+\frac{n-1}{n^2}\right]\sigma^2=\frac{n-1}{n}\sigma^2,\quad i=1,2,\cdots,n.$$

（Ⅱ）$\operatorname{Cov}(Y_1,Y_n)=E[Y_1-E(Y_1)][Y_n-E(Y_n)]$

$$=E(Y_1Y_n)=E[(X_1-\overline{X})(X_n-\overline{X})]$$

$$=E(X_1X_n-X_1\overline{X}-X_n\overline{X}+\overline{X}^2)$$

$$=E(X_1X_n)-E(X_1\overline{X})-E(X_n\overline{X})+E(\overline{X}^2)$$

$$=E(X_1)E(X_n)-2E(X_1\overline{X})+D(\overline{X})+[E(\overline{X})]^2$$

$$=0-2\cdot\frac{1}{n}E(X_1^2+\sum_{j=2}^{n}X_1X_j)+D(\overline{X})+0$$

$$=-\frac{2}{n}(\sigma^2+0)+\frac{1}{n}\sigma^2=-\frac{\sigma^2}{n}.$$

（Ⅲ）$E[c(Y_1+Y_n)^2]=cD(Y_1+Y_n)$

$$=c[D(Y_1)+D(Y_n)+2\operatorname{Cov}(Y_1,Y_n)]$$

$$=c\left[\frac{n-1}{n}+\frac{n-1}{n}-\frac{2}{n}\right]\sigma^2$$

$$=\frac{2(n-2)}{n}c\sigma^2=\sigma^2.$$

故 $c=\dfrac{n}{2(n-2)}$.

【评注】 (1) 本题计算过程中用到 $E(X_i)=E(\overline{X})=E(Y_i)=0$.

(2) 在（Ⅱ）的计算中，由对称性得

$$E(X_1\overline{X})=E(X_n\overline{X})$$

(3) 协方差的计算一般有几种途径：

$$\operatorname{Cov}(Y_1,Y_n)=E[Y_1-E(Y_1)][Y_n-E(Y_n)]=\cdots$$

$$\operatorname{Cov}(Y_1,Y_n)=\operatorname{Cov}(X_1-\overline{X},X_n-\overline{X})=\cdots$$

$$\operatorname{Cov}(Y_1,Y_n)=E(Y_1Y_n)-E(Y_1)E(Y_n)=\cdots$$

至于选择哪一种方便要具体分析. 本题由于 $E(Y_i)=0$，所以选择

$$\operatorname{Cov}(Y_1,Y_n)=E(Y_1Y_n)=E[(X_1-\overline{X})(X_n-\overline{X})]=\cdots$$

如果选 $\operatorname{Cov}(Y_1,Y_n)=\operatorname{Cov}(X_1-\overline{X},X_n-\overline{X})=\operatorname{Cov}(X_1,X_n)-\operatorname{Cov}(X_1,\overline{X})-\operatorname{Cov}(X_n,\overline{X})+\operatorname{Cov}(\overline{X},\overline{X})=E(X_1X_n)-E(X_1\overline{X})-E(X_n\overline{X})+E(\overline{X}^2)=\cdots$,

或者 $\operatorname{Cov}(Y_1,Y_n)=\operatorname{Cov}(X_1-\overline{X},X_n-\overline{X})=E[(X_1-\overline{X})(X_n-\overline{X})]=\cdots$.

计算中都用到 $E(X_i)=E(\overline{X})=E(Y_i)=0$.

10（2006，23 题，13 分）设总体 X 的概率密度为

$$f(x;\theta)=\begin{cases}\theta, & 0<x<1,\\ 1-\theta, & 1\leqslant x<2,\\ 0, & \text{其他}\end{cases}$$

其中 θ 是未知参数$(0<\theta<1)$. $X_1,X_2,\cdots,X_n$ 为来自总体 X 的简单随机样本，记 N 为样本值 $x_1,x_2,\cdots,x_n$ 中小于 1 的个数，求：

（Ⅰ）θ 的矩估计；

（Ⅱ）θ 的最大似然估计.

分析 未知参数仅一个 θ，所以矩估计的关键在于找出总体的矩 $E(X)$.

最大似然估计的关键是写出似然函数 $L(\theta)$. 样本值中 x_i 小于 1 的概率为 θ，x_i 大于等于 1 的概率为$(1-\theta)$. 因此，似然函数应为

$$L(\theta)=\prod_{i=1}^{n}f(x_i;\theta)=\theta^N(1-\theta)^{n-N}$$

解 （Ⅰ）$E(X)=\int_{-\infty}^{+\infty}xf(x;\theta)\mathrm{d}x=\int_0^1\theta x\,\mathrm{d}x+\int_1^2(1-\theta)x\,\mathrm{d}x$

$$=\frac{1}{2}\theta+\frac{3}{2}(1-\theta)=\frac{3}{2}-\theta.$$

令 $\frac{3}{2}-\theta=\overline{X}$，解得 $\theta=\frac{3}{2}-\overline{X}$. 所以参数 θ 的矩估计为

$$\hat{\theta}=\frac{3}{2}-\overline{X}.\text{ 其中 }\overline{X}=\frac{1}{n}\sum_{i=1}^{n}X_i$$

（Ⅱ）似然函数为

$$L(\theta)=\prod_{i=1}^{n}f(x_i;\theta)=\theta^N(1-\theta)^{n-N}$$

取对数，得

$$\ln L(\theta)=N\ln\theta+(n-N)\ln(1-\theta)$$

两边对 θ 求导，得

$$\frac{\mathrm{d}\ln L(\theta)}{\mathrm{d}\theta}=\frac{N}{\theta}-\frac{n-N}{1-\theta}$$

令 $\frac{\mathrm{d}\ln L(\theta)}{\mathrm{d}\theta}=0$，得 $\theta=\frac{N}{n}$，显然 $\theta=\frac{N}{n}$，$L(\theta)$ 最大. 所以 θ 的最大似然估计为 $\hat{\theta}=\frac{N}{n}$.

11（2007，24 题，11 分）设总体 X 的概率密度为

$$f(x;\theta)=\begin{cases}\frac{1}{2\theta}, & 0<x<\theta,\\ \frac{1}{2(1-\theta)}, & \theta\leqslant x<1,\\ 0, & \text{其他}\end{cases}$$

其中参数 $\theta(0<\theta<1)$ 未知，$X_1,X_2,\cdots,X_n$ 是来自总体 X 的简单随机样本，$\overline{X}$ 是样本均值.

（Ⅰ）求参数 θ 的矩估计量 $\hat{\theta}$；

（Ⅱ）判断 $4\overline{X}^2$ 是否为 θ^2 的无偏估计量，并说明理由.（可改为计算 $E(4\overline{X}^2)$）

分析 用矩估计求唯一参数 θ，只要令样本均值 $\overline{X}$ 等于总体的期望 $E(X)$ 就可以求得. 判断 $4\overline{X}^2$ 是否为 θ^2 的无偏估计量，只要判断 $E(4\overline{X}^2)=\theta^2$ 是否成立？

解 （Ⅰ）$E(X)=\int_0^\theta \frac{x}{2\theta}dx+\int_\theta^1 \frac{x}{2(1-\theta)}dx=\frac{1}{4}+\frac{1}{2}\theta$，令 $\overline{X}=\frac{1}{4}+\frac{1}{2}\theta$，解得 $\theta=2\overline{X}-\frac{1}{2}$。
所以参数 θ 的矩估计量 $\hat{\theta}=2\overline{X}-\frac{1}{2}$.

（Ⅱ）$E(4\overline{X}^2)=4E(\overline{X}^2)=4\{D(\overline{X})+[E(\overline{X})]^2\}=4\left[\frac{D(X)}{n}+(EX)^2\right]$.

由（Ⅰ）知 $E(X)=\frac{1}{4}+\frac{1}{2}\theta$. 又有

$$\begin{aligned}E(X^2)&=\int_0^\theta \frac{x^2}{2\theta}dx+\int_\theta^1 \frac{x^2}{2(1-\theta)}dx\\&=\frac{1}{2\theta}\cdot\frac{\theta^3}{3}+\frac{1}{2(1-\theta)}\cdot\frac{1-\theta^3}{3}\\&=\frac{1}{6}(1+\theta+2\theta^2)\end{aligned}$$

$$\begin{aligned}D(X)&=E(X^2)-(E(X))^2\\&=\frac{1}{6}(1+\theta+2\theta^2)-\left(\frac{1}{4}+\frac{1}{2}\theta\right)^2\\&=\frac{5}{48}-\frac{\theta}{12}+\frac{\theta^2}{12}\end{aligned}$$

所以，

$$\begin{aligned}E(4\overline{X}^2)&=4\left[\frac{D(X)}{n}+(E(X))^2\right]\\&=4\left[\frac{5}{48n}-\frac{\theta}{12n}+\frac{\theta^2}{12n}+\frac{1}{16}+\frac{\theta}{4}+\frac{\theta^2}{4}\right]\\&=\frac{3n+5}{12n}+\frac{3n-1}{3n}\theta+\frac{3n+1}{3n}\theta^2\end{aligned}$$

因此，$4\overline{X}^2$ 不是 θ^2 的无偏估计量.

【评注】 （Ⅱ）证明 $E(4\overline{X}^2)\neq\theta^2$，可以简化计算，$E(4\overline{X}^2)=4E(\overline{X}^2)=4[D(\overline{X})+(E(\overline{X}))^2]=4\left[\frac{D(X)}{n}+(E(X))^2\right]>4(E(X))^2>4\left(\frac{1}{4}+\frac{\theta}{2}\right)^2>\theta^2$.

12 （2008，23 题，11 分）设 $X_1,X_2,\cdots,X_n$ 是总体 $N(\mu,\sigma^2)$ 的简单随机样本. 记 $\overline{X}=\frac{1}{n}\sum_{i=1}^n X_i$，$S^2=\frac{1}{n-1}\sum_{i=1}^n(X_i-\overline{X})^2$，$T=\overline{X}^2-\frac{1}{n}S^2$.

（Ⅰ）证明 T 是 μ^2 的无偏估计量；（可改为计算 $E(T)$）

（Ⅱ）当 $\mu=0,\sigma=1$ 时，求 $D(T)$.

分析 （Ⅰ）证明 T 是 μ^2 的无偏估计量，只要验证 $E(T)=E\left(\overline{X}^2-\frac{1}{n}S^2\right)=\mu^2$. 由 $E(\overline{X})=\mu$，$D(\overline{X})=\frac{\sigma^2}{n}$，$E(S^2)=\sigma^2$，就不难求得 $E(T)$.

（Ⅱ）当 $\mu=0,\sigma=1$ 时，总体为标准正态分布 $N(0,1)$，且 $\overline{X}$ 与 S^2 相互独立. 如果用公式

$$D(T)=E(T^2)-[E(T)]^2=E(T^2)=E\left(\overline{X}^4-\frac{2}{n}\overline{X}^2\cdot S^2+\frac{S^4}{n^2}\right)$$

计算会很繁杂.

如果利用 $\overline{X},S^2$ 的独立性，$D(T)=D\left(\overline{X}^2-\frac{1}{n}S^2\right)=D(\overline{X}^2)+\frac{1}{n^2}D(S^2)$，再直接计算

$$D(\overline{X}^2)=D\left(\frac{1}{n^2}\sum_{i=1}^{n}X_i^2+\frac{1}{n^2}\sum_{i\neq j}X_iX_j\right)$$

和 $D(S^2)$ 更困难.

注意到$\sqrt{n}\,\overline{X}\sim N(0,1)$，即 $n\overline{X}^2\sim\chi^2(1)$ 和 $(n-1)S^2\sim\chi^2(n-1)$，而 $D(\chi^2(n))=2n$. 再来计算 $D(T)=D(\overline{X}^2)+\frac{1}{n^2}D(S^2)$ 就不困难了.

解　(Ⅰ)
$$\begin{aligned}E(T)&=E\left(\overline{X}^2-\frac{1}{n}S^2\right)=E(\overline{X}^2)-\frac{1}{n}E(S^2)\\&=D(\overline{X})+[E(\overline{X})]^2-\frac{1}{n}E(S^2)\\&=\frac{\sigma^2}{n}+\mu^2-\frac{\sigma^2}{n}=\mu^2.\end{aligned}$$

所以 T 是 μ^2 的无偏估计量.

(Ⅱ) 当 $\mu=0,\sigma=1$ 时，$\overline{X}\sim N\left(0,\frac{1}{n}\right)$，即有 $n\overline{X}^2\sim\chi^2(1)$，$(n-1)S^2\sim\chi^2(n-1)$.

注意到 $\overline{X}$ 与 S^2 是相互独立的，且 $D(\chi^2(n))=2n$，所以

$$\begin{aligned}D(T)&=D\left(\overline{X}^2-\frac{1}{n}S^2\right)=D(\overline{X}^2)+\frac{1}{n^2}D(S^2)\\&=\frac{1}{n^2}D(n\overline{X}^2)+\frac{1}{n^2}\cdot\frac{1}{(n-1)^2}D[(n-1)S^2]\\&=\frac{1}{n^2}\times2+\frac{1}{n^2(n-1)^2}\times2(n-1)\\&=\frac{2}{n^2}\left(1+\frac{1}{n-1}\right)=\frac{2}{n(n-1)}\end{aligned}$$

发奋识遍天下字，立志读尽人间书。

——苏轼

第八章　假设检验

本章导读

假设检验是在历年考题中出现最少的一类内容，1995 年的考题中曾出现过，数学三现在不要求.

试题特点

假设检验的情况较多，考试时间有限，又不能使用计算器，所以一般考题考查单个总体的均值较多. 考生应该记住方差已知和方差未知时，单个正态总体均值的假设检验的假设类型，统计量的选择，检验的基本步骤，根据显著水平确定拒绝域等知识点.

考题详析

1 (1995，一(5) 题，3 分) 设 $X_1,X_2,\cdots,X_n$ 是来自正态总体 $N(\mu,\sigma^2)$ 的简单随机样本，其中参数 μ 和 σ^2 未知，记 $\overline{X}=\dfrac{1}{n}\sum\limits_{i=1}^{n}X_i$，$Q^2=\sum\limits_{i=1}^{n}(X_i-\overline{X})^2$，则假设 $H_0:\mu=0$ 的 t 检验使用统计量 $t=$ ________.（最新大纲已不考此知识点）.

答案 $\dfrac{\overline{X}}{Q}\sqrt{n(n-1)}$.

解析 正态总体 $X\sim N(\mu,\sigma^2)$，σ^2 未知，则假设 $H_0:\mu=0$ 的 t 检验使用统计量应为 $t=\dfrac{\overline{X}-\mu_0}{S/\sqrt{n}}$，其中 $S^2=\dfrac{1}{n-1}\sum\limits_{i=1}^{n}(X_i-\overline{X})^2$，现在 $\mu_0=0$，$S^2=\dfrac{Q^2}{n-1}$，

$$t=\frac{\overline{X}-0}{\dfrac{Q}{\sqrt{n-1}}\cdot\dfrac{1}{\sqrt{n}}}=\frac{\overline{X}}{Q}\sqrt{n(n-1)}.$$

【评注】 新大纲假设检验不要求.

兴于《诗》，立于礼，成于乐。

——孔子

金榜时代图书·书目

考研数学系列

书名	作者	出版时间
数学公式的奥秘	刘喜波等	2020 年 3 月
数学复习全书·基础篇(数学一、二、三通用)	李永乐等	2021 年 6 月
数学基础过关 660 题(数学一/数学二/数学三)	李永乐等	2021 年 6 月
数学历年真题全精解析·基础篇(数学一/数学二/数学三)	李永乐等	2021 年 6 月
数学复习全书(数学一/数学二/数学三)	李永乐等	2021 年 12 月
数学历年真题全精解析(数学一/数学二/数学三)	李永乐等	2022 年 1 月
数学强化通关 330 题(数学一/数学二/数学三)	李永乐等	2022 年 3 月
高等数学辅导讲义	刘喜波	2022 年 2 月
高等数学辅导讲义	武忠祥	2022 年 2 月
高等数学基础篇	武忠祥	2021 年 7 月
线性代数辅导讲义	李永乐	2022 年 2 月
概率论与数理统计辅导讲义	王式安	2022 年 2 月
高等数学解题密码·选填题	武忠祥	2022 年 6 月
数学真题真练 8 套卷	李永乐等	2022 年 8 月
数学压轴大题满分过关 150	姜晓千	2022 年 9 月
数学核心知识点乱序高效记忆手册	宋浩	2021 年 9 月
数学决胜冲刺 6 套卷(数学一/数学二/数学三)	李永乐等	2022 年 10 月
数学临阵磨枪(数学一/数学二/数学三)	李永乐等	2022 年 11 月
数学终极预测 3 套卷·名校冲刺版(数学一/数学二/数学三)	刘喜波 宋浩等	2022 年 11 月
数学终极预测 3 套卷·过线急救版(数学一/数学二/数学三)	刘喜波 宋浩等	2022 年 11 月
经济类联考数学复习全书	李永乐等	2022 年 5 月
经济类联考数学通关无忧 396 题	李永乐等	2022 年 5 月
农学门类联考数学复习全书	李永乐等	2022 年 5 月

大学数学系列

书名	作者	出版时间
大学数学线性代数辅导	李永乐	2018 年 12 月
大学数学高等数学辅导	宋浩 刘喜波等	2022 年 5 月
大学数学概率论与数理统计辅导	刘喜波	2022 年 5 月
线性代数期末高效复习笔记	宋浩	2022 年 7 月
高等数学期末高效复习笔记	宋浩	2022 年 7 月
概率论与数理统计期末高效复习笔记	宋浩	2022 年 7 月

考研政治系列

书名	作者	出版时间
考研政治复习全书	米鹏	2022 年 6 月
考研政治精雕细刻 1000 题	米鹏	2022 年 6 月
考研政治冲刺大串讲	米鹏	2022 年 10 月
考研政治考前大预测·20 题+3 套卷	米鹏	2022 年 11 月

考研英语系列

书名	作者	出版时间
考研英语核心词汇源来如此	金榜时代考研英语教研中心	2021 年 12 月
考研英语语法快速突破 18 讲	金榜时代考研英语教研中心	2021 年 12 月
考研英语阅读理解基础特训 66 篇	金榜时代考研英语教研中心	2021 年 12 月
考研英语历年真题精析·基础篇·英语一	金榜时代考研英语教研中心	2021 年 12 月
考研英语历年真题精析·基础篇·英语二	金榜时代考研英语教研中心	2021 年 12 月
考研英语历年真题精析·提高篇·英语一	金榜时代考研英语教研中心	2022 年 4 月
考研英语历年真题精析·提高篇·英语二	金榜时代考研英语教研中心	2022 年 4 月
考研英语语法长难句抓分攻略	欧阳栾天	2021 年 4 月
词维风暴·考研英语真题核心 3000 词超速记忆	娄晗	2019 年 9 月
考研英语长难句核心语法	高维 赵亮	2021 年 4 月
考研英语实用语法与疑难句精讲笔记	白子墨	2021 年 4 月
考研英语写作极简笔记	白子墨	2021 年 8 月
考研英语词汇通关“密”籍	许密杉	2021 年 12 月
考研英语阅读通关“密”籍	许密杉	2022 年 2 月

大学英语系列

书名	作者	出版时间
大学英语四级真题大全解	金榜时代大学英语教研中心	2021 年 8 月
大学英语六级真题大全解	金榜时代大学英语教研中心	2021 年 8 月

实用英语系列

书名	作者	出版时间
别凡英语简明语法手记	别凡	2021 年 12 月
挺有意思的英语成语 900 条	张勇先	2021 年 12 月
就这样快速扩大你的英语词汇量	张勇先	2022 年 3 月
中国传统文化故事·英汉对照版	张勇先	2022 年 10 月
常用英语短语和词组	张勇先	2022 年 12 月

英语词汇的故事	张勇先	2022年12月
英语词汇的奥秘	金榜时代实用英语教研中心	2021年12月
晨读英语美文	金榜时代实用英语教研中心	2021年12月
夜读英语时文	金榜时代实用英语教研中心	2021年12月
英语口语自由·电影篇	金榜时代实用英语教研中心	2021年12月
英语口语自由·购物篇	金榜时代实用英语教研中心	2021年12月
英语口语自由·亲子篇	金榜时代实用英语教研中心	2021年12月
英语口语自由·习语篇	金榜时代实用英语教研中心	2021年12月
英语口语自由·商务篇	金榜时代实用英语教研中心	2021年12月
英语口语自由·日常篇	金榜时代实用英语教研中心	2021年12月

专业硕士系列

书名	作者	出版时间
写作复习指南	房文学	2021年1月
逻辑复习指南	房文学	2021年4月

医师资格考试系列

书名	作者	出版时间
贺银成国家临床执业医师资格考试辅导讲义(上、下册)	贺银成	2021年12月
贺银成国家临床执业医师资格考试辅导讲义同步练习	贺银成	2021年12月
贺银成国家临床执业医师资格考试全真模拟试卷及精析	贺银成	2021年12月
贺银成国家临床执业及助理医师资格考试历年考点精析(上、下册)	贺银成	2021年12月
贺银成国家临床执业及助理医师资格考试实践技能应试指南	贺银成	2021年12月
贺银成国家临床执业助理医师资格考试辅导讲义(上、下册)	贺银成	2021年12月
贺银成国家临床执业助理医师资格考试辅导讲义同步练习	贺银成	2021年12月
贺银成国家临床执业助理医师资格考试全真模拟试卷及精析	贺银成	2021年12月
国家临床执业及助理医师资格考试抢分速记定心丸	高鑫	2021年12月
刘应科中医执业(助理)医师实践技能通关掌中宝	刘应科	2021年12月
刘应科中医执业(助理)医师综合笔试通关掌中宝	刘应科	2021年12月

考研西医系列

书名	作者	出版时间
贺银成考研西医临床医学综合能力辅导讲义(上、下册)	贺银成	2022年4月
贺银成考研西医临床医学综合能力辅导讲义同步练习	贺银成	2022年4月
贺银成考研西医临床医学综合能力全真模拟试卷及精析	贺银成	2022年4月
贺银成考研西医临床医学综合能力历年真题精析	贺银成	2022年4月

考研中医系列

书名	作者	出版时间
刘应科考研中医综合教材	刘应科	2021 年 12 月
刘应科考研中医综合教材同步练习 3000 题	刘应科	2021 年 12 月
刘应科考研中医综合历年真题精析及复习思路	刘应科	2021 年 12 月
刘应科考研中医综合终极预测试卷	刘应科	2022 年 9 月

中医养生系列

书名	作者	出版时间
中国历代名人长寿养生精粹	刘应科	2022 年 4 月
中国历代医家长寿养生精粹	刘应科	2022 年 4 月
中国历届国医大师长寿养生精粹	刘应科	2022 年 4 月

中外名著系列

书名	作者	出版时间
小王子	[法]安托万・德・圣-埃克苏佩里	2018 年 12 月
飞鸟集	[印]泰戈尔	2018 年 12 月
瓦尔登湖	[美]亨利・戴维・梭罗	2018 年 12 月
了不起的盖茨比	[美]弗・司各特・菲茨杰拉德	2018 年 12 月
简・爱	[英]夏洛蒂・勃朗特	2018 年 12 月
老人与海	[美]海明威	2018 年 12 月
月亮和六便士	[英]威廉・萨默塞特・毛姆	2018 年 12 月
呼啸山庄	[英]艾米莉・简・勃朗特	2018 年 12 月
傲慢与偏见	[英]简・奥斯丁	2018 年 12 月
双城记	[英]查尔斯・狄更斯	2019 年 3 月
朝花夕拾・呐喊	鲁迅	2018 年 4 月
呼兰河传	萧红	2018 年 4 月
骆驼祥子	老舍	2018 年 4 月
我这一辈子	老舍	2018 年 4 月
茶馆	老舍	2018 年 4 月

以上图书书名及出版时间仅供参考，以实际出版物为准，均属金榜时代（北京）教育科技有限公司！